建筑表格填写范例及资料归档系列丛书

建筑表格填写范例及资料归档手册（细部版）

——主体结构工程

主编单位　北京土木建筑学会

北　京
冶 金 工 业 出 版 社
2015

内 容 提 要

建筑工程资料是在工程建设过程中形成的各种形式的信息记录，是城市建设档案的重要组成部分。工程资料的管理与归档工作，是建筑工程施工的重要组成部分。

本书依据资料管理规程、文件归档以及质量验收系列规范等最新的标准规范要求，并结合主体结构工程专业特点，以分项工程为对象进行精心编制，整理出每个分项工程应形成的技术资料清单，对各分项工程涉及的资料表格进行了填写范例以及填写说明，极大的方便了读者的使用。本书适用于工程技术人员、检测试验人员、监理单位及建设单位人员应用，也可作为大中专院校、继续教育等培训教材应用。

图书在版编目(CIP)数据

建筑表格填写范例及资料归档手册：细部版．主体结构工程／北京土木建筑学会主编．—北京：冶金工业出版社，2015.11

（建筑表格填写范例及资料归档系列丛书）

ISBN 978-7-5024-7142-2

Ⅰ．①建… Ⅱ．①北… Ⅲ．①结构工程—表格—范例—手册②结构工程—技术档案—档案管理—手册 Ⅳ．①TU7-62②G275.3-62

中国版本图书馆CIP数据核字（2015）第272520号

出 版 人　谭学余
地　　址　北京市东城区嵩祝院北巷39号　邮编　100009　电话　（010）64027926
网　　址　www.cnmip.com.cn　电子信箱　yjcbs@cnmip.com.cn
责任编辑　肖　放　美术编辑　杨秀秀　版式设计　李连波
责任校对　齐丽香　责任印制　李玉山
ISBN 978-7-5024-7142-2
冶金工业出版社出版发行；各地新华书店经销；北京百善印刷厂印刷
2015年11月第1版，2015年11月第1次印刷
787mm×1092mm　1/16；35.75印张；944千字；563页
85.00元

冶金工业出版社　投稿电话　(010)64027932　投稿信箱　tougao@cnmip.com.cn
冶金工业出版社营销中心　电话　(010)64044283　传真　(010)64027893
冶金书店　地址　北京市东四西大街46号(100010)　电话　(010)65289081(兼传真)
冶金工业出版社天猫旗舰店　yjgycbs.tmall.com

建筑表格填写范例及资料归档手册（细部版）
——主体结构工程
编 委 会 名 单

主编单位：北京土木建筑学会

主要编写人员所在单位：

中国建筑业协会工程建设质量监督与检测分会
中国工程建设标准化协会建筑施工专业委员会
北京万方建知教育科技有限公司
北京筑业志远软件开发有限公司
北京建工集团有限责任公司
北京城建集团有限责任公司
中铁建设集团有限公司
北京住总第六开发建设有限公司
万方图书建筑资料出版中心

主　　审：吴松勤　葛恒岳

编写人员：温丽丹　申林虎　刘瑞霞　张　渝　杜永杰　谢　旭
徐宝双　姚亚亚　张童舟　裴　哲　赵　伟　郭　冲
刘兴宇　陈昱文　崔　铮　刘建强　吕珊珊　潘若林
王　峰　王　文　郑立波　刘福利　丛培源　肖明武
欧应辉　黄财杰　孟东辉　曾　方　腾　虎　梁泰臣
张义昆　于栓根　张玉海　宋道霞　张　勇　白志忠
李连波　李达宁　叶梦泽　杨秀秀　付海燕　齐丽香
蔡　芳　张凤玉　庞灵玲　曹养闻　王佳林　杜　健

前　言

建筑工程资料是在工程建设过程中形成的各种形式的信息记录。它既是反映工程质量的客观见证，又是对工程建设项目进行过程检查、竣工验收、质量评定、维修管理的依据，是城市建设档案的重要组成部分。工程资料实现规范化、标准化管理，可以体现企业的技术水平和管理水平，是展现企业形象的一个窗口，进而提升企业的市场竞争能力，是适应我国工程建设质量管理改革形势的需要。

北京土木建筑学会组织建筑施工经验丰富的一线技术人员、专家学者，根据建筑工程现场施工实际以及工程资料表格的填写、收集、整理、组卷和归档的管理工作程序和要求，编制的《建筑表格填写范例及资料归档系列丛书》，包括《细部版．地基与基础工程》、《细部版．主体结构工程》、《细部版．装饰装修工程》和《细部版．机电安装工程》4 个分册，丛书自 2005 年首次出版以来，经过了数次的再版和重印，极大程度地推动了工程资料的管理工作标准化、规范化，深受广大读者和工程技术人员的欢迎。

随着最新的《建筑工程资料管理规程》（JGJ/T 185－2009）、《建设工程文件归档规范》（GB 50328－2014）以及《建筑工程施工质量验收统一标准》（GB 50300－2013）和系列质量验收规范的修订更新，对工程资料管理与归档工作提出了更新、更严、更高的要求。为此，北京土木建筑学会组织专家、学者和一线工程技术人员，按照最新标准规范的要求和资料管理与归档规定，重新编写了这套适用于各专业的资料表格填写及归档丛书。

本套丛书的编制，依据资料管理规程、文件归档以及质量验收系列规范等最新的标准规范要求，并结合建筑工程专业特点，以分项工程为对象进行精心编制，整理出每个分项工程应形成的技术资料清单，对各分项工程涉及的资料表格进行了填写范例以及填写说明，极大的方便了读者的使用，解决了实际工作中资料杂乱、划分不清楚的问题。

本书《建筑表格填写范例及资料归档手册（细部版）——主体结构工程》，主要涵盖了如下子分部工程：混凝土结构工程、砌体结构工程、钢结构工程、钢管混凝土结构工程、铝合金结构工程、木结构工程，本次编制出版，重点对以下内容进行了针对性的阐述：

（1）每个子分部工程增加了施工资料清单，以方便读者对相关资料的齐全性进行核实。

（2）按《建筑工程施工质量验收统一标准》（GB 50300－2013）的要求对分部、分项、检验批的质量验收记录做了详细说明。

（3）依据最新国家标准规范对全书相关内容进行了更新。

本次新版的编制过程中，得到了广大一线工程技术人员、专家学者的大力支持和辛苦劳作，在此一并致以深深谢意。

由于编者水平有限，书中内容难免会有疏漏和错误，敬请读者批评和指正，以便再版修订更新。

编　者

2015 年 11 月

目　录

第 1 章

工程资料的形成与管理要求

1.1 施工资料管理

施工资料是施工单位在工程施工过程中收集或形成的,由参与工程建设各相关方提供的各种记录和资料。主要包括施工、设计(勘察)、试(检)验、物资供应等单位协同形成的各种记录和资料。

1.1.1 施工资料管理的特点

施工资料管理是一项贯穿工程建设全过程的管理,在管理过程中,存在上下级关系、协作关系、约束关系、供求关系等多重关联关系。需要相关单位或部门通利配合与协作,具有综合性、系统化、多元化的特点。

1.1.2 施工资料管理的原则

(1)同步性原则。

施工资料应保证与工程施工同步进行,随工程进度收集整理。

(2)规范性原则。

施工资料所反映的内容要准确,符合现行国家有关工程建设相关规范、标准及行业、地方等规程的要求。

(3)时限性原则。

施工资料的报验报审及验收应有时限的要求。

(4)有效性原则。

施工资料内容应真实有效,签字盖章完整齐全,严禁随意修改。

1.1.3 施工资料的分类

1. 单位工程施工资料按专业划分。

(1)建筑与结构工程

(2)基坑支护与桩基工程

(3)钢结构与预应力工程

(4)幕墙工程

(5)建筑给水排水及供暖工程

(6)建筑电气工程

(7)智能建筑工程

(8)通风与空调工程

(9)电梯工程

(10)建筑节能工程

2. 单位工程施工资料按类别划分。

单位工程施工资料按类别划分,如图 1-1 所示。

3. 施工管理资料是在施工过程中形成的反映施工组织及监理审批等情况资料的统称。主要内容有:施工现场质量管理检查记录、施工过程中报监理审批的各种报验报审表、施工试验计划及施工日志等。

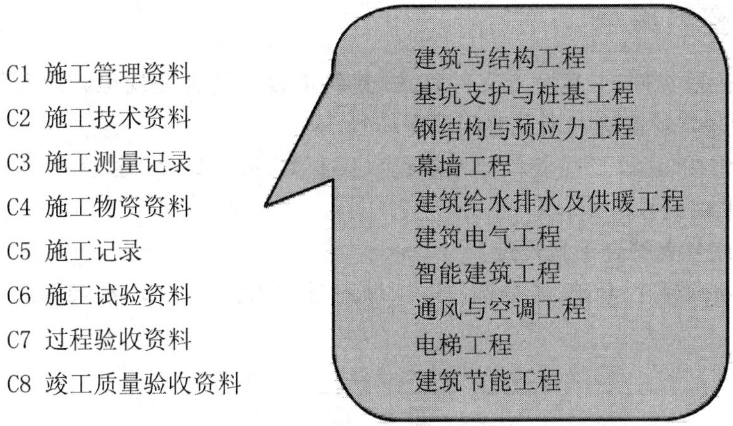

C1 施工管理资料
C2 施工技术资料
C3 施工测量记录
C4 施工物资资料
C5 施工记录
C6 施工试验资料
C7 过程验收资料
C8 竣工质量验收资料

建筑与结构工程
基坑支护与桩基工程
钢结构与预应力工程
幕墙工程
建筑给水排水及供暖工程
建筑电气工程
智能建筑工程
通风与空调工程
电梯工程
建筑节能工程

图 1-1　施工资料分类(按类别分)

4. 施工技术资料是在施工过程中形成的，用以指导正确、规范、科学施工的技术文件及反映工程变更情况的各种资料的总称。主要内容有：施工组织设计及施工方案、技术交底记录、图纸会审记录、设计变更通知单、工程变更洽商记录等。

5. 施工测量资料是在施工过程中形成的确保建筑物位置、尺寸、标高和变形量等满足设计要求和规范规定的各种测量成果记录的统称。主要内容有：工程定位测量记录、基槽平面标高测量记录、楼层平面放线及标高抄测记录、建筑物垂直度及标高测量记录、变形观测记录等。

6. 施工物资资料是指反映工程施工所用物资质量和性能是否满足设计和使用要求的各种质量证明文件及相关配套文件的统称。主要内容有：各种质量证明文件、材料及构配件进场检验记录、设备开箱检验记录、设备及管道附件试验记录、设备安装使用说明书、各种材料的进场复试报告、预拌混凝土(砂浆)运输单等。

7. 施工记录资料是施工单位在施工过程中形成的，为保证工程质量和安全的各种内部检查记录的统称。主要内容有：隐蔽工程验收记录、交接检查记录、地基验槽检查记录、地基处理记录、桩施工记录、混凝土浇灌申请书、混凝土养护测温记录、构件吊装记录、预应力筋张拉记录等。

8. 施工试验资料是指按照设计及国家规范标准的要求，在施工过程中所进行的各种检测及测试资料的统称。主要内容有：土工、基桩性能、钢筋连接、埋件(植筋)拉拔、混凝土(砂浆)性能、施工工艺参数、饰面砖拉拔、钢结构焊缝质量检测及水暖、机电系统运转测试报告或测试记录。

9. 过程验收资料是指参与工程建设的有关单位根据相关标准、规范对工程质量是否达到合格做出确认的各种文件的统称。主要内容有：检验批质量验收记录、分项工程质量验收记录、分部(子分部)工程质量验收记录、结构实体检验等。

10. 工程竣工质量验收资料是指工程竣工时必须具备的各种质量验收资料。主要内容有：单位工程竣工预验收报验表、单位(子单位)工程质量竣工验收记录、单位(子单位)工程质量控制资料核查记录、单位(子单位)工程安全和功能检验资料核查及主要功能抽查记录、单位(子单位)工程观感质量检查记录、室内环境检测报告、建筑节能工程现场实体检验报告、工程竣工质量报告、工程概况表等。

1.1.4 施工资料编号

1. 工程准备阶段文件、工程竣工文件宜按《建筑工程资料管理规程》(JGJ/T 185－2009)附录A表A.2.1中规定的类别和形成时间顺序编号。

2. 监理资料宜按《建筑工程资料管理规程》(JGJ/T 185－2009)附录A表A.2.1中规定的类别和形成时间顺序编号。

3. 施工资料编号宜符合下列规定:

(1)施工资料编号可由分部、子分部、分类、顺序号4组代号组成,组与组之间应用横线隔开(图1-2):

××－××－××－×××
① ② ③ ④

图1-2 施工资料分类(按类别分)

注:①为分部工程代号,按《建筑工程质量验收统一标准》GB 50300－2013附录B的规定执行。
②为子分部工程代号,按《建筑工程质量验收统一标准》GB 50300－2013附录B的规定执行。
③为资料的类别编号,按《建筑工程资料管理规程》(JGJ/T 185－2009)附录A表A.2.1的规定执行。
④为顺序号,可根据相同表格、相同检查项目,按形成时间顺序填写。

(2)属于单位工程整体管理内容的资料,编号中的分部、子分部工程代号可用“00”代替;

(3)同一厂家、同一品种、同一批次的施工物资用在两个分部、子分部工程中时,资料编号中的分部、子分部工程代号可按主要使用部位填写。

4. 竣工图宜按《建筑工程资料管理规程》(JGJ/T 185－2009)附录A表A.2.1中规定的类别和形成时间顺序编号。

5. 工程资料的编号应及时填写,专用表格的编号应填写在表格右上角的编号栏中;非专用表格应在资料右上角的适当位置注明资料编号。

1.2　施工资料的形成

1. 施工技术及管理资料的形成(图 1-3)。

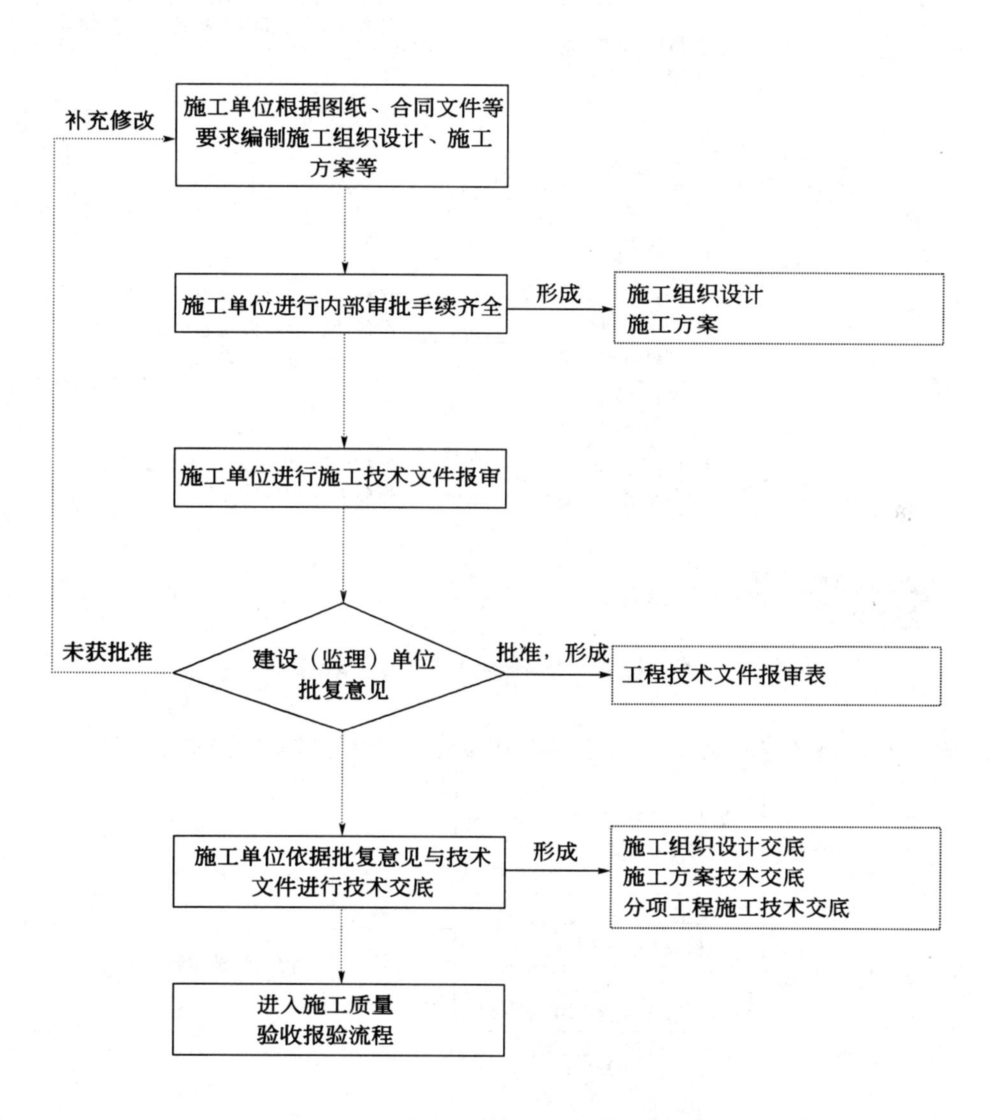

图 1-3　施工技术及管理资料的形成流程

2. 施工物资及管理资料的形成(图 1-4)。

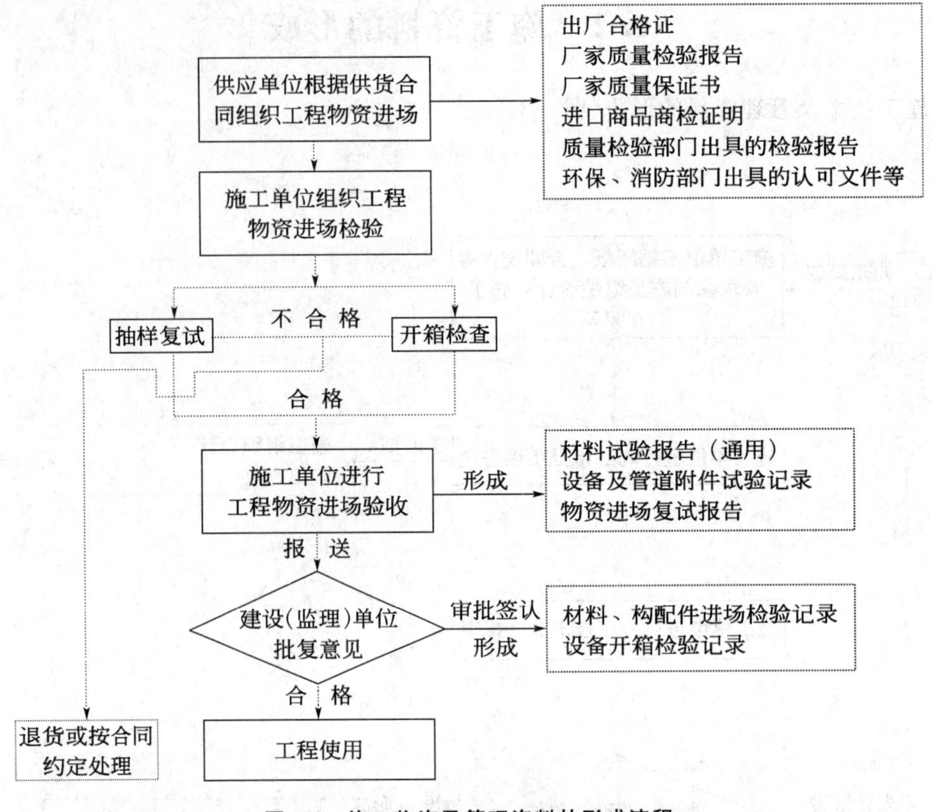

图 1-4　施工物资及管理资料的形成流程

3. 施工测量、施工记录、施工试验、过程验收及管理资料的形成(图 1-5)。

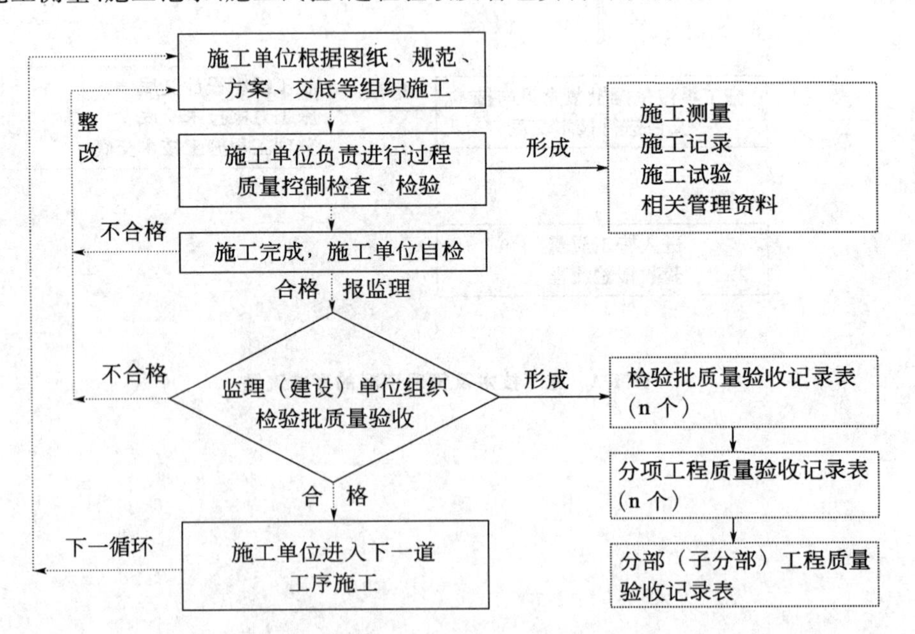

图 1-5　施工测量、施工记录、施工试验、过程验收及管理资料的形成流程

4. 工程竣工质量验收资料的形成(图 1-6)。

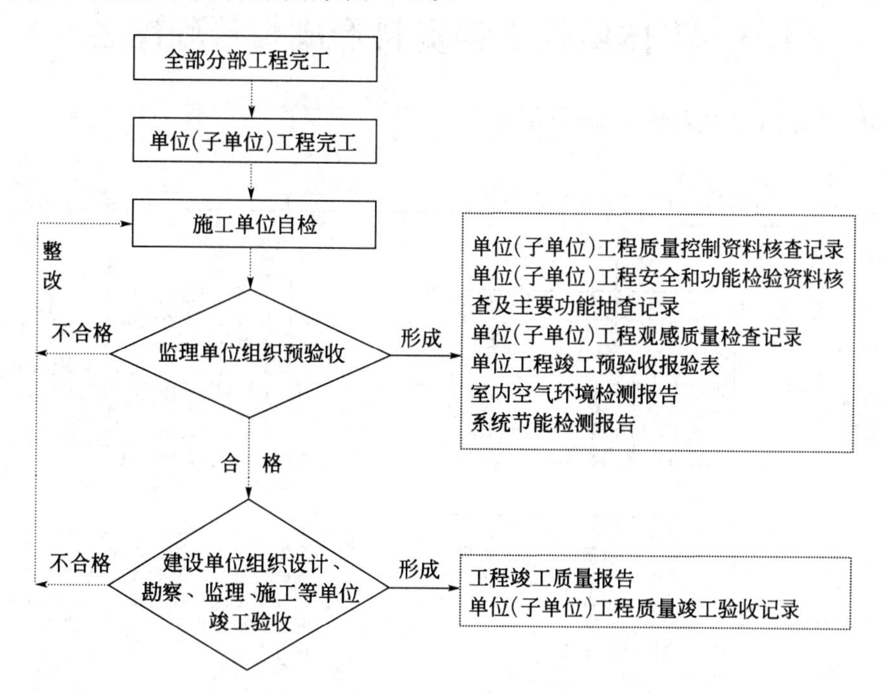

图 1-6　工程竣工质量验收资料的形成流程

1.3 主体结构工程资料形成与管理图解

1. 混凝土结构工程资料管理流程(图 1-7)

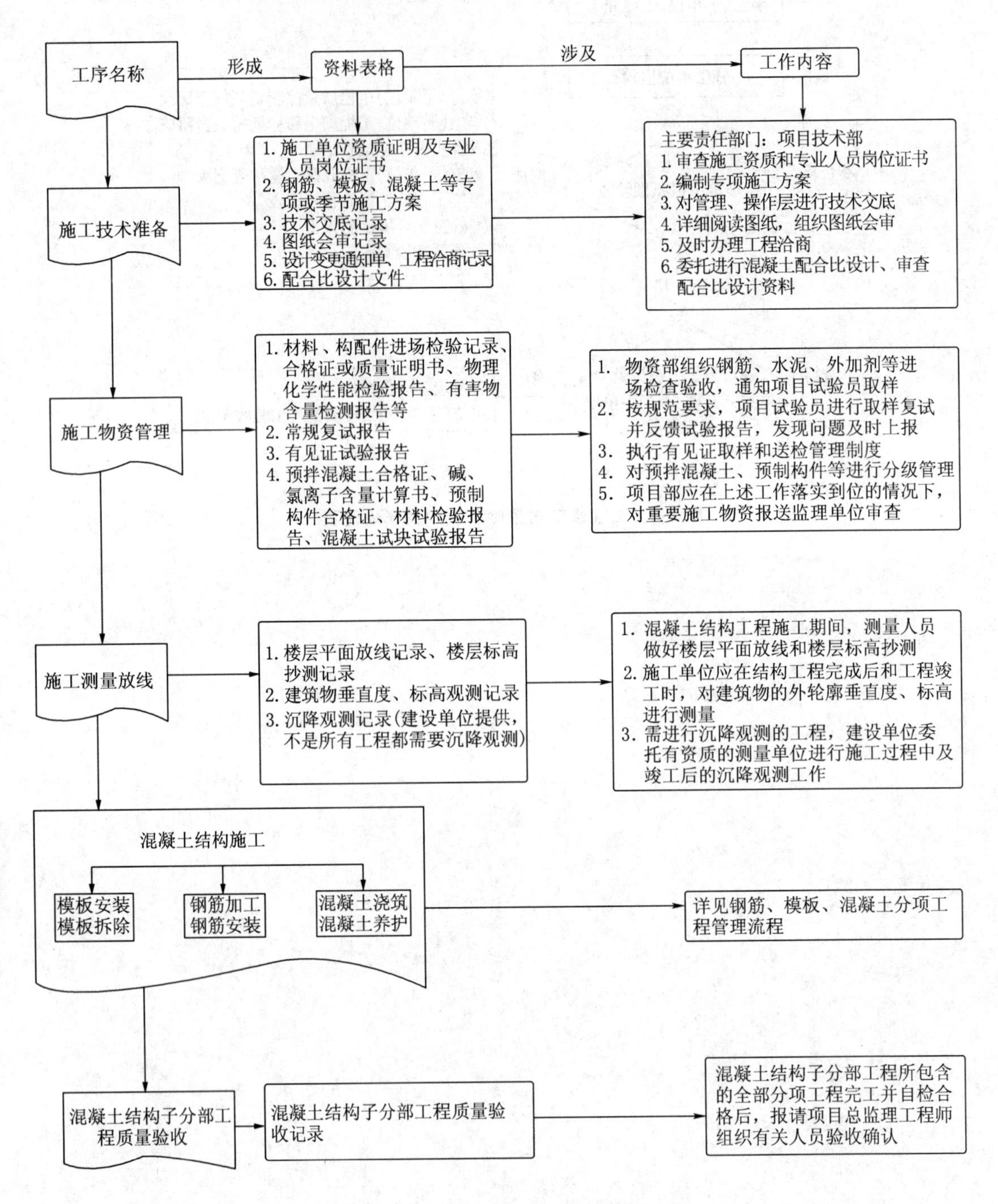

图 1-7 混凝土结构工程资料管理流程

2. 模板分项工程资料管理流程(图 1-8)

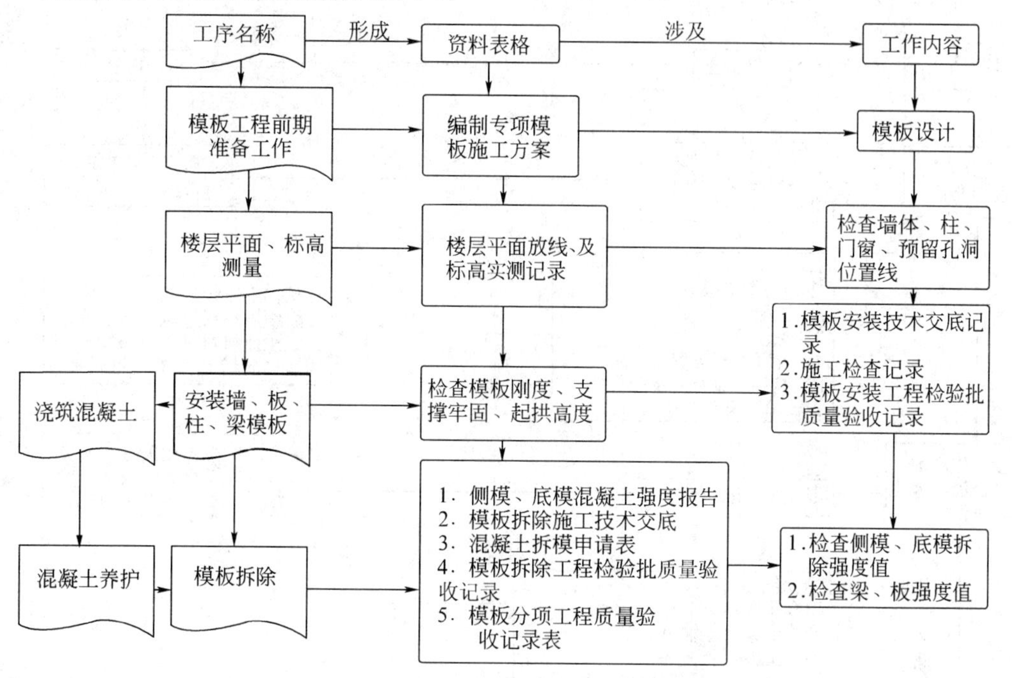

图 1-8　模板分项工程资料管理流程

3. 钢筋分项工程资料管理流程(图 1-9)

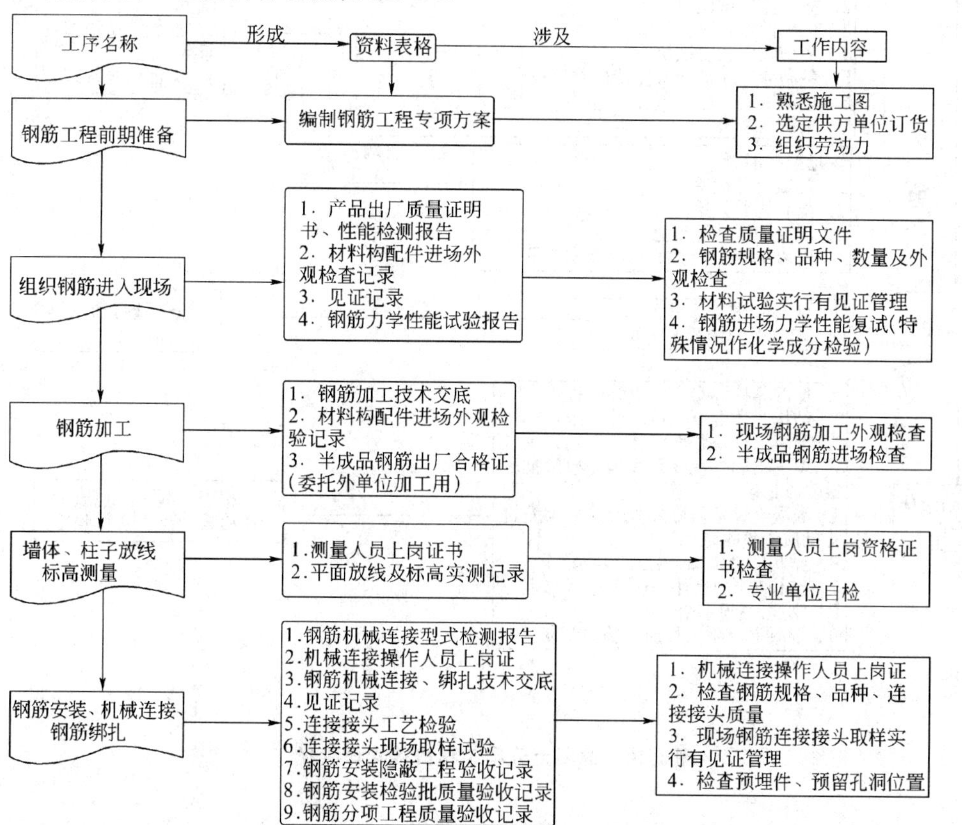

图 1-9　钢筋分项工程资料管理流程

4. 混凝土分项工程资料管理流程(图 1-10)

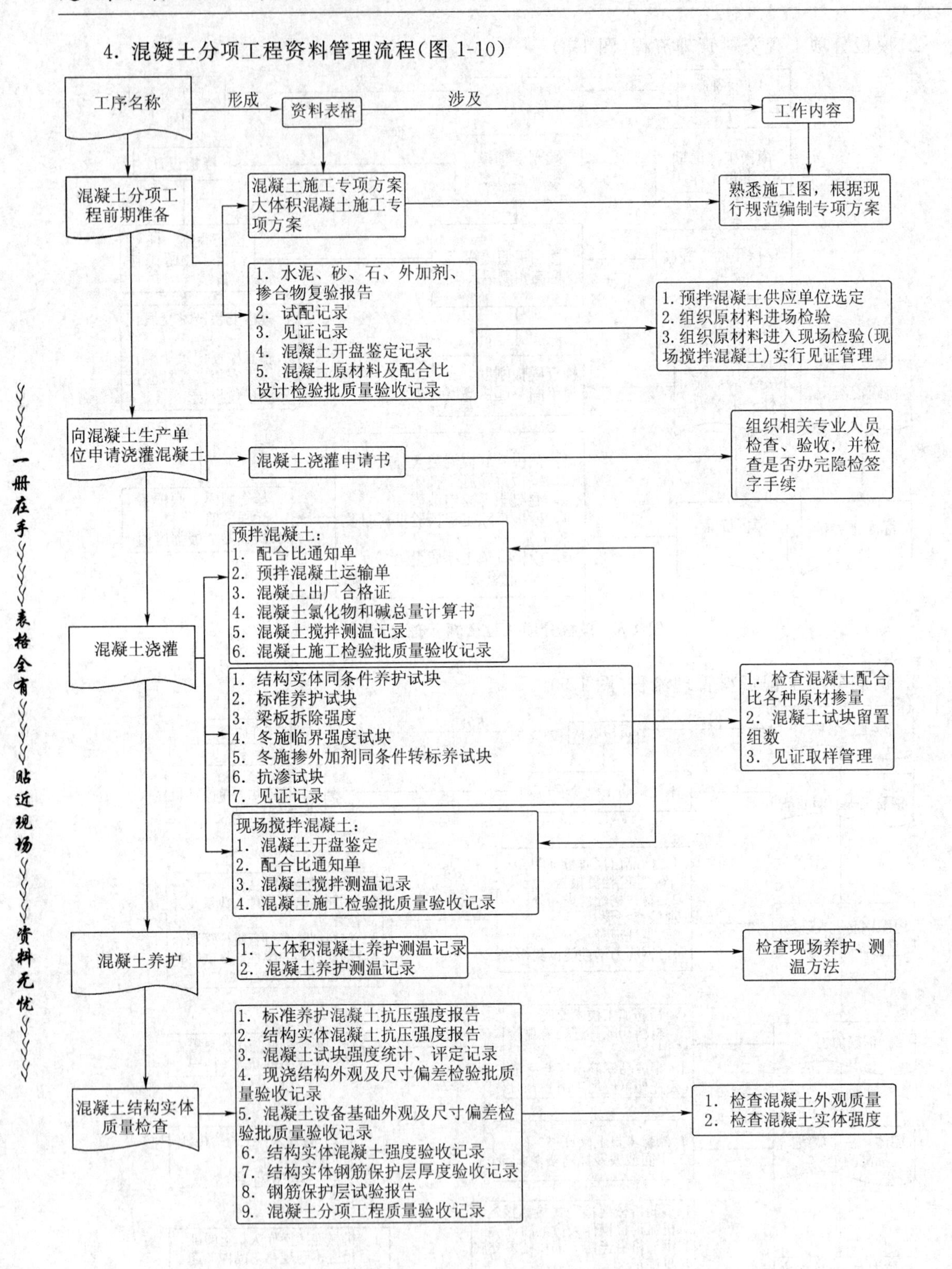

图 1-10　混凝土分项工程资料管理流程

5. 砌体结构工程资料管理流程(图 1-11)

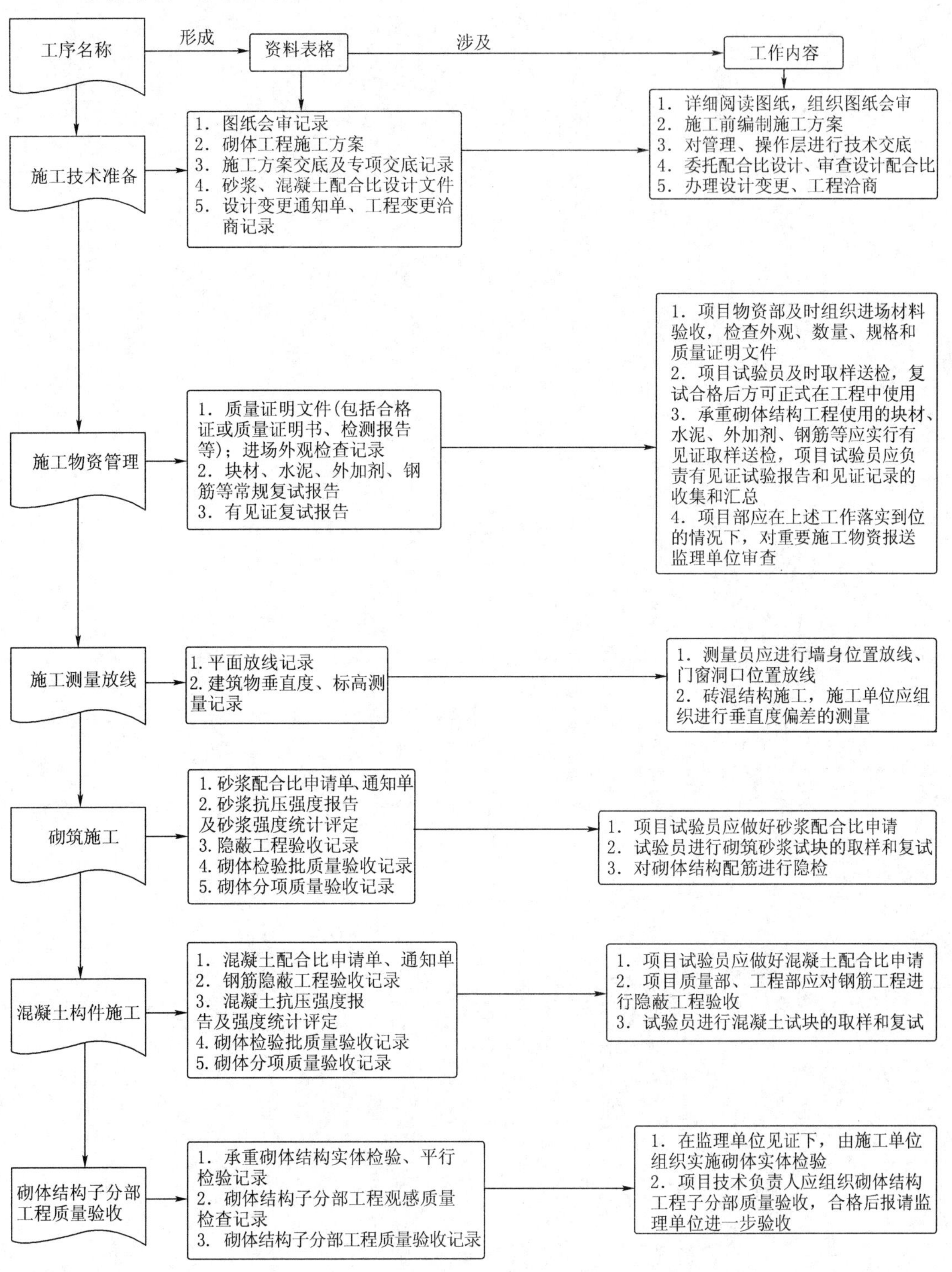

图 1-11　砌体结构工程资料管理流程

第 2 章

混凝土结构工程资料及范例

2.1 混凝土结构工程规范清单

模板工程应参考的标准及规范清单

(1)《混凝土结构工程施工质量验收规范》(GB 50204—2015)
(2)《混凝土结构工程施工规范》(GB 50666—2011)
(3)《组合钢模板技术规范》(GB 50214—2001)
(4)《滑动模板工程技术规范》(GB 50113—2005)
(5)《混凝土结构工程施工质量验收规程》(DBJ 01—82—2005)
(6)《液压滑动模板施工安全技术规程》(JGJ 65—2013)
(7)《建筑工程大模板技术规程》(JGJ 74—2003)

钢筋工程应参考的标准及规范清单

(1)《混凝土结构工程施工质量验收规范》(GB 50204—2015)
(2)《混凝土结构工程施工规范》(GB 50666—2011)
(3)《高层建筑混凝土结构技术规程》(JGJ 3—2010)
(4)《钢筋焊接及验收规程》(JGJ 18—2012)
(5)《钢筋混凝土用钢 第1部分:热轧光圆钢筋》(GB 1499.1—2008)
(6)《钢筋混凝土用余热处理钢筋》(GB 13014—2013)
(7)《钢筋混凝土用钢 第2部分:热轧带肋钢筋》(GB 1499.2—2007)
(8)《钢筋混凝土用钢 第3部分:钢筋焊接网》(GB 1499.3—2010)
(9)《碳素结构钢》(GB 700—2006)
(10)《冷轧带肋钢筋》(GB 13788—2008)
(11)《低碳钢热轧圆盘条》(GB/T 701—2008)
(12)《冷轧扭钢筋》(JG 190—2006)
(13)《冷轧带肋钢筋混凝土结构技术规程》(JGJ 95—2011)
(14)《冷轧扭钢筋混凝土构件技术规程》(JGJ 115—2006)
(15)《钢筋焊接网混凝土结构技术规程》(JGJ 114—2014)
(16)《钢筋机械连接通用技术规程》(JGJ 107—2010)
(17)《带肋钢筋挤压连接技术及验收规程》(YB 9250—93)

混凝土工程应参考的标准及规范清单

(1)《混凝土结构设计规范》(GB 50010—2010)
(2)《混凝土结构工程施工质量验收规范》(GB 50204—2015)
(3)《混凝土质量控制标准》(GB 50164—2011)
(4)《混凝土强度检验评定标准》(GB/T 50107—2010)
(5)《普通混凝土拌合物性能试验方法标准》(GB/T 50080—2002)
(6)《普通混凝土力学性能试验方法标准》(GB/T 50081—2002)
(7)《混凝土结构工程施工质量验收规程》(DBJ 01—82—2005)
(8)《预防混凝土结构工程碱集料反应规程》(DBJ 01—95—2005)
(9)《普通混凝土配合比设计规程》(JGJ 55—2011)
(10)《建筑工程冬期施工规程》(JGJ 104—2011)

(11)水泥
《通用硅酸盐水泥》GB 175—2007
(12)混凝土用砂
《普通混凝土用砂、石质量及检验方法标准》JGJ 52—2006
《建筑用砂》(GB/T 14684—2011)
《人工砂应用技术规程》(DBJ/T 01—65—2002)
(13)碎石和卵石
《建筑用卵石、碎石》(GB/T 14685—2011)
(14)粉煤灰及粉煤灰混凝土
1)《粉煤灰混凝土应用技术规范》(GB/T 50146—2014)
2)《用于水泥和混凝土中的粉煤灰》(GB/T 1596—2005)
3)《混凝土中掺用粉煤灰的技术规程》(DBJ 01—10—93)
(15)混凝土外加剂
1)《混凝土外加剂》(GB 8076—2008)
2)《砂浆、混凝土防水剂》(JC 474—2008)
3)《混凝土防冻剂》(JC 475—2004)
4)《喷射混凝土用速凝剂》(JC 477—2005)
5)《混凝土外加剂应用技术规范》(GB 50119—2013)
6)《混凝土外加剂中释放氨的限量》(GB 18588—2001)
7)《民用建筑工程室内环境污染控制规范》(GB 50325—2010)
8)《混凝土外加剂应用技术规程》(DBJ 01—61—2002)
9)《混凝土泵送施工技术规程》(JGJ/T 10—2011)
(16)《混凝土用水标准》(JGJ 63—2006)
(17)《蒸压加气混凝土性能试验方法》(GB/T 11969—2008)

预应力工程应参考的标准及规范清单

(1)《混凝土结构工程施工质量验收规范》(GB 50204—2015)
(2)《混凝土结构工程施工规范》(GB 50666—2011)
(3)《预应力筋用锚具、夹具和连接器》(GB/T 14370—2007)
(4)《预应力混凝土用钢绞线》(GB/T 5224—2014)
(5)《预应力混凝土用钢丝》(GB/T 5223—2014)
(6)《无粘结预应力钢绞线》(JG 161—2004)
(7)《无粘结预应力筋用防腐润滑脂》(JG/T 430—2014)
(8)《预应力用液压千斤顶》(JG/T 321—2011)
(9)《预应力用电动油泵》(JG/T 319—2011)
(10)《预应力筋用液压镦头器》(JG/T 320—2011)
(11)《预应力筋用锚具、夹具和连接器应用技术规程》(JGJ 85—2010)
(12)《无黏结预应力混凝土结构技术规程》(JGJ 92—2004)

现浇结构工程应参考的标准及规范清单

(1)《混凝土结构工程施工质量验收规范》(GB 50204—2015)
(2)《混凝土结构设计规范》(GB 50010—2010)

(3)《现浇混凝土空心楼盖用填充体》(JC/T 952—2014)
(4)《现浇混凝土复合膨胀聚苯板外墙外保温技术要求》JG/T 228—2007
(5)《现浇混凝土空心结构成孔芯模》JG/T 352—2012
(6)《现浇混凝土大直径管桩复合地基技术规程》JGJ/T 213—2010
(7)《现浇混凝土空心楼盖技术规程》JGJ/T 268—2012
(8)《现浇塑性混凝土防渗芯墙施工技术规程》JGJ/T 291—2012
(9)《现浇混凝土空心楼盖结构技术规程(附条文说明)》CECS 175—2004
(10)《现浇泡沫轻质土技术规程(附条文说明)》CECS 249—2008
(11)《现浇泡沫混凝土轻钢龙骨复合墙体应用技术规程》CECS 406—2015

装配式结构工程应参考的标准及规范清单

(1)《混凝土结构工程施工质量验收规范》(GB 50204—2015)
(2)《混凝土结构工程施工规范》(GB 50666—2011)
(3)《整体预应力装配式板柱结构技术规程》CECS 52—2010

2.2　模板工程

2.2.1　模板工程资料列表

(1)施工技术资料

1)技术方案

①模板设计及施工技术方案

②模板拆除方案

③危险性较大分部分项工程施工方案专家论证表

2)技术交底记录

①模板设计及施工技术方案技术交底记录

②模板拆除方案技术交底记录

③钢大模板安装、拆除技术交底记录

④三角架式单侧模板安装、拆除技术交底记录

⑤墙、柱木(竹)胶合板模板安装、拆除技术交底记录

⑥梁、板木(竹)胶合板模板安装、拆除技术交底记录

⑦组合钢模板安装、拆除技术交底记录

⑧密肋楼板模壳安装、拆除技术交底记录

⑨平板玻璃钢圆柱模板安装、拆除技术交底记录

3)图纸会审记录、设计变更通知单、工程洽商记录

(2)施工物资资料

1)各种模板及连接件、隔离剂等的出厂合格证及质量证明文件

2)材料、构配件进场检验记录

3)清水混凝土模板进场验收表

4)工程物资进场报验表

(3)施工记录

1)交接检查记录

2)预检记录

3)清水混凝土模板自检记录

4)清水混凝土模板安装检查表

5)平板玻璃钢模板加工验收记录

6)柱模垂直度实测记录

注:在混凝土浇筑完毕初凝前进行。

7)混凝土拆模申请单(附同条件混凝土强度试验报告)

(4)施工质量验收记录

1)模板安装工程检验批质量验收记录表

2)预制构件模板工程检验批质量验收记录表

3)模板分项工程质量验收记录表

2.2.2 模板工程资料填写范例

危险性较大分部分项工程施工方案专家论证表

工程名称	××综合工程	编　　号	×××
施工单位	××建设集团有限公司	项目负责人	×××
分包单位	/	项目负责人	/
分项工程名称	基坑支护与降水工程		
分项工程名称	爬升模板工程		

专家一览表

姓名	性别	年龄	工 作 单 位	职务	职称	专业	任职年限
王××	女	42	××市质量安全监督站	主任	高工	工民建	15
王××	男	46	××咨询顾问有限公司	顾问	教授级职工	土木工程	20
张××	男	40	××咨询顾问有限公司	顾问	高工	工民建	10
张××	男	46	××地质工程勘察院	项目负责人	高工	土木工程	20
赵××	男	47	××地质工程勘察院	项目负责人	高工	地质工程	22
李××	男	40	××集团开发有限公司	项目负责人	工程师	建筑工程	12
吴××	男	37	××工程建设监理有限公司	总监	工程师	工民建	10
周××	男	44	××工程建设监理有限公司	总监	高工	工民建	11
郑××	男	50	××建设发展有限公司	公司职工	高工	工民建	19
郭××	男	38	××建设发展有限公司	公司经理	工程师	建筑工程	13
孙××	男	41	××建设发展有限公司	项目技术负责人	高工	土木工程	13

专家论证意见:

专家论证意见(编者略)

《危险性较大分部分项工程施工方案专家论证表》填写说明

危险性较大的分部分项工程是指建筑工程在施工过程中存在的、可能导致作业人员群死群伤或造成重大不良社会影响的分部分项工程。

1. 填写依据

(1)《建设工程安全生产管理条例》(国务院第393号令)

(2)《危险性较大的分部分项工程安全管理办法》(建质[2009]87号)。

(3)《危险性较大工程安全专项施工方案编制及专家论证审查办法》(建质[2004]213号)。

(4)《关于对〈建筑施工企业安全生产管理机构及专职安全生产管理人员配备办法〉和〈危险性较大工程安全专项施工方案编制及专家论证审查办法〉执行情况及修订意见的调查函》(建质安函[2006]130号)。

(5)《建筑工程资料管理规程》JGJ/T 185－2009。

2. 责任部门

施工单位。

3. 提交时限

超过一定规模的危险性较大的分部分项工程应当在施工前编制专项方案,由施工单位组织召开专家论证会。实行施工总承包的,由施工总承包单位组织召开专家论证会。

4. 填写要点

(1)分项工程名称:参见第二条第3款有关内容。

(2)专家一览表:本栏要求:下列人员应当参加专家论证会:1)专家组成员;2)建设单位项目负责人或技术负责人;3)监理单位项目总监理工程师及相关人员;4)施工单位分管安全的负责人、技术负责人、项目负责人、项目技术负责人、专项方案编制人员、项目专职安全生产管理人员;5)勘察、设计单位项目技术负责人及相关人员。

专家组成员应当由5名及以上符合相关专业要求的专家组成。本项目参建各方的人员不得以专家身份参加专家论证会。本栏需将专家组成员按“姓名、性别、年龄、工作单位、职务、职称、专业”逐一填入。

(3)专家论证意见:结合专家论证的主要内容填入论证指导意见。专家论证的主要内容:1)专项方案内容是否完整、可行;2)专项方案计算书和验算依据是否符合有关标准规范;3)安全施工的基本条件是否满足现场实际情况。

5. 相关要求

(1)超过一定规模的危险性较大的分部分项工程范围

1)深基坑工程

①开挖深度超过5m(含5m)的基坑(槽)的土方开挖、支护、降水工程。

②开挖深度虽未超过5m,但地质条件、周围环境和地下管线复杂,或影响毗邻建筑(构筑)物安全的基坑(槽)的土方开挖、支护、降水工程。

2)模板工程及支撑体系

①工具式模板工程:包括滑模、爬模、飞模工程。

②混凝土模板支撑工程:搭设高度8m及以上;搭设跨度18m及以上,施工总荷载15kN/m²及以上;集中线荷载20kN/m及以上。

③承重支撑体系:用于钢结构安装等满堂支撑体系,承受单点集中荷载700kg以上。

3)起重吊装及安装拆卸工程

①采用非常规起重设备、方法,且单件起吊重量在100kN及以上的起重吊装工程。

②起重量300kN及以上的起重设备安装工程;高度200m及以上内爬起重设备的拆除工程。

4)脚手架工程

①搭设高度50m及以上落地式钢管脚手架工程。

②搭设高度150m及以上附着式整体和分片提升脚手架工程。

③架体高度20m及以上悬挑式脚手架工程。

5)拆除、爆破工程

①采用爆破拆除的工程。

②码头、桥梁、高架、烟囱、水塔或拆除中容易引起有毒有害气(液)体或粉尘扩散、易燃易爆事故发生的特殊建、构筑物的拆除工程。

③可能影响行人、交通、电力设施、通信设施或其他建、构筑物安全的拆除工程。

④文物保护建筑、优秀历史建筑或历史文化风貌区控制范围的拆除工程。

6)其他

①施工高度50m及以上的建筑幕墙安装工程。

②跨度大于36m及以上的钢结构安装工程;跨度大于60m及以上的网架和索膜结构安装工程。

③开挖深度超过16m的人工挖孔桩工程。

④地下暗挖工程、顶管工程、水下作业工程。

⑤采用新技术、新工艺、新材料、新设备及尚无相关技术标准的危险性较大的分部分项工程。

(2)建筑工程实行施工总承包的,专项方案应当由施工总承包单位组织编制。其中,起重机械安装拆卸工程、深基坑工程、附着式升降脚手架等专业工程实行分包的,其专项方案可由专业承包单位组织编制。

(3)专项方案编制应当包括以下内容。

1)工程概况:危险性较大的分部分项工程概况、施工平面布置、施工要求和技术保证条件。

2)编制依据:相关法律、法规、规范性文件、标准、规范及图纸(国标图集)、施工组织设计等。

3)施工计划:包括施工进度计划、材料与设备计划。

4)施工工艺技术:技术参数、工艺流程、施工方法、检查验收等。

5)施工安全保证措施:组织保障、技术措施、应急预案、监测监控等。

6)劳动力计划:专职安全生产管理人员、特种作业人员等。

(4)专项方案应当由施工单位技术部门组织本单位施工技术、安全、质量等部门的专业技术人员进行审核。经审核合格的,由施工单位技术负责人签字。实行施工总承包的,专项方案应当由总承包单位技术负责人及相关专业承包单位技术负责人签字。

不需专家论证的专项方案,经施工单位审核合格后报监理单位,由项目总监理工程师审核签字。

(5)专项方案经论证后,专家组应当提交论证报告,对论证的内容提出明确的意见,并在论证报告上签字。该报告作为专项方案修改完善的指导意见。

施工单位应当根据论证报告修改完善专项方案,并经施工单位技术负责人、项目总监理工程师、建设单位项目负责人签字后,方可组织实施。

实行施工总承包的,应当由施工总承包单位、相关专业承包单位技术负责人签字。

专项方案经论证后需做重大修改的,施工单位应当按照论证报告修改,并重新组织专家进行论证。

(6)施工单位应严格按照专项方案组织施工,不得擅自修改、调整专项方案。

如因设计、结构、外部环境等因素发生变化确需修改的,修改后的专项方案应当重新审核。对于超过一定规模的危险性较大工程的专项方案,施工单位应当重新组织专家进行论证。

<table>
<tr><td colspan="2">预 检 记 录</td><td>编　号</td><td>×××</td></tr>
<tr><td>工程名称</td><td>××工程</td><td>预检项目</td><td>模板</td></tr>
<tr><td>预检部位</td><td>二层顶板、梁
①～⑩/Ⓑ～Ⓘ轴</td><td>检查日期</td><td>2015 年 5 月 8 日</td></tr>
<tr><td colspan="4">依据：施工图纸(施工图纸号)　结施 5、结施 12　，
设计变更/洽商(编号　/　)和有关规范、规程。
主要材料或设备：　竹胶板、碗扣件、木方、隔离剂
规格/型号：　××××</td></tr>
<tr><td colspan="4">预检内容：
1. 模板清理干净，隔离剂涂刷。
2. 清扫口留置、模内清理。
3. 按模板方案支撑，支撑系统的承载能力、刚度和稳定性。
4. 模板的垂直度、平整度，板间接缝，梁起拱：1‰。
5. 模板的几何尺寸、轴线位置、标高(－3.15m)、预埋件、预留孔位置、梁截面尺寸 400mm×450mm，400mm×600mm，300mm×600mm 及板厚 150/120mm。
6. 止水带做法。
7. 模板采用 12 厚覆膜竹胶板，模板支撑木方间距 200mm，脚手架钢管作为竖向支撑，上、下层支架立柱应对准，支撑间距 900mm，下垫 50mm×100mm×400mm 木方。
预检内容均已做完，请予以检查。</td></tr>
<tr><td colspan="4">检查意见：
经检查：模板清理干净，标高传递准确，模板的几何尺寸、轴线位置、预埋件、预留孔位置、梁截面及板厚，止水带做法符合设计要求。隔离剂涂刷均匀无遗漏，擦拭光亮，未沾污钢筋和混凝土接槎处；清扫口留置、模内清理干净，按模块方案支撑，支撑系统具有足够的承载能力、刚度和稳定性。模板的垂直度、平整度符合要求，板间接缝采用成品海绵条，避免漏浆，符合《混凝土结构工程施工质量验收规范》(GB 50204－2015)的规定，可进行下道工序施工。</td></tr>
<tr><td colspan="4">复查结论：

复查人：　　　　　　复查日期：</td></tr>
</table>

<table>
<tr><td rowspan="3">签字栏</td><td>施工单位</td><td colspan="2">××建设集团有限公司</td></tr>
<tr><td>专业技术负责人</td><td>专业质检员</td><td>专业工长</td></tr>
<tr><td>×××</td><td>×××</td><td>×××</td></tr>
</table>

本表由施工单位填写并保存。

<table>
<tr><td colspan="2">预 检 记 录</td><td>编　号</td><td>×××</td></tr>
<tr><td>工程名称</td><td>××工程</td><td>预检项目</td><td>模板</td></tr>
<tr><td>预检部位</td><td>二层墙体
⑲～⑳/Ⓓ～Ⓔ轴</td><td>检查日期</td><td>2015 年 5 月 8 日</td></tr>
<tr><td colspan="4">依据:施工图纸(施工图纸号)　结施 1、结施 5　,
设计变更/洽商(编号　/　)和有关规范、规程。
主要材料或设备:　大型钢模板
规格/型号:　××</td></tr>
<tr><td colspan="4">预检内容:
1. 墙体模板已清理干净,均匀涂刷脱模剂。
2. 隔离剂涂刷均匀,杂物清理干净。
3. 模板上口标高已测定,为 7.8m,已测放在墙体钢筋上。
4. 墙体厚度为 200mm,已用卡子顶好。
5. 模板垂直度已测量完成,符合规范要求。
6. 模板下口已用砂浆堵死。
7. 墙体模板已按方案要求固定牢固。</td></tr>
<tr><td colspan="4">检查意见:
经检查:模板清理干净,模板几何尺寸、轴线位置符合设计要求。隔离剂涂刷均匀无遗漏,擦拭光亮,模内清理干净;按模板方案支模,支撑系统具有足够的承载能力、刚度和稳定性;符合《混凝土结构工程施工质量验收规范》(GB 50204—2015)的规定,可进行下道工序施工。</td></tr>
<tr><td colspan="4">复查结论:

复查人:　　　　　　复查日期:</td></tr>
</table>

<table>
<tr><td rowspan="3">签字栏</td><td>施工单位</td><td colspan="2">××建设集团有限公司</td></tr>
<tr><td>专业技术负责人</td><td>专业质检员</td><td>专业工长</td></tr>
<tr><td>×××</td><td>×××</td><td>×××</td></tr>
</table>

本表由施工单位填写并保存。

预 检 记 录		编　号	×××
工程名称	××工程	预检项目	顶板、框架梁
预检部位	十四层	检查日期	2015 年 5 月 16 日

依据：施工图图号(施工图纸号　结施 8、结施 9、模板方案　)、

设计变更/洽商(编号　/　)和有关规定、规程。

主要材料或设备：　木方、多层板、隔离剂、碗扣件等

规格/型号：　50mm×100mm；100mm×100mm，多层板厚 18mm

预检内容：

1. 板厚 180mm，顶板、梁模板起拱 12mm，支撑立柱下垫 5cm 厚木板，长 50cm，两道拉杆；梁支撑距柱 200cm，中间间距 800cm。

2. 检查模板标高、轴线、几何尺寸、平整度、支撑强度、刚度、稳定性。

3. 模内清理、模板自身清理、隔离剂涂刷。

4. 模板平整度≤2mm；轴线位移≤2mm。

5. 梁柱交接处、梁顶板交接处及所有模板拼接处贴海绵条。海绵条距模板边 2mm。

6. 梁柱交接处柱接头模板下跨 1m，设置两道柱箍，柱箍间距 500mm。

(梁柱接头形式见下图)

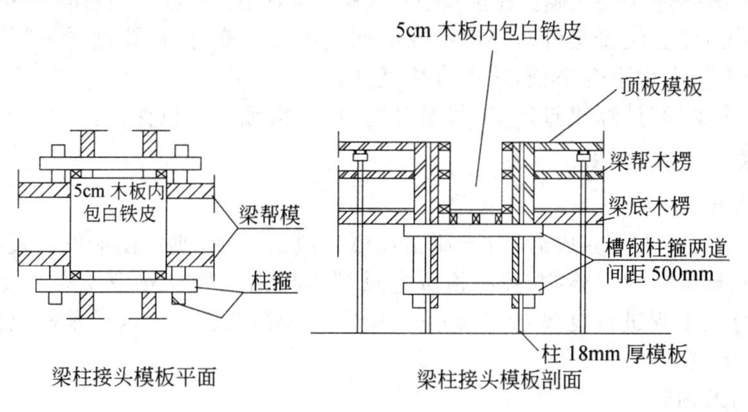

梁柱接头模板平面　　梁柱接头模板剖面

检查意见：

模板支撑牢固，起拱高度符合要求。隔离剂涂刷均匀，模板内清扫干净。同意进入下道工序。

复查结论：

复查人：　　　　复查日期：

签字栏	施工单位	××建设集团有限公司	
	专业技术负责人	专业质检员	专业工长
	×××	×××	×××

本表由施工单位填写并保存。

《预检记录》填写说明

预检是对施工过程某重要工序进行的预先质量控制的检查记录。预检是预防质量事故发生的有效途径,质量偏差在过程中得到纠正。预检合格后方可进入下道工序。

1. 责任部门

施工单位。

2. 提交时限

预检完成后 1d 内完成,检验批验收前提交。

3. 填写要点

(1)工程名称:与施工图纸中图签一致。

(2)预检项目:按实际检查项目填写。要按独立项目分别填写,不要把几个预检项目统写在一张预检记录上。

(3)预检部位:按实际检查部位填写。

(4)检查时间:按实际检查时间填写。

(5)预检依据:施工图纸、设计变更、工程洽商及相关的施工质量验收规范、标准、规程、本工程的施工组织设计、施工方案、技术交底等。

(6)主要材料或设备:按实际发生材料、设备项目填写,各规格型号要表述清楚。

(7)预检记录编号:按专业工程分类编码填写,按组卷要求进行组卷。

(8)预检内容:应将预检的项目、具体内容、分专业描述清楚。

(9)检查意见:检查意见要明确。在预检中一次验收未通过的要注明质量问题,并提出复验要求。

(10)复查意见:此栏主要是针对一次验收的问题进行复查,因此要把质量问题改正的情况描述清楚。在复查中仍出现不合格项,按不合格品处置。

(11)预检表格实行"计算机打印,手写签名"。本表由施工单位保存。

4. 相关要求

(1)预检的程序

须办理预检的分项工程完成后,由专业工长填写预检记录,项目技术负责人组织项目质量检查员、专业工长及班组长参加验收,并将检查意见填入栏内。如检查中发现问题,施工班组进行整改后,再对本分项工程进行复验,将复查意见填入复查意见栏中。未经预检或预检未达到合格标准的不得进入下道工序。

(2)预检项目及内容

1)模板:

检查几何尺寸、轴线、标高、预埋件及预留孔的位置;模板表面的清理、使用脱模剂的种类及脱模剂的涂刷;模板支撑情况(包括牢固性、接缝严密性);模板清扫口的留置、模内清理情况;节点细部做法(须绘制节点大样图的,检查实际放样图尺寸)、止水要求、模板起拱情况等。

2)预制构件安装:

预制构件包括阳台栏板、过梁、预制楼梯、沟盖板、楼板等。应依据图纸要求检查构件的规格型号、几何尺寸、数量;根据有关质量标准检查构件的外观质量;根据图纸要求和技术交底检查构件的搁置长度以及锚固情况、标高等;检查楼板的堵孔和清理情况等。

3)地上混凝土结构施工缝:

依据模板方案和技术交底,检查施工缝留置的方法及位置,模板支撑、接槎的处理情况等。

4)依据现行施工规范,对于其他涉及工程结构安全,实体质量及建筑观感,须做质量预控的重要工序,应填写预检记录。

清水混凝土模板安装检查表

使用部位	三层		施工时间	2015年×月×日
施工班组	××组		模板数量	××
项次	检查内容	要求	检查情况及处理结果	检查人
1	基层及杂物	清理干净	√	×××、×××
2	模板编号及控制线	符合施工方案要求	√	×××、×××
3	明缝条安装情况	位置正确、咬合紧密	√	×××、×××
4	模板拼缝偏差	不大于2mm	√	×××、×××
5	明缝及模板拼缝防漏浆措施	海绵条粘贴严密	√	×××、×××
6	大模板之间拼缝交圈情况	不大于5mm/10m	√	×××、×××
7	模板垂直度	不大于3mm	√	×××、×××
8	模板就位后保护层厚度检查	符合规范要求	√	×××、×××
9	堵头是否贴海绵垫	符合施工方案要求	√	×××、×××
10	脱模剂涂刷情况	符合施工方案要求	√	×××、×××
11	面板几何尺寸	±2mm	√	×××、×××
12	阴阳角方正	3mm	√	×××、×××
13	阴阳角顺直	3mm	√	×××、×××
14	预留洞口中心线偏移	5mm	√	×××、×××
15	预留洞口尺寸	+5mm,0	√	×××、×××
16	门窗洞口中心线位移	3mm	√	×××、×××
17	门窗洞口宽、高	±5mm	√	×××、×××
18	门窗洞口对角线	3mm	√	×××、×××

<table>
<tr><td colspan="4">混凝土拆模申请单</td><td>编号</td><td>×××</td></tr>
<tr><td>工程名称</td><td colspan="5">××工程</td></tr>
<tr><td>申请拆模部位</td><td colspan="5">三层Ⅰ段顶板①～⑥/Ⓐ～Ⓓ轴</td></tr>
<tr><td>混凝土
强度等级</td><td>C40</td><td>混凝土浇筑
完成时间</td><td>2014 年 10 月 30 日</td><td>申请
拆模日期</td><td>2014 年 11 月 24 日</td></tr>
<tr><td colspan="6">构件类型
(注:在所选择构件类型的□内划“√”)</td></tr>
<tr><td>□墙</td><td>□柱</td><td>板:
□跨度≤2m
☑ 2m＜跨度≤8m
□跨度＞8m</td><td>梁:
☑跨度≤8m
□跨度＞8m</td><td>□悬壁构件</td><td>______
______
______</td></tr>
<tr><td colspan="2">拆模时混凝土强度要求</td><td>龄期
(d)</td><td>同条件混凝土
抗压强度
(MPa)</td><td>达到设计
强度等级
(%)</td><td>强度报告
编号</td></tr>
<tr><td colspan="2">应达到设计强度 75 %
(或____MPa)</td><td>25</td><td>42</td><td>105</td><td>2014-20482</td></tr>
<tr><td colspan="6">审批意见:
地上三层Ⅰ段顶板①～⑥/Ⓐ～Ⓓ轴的同条件养护试件强度达到设计强度等级的 105%(附同条件混凝土强度报告),符合 GB 50204－2015 规定,同意拆模。

批准拆模日期:2014 年 11 月 24 日</td></tr>
<tr><td colspan="2">施工单位</td><td colspan="4">××建设集团有限公司</td></tr>
<tr><td colspan="2">专业技术负责人</td><td colspan="2">专业质检员</td><td colspan="2">申请人</td></tr>
<tr><td colspan="2">×××</td><td colspan="2">×××</td><td colspan="2">×××</td></tr>
</table>

1. 本表由施工单位填写并保存。
2. 拆模时混凝土强度规定:当设计有要求时,应按设计要求;当设计无要求时,应按现行规范要求。
3. 如结构型式复杂(结构跨度变化较大)或平面不规则,应附拆模平面示意图。

《混凝土拆模申请单》填写说明

1. 责任部门

施工单位。

2. 提交时限

每次拆模前完成、模板拆除检验批验收前提交。

3. 填写要点

(1)“申请拆模部位”:按实际拆模部位填写。

(2)“构件类型”:在所选择构件类型的□内划“√”;表内“拆模时混凝土强度要求,龄期,同条件混凝土抗压强度,达到设计强度等级,强度报告编号”按同条件混凝土强度报告试验结果填写。

(3)“审批意见”:当同条件养护试件强度达到设计或规范要求时,由项目专业技术负责人审批。

(4)如结构型式复杂(结构跨度变化较大)或平面不规则,应附拆模平面示意图。

4. 相关规定及要求

(1)在拆除现浇混凝土结构板、梁、悬臂构件等底模和柱墙侧模前,应填写本表并附同条件混凝土强度报告,报项目专业技术负责人审批,通过后方可拆模。按照《混凝土结构工程施工质量验收规范》(GB 50204—2015)的规定,施工单位与监理单位应及时在拆模后共同对现浇混凝土的外观质量和尺寸偏差进行全数检查。

(2)底模及其支架拆除时的混凝土强度应符合设计要求;当设计无具体要求时,混凝土强度应符合表 2-1 的规定。

表 2-1　　底模拆除时的混凝土强度要求

构件类型	构件跨度(m)	达到设计的混凝土立方体抗压强度标准值的百分率(%)
板	≤2	≥50
	>2,≤8	≥75
	>8	≥100
梁、拱、壳	≤8	≥75
	>8	≥100
悬臂构件	—	≥100

(3)对后张法预应力混凝土结构构件,侧模宜在预应力张拉前拆除;底模支架的拆除应按施工技术方案执行,当无具体要求时,不应在结构构件建立预应力前拆除。

(4)后浇带模板的拆除和支顶应按施工技术方案执行。

(5)侧模拆除时的混凝土强度应能保证其表面及棱角不受损伤。

(6)模板拆除时,不应对楼层形成冲击荷载。拆除的模板和支架宜分散堆放并及时清运。

混凝土抗压强度试验报告

混凝土抗压强度试验报告		编　　号	×××
		试验编号	2014-20482
		委托编号	2014-43015
工程名称及部位	××工程　地上三层Ⅰ段顶板①～⑥/Ⓐ～Ⓓ轴	试件编号	041
委托单位	××公司项目部	试验委托人	×××
设计强度等级	C40	实测坍落度	148mm
水泥品种及强度等级	P·O　42.5	试验编号	2014-095
砂种类	中砂	试验编号	2014-53
石种类、公称直径	碎石　25mm	试验编号	2014-50
外加剂名称	SA-1　UEA	试验编号	W2014-18 2014-07
掺合料名称	FA	试验编号	2014-68
配合比编号	2014-4108		

成型日期	2014 年 10 月 30 日	要求龄期	25 天	要求试验日　期	2014 年 11 月 24 日
养护方法	同条件	收到日期	2014 年 11 月 24 日	试块制作人	×××

试验结果	试验日期	实际龄期(天)	试件边长(mm)	受压面积(mm^2)	荷载(kN)		平均抗压强度(MPa)	折合 150mm 立方体抗压强度(MPa)	达到设计强度等级(%)
					单块值	平均值			
	2014 年 11 月 24 日	25	100	10000	367 447 442	442	44.2	42.0	105

结论：

试验方法依据 GB/T 50081—2002 标准。

批　准	×××	审　核	×××	试　验	×××
试验单位	××公司试验室(单位章)				
报告日期	2014 年 11 月 24 日				

本表由建设单位、施工单位各保存一份。

模板安装工程检验批质量验收记录

02010101　001

单位（子单位）工程名称	××工程	分部（子分部）工程名称	主体结构（混凝土结构）	分项工程名称	现浇结构
施工单位	××建筑有限公司	项目负责人	×××	检验批容量	34 根
分包单位	/	分包单位项目负责人	/	检验批部位	二层柱 A～E/1～6+2.5m 轴
施工依据	《混凝土结构工程施工规范》GB 50666-2011		验收依据	《混凝土结构工程施工质量验收规范》GB 50204-2015	

验收项目			设计要求及规范规定	最小/实际抽样数量	检查记录	检查结果
主控项目	1	模板及支架用材料	第 4.2.1 条	/	合格，质量证明文件编号：××××	√
主控项目	2	模板及支架安装质量	第 4.2.2 条	4/4	抽查 4 处、全部合格	√
主控项目	3	后浇带处模板及支架设置	第 4.2.3 条	/	/	/
主控项目	4	支架竖杆或竖向模板安装	第 4.2.4 条	/	/	/
一般项目	1	模板安装	第 4.2.5 条	全/34	共 34 处，全部检查，32 处合格，不合格处已整改，复查合格	100%
一般项目	2	隔离剂的品种与涂刷	第 4.2.6 条	/	合格，质量证明文件编号：××××	√
一般项目	3	模板的起拱	第 4.2.7 条	/	/	/
一般项目	4	多层连续支模	第 4.2.8 条	/	/	/
一般项目	5	预埋件和预留孔洞留置与防渗措施	第 4.2.9 条	4/4	抽查 4 处，全部合格	100%
一般项目	5	预埋件、预留孔洞允许偏差：预埋板中心线位置	3	/	/	/
一般项目	5	预埋件、预留孔洞允许偏差：预埋管、预留孔中心线位置	3	/	/	/
一般项目	5	预埋件、预留孔洞允许偏差：插筋 中心线位置	5	4/4	抽查 4 处，全部合格	100%
一般项目	5	预埋件、预留孔洞允许偏差：插筋 外露长度	+10，0	4/4	抽查 4 处，全部合格	100%
一般项目	5	预埋件、预留孔洞允许偏差：预埋螺栓 中心线位置	2	/	/	/
一般项目	5	预埋件、预留孔洞允许偏差：预埋螺栓 外露长度	+10，0	/	/	/
一般项目	5	预埋件、预留孔洞允许偏差：预留洞 中心线位置	10	/	/	/
一般项目	5	预埋件、预留孔洞允许偏差：预留洞 尺寸	+10，0	/	/	/
一般项目	6	现浇结构模板安装：轴线位置	5	4/4	抽查 4 处，全部合格	100%
一般项目	6	现浇结构模板安装：底模上表面标高	±5	4/4	抽查 4 处，全部合格	100%
一般项目	6	现浇结构模板安装：模板内部尺寸 基础	±10	/	/	/
一般项目	6	现浇结构模板安装：模板内部尺寸 柱、墙、梁	±5	4/4	抽查 4 处，全部合格	100%
一般项目	6	现浇结构模板安装：模板内部尺寸 楼梯相邻踏步高差	5	/	/	/
一般项目	6	现浇结构模板安装：墙、柱垂直度 层高≤6m	8	4/4	抽查 4 处，全部合格	100%
一般项目	6	现浇结构模板安装：墙、柱垂直度 层高＞6m	10	/	/	/
一般项目	6	现浇结构模板安装：相邻模板表面高差	2	4/4	抽查 4 处，全部合格	100%
一般项目	6	现浇结构模板安装：表面平整度	5	4/4	抽查 4 处，全部合格	100%

施工单位检查结果	符合要求 专业工长：王晨 项目专业质量检查员：孔凡民 2015 年××月××日
监理单位验收结论	合格 专业监理工程师：刘东 2015 年××月××日

《模板安装工程检验批质量验收记录》填写说明

1. 填写依据

(1)《混凝土结构工程施工质量验收规范》GB 50204－2015。

(2)《建筑工程施工质量验收统一标准》GB 50300－2013。

2. 规范摘要

以下内容摘自《混凝土结构工程施工质量验收规范》GB 50204－2015。

(1)检验批划分原则

混凝土结构子分部工程可根据结构的施工方法分为两类：现浇混凝土结构子分部工程和装配式混凝土结构子分部工程；根据结构的分类，还可分为钢筋混凝土结构子分部工程和预应力混凝土结构子分部工程等。

混凝土结构子分部工程可划分为模板、钢筋、预应力、混凝土、现浇结构和装配式结构等分项工程。

各分项工程可根据与施工方式相一致且便于控制施工质量的原则，按工作班、楼层、结构缝或施工段划分为若干检验批。

(2)验收要求

主控项目

1)模板及支架用材料的技术指标应符合国家现行有关标准的规定。进场时应抽样检验模板和支架材料的外观、规格和尺寸。

检查数量：按国家现行有关标准的规定确定。

检验方法：检查质量证明文件；观察，尺量。

2)现浇混凝土结构模板及支架的安装质量，应符合国家现行有关标准的规定和施工方案的要求。

检查数量：按国家现行有关标准的规定确定。

检验方法：按国家现行有关标准的规定执行。

3)后浇带处的模板及支架应独立设置。

检查数量：全数检查。

检验方法：观察。

4)支架竖杆或竖向模板安装在土层上时，应符合下列规定：

①土层应坚实、平整，其承载力或密实度应符合施工方案的要求；

②应有防水、排水措施；对冻胀性土，应有预防冻融措施；

③支架竖杆下应有底座或垫板。

检查数量：全数检查。

检验方法：观察；检查土层密实度检测报告、土层承载力验算或现场检测报告。

一般项目

1)模板安装应符合下列规定：

①模板的接缝应严密；

②模板内不应有杂物、积水或冰雪等；

③模板与混凝土的接触面应平整、清洁；

④用作模板的地坪、胎膜等应平整、清洁，不应有影响构件质量的下沉、裂缝、起砂或起鼓；

⑤对清水混凝土及装饰混凝土构件，应使用能达到设计效果的模板。

检查数量：全数检查。

检验方法：观察。

2)隔离剂的品种和涂刷方法应符合施工方案的要求。隔离剂不得影响结构性能及装饰施工；不得沾污钢筋、预应力筋、预埋件和混凝土接槎处；不得对环境造成污染。

检查数量：全数检查。

检验方法：检查质量证明文件；观察。

3)模板的起拱应符合现行国家标准《混凝土结构工程施工规范》50666 的规定，并应符合设计及施工方案的要求。

检查数量：在同一检验批内，对梁，跨度大于 18m 时应全数检查，跨度不大于 18m 时应抽查构件数量的 10%，且不应少于 3 件；对板，应按有代表性的自然间柚查 10%，且不应少于 3 间；对大空间结构，板可按纵、横轴线划分检查面，抽查 10% ，且不应少于 3 面。

检验方法：水准仪或尺量。

4)现浇混凝土结构多层连续支模应符合施工方案的规定。上下层模板支架的竖杆宜对准。竖杆下垫板的设置应符合施工方案的要求。

检查数量：全数检查。

检验方法：观察。

5)固定在模板上的预埋件和预留孔洞不得遗漏，且应安装牢固。有抗渗要求的混凝土结构中的预埋件，应按设计及施工方案的要求采取防渗措施。

预埋件和预留孔洞的位置应满足设计和施工方案的要求。当设计无具体要求时，其位置偏差应符合表 2-2 的规定。

表 2-2　　预埋件和预留孔洞的安装允许偏差

项目		允许偏差(mm)
预埋钢板中心线位置		3
预埋管、预留孔中心线位置		3
插筋	中心线位置	5
	外露长度	+10,0
预埋螺栓	中心线位置	2
	外露长度	+10,0
预留洞	中心线位置	10
	尺寸	+10,0

注：检查中心线位置时，应沿纵、横两个方向量测，并取其中的较大值。

检查数量：在同一检验批内，对梁、柱和独立基础，应抽查构件数量的 10% ，且不应少于 3 件；对墙和板，应按有代表性的自然间抽查 10%，且不应少于 3 间；对大空间结构，墙可按相邻轴线间高度 5m 左右划分检查面，板可按纵、横轴线划分检查面，抽查 10%，且均不应少于 3 面。

检验方法：观察，尺量。

6)现浇结构模板安装的偏差及检验方法应符合表 2-3 的规定。

表 2-3　　现浇结构模板安装的允许偏差及检验方法

项目		允许偏差(mm)	检验方法
轴线位置		5	尺量
底模上表面标高		±5	水准仪或拉线、尺量
模板内部尺寸	基础	±10	尺量
	柱、墙、梁	±5	尺量
	楼梯相邻踏步高差	5	尺量
柱、墙垂直度	层高≤6m	8	经纬仪或吊线、尺量
	层高>6m	10	经纬仪或吊线、尺量
相邻模板表面高差		2	尺量
表面平整度		5	2m 靠尺和塞尺量测

注:检查轴线位置,当有纵横两个方向时,沿纵、横两个方向量测,并取其中偏差的较大值。

检查数量:在同一检验批内．对梁、柱和独立基础,应抽查构件数量的 10%,且不应少于 3 件;对墙和板,应按有代表性的自然间抽查 10%,且不应少于 3 间;对大空间结构,墙可按相邻轴线间高度 5m 左右划分检查面,板可按纵、横轴线划分检查面,抽查 10%,且均不应少于 3 面。

7)预制构件模板安装的偏差及检验方法应符合表 2-4 的规定。

表 2-4　　预制构件模板安装的允许偏差及检验方法

项目		允许偏差(mm)	检验方法
长度	板、梁	±4	尺量两侧边,取其中较大值
	薄腹板、桁架	±8	
	柱	0,−10	
	墙板	0,−5	
宽度	板、墙板	0,−5	尺量两端及中部,取其中较大值
	梁、薄腹板、桁架	+2,−5	
高(厚)度	板	+2,−3	尺量两端及中部,取其中较大值
	墙板	0,−5	
	梁、薄腹板、桁架、柱	+2,−5	
侧向弯曲	梁、板、柱	$L/1000$,且≤15	拉线、尺量最大弯曲处
	墙板、薄腹板、桁架	$L/1500$,且≤15	
板的表面平整度		3	2m 靠尺和塞尺量测
相邻模板表面高低差		1	尺量
对角线差	板	7	尺量两对角线
	墙板	5	
翘曲	板、墙板	$L/1500$	水平尺在两端量测
设计起拱	薄腹板、桁架、梁	±3	拉线、尺量跨中

注:L 为构件长度(mm)。

检查数量:首次使用及大修后的模板应全数检查;使用中的模板应抽查 10%,且不应少于 5 件,不足 5 件时应全数检查。

模板拆除检验批质量验收记录

02010102＿＿＿001

单位（子单位）工程名称	××大厦	分部（子分部）工程名称	主体结构/混凝土结构	分项工程名称	模板
施工单位	××建筑有限公司	项目负责人	赵斌	检验批容量	板 27 间；梁 30 件
分包单位	/	分包单位项目负责人	/	检验批部位	1～8/A～F 轴三层顶板梁
施工依据	《混凝土结构工程施工规范》GB50666-2011		验收依据	《混凝土结构工程施工质量验收规程》DBJ 01-82-2005	

	验收项目				设计要求及规范规定	最小/实际抽样数量	检查记录	检查结果
主控项目	1	底模及其支架拆除时的混凝土强度	构件类型	构件跨度(m)	达到设计的混凝土立方体抗压强度标准值的百分率(%)			
			板	≤2	≥50	/	/	
				8≥，>2	≥75	全/	同条件养护试块抗压强度达到设计强度的 105%，符合规定	√
				>8	≥100	/	/	
			梁、拱、壳	≤8	≥75	全/	同条件养护试块抗压强度达到设计强度的 105%，符合规定	√
				>8	≥100	/	/	
			悬臂构件	-	≥100	/	/	
	2	后张法预应力构件侧模和底模的拆除时间			第 4.3.2 条	/	/	
	3	后浇带拆模和支顶			第 4.3.3 条	/	/	
一般项目	1	避免拆模损伤			第 4.3.4 条	全/全	表面及棱角无损伤	100%
	2	模板拆除、堆放和清运			第 4.3.5 条	全/全	现场清理整洁，无堆载现象	100%

施工单位检查结果	符合要求 专业工长：王晨 项目专业质量检查员：孔凡民 2014 年××月××日
监理单位验收结论	合格 专业监理工程师：刘东 2014 年××月××日

《模板拆除工程检验批质量验收记录表》填写说明

1. 填写依据

《建筑工程施工质量验收统一标准》GB 50300－2013。

2. 规范摘要

(1)检验批划分原则

混凝土结构子分部工程可根据结构的施工方法分为两类:现浇混凝土结构子分部工程和装配式混凝土结构子分部工程;根据结构的分类,还可分为钢筋混凝土结构子分部工程和预应力混凝土结构子分部工程等。

混凝土结构子分部工程可划分为模板、钢筋、预应力、混凝土、现浇结构和装配式结构等分项工程。

各分项工程可根据与施工方式相一致且便于控制施工质量的原则,按工作班、楼层、结构缝或施工段划分为若干检验批。

(2)一般规定

1)模板及其支架应根据工程结构形式、荷载大小、地基土类别、施工设备和材料供应等条件进行设计。模板及其支架应具有足够的承载能力、刚度和稳定性,能可靠地承受浇筑混凝土的重量、侧压力以及施工荷载。

2)在浇筑混凝土之前,应对模板工程进行验收。

模板安装和浇筑混凝土时,应对模板及其支架进行观察和维护。发生异常情况时,应按施工技术方案及时进行处理。

3)模板及其支架拆除的顺序及安全措施应按施工技术方案执行。

(3)验收要求

主控项目

1)底模及其支架拆除时的混凝土强度应符合设计要求。

检查数量:全数检查。

检验方法:检查同条件养护试件强度试验报告。

2)对后张法预应力混凝土结构构件,侧模宜在预应力张拉前拆除;底模支架的拆除应按施工技术方案执行,当无具体要求时,不应在结构构件建立预应力前拆除。

检查数量:全数检查。

检验方法:观察。

3)后浇带模板的拆除和支顶应按施工技术方案执行。

检查数量:全数检查。

检验方法:观察。

一般项目

1)侧模拆除时的混凝土强度应能保证其表面及棱角不受损伤。

检查数量:全数检查。

检验方法:观察。

2)模板拆除时,不应对楼层形成冲击荷载。拆除的模板和支架宜分散堆放并及时清运。

检查数量:全数检查。

检验方法:观察。

模　　板 分项工程质量验收记录表

<table>
<tr><td colspan="2">单位(子单位)工程名称</td><td colspan="2">××工程</td><td>结构类型</td><td>全现浇剪力墙</td></tr>
<tr><td colspan="2">分部(子分部)工程名称</td><td colspan="2">混凝土结构</td><td>检验批数</td><td>12</td></tr>
<tr><td>施工单位</td><td colspan="3">××建设集团有限公司</td><td>项目经理</td><td>×××</td></tr>
<tr><td>分包单位</td><td colspan="3">/</td><td>分包单位负责人</td><td>/</td></tr>
<tr><td>序号</td><td colspan="2">检验批名称及部位、区段</td><td colspan="2">施工单位检查评定结果</td><td>监理(建设)单位验收结论</td></tr>
<tr><td>1</td><td colspan="2">首层墙、板</td><td colspan="2">√</td><td>合格</td></tr>
<tr><td>2</td><td colspan="2">二层墙、板</td><td colspan="2">√</td><td>合格</td></tr>
<tr><td>3</td><td colspan="2">三层墙、板</td><td colspan="2">√</td><td>合格</td></tr>
<tr><td>4</td><td colspan="2">四层墙、板</td><td colspan="2">√</td><td>合格</td></tr>
<tr><td>5</td><td colspan="2">五层墙、板</td><td colspan="2">√</td><td>合格</td></tr>
<tr><td>6</td><td colspan="2">六层墙、板</td><td colspan="2">√</td><td>合格</td></tr>
<tr><td>7</td><td colspan="2">七层墙、板</td><td colspan="2">√</td><td>合格</td></tr>
<tr><td>8</td><td colspan="2">八层墙、板</td><td colspan="2">√</td><td>合格</td></tr>
<tr><td>9</td><td colspan="2">九层墙、板</td><td colspan="2">√</td><td>合格</td></tr>
<tr><td>10</td><td colspan="2">十层墙、板</td><td colspan="2">√</td><td>合格</td></tr>
<tr><td>11</td><td colspan="2">屋顶电梯机房</td><td colspan="2">√</td><td>合格</td></tr>
<tr><td>12</td><td colspan="2">屋顶水箱间</td><td colspan="2">√</td><td>合格</td></tr>
<tr><td>检查结论</td><td colspan="2">首层至屋顶水箱间模板安装及拆除工程施工质量符合《混凝土结构工程施工质量验收规范》(GB 50204－2015)的要求,模板分项工程合格。

项目专业技术负责人:×××
2015年8月3日</td><td>验收结论</td><td colspan="2">同意施工单位检查结论,验收合格。

监理工程师:×××
(建设单位项目专业技术负责人)
2015年8月3日</td></tr>
</table>

注:地基基础、主体结构工程的分项工程质量验收不填写“分包单位”、“分包项目经理”。

《________分项工程质量验收记录表》填写说明

1. 责任部门

项目质量部。

2. 提交时限

分项工程验收前3d提交(混凝土除外)。

3. 填写要点

(1)除填写表中基本参数外,首先应填写各检验批的名称、部位、区段等,注意要填写齐全;

(2)表中部“施工单位检查评定结果”栏,由施工单位质量检查员填写,可以打“√”或填写“符合要求,验收合格”;

(3)表中部右边“监理单位验收结论”栏,专业工程监理工程师应逐项审查,同意项填写“合格”或“符合要求”,如有不同意项应做标记但暂不填写,待处理后再验收;对不同意项,监理工程师应指出问题,明确处理意见和完成时间;

(4)表下部“检查结论”栏,由施工单位项目技术负责人填写,可填“合格”,然后交监理单位验收;

(5)表下部“验收结论”栏,由监理工程师填写,在确认各项验收合格后,填入“验收合格”。

4. 相关要求

(1)分项工程完成(即分项工程所包含的检验批均已完工),施工单位自检合格后,应填报《____分项工程质量验收记录表》和《分项/分部工程施工报验表》。

(2)分项工程质量验收由监理工程师(建设单位项目专业技术负责人)组织项目专业技术负责人等进行验收并签认。

2.3　钢筋工程

2.3.1　钢筋工程资料列表

(1)施工管理资料

1)钢筋焊接及机械连接操作人员的岗位证书

2)见证记录

(2)施工技术资料

1)钢筋隐蔽工程报审、报验表

2)钢筋工程施工方案

3)技术交底记录

①钢筋施工方案技术交底记录

②底板钢筋安装工程技术交底记录

③剪力墙结构墙体钢筋安装工程技术交底记录

④现浇框架结构钢筋安装工程技术交底记录

⑤钢筋机械连接接头技术交底记录

⑥钢筋焊接连接接头技术交底记录

4)图纸会审记录、设计变更通知单、工程洽商记录

(3)施工物资资料

1)半成品钢筋出厂合格证

2)钢筋质量证明书或产品合格证、出厂检验报告

钢筋现场抽样(包括见证取样)试验报告,特殊要求时的化学成分等专项检验报告注:进口钢筋应有化学成分检验报告和可焊性试验报告。钢筋在加工过程中,当发现脆断、焊接性能不良或力学性能显著不正常等现象时,应对该批钢筋进行化学成分检验或其他专项检验。

3)焊条、焊剂合格证,机械连接接头套筒质量证明文件

4)钢筋原材质量证明文件、试验报告目录

5)钢材代换单,钢筋原材料质量记录表,钢筋配料单

6)材料、构配件进场检验记录

7)工程物资进场报验表

(4)施工记录

1)隐蔽工程验收记录

2)工序交接检查记录

3)钢筋加工预检记录

4)钢筋冷拉调直记录

5)现场钢筋丝头加工质量检查记录

6)现场钢筋机械连接接头拧紧力矩抽检记录

7)现场钢筋机械连接接头外观质量检查记录

(现为现场钢筋接头连接质量检查记录表)

8)现场钢筋焊接连接接头外观质量检查记录

(现为现场钢筋接头连接质量检查记录表)

9)焊接材料烘焙记录

(5)施工试验记录及检测报告

1)钢筋保护层厚度试验报告

2)钢筋机械连接型式检验报告

3)钢筋连接工艺检验(评定)报告

4)钢筋连接试验报告(包括焊接、机械连接接头)

5)钢筋连接试验报告目录

(6)施工质量验收记录

1)结构实体钢筋保护层厚度验收记录

2)钢筋加工工程检验批质量验收记录表

3)钢筋安装工程检验批质量验收记录表

4)钢筋分项工程质量验收记录表

5)分项/分部工程施工报验表

物资进场检验记录目录

工程名称	××办公楼工程			资料类别	钢筋进场检验记录			
序号	物资名称	品种 规格型号	检验单位	检验日期	检验结论	资料编号	页次	备注
1	热轧带肋钢筋、热轧光圆钢筋	Φ16Φ12 φ10φ8φ6.5	××建设集团有限公司	2009.10.28	无裂纹、油污、锈蚀,合格	001	1	
2	热轧带肋钢筋	Φ32Φ28Φ25 Φ18Φ14	××建设集团有限公司	2009.11.6	无裂纹、油污、锈蚀,合格	002	2	
3	热轧带肋钢筋	Φ32Φ28Φ25 Φ16Φ12	××建设集团有限公司	2009.11.11	无裂纹、油污、锈蚀,合格	003	3	
4	热轧带肋钢筋	Φ25Φ18Φ16 Φ14	××建设集团有限公司	2009.11.15	无裂纹、油污、锈蚀,合格	004	4	
5	热轧带肋钢筋、热轧光圆钢筋	Φ22φ10	××建设集团有限公司	2009.11.18	无裂纹、油污、锈蚀,合格	005	5	
6	热轧带肋钢筋	Φ28Φ25Φ20 Φ16Φ14Φ12	××建设集团有限公司	2009.11.19	无裂纹、油污、锈蚀,合格	006	6	
7	热轧带肋钢筋	Φ18Φ16	××建设集团有限公司	2009.11.26	无裂纹、油污、锈蚀,合格	007	7	
8	热轧带肋钢筋	Φ32Φ28Φ22 Φ20Φ16Φ14Φ12	××建设集团有限公司	2009.12.13	无裂纹、油污、锈蚀,合格	008	8	
9	热轧带肋钢筋	Φ32Φ25Φ22 Φ20Φ18Φ16	××建设集团有限公司	2010.3.2	无裂纹、油污、锈蚀,合格	009	9	
10	热轧带肋钢筋、热轧光圆钢筋	Φ14Φ12 φ10φ8φ6.5	××建设集团有限公司	2010.3.3	无裂纹、油污、锈蚀,合格	010	10	
11	热轧带肋钢筋	Φ25Φ22Φ20 Φ18Φ16Φ14	××建设集团有限公司	2010.3.17	无裂纹、油污、锈蚀,合格	011	11	
12	热轧带肋钢筋、热轧光圆钢筋	Φ12 φ10φ8φ6.5	××建设集团有限公司	2010.3.19	无裂纹、油污、锈蚀,合格	012	12	
13	热轧带肋钢筋、热轧光圆钢筋	Φ25Φ22Φ20 Φ16Φ12φ10φ8	××建设集团有限公司	2010.3.21	无裂纹、油污、锈蚀,合格	013	13	
14	热轧带肋钢筋、热轧光圆钢筋	Φ22Φ20Φ14 φ10φ8	××建设集团有限公司	2010.4.13	无裂纹、油污、锈蚀,合格	014	14	
15	热轧带肋钢筋	Φ14Φ12	××建设集团有限公司	2010.5.1	无裂纹、油污、锈蚀,合格	015	15	
16	热轧带肋钢筋、热轧光圆钢筋	Φ12 φ10φ6.5	××建设集团有限公司	2010.5.13	无裂纹、油污、锈蚀,合格	016	16	
…	…							

2.3.2 钢筋工程资料填写范例

材料、构配件进场检验记录					资料编号	×××	
工程名称	××办公楼工程				检验日期	2014年10月28日	
序号	名称	规格型号(mm)	进场数量	生产厂家 合格证号	检验项目	检验结果	备注
1	热轧带肋钢筋	Φ16	11.376t	首钢 4312068	外观、质量证明文件	合格	
2	热轧带肋钢筋	Φ12	80.359t	首钢 1245	外观、质量证明文件	合格	
3	热轧光圆钢筋	Φ10	3.15t	首钢 2291	外观、质量证明文件	合格	
4	热轧光圆钢筋	Φ8	5.685t	首钢 2287	外观、质量证明文件	合格	
5	热轧光圆钢筋	Φ6.5	4.685t	首钢 2216	外观、质量证明文件	合格	

检验结论:

以上材料外观检查合格,材质、规格型号及数量经复检均符合设计及规范要求,产品质量证明文件齐全。

签字栏	施工单位	××建设集团有限公司	专业质检员	专业工长	检验员
			×××	×××	×××
	监理(建设)单位	××工程建设监理有限公司		专业工程师	×××

本表由施工单位填写。

资料管理专项目录(质量证明文件)

工程名称	××办公楼工程				资料类别	钢筋原材质量证明文件				
序号	物资(资料)名称	厂名	品种规格　型号	产品质量证明编号	数量(t)	进场日期	使用部位	资料编号	页次	备注
1	钢筋质量证明书	天津轧三	HRB 335 12	1245	40	2009.10.28	基础反梁	001	1～2	
2	钢筋质量证明书	天津轧三	HRB 335 12	1245	40.359	2009.10.28	基础反梁	002	3～4	
3	钢筋质量证明书	承钢	HRB 335 16	4312068	11.376	2009.10.28	基础反梁	003	5～6	
4	钢筋质量证明书	天津轧三	HPB 235 10	2291	3.15	2009.10.28	基础反梁、地下一层墙	004	7～8	
5	钢筋质量证明书	天津轧三	HPB 235 8	2287	5.685	2009.10.28	基础反梁、地下一层墙	005	9～10	
6	钢筋质量证明书	天津轧三	HPB 235 6.5	2216	4.685	2009.10.28	基础反梁、地下一层墙	006	11～12	
7	钢筋质量证明书	首钢	HRB 335 14	8-3221	9.438	2009.11.6	基础底板、反梁	007	13～14	
8	钢筋质量证明书	承钢	HRB 335 18	4841472	2.88	2009.11.6	基础反梁	008	15～16	
9	钢筋质量证明书	承钢	HRB 335 25	4220789	5.544	2009.11.6	基础反梁	009	17～18	
10	钢筋质量证明书	首钢	HRB 335 28	12-323	15.649	2009.11.6	基础反梁	010	19～20	
11	钢筋质量证明书	承钢	HRB 335 28	4682351	11.592	2009.11.6	基础反梁	011	21～22	
12	钢筋质量证明书	宣钢	HRB 335 32	2009-6071	20.899	2009.11.6	基础反梁	012	23～24	
13	钢筋质量证明书	首钢	HRB 335 32	7-220	27.499	2009.11.13	基础反梁、地下一层柱梁	013	25～26	
14	钢筋质量证明书	首钢	HRB 335 28	7-235	5.796	2009.11.13	基础反梁、地下一层柱梁	014	27～28	
15	钢筋质量证明书	宣钢	HRB 335 25	2009-0912	3.950	2009.11.13	基础反梁、地下一层柱	015	29～30	
16	钢筋质量证明书	宣钢	HRB 335 16	2009-1462	9.480	2009.11.13	基础反梁、地下一层柱	016	31～32	
17	钢筋质量证明书	宣钢	HRB 335 12	2009-5052	5.328	2009.11.13	基础反梁、地下一层柱	017	33～34	
18	钢筋质量证明书	天津轧三	HRB 335 14	2140	33.578	2009.11.15	基础底板、地下一层墙	018	35～36	

工程名称		××办公楼工程			资料类别		钢筋原材质量证明文件		
序号	物资(资料)名称	厂名	品种 规格 型号	产品质量证明编号	数量(t)	进场日期	使用部位	资料编号	页次	备注
19	钢筋质量证明书	天津一轧	HRB 335 18	00014297	3.12	2009.11.15	地下一层墙、地下一～四层梁	019	37～38	
20	钢筋质量证明书	天铁一轧	HRB 335 25	00014297	6.006	2009.11.15	地下一层柱	020	39～40	
21	钢筋质量证明书	天铁一轧	HRB 335 16	00014120	19.908	2009.11.15	基础底板、地下一层墙	021	41～42	
22	钢筋质量证明书	天津轧三	HRB 335 16	3220	17.064	2009.11.15	基础底板、地下一层墙	022	43～44	
23	钢筋质量证明书	宣钢	HRB 335 28	2009-0174	14.142	2009.11.19	地下一层柱梁	023	45～46	
24	钢筋质量证明书	天铁一轧	HRB 335 25	00011143	28.888	2009.11.19	地下一层～首层柱梁	024	47～48	
25	钢筋质量证明书	天铁一轧	HRB 335 22	00011143	9.656	2009.11.19	地下一层～首层柱	025	49～50	
26	钢筋质量证明书	天铁一轧	HRB 335 20	00011143	4.89	2009.11.19	地下一层柱墙	026	51～52	
27	钢筋质量证明书	天津轧三	HRB 335 16	2215	34.128	2009.11.19	地下一层、首层墙、楼梯	027	53～54	
28	钢筋质量证明书	天津轧三	HRB 335 14	3089	17.424	2009.11.19	地下一层、首层墙梁楼梯	028	55～56	
29	钢筋质量证明书	天津轧三	HRB 335 14	3089	49.005	2009.11.19	地下一层、首层墙梁楼梯	029	57～58	
30	钢筋质量证明书	天津轧三	HRB 335 12	3326	45.821	2009.11.19	地下一层、首层墙梁楼梯	030	59～60	
31	钢筋质量证明书	天津一轧	HPB 335 10	00010282	3.18	2009.11.19	地下一层、首层墙梁顶板	031	61～62	
32	钢筋质量证明书	天津轧三	HRB 335 18	3220	5.28	2009.11.26	基础底板	032	63～64	
33	钢筋质量证明书	天津轧三	HRB 335 16	3293	8.532	2009.11.26	地下一层顶板	033	65～66	
34	钢筋质量证明书	首钢	HRB 335 32	10-220	16.47	2009.12.14	地下一层、首层、二层梁	034	67～68	

工程名称	××办公楼工程				资料类别	钢筋原材质量证明文件			
序号	物资(资料)名称	厂名	品种规格　型号	产品质量证明编号	数量(t)	进场日期	使用部位	资料编号	页次	备注
35	钢筋质量证明书	首钢	HRB 335 28	12-544	16.519	2009.12.14	地下一层、首层、二层梁	035	69～70	
36	钢筋质量证明书	首钢	HRB 335 32	11-1098	10.791	2009.12.15	地下一层梁	036	71～72	
37	钢筋质量证明书	承钢	HRB 335 22	5221-011	2.682	2009.12.15	地下一层梁	037	73～74	
38	钢筋质量证明书	首钢	HRB 335 20	11-5959	2.89	2009.12.15	地下一层梁、首层柱	038	75～76	
39	钢筋质量证明书	首钢	HRB 335 16	11-6118	5.972	2009.12.15	地下一层顶板、首层墙	039	77～78	
40	钢筋质量证明书	宣钢	HRB 335 14	2009-7572	20.996	2009.12.15	地下一层柱顶板、首层墙梁	040	79～80	
41	钢筋质量证明书	宣钢	HRB 335 12	2009-1999	42.624	2009.12.15	地下一层顶板、首层柱	041	81～82	
42	钢筋质量证明书	宣钢	HRB 335 32	2010-1974	6.133	2010.3.2	首层～三层柱	001	83～84	
43	钢筋质量证明书	承钢	HRB 335 25	2310-019	28.413	2010.3.2	首层～二层柱墙梁	002	85～86	
44	钢筋质量证明书	承钢	HRB 335 22	4330-273	14.125	2010.3.2	首层～二层柱墙梁	003	87～88	
45	钢筋质量证明书	承钢	HRB 335 20	4330-801	11.116	2010.3.2	首层～二层柱墙梁	004	89～90	
46	钢筋质量证明书	宣钢	HRB 335 18	2010-1301	3.504	2010.3.2	首层～二层墙梁	005	91～92	
47	钢筋质量证明书	承钢	HRB 335 16	2365-516	8.532	2010.3.2	首层～二层墙柱	006	93～94	
48	钢筋质量证明书	首钢	HRB 335 14	11-6372	15.609	2010.3.2	首层～二层墙柱	007	95～96	
49	钢筋质量证明书	宣钢	HRB 335 12	2010-2161	34.179	2010.3.2	首层～二层墙柱梁顶板	008	97～98	
…	…									

收货单位：北京××物资供应有限公司
CUSTOMER

合同编号：SXT414－7－2301
CONTRACT No.

品种名称：热轧带肋钢筋
NAME OF ARTICLE

技术条件：GB 1499.2－2007
SPECTFICATIONS

首钢总公司
SHOUGANG CORP.

产品质量证明书
QUALITY CERTIFICATE

制表单位：技术质量部
批准单位：计　财　部
表　　号：R0080402

证明书号(2XA)：7－220
CERTIFICATE No.

到　　站：送货
DESTINATION

车　　号：
TRAIN No.

发货日期：2009.09.09
DATE OF DELIVERY

生产许可证(PRODUCTION LICENSE No.)：XK09－205－00001

牌号 STEEL GRADE	规格 SIZE mm	炉(批号) HEAT OR BATCH No.	重量(吨) WEIGHT (t)	化学成分 % CHEMICAL COMPOSITION								拉伸性能 TENSION TEST					弯曲 BEND TEST	反向弯曲 REBEND TEST
				C	Si	Mn	P	S	V	N	Ceq	屈服点 σ_s MPa	抗拉强度 σ_b MPa	伸长率 δ_5 %	σ_b/σ_s	σ_s/σ_{smin}		
				×100			×1000			ppm	×100							
HRB 335	32	X411C20451		23	56	142	20	16			47	305 300	570 560	24 26			完好	
总计			55.420(t)27 件								此质量证明书应注明：进场日期：2009.11.13							
说明			9　m定尺								进场数量(t)：27.499							

1. 本产品质量证明书无产品质量专用章无效。　　使用部位(计划)：基础反梁、地下一层柱梁

2. 如发现质量问题请与我公司联系。　邮编：100041　电话：××××××××　地址：北京市××区厂东门办公厅

检查单位：________　　检查员：×××

质 量 证 明 书

收货单位：________ ××钢铁股份有限公司 生产许可证号：________

规 格：ϕ25 总 重 量：32.400t

合同编号：××042 产品名称：热轧带肋钢筋 车 号：4606178

技术条件：GB 1499—1998 证 明 书 号：40006430

炉批号	牌号	重量(t)	化学成分(%)							拉伸试验			弯曲试验		强屈比	冲击试验		
			C	Mn	Si	S	P	V	σ_b	σ_s	σ_5		弯曲 $d=3a$	反弯 正45°反23° $d=4a$	σ_b/σ_s	℃		
			×100		×1000					MPa		%						
D2-7758	HRB 335		21	143	50	13	27		0.45	505.550	380.375	23.20	完好，完好					
D1-9916	HRB 335		22	135	49	16	29		0.45	540.535	375.370	28.26	完好，完好					
D3-8728	HRB 335		19	108	57	17	25		0.42	530.535	360.360	25.24	完好，完好					
D1-7795	HRB 335		20	141	51	24	19		0.43	575.570	399.366	25.26	完好，完好					
D3-8799	HRB 335		20	135	52	18	20		0.48	545.550	365.370	24.25	完好，完好					

N 含量保证： 定尺：12 ____m ____t 交货状态： 热轧：

地址：××× 电报挂号：××× 电话××× 填表人：××× 日期：2015年×月×日 发货日期：2015年×月×日

进场日期：2015年×月×日

代表数量：32.400t

收料人：×××

使用部位：地下一层

半成品钢筋出厂合格证					编　号	×××	
工程名称	××工程				合格证编号	2015-065	
委托单位	×××项目部				钢筋种类	热轧带肋钢筋　HRB 335	
供应总量(t)	60			加工日期	2015 年 5 月 6 日	供货日期	2015 年 5 月 8 日
序号	级别规格	供应数量(t)	进货日期	生产厂家	原材报告编号	复试报告编号	使用部位
1	HRB335 ⌽32	50	2015 年 3 月 6 日	××加工厂	017	2015-0145	地上一、二层柱
备注：							
供应单位技术负责人			填表人		供应单位名称（盖章）		
×××			×××				
填表日期	2015 年 5 月 8 日						

本表由半成品钢筋供应单位提供，建设单位、施工单位各保存一份。

《半成品钢筋出厂合格证》填写说明

1. 责任部门

供应单位提供,项目物资部收集。

2. 提交时限

随物资进场提交。

3. 填写要点

(1)合格证中应包括:工程名称、委托单位、生产厂家、合格证编号、供应数量、加工及供货日期、钢筋级别规格、原材及复试报告编号、使用部位、供应单位技术负责人(签字)、填表人(签字)、供应单位盖章等内容。

(2)"合格证编号"指加工单位出具的半成品钢筋出厂合格证的编号。

(3)"原材报告编号"指生产厂家的钢筋原材出厂质量证明书的编号。

(4)"复试报告编号"指钢筋进场后取样复试报告的编号。

4. 相关要求

(1)钢筋采用场外委托加工时,钢筋资料应分级管理,加工单位应保存钢筋的原材出厂质量证明、复试报告、接头连接试验报告等资料,并保证资料的可追溯性。

(2)外委托加工的钢筋质量应由加工单位负责,施工单位仅需保留出厂合格证并对进场钢筋做外观检查。但用于承重结构的钢筋和钢筋连接接头,若通过进场外观检查对其质量产生怀疑或监理、设计单位有特殊要求时,可进行力学性能和工艺性能的抽样复试。如监理或设计单位提出复试要求的,应事先约定进场取样复试的原则与要求。

钢筋连接(原材)试验报告目录

工程名称	××工程								
序号	试件编号	试验日期	种类及规格	施工部位	连接形式	代表数量	抗拉强度(MPa)	屈服点(MPa)	备 注
1	001	2015年5月10日	HRB 335 Φ16	首层柱、梁		37.5t	590	428	试验编号××
2	002	2015年5月15日	HRB 335 Φ12	一、二层墙		48.3t	565	400	试验编号××
3	003	2015年5月20日	HRB 335 Φ14	一、二层墙		57.5t	563	383	试验编号××
4	004	2015年5月26日	HRB 335 Φ16	二层柱、梁		59.5t	553	388	试验编号××
5	005	2015年5月31日	HRB 335 Φ20	二层柱、梁		53.7t	590	420	试验编号××
…	…	…	…	…	…	…	…	…	

钢筋机械性能试验报告

委托单位:××建设集团有限公司　　　　**试验编号:**×××

工程名称	××工程		**委托日期**	2015年3月21日	
使用部位	基础底板		**报告日期**	2015年3月22日	
试样名称	热轧光圆钢筋		**检验类别**	委托	
产　地	××钢铁有限公司	**代表数量**	10.5t	**炉批号**	430117

规格(mm)	**屈服点**(MPa)		**抗拉强度**(MPa)		**伸长率**(%)		**弯曲条件**	**弯曲结果**
	标准要求	**实测值**	**标准要求**	**实测值**	**标准要求**	**实测值**		
ϕ12(HPB 300级钢)	≥300	350	≥420	450	≥25	32	d=a 180°	完好
	≥300	360	≥420	450	≥25	32		完好

依据标准:

《钢筋混凝土用钢第1部分　热轧光圆钢筋》(GB 1499.1—2008)

检验结论:

该样所检项目符合标准要求。

备注:

本报告未经本室书面同意不得部分复制。

见证单位:××建设监理公司

见证人:×××

试验单位:××质量检测中心　**技术负责人:**×××　**审核:**×××　**试(检)验:**×××

《钢筋机械性能试验报告》填写说明

钢筋机械性能试验报告是为保证建筑工程质量,对用于工程中的钢筋机械性能(屈服强度、抗拉强度、伸长率和冷弯)指标进行测试后由试验单位出具的质量证明文件。

1. 责任部门

钢筋供应单位必须提供质量证明书,并由施工单位的项目材料员负责收集;进场检验合格后按照有关规定做复试,钢筋进场复试报告应由施工单位的项目试验员负责收集,项目资料员汇总整理。

2. 提交时限

检测报告应随物资进场提交。复试报告应在正式使用前提交,复试时间3d左右。

3. 填写要点

(1)委托单位:提请试验的单位。

(2)试验编号:由试验室按收到试件的顺序统一排列编号。

(3)工程名称及使用部位:按委托单上的工程名称及使用部位填写。

(4)试样名称:指试验钢筋的型号、种类,如:热轧带肋HRB335钢筋、热轧光圆HPB300钢筋、热轧盘条Q235。

(5)检验类别:有委托、仲裁、抽样、监督和对比五种,按实际填写。

(6)代表数量:试件所能代表的用于某一工程的钢筋数量。

(7)规格:指试验钢筋的直径,如18。

(8)检验结论:按实际填写,必须明确合格或不合格。

4. 检查要点

(1)钢筋质量证明文件。

1)公章及复印件要求:质量证明书应具有钢筋生产单位、材料供应单位公章。复印件应加盖原件存放单位红章、具有经办人签字和经办日期。

2)出厂质量证明书(出厂合格证)应填写齐全,不得漏填或随意涂改,内容包括:生产许可证号、供方名称或厂标;需方名称;重量、证明书号、产品名称、炉(罐)批号、牌号、级别、规格、化学成分检验(碳、锰、硅、硫、磷、钒等)、机械性能数据(屈服点、抗拉强度、伸长率、冷弯)、发货日期、出厂日期等。

(2)钢筋试验报告。

1)试件编号:应按照单位工程和取样时间的先后顺序连续编号。通常情况下,试件编号为连续。如复试结果不合格钢筋退场情况下,试件编号可能会不连续。

2)委托单位:应填写施工单位名称,并与施工合同中的施工单位名称相一致。

3)代表数量:应填写本次复试的实际钢筋数量,不得笼统填写验收批的最大批量60t。

4)试验结果:拉伸试验(屈服点或屈服强度、抗拉强度、伸长率)、冷弯试验等各项性能结果应齐全。

(3)依据标准和结论:应明确检验执行依据和结果判定。

钢筋工程隐蔽验收记录

<table>
<tr><td rowspan="2">工程名称</td><td colspan="2" rowspan="2">××大厦工程</td><td>编　号</td><td colspan="2">×××</td></tr>
<tr><td>检验日期</td><td colspan="2">2015 年 3 月 6 日</td></tr>
<tr><td>隐蔽部位</td><td colspan="2">首层Ⅰ段　⑨～⑬/Ⓐ～Ⓖ　轴　墙、柱</td><td>施工图号</td><td colspan="2">结施－7、结施－10</td></tr>
<tr><td>等级/直径</td><td colspan="2">化验单编号</td><td>等级/直径</td><td colspan="2">化验单编号</td></tr>
<tr><td>HRB335　32mm</td><td colspan="2">2014－××</td><td>HRB335　16mm</td><td colspan="2">2014－××</td></tr>
<tr><td>HRB335　28mm</td><td colspan="2">2014－××</td><td>HRB335　14mm</td><td colspan="2">2014－××</td></tr>
<tr><td>HRB335　25mm</td><td colspan="2">2014－××</td><td>HRB335　12mm</td><td colspan="2">2014－××</td></tr>
<tr><td>HRB335　22mm</td><td colspan="2">2014－××</td><td>HPB300　6mm</td><td colspan="2">2014－××</td></tr>
<tr><td>HRB335　20mm</td><td colspan="2">2014－××</td><td></td><td colspan="2"></td></tr>
<tr><td>试件规格</td><td>代表部位</td><td>代表数量</td><td>连接方式</td><td>报告编号</td><td>试验结果</td></tr>
<tr><td></td><td></td><td></td><td></td><td></td><td></td></tr>
</table>

需要说明的事项(可加附页或附图)：

隐检内容：

(1)钢筋有质量证明书(编号：××)、复试报告(试验编号：2004－××～2004－××)，合格。钢筋表面清洁，无锈蚀、无污染。

(2) 钢筋规格、数量、间距等：

1) 墙体钢筋：双排双向；竖向筋为Φ 12@200、Φ 12@150；墙体水平筋在外侧为Φ 12@200、Φ 12@150、Φ 14@150，拉结筋为 ϕ6@400×400、ϕ6@450×450。第一道水平筋距楼面 50mm，第一道竖向筋距暗柱 50mm。水平梯格筋距楼面 300mm 设置一道，竖向梯格筋Φ 14@1200，比墙主筋规格大 1 号代替主筋，水平、竖向梯格筋绑扎到位。

2) 暗柱：主筋为 16 Φ 16(13 Φ 16)；箍筋规格、间距为Φ 12@100，弯钩 135°，平直长度 10d(120mm)；第一道箍筋距楼面 30mm，箍筋加密区为柱两端 600mm，加密区箍筋间距 100mm。

3) 柱：主筋为 20 Φ 20、16 Φ 20＋4 Φ 28、16 Φ 22、20 Φ 22、20 Φ 25、4 Φ 32＋26 Φ 28 等；箍筋规格、间距为Φ 12@100/200，弯钩 135°，平直长度 10d(120mm)；第一道箍筋距楼面 30mm，箍筋加密区为柱两端 600/1000/1100mm，加密区箍筋间距 100mm。

(3) 钢筋连接形式：

1) 墙体：水平、竖向采用绑扎搭接方式，其搭接长度 43d(520、600mm)，在搭接长度范围内保证 3 道水平(竖向)筋，并绑好 3 个扣，接头错开 50%，相邻两接头错开不小于 500mm，中到中距离 500＋l_{le}(1200mm)。

2) 暗柱：主筋采用绑扎搭接方式，搭接长度 43d(700mm)，相邻两接头错开不小于 500mm，中到中间距 500＋l_{le}(1200mm)，在搭接长度范围内箍筋间距为 90mm。

3) 柱：主筋直径 $d \geqslant$ 20mm 采用直螺纹连接，另详见钢筋直螺纹连接隐检。

(4) 保护层厚度：内墙水平主筋保护层厚度 15mm；柱主筋保护层厚度 27mm。

(5) 垫块形式、间距：采用硬质塑料垫块，间距 600×600mm。

(6) 火烧丝型号、朝向：20# 火烧丝，丝扣朝向墙、柱内部。

检查意见：

(1)首层Ⅰ段⑨～⑬/Ⓐ～Ⓖ轴墙、柱钢筋的品种、级别、规格、配筋数量、位置、间距符合设计要求。(2)钢筋绑扎安装质量牢固，无漏扣现象，观感符合要求。(3)保护层厚度符合要求，采用硬质塑料垫块，间距 600×600mm。上述项目均符合《混凝土结构工程施工质量验收规范》(GB 50204)规定。

<table>
<tr><td rowspan="4">签字栏</td><td rowspan="2">施工单位</td><td rowspan="2">××建设集团有限公司</td><td>专业技术负责人</td><td>专业质检员</td></tr>
<tr><td>赵××</td><td>李××</td></tr>
<tr><td>监理单位</td><td>××工程建设监理有限公司</td><td>专业监理工程师</td><td>刘××</td></tr>
</table>

钢筋工程隐蔽验收记录

<table>
<tr><td rowspan="2">工程名称</td><td rowspan="2">××办公楼工程</td><td>编　号</td><td>×××</td></tr>
<tr><td>检验日期</td><td>2014年11月25日</td></tr>
<tr><td>隐蔽部位</td><td>地下一层Ⅰ段　(1/7)~⑧/Ⓑ~Ⓗ
轴线　基础底板、反梁及导墙</td><td>施工图号</td><td>结施-4、结施-5、结施-6</td></tr>
<tr><td>等级/直径</td><td>化验单编号</td><td>等级/直径</td><td>化验单编号</td></tr>
<tr><td>HRB335　32mm</td><td>2014-××</td><td></td><td></td></tr>
<tr><td>HRB335　28mm</td><td>2014-××</td><td></td><td></td></tr>
<tr><td>HRB335　25mm</td><td>2014-××</td><td></td><td></td></tr>
<tr><td></td><td></td><td></td><td></td></tr>
<tr><td></td><td></td><td></td><td></td></tr>
</table>

试件规格	代表部位	代表数量	连接方式	报告编号	试验结果
HRB335　32mm	同隐蔽部位	××个	滚轧直螺纹	2014-××	合格
HRB335　28mm	同隐蔽部位	××个	滚轧直螺纹	2014-××	合格
HRB335　25mm	同隐蔽部位	××个	滚轧直螺纹	2014-××	合格

需要说明的事项(可加附页或附图):

隐检内容:

(1)钢筋直径 $d \geqslant 20$mm 的采用直螺纹连接,基础梁主筋规格为Φ32、Φ28、Φ25等。

(2)套筒、钢筋的合格证等质量证明文件齐全。套筒表面有规格标记,两端螺纹孔有保护盖。

(3)钢筋端头螺纹加工按照标准规定,且牙形逐个进行量规检查,有螺纹加工检验记录,经检验合格。

(4)连接钢筋时,钢筋规格和连接套的规格一致,钢筋螺纹的型式、螺距、螺纹外径与连接套匹配。并确保钢筋和连接套的丝扣干净,完好无损。

(5)接头拼接完成后,应使两个丝头在套筒中央位置互相顶紧,套筒每端不得有1扣以上的完整丝扣外露,经力矩扳手抽样检验全部合格。

(6)钢筋直螺纹连接试件在现场抽取(①~②/Ⓓ轴、⑤~⑥/Ⓖ轴、⑤/Ⓒ~Ⓓ轴基础反梁),取样后采用双面帮条焊,焊缝长度5d(160、140、125mm),焊缝饱满,无夹渣。

(7)基础反梁直螺纹接头数量:Φ32(490)、Φ28(440)、Φ25(270)。

检查意见:

套筒的规格、型号以及钢筋的品种、规格符合设计要求;钢筋连接符合《钢筋机械连接技术规程》(JGJ 107-2010)规定,同意隐蔽。

<table>
<tr><td rowspan="3">签
字
栏</td><td rowspan="2">施工单位</td><td rowspan="2">××建设集团有限公司</td><td>专业技术负责人</td><td>专业质检员</td></tr>
<tr><td>赵××</td><td>李××</td></tr>
<tr><td>监理单位</td><td>××工程建设监理
有限公司</td><td>专业监理工程师</td><td>刘××</td></tr>
</table>

《钢筋工程隐蔽验收记录》填写说明

1. 责任部门

项目工程部、质量部。

2. 提交时限

检查合格后 1d 内完成，检验批验收前提交。

3. 填写要求

(1)结构钢筋绑扎。

1)检查内容：依据施工图纸、有关施工验收规范要求和钢筋施工方案、技术交底，检查钢筋的品种、规格、数量、位置、锚固和接头位置、搭接长度、保护层厚度、钢筋及垫块绑扎和钢筋除锈等情况。

2)填写要点：钢筋工程隐蔽验收记录中要注明施工图纸编号，主要钢筋原材复试报告编号，钢筋竖向水平各自的型号、排距、保护层尺寸，箍筋的型号、间距尺寸，钢筋绑扎接头长度尺寸，垫块规格尺寸等，若钢筋规格与图纸不相符，还应将钢筋代用变更的洽商编号填写清楚，检查内容应尽量描述清楚。

(2)结构钢筋连接。

1)检查内容：依据施工图纸、有关施工验收规范要求和钢筋施工方案、技术交底，检查钢筋连接形式、连接种类、接头位置、数量和连接质量，若是焊接，还要检查焊条、焊剂的产品质量，检查焊口形式、焊缝长度、厚度、表面清渣等情况。

2)填写要点：钢筋连接隐蔽验收记录中要注明施工图纸编号，钢筋连接试验报告编号，钢筋连接的种类(焊接、机械连接)，连接形式(锥螺纹连接、滚压直螺纹连接、钢套筒连接、剥肋直螺纹连接、电渣压力焊、闪光对焊等)，焊(连)接的具体规格尺寸、数量、接头位置应描述清楚，对不同连接形式分别填写隐蔽验收记录。

工序交接检查记录

工程名称	××工程	交接日期	2015年6月20日
交接项目	钢筋安装绑扎	部　　位	一层①～⊗/Ⓐ～⊗轴剪力墙

自检结果：

1. 钢筋的品种、级别、规格和数量符合设计要求。
2. 纵向受力钢筋的连接方式符合设计要求。
3. 钢筋焊接接头力学性能试验合格。
4. 钢筋安装位置允许偏差符合规范要求。

交接检查意见：

经检查，施工质量符合设计及《混凝土结构工程施工质量验收规范》(GB 50204－2015)的要求，可以进行交接。

单位工程技术负责人	×××	检查员	×××	接班组	×××	移交组	×××

【相关规定及要求】

1. 交接检查记录是企业对操作者进行质量管理的内容之一。工序交接检是指前后工序之间进行的交接检查。应由单位工程技术负责人或项目经理组织进行。其基本原则是“既保证本工序质量，又为下一道工序创造顺利施工条件”。交接检查工作是促进上道工序自我严格把关的重要手段。

2. 交接检查一般分为：施工班组之间的交接检查。如钢筋班组任务完成后交给混凝土班组浇筑混凝土时；专业施工队之间的交接检查；专业公司之间的交接检查；承包工程企业之间的交接检查等。建筑与结构工程应做交接检查的项目有：支护与桩基工程完工移交给结构工程；粗装修完工移交给精装修工程；设备基础完工移交给机电设备安装；结构工程完工移交给幕墙工程等。

3. 工序交接之间的步骤与方法：

(1)交方提供本工序的全部质量保证技术文件及对工程质量的必要说明；(2)接方按提交的文件资料进行必要的检查、量测或观感检查；(3)通过资料、文件及实物检查，对发现问题按标准要求进行适当处理；(4)办理交接手续，双方签字，如有仲裁方也应签字；(5)如交方交出的实物质量经查不合格，接方可不予接受。

焊接材料烘焙记录

工程名称	××大厦工程				编　号	×××	
烘焙日期	2015 年 5 月 27 日				烘焙方法	电炉烘干法	
钢材材质	×××	焊材牌号		J426 E4316	规格(mm)	ϕ4.0	
序号	焊接部位	数量 (kg)	烘干温度 (℃)	烘干时间 (min)	实际烘焙时间	降至恒温 (℃)	保温时间 (min)
1	④～⑦/©～Ⓕ轴 84.500～88.200m	30	350	30	从6:00 至6:30	110	120
2	④～⑦/©～Ⓕ轴 84.500～88.200m	30	350	30	从6:30 至7:00	110	120
3	④～⑦/©～Ⓕ轴 84.500～88.200m	30	350	30	从7:00 至7:30	110	120
4	④～⑦/©～Ⓕ轴 84.500～88.200m	30	350	30	从7:30 至8:00	110	120
5	④～⑦/©～Ⓕ轴 84.500～88.200m	30	350	30	从8:00 至8:30	110	120
6	④～⑦/©～Ⓕ轴 84.500～88.200m	30	350	30	从8:30 至9:00	110	120
7					从____至____		
8					从____至____		
9					从____至____		
10					从____至____		
11					从____至____		
12					从____至____		
13					从____至____		
14					从____至____		
15					从____至____		
16					从____至____		
17					从____至____		
18					从____至____		

签字栏	施工单位	××建设集团有限公司	专业技术负责人	专业质检员
			王××	李××
	监理单位	××工程建设监理有限公司	专业监理工程师	刘××

《焊接材料烘焙记录》填写说明

焊条、焊剂等在使用前,应按产品说明书、工艺要求及有关规范规定进行烘焙,烘焙记录应按本表要求填写。

1. 责任部门

施工单位项目专业技术负责人、专业质检员、材料员,项目监理机构专业监理工程师等。

2. 提交时限

焊材使用前填写完成。

3. 相关要求

(1)低氢型焊条烘干温度应为350℃～380℃,保温时间应为1.5～2h,烘干后应缓冷放置于110℃～120℃的保温箱中存放、待用;使用时应放置于保温筒中;烘干后的低氢型焊条在大气中放置时间超过4h应重新烘干;焊条重复烘干次数不宜超过2次;受潮的焊条不应使用。

(2)对于酸性焊条,在焊接规程中没有明确规定。一般对于未受潮的酸性焊条可以不烘焙,但现场施工条件有限,焊条存放容易受潮,对受潮的酸性焊条应进行烘干,烘干温度150℃左右,烘干时间1.5～2h。含有纤维素型焊条(如J 425)的烘干温度应控制在100℃～120℃左右。

(3)烘焙记录应由现场焊接操作人员进行记录。

钢筋试样台账

工程名称		××工程				统计人(签字)		李××			编号	×××		
试样编号	种类	规格(mm)	牌号(级别)	厂别	代表数量	炉罐号	是否见证	制作人	取样日期	送检日期	委托编号	报告编号	检测试验结果	备注
001	直螺纹连接	32	HRB 335	××钢铁有限公司	490 米	YX 10318	是	王××	2015 年 11 月 19 日	2015 年 11 月 19 日	2015—00367	GJ 2015—09001	合格	
002	直螺纹连接	28	HRB 335	××钢铁有限公司	440 米	YX 18032 122	是	王××	2015 年 11 月 19 日	2015 年 11 月 19 日	2015—00367	GJ 2015—00367	合格	
003	热轧带肋钢筋	22	HRB 335	××钢铁有限公司	8t	YX 10218	是	王××	2015 年 11 月 19 日	2015 年 11 月 19 日	2015—00367	GJ 2015—09011	合格	

《钢筋试样台账》填写说明

1. 责任部门

“钢筋试样台账”由现场试验人员(项目试验员)制取试样并做出标识后,按试样编号顺序登记试样台账,并在获取检测试验报告后填写齐全试样台账。

2. 提交时限

“钢筋试样台账”应随施工进度及时整理,并在相应分部(子分部)、分项工程验收前完成。

3. 填写要点

(1)试样编号:试样按照取样时间顺序连续编号,不得空号、重号。

(2)种类,规格,牌号(级别),厂别,炉罐号:按实际发生的钢筋质量证明文件(钢筋出厂合格证、质量证明书、检测报告等)如实填写。如种类可以为热轧光圆钢筋、热轧带肋钢筋等;热轧带肋钢筋分为 HRB335、HRB400、HRB500、HRBF335、HRBF400、HRBF 500 六个牌号;热轧带肋钢筋公称直径范围为 6~50mm,标准推荐的钢筋公称直径为 6mm、8mm、10mm、12mm、16mm、20mm、25mm、32mm、40mm、50mm。

(3)代表数量:应填写本次复试的实际钢筋数量,不得笼统填写验收批的最大批量 60t。

(4)是否见证:承重结构钢筋及重要钢材应实行有见证取样和送检。

(5)委托编号:应按检测单位给定的委托编号填写。

(6)报告编号:应按相应检测试验报告中的报告编号填写。

(7)检测试验结果:应按相应检测试验报告中检测试验的结果、结论如实填写。

(8)备注:填写其他需要说明的问题。

钢筋连接接头试样台账

工程名称		××工程				统计人(签字)		王××		编号	×××	
试样编号	接头类型	接头等级	代表数量	原材试样编号	公称直径(mm)	是否见证	制作人	取样日期	送检日期	委托编号	报告编号	检测试验编号	备注
1	直螺纹	Ⅰ级	300	G01—1103 0511	22	是	王××	201×年××月××日	201×年××月××日	2015—00367	ZL2014—0013	合格	
2	直螺纹	Ⅱ级	300	G01—1103 0521	20	是	王××	201×年××月××日	201×年××月××日	2015—00367	ZL2014—0016	合格	
3	直螺纹	Ⅲ级	300	G01—1103 0533	18	是	王××	201×年××月××日	201×年××月××日	2015—00367	ZL2014—0017	合格	

《钢筋连接接头试样台账》填写说明

1. 责任部门

“钢筋连接接头试样台账”由现场试验人员(项目试验员)制取试样并做出标识后,按试样编号顺序登记试样台账,并在获取检测试验报告后填写齐全试样台账。

2. 提交时限

“钢筋连接接头试样台账”应随施工进度及时整理,并在相应分部(子分部)、分项工程验收前完成。

3. 填写要点

(1)试样编号:试样按照取样时间顺序连续编号,不得空号、重号。

(2)接头类型:按设计的接头类型填写,如:电渣压力焊、滚轧直螺纹连接等。

(3)接头等级:按设计要求或规程规定填写。

(4)代表数量:按照实际的数量填写,不得超过规范验收批的最大批量。

(5)原材试样编号:应按相应钢筋原材试验报告中试样编号填写。

(6)公称直径:应按相应钢筋原材试验报告中规格填写。

(7)是否见证:承重结构工程中的钢筋连接接头应按规定实行有见证取样和送检。

(8)委托编号:应按检测单位给定的委托编号填写。

(9)报告编号:应按相应试验报告中的报告编号填写。

(10)检测试验结果:应按相应试验报告中试验的结果、结论如实填写。

(11)备注:填写其他需要说明的问题。

钢筋冷拉记录

工程名称：　　　　　　　　　　　　　　　　施工单位：

构件名称和编号：			试验报告编号：			控制冷拉率、应力：		
冷拉日期	钢筋编号	钢筋规格	钢筋长度(不包括螺丝杆长)			冷拉控制拉力	冷拉时温度(℃)	备　注
			冷拉前	冷拉后	弹性回缩后			
1	2	3	4	5	6	7	8	9
项目技术负责人：			质检员：			钎探人：		

注：钢筋冷拉记录是采用控制应力或控制冷拉率方法进行钢筋冷拉实施过程的记录；对于用做预应力的冷拉Ⅱ、Ⅲ、Ⅳ级钢，宜采用控制应力的方法；冷拉钢筋进场时按规范进行检查验收。

《钢筋冷拉记录》填写说明

钢筋冷拉记录是采用控制应力或控制冷拉率方法进行钢筋冷拉实施过程的记录。

1. 责任部门

项目技术部、项目工程部。

2. 提交时限

冷拉完成后1d内完成。

3. 检查要点

(1)对于用做预应力的冷拉Ⅱ、Ⅲ、Ⅳ级钢,宜采用控制应力的方法。

(2)冷拉钢筋进场时按规范进行检查验收。

4. 相关要求

钢筋应平直,无局部曲折。对于盘条钢筋在使用前应调直,调直可采用调直机和卷扬机冷拉调直钢筋两种方法。

(1) 当采用钢筋调直机时,要根据钢筋的直径选用调直模和传送压辊,要正确掌握调直模的偏移量和压辊的压紧程度。

调直模的偏移量根据其磨耗程度及钢筋品种通过试验确定;调直筒两端的调直模一定要在调直前后导孔的轴心线上。

压辊的槽宽一般在钢筋穿入压辊之后,在上下压辊间宜有3mm之内的空隙。

(2) 当采用冷拉方法调直盘圆钢筋时,可采用控制冷拉率方法。

钢筋伸长值Δl按下式计算:

$$\Delta l = r \cdot L$$

式中　r——钢筋的冷拉率(%);

　　　L——钢筋冷拉前的长度(mm)。

1) 冷拉后钢筋的实际伸长值应扣除弹性回缩值,一般为0.2%~0.5%。冷拉多根连接的钢筋,冷拉率可按总长计,但冷拉后每根钢筋的冷拉率应符合要求。

2) 钢筋应先拉直,然后量其长度再行冷拉。

3) 钢筋冷拉速度不宜过快,一般直径6~12mm盘圆钢筋控制在6~8m/min,待拉到规定的冷拉率后,须稍停2~3min,然后再放松,以免弹性回缩值过大。

4) 在负温下冷拉调直时,环境温度不应低于-20℃。

现场钢筋丝头加工质量检查记录	资料编号	×××

工程名称	××办公楼工程	钢筋规格	ϕ32	ϕ28	ϕ28—25	ϕ25	ϕ22	ϕ20
使用部位	一层墙、柱、梁、顶板	代表数量	360	936	996	5298	876	540
检查日期	2015 年 2 月 15 日	抽检数量	36	94	100	530	88	54

序号	钢筋规格(mm)	丝头尺寸检查		丝头外观检查			备注
		环通规	环止规	有效螺纹长	不完整螺纹	外观检查	
1	Φ32	√	√	√	√	√	
2	Φ32	√	√	√	√	√	
⋮	⋮	⋮	⋮	⋮	⋮	⋮	
36	Φ32	√	√	√	√	√	
37	Φ28	√	√	√	√	√	
⋮	⋮	⋮	⋮	⋮	⋮	⋮	
130	Φ28	√	√	√	√	√	
131	Φ28—25	√	√	√	√	√	
⋮	⋮	⋮	⋮	⋮	⋮	⋮	
230	Φ28—25	√	√	√	√	√	
231	Φ25	√	√	√	√	√	
⋮	⋮	⋮	⋮	⋮	⋮	⋮	
760	Φ25	√	√	√	√	√	
761	Φ22	√	√	√	√	√	
⋮	⋮	⋮	⋮	⋮	⋮	⋮	
848	Φ22	√	√	√	√	√	
849	Φ20	√	√	√	√	√	
⋮	⋮	⋮	⋮	⋮	⋮	⋮	
902	Φ20	√	√	√	√	√	

检查结论：

经检查，本批加工的钢筋接头全部合格，同意使用。

签字栏	施工单位	××建设集团有限公司
	项目专业质量检查员	专业工长
	×××	×××

本表由施工单位填写。

现场钢筋直螺纹接头质量检查记录

资料编号	×××

工程名称	××办公楼工程	钢筋直径	Φ32	Φ28	Φ25	
使用部位	地下一层Ⅰ段①～④/Ⓑ～Ⓖ轴顶板、梁	代表数量	220	198	76	
检查日期	2015年1月19日	抽检数量	22	20	8	

序号	钢筋直径(mm)	拧紧力矩值检查(N·m)	外露有效螺纹检查		备注
			左	右	
1	Φ32	√	√	√	
2	Φ32	√	√	√	
⋮	⋮	⋮	⋮	⋮	
22	Φ32	√	√	√	
23	Φ28	√	√	√	
⋮	⋮	⋮	⋮	⋮	
42	Φ28	√	√	√	
43	Φ25	√	√	√	
⋮	⋮	⋮	⋮	⋮	
50	Φ25	√	√	√	

检查结论：

经检查，本次钢筋接头质量全部合格，通过检查。

签字栏	施工单位	××建设集团有限公司
	项目专业质量检查员	专业工长
	×××	×××

本表由施工单位填写。

钢筋焊接连接接头检查记录

<table>
<tr><td>工程名称</td><td colspan="2">××工程</td><td>施工单位</td><td>××建设工程有限公司</td></tr>
<tr><td>结构部位</td><td colspan="2">三层柱</td><td>接头数量</td><td>180 个</td></tr>
<tr><td colspan="5">检　　查　　内　　容</td></tr>
<tr><td colspan="5">1. 接头的种类、形式：钢筋电渣压力焊接头</td></tr>
<tr><td colspan="5">2. 接头钢材的品种及规格：热轧带肋钢筋　HRB 335　Φ18</td></tr>
<tr><td colspan="5">3. 接头位置及同一连接区段接头百分率：</td></tr>
<tr><td colspan="5">4. 连接材料情况：焊剂　HJ431 型</td></tr>
<tr><td colspan="5">5. 接头长度：</td></tr>
<tr><td colspan="5">6. 接头外观质量：
焊包较均匀，突出部分最少高出钢筋表面 4mm，无气孔、无烧边、无焊包下流现象。焊渣清理干净。钢筋与电极接触处，表面无明显的烧伤等缺陷。接头处钢筋轴线的偏移不超过钢筋直径的 0.1 倍，同时不大于 2mm。接头处的弯折角不大于 3°</td></tr>
<tr><td colspan="5">7. 连接区段箍筋设置：
ϕ10@100</td></tr>
<tr><td colspan="5">8. 其他：　　/</td></tr>
<tr><td colspan="5">9. 接头试验单编号及试验结果：
接头试验单编号：2015-××，试验结果合格</td></tr>
<tr><td>检查结论</td><td colspan="4">合格。</td></tr>
<tr><td>施工单位</td><td>项目技术负责人：×××
工种负责人：×××
记录人：×××

2015 年 8 月 19 日</td><td>监理（建设）单位</td><td colspan="2">监理工程师（建设单位代表）：×××

2015 年 8 月 19 日</td></tr>
</table>

钢筋连接试验报告

编号	×××
试验编号	2015-0018
委托编号	2015-01685

工程名称及部位	××工程　二层顶板及墙柱	试件编号	002
委托单位	×××项目部	试验委托人	×××
接头类型	直螺纹连接	检验形式	工艺检验
设计要求 接头性能等级	Ⅰ级	代表数量	/

连接钢筋种类 及牌号	热轧带肋 HRB 335	公称直径	25mm	原材试验编号	2015-0021
操作人	×××	来样日期	2015 年 4 月 15 日	试验日期	2015 年 4 月 15 日

接头试件			母材试件		弯曲试件			备注
公称面积 (mm^2)	抗拉强度 (MPa)	断裂特征 及位置	实测面积 (mm^2)	抗拉强度 (MPa)	弯心直径	角度	结果	
490.9	600	母材拉断 105	/	585				
490.9	605	母材拉断 123	/	595				
490.9	605	母材拉断 109	/	565				

结论：

依据 JGJ 107—2010 标准，以上所检项目工艺检验符合机械连接Ⅰ级接头要求。

批　准	×××	审　核	×××	试　验	×××
试验单位	××中心试验室(单位章)				
报告日期	2015 年 4 月 15 日				

本表由建设单位、施工单位、城建档案馆各保存一份。

钢筋连接试验报告		编　　号	×××
		试验编号	2015-0126
		委托编号	2015-01685
工程名称及部位	××工程　二层顶板	试件编号	018
委托单位	×××项目部	试验委托人	×××
接头类型	直螺纹连接	检验形式	现场检验
设计要求接头性能等级	Ⅰ级	代表数量	500 个

连接钢筋种类及牌号	热轧带肋 HRB 335	公称直径	20mm	原材试验编号	2015-0086
操作人	×××	来样日期	2015 年 6 月 1 日	试验日期	2015 年 6 月 1 日

接头试件			母材试件		弯曲试件			备注
公称面积（mm²）	抗拉强度（MPa）	断裂特征及位置	实测面积（mm²）	抗拉强度（MPa）	弯心直径	角度	结果	
314.2	610	滑脱						
314.2	570	母材拉断 128mm						
314.2	575	母材拉断 59mm						

结论：

依据 JGJ 107－2010 标准，以上所检项目符合机械连接Ⅰ级接头要求。

批　准	×××	审　核	×××	试　验	×××
试验单位	××中心试验室（单位章）				
报告日期	2015 年 6 月 1 日				

本表由建设单位、施工单位、城建档案馆各保存一份。

钢筋连接试验报告

编号	×××
试验编号	2015-0413
委托编号	2015-03341

工程名称及部位	××工程　二层顶板	试件编号	014
委托单位	×××项目部	试验委托人	×××
接头类型	电弧焊　双面搭接焊	检验形式	现场检验
设计要求接头性能等级	/	代表数量	300个头

连接钢筋种类及牌号	热轧带肋 HRB 335	公称直径	22mm	原材试验编号	2015-0196
操作人	×××	来样日期	2015年3月8日	试验日期	2015年5月8日

接头试件			母材试件		弯曲试件			备注
公称面积(mm²)	抗拉强度(MPa)	断裂特征及位置	实测面积(mm²)	抗拉强度(MPa)	弯心直径	角度	结果	
380.1	620	延性断裂 84mm						
380.1	530	延性断裂 72mm						
380.1	580	延性断裂 78mm						

结论：

依据JGJ 18—2012标准，符合电弧焊要求。

批准	×××	审核	×××	试验	×××
试验单位	××中心试验室(单位章)				
报告日期	2015年5月9日				

本表由建设单位、施工单位、城建档案馆各保存一份。

钢筋连接试验报告目录及实例

资料管理专项目录(钢筋连接试验报告)

工程名称	××办公楼工程					资料类别	钢筋连接试验报告			
序号	施工部位	接头类型	品种规格	试件编号	代表数量(头)	试验日期	试验结果	资料编号	页次	备注
1	基础反梁	直螺纹连接	HRB335 32	001	490	2014.11.19	合格	001	1	见证
2	基础反梁	直螺纹连接	HRB335 28	002	440	2014.11.19	合格	002	2	
3	基础反梁	直螺纹连接	HRB335 25	003	270	2014.11.19	合格	003	3	见证
4	地下一层柱、墙	直螺纹连接	HRB335 32	004	32	2014.12.2	合格	004	4	
5	地下一层柱、墙	直螺纹连接	HRB335 28	005	274	2014.12.2	合格	005	5	见证
6	地下一层柱、墙	直螺纹连接	HRB335 25	006	400	2014.12.2	合格	006	6	
7	地下一层柱、墙	直螺纹连接	HRB335 22	007	272	2014.12.2	合格	007	7	见证
8	地下一层柱、墙	直螺纹连接	HRB335 20	008	184	2014.12.2	合格	008	8	见证
9	地下一层柱、墙	直螺纹连接	HRB335 25	009	278	2014.12.2	合格	009	9	
10	地下一层柱、墙、梁	搭接焊	HRB335 12	010	270	2014.12.2	合格	010	10	见证
11	地下一层梁	直螺纹连接	HRB335 32	011	220	2014.12.20	合格	011	11	
12	地下一层梁	直螺纹连接	HRB335 28	012	198	2014.12.20	合格	012	12	
13	地下一层梁	直螺纹连接	HRB335 25	013	76	2014.12.20	合格	013	13	
14	一层柱	直螺纹连接	HRB335 32	014	60	2015.3.3	合格	001	14	
15	一层柱	直螺纹连接	HRB335 28	015	156	2015.3.3	合格	002	15	
16	一层柱	直螺纹连接	HRB335 28、25	016	166	2015.3.3	合格	003	16	
17	一层柱	直螺纹连接	HRB335 25	017	440	2015.3.3	合格	004	17	

工程名称		××办公楼工程				资料类别	钢筋连接试验报告			
序号	施工部位	接头类型	品种 规格	试件 编号	代表数量 (头)	试验日期	试验 结果	资料 编号	页次	备注
18	一层柱	直螺纹连接	HRB335 25	018	443	2015.3.3	合格	005	18	
19	一层柱	直螺纹连接	HRB335 22	019	146	2015.3.3	合格	006	19	
20	一层柱	直螺纹连接	HRB335 20	020	90	2015.3.3	合格	007	20	
21	一层柱	直螺纹连接	HRB335 12	021	290	2015.3.3	合格	008	21	
22	一层梁	直螺纹连接	HRB335 25	022	288	2015.3.14	合格	009	22	见证
23	一层梁	直螺纹连接	HRB335 22	023	222	2015.3.14	合格	010	23	见证
24	一层梁	直螺纹连接	HRB335 20	024	244	2015.3.14	合格	011	24	见证
…	…									

单位编号:00423

CMA
(2015)量认(国)字(U0375)号

钢筋保护层厚度试验报告

有见证试验

资料编号	×××
试验编号	GH10－0651
委托编号	2015－06527

工程名称及部位	××办公楼工程　地下一层⑧/Ⓕ～Ⓖ轴						
委托单位	××建设集团有限公司						
试验委托人	×××				见证人	×××、×××	
构件名称	梁						
测试点编号	1	2	3	4	5		
保护层厚度设计值(mm)	25						
保护层厚度实测值(mm)	23	29	28	24	28		

测试位置示意图：

见附图。

测试结论：

依据《混凝土结构工程施工质量验收规范》(GB 50204－2015)，1、2、3、4、5 点保护层厚度偏差符合 E.0.4 条要求，为合格点。

批　　准	×××	审　　核	×××	试　　验	×××
试验单位	××工程检测试验有限公司				
报告日期	2015 年 4 月 19 日				

××工程检测试验有限公司 试验专用章

本表由检测机构提供。

一册在手　表格全有　贴近现场　资料无忧

单位编号:00423

钢筋保护层厚度试验报告

CMA

(2015)量认(国)字(U0375)号

有见证试验

				资料编号	×××		
				试验编号	GH10－0652		
				委托编号	2015－06528		
工程名称及部位	××办公楼工程 地下一层⑧～⑨/[illegible]～Ⓖ轴						
委托单位	××建设集团有限公司						
试验委托人	×××			见证人	×××、×××		
构件名称	顶板						
测试点编号	1	2	3	4	5	6	
保护层厚度设计值(mm)	15						
保护层厚度实测值(mm)	17	13	16	19	18	15	

测试位置示意图:

见附图。

结论:

依据《混凝土结构工程施工质量验收规范》(GB 50204),1、2、3、4、5、6 点保护层厚度偏差符合 E.0.4 条要求,为合格点。

批　准	×××	审　核	×××	试　验	×××
试验单位	××工程检测试验有限公司				
报告日期	2015 年 4 月 19 日				

××工程检测试验有限公司 试验专用章

本表由检测机构提供

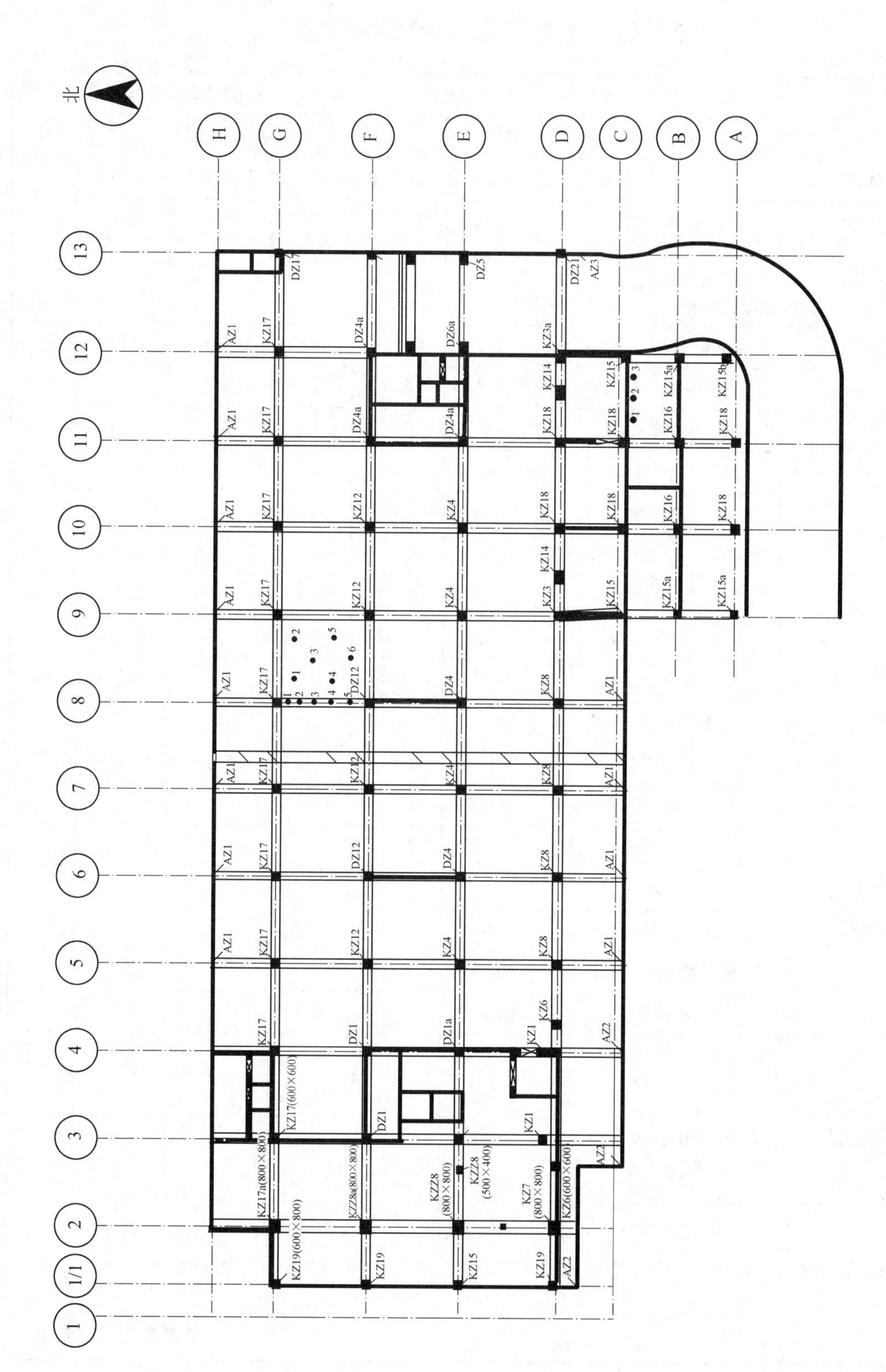

地下一层顶板、梁钢筋保护层测试位置示意图

钢筋机械连接型式检验报告

委托单位	××机械集团有限公司	产品名称	Ⅱ级带肋钢筋锥螺纹连接接头		
工程名称	型式检验	规格型号	Ⅱ级带肋螺纹Φ25		
检验依据	原材力学性能、接头单向拉伸、高应力、大变形反复拉压				
检验依据	JGJ 107－2010	送样数量	15根	送样日期	2015年×月×日
试验编号	××××	检验日期	2015年×月×日	设计接头等级	A级

	钢筋母材编号			1	2	3	4	5	6
接头试件基本参数	钢筋直径(25mm)原材力学性能	实际面积(mm^2)		490.9	490.9	490.9	490.9	490.9	490.9
		屈服强度(N/mm^2)		365	345	370			
		抗拉强度(N/mm^2)		580	550	580			
		弹性模量(N/mm^2)		25	27	28			
		断后伸长率(%)		2.02	2.05	2.05			
试验结果	接头单向拉伸	割线模量	$E_{0.9}$(N/mm^2)	1.87	1.86	1.96	1.88	1.80	1.75
			$E_{0.7}$(N/mm^2)	2.04	2.11	2.15	2.03	2.00	1.94
		残余变形(mm)		0.04	0.045	0.03	0.047	0.043	0.044
		极限强度(N/mm^2)		565	570	540	555	570	545
		极限应变(%)		16	17	17	21	22	14
		破坏情况		断母材	断母材	断母材	断母材	断母材	断母材
	高应力反复拉压	割线模量	E_1(N/mm^2)	1.66	1.62	1.59			
			E_{20}(N/mm^2)	1.58	1.51	1.48			
			$E_1:E_{20}$	0.95	0.93	0.93			
		残余变形(mm)		0.025	0.064	0.075			
		极限强度(N/mm^2)		555	540	550			
		破坏情况		断母材	断母材	断母材			
	大变形反复拉压	残余变量	u_4	0.025	0.046	0.039			
			u_8	0.053	0.07	0.083			
		极限强度(N/mm^2)		535	555	555			
		破坏情况		断母材	断母材	断母材			
备注									

结论:该规格钢筋锥螺纹连接接头达到《钢筋机械连接通用技术规程》(JGJ 107－2010)规格的A级接头性能指标,合格

质量监督部门章

主任:×× **审核**:×× **检验人员**:×××

钢材代换单

施工单位：××建设工程有限公司　　　　**发出日期**：2015 年×月×日

<table>
<tr><td>建设单位</td><td>××房地产开发有限公司</td><td>单位工程名称</td><td>××大厦</td></tr>
<tr><td>图纸编号</td><td>结施××</td><td>结构编号</td><td>××</td></tr>
<tr><td>代换工程部位</td><td>六层顶板⑩～⑫/Ⓔ～Ⓕ轴</td><td>涉及工程量</td><td>HPB 235 ϕ12 钢筋@120mm，共计 50 根</td></tr>
<tr><td>申请代换原因和内容</td><td colspan="3">申请代换原因：
由于施工中遇有钢筋的品种或规格与设计要求不符，为满足结构安全和使用功能，需进行钢筋代换。
内容：
该部位为一块 6m 宽的现浇混凝土楼板，底部纵向受力钢筋采用 HPB 235 ϕ12 钢筋@120mm，共计 50 根，现拟改用 HRB 335 Φ 12 钢筋代换(属于直径相同、强度等级不同的钢筋代换)
依据公式 $n_2 \geqslant n_1 \frac{f_{y1}}{f_{y2}}$ 计算：
$n_2 = 50 \times \frac{210}{300} = 35$ 根，间距 $= 120 \times \frac{50}{35} = 171.4$ 取 170mm

申请人：×××
2015 年×月×日</td></tr>
<tr><td rowspan="2">审核意见</td><td colspan="2">经计算，该部位钢筋代换满足配筋构造规定。</td><td>审核人：×××

2015 年×月×日</td></tr>
<tr><td colspan="2">同意该部位钢筋代换。</td><td>审批人：×××

2015 年×月×日</td></tr>
</table>

说明：此表按施工图份数填写外，建设单位一份，施工单位申请人一份。

钢材代换单

施工单位:××建设工程有限公司　　　　**发出日期:**2015年×月×日

<table>
<tr><td>建设单位</td><td colspan="2">××房地产开发有限公司</td><td>单位工程名称</td><td>××大厦</td></tr>
<tr><td>图纸编号</td><td colspan="2">结施××</td><td>结构编号</td><td>××</td></tr>
<tr><td>代换工程部位</td><td colspan="2">三层梁L2</td><td>涉及工程量</td><td>HRB 335 Φ 22 钢筋,共计9根</td></tr>
<tr><td>申请代换原因和内容</td><td colspan="4">申请代换原因:
由于施工中遇有钢筋的品种或规格与设计要求不符,为满足结构安全和使用功能,需进行钢筋代换。
内容:
L2梁为宽400mm、高600mm的现浇混凝土梁。原设计的底部纵向受力钢筋采用HRB 335 Φ 22钢筋,共计9根,分二排布置,底排为7根,上排为2根。现拟改用HRB 400 Φ 25钢筋(属于直径不同、强度等级不同的钢筋代换)。
依据公式 $n_2 \geqslant \frac{n_1 d_1^2 f_{y1}}{d_2^2 f_{y2}}$ 计算:
$n_2 = 9 \times \frac{22^2 \times 300}{25^2 \times 360} = 5.81$ 根,取6根。一排布置。

申请人:×××
2015年×月×日</td></tr>
<tr><td rowspan="2">审核意见</td><td colspan="2">经计算,L2梁钢筋代换满足配筋构造规定。一排布置,增大了代换钢筋的合力点至构件截面受压边缘的距离 h_0,有利于提高构件的承载力。</td><td colspan="2">审核人:×××

2015年×月×日</td></tr>
<tr><td colspan="2">同意L2梁钢筋代换。</td><td colspan="2">审批人:×××

2015年×月×日</td></tr>
</table>

说明:此表按施工图份数填写外,建设单位一份,施工单位申请人一份。

结构实体钢筋保护层厚度验收记录

编号	×××

工程名称	××工程	结构类型	框架
施工单位	××建设集团有限公司	验收日期	××年×月×日

构件类别	序号	钢筋保护层厚度(mm)							合格点率	评定结果	监理(建设)单位验收结果
		设计值	实测值								
梁	框架梁	30	26	25	26	26			100%	合格	钢筋保护层厚度试验报告实测值符合要求,合格率100%
	框架梁	30	25	26	25	25					
	框架梁	30	24	25	24	24					
	框架梁	30	25	25	26	25					
	LL梁	30	24	25	25	26					
板	顶板	15	18	17	18	18	17	18	100%	合格	钢筋保护层厚度试验报告实测值符合要求,合格率100%
	顶板	15	18	19	18	18	18	17			
	顶板	15	16	17	17	18	17	17			
	雨篷板	15	21	22	21	21	21	22			
	雨篷板	15	22	22	21	22	22	21			

结论:

经试验室现场检查,符合设计要求及《混凝土结构工程施工质量验收规范》(GB 50204—2015)规定,验收合格。

签字栏	项目专业技术负责人	专业监理工程师(建设单位项目专业技术负责人)
	×××	×××

注:本表中对每一构件可填写6根钢筋的保护层厚度实测值,应检验钢筋的具体数量须根据规范要求和实际情况确定。

本表应有以下附件:

1. 钢筋保护层厚度检验的结构部位应由监理(建设)、施工单位共同规定,有相应文字记录(计划);
2. 钢筋保护层厚度检验的结构部位、构件类别、构件数量、检验钢筋数量和位置应符合GB 50204—2015中的10.2节和附录E的规定,附《钢筋保护层厚度试验报告》(表C7-3)。

钢筋原材料检验批质量验收记录

02010201 001

<table>
<tr><td>单位（子单位）工程名称</td><td>××工程</td><td>分部（子分部）工程名称</td><td>主体结构（混凝土结构）</td><td>分项工程名称</td><td>现浇结构</td></tr>
<tr><td>施工单位</td><td>××建筑有限公司</td><td>项目负责人</td><td>×××</td><td>检验批容量</td><td>60t</td></tr>
<tr><td>分包单位</td><td>/</td><td>分包单位项目负责人</td><td>/</td><td>检验批部位</td><td>二层墙、柱</td></tr>
<tr><td>施工依据</td><td colspan="2">《混凝土结构工程施工规范》GB 50666-2011</td><td>验收依据</td><td colspan="2">《混凝土结构工程施工质量验收规范》GB 50204-2015</td></tr>
</table>

<table>
<tr><td colspan="3">验收项目</td><td>设计要求及规范规定</td><td>最小/实际抽样数量</td><td>检查记录</td><td>检查结果</td></tr>
<tr><td rowspan="3">主控项目</td><td>1</td><td>钢筋原材力学性能和重量偏差检验</td><td>第5.2.1条</td><td>/</td><td>HRB335E(28)、HRB335(22、16)钢筋，质量证明文件编号：××××；力学性能和重量偏差合格，试验编号：××××，××××，××××</td><td>√</td></tr>
<tr><td>2</td><td>成型钢筋力学性能和重量偏差检验</td><td>第5.2.2条</td><td>/</td><td>/</td><td>/</td></tr>
<tr><td>3</td><td>抗震用钢筋的选用与力学性能检验</td><td>第5.2.3条</td><td>/</td><td>HRB335E(28)钢筋，力学性能和重量偏差合格，试验编号：××××</td><td>√</td></tr>
<tr><td rowspan="3">一般项目</td><td>1</td><td>钢筋原材外观质量</td><td>第5.2.4条</td><td>/</td><td>全数检查，钢筋平直、无损伤，表面无裂纹、油污与锈蚀现象</td><td>√</td></tr>
<tr><td>2</td><td>成型钢筋外观质量和尺寸偏差</td><td>第5.2.5条</td><td>/</td><td>/</td><td>/</td></tr>
<tr><td>3</td><td>机械连接套筒、钢筋锚固板、及预埋件的外观质量</td><td>第5.2.6条</td><td>/</td><td>/</td><td>/</td></tr>
<tr><td colspan="3">施工单位检查结果</td><td colspan="4">符合要求
专业工长：王晨
项目专业质量检查员：张凡民
2015年××月××日</td></tr>
<tr><td colspan="3">监理单位验收结论</td><td colspan="4">合格
专业监理工程师：刘东
2015年××月××日</td></tr>
</table>

《钢筋原材料检验批质量验收记录》填写说明

1. 填写依据

(1)《混凝土结构工程施工质量验收规范》GB 50204－2015。

(2)《建筑工程施工质量验收统一标准》GB 50300－2013。

2. 规范摘要

以下内容摘自《混凝土结构工程施工质量验收规范》GB 50204－2015。

(1)检验批划分原则

混凝土结构子分部工程可根据结构的施工方法分为两类:现浇混凝土结构子分部工程和装配式混凝土结构子分部工程;根据结构的分类,还可分为钢筋混凝土结构子分部工程和预应力混凝土结构子分部工程等。

混凝土结构子分部工程可划分为模板、钢筋、预应力、混凝土、现浇结构和装配式结构等分项工程。

各分项工程可根据与施工方式相一致且便于控制施工质量的原则,按工作班、楼层、结构缝或施工段划分为若干检验批。

(2)一般规定

1)浇筑混凝土之前,应进行钢筋隐蔽工程验收。隐蔽工程验收应包括下列主要内容:

①纵向受力钢筋的牌号、规格、数量、位置;

②钢筋的连接方式、接头位置、接头质量、接头面积百分率、搭接长度、锚固方式及锚固长度;

③箍筋、横向钢筋的牌号、规格、数量、间距、位置,箍筋弯钩的弯折角度及平直段长度;

④预埋件的规格、数量和位置。

2)钢筋、成型钢筋进场检验,当满足下列条件之一时,其检验批容量可扩大一倍:

①获得认证的钢筋、成型钢筋;

②同一厂家、同一牌号、同一规格的钢筋,连续三批均一次检验合格;

③同一厂家、同一类型、同一钢筋来源的成型钢筋,连续三批均一次检验合格。

(3)原材料验收要求

主控项目

1)钢筋进场时,应按国家现行标准《钢筋混凝土用钢第 1 部分:热轧光圆钢筋》GB1499.1、《钢筋混凝土用钢第 2 部分:热轧带肋钢筋》GB1499.2、《钢筋混凝土用余热处理钢筋》GB13014、《钢筋混凝土用钢第 3 部分:钢筋焊接网》GB/T1499.3、《冷轧带肋钢筋》GB13788、《高延性冷轧带肋钢筋》YB/T4260、《冷轧扭钢筋》JG190 及《冷轧带肋钢筋混凝土结构技术规程》JGJ95、《冷轧扭钢筋混凝土构件技术规程》JGJ115、《冷拔低碳钢丝应用技术规程》JGJ19 抽取试件作屈服强度、抗拉强度、伸长率、弯曲性能和重量偏差检验,检验结果应符合相应标准的规定。

检查数量:按进场批次和产品的抽样检验方案确定。

检验方法:检查质量证明文件和抽样检验报告。

2)成型钢筋进场时,应抽取试件作屈服强度、抗拉强度、伸长率和重量偏差检验,检验结果应符合国家现行相关标准的规定。

对由热轧钢筋制成的成型钢筋,当有施工单位或监理单位的代表驻厂监督生产过程,并提供原材钢筋力学性能第三方检验报告时,可仅进行重量偏差检验。

检查数量:同一厂家、同一类型、同一钢筋来源的成型钢筋,不超过30t为一批,每批中每种钢筋牌号、规格均应至少抽取1个钢筋试件,总数不应少于3个。

检验方法:检查质量证明文件和抽样检验报告。

3)对按一、二、三级抗震等级设计的框架和斜撑构件(含梯段)中的纵向受力普通钢筋应采用HRB335E、HRB400E、HRB500E、HRBF335E、HRBF400E或HRBF500E钢筋,其强度和最大力下总伸长率的实测值应符合下列规定:

①抗拉强度实测值与屈服强度实测值的比值不应小于1.25;

②屈服强度实测值与屈服强度标准值的比值不应大于1.30;

③最大力下总伸长率不应小于9%。

检查数量:按进场的批次和产品的抽样检验方案确定。

检验方法:检查抽样检验报告。

一般项目

1)钢筋应平直、无损伤,表面不得有裂纹、油污、颗粒状或片状老锈。

检查数量:全数检查。

检验方法:观察。

2)成型钢筋的外观质量和尺寸偏差应符合国家现行相关标准的规定。

检查数量:同一厂家、同一类型的成型钢筋,不超过30t为一批,每批随机抽取3个成型钢筋试件。

检验方法:观察,尺量。

3)钢筋机械连接套筒、钢筋锚固板以及预埋件等的外观质量应符合国家现行相关标准的规定。

检查数量:按国家现行相关标准的规定确定。

检验方法:检查产品质量证明文件;观察,尺量。

钢筋加工检验批质量验收记录

02010202___001___

<table>
<tr><td>单位（子单位）
工程名称</td><td>××工程</td><td>分部（子分部）
工程名称</td><td>主体结构
（混凝土结构）</td><td>分项工程
名称</td><td>现浇结构</td></tr>
<tr><td>施工单位</td><td>××建筑有限公司</td><td>项目负责人</td><td>×××</td><td>检验批容量</td><td>2123 件</td></tr>
<tr><td>分包单位</td><td>/</td><td>分包单位
项目负责人</td><td>/</td><td>检验批部位</td><td>二层柱 A～E/1～6+2.5m 轴</td></tr>
<tr><td>施工依据</td><td colspan="2">《混凝土结构工程施工规范》
GB 50666-2011</td><td>验收依据</td><td colspan="2">《混凝土结构工程施工质量验收规范》GB 50204-2015</td></tr>
</table>

<table>
<tr><td colspan="4">验收项目</td><td>设计要求及
规范规定</td><td>最小/实际
抽样数量</td><td>检查记录</td><td>检查
结果</td></tr>
<tr><td rowspan="4">主控项目</td><td>1</td><td colspan="2">钢筋弯弧内直径</td><td>第 5.3.1 条</td><td>21/25</td><td>抽查 25 处，全部合格</td><td>√</td></tr>
<tr><td>2</td><td colspan="2">纵向受力钢筋弯钩平直段长度</td><td>第 5.3.2 条</td><td>15/15</td><td>抽查 15 处，全部合格</td><td>√</td></tr>
<tr><td>3</td><td colspan="2">箍筋、拉筋末端构造</td><td>第 5.3.3 条</td><td>36/40</td><td>抽查 40 处，全部合格</td><td>√</td></tr>
<tr><td>4</td><td colspan="2">盘卷钢筋调直后的
力学性能和重量偏差</td><td>第 5.3.4 条</td><td>/</td><td>力学性能和重量偏差检验合格，试验报告编号：×××</td><td>√</td></tr>
<tr><td rowspan="4">一般项目</td><td rowspan="4">1</td><td colspan="2">钢筋加工的形状尺寸</td><td>第 5.3.5 条</td><td>51/55</td><td>抽查 55 处，全部合格</td><td>100%</td></tr>
<tr><td rowspan="3">钢筋加工允许偏差</td><td>受力钢筋
沿长度方向的净尺寸</td><td>±10</td><td>51/51</td><td>抽查 51 处，全部合格</td><td>100%</td></tr>
<tr><td>弯起钢筋的弯折位置</td><td>±20</td><td>51/60</td><td>抽查 60 处，合格 57 处</td><td>95%</td></tr>
<tr><td>箍筋外廓尺寸</td><td>±5</td><td>51/55</td><td>抽查 51 处，合格 50 处</td><td>98%</td></tr>
<tr><td colspan="3">施工单位
检查结果</td><td colspan="5">符合要求
专业工长：王晨
项目专业质量检查员：张凡民
2015 年××月××日</td></tr>
<tr><td colspan="3">监理单位
验收结论</td><td colspan="5">合格
专业监理工程师：刘东
2015 年××月××日</td></tr>
</table>

《钢筋加工检验批质量验收记录》填写说明

1. 填写依据

(1)《混凝土结构工程施工质量验收规范》GB 50204－2015。

(2)《建筑工程施工质量验收统一标准》GB50300－2013。

2. 规范摘要

以下内容摘自《混凝土结构工程施工质量验收规范》GB 50204－2015。

(1)检验批划分原则

参见本节“钢筋原材料检验批质量验收记录”验收要求的相关内容。

(2)钢筋加工验收要求

主控项目

1)钢筋弯折的弯弧内直径应符合下列规定:

①光圆钢筋,不应小于钢筋直径的2.5倍;

②335MPa级、400MPa级带肋钢筋,不应小于钢筋直径的4倍;

③500MPa级带肋钢筋,当直径为28mm以下时不应小于钢筋直径的6倍,当直径为28mm及以上时不应小于钢筋直径的7倍;

④箍筋弯折处尚不应小于纵向受力钢筋的直径。

检查数量:按每工作班同一类型钢筋、同一加工设备抽查不应少于3件。

检验方法:尺量。

2)纵向受力钢筋的弯折后平直段长度应符合设计要求。光圆钢筋末端作180°弯钩时,弯钩的平直段长度不应小于钢筋直径的3倍。

检查数量:按每工作班同一类型钢筋、同一加工设备抽查不应少于3件。

检验方法:尺量。

3)箍筋、拉筋的末端应按设计要求作弯钩,并应符合下列规定:

①对一般结构构件,箍筋弯钩的弯折角度不应小于90°,弯折后平直段长度不应小于箍筋直径的5倍;对有抗震设防要求或设计有专门要求的结构构件,箍筋弯钩的弯折角度不应小于135°,弯折后平直段长度不应小于箍筋直径的10倍;

②圆形箍筋的搭接长度不应小于其受拉锚固长度,且两末端弯钩的弯折角度不应小于135°,弯折后平直段长度对一般结构构件不应小于箍筋直径的5倍,对有抗震设防要求的结构构件不应小于箍筋直径的10倍;

③梁、柱复合箍筋中的单肢箍筋两端弯钩的弯折角度均不应小于135°,弯折后平直段长度应符合本条第1款对箍筋的有关规定。

检查数量:按每工作班同一类型钢筋、同一加工设备抽查不应少于3件。

检验方法:尺量。

4)盘卷钢筋调直后应进行力学性能和重量偏差检验,其强度应符合国家现行有关标准的规定,其断后伸长率、重量偏差应符合表2-5的规定。力学性能和重量偏差检验应符合下列规定:

①应对3个试件先进行重量偏差检验,再取其中2个试件进行力学性能检验。

②重量偏差应按下式计算:

$$\Delta=\frac{W_{d}-W_{0}}{W_{0}}\times100$$

式中：Δ——重量偏差(%)；

W_d——3 个调直钢筋试件的实际重量之和(kg)；

W_0——钢筋理论重量(kg)，取每米理论重量(kg/m)与 3 个调直钢筋试件长度之和(m)的乘积。

③检验重量偏差时，试件切口应平滑并与长度方向垂直，其长度不应小于 500mm；长度和重量的量测精度分别不应低于 1mm 和 1g。

采用无延伸功能的机械设备调直的钢筋，可不进行本条规定的检验。

检查数量：同一加工设备、同一牌号、同一规格的调直钢筋，重量不大于 30t 为一批，每批见证抽取 3 个试件。

检验方法：检查抽样检验报告。

表 2-5　　盘卷钢筋调直后的断后伸长率、重量偏差要求

<table>
<tr><th rowspan="2">钢筋牌号</th><th rowspan="2">断后伸长率
A(%)</th><th colspan="2">重量偏差(%)</th></tr>
<tr><th>直径 6mm～12mm</th><th>直径 14mm～20mm</th></tr>
<tr><td>HPB300</td><td>≥21</td><td>≥10</td><td>—</td></tr>
<tr><td>HRB335、HRBF335</td><td>≥16</td><td rowspan="4">≥−8</td><td rowspan="4">≥−6</td></tr>
<tr><td>HRB400、HRBF400</td><td>≥15</td></tr>
<tr><td>RRB400</td><td>≥13</td></tr>
<tr><td>HRB500、HRBF500</td><td>≥14</td></tr>
</table>

注：断后伸长率 A 的量测标距为 5 倍钢筋直径。

一般项目

钢筋加工的形状、尺寸应符合设计要求，其偏差应符合表 2-6 的规定。

检查数量：按每工作班同一类型钢筋、同一加工设备抽查不应少于 3 件。

检验方法：尺量。

表 2-6　　钢筋加工的允许偏差

项　　目	允许偏差(mm)
受力钢筋沿长度方向的净尺寸	±10
弯起钢筋的弯折位置	±20
箍筋外廓尺寸	±5

钢筋连接检验批质量验收记录

02010203___001___

单位（子单位）工程名称		××工程	分部（子分部）工程名称	主体结构（混凝土结构）	分项工程名称	现浇结构
施工单位		××建筑有限公司	项目负责人	×××	检验批容量	168处
分包单位		/	分包单位项目负责人	/	检验批部位	二层柱A～E/1～6+2.5m轴
施工依据		《混凝土结构工程施工规范》GB 50666-2011		验收依据	《混凝土结构工程施工质量验收规范》GB 50204-2015	
验收项目			设计要求及规范规定	最小/实际抽样数量	检查记录	检查结果
主控项目	1	钢筋连接方式	第5.4.1条	全/168	共168处，全部检查，168处合格	√
	2	钢筋连接接头的力学性能与弯曲性能	第5.4.2条	/	焊接连接，试验合格，试验报告编号：××××	√
	3	螺纹接头拧紧扭矩值或挤压接头压痕直径	第5.4.3条	/	/	/
一般项目	1	钢筋接头位置	第5.4.4条	全/168	共168处，全部检查，168处合格	100%
	2	钢筋接头外观质量	第5.4.5条	3/5	抽查5处，全部合格	100%
	3	同一连接区段内纵向受力钢筋的接头面积百分率	第5.4.6条	4/5	抽查5处，全部合格	100%
	4	绑扎搭接接头设置	第5.4.7条	/	/	/
	5	纵向受力钢筋搭接长度范围内箍筋的设置	第5.4.8条	4/5	抽查5处，全部合格	100%
施工单位检查结果		符合要求 专业工长：王晨 项目专业质量检查员：张凡民 2015年××月××日				
监理单位验收结论		合格 专业监理工程师：刘东 2015年××月××日				

现场验收检查原始记录

共1页，第1页

工程名称	北京龙旗广场筑业大厦	检验批名称	钢筋连接
检验批部位	二层剪力墙1～8/A～F轴	检验批编号	02010203001

序号	验收项目	验收部位	验收情况记录	备注
1	纵向受力钢筋的连接方式		Φ12及以下采用绑扎搭接 Φ14及以上采用气压焊	照片
2	机械连接和焊接接头的力学性能		有2份试验报告，合格，见证取样	
3	接头位置和数量		柱纵筋第一批接头距楼板600，两批批接头间距800 墙竖向筋第一批接头在楼板处，两批接头间距500 同根钢筋只设一个接头	照片
4	机械连接和焊接的外观质量		无偏心、夹渣等缺陷	照片
5	机械连接和焊接的接头面积百分率	8-B；5-C；3-A；2-C	4颗柱子，50%	
6	绑扎搭接接头面积百分率和搭接长度	A-2/3；5-B/C；6-D/E；E-7/8	4面墙，50% Φ12钢筋搭接480mm	

监理：刘东 2014.6.22 检查：孔凡民 2014.6.22 记录：王晨 2014.6.22

《钢筋连接检验批质量验收记录》填写说明

1. 填写依据

(1)《混凝土结构工程施工质量验收规范》GB 50204－2015。

(2)《建筑工程施工质量验收统一标准》GB 50300－2013。

2. 规范摘要

以下内容摘自《混凝土结构工程施工质量验收规范》GB 50204－2015。

(1)检验批划分原则

参见本节“钢筋原材料检验批质量验收记录”验收要求的相关内容。

(2)钢筋连接验收要求

1)钢筋的连接方式应符合设计要求。

检查数量:全数检查。

检验方法:观察。

2)钢筋采用机械连接或焊接连接时,钢筋机械连接接头、焊接接头的力学性能、弯曲性能应符合国家现行相关标准的规定。接头试件应从工程实体中截取。

检查数量:按现行行业标准《钢筋机械连接技术规程》JGJ107 和《钢筋焊接及验收规程》JGJ18 的规定确定。

检验方法:检查质量证明文件和抽样检验报告。

3)螺纹接头应检验拧紧扭矩值,挤压接头应量测压痕直径,检验结果应符合现行行业标准《钢筋机械连接技术规程》JGJ107 的相关规定。

检查数量:按现行行业标准《钢筋机械连接技术规程》JGJ107 的规定确定。

检验方法:采用专用扭力扳手或专用量规检查。

一般项目

1)钢筋接头的位置应符合设计和施工方案要求。有抗震设防要求的结构中,梁端、柱端箍筋加密区范围内不应进行钢筋搭接。接头末端至钢筋弯起点的距离不应小于钢筋直径的 10 倍。

检查数量:全数检查。

检验方法:观察,尺量。

2)钢筋机械连接接头、焊接接头的外观质量应符合现行行业标准《钢筋机械连接技术规程》JGJ107 和《钢筋焊接及验收规程》JGJ18 的规定。

检查数量:按现行行业标准《钢筋机械连接技术规程》JGJ107 和《钢筋焊接及验收规程》JGJ18 的规定确定。

检验方法:观察,尺量。

3)当纵向受力钢筋采用机械连接接头或焊接接头时,同一连接区段内纵向受力钢筋的接头面积百分率应符合设计要求;当设计无具体要求时,应符合下列规定:

①受拉接头,不宜大于 50%;受压接头,可不受限制;

②直接承受动力荷载的结构构件中,不宜采用焊接;当采用机械连接时,不应超过 50%。

检查数量:在同一检验批内,对梁、柱和独立基础,应抽查构件数量的 10%,且不应少于 3 件;对墙和板,应按有代表性的自然间抽查 10%,且不应少于 3 间;对大空间结构,墙可按相邻轴线间高度 5m 左右划分检查面,板可按纵横轴线划分检查面,抽查 10%,且均不应少于 3 面。

检验方法：观察，尺量。

注：1　接头连接区段是指长度为35d且不小于500mm的区段，d为相互连接两根钢筋的直径较小值。

2　同一连接区段内纵向受力钢筋接头面积百分率为接头中点位于该连接区段内的纵向受力钢筋截面面积与全部纵向受力钢筋截面面积的比值。

4)当纵向受力钢筋采用绑扎搭接接头时，接头的设置应符合下列规定：

①接头的横向净间距不应小于钢筋直径，且不应小于25mm；

②同一连接区段内，纵向受拉钢筋的接头面积百分率应符合设计要求；当设计无具体要求时，应符合下列规定：

a. 梁类、板类及墙类构件，不宜超过25%；基础筏板，不宜超过50%。

b. 柱类构件，不宜超过50%。

c. 当工程中确有必要增大接头面积百分率时，对梁类构件，不应大于50%。

检查数量：在同一检验批内，对梁、柱和独立基础，应抽查构件数量的10%，且不应少于3件；对墙和板，应按有代表性的自然间抽查10%，且不应少于3间；对大空间结构，墙可按相邻轴线间高度5m左右划分检查面，板可按纵横轴线划分检查面，抽查10%，且均不应少于3面。

检验方法：观察，尺量。

注：1　接头连接区段是指长度为1.3倍搭接长度的区段。搭接长度取相互连接两根钢筋中较小直径计算。

2　同一连接区段内纵向受力钢筋接头面积百分率为接头中点位于该连接区段长度内的纵向受力钢筋截面面积与全部纵向受力钢筋截面面积的比值。

5)梁、柱类构件的纵向受力钢筋搭接长度范围内箍筋的设置应符合设计要求；当设计无具体要求时，应符合下列规定：

①箍筋直径不应小于搭接钢筋较大直径的1/4；

②受拉搭接区段的箍筋间距不应大于搭接钢筋较小直径的5倍，且不应大于100mm；

③受压搭接区段的箍筋间距不应大于搭接钢筋较小直径的10倍，且不应大于200mm；

④当柱中纵向受力钢筋直径大于25mm时，应在搭接接头两个端面外100mm范围内各设置二个箍筋，其间距宜为50mm。

检查数量：在同一检验批内，应抽查构件数量的10%，且不应少于3件。

检验方法：观察，尺量。

钢筋安装检验批质量验收记录

02010204＿＿001

单位（子单位）工程名称	××工程	分部（子分部）工程名称	主体结构（混凝土结构）	分项工程名称	现浇结构
施工单位	××建筑有限公司	项目负责人	×××	检验批容量	34根
分包单位	/	分包单位项目负责人	/	检验批部位	二层柱A～E/1～6+2.5m轴
施工依据	《混凝土结构工程施工规范》GB 50666-2011		验收依据	《混凝土结构工程施工质量验收规范》GB 50204-2015	

验收项目				设计要求及规范规定	最小/实际抽样数量	检查记录	检查结果
主控项目	1	受力钢筋的牌号、规格、数量		第5.5.1条	/	受力钢筋为RB335E(28)、数量与设计一致	√
	2	受力钢筋的安装位置、锚固方式		第5.5.2条	/	安装牢固，安装位置与锚固方式与设计一致	√
一般项目	1	绑扎钢筋网	长、宽	±10	/	/	/
			网眼尺寸	±20	/	/	/
		绑扎钢筋骨架	长	±10	/	/	/
			宽、高	±5	/	/	/
		纵向受力钢筋	锚固长度	-20	24/24	抽查24处，合格24处	100%
			间距	±10	24/24	抽查24处，合格22处	96%
			排距	±5	/	/	/
		纵向受力钢筋、箍筋的混凝土保护层厚度	基础	±10	/	/	/
			柱、梁	±5	64/70	抽查70处，合格68处	97%
			板、墙、壳	±3	/	/	/
		绑扎钢筋、横向钢筋间距		±20	/	/	/
		钢筋弯起点位置		20	/	/	/
		预埋件	中心线位置	5	/	/	/
			水平高差	+3，0	/	/	/
施工单位检查结果	符合要求 专业工长：王晨 项目专业质量检查员：孔凡民 2015年××月××日						
监理单位验收结论	合格 专业监理工程师：刘东 2015年××月××日						

《钢筋安装检验批质量验收记录》填写说明

1. 填写依据

(1)《混凝土结构工程施工质量验收规范》GB 50204－2015。

(2)《建筑工程施工质量验收统一标准》GB 50300－2013。

2. 规范摘要

以下内容摘自《混凝土结构工程施工质量验收规范》GB 50204－2015。

(1)检验批划分原则

参见本节“钢筋原材料检验批质量验收记录”验收要求的相关内容。

(2)钢筋安装验收要求

主控项目

1)钢筋安装时，受力钢筋的牌号、规格和数量必须符合设计要求。

检查数量：全数检查。

检验方法：观察，尺量。

2)受力钢筋的安装位置、锚固方式应符合设计要求。

检查数量：全数检查。

检验方法：观察，尺量。

一般项目

钢筋安装偏差及检验方法应符合表 2-7 的规定。受力钢筋保护层厚度的合格点率应达到 90%及以上，且不得有超过表中数值 1.5 倍的尺寸偏差。

检查数量：在同一检验批内，对梁、柱和独立基础，应抽查构件数量的 10%，且不应少于 3 件；对墙和板，应按有代表性的自然间抽查 10%，且不应少于 3 间；对大空间结构，墙可按相邻轴线间高度 5m 左右划分检查面，板可按纵、横轴线划分检查面，抽查 10%，且均不应少于 3 面。

表 2-7　　钢筋安装允许偏差和检验方法

项目		允许偏差(mm)	检验方法
绑扎钢筋网	长、宽	±10	尺量
	网眼尺寸	±20	尺量连续三档，取最大偏差值
绑扎钢筋骨架	长	±10	尺量
	宽、高	±5	尺量
纵向受力钢筋	锚固长度	－20	尺量
	间距	±10	尺量两端、中间各一点，取最大偏差值
	排距	±5	
纵向受力钢筋、箍筋的混凝土保护层厚度	基础	±10	尺量
	柱、梁	±5	尺量
	板、墙、壳	±3	尺量
绑扎箍筋、横向钢筋间距		±20	尺量连续三档，取最大偏差值
钢筋弯起点位置		20	尺量，沿纵、横两个方向量测，并取其中偏差的较大值
预埋件	中心线位置	5	尺量
	水平高差	＋3，0	塞尺量测

注：检查中心线位置时，沿纵、横两个方向测量，并取其中偏差的较大值。

钢　　筋 分项工程质量验收记录表

<table>
<tr><td colspan="2">单位(子单位)工程名称</td><td colspan="2">××工程</td><td>结构类型</td><td>全现浇剪力墙</td></tr>
<tr><td colspan="2">分部(子分部)工程名称</td><td colspan="2">混凝土结构</td><td>检验批数</td><td>12</td></tr>
<tr><td>施工单位</td><td colspan="3">××建设集团有限公司</td><td>项目经理</td><td>×××</td></tr>
<tr><td>分包单位</td><td colspan="3">/</td><td>分包单位负责人</td><td>/</td></tr>
<tr><td>序号</td><td colspan="2">检验批名称及部位、区段</td><td>施工单位检查评定结果</td><td colspan="2">监理(建设)单位验收结论</td></tr>
<tr><td>1</td><td colspan="2">首层墙、板</td><td>√</td><td colspan="2">合格</td></tr>
<tr><td>2</td><td colspan="2">二层墙、板</td><td>√</td><td colspan="2">合格</td></tr>
<tr><td>3</td><td colspan="2">三层墙、板</td><td>√</td><td colspan="2">合格</td></tr>
<tr><td>4</td><td colspan="2">四层墙、板</td><td>√</td><td colspan="2">合格</td></tr>
<tr><td>5</td><td colspan="2">五层墙、板</td><td>√</td><td colspan="2">合格</td></tr>
<tr><td>6</td><td colspan="2">六层墙、板</td><td>√</td><td colspan="2">合格</td></tr>
<tr><td>7</td><td colspan="2">七层墙、板</td><td>√</td><td colspan="2">合格</td></tr>
<tr><td>8</td><td colspan="2">八层墙、板</td><td>√</td><td colspan="2">合格</td></tr>
<tr><td>9</td><td colspan="2">九层墙、板</td><td>√</td><td colspan="2">合格</td></tr>
<tr><td>10</td><td colspan="2">十层墙、板</td><td>√</td><td colspan="2">合格</td></tr>
<tr><td>11</td><td colspan="2">屋顶电梯机房</td><td>√</td><td colspan="2">合格</td></tr>
<tr><td>12</td><td colspan="2">屋顶水箱间</td><td>√</td><td colspan="2">合格</td></tr>
<tr><td>检查结论</td><td colspan="2">首层至屋顶水箱间钢筋加工及安装施工质量符合《混凝土结构工程施工质量验收规范》(GB 50204－2015)的要求,钢筋分项工程合格。

项目专业技术负责人:×××
2015年8月1日</td><td>验收结论</td><td colspan="2">同意施工单位检查结论,验收合格。

监理工程师:×××
(建设单位项目专业技术负责人)
2015年8月1日</td></tr>
</table>

注:地基基础、主体结构工程的分项工程质量验收不填写“分包单位”、“分包项目经理”。

2.4 混凝土工程

2.4.1 混凝土工程资料列表

(1)施工管理资料

见证记录

(2)施工技术资料

1)混凝土施工方案

①清水混凝土专项施工方案

②大体积混凝土专项施工方案

2)技术交底记录

①混凝土施工方案技术交底记录

②清水混凝土专项施工方案技术交底记录

③混凝土现场拌制技术交底记录

④混凝土泵送技术交底记录

⑤底板大体积混凝土工程技术交底记录

⑥剪力墙结构混凝土工程技术交底记录

⑦现浇框架结构混凝土工程技术交底记录

⑧型钢混凝土组合柱工程技术交底记录等

3)图纸会审记录、设计变更通知单、工程洽商记录

(3)施工物资资料

1)预拌混凝土出厂合格证

2)预拌混凝土运输单

3)混凝土氯化物和碱总量计算书(重要工程或设计有要求时)

4)水泥产品合格证、出厂检验报告、水泥试验报告

5)砂试验报告,碎(卵)石试验报告,砂、石碱活性检验报告(重要工程或设计有要求时)

6)外加剂质量证明文件、外加剂试验报告

7)掺合料质量证明文件,掺合料试验报告

8)水质试验报告

9)原材料有害物含量检测报告

10)材料、构配件进场检验记录

11)工程物资进场报验表

(4)施工记录

1)底板大体积混凝土隐蔽工程验收记录(钢筋工程、水电预埋管、防雷保护接地、施工缝等)

2)交接检查记录

3)预检记录(模板工程、标高(位置)控制线(点)、穿过结构的线缆或管件套管等)

4)砂、石含水率测试记录

5)混凝土原材料称量记录

6)混凝土坍落度现场检查记录

7)混凝土搅拌检查记录

8)混凝土浇灌申请书

9)混凝土浇灌检查记录

10)混凝土开盘鉴定

11)混凝土工程施工记录

12)隐蔽工程验收记录

13)混凝土冬期施工相关记录

14)混凝土预拌测温记录

15)现场搅拌混凝土测温记录

16)混凝土养护测温记录(应附图)

17)大体积混凝土养护测温记录(应附图)

18)结构实体检验用同条件养护试件测温记录

(5)施工试验记录及检测报告

1)混凝土抗压强度报告目录

2)混凝土结构实体钢筋保护层厚度检验记录

3)混凝土结构实体位置与尺寸偏差测量记录

4)混凝土配合比申请单、通知单

5)混凝土施工配合比下料单

6)混凝土抗压强度试验报告(包括:标养、结构实体检验、拆模(梁板)、冬施临界强度、冬施同养转标养、冬施转常温等试件试验报告)

7)混凝土试块强度统计、评定记录

8)混凝土结构实体强度统计、评定记录

9)混凝土抗渗试验报告

10)混凝土抗折强度试验报告

11)混凝土抗冻试验报告

12)回弹法检测混凝土强度报告

13)钻芯法检测混凝土强度报告

(6)施工质量验收记录

1)混凝土原材料检验批质量验收记录

2)混凝土拌合物检验批质量验收记录

3)混凝土施工工程检验批质量验收记录

4)混凝土分项工程质量验收记录表

2.4.2　混凝土工程资料表格填写范例

楼层测量放线检查记录

<table>
<tr><td rowspan="2">工程名称</td><td rowspan="2">××住宅小区 17 号楼工程</td><td>编　　号</td><td>×××</td></tr>
<tr><td>检查日期</td><td>2015 年 5 月 18 日</td></tr>
<tr><td>检查部位</td><td>墙、柱轴线、边线、门窗洞口线</td><td>依据图纸</td><td>结施－6</td></tr>
<tr><td colspan="4">放线示意图(可加 A3 附图)：
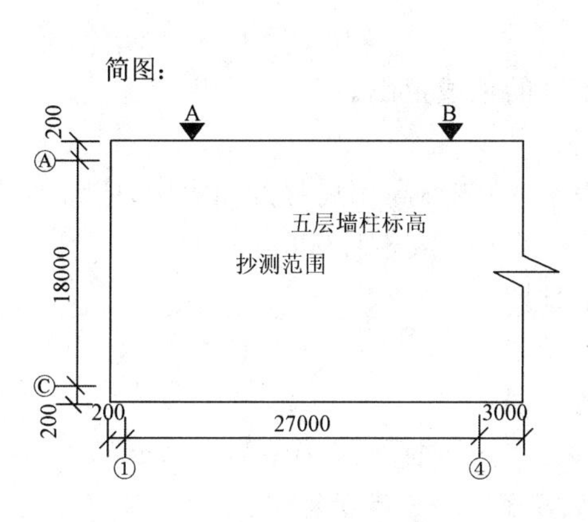
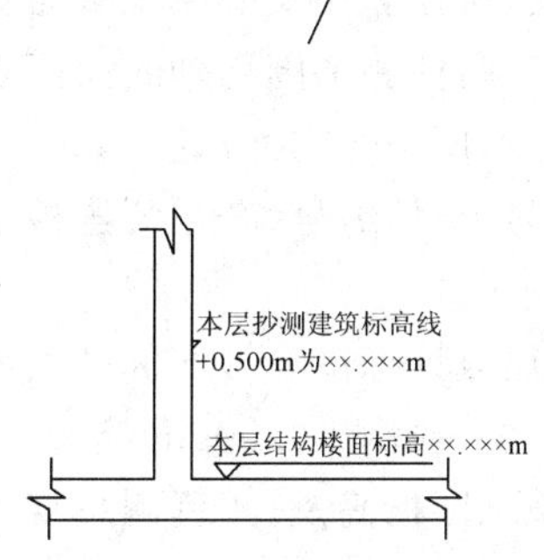
抄测仪器：NA724
出厂编号：5145654
检定日期：××年××月××日</td></tr>
<tr><td colspan="4">检查结论：
经核对：楼层设计标高与抄测标高数值无误。
经查验：从首层 A、B 标高点传递到五层两点 A′、B′误差在 3mm 以内。
本层实体墙柱抄测标高建＋0.500m 误差±3mm 以内。
符合设计施工图标高及《工程测量规范》(GB 50026－2007)精度要求。</td></tr>
<tr><td>施工单位</td><td>××建设集团有限公司</td><td>监理单位</td><td>××工程建设监理有限公司</td></tr>
<tr><td>施测人(签字)</td><td>宋××</td><td colspan="2" rowspan="3">专业监理工程师：
张××
2015 年 5 月 18 日</td></tr>
<tr><td>专业质检员
(签字)</td><td>刘××</td></tr>
<tr><td>专业技术负责人
(签字)</td><td>王××</td></tr>
</table>

《楼层测量放线检查记录》填写说明

1. 责任部门

施工单位项目专业技术负责人、专业质检员、测量员,项目监理机构专业监理工程师等。

2. 提交时限

测量放线完成后1d内提交。

3. 填写要点

(1)施工层标高的传递:

1)工程名称:与施工图中图签一致。

2)检查部位:抄测的层数及抄测的施工段的轴线范围。

3)依据图纸:所抄测楼层的建筑平面图。

4)放线示意图:抄测范围用轴线简图表示,抄测标高用局部剖面表示;应增加抄测说明:①抄测内容:墙、柱上本层+0.500m建=××.×××m或+1.000m建=××.×××m;②抄测工具:注明仪器型号、出厂编号、合格仪器检定日期。

5)检查结论

经核对:楼层设计标高与抄测标高数值无误;

经查验:墙柱上抄测+0.500m建=××.××m标高线误差为××mm;

符合设计施工图标高及《工程测量规范》GB 50026精度要求。

(2)施工下层的轴线投测:

1)工程名称:与施工图中图签一致。

2)检查部位:标明某层及实测施工的轴线段。

3)依据图纸:×层的建筑××平面图(图号××)、结构××图(图号××);

4)放线示意图:应标明楼层外轮廓线、楼层重要控制轴线、尺寸及指北针方向。采用内控法向上传递竖向控制线时,第一个施工段要标明不少于4个内控点;首层(不含)以上各层应标明垂直度偏差方向及数值。应增加放线内容:基础板底防水保护层面层及首层(含)以下各层:墙、柱轴线、边线、门窗洞口线;地上二层(含)、以上各层:墙、柱轴线、边线、门窗洞口线、垂直度偏差。

5)检查结论:由施工单位根据监理的要求采用计算机打印,应有测量的具体数据误差。

4. 相关要求

(1)一般要求

1)施工层标高的传递,宜采用悬挂钢尺代替水准尺的水准测量方法进行,并应对钢尺读数进行温度、尺长和拉力改正。

①传递点的数目,应根据建筑物的大小和高度确定。规模较小的工业建筑或多层民用建筑,宜从2处分别向上传递;规模较大的工业建筑或高层民用建筑,宜从3处分别向上传递;

②楼层传递的标高2点(3点)比较差小于3mm时,可取平均值作为施工层的标高基准,否则,应重新传递。

2)施工下层的轴线投测,宜使用2"级激光经纬仪或激光铅直仪进行。控制轴线投测至施工层后,应在结构平面上按闭合图形对投测轴线进行校核。合格后,才能进行本施工层上的其他测设工作;否则,应重新进行投测。

3)应按本表要求填写。

(2)施工层标高检查要点

1)首层以下各层抄测标高可依据施工高程控制网进行高程控制抄测。首层抄测标高控制点依据有资质的测绘单位现场留置的标高点。二层(含)以上各层部位抄测标高依据首层抄测的±0.000m 建或+0.500m 建或+1.000m 建标高点向二层以上传递标高。

2)各楼层抄测的标高均应以本层建筑标高±0.000m 的+0.500m 整倍数为准。

3)各楼层施工段引测标高点不应少于二个,应做标识,在引测中应错层校对。

4)楼层所抄测标高线应在关键处(电梯井)、明显处(单元楼梯口)留×层+0.500m 建=××.×××m 标识供施工现场各工序、工种清楚地使用。

5)多层或高层建筑应事先详细查阅建筑剖面图中各层建筑标高与各楼层建筑标高是否一致,并做出楼层标高实测明细表,避免干一层查一层可能出现的隐患。

<table>
<tr><td colspan="2">楼层平面标高抄测记录</td><td>编　号</td><td>×××</td></tr>
<tr><td>工程名称</td><td>××办公楼工程</td><td>日　期</td><td>2015 年 4 月 17 日</td></tr>
<tr><td>抄测部位</td><td>四层⑨～⑬/Ⓓ～Ⓕ轴</td><td>抄测内容</td><td>墙柱＋1.000m 建＝11.200m</td></tr>
<tr><td colspan="4">抄测依据：
1. 首层＋1.000m 建＝50.700m 水平控制点。
2. 四层建筑平面图(建施－8)。
3. 施工测量方案。
4. 建筑工程施工测量规程。</td></tr>
<tr><td colspan="4">抄测说明：
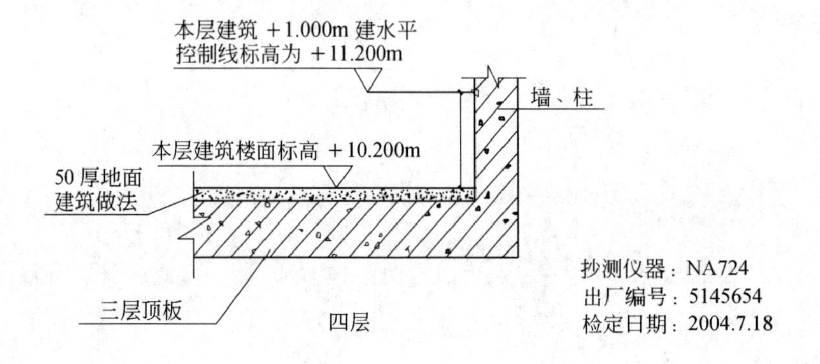
</td></tr>
<tr><td colspan="4">检查意见：
经核对：楼层设计标高与抄测标高数值无误。
经查验：墙柱上抄测＋1.000m 建＝11.200m 标高线误差在±2mm 以内。
符合设计施工图标高及《建筑施工测量技术规程》(DB11/T 446－2007)精度要求。</td></tr>
</table>

<table>
<tr><td rowspan="3">签字栏</td><td rowspan="2">建设(监理)单位</td><td>施工单位</td><td colspan="2">××建设集团有限公司</td></tr>
<tr><td>专业技术负责人</td><td>专业质检员</td><td>施测人</td></tr>
<tr><td>×××</td><td>×××</td><td>×××</td><td>×××</td></tr>
</table>

本表由施工单位填写并保存。

建筑物垂直度、标高观测记录

工程名称	××大厦工程	编　　号	×××
施工阶段	主体结构(封顶)完	观测日期	2015 年 9 月 12 日

观测说明(附观测示意图)

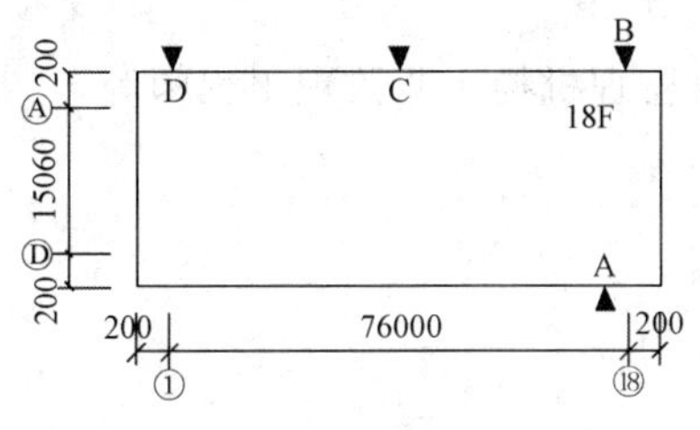

注：A、B、C、D 点首层高程竖向传递基准点均为建筑＋0.500m

(1)本工程为现浇混凝土框架剪力墙结构。

(2)用 2″经伟仪加弯管目镜加钢尺配合量距测楼外墙外(阳)大角垂直度偏差。

(3)用 DZS3－1 水准仪配合 50m 检定钢尺加三项改正测楼标高偏差。

(4)地上各层标高抄测依据点均从首层对应高程基准点传递上来；垂直度偏差均从地上各层角点对首层同角点而言。

(5)本工程由于不均匀沉降造成结构各层墙柱原标高线偏差较大(各层结构施工时所抄标高线见 C038 表)。

垂直度测量(全高)		标高测量(全高)	
观测部位	实测偏差(mm)	观测部位	实测偏差(mm)
①/Ⓐ十八层外大角	Ⓐ方向向外 8	传递到十八层屋顶女儿墙上标高点 54.500m	±10mm 以内
①/Ⓐ十八层外大角	①方向向外 7	传递到十八层结构外墙上标高点 51.500m	±10mm 以内
①/Ⓐ十七层外大角	Ⓐ方向向外 6	传递到十七层结构外墙上标高点 48.500m	±10mm 以内
①/Ⓐ十七层外大角	①方向向内 7		
①/Ⓐ十六层外大角	Ⓐ方向向外 8	传递到十六层结构外墙上标高点 45.500m	±10mm 以内
①/Ⓐ十六层外大角	①方向向外 6		
①/Ⓐ十五层外大角	Ⓐ方向向内 5	传递到十五层结构外墙上标高点 42.500m	±10mm 以内
①/Ⓐ十五层外大角	①方向向内 8		
①/Ⓐ十四层外大角	Ⓐ方向向外 6	传递到十四层结构外墙上标高点 39.500m	±10mm 以内
①/Ⓐ十四层外大角	①方向向内 5		
…			

结论：

1. 按施工图施工未改变规划平面、楼层及标高的设计要求。
2. 外墙外(阳)大角竖向偏差未超过规划要求。
3. 楼总高度及各层楼高满足高程控制的精度要求(相对首层高程传递基准点)。

符合设计施工图及《工程测量规范》GB 50026－2007 精度要求。

签字栏	施工单位	××建设集团有限公司	专业质检员	施测人
			李××	刘××
	监理单位	××工程建设监理有限公司	专业监理工程师	宋××

《建筑物垂直度、标高观测记录》填写说明

施工单位应在结构工程施工中，一个工程阶段完成和工程竣工时分别对建筑物垂直度和全高进行实测，应按本表要求填写。

1. 责任部门

施工单位项目专业技术负责人，专业质检员测量员，项目监理机构专业监理工程师等。

2. 提交时限

一个工程阶段完成、工程竣工时观测后分别填写并提交。

3. 填写要点

(1)工程名称：与施工图中图签一致。

(2)施工阶段：结构完成或工程竣工。

(3)观测说明

1)用示意外轮廓轴线简图表示阳角观测部位。

2)使用什么仪器采用什么方法对总高的垂直度和总高度进行实测实量简明标注。

3)注明建筑物结构型式是为对应允许误差的分类。

4)垂直度测量(全高)、标高测量(全高)指阳角外檐总高度。

(4)结论

1)经核对：设计施工图及对有关资料无误。

2)经查验：总高垂直度偏差及标高高差值在允许范围之内。

3)符合设计施工图及工程测量规范精度要求。

4. 相关要求

(1)垂直度一个阳角有两个偏差值；标高一个阳角有一个偏差值。

(2)允许误差见表 2-8～表 2-10。

表 2-8　　建筑总高度(H)的铅垂度限差

建筑总高度(m)	限差(mm)
$30<H\leqslant 60$	10
$60<H\leqslant 90$	15
$90<H\leqslant 120$	20
$120<H\leqslant 150$	25
$150<H\leqslant 180$	30
$180<H$	符合设计要求

表 2-9　　建筑总高度(H)限差

建筑总高度(m)	限差(mm)
$30<H\leqslant 60$	±10
$60<H\leqslant 90$	±15

续表

建筑总高度(m)	限差(mm)
90＜H≤120	±20
120＜H≤150	±25
150＜H≤180	±30
180＜H	符合设计要求

表 2-10　　混凝土工程、钢结构工程、砌体工程垂直度、标高允许偏差

项　目				允许偏差值(mm)	检查方法
混凝土工程	垂直度	层高≤5m		8	经纬仪
		层高＞5m		8	吊线
		全高(H)		H/1000 且≤30	尺量
	标高	层高		±10	水准仪
		全高		±30	
钢结构工程	垂直度	杯口、单节柱		H/1000 且≯10	经纬仪
		单层结构跨中		H/250 且≯15	
		多层、高层整体结构		H/1000 且≯25	尺量
砌体工程	垂直度	每层		5	经纬仪
		全高	≤10m	10	吊线
			＞10m	20	尺量

建筑区域原始地面高程测量记录

工程名称	××综合楼工程	编　　号	×××
		测量时间	2015 年 5 月 20 日
网格间距	20m×20m	水准点高程	48.31

放线示意图(可加 A3 附图):

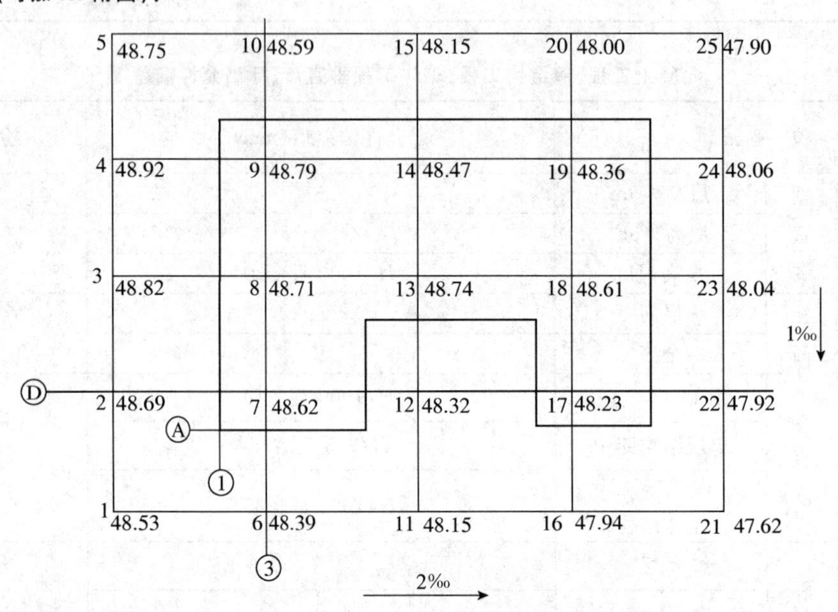

高程测量记录:

序号	高程	序号	高程	序号	高程	序号	高程	序号	高程
1	48.53	6	48.39	11	48.15	16	47.94	21	47.62
2	48.69	7	48.62	12	48.32	17	48.23	22	47.92
3	48.82	8	48.71	13	48.74	18	48.61	23	48.04
4	48.92	9	48.79	14	48.47	19	48.36	24	48.06
5	48.75	10	48.59	15	48.15	20	48.00	25	47.90

平均高程:$H_{平}=\dfrac{\sum H_iP_i(\text{各方格点的高程分别乘以各点的权数后的总和})}{\sum P_i(\text{各方格点权数的总和})}=\dfrac{1}{1\times4+2\times12+4\times9}$[(48.53+48.76+47.90+47.62)×1+(48.69+48.82+48.92+48.59+48.15+48.00+48.06+48.04+47.92+47.94+48.15+48.39)×2+(48.62+48.71+48.79+48.47+48.36+48.61+48.23+48.32+48.74)×4]=48.431m≈48.43m

签字栏	施工单位代表	监理单位代表	建设单位代表
	签字:王××	签字:张××	签字:刘××

<table>
<tr><td colspan="7">预制混凝土构件出厂合格证</td><td>编　号</td><td colspan="4">×××</td></tr>
<tr><td colspan="2">工程名称及使用部位</td><td colspan="5">××工程　三层①～⑨/Ⓑ～Ⓙ轴</td><td>合格证编号</td><td colspan="4">2015-063</td></tr>
<tr><td colspan="2">构件名称</td><td colspan="2">预应力圆孔板</td><td colspan="3">型号规格</td><td>YKB-3</td><td colspan="3">供应数量</td><td>80</td></tr>
<tr><td colspan="2">制造厂家</td><td colspan="5">××预制构件厂</td><td>企业等级证</td><td colspan="4">一级</td></tr>
<tr><td colspan="2">标准图号或设计图纸号</td><td colspan="5">设计图纸　结 5</td><td>混凝土设计强度等级</td><td colspan="4">C30</td></tr>
<tr><td colspan="2">混 凝 土浇筑日期</td><td colspan="5">2015 年×月×日至 2015 年×月×日</td><td>构件出厂日期</td><td colspan="4">2015 年×月×日</td></tr>
<tr><td rowspan="9">性能检验评定结果</td><td colspan="2">混凝土抗压强度</td><td colspan="9">主　筋</td></tr>
<tr><td colspan="2">达到设计强度(%)</td><td colspan="3">试验编号</td><td colspan="4">力学性能</td><td colspan="2">工艺性能</td></tr>
<tr><td colspan="2">125</td><td colspan="3">2015-061</td><td colspan="4">钢筋屈服点、抗拉强度、伸长率均符合要求</td><td colspan="2">见钢筋原材试验报告(2015-0045)</td></tr>
<tr><td colspan="11">外　观</td></tr>
<tr><td colspan="4">质量状况</td><td colspan="7">规格尺寸</td></tr>
<tr><td colspan="4">合　格</td><td colspan="7">3580mm×1180mm×120mm</td></tr>
<tr><td colspan="11">结构性能</td></tr>
<tr><td colspan="2">承载力(kPa)</td><td colspan="3">挠　度(mm)</td><td colspan="3">抗裂检验(kPa)</td><td colspan="3">裂缝宽度(mm)</td></tr>
<tr><td colspan="2">2.00</td><td colspan="3">1.50</td><td colspan="3">1.40</td><td colspan="3">0.12≤0.15(w_{max})</td></tr>
<tr><td colspan="9">备注：</td><td colspan="3">结论：
试件结构各项性能指标经检验均达到规范规定，质量合格，同意出厂。</td></tr>
</table>

<table>
<tr><td colspan="2">供应单位技术负责人</td><td>填表人</td><td rowspan="3">供应单位名称
（盖章）</td></tr>
<tr><td colspan="2">×××</td><td>×××</td></tr>
<tr><td>填表日期</td><td colspan="2">2015 年×月×日</td></tr>
</table>

本表由预制混凝土构件供应单位提供，建设单位、施工单位各保存一份。

《预制混凝土构件出厂合格证》填写说明

1. 责任部门

构件加工单位质检部门提供、项目物资部收集。

2. 提交时限

随物资进场提交。

3. 填写要点

(1)预制混凝土构件出厂合格证应由构件加工单位质检部门提供,应包括以下主要内容:构件名称、合格证编号、型号规格、供应数量、制造厂家名称、企业资质等级证、标准图号或设计图纸号、混凝土设计强度等级及浇筑日期、构件出厂日期、性能检验评定结果及结论、技术负责人(签字)、填表人(签字)及单位盖章等内容。

(2)制构件的质量必须合格,如需采取技术措施的,应满足有关技术要求,经有关技术负责人设计及建设单位批准签认后,方允许使用,并应注明使用的工程名称和使用部位。

(3)合格证应与实际所用预制构件物证吻合、批次对应。

4. 相关要求

(1)施工单位使用预制构件时,预制构件加工单位应保存各种原材料(如钢筋、混凝土组成材料)的质量合格证明、复试报告等资料,并应保证各种资料的可追溯性;施工单位必须保存加工单位提供的《预制混凝土构件出厂合格证》和进场后的试(检)验报告。

(2)预制构件结构性能检验方法应符合《混凝土结构工程施工质量验收规范》(GB 50204－2015)附录C的规定。

(3)现场生产预制混凝土构件:

1)施工方案和技术交底:施工方案应考虑到构件生产场地要求、模板数量、周转日期、模板结构形式及支拆方法、构件翻身、构件扶直及构件吊装等因素。技术交底应包括施工准备、施工工艺、质量标准、成品保护及其他管理措施等。

2)原材料选用:原材料要选用与构件生产要求相符合的原材料,主要原材料如水泥、钢筋、砂、石、外加剂等,必须按有关规定做相应的材料试验;构件生产用混凝土配合比应单独设计,不应与工程混用。构件的混凝土标养试块需按台班单独留置,不得用当天同强度等级的工程留置试块取代,所有试验资料应分别整理。标养28天抗压强度报告应按规定参加单位工程混凝土试块抗压强度的统计、评定。

3)构件的检查验收须按《混凝土结构工程施工质量验收规范》(GB 50204－2015)要求执行。构件质量控制资料除原材料、施工试验外,还应有模板检查记录、钢筋半成品及成品检查记录、隐蔽工程检查记录、混凝土拌合物检查记录、构件外观检查记录、结构性能检验记录。

<table>
<tr><td colspan="4">预拌混凝土出厂合格证</td><td colspan="2">编 号</td><td colspan="2">×××</td></tr>
<tr><td>使用单位</td><td colspan="3">×××项目部</td><td colspan="2">合格证编号</td><td colspan="2">2015-195</td></tr>
<tr><td>工程名称与浇筑部位</td><td colspan="7">××大厦 首层游泳池</td></tr>
<tr><td>强度等级</td><td>C35</td><td>抗渗等级</td><td>P8</td><td colspan="2">供应数量(m^3)</td><td colspan="2">129</td></tr>
<tr><td>供应日期</td><td colspan="2">2015 年×月×日</td><td>至</td><td colspan="4">2015 年×月×日</td></tr>
<tr><td>配合比编号</td><td colspan="7">2015-094</td></tr>
<tr><td>原材料名称</td><td>水泥</td><td>砂</td><td>石</td><td colspan="2">掺合料</td><td colspan="2">外加剂</td></tr>
<tr><td>品种及规格</td><td>P·O 42.5R</td><td>中砂</td><td>碎石</td><td>Ⅱ级
粉煤灰</td><td></td><td>HNB-1</td><td></td></tr>
<tr><td>试验编号</td><td>2015-052</td><td>2015-050</td><td>2015-049</td><td>2015-020</td><td></td><td>2015-018</td><td></td></tr>
</table>

<table>
<tr><td rowspan="7">每组抗压强度值 MPa</td><td>试验编号</td><td>强度值</td><td>试验编号</td><td>强度值</td><td rowspan="10">备注：</td></tr>
<tr><td>2015-0521</td><td>51.3</td><td></td><td></td></tr>
<tr><td>2015-0521</td><td>51.7</td><td></td><td></td></tr>
<tr><td></td><td></td><td></td><td></td></tr>
<tr><td></td><td></td><td></td><td></td></tr>
<tr><td></td><td></td><td></td><td></td></tr>
<tr><td></td><td></td><td></td><td></td></tr>
<tr><td rowspan="3">抗渗试验</td><td>试验编号</td><td>指标</td><td>试验编号</td><td>指标</td></tr>
<tr><td>2015-0069</td><td>P>8</td><td></td><td></td></tr>
<tr><td></td><td></td><td></td><td></td></tr>
</table>

<table>
<tr><td colspan="3">抗压强度统计结果</td><td rowspan="3">结论：
合 格</td></tr>
<tr><td>组数 n</td><td>平均值</td><td>最小值</td></tr>
<tr><td>2</td><td>51.5</td><td>51.3</td></tr>
<tr><td>供应单位技术负责人</td><td colspan="2">填表人</td><td rowspan="3">供应单位名称
(盖章)</td></tr>
<tr><td>×××</td><td colspan="2">×××</td></tr>
<tr><td>填表日期：</td><td colspan="2">2015 年×月×日</td></tr>
</table>

《预拌混凝土出厂合格证》填写说明

1. 责任部门

供应单位提供,项目物资部收集。

2. 提交时限

混凝土出厂后30d内提交。

3. 填写要点

预拌混凝土出厂合格证由供应单位负责提供,应包括以下内容:使用单位、合格证编号、工程名称与浇筑部位、混凝土强度等级、抗渗等级、供应数量、供应日期、原材料品种与规格和试验编号、配合比编号、混凝土28天抗压强度值、抗渗等级性能试验、抗压强度统计结果及结论,技术负责人(签字)、填表人(签字)、供应单位盖章。

合格证要填写齐全,无未了项,不得漏填或错填。数据真实,结论正确,符合要求。

4. 相关要求

(1)预拌混凝土的生产和使用应符合《预拌混凝土》(GB/T 14902)的规定。施工现场使用预拌混凝土前应有技术交底和具备混凝土工程的标准养护条件,并在混凝土运送到浇筑地点15min内按规定制作试块。

(2)预拌混凝土供应单位必须向施工单位提供以下资料:配合比通知单、预拌混凝土运输单、预拌混凝土出厂合格证、混凝土氯化物和碱总量计算书。

(3)预拌混凝土供应单位除向施工单位提供上述资料外,还应保证以下资料的可追溯性:

试配记录、水泥出厂合格证和试(检)验报告、砂和碎(卵)石试验报告、轻集料试(检)验报告、外加剂和掺合料产品合格证和试(检)验报告、开盘鉴定、混凝土抗压强度报告(出厂检验混凝土强度值应填入预拌混凝土出厂合格证)、抗渗试验报告(试验结果应填入预拌混凝土出厂合格证)、混凝土坍落度测试记录(搅拌站测试记录)和原材料有害物含量检测报告。

(4)施工单位应形成以下资料:

混凝土浇灌申请书;

混凝土抗压强度报告(现场检验);

抗渗试验报告(现场检验);

混凝土试块强度统计、评定记录(现场)。

(5)采用现场搅拌混凝土方式的,施工单位应收集、整理上述资料中除预拌混凝土出厂合格证、预拌混凝土运输单之外的所有资料。

<table>
<tr><td colspan="4">预拌混凝土运输单(正本)</td><td>编号</td><td colspan="3">×××</td></tr>
<tr><td>合同编号</td><td colspan="3">×××</td><td>任务单号</td><td colspan="3">×××</td></tr>
<tr><td>供应单位</td><td colspan="3">××混凝土公司</td><td>生产日期</td><td colspan="3">2015年4月3日</td></tr>
<tr><td>工程名称及施工部位</td><td colspan="7">××工程 地上六层⑥~⑫/Ⓔ~①轴墙体</td></tr>
<tr><td>委托单位</td><td colspan="2">×××</td><td>混凝土强度等级</td><td>C30</td><td colspan="2">抗渗等级</td><td>/</td></tr>
<tr><td>混凝土输送方式</td><td colspan="2">泵送</td><td>其他技术要求</td><td colspan="4">/</td></tr>
<tr><td>本车供应方量(m^3)</td><td colspan="2">6</td><td>要求坍落度(mm)</td><td>140~160</td><td colspan="2">实测坍落度(mm)</td><td>150</td></tr>
<tr><td>配合比编号</td><td colspan="2">2015-0012</td><td>配合比比例</td><td colspan="4">C∶W∶S∶G=1.00∶0.49∶2.42∶3.17</td></tr>
<tr><td>运距(km)</td><td>20</td><td>车号</td><td>京A2316</td><td>车次</td><td>16</td><td>司机</td><td>×××</td></tr>
<tr><td>出站时间</td><td colspan="2">13:38</td><td>到场时间</td><td>14:28</td><td colspan="2">现场出罐温度(℃)</td><td>19</td></tr>
<tr><td>开始浇筑时间</td><td colspan="2">14:36</td><td>完成浇筑时间</td><td>14:50</td><td colspan="2">现场坍落度(mm)</td><td>150</td></tr>
<tr><td rowspan="2">签字栏</td><td colspan="2">现场验收人</td><td colspan="2">混凝土供应单位质量员</td><td colspan="3">混凝土供应单位签发人</td></tr>
<tr><td colspan="2">×××</td><td colspan="2">××</td><td colspan="3">×××</td></tr>
</table>

<table>
<tr><td colspan="4">预拌混凝土运输单(副本)</td><td>编号</td><td colspan="3">×××</td></tr>
<tr><td>合同编号</td><td colspan="3">×××</td><td>任务单号</td><td colspan="3">×××</td></tr>
<tr><td>供应单位</td><td colspan="3">××混凝土公司</td><td>生产日期</td><td colspan="3">2015年4月3日</td></tr>
<tr><td>工程名称及施工部位</td><td colspan="7">××工程 地上六层⑥~⑫/Ⓔ~①轴墙体</td></tr>
<tr><td>委托单位</td><td colspan="2">×××</td><td>混凝土强度等级</td><td>C30</td><td colspan="2">抗渗等级</td><td>/</td></tr>
<tr><td>混凝土输送方式</td><td colspan="2">泵送</td><td>其他技术要求</td><td colspan="4">/</td></tr>
<tr><td>本车供应方量(m^3)</td><td colspan="2">6</td><td>要求坍落度(mm)</td><td>140~160</td><td colspan="2">实测坍落度(mm)</td><td>150</td></tr>
<tr><td>配合比编号</td><td colspan="2">2015-0012</td><td>配合比比例</td><td colspan="4">C∶W∶S∶G=1.00∶0.49∶2.42∶3.17</td></tr>
<tr><td>运距(km)</td><td>20</td><td>车号</td><td>京A2316</td><td>车次</td><td>16</td><td>司机</td><td>×××</td></tr>
<tr><td>出站时间</td><td colspan="2">13:38</td><td>到场时间</td><td>14:28</td><td colspan="2">现场出罐温度(℃)</td><td>19</td></tr>
<tr><td>开始浇筑时间</td><td colspan="2">14:36</td><td>完成浇筑时间</td><td>14:50</td><td colspan="2">现场坍落度(mm)</td><td>150</td></tr>
<tr><td rowspan="2">签字栏</td><td colspan="2">现场验收人</td><td colspan="2">混凝土供应单位质量员</td><td colspan="3">混凝土供应单位签发人</td></tr>
<tr><td colspan="2">×××</td><td colspan="2">××</td><td colspan="3">×××</td></tr>
</table>

注:本表的正本由供应单位保存,副本由施工单位保存。

单方混凝土氯离子含量计算书

编　号	×××
试验编号	2015-0663
委托编号	/

工程名称及部位	××工程　一层⑭～㉓/Ⓑ～Ⓖ轴梁板		
委托单位	××建设集团有限公司		
混凝土强度等级	C30	配合比编号	2015-0663
水泥品种及强度等级	P·O 42.5	氯离子含量（%）	0.0060
外加剂名称	UNF－5AS2# 减水剂	氯离子含量（%）	
掺合料种类	粉煤灰（Ⅱ级）	氯离子含量（%）	
外加剂名称		氯离子含量（%）	

用量	材料名称							
	水泥	水	砂	石	外加剂	掺合料	外加剂	
每 m³ 用量	289	176	783	1083	7.30	95		

氯离子计算结果

	水泥	掺合料	外加剂1	外加剂2
每 m³ 用量（kg）	289	95	7.30	
含氯离子量（%）	0.0060			
每 m³ 氯离子量（kg）	0.017			
每 m³ 混凝土总氯离子量为	0.0044%			

工程种类	Ⅱ类	砂种类	中砂	石种类	碎石

结论：

氯离子含量为0.0044%，符合《混凝土结构设计规范》GB 50010－2010 标准。

报告日期：2015年6月10日

《单方混凝土氯离子含量计算书》填写说明

为分析钢筋混凝土中钢筋的腐蚀情况，往往要分析混凝土中氯离子的含量与侵入深度，混凝土中氯离子含量可用硝酸银滴定法测定。测试方法如下：

1. 混凝土的取样

清除混凝土结构表面的污垢、粉刷层等，用取芯机在混凝土构件有代表性的部位钻取混凝土试样，芯样直径不小于 50mm。检测氯离子侵入深度时，芯样直径应在 70～100mm 左右。取样部位应在均质无钢筋处及距构件端部 50～100mm 处。

2. 试样的制取

将混凝土试样剔除大颗粒石子，研磨至全部通过 0.08mm 筛子，然后置于 105℃烘箱烘干 2h，取出后放入干燥器皿中冷却至室温备用。

3. 氯离子含量测定

(1)方法一：

称取 20g(精确至 0.01g)试样，放入三角烘瓶中并加入 200mL 蒸馏水，剧烈摇晃 1～2min，然后浸泡 24h 或在 90℃的水浴锅中浸泡 3h，用定性滤纸过滤，将提取液的 pH 值调整到 7～8。调整 pH 值时用硝酸溶液调酸度，用碳酸氢钠溶液调碱度。然后加 5%铬酸钾指示 10～12 滴，用 0.02N 硝酸银溶液滴定，边滴边摇，到溶液出现不消失的橙红色为止。

氯离子含量的计算如下：

$$p = 0.03545NVm/V_2V_1$$

式中　N——硝酸银溶液的当量浓度；

V——滴定时消耗的硝酸银溶液量(mL)；

m——样品的质量(g)；

V_2——浸样品的水量(mL)；

V_2——每次滴定时提取的滤液量(mL)。

(2)方法二：

称取 5g(精确至 0.01g)试样，放入三角烧瓶中，缓缓加入 200mL、0.5N 的硝酸银溶液，盖上瓶塞防止蒸发，在电炉上加热至微沸，待冷却至室温后，用定性滤纸过滤。撮滤液 20mL，加入 0.02N 的硝酸银溶液 20mL，加入铁矾指示剂 20mL 用硫氰酸钾溶液滴定，轻轻摇动溶液，至溶液呈淡红色且颜色消失为止。

氯离子含量的计算如下：

$$P = 0.03545(NV - N_1V_1)(mV_2/V_3)$$

式中　N——硝酸银标准溶液的当量浓度；

V——加入的硝酸银溶液(mL)；

N_1——硫氰酸钾标准溶液的当量浓度(mL)；

V_1——消耗的硫氰酸钾溶液(mL)；

V_2——每次滴定提取的滤液量(mL)；

V_3——浸样品的水量(mL)；

m——样品的质量(g)。

4. 氯离子侵入深度的测定

将所取的芯样分层，分别测定各层的氯离子含量，从而可确定氯离子的侵入深度。每层氯离子的含量测定要求取同层的3个以上样品分别测定氯离子含量，然后取其平均值作为该层的氯离子含量代表值。根据各层的氯离子含量即可找出氯离子含量沿深度的变化规律。

《混凝土质量控制标准》(GB 50164)规定，混凝土拌合物中的氯化物总含量(以氯离子重量计)应符合下列要求：

(1)对素混凝土，不得超过水泥重量的2%。

(2)对处于干燥环境或有防潮措施的钢筋混凝土，不得超过水泥重量的1%。

(3)对处于潮湿而不含有氯离子环境中的钢筋混凝土，不得超过水泥重量的0.3%。

(4)对在潮湿并含有氯离子环境中的钢筋混凝土，不得超过水泥重量的0.1%。

(5)预应力混凝土及处于易腐蚀环境中的钢筋混凝土，不得超过水泥重量的0.06%。

值得注意的是：在对混凝土拌合物中氯离子含量检测时，其所得含量为拌合物中的含量，为便于比较，需根据混凝土的配合比，将其换算成占水泥重量的百分比。

单方混凝土碱含量计算书	编　号	×××
	试验编号	2015-0663
	委托编号	/

工程名称及部位	××工程　一层⑭～㉓/Ⓑ～Ⓖ轴梁板		
委托单位	××建设集团有限公司		
混凝土强度等级	C30	配合比编号	2015-0663
水泥品种及强度等级	P·O 42.5	碱含量（%）	0.4900
外加剂名称	UNF－5AS2# 减水剂	碱含量（%）	2.57
掺合料种类	粉煤灰（Ⅱ级）	碱含量（%）	1.2200
外加剂名称		碱含量（%）	

用　量	材料名称							
	水泥	水	砂	石	外加剂	掺合剂	外加剂	
每 m³ 用量	289	176	783	1083	7.30	95		

碱含量计算结果

	水泥	掺合料	外加剂 1	外加剂 2
每 m³ 用量（kg）	289	95	7.30	
含碱量（%）	0.4900	1.2200	2.57	
每 m³ 含碱量（kg）	1.42	0.17	0.19	
每 m³ 混凝土总碱量为	1.78kg			

工程种类	Ⅱ类	砂种类	中砂	石种类	碎石

结论：

碱含量为 1.78kg/m³、符合《混凝土结构设计规范》GB 50010－2010 标准。

报告日期：2015 年 6 月 10 日

《单方混凝土碱含量计算书》填写说明

混凝土结构工程按所处环境分为三类：

Ⅰ类工程：处于干燥环境，不直接接触水、相对湿度长期低于80%的工业与民用建筑工程。如居室、办公室、处于非潮湿条件下的工业厂房、仓库等建筑。

Ⅱ类工程：处于潮湿环境或干湿交替环境，直接与水或潮湿土壤接触的混凝土工程。如水处理工程、水坝、水池、桥墩、护坡；混凝土道路、桥梁、飞机跑道、铁道轨枕；地铁工程、隧道、地下构筑物；建筑物桩基础、底板、地下室等。

Ⅲ类工程：有外部碱源，并处于潮湿环境的混凝土结构工程。如处于高含盐碱地区的混凝土工程、接触化冰雪盐的城市混凝土道路、桥梁、下水管道，以及处于盐碱化学工业污染范围内的工程。

1. 预防措施

(1)Ⅰ类工程可不采取预防碱集料反应措施，但混凝土结构外露部分需采取有效防水措施，如采用防水涂料、面砖等，确保雨水不渗进混凝土结构，否则需采取Ⅱ类工程的预防措施。

(2)Ⅱ类工程混凝土碱含量不得超过$5kg/m^3$，且不得采用具有高碱活性的集料配制混凝土。Ⅱ类工程应采取下列措施预防碱集料反应。

1)用非碱活性集料配制混凝土，对混凝土碱含量无须进行控制；

2)用低碱活性集料配制混凝土时，混凝土碱含量控制在$3kg/m^3$以内，或混凝土碱含量控制在$5kg/m^3$以内，同时采取第2项规定的掺加矿物掺合料抑制措施；

3)用碱活性集料配制混凝土，混凝土碱含量应控制在$3kg/m^3$以内，并应同时采取第2项规定的矿物掺合料抑制措施；

(3)Ⅲ类工程除采取Ⅱ类工程的措施外，还要采取混凝土隔离措施，防止环境中盐碱渗入混凝土结构。否则必须使用非碱活性集料或用低碱活性集料，并控制混凝土碱含量在$3kg/m^3$以内，同时按第2项规定的掺加矿物掺合料抑制措施配制混凝土。

2. 矿物掺合料抑制措施

(1)采用矿物掺合料抑制措施时，各种矿物掺合料需符合相关标准，粉煤灰需使用符合Ⅰ级或Ⅱ级粉煤灰，且氧化钙含量≤8%，游离氧化钙含量≤1%；粒化高炉矿渣粉的比表面积不小于$400m^2/kg$，活性指数7天≥75%，28天≥95%；沸石粉的胶沙需水量比不大于120%，吸铵值≥100mmol/100g，硅灰中SiO_2含量应不小于85%。

(2)采用矿物掺合料抑制措施时，粉煤灰或沸石粉需取代水泥20%以上，或高炉矿渣粉取代水泥50%以上，或硅灰取代水泥10%以上，同时控制混凝土碱含量。

(3)复合掺合料抑制碱硅酸反应的最低取代水泥量，以粉煤灰抑制效应为基准进行折算。折算公式为：

$$复合掺合料的最低取代水泥量=\frac{粉煤灰的最低水泥取代量(即20\%)}{等效折算系数}$$

等效折算系数即抑制效果相同时复合掺合料相当于粉煤灰的百分数，其计算式如下：

等效折算系数=∑(复合掺合料中某组分的组成百分数×该组分的抑制效应相当于粉煤灰的倍数)

其中，某组分的抑制效应相当于粉煤灰的倍数为：

对于粉煤灰或沸石粉，20%/20%＝1；对于高炉矿渣粉，20%/50%＝0.4；对于硅灰，20%/10%＝2。

3. 混凝土原材料碱含量检验及计算

(1)混凝土原材料碱含量检验。

1)水泥、矿物掺合料按《水泥化学分析方法》(GB/T 176)检验其碱含量；

2)外加剂按《混凝土外加剂》(GB 8076)附录 D 的方法检测碱含量。

(2)矿物掺合料有效碱含量计算。

矿物掺合料有效碱含量可按下式计算：

$$E_k = \beta \times R_k$$

式中　E_k ——矿物掺合料的有效碱含量；

β ——矿物掺合料有效碱含量计算系数；

R_k ——矿物掺合料碱含量。

β 值可根据掺合料的种类，由表 2-11 确定。

表 2-11　矿物掺合料有效碱含量计算系数 β

掺合料种类	粉煤灰	粒化高炉矿渣粉	硅灰	沸石粉	复合掺合料
β(%)	15	50	50	15	β_0

注：粉煤灰与沸石粉复合时，β_0 按照 15%计算；

粒化高炉矿渣粉与硅灰复合时，β_0 按照 50%计算；

其他两种或两种以上材料复合时，β_0 按照 50%计算。

(3)混凝土碱含量计算。

每立方混凝土的碱含量可以由下式计算：

$$A_c = m_c \times R_c + m_a \times R_a + m_k \times E_k + m_w \times R_w$$

式中　A_c ——每 m^3 混凝土的碱含量(kg)；

m_c ——每 m^3 混凝土中水泥用量(kg)；

R_c ——水泥碱含量；

m_a ——每 m^3 混凝土中外加剂用量(kg)；

R_a ——外加剂碱含量；

m_k ——每 m^3 混凝土中掺合料用量(kg)；

E_k ——掺合料有效碱含量；

m_w ——每 m^3 混凝土拌合水用量(kg)；

R_w ——拌合水碱含量。

(4)混凝土原材料检验。

1)集料进行碱活性检验取样时，应在砂石料场的至少 4 个不同部位各随机取样一份，每份不少于 15kg，混合均匀，并用四分法缩取出 15kg 进行检验；

2)应用于Ⅱ、Ⅲ类混凝土结构工程的集料每年均应进行碱活性检验，其他材料均应按批进行碱含量的检验。

混凝土原材料称量记录

工程名称	××工程	强度等级	C30
部　　位	五层墙体 ①～⑫/Ⓐ～Ⓖ轴	施工日期	2015年×月×日　13时至　2015年×月×日　17时

现场配合比	原　材　料	水泥	石	砂	水	掺合料		外加剂		
						FA		SA－1		
	每盘用量(kg)	100	345	272	43	32		4		
	规范规定允许偏差率(%)	±2	±3	±3	±2	±2		±2		
	按允许偏差率计算每盘允许偏差量(±　kg)	2	10.35	8.16	0.86	0.64		0.08		

施工现场每盘实际称量偏差记录(±　kg)

序号	水泥	石	砂	水	掺合料		外加剂		
1	1	4	3	0.5	0.1		−0.03		
2	1	3	4	−0.1	−0.2		0.02		
3	−1	6	7	0.3	0.2	0.02			
4	0.5	5	5	0.3	0.5		0.05		

设计配合比	原材料	水泥	石	砂	水	掺合料		外加剂		
						FA		SA－1		
	每盘用量(kg)	100	345	260	59	32		4		

司磅员：　×××　　　　监理员：　×××　　　　第　1　页　共　1　页

注：1. 按设计配合比报告计算出每盘原材料的设计配合比用量，填入相应栏内；

2. 按施工现场材料的含水量调整出每盘原材料现场配合比用量，填入相应栏内；

3. 每盘原材料的称量偏差必须在允许偏差范围之内；

4. 使用掺合料、外加剂时，在相应栏中填入所用的材料名称、如粉煤灰、早强剂等。

混凝土施工方案技术交底记录

工程名称	××综合楼工程	编　　号	×××
		交底日期	2015 年 4 月 10 日
施工单位	××建设集团有限公司	分项工程名称	混凝土
交底摘要	±0.000 以上混凝土浇筑(1～6 层)	项　数	共　×　页,第　1　页

交底内容:

一、分项工程概况

(略)

二、施工准备

(一) 技术准备

1. 对预拌混凝土提出详细的技术要求,一般应明确浇筑部位、浇筑方式、浇筑时间、浇筑数量、浇筑强度、强度等级、坍落度、水泥品种、骨料粒径、外加剂及初凝时间等,并根据浇筑强度,提出保证连续浇筑供应要求。

2. 编制好混凝土浇筑方案,并对施工班组交底,混凝土浇灌申请书已批准。

3. 预先弹出混凝土浇筑高度控制线。

(二) 材料准备

1. 预拌混凝土:与预拌混凝土供应厂家签订供应合同,混凝土质量必须符合现行国家规范及设计要求,进场时对混凝土质量严格检查验收。

2. 混凝土养护用塑料布、麻袋布等。

(三)机具准备

1. 机械:塔式起重机、混凝土泵送设备、布料杆、插入式振捣器、平板振捣器等。

2. 工具:混凝土吊斗、刮杠、木抹子、钢卷尺、墨斗、标尺杆、照明灯具等。

(四)作业条件

1. 浇筑前应将模板内木屑、泥土等杂物清除干净;检查钢筋保护层及其定位措施的可靠性;顶板钢筋应设马凳支架,铺搭脚手架,严防浇筑、振捣时踩压钢筋骨架;模板清扫口在清除杂物后应再封闭;施工缝处混凝土已将表面软弱层剔除清理干净并洒水润湿。

2. 浇筑混凝土层段的模板、钢筋、预埋件及管线等全部安装完毕,经检查符合设计及施工规范要求,并办完隐、预检手续。

3. 浇筑混凝土用的架子、马道已支搭完毕,并经检验合格,控制混凝土分层浇筑厚度的标尺杆就位,夜间施工还需配备照明灯具。

(五)作业人员

混凝土施工班组,坚持上岗转岗前培训制度和思想管理,提高劳动者综合素质,优化配置。

三、施工进度要求

严格按结构工程施工进度计划执行。于××年×月×日开始施工,计划于××年×月×日完成。

签字栏	交底人	王××	审核人	刘××
	接受交底人	杜××		

混凝土施工方案技术交底记录

工程名称	××综合楼工程	编　　号	×××
		交底日期	2015年4月10日
施工单位	××建设集团有限公司	分项工程名称	混凝土
交底摘要	±0.000以上混凝土浇筑(1～6层)	项　数	共　×　页,第　2　页

交底内容:

四、施工工艺

(一)工艺流程

作业准备 → 混凝土搅拌 → 混凝土运输 → 混凝土浇筑与振捣 → 养护

混凝土浇筑与振捣 ↓ 混凝土试块留置

(二)操作工艺

1. 混凝土搅拌。

主体结构采用预拌混凝土。

2. 混凝土运输。

(1) 混凝土水平运输采用混凝土罐车或机动翻斗车,垂直运输采用泵车或塔吊。本工程采用地泵,合理确定泵管及布料杆的位置。

(2) 在风雨或炎热天气运输混凝土时,容器上加遮盖,以防水分进入或蒸发。夏季高温时,混凝土砂、石、水应有降温措施。混凝土拌合物出机温度不宜大于30℃,浇筑温度不宜超过35℃。

(3) 混凝土自搅拌机中卸出后,应及时运至浇筑地点,并逐车检测其坍落度,所测坍落度值应符合设计和施工要求,其允许偏差值应符合有关标准的规定。如混凝土拌合物出现离析分层现象或坍落度不满足要求时,不得使用。

(4) 混凝土泵送时,必须保证混凝土泵送连续工作,因故停歇时间超过45min或混凝土出现离析现象,应立即清除管内残留的混凝土。

(5) 混凝土泵要搭防雨、防晒棚,混凝土泵管夏季要覆盖降温。

3. 混凝土浇筑与振捣。

(1) 混凝土浇筑和振捣的一般要求。

1) 混凝土从出料管口至浇筑层的自由倾落高度不得大于2m,如超过2m时必须采取措施,可用加长软管或串筒等方法。

2) 混凝土浇筑入模,不得集中倾倒冲击模板或钢筋骨架,应分层、分段均匀布料,分层厚度一般为振捣棒有效作用部分长度的1.25倍,最大不超过500mm。

3) 使用插入式振捣棒应快插慢拔,插点要均匀排列,逐点移动,顺序进行,振捣密实。移动间距不大于振捣棒作用半径的1.5倍(400～500mm)。振捣上一层时应插入下层50mm左右,以消除层间接缝。每一振点的延续时间应以混凝土表面呈现浮浆为止,防止漏振、欠振及过振。平板振捣器的移动间距,应保证振捣器的平板边缘覆盖已振实部分的边缘。

签字栏	交底人	王××	审核人	刘××
	接受交底人	杜××		

混凝土施工方案技术交底记录

工程名称	××综合楼工程	编　　号	×××
		交底日期	2015年4月10日
施工单位	××建设集团有限公司	分项工程名称	混凝土
交底摘要	±0.000以上混凝土浇筑(1～6层)	项　数	共 × 页,第 3 页

交底内容:

4) 浇筑混凝土时派专人观察模板、钢筋、预留孔洞、预埋件、插筋等位置有无移动、变形等情况,发现问题应及时处理,并在已浇筑混凝土初凝之前修整完好。

5) 浇筑混凝土应连续进行,如必须间歇,间歇时间应尽量缩短,并应在前层混凝土初凝之前,将次层混凝土浇筑完毕,否则,需按施工缝处理。

6) 施工缝处理。

①水平施工缝:先将已硬化混凝土表面的水泥薄膜或松散混凝土及其砂浆软弱层剔凿、清理干净,铺适当厚度(一般为50mm左右)与混凝土配合比相同的减石子混凝土。墙、柱根部施工缝先弹线切割后剔凿,切割线距墙、柱边线(向里)宜为5mm,沿切割线剔凿直至露出坚硬石子,剔凿深度不宜超过10mm。墙、柱混凝土浇筑高度应高出板底或梁底30mm左右,切割线高出板底或梁底线宜为5mm,保证施工缝处混凝土外观效果。

②竖向施工缝:先将混凝土表面浮动石子、钢板网等剔除,用水冲洗干净并充分湿润。浇筑宜从垂直施工缝处开始,但要避免靠近缝边直接下料和振捣,保证新旧混凝土结合密实、不胀模。

(2) 墙、柱混凝土浇筑。

1) 墙、柱浇筑混凝土之前,底部应先垫一层50mm左右厚与混凝土配合比相同减石子混凝土,混凝土应分层浇筑,使用插入式振捣器时每层厚度不大于500mm,分层厚度用标尺杆控制,振捣棒不得触动钢筋和预埋件。

2) 墙、柱高度在2m之内,可直接在顶部下料浇筑,超过2m时,应采用软管等辅助浇筑。

3) 振捣时应特别注意钢筋密集处(如墙体拐角处及门洞两侧)及洞口下方混凝土的振捣,宜采用小直径振捣棒,且需在洞口两侧同时振捣,浇筑高度也要大体一致。宽大洞口的下部模板应开口,再补充浇筑振捣。

4) 浇筑过程中,应随时将外露的钢筋整理到位。

5) 施工缝留置:墙体宜留置在门洞口过梁跨中1/3范围内,也可留在纵横墙的交接处。柱施工缝可留置在基础顶面、主梁下面、无梁楼板柱帽下面。

(3) 梁、板混凝土浇筑。

1) 梁、板与柱、墙连续浇筑时,应在柱、墙浇筑完毕后停歇1～1.5h。

2) 梁、板应同时浇筑,浇筑方法应由一端开始用“赶浆压茬法”,即先浇筑梁,根据梁高分层浇筑成阶梯形,当达到板底位置时再与板混凝土一起浇筑,向前推进。大截面梁也可单独浇筑,施工缝可留置在板底面以下20～30mm处。

3) 当梁、板、柱节点处的混凝土强度等级有差异时,应与设计协商浇筑方法,当分级浇筑时应采取分隔措施,先浇筑柱子混凝土,梁、板混凝土应在柱子混凝土初凝前浇筑,保证各部位混凝土强度等级符合设计要求。梁、柱节点钢筋较密,需采用小直径振捣棒振捣。

签字栏	交底人	王××	审核人	刘××
	接受交底人	杜××		

混凝土施工方案技术交底记录

工程名称	××综合楼工程	编　　号	×××
		交底日期	2015年4月10日
施工单位	××建设集团有限公司	分项工程名称	混凝土
交底摘要	±0.000以上混凝土浇筑(1～6层)	项　　数	共　×　页,第　4　页

交底内容:

4) 浇筑板混凝土的虚铺厚度略大于板厚,用平板振捣器垂直浇筑方向来回振捣,厚板可用插入式振捣器顺浇筑方向拖拉振捣,振捣完毕后先用刮杠初次找平,然后再用木抹子找平压实,在顶板混凝土达到初凝前,进行二次找平压实,用木抹子拍打混凝土表面直至泛浆,用力搓压平整。

5) 顶板混凝土浇筑高度(标高)应拉对角水平线控制,边找平边测量,尤其注意墙、柱根部混凝土表面的找平,为模板支设创造有利条件。

6) 施工缝位置:宜沿次梁方向浇筑楼板,施工缝应留置在次梁跨度的中间1/3范围内,施工缝表面应与梁轴线或板面垂直,不得留斜槎。施工缝宜用多层板或钢丝网封堵。

7) 施工缝处需待已浇筑混凝土的抗压强度不小于1.2MPa时,才允许继续浇筑。

(4) 楼梯混凝土浇筑。

1) 楼梯段混凝土自下而上浇筑,先振实底板混凝土,达到踏步位置时再与踏步混凝土一起浇筑,向上推进,并随时用木抹子将踏步上表面抹平。

2) 施工缝位置:视结构具体情况选择,既可留设在休息平台板跨中的1/3范围内,也可留置在楼梯段的1/3范围内。

4. 混凝土养护。

常温施工混凝土应在浇筑后12h以内采取覆盖保湿养护措施,防止脱水、裂缝。养护时间一般不得少于7d,对于掺缓凝型外加剂或有抗渗要求的混凝土,养护时间不得少于14d。养护期间应能保证混凝土始终处于湿润状态。楼板混凝土宜采用铺麻袋片浇水养护的方法,柱混凝土宜采用包裹塑料布保湿的养护方法,墙体混凝土可采用涂刷养护剂的养护方法。

5. 试块留置。

试块应在混凝土浇筑地点随机抽取制作。标准养护试块的取样与留置组数应根据浇筑数量、部位、配合比等情况确定,同条件养护试块的留置组数应根据实际需要确定,此外还需针对涉及混凝土结构安全的重要部位留置同条件养护结构实体检验试块,抗渗试块的留置在同一工程、同一配合比取样不应少于一次,组数可根据实际需要确定。其他规定按照国家现行标准《混凝土结构工程施工质量验收规范》(GB 50204)的规定执行。

(三) 季节性施工

1. 雨期施工前应编制应急预案,应加强对粗、细骨料含水量的检测,及时调整施工配合比,严格控制混凝土用水量,保证水灰比及坍落度。

2. 要随时了解天气情况,尽量避开雨天浇筑。浇筑现场应预备防雨材料,避免雨水冲刷新浇混凝土表面。

签字栏	交底人	王××	审核人	刘××
	接受交底人	杜××		

混凝土施工方案技术交底记录

<table>
<tr><td rowspan="2">工程名称</td><td rowspan="2">××综合楼工程</td><td>编　　号</td><td>×××</td></tr>
<tr><td>交底日期</td><td>2015 年 4 月 10 日</td></tr>
<tr><td>施工单位</td><td>××建设集团有限公司</td><td>分项工程名称</td><td>混凝土</td></tr>
<tr><td>交底摘要</td><td>±0.000 以上混凝土浇筑(1～6 层)</td><td>项　数</td><td>共　×　页,第　5　页</td></tr>
</table>

交底内容:

五、质量标准

(一)主控项目

1. 混凝土所用的水泥及外加剂等必须符合规范及有关规定。

检查数量:水泥按同一生产厂家、同一等级、同一品种、同一批号且连续进场的水泥,袋装不超过 200t 为一批,散装不超过 500t 为一批,每批抽样不少于一次。外加剂按进场的批次和产品的抽样检验方案确定。

检验方法:水泥和外加剂等检查产品合格证、出厂检验报告和进场复验报告。

2. 根据强度等级、耐久性和工作性等要求进行配合比设计。混凝土强度等级必须符合设计要求。

检验方法:检查配合比设计资料和检查施工记录及试件强度试验报告。

3. 混凝土原材料每盘称量的允许偏差应符合下表的规定。

混凝土原材料每盘计量的允许偏差

<table>
<tr><th>检 查 项 目</th><th>允许偏差(%)</th><th>检 验 方 法</th><th>检 查 数 量</th></tr>
<tr><td>水泥、掺合料</td><td>±2</td><td rowspan="3">复称</td><td rowspan="3">每工作班抽检
不应少于一次</td></tr>
<tr><td>粗、细骨料</td><td>±3</td></tr>
<tr><td>水、外加剂</td><td>±2</td></tr>
</table>

4. 用于检查混凝土强度的试块取样留置、制作、养护和试验要符合《混凝土强度检验评定标准》(GB/T 50107—2010)的规定。

5. 混凝土运输、浇筑及间歇的全部时间不应超过混凝土的初凝时间。

6. 现浇结构的外观质量不应有严重缺陷,不应有影响结构性能和使用功能的尺寸偏差。严重缺陷的划分按照国家现行标准《混凝土结构工程施工质量验收规范》(GB 50204)表 8.1.1 的规定执行。

检查数量:全数检查。

检验方法:观察,检查技术处理方案。

(二)一般项目

1. 混凝土中所用矿物掺合料等应符合国家现行标准及有关规定,掺量应通过试验确定。

检验方法:检查出厂合格证、进场复验报告。

2. 混凝土所用的粗、细骨料应符合国家现行标准及有关规定。

检查数量:按进场批次和产品的抽样检验方案确定。

检验方法:检查进场复验报告。

3. 拌制混凝土宜采用饮用水;当采用其他水源时,水质应符合国家现行标准的规定。

<table>
<tr><td rowspan="2">签字栏</td><td>交底人</td><td>王××</td><td>审核人</td><td>刘××</td></tr>
<tr><td>接受交底人</td><td>杜××</td><td></td><td></td></tr>
</table>

混凝土施工方案技术交底记录

工程名称	××综合楼工程	编　　号	×××
		交底日期	2015 年 4 月 10 日
施工单位	××建设集团有限公司	分项工程名称	混凝土
交底摘要	±0.000 以上混凝土浇筑(1～6 层)	项　数	共 × 页,第 6 页

交底内容:

检查数量:同一水源检查不应少于一次。

检验方法:检查水质报告。

4. 首次使用的混凝土配合比应进行开盘鉴定,其工作性应满足设计配合比的要求。开始生产时应至少留置一组标准养护试件,作为验证配合比的依据。

检验方法:检查开盘鉴定资料和试件强度试验报告。

5. 混凝土拌制前,应测定砂、石含水率,并根据测试结果调整材料用量,提出施工配合比。

检查数量:每工作班检查一次。

检验方法:检查含水量测试结果和施工配合比通知单。

6. 施工缝、后浇带的留置和处理应执行施工技术方案,符合设计要求。

7. 现浇结构的外观质量不宜有一般缺陷,一般缺陷的划分按照国家现行标准《混凝土结构工程施工质量验收规范》(GB 50204)表 8.1.1 的规定执行。

检查数量:全数检查。

检验方法:观察,检查技术处理方案。

8. 现浇框架结构混凝土允许偏差应符合下表的规定。

现浇框架结构混凝土允许偏差及检验方法

<table>
<tr><th colspan="3">项　目</th><th>允许偏差(mm)</th><th>检 验 方 法</th></tr>
<tr><td>轴线位移</td><td colspan="2">墙、柱、梁</td><td>8</td><td>钢尺检查</td></tr>
<tr><td rowspan="3">垂直度</td><td rowspan="2">层高</td><td>≤5m</td><td>8</td><td rowspan="2">经纬仪或吊线、钢尺检查</td></tr>
<tr><td>>5m</td><td>10</td></tr>
<tr><td colspan="2">全高 H</td><td>H/1000 且≤30</td><td>经纬仪、钢尺检查</td></tr>
<tr><td rowspan="2">标高</td><td colspan="2">层高</td><td>±10</td><td rowspan="2">水准仪或拉线、钢尺检查</td></tr>
<tr><td colspan="2">全高</td><td>±30</td></tr>
<tr><td colspan="3">截面尺寸</td><td>+8,−5</td><td>钢尺检查</td></tr>
<tr><td colspan="3">表面平整度</td><td>8</td><td>2m 靠尺和塞尺检查</td></tr>
</table>

<table>
<tr><td rowspan="2">签字栏</td><td>交底人</td><td>王××</td><td>审核人</td><td>刘××</td></tr>
<tr><td>接受交底人</td><td>杜××</td><td></td><td></td></tr>
</table>

混凝土施工方案技术交底记录

工程名称	××综合楼工程	编　　号	×××
		交底日期	2015 年 4 月 10 日
施工单位	××建设集团有限公司	分项工程名称	混凝土
交底摘要	±0.000 以上混凝土浇筑(1～6 层)	项　数	共　×　页,第　7　页

交底内容:

续表

项　　目		允许偏差(mm)	检 验 方 法
电梯井	井筒长、宽对定位中心线	+25,0	钢尺检查
	井筒全高 H 垂直度	$H/1000$ 且≤30	经纬仪、钢尺检查
预留洞中心线位置		15	钢尺检查
预埋设施中心线位置	预埋件	10	钢尺检查
	预埋螺栓	5	
	预埋管	5	

注:检查轴线、中心线位置,应沿纵、横两个方向量测,并取其中的较大值。

(三)其他要求

留置结构实体检验用同条件养护试块,留置及检验方法参见国家现行标准《混凝土结构工程施工质量验收规范》(GB 50204)附录 D 中的有关规定。

六、成品保护

(1)要保护钢筋及其定位卡具和垫块的位置准确,不碰动预埋件和插筋,不得踩踏楼板尤其是悬挑板的负弯矩筋、楼梯的弯起钢筋。

(2)不在楼梯踏步模板吊帮上蹬踩,应搭设跳板,保护模板的牢固和严密。

(3)已浇筑楼板、楼梯踏步混凝土要加以养护,在混凝土强度达到 1.2MPa 后,方可上人作业。

(4)冬期施工浇筑的混凝土,工作人员在覆盖保温材料和初期测温时,要在铺好的脚手板上操作,防止踩踏混凝土。

(5)墙、柱阳角拆模后必要时在 2m 高度范围内采用可靠的护角保护。

七、应注意的质量问题

(1)为防止混凝土出现蜂窝、麻面和夹渣现象,模板支设前应先将表面清理干净,均匀涂刷隔离剂,合模前或后续浇筑混凝土前要将施工缝剔凿下来的杂物清除干净,模板要严密防止漏浆,并严格控制拆模时间。

(2)为避免浇筑框架结构混凝土出现烂根和孔洞质量问题,应将模板与结构面交接处封堵严密,防止漏浆。混凝土浇筑前,在水平接槎处先浇筑 50mm 厚同强度等级减石子混凝土。对钢筋密集处混凝土要加强振捣,必要时可采用小直径振捣棒作业。

签字栏	交底人	王××	审核人	刘××
	接受交底人	杜××		

混凝土施工方案技术交底记录

工程名称	××综合楼工程	编　　号	×××
		交底日期	2015 年 4 月 10 日
施工单位	××建设集团有限公司	分项工程名称	混凝土
交底摘要	±0.000 以上混凝土浇筑(1～6 层)	项　数	共 × 页,第 8 页

交底内容:

(3)做好钢筋隐蔽验收,重点检查钢筋垫块和架立筋间距,浇筑混凝土时要随时将移位钢筋整理到位,防止出现混凝土露筋质量问题。

(4)对梁、柱节点处,应加工定型阴、阳角模板,控制截面尺寸,保证梁、柱节点直顺和外观质量。

八、环境、职业健康安全管理措施

1. 环境管理措施

(1) 施工污水处理:冲洗运输车污水,需经施工现场沉淀池沉淀后方可排入市政管线。

(2) 对现场强噪声机具尽可能避开夜间作业,如必须夜间作业时,应采取必要的隔音措施,减少噪声扰民。

(3) 施工扬尘控制:施工主干道应全部硬化,定时洒水降尘。搅拌站封闭作业,并采取喷淋除尘措施。

(4) 现场落地灰、施工垃圾等应封闭清运,防止扬尘和遗撒。

2. 职业健康安全管理措施

(1) 对混凝土工进行岗位培训,熟悉有关安全技术操作规程和标准。

(2) 高度超过 2m 的墙、柱,混凝土浇筑时应支搭操作平台,必要时系安全带。

(3) 采用塔吊吊运时,要有信号工指挥,在料斗接近下料位置时,下降速度要慢,要稳住料斗,防止料斗碰挤伤人。采用泵送混凝土进行浇筑时,输送管道的接头应紧密可靠不漏浆,安全阀必须完好,管道的架子要牢固。

(4) 混凝土布料杆支腿必须全部伸出并固定,支固前不得启动布料杆;当布料杆处于全伸状态时,严禁移动车身。

(5) 夜间施工要有足够照明。严禁非专业人员私拉乱接电线,临时用电使用应符合有关安全用电管理规定。

签字栏	交底人	王××	审核人	刘××
	接受交底人	杜××		

《混凝土施工方案技术交底记录》填写说明

建筑工程技术交底是保证工程施工符合设计要求和规范、质量标准和操作工艺标准规定，用以具体指导施工活动的操作性技术文件，应分级编制、落实并实施。

1. 填写依据

(1)国家、行业、地方标准、规范、规程，当地主管部门有关规定，企业技术标准和质量、环境、职业健康安全管理体系文件，如《建筑工程资料管理标准》DB22/JT 127－2014。

(2)工程施工图纸、标准图集、图纸会审记录、设计变更及工作联系单等技术文件。

(3)施工组织设计、施工方案对本分项工程、特殊工程等的技术、质量和其他要求。

(4)其他有关文件：工程所在地建设主管部门(含工程质量安全监督站)有关工程管理、技术推广、质量管理及治理质量通病等方面的文件；企业发布的年度工程技术质量管理、环境管理、职业健康安全管理等文件。

2. 责任部门

项目技术部。

3. 提交时限

单位或发项工程开工 2d 前。

4. 填写要点

(1)施工准备。

1)技术准备。

①学习和审查工程设计文件和图纸，核对平面尺寸和标高，图纸相互间有无错误或矛盾，掌握设计内容及各项技术要求，了解工程规模、特点、工程量和质量要求，做好图纸会审及设计交底工作。

②编制施工组织设计或专项施工方案，报有关部门和人员审批，确定施工工艺标准，并进行施工组织设计或专项施工方案技术交底。

③针对工程基本情况，收集工程所需的相关规定、标准、图集及技术资料。收集工程相关的水文地质资料及场区地下障碍物、管网等其他资料。

④根据施工方案编制技术交底，并向参加施工人员进行详细的技术、环境和职业健康安全交底。

⑤专业工种操作人员的岗位证书审查应齐全、有效。

⑥组织现场管理人员和作业人员学习有关质量、环境、职业健康安全的现行有关文件、标准和规定。

⑦进行测量基准交底、复测及验收工作。

⑧核对各种材料的见证取样、送试、检测是否符合要求。确定工程中即将使用的“四新”成果类型、内容及施工注意事项。

⑨其他技术准备工作。

2)材料准备。

说明施工所需材料名称、品种、规格、型号，材料质量标准等直观要求，感官判定合格的方法，强调从有“检验合格”标识牌的材料堆放处领料，每次领料批量要求等。

3)机具准备。

①机械设备。

说明所使用机械的名称、型号、性能、使用要求等。

②主要工具。

说明施工应配备的小型工具,包括测量用设备等,必要时应对小型工具的规格、合法性(对一些测量用工具,如经纬仪、水准仪、钢卷尺、靠尺等,应强调要求使用经检定合格的设备)等进行规定。

4)作业条件。

说明与本道工序相关的上道工序应具备的条件,是否已经过验收并合格。本工序施工现场工前准备应具备的条件等。

5)作业人员。

说明劳动力配置、培训、特殊工种持证上岗要求等。

(2)施工进度要求。

对本分项工程具体施工时间、完成时间等提出详细要求。

(3)施工工艺。

1)工艺流程。

详细列出该项目的操作工序和顺序。

2)操作工艺。

①施工方法。

根据工艺流程所列的工序和顺序,分别对其进行详细叙述,并提出相应要求。

②重点部位和关键环节控制要点。

结合施工图提出设计的特殊要求和处理方法,细部处理要求,容易发生质量事故和环境、安全施工的工艺过程,尽量用图表达。

③保证质量措施。

重点从人、材料、设备、方法等方面制定具有针对性的保证措施。

3)季节性施工。

说明该项目在冬、雨期施工应采取的施工方法、措施和其他要求。

(4)质量标准。

1)主控项目。

国家质量检验规范要求,包括抽检数量、检验方法。

2)一般项目。

国家质量检验规范要求,包括抽检数量、检验方法和合格标准。

(5)成品保护。

对上道工序成品的保护提出要求;对本道工序成品提出具体保护措施。

(6)应注意的质量问题。

根据企业提出的预防和治理质量通病和施工问题的技术措施等,针对本工程特点具体提出质量通病及其预防措施。

(7)环境、职业健康安全管理措施。

1)环境管理措施。

国家、行业、地方法规环保要求,企业对社会承诺,项目管理措施,环保隐患报告要求。

2)职业健康安全管理措施。

内容包括：作业相关安全防护设施要求，个人防护用品要求，作业人员安全素质要求，接受安全教育要求，项目安全管理规定，特种作业人员执证上岗规定，应急响应要求，隐患报告要求，相关机具安全使用要求，相关用电安全技术要求，相关危险源的防范措施，文明施工要求，相关防火要求，季节性安全施工注意事项。

5. 实施要求

(1)技术交底的责任：明确项目技术负责人、专业工长、管理人员、作业人员等的责任。

(2)技术交底的展开：应分层次展开，直至交底到全体施工作业人员。交底必须在作业前进行。班组长在接受技术交底后，应组织全班组成员进行认真学习，根据其交底内容，明确各自责任和互相协作配合关系，制定保证全面完成任务的计划。

(3)技术交底前的准备：有书面的技术交底资料或示范、样板演示的准备。

(4)技术交底的记录：作为履行职责的凭据，技术交底记录的表式按本表执行，并履行交接签字手续。

(5)交底文件的归档：技术交底资料和记录应由交底人整理归档。

(6)交底责任的界定：重要的技术交底应在开工前界定。交底内容编制后应由项目技术负责人批准，交底时技术负责人应到位。

(7)例外原则：外部信息或指令可能引起施工发生较大变化时应及时向作业人员交底。

(8)技术交底注意事项。

1)项目实施全过程活动，包括工程项目的关键过程和特殊过程以及容易发生质量通病的部位，均应进行技术交底。

2)技术交底必须在该交底对应项目施工前进行，并应为施工留出足够的准备时间。技术交底不得后补。

3)技术交底应以书面形式进行，并辅以口头讲解。交底人和被交底人应履行交接签字手续。技术交底及时归档。

4)技术交底应根据施工过程的变化，及时补充新内容。施工方案、方法改变时也要及时进行重新交底。

5)分包单位应负责其分包范围内技术交底资料的收集整理，并应在规定时间内向总包单位移交。总包单位负责对各分包单位技术交底工作进行监督检查。

6. 相关要求

(1)施工单位的技术交底包括施工组织设计交底、(专项)施工方案技术交底、分项工程技术交底、常见质量问题控制措施技术交底、“四新”(新材料、新产品、新技术、新工艺)技术交底和设计变更技术交底。技术交底记录应按本表要求填写，交底人、审核人、接受交底人应履行交接签字手续。

1)重点和大型工程施工组织设计交底应由施工企业的技术负责人对项目主要技术管理人员进行交底；其他工程施工组织设计交底应由项目技术负责人进行交底。施工组织设计交底的内容包括：工程特点、难点、工程质量要求、主要施工工艺及施工方法、进度安排、组织机构设置与分工、质量、安全技术措施质量重点、安全重点等。

2)专项施工方案技术交底应由项目专业技术负责人负责，根据专项施工方案对专业工长进行交底，如有编制关键、特殊工序的作业指导书以及特殊环境、特种作业的指导书，也必须向施工作业人员交底，交底内容为该专业工程、过程、工序的施工工艺、操作方法、要领、质量控制、安全措施等。

3)分项工程施工技术交底应由专业工长对专业施工班组(或专业分包)进行交底。

4)“四新”技术交底应由项目技术负责人向有关专业人员交底。

5)设计变更技术交底应由项目技术部门根据变更要求,并结合具体施工步骤、措施及注意事项等对专业工长进行交底。

(2)技术交底应针对工程的特点,运用现代建筑施工管理原理,积极推广行之有效的科技成果,提高劳动生产率,保证工程质量、安全生产,保护环境、文明施工。

(3)技术交底编制应严格执行工程建设程序,坚持合理的施工程序、施工顺序和施工工艺,符合设计要求,满足材料、机具、人员等资源和施工条件要求,并贯彻执行施工组织设计、施工方案和企业技术部门的有关规定和要求,严格按照企业技术标准、施工组织设计和施工方案确定的原则和方法编写,并针对班组施工操作进行细化。

(4)技术交底应力求做到:主要项目齐全,内容具体明确、符合规范,重点突出,表述准确,取值有据,必要时辅以图示。对工程施工能起到指导作用,具有针对性、指导性和可操作性。技术交底中不应有“未尽事宜参照××××(规范)执行”等类似内容。

隐蔽工程验收记录

工程名称	××工程	编　　号	×××
隐检项目	喷射混凝土面层	隐检日期	2015 年 4 月 7 日
隐检部位	①/Ⓐ～Ⓗ轴　①～⑦/Ⓐ轴　第一步土钉墙喷射混凝土面层，标高−0.700 至−2.200m		

隐检依据：施工图号　结施 2　基坑挖槽平面图　**，设计变更/工程变更单（编号**　/　**）及有关国家现行标准等。**

主要材料名称及规格/型号：　C20 混凝土（组成材料普通水泥 P·O 42.5 砂、碎石）

隐检内容：

1. H—H 剖面（①/Ⓐ～Ⓗ轴线）开挖深度到−2.70m，成孔标高−2.20m；土钉成孔水平间距 1.4m，孔距偏差均在±100mm 以内；土钉成孔深度为 7m，偏差均在±50mm 以内；成孔直径为 110mm，偏差均在±5mm 以内；成孔倾角为 8°，成孔倾角偏差均在±5%以内。
2. A—A 剖面（①～⑦/Ⓐ轴线）开挖深度到−2.60m，成孔标高−2.10m；土钉成孔水平间距 1.4m，孔距偏差均在±100mm 以内；土钉成孔深度为 6m，偏差均在±50mm 以内；成孔直径为 110mm，偏差均在±5mm 以内；成孔倾角为 8°，成孔倾角偏差均在±5%以内。

检查结论：

经检查，现场情况与隐检内容相符，符合规定，满足设计要求。

☑同意隐蔽　　　　□不同意隐蔽

签字栏	施工单位	××建设集团有限公司	专业技术负责人	专业质检员
			×××	×××
	监理单位	××工程建设监理有限公司	专业监理工程师	×××

《隐蔽工程验收记录》填写说明

隐蔽工程是指工程项目建设过程中,某一道工序所完成的工程实物,被后一工序形成的工程实物所隐蔽,而且不可逆向作业的工程。

1. 责任部门

施工单位项目专业技术负责人、专业质检员、专业工长(施工员)、项目监理机构专业监理工程师等。

2. 提交时限

检查合格后1d内完成,检验批验收前提交。

3. 填写要点

(1)工程名称:与施工图纸图签中名称一致。

(2)编号:按吉林省工程资料编号要求填写。

(3)隐检项目:应按实际检查项目填写,具体写明(子)分部工程名称和施工工序主要检查内容。隐蔽项目栏填写举例:桩基工程钢筋笼安装、支护工程锚杆安装、门窗工程(预埋件、锚固件或螺栓安装)、吊顶工程(龙骨、吊件、填充材料安装)。

(4)隐检部位:对于结构工程隐蔽部位应体现层、轴线、标高和主要构件名称(墙、柱、板、梁等);对于装饰装修工程隐蔽部位应体现楼层、轴线(或建筑功能房间/区域名称,如楼梯间、公共走廊、会议室、餐厅等)。

(5)隐检日期:按实际检查日期填写。

(6)隐检依据:施工图纸、设计变更单/工程变更单、有关国家现行标准,如相关的施工质量验收规范、标准、规程;本工程的施工组织设计、(专项)施工方案、技术交底等。特殊的隐检项目如新材料、新工艺、新设备等要标注具体的执行标准文号或企业标准文号。

(7)主要材料名称及规格/型号:按实际发生材料、设备填写,将各主要材料名称及对应的规格/型号表述清楚。

(8)隐检内容:结合设计、规范要求,将隐蔽部位关联的隐检项目和涉及的各检查点描述具体详细。应严格反映施工图的设计要求;按照施工质量验收规范的自检情况(如原材料复验、连接件试验、主要施工工艺做法等)。若文字不能表达清楚的,可用详图或大样图表示。

(9)检查结论:按照监理单位检查意见填写。所有隐检内容是否全部符合要求应明确;隐检中第一次验收未通过的,应注明质量问题和复查要求;隐蔽验收后应确认结论,在相应的选择框□同意隐蔽,□不同意隐蔽处划“√”。

(10)签字栏:应本着“谁施工、谁签认”的原则。对于专业分包工程应体现专业分包单位名称,分包单位的各级责任人签认后再报请总包签认,总包签认后再报请监理签认。各方签字后生效。

4. 相关要求

(1)隐蔽工程验收的程序和组织

施工过程中,隐蔽工程在隐蔽前,施工单位应按照有关标准、规范和设计图纸的要求自检合格后,填写隐蔽工程验收记录(有关监理验收记录及结论不填写)和隐蔽工程报审、报验表等表格,向项目监理机构(建设单位)进行申请验收,项目专业监理工程师(建设单位项目专业技术负责人)组织施工单位项目专业质量(技术)负责人等严格按设计图纸和有关标准、规范进行验收;对施工单位所报资料进行审查,组织相关人员到验收现场进行实体检查、验收,同时应留有照片、影像等资料。对验收不合格的工程,专业监理工程师(建设单位项目专业技术负责人)应要求施工单位进行整改,自检合格后予以复查;对验收合格的工程,专业监理工程师(建设单位项目专业技术负责人)应签认隐蔽工程验收记录和隐蔽工程报审、报验表,准予进行下一道工序施工。

(2)主要隐检项目及内容

1)土方工程。

①检查内容:依据施工图纸、地质勘探报告、有关施工验收规范要求,检查基底清理情况,基底标高,基底轮廓尺寸等情况。

②填写要点:土方工程隐检记录中要注明施工图纸编号,地质勘测报告编号,将检查内容描述清楚。

2)支护工程。

①检查内容:依据施工图纸、有关施工验收规范要求和基坑支护方案、技术交底,检查锚杆、土钉的品种规格、数量、插入长度、钻孔直径、深度和角度;检查地下连续墙成槽宽度、深度、倾斜度,钢筋笼规格、位置、槽底清理、沉渣厚度情况。

②填写要点:支护工程隐检记录中要注明施工图纸编号,地质勘测报告编号,锚杆、土钉的品种规格、数量、插入长度、钻孔直径等主要数据描述清楚。

3)桩基工程。

①检查内容:依据施工图纸、有关施工验收规范要求和桩基施工方案、技术交底,检查钢筋笼规格、尺寸、沉渣厚度、清孔等情况。

②填写要点:桩基工程隐检记录中要注明施工图纸编号,地质勘测报告编号,将检查的钢筋笼规格、尺寸、沉渣厚度、清孔等情况描述清楚。

4)地下防水工程。

①检查内容:依据施工图纸、有关施工验收规范要求和防水施工方案、技术交底,检查混凝土的变形缝、施工缝、后浇带、穿墙套管、预埋件等设置的形式和构造等情况;检查防水层的基层处理,防水材料的规格、厚度、铺设方式、阴阳角处理、搭接密封处理等情况。

②填写要点:地下防水工程隐检记录中要注明施工图纸编号,刚性防水混凝土的强度等级、抗渗等级,柔性防水材料的型号、规格、防水材料的复试报告编号、施工铺设方法、搭接长度、宽度尺寸等情况,还应将阴阳角处理、附加层情况等描述清楚,必要时可附简图加以说明。

5)预应力工程。

①检查内容:依据施工图纸、有关施工验收规范要求和预应力施工方案、技术交底,检查预应力筋的品种、规格、数量、位置,预留孔道的规格、数量、位置、形状及灌浆孔、排气兼泌水管的情况等,预应力筋的下料长度、切断方法、竖向位置偏差、固定、护套的完整性,锚具、夹具和连接器的组装等情况,锚固区局部加强构造情况。

②填写要点:预应力工程隐检记录中要注明施工图纸编号,预应力的种类(有粘接或无粘接),预应力的方法(先张法、后张法),锚具的规格型号,预应力筋的长度尺寸,预埋垫板的尺寸等,将检查内容描述清楚。

6)钢结构(网架)工程

①检查内容:依据施工图纸、有关施工验收规范要求和施工方案、技术交底,检查地脚螺栓规格、位置、埋设方法、紧固情况等;防火涂料涂装基层的涂料遍数及涂层厚度;网架焊接球节点的连接方式、质量情况;网架支座锚栓的位置、支撑垫块的种类及锚栓的紧固情况等。

②填写要点:钢结构(网架)工程隐检记录中要注明施工图纸编号,主要材料的型号规格,主要原材料的复试报告编号,将检查内容描述清楚。

7)建筑装饰装修工程

①地面工程。

a. 地面工程的基层(包括垫层、找平层、隔离层、填充层、地龙骨)和面层的铺设,均应待其下一层检验(隐蔽工程检查)合格后方可施工上一层。

b. 各构造层用材料品种、规格、厚度、强度、密实度等必须符合设计要求及有关规范、标准的规定。所用材料的质量合格证明文件,重要材料的复验报告是否齐全。

c. 各构造层工艺做法、铺设厚度、坡度、标高、表面情况、防水、防潮、防火、防腐处理、密封粘结处理等必须符合设计要求及有关规范、标准的规定。有防水要求的立管、套管、地漏与地面、楼板节点之间的密封处理应符合相关标准规定,排水坡度应符合设计要求。

d. 建筑地面下的沟槽、暗管等工程完工后,经检验位置、标高符合设计要求后,方可进行建筑地面工程的施工。

e. 建筑物地面的变形缝(沉降缝、伸缩缝和防震缝)是否按设计要求设置。

(a)建筑地面的变形缝应与结构相应缝位置一致,且应贯通建筑地面的各构造层。

(b)沉降缝和防震缝的宽度应符合设计要求,缝内清理干净;以柔性密封材料填嵌后用板封盖并应与面层齐平。

f. 防静电地板的接地处理应符合设计要求。对隔热、隔声、超净、屏蔽、绝缘、防射线、防腐蚀等特殊要求的建筑地面各构造层做法应严格检查,符合设计要求及有关规范、标准规定。

②抹灰工程。

a. 抹灰工程应分层进行,抹灰总厚度大于或等于 35mm 时,应采取加强措施。

b. 不同材料基体交接处及线槽、插座处表面的抹灰,应采取防止开裂的加强措施,加强网与各基体的搭接宽度不应小于 100mm。

c. 外墙和顶棚抹灰层与基层之间,各抹灰层之间必须粘结牢固,无脱层、空鼓和裂缝。

③门窗工程。

a. 预埋件和锚固件的埋设:数量、位置、间距、防腐处理(如预埋木砖、铁件)、埋设方式、与框和墙体的连接方式必须符合设计要求和规范、规程规定。强制条文规定,在砌体上安装门窗严禁用射钉固定。

b. 门窗安装:安装位置、与墙体连接方式、缝隙防腐、填嵌及密封处理,应符合设计要求和规范、规程规定。

c. 固定玻璃的钉子或钢丝卡的数量、规格、位置及玻璃垫块的设置、数量、规格、位置安装方法以及橡胶垫的设置应符合有关标准的规定。

d. 木门窗与砖石砌体、混凝土或抹灰层接触处应进行防腐处理并应设防潮层;埋入砌体或混凝土中的木砖应进行防腐处理。

e. 金属门窗防雷装置的设置应符合设计和有关标准的规定。特种门窗安装除应符合设计要求和规范规定外,还应符合有关专业标准和主管部门的规定。

④吊顶工程。

a. 房间净高和基底处理。安装龙骨前应对房间净高和洞口标高进行检查,结果应符合设计要求,基层缺陷应处理完善。

b. 预埋件和拉结筋设置:数量、位置、间距、防腐及防火处理、埋设方式、连接方式等应符合设计及规范要求。预埋件应进行防锈处理。

c. 吊杆及龙骨安装:龙骨、吊杆、连接件的材质、规格、安装间距、连接方式,安装必须牢固并符合设计要求、规范规定及产品组合要求。吊杆距主龙骨端部距离不得大于 300mm,当吊杆长度大于 1.5m 时,应设置反支撑。金属吊杆、龙骨表面的防腐(锈)处理以及木龙骨、木吊杆防火、防腐处理应符合设计要求和相关规范的规定。

d. 填充材料的设置：品种、规格、铺设厚度、固定情况等应符合设计要求，并应有防散落措施。

e. 吊顶内管道、设备安装及水管试压：管道、设备及其支架安装位置、标高、固定应符合设计要求，管道试压和设备调试应在安装饰面板前完成并应验收合格，符合设计要求及有关规范、规程规定。

f. 吊顶内可能形成结露的暖卫、消防、空调等管道的防结露措施应符合设计要求及有关规范、规程规定。

g. 重型灯具、电扇及其他重型设备严禁安装在吊顶工程的龙骨上。

⑤轻质隔墙工程。

a. 预埋件、连接件、拉结筋埋设：数量、位置、间距、与周边墙体（基体结构）的连接方法及牢固性、铁件防锈防腐处理必须符合设计要求。

b. 龙骨安装：龙骨材质、规格、安装间距、连接方式，门窗洞口等部位加强龙骨安装必须符合设计要求及现行规范规定；边框龙骨安装与基体结构连接必须位置正确、牢固平直，无松动；木龙骨防火、防腐处理应符合设计要求和相关规范的规定。

c. 填充材料的铺置：品种、规格、铺设厚度、固定情况等应符合设计要求，材料应干燥，填充密实、均匀、牢固，接头无空隙、下坠。

d. 设备管线安装及水管试压情况：设备及其支架安装位置、标高、固定应符合设计要求，管道和设备调试应在安装饰面板前完成并应验收合格，符合设计要求及有关规范、规程规定。

e. 轻质隔墙与顶棚和其他墙体交接处的防开裂措施。

⑥饰面板安装。

a. 连接节点：连接件之间的连接、连接件与墙体的连接、连接件与饰面板的连接、防腐处理等应符合设计要求及相关规范、规程规定。

b. 预埋件（后置埋件）、连接件：品种、规格、数量、位置、连接方法和防腐、防锈、防火处理等应符合设计要求，后置埋件的现场拉拔强度必须符合设计要求。

c. 找平、防水层铺置：材料品种、规格、铺设方法及厚度等应符合设计要求及现行规范、标准规定。

d. 抗震缝、伸缩缝、沉降缝等部位的处理应符合设计要求。

e. 湿贴石材的背涂处理：石材板与基层之间的灌注材料应饱满、密实。施工前宜对石材板底部及边缘涂刷防碱防护剂。

⑦裱糊、软包工程。

a. 裱糊饰面工程用的腻子、基底封闭底漆。基层含水率应符合不同基层的要求，混凝土或抹灰基层含水率不得大于8%；木材基层的含水率不得大于12%。新建建筑物的混凝土或抹灰层基层墙面在刮腻子前应涂刷抗碱封闭底漆。旧墙面在裱糊前应清除疏松的旧装修层，并涂刷界面剂。基层表面平整度、立面垂直度及阴阳角应符合规范要求。裱糊前应用封闭底胶涂刷基层。

b. 软包工程的龙骨、底板、边框或压条应安装牢固、无翘曲、拼缝平直。内衬、填充构造、防火处理应符合设计要求及有关规范、规程规定。

⑧细部工程。

细部工程包括细木制品、木制固定家具、花饰、栏杆、栏板、扶手等，需要进行隐蔽工程项目验收的内容有：

a. 木制品的防潮、防腐、防火处理应符合设计要求。

b. 预埋件（后置埋件）埋设及节点的连接，橱柜、护栏和护手预埋件或后置埋件的数量、规格、位置、防锈处理以及护栏与预埋件的连接节点应符合设计要求。

c. 橱柜内管道隔热、隔冷、防结露措施应符合设计要求。

8)建筑屋面工程

①屋面细部。

检查内容:依据施工图纸、有关施工验收规范要求和施工方案、技术交底,检查屋面基层、找平层、保温层的情况,材料的品种、规格、厚度、铺贴方式、附加层、天沟、泛水和变形缝处细部做法、密封部位的处理等情况。

②屋面防水。

检查内容:依据施工图纸、有关施工验收规范要求和施工方案、技术交底,检查基层含水率,防水层的材料品种、规格、厚度、铺贴方式等情况。

9)建筑节能工程

①墙体节能工程。

《建筑节能工程施工质量验收规范》GB 50411－2007 中第 4.1.4 条规定:墙体节能工程应对下列部位或内容进行隐蔽工程验收,并应有详细的文字记录和必要的图像资料:

a. 保温层附着的基层及其表面处理。

b. 保温板粘结或固定。

c. 锚固件。

d. 增强网铺设。

e. 墙体热桥部位处理。

f. 预置保温板或预制保温墙板的板缝及构造节点。

g. 现场喷涂或浇注有机类保温材料的界面。

h. 被封闭的保温材料厚度。

i. 保温隔热砌块填充墙体。

②门窗节能工程。

《建筑节能工程施工质量验收规范》GB 50411－2007 中第 6.1.3 条规定:建筑外门窗工程施工中,应对门窗框与墙体接缝处的保温填充做法进行隐蔽工程验收,并应有隐蔽工程验收记录和必要的图像资料。

③屋面节能工程。

《建筑节能工程施工质量验收规范》GB 50411－2007 中第 7.1.3 条规定:屋面保温隔热工程应对下列部位进行隐蔽工程验收,并应有详细的文字记录和必要的图像资料。

a. 基层。

b. 保温层的敷设方式、厚度;板材缝隙填充质量。

c. 屋面热桥部位。

d. 隔汽层。

④地面节能工程。

《建筑节能工程施工质量验收规范》GB 50411－2007 中第 8.1.3 条规定:地面节能工程应对下列部位进行隐蔽工程验收,并应有详细的文字记录和必要的图像资料。

a. 基层。

b. 被封闭的保温材料厚度。

c. 保温材料粘结。

d. 隔断热桥部位。

混凝土浇灌申请书

工程名称	××小区住宅楼工程	编　号	×××
		日　期	
申请浇灌部位	二层①～⑬/Ⓐ～Ⓖ轴构造柱、圈梁、板带	申请浇灌日期	201×年×月×日　×时
技术要求	坍落度 180mm，初凝时间 2h	强度等级	C25
搅拌方式 （搅拌站名称）	机械搅拌 （××预拌混凝土供应公司）	申请人	王××

依据：施工图纸（施工图纸号　结施—4、结施—5　）、

设计变更/洽商（编号　/　）和有关规范、规程。

	检查内容	检查结果
1	隐检情况	已完成隐检
2	预检情况	已完成预检
3	水电预埋情况	已完成，符合要求
4	施工组织情况	已完备
5	机械设备准备情况	准备就绪
6	保温养护及有关准备情况	/

检查结论：

1. 原材料、机械设备及施工人员已就位。
2. 专项施工方案及技术交底工作已落实。
3. 计量设备已准备完毕。
4. 各种隐检、水电预埋工作已完成

☑ 同意浇灌　　　　□不同意浇灌

签字栏	施工单位	××建设集团有限公司	专业技术负责人	专业质检员
			王××	李××
	监理单位	××工程建设监理有限公司	专业监理工程师（水、电、土）	刘×× 宋×× 姚××

《混凝土浇灌申请书》填写说明

混凝土浇筑前,施工单位应对施工现场各专业的隐蔽工程和混凝土浇筑准备(如钢筋、模板工程检查;水电预埋检查;材料、设备及其他准备等)进行检查,自检合格后,根据现场浇筑混凝土计划量、施工条件、施工气温、浇筑部位等填报混凝土浇灌申请,由施工单位项目专业技术负责人和监理签认批准,形成"混凝土浇灌申请书"。浇灌申请通过后方可正式浇筑混凝土。

1. 责任部门

施工单位项目工程部、项目专业技术负责人、专业质检员、专业施工员,项目监理机构专业监理工程师等。

2. 提交时限

每次混凝土浇筑前提交。

3. 填写要点

(1)申请浇灌部位:同"隐蔽部位"填写要求。

(2)技术要求:应根据混凝土合同的具体技术要求填写,如混凝土初、终凝时间要求,抗渗设计要求等。

(3)检查内容及检查结果:

1)隐检情况:主要是施工现场各专业需隐蔽的工程。

2)水电预埋情况:依据专业施工图纸、检查管道预留孔洞、预埋套管(预埋件)、机电各系统的管道施工情况。

3)施工组织情况:应根据混凝土工程施工方案,对施工现场的场地安排、人员组织、检测设备(坍落筒)等情况进行检查。

4)机械设备准备情况:对机械设备如混凝土泵车、振捣器等进行检查。

5)保温养护及有关准备情况:根据混凝土施工方案及季节性施工方案的要求,对混凝土养护措施、材料等进行检查。

(4)检查结论:依据项目监理机构专业监理工程师的检查意见填写,并确认"同意浇灌"或"不同意浇灌"的结论。

<table>
<tr><td colspan="4" rowspan="2">混凝土配合比申请单</td><td>编　　号</td><td>×××</td></tr>
<tr><td>委托编号</td><td>2015-01560</td></tr>
<tr><td>工程名称及部位</td><td colspan="5">××工程　地上四层①～⑤/Ⓐ～Ⓝ轴框架柱</td></tr>
<tr><td>委托单位</td><td colspan="3">×××项目部</td><td>试验委托人</td><td>×××</td></tr>
<tr><td>设计强度等级</td><td colspan="3">C35</td><td>要求坍落度</td><td>160～180mm</td></tr>
<tr><td>其他技术要求</td><td colspan="5">/</td></tr>
<tr><td>搅拌方法</td><td>机械</td><td>浇捣方法</td><td>机械</td><td>养护方法</td><td>标准养护</td></tr>
<tr><td>水泥品种及强度等级</td><td>P·O　42.5R</td><td>厂别牌号</td><td>琉璃河　长城</td><td>试验编号</td><td>2015-0143</td></tr>
<tr><td>砂产地及种类</td><td colspan="3">龙凤山　中砂</td><td>试验编号</td><td>2015-0065</td></tr>
<tr><td>石子产地及种类</td><td>三河　碎石</td><td>最大粒径</td><td>25mm</td><td>试验编号</td><td>2015-0060</td></tr>
<tr><td>外加剂名称</td><td colspan="3">PHF－3 泵送剂</td><td>试验编号</td><td>2015-0042</td></tr>
<tr><td>掺合料名称</td><td colspan="3">Ⅱ级粉煤灰</td><td>试验编号</td><td>2015-0041</td></tr>
<tr><td>申请日期</td><td>2015 年 4 月 15 日</td><td>使用日期</td><td>2015 年 4 月 18 日</td><td>联系电话</td><td>××××××××</td></tr>
</table>

<table>
<tr><td colspan="6" rowspan="2">混凝土配合比通知单</td><td>配合比编号</td><td></td></tr>
<tr><td>试配编号</td><td>2015-128</td></tr>
<tr><td>强度等级</td><td>C35</td><td>水胶比</td><td>0.43</td><td>水灰比</td><td>0.46</td><td>砂率</td><td>42%</td></tr>
<tr><td>材料名称
项目</td><td>水泥</td><td>水</td><td>砂</td><td>石</td><td>外加剂</td><td>掺合料</td><td>其　他</td></tr>
<tr><td>每 m³ 用量(kg/m³)</td><td>323</td><td>180</td><td>773</td><td>1053</td><td>8.7</td><td>91</td><td></td></tr>
<tr><td>比例</td><td>1.00</td><td>0.56</td><td>2.39</td><td>3.26</td><td>0.03</td><td>0.28</td><td></td></tr>
<tr><td rowspan="2">混凝土碱含量(kg/m³)</td><td colspan="7"></td></tr>
<tr><td colspan="7"></td></tr>
<tr><td colspan="8">说明：本配合比所使用材料均为干材料，使用单位应根据材料含水情况随时调整。</td></tr>
<tr><td colspan="2">批　准</td><td colspan="3">审　核</td><td colspan="3">试　验</td></tr>
<tr><td colspan="2">×××</td><td colspan="3">×××</td><td colspan="3">×××</td></tr>
<tr><td colspan="2">报告日期</td><td colspan="6">2015 年 4 月 18 日</td></tr>
</table>

本表由施工单位保存。

《混凝土配合比申请单、通知单》填写说明

1. 责任部门

项目工程部、有资质的试验单位提供、试验员收集。

2. 提交时限

混凝土浇筑开始前提交。

3. 相关要求

(1)现场搅拌混凝土应有配合比申请单和配合比通知单。预拌混凝土应有试验室签发的配合比通知单。委托单位应依据设计强度等级、技术要求、施工部位、原材料情况等向试验部门提出配合比申请单,试验部门依据配合比申请单签发配合比通知单。

(2)依据《混凝土结构工程施工质量验收规范》(GB 50204—2015)中的规定,并执行《普通混凝土配合比设计规程》(JGJ 55—2011)和《轻集料混凝土技术规程》(JGJ 51—2002)。

(3)配制混凝土时,应根据配制的混凝土的强度等级,选用适当品种、强度等级的水泥,以使在既满足混凝土强度要求,符合为满足耐久性所规定的最大水灰比、最小水泥用量要求的前提下,减少水泥用量,达到技术可行、经济合算。

(4)结构用混凝土应采用经试验室确定的重量配合比,施工中要严格按配合比计量施工,不得随意变更。

(5)混凝土拌制前,应测定砂、石含水率并根据测试结果调整材料用量,提出施工配合比。

检查数量:每工作班检查一次。

检验方法:检查含水率测试结果和施工配合比通知单。

(6)如混凝土的组成材料(水泥、骨料、外加剂等)有变化,其配合比应重新试配选定。不同品种的水泥不得混合使用。

(7)混凝土配合比设计质量验收要点见表2-12:

表2-12　混凝土配合比验收要求

序号	项目内容	质量验收要求	验收方法	验收要点
1	配合比设计	混凝土应按国家现行标准《普通混凝土配合比设计规程》(JGJ 55)的有关规定,根据混凝土强度等级、耐久性和工作性等要求进行配合比设计 对有特殊要求的混凝土,其配合比设计尚应符合国家现行有关标准的专门规定	检验方法:检查配合比设计资料开盘鉴定	混凝土应根据实际采用的原材料进行配合比设计并按普通混凝土拌和物性能试验方法等标准进行试验、试配,以满足混凝土强度、耐久性和工作性(坍落度等)的要求,不得采用经验配合比。同时,应符合经济、合理的原则
2	开盘鉴定	首次使用的混凝土配合比应进行开盘鉴定,其工作性能应满足设计配合比的要求。开始生产时应至少留置一组标准养护试件,作为验证配合比的依据	检验方法:检查开盘鉴定资料和试件强度试验报告依砂、石含水率调整配合比	实际生产时,对首次使用的混凝土配合比应进行开盘鉴定,并至少留置一组28d标准养护试件,以验证混凝土的实际质量与设计要求的一致性。施工单位应注意积累相关资料,以利于提高配合比设计水平
3	依砂、石含水率调整配合比	混凝土拌制前,应测定砂、石含水率并根据测试结果调整材料用量,提出施工配合比	检查数量:每工作班检查一次 检验方法:检查含水率测试结果和施工配合比通知单	混凝土生产时,砂、石的实际含水率可能与配合比设计时存在差异,故规定应测定实际含水率并相应地调整材料用量

C30 混凝土施工配合比下料单

工程名称	××综合楼工程		编　　号	×××	
			浇筑日期	2015 年 5 月 11 日	
施工单位	××建设集团有限公司		执行班组	混凝土班组	
施工部位	八层墙体⑫～⑲/Ⓐ～Ⓖ轴		搅拌方法	机械搅拌	
水灰比	0.47		设计配合比	1∶2.60∶3.45∶0.47∶0.04∶0.32	
坍落度	160mm		施工配合比	1∶2.72∶3.45∶0.35∶0.04∶0.32	
材料名称	单位	规格	设计 kg/m³	设计 kg/盘	施工 kg/盘
水泥	kg	P·O 42.5	301	100	100
砂子	kg	中砂	783	260	272
石子	kg	碎石 25.0mm	1039	345	345
水	kg	自来水	142	47	35
外加剂	kg	SA－1 3.4％	12.8	4.25	4.25
掺合料	kg	FA 26.0％	96.3	32	32
需要说明事项：					

签字栏	专业技术负责人	专业质检员
	刘××	李××
	报告日期	2015 年 5 月 10 日

砂浆试件台账

工程名称		××工程				统计人(签字)		李××		编号		×××	
试样序号	浇筑部位	强度抗渗等级	配合比编号	成型时间	试件类型	养护方式	是否见证	制作人	送检日期	委托日期	报告编号	检测试验编号	备注
001	地下一层⑦~⑩/Ⓐ~Ⓖ	C30 P8	2014—1—1	201×年××月××日	抗压	标养	是	张××	201×年××月××日	201×年××月××日	HN2014—0023	合格	
002	地下一层⑦~⑩/Ⓐ~Ⓖ	C30 P8	2014—1—1	201×年××月××日	抗压	标养	是	张××	201×年××月××日	201×年××月××日	HN2014—0024	合格	

一册在手 表格全有 贴近现场 资料无忧

《砂浆试件台账》填写说明

1. 责任部门

“砂浆试件台账”由现场试验人员(项目试验员)制取试件并做出标识后，按试件编号顺序登记试件台账，并在获取检测试验报告后填写齐全试件台账。

2. 提交时限

“砂浆试件台账”应随施工进度及时整理，并在相应分部(子分部)、分项工程验收前完成。

3. 填写要点

(1)试件编号：试件按照取样时间顺序连续编号，不得空号、重号。

(2)浇筑部位：应体现层、轴线、标高和主要构件名称(墙、柱、板、梁等)。

(3)强度、抗渗等级：填写设计强度、抗渗等级。

(4)配合比编号：依据配合比试验报告填写。

(5)试件类型：抗压强度试件和抗渗试件。

(6)养护方式：标准养护、同条件养护或同条件养护28d转标准养护28d。

(7)是否见证：用于承重结构的混凝土试件(28d标养)、用于结构实体检验的混凝土同条件试件应按规定实行有见证取样和送检。

(8)委托编号：应按检测单位给定的委托编号填写。

(9)报告编号：应按相应试验报告中的报告编号填写。

(10)检测试验结果：应按相应试验报告中试验的结果、结论如实填写。作为强度评定的试件，必须是以龄期为28d标养试件抗压试验结果为准。

水泥试验报告

委托单位:××建设集团有限公司　　　　**试验编号:**×××

工程名称	××工程		使用部位	三层①～⑩/Ⓐ～Ⓖ轴	
水泥品种	矿渣水泥	强度等级	32.5R级	委托日期	2015年4月2日
批　　号	××			检验类别	委托
生产厂	××	代表批量	100t	报告日期	2015年4月30日
检验项目	标准要求	实测结果	检验项目	标准要求	实测结果
细　　度	—	—	初　　凝	≥45min	50min
标稠用水量	—	26.6%	终　　凝	≤600min	485min
胶砂流动度	—	—	安定性	合格	合格

强度检验	抗折强度MPa		抗压强度MPa				快测强度MPa	
	3d	28d	3d		28d			
标准要求	≥2.5	≥5.5	≥10.0		≥32.5			
测定值	3.08	6.72	12.5	12.5	39.4	37.8	—	—
	3.03	7.30	11.9	12.2	39.7	36.9	—	—
	3.16	7.08	12.2	12.8	40.0	38.1	—	—
实测结果	3.1	7.0	12.4		38.7			

依据标准:《通用硅酸盐水泥》(GB/T 75—2007/XG1—2009)

检验结论:所检项目符合32.5级矿渣水泥标准要求。

备　　注:本报告未经本室书面同意不得部分复制。

见证单位:××建设监理公司

见证人:×××

试验单位:××检测中心　　**技术负责人:**×××　　**审核:**×××　　**试(检)验:**×××

《水泥试验报告》填写说明

水泥试验报告是为保证建筑工程质量，对用于工程中的水泥的强度、安定性和凝结时间等指标进行测试后由试验单位出具的质量证明文件。

1. 责任部门

水泥生产单位提供必须提供水泥出厂合格质量证明文件及物理性能检验及建筑材料放射性指标检验报告（结构及室内装修用水泥）。进场合格后，按照要求做复试，试验报告由试验单位负责提供，项目试验员收集。

2. 提交时限

检测报告应随物资进场提交。复试报告应在正式使用前提交，复试时间快测 4d，常规28d。

3. 检查要点

(1)水泥出厂合格证、检验报告。

1)水泥必须有水泥生产单位提供的出厂合格质量证明文件。质量证明文件应在水泥出厂 7 天内提供，检验项目包括除 28 天强度以外的各项试验结果。28 天强度结果应在水泥发出日起 32 天内补报。产品合格证应以 28d 抗压、抗折强度为准。

2)水泥进场后，项目物资、质量部门应及时组织进行外观、包装检查，核对进场数量，由项目材料员在质量证明文件上注明：进场日期、进场数量(t)和使用部位(计划)。

3)公章及复印件要求：出厂质量证明文件应具有生产单位、材料供应单位公章。复印件应加盖原件存放单位红章、具有经办人签字和经办日期。

4)水泥出厂合格质量证明文件内容应齐全，包括厂别、品种、强度等级、出厂日期、出厂编号和厂家的试验数据等，不得漏填或随意涂改。

5)供应单位除提供产品合格证明外，还应提供物理性能检验及建筑材料放射性指标检验报告(结构及室内装修用水泥)，其质量应符合现行国家标准。对检验项目不全或对检验结果有疑问的，应委托有资质检测单位进行复试。

6)用于钢筋混凝土结构、预应力混凝土结构中的水泥，检测报告应有有害物(氯化物、碱含量)检测内容。钢筋混凝土结构、预应力混凝土结构中严禁使用含氯化物的水泥。

(2)水泥试验报告。

1)水泥必须按规定的批量送检，做到先复试后使用，严禁先施工后复试。

2)须复试的水泥包括：用于承重结构的水泥；使用部位有强度等级要求的水泥；水泥出厂超过 3 个月(快硬硅酸盐水泥为 1 个月)；使用过程中对水泥质量有怀疑的或进口的水泥。

3)水泥复试的必试项目包括：抗压强度；安定性；凝结时间。

4)委托单位：应填写施工单位名称，并与施工合同中的施工单位名称相一致。

5)代表数量：应填写本次复试的实际水泥数量，不得笼统填写验收批的最大批量 200t(或 500t)。

6)如果水泥有质量问题、根据试验报告的数据可降级使用，但须经有关技术负责人批准后方可使用，且应注明使用工程项目及部位。

4. 技术要求

(1)化学指标。

通用硅酸盐水泥化学指标应符合表 2-13 的要求。

表 2-13　通用硅酸盐水泥化学指标

品　种	代号	不溶物（质量分数）	烧失量（质量分数）	三氧化硫（质量分数）	氧化镁（质量分数）	氧离子（质量分数）
硅酸盐水泥	P·Ⅰ	≤0.75	≤3.0	≤3.5	≤5.0[a]	≤0.06[c]
	P·Ⅱ	≤1.50	≤3.5			
普通硅酸盐水泥	P·O	—	≤5.0			
矿渣硅酸盐水泥	P·S·A	—	—	≤4.0	≤6.0[b]	
	P·S·B	—	—		—	
火山灰质硅酸盐水泥	P·P	—	—	≤3.5	≤6.0[b]	≤0.06[c]
粉煤灰硅酸盐水	P·F	—	—			
复合硅酸盐水泥	P·C	—	—			

注：a. 如果水泥压蒸试验合格，则水泥中氧化镁的含量(质量分数)允许放宽至 6.0%。

b. 如果水泥中氧化镁的含量(质量分数)大于 6.0%时，需进行水泥压蒸安定性试验并合格。

c. 当有更低要求时，该指标由买卖双方确定。

(2)碱含量(选择性指标)

水泥中碱含量按 $Na_2O+0.658K_2O$ 计算值表示。若使用活性骨料，用户要求提供低碱水泥时，水泥中的碱含量应不大于 0.60%或由买卖双方协商确定。

(3)物理指标。

1)凝结时间。

硅酸盐水泥初凝时间不小于 45min，终凝时间不大于 390min。

普通硅酸盐水泥、矿渣硅酸盐水泥、火山灰质硅酸盐水泥、粉煤灰硅酸盐水泥和复合硅酸盐水泥初凝不小于 45min，终凝不大于 600min。

2)安定性。

沸煮法合格。

3)强度。

不同品种不同强度等级的通用硅酸盐水泥，其不同龄期的强度应符合表 2-14 的规定。

表 2-14　通用硅酸盐水泥强度

品　种	强度等级	抗压强度		抗折强度	
		3d	28d	3d	28d
硅酸盐水泥	42.5	≥17.0	≥42.5	≥3.5	≥6.5
	42.5R	≥22.0		≥4.0	
	52.5	≥23.0	≥52.5	≥4.0	≥7.0
	52.5R	≥27.0		≥5.0	
	62.5	≥28.0	≥62.5	≥5.0	≥8.0
	62.5R	≥32.0		≥5.5	

续表

品　种	强度等级	抗压强度		抗折强度	
		3d	28d	3d	28d
普通硅酸盐水泥	42.5	≥17.0	≥42.5	≥3.5	≥6.5
	42.5R	≥22.0		≥4.0	
	52.5	≥23.0	≥52.5	≥4.0	≥7.0
	52.5R	≥27.0		≥5.0	
矿渣硅酸盐水泥 火山灰硅酸盐水泥 粉煤灰硅酸盐水泥 复合硅酸盐水泥	32.5	≥10.0	≥32.5	≥2.5	≥5.5
	32.5R	≥15.0		≥3.5	
	42.5	≥15.0	≥42.5	≥3.5	≥6.5
	42.5R	≥19.0		≥4.0	
	52.5	≥21.0	≥52.5	≥4.0	≥7.0
	52.5R	≥23.0		≥4.5	

4)细度(选择性指标)

硅酸盐水泥和普通硅酸盐水泥的细度以比表面积表示,其比表面积不小于 300m^2/kg;矿渣硅酸盐水泥、火山灰质硅酸盐水泥、粉煤灰硅酸盐水泥和复合硅酸盐水泥的细度以筛余表示,其 80μm 方孔筛筛余不大于 10%或 45μm 方孔筛筛余不大于 30%。

5. 相关要求

所有进场水泥必须进行复试,结构中用的水泥必须复试抗压强度、抗折强度、凝结时间和安定性等项目,其它用水泥(如抹灰)必须复试安定性指标,进口水泥还应对其水泥的有害成分含量进行试验,能否使用以复试报告为准。

(1)水泥进场时应对其品种、级别、包装或散装仓号、出厂日期等进行检查,并应对其强度、安定性、凝结时间及其他必要的性能指标进行复验,其质量必须符合现行国家标准《硅酸盐水泥、普通硅酸盐水泥》GB 175 等的规定。当在使用中对水泥质量有怀疑或水泥出厂超过 3 个月(快硬硅酸盐水泥超过 1 个月)时,应进行复验,并按复验结果使用。

钢筋混凝土结构、预应力混凝土结构中,严禁使用含氯化物的水泥,水泥出厂检验报告应有氯化物含量测试项目。

检查数量:按同一生产厂家、同一等级、同一品种、同一批号且连续进厂的水泥,袋装不超过 200t 为一批,散装不超过,500t 为一批,每批抽样不少于 1 次。

检验方法:检查产品合格证、出厂检验报告和进场复验报告。

(2)水泥进场使用前,应分批对其强度、安定性、凝结时间进行复验。检验批应以同一生产厂家、同期出厂、同一品种、同一强度等级、同一编号为一批。不同批的水泥不得混合存放。当在使用中对水泥质量有怀疑或水泥出厂超过 3 个月(快硬硅酸盐水泥超过 1 个月)时,应进行复验,并按复验结果使用。不同品种的水泥,不得混合使用。

砂试验报告

委托单位:××建设集团有限公司　　　　试验编号:×××

工程名称	××办公楼工程			委托日期	2015年6月15日
砂种类	中砂			报告日期	2015年6月19日
产　　地	××砂石厂	代表批量	600t	检验类别	委托
检验项目	标准要求	实测结果	检验项目	标准要求	实测结果
表观密度 kg/m^3	—	—	石粉含量%	—	—
堆积密度 kg/m^3	—	—	氯盐含量%	—	—
紧密密度 kg/m^3	—	—	含水率%	—	—
含泥量%	<3.0	1.4	吸水率%	—	—
泥块含量%	<1.0	0.6	云母含量%	—	—
硫酸盐硫化物%	—	—	空隙率%	—	—
			坚固性	—	—
轻物质含量%	—	—	碱活性	—	—

筛孔尺寸 mm	5.00	2.50	1.25	0.630	0.315	0.160	筛分结果	细度模数
标准下限%	0	0	10	41	70	90		2.5
标准上限%	10	25	50	70	92	100		级配区属
实测结果%	3	13	28	54	80	96		Ⅱ

依据标准:

《普通混凝土用砂、石质量及检验方法标准》(JGJ 52—2006)

检验结论:

含泥量、泥块含量指标合格本试样按细度模数分属中砂,其级配属二区可用于浇筑C30及C30以上的混凝土

备　　注:

试验单位:××检测中心　　技术负责人:×××　　审核:×××　　试(检)验:×××

《砂试验报告》填写说明

砂子试验报告是为保证建筑工程质量，对用于工程中的砂子的筛分以及含泥量、泥块含量等指标进行测试后由试验单位出具的质量证明文件。

1. 责任部门

供货单位提供产品合格证，物理性能检验报告及建筑材料放射性指标检验报告，由项目材料员负责收集。复试报告由试验单位提供，由项目试验员负责收集，项目资料员负责汇总整理。

2. 提交时限

复试报告在正式使用前提交，试验时间 3d 左右。

3. 检查要点

(1)材料进场时，供货单位应提供产品合格证、物理性能检验报告及建筑材料放射性指标检验报告。

(2)砂进场，项目应及时进行外观检查、核对进场数量，由项目材料部门在质量证明文件上注明：进场日期、进场数量和使用部位。

(3)质量证明文件各项内容填写齐全，不得漏填或随意涂改。

(4)公章及复印件要求：质量证明文件应具有生产单位、材料供应单位公章。复印件应加盖原件存放单位红章、具有经办人签字和经办日期。

"结论"栏如果普通混凝土用砂，应写符合《普通混凝土用砂、石质量及检验方法标准》(JGJ 52—2006)。

(5)按规定应预防碱一骨料反应的工程或结构部位所使用的砂，供应单位应提供砂的碱活性检验报告。应用于Ⅱ、Ⅲ类混凝土结构工程的骨料每年均应进行碱活性检验。

(6)出厂质量证明文件与进场外观检查合格后，用于混凝土、砌体结构工程用砂必须按照有关规定的批量送检复试，复试合格后方可在工程中使用。做到先复试后使用，严禁先施工后复试。

4. 相关要求

(1)普通混凝土所用的粗、细骨料的质量应符合国家现行标准《普通混凝土用砂、石质量及检验方法标准》(JGJ 52—2006)的规定。砂、石使用前应按规定取样复试，有试验报告。按规定应预防碱—集料反应的工程或结构部位所使用的砂、石，供应单位应提供砂、石的碱活性检验报告。

检查数量：按进场的批次和产品的抽样检验方案确定。检验方法：检验进场复试报告。

(2)砂浆用砂不得含有有害杂物。砂浆用砂的含泥量应满足下列要求。

1)对水泥砂浆和水泥混合砂浆，不应超过 5%。

2)人工砂、山砂及特细砂，应经试配能满足砌筑砂浆技术条件要求。

(3)对于长期处于潮湿环境的重要混凝土结构所用的砂、石，应进行碱活性检验。

5. 技术要求

(1)颗粒级配。

砂的颗粒级配应符合表 2-15 的规定。

表 2-15　　颗粒级配

砂的分类	天然砂			机制砂		
级配区	1 区	2 区	3 区	1 区	2 区	3 区
方筛孔	累计筛余/%					
4.75mm	10～0	10～0	10～0	10～0	10～0	10～0
2.36mm	35～5	25～0	15～0	35～5	25～0	15～0
1.18mm	65～35	50～10	25～0	65～35	50～10	25～0
600μm	85～71	70～41	40～16	85～71	70～41	40～16
300μm	95～80	92～70	85～55	95～80	92～70	85～55
150μm	100～90	100～90	100～90	97～85	94～80	94～75

表 2-16　　级配类别

类别	Ⅰ	Ⅱ	Ⅲ
级配区	2 区	1、2、3 区	

注：1. 砂的实际颗粒级配与表中所列数字相比，除 4.75mm 和 600μm 筛档外，可以略有超出，但超出总量应小于 5%。
2. Ⅰ区人工砂中 150μm 筛孔的累计筛余可以放宽到 100～85，Ⅱ区人工砂中 150μm 筛孔的累计筛余可以放宽到 100～80，Ⅲ区人工砂中 150μm 筛孔的累计筛余可以放宽到 100～75。

(2)含泥量、石粉含量和泥块含量。

1)天然砂含泥量、石粉含量和泥块含量应符合 2-17 的规定。

表 2-17　　天然砂含泥量和泥块含量

项　目	指　标		
	Ⅰ类	Ⅱ类	Ⅲ类
含泥量(按质量计)/(%)	≤1.0	≤3.0	≤5.0
泥块含量(按质量计)/(%)	0	≤1.0	≤2.0

2)机制砂 *MB* 值≤1.4 或快速法试验合格时，石粉含量和泥块含量应符合表 2-18 的规定；机制砂 MB 值＞1.4 或快速法试验不合格时，石粉含量和泥块含量应符合表 5 的规定。

表 2-18　　石粉含量和泥块含量(MB 值≤1.4 或快速法试验合格)

类别	Ⅰ	Ⅱ	Ⅲ
MB 值	≤0.5	≤1.0	≤1.4 或合格
石粉含量(按质量)/%[a]	≤10.0		
泥块含量(按质量计)/%	0≤	1.0	≤2.0

a 此指标根据使用地区和用途，经试验验证，可由供需双方协商确定。

(3)坚固性。

1)天然砂采用硫酸钠溶液法进行试验，砂样经 5 次循环后其质量损失应符合表 2-19 的规定。

表 2-19　**坚固性指标**

项目	指标		
	Ⅰ类	Ⅱ类	Ⅲ类
质量损失,(%)	≤8	≤8	≤10

2)人工砂采用压碎指标法进行试验,压碎指标值应小于表 2-20 的规定。

表 2-20　**压碎指标**

项目	指标		
	Ⅰ类	Ⅱ类	Ⅲ类
单级最大压碎指标,(%)	≤20	≤25	≤30

(4)砂表观密度、堆积密度、空隙率应符合如下规定:表观密度不小于 2500kg/m³;松散堆积密度不小于 1400kg/m³;空隙率小于 44%。

(5)经碱一骨料反应试验后,由砂制备的试件无裂缝、酥裂、胶体外溢等现象,在规定的试验龄期膨胀率小于 0.10%。

碎(卵)石试验报告

委托单位:××建设集团有限公司　　　　试验编号:×××

工程名称	××工程			委托日期	2015年4月27日
石子种类	碎石			报告日期	2015年5月1日
产　　地	××砂石厂	代表批量	600t	检验类别	委托

检验项目	标准要求	实测结果	检验项目	标准要求	实测结果
表观密 kg/m³	—	—	有机物含量	—	—
堆积密度 kg/m³	—	—	坚固性	—	—
紧密密度 kg/m³	—	—	岩石强度 MPa	—	—
含泥量%	＜2.0	0.6	压碎指标%	＜16	8
泥块含量%	＜0.7	0.2	SO_3 含量%	—	—
吸水率	—	—	碱活性	—	—
针片状含量%	＜25	4.3	空隙率%	—	—

筛孔尺寸 mm	90	75.0	63.0	53.0	37.5	31.5	26.5	19.0	16.0	9.50	4.75	2.36
标准下限%	—	—	—	—	—	0	0	—	30	—	90	95
标准上限%	—	—	—	—	—	0	5	70	—	—	100	100
实测结果%	—	—	—	—	—	0	2	—	50	—	94	98

依据标准:《普通混凝土用砂、石质量及检验方法标准》(JGJ 52—2006)

检验结论:

依据JGJ 52—2006标准,含泥量、泥块含量、泥块含量、针、片、状颗粒含量指标合格。

级配符合5～25mm连续粒级的要求。

备　　注:

试验单位:××检测中心　　技术负责人:×××　　审核:×××　　试(检)验:×××

《碎(卵)石试验报告》填写说明

石子试验报告是为保证建筑工程质量，对用于工程中的石子的筛分以及含泥量、泥块含量、针片状含量、压碎指标等指标进行测试后由试验单位出具的质量证明文件。

1. 责任部门

供货单位提供产品合格证，物理性能检验报告及建筑材料放射性指标检验报告。出厂合格证，检验报告应由项目材料员负责收集。复试报告由试验单位提供，由项目试验员负责收集，项目资料员负责汇总整理。

2. 提交时限

复试报告在正式使用前提交，试验时间 3d 左右。

3. 检查要点

材料进场时，供货单位应提供产品合格证、物理性能检验报告及建筑材料放射性指标检验报告。

(1)试验报告中的检验项目，除必试项目外，对于长期处于潮湿环境的重要混凝土结构用石，应进行碱活性检验；对于重要工程及特殊工程、应根据工程要求增加检测项目。

(2)检查试验报告产品种类、产地、公称粒径、筛分析、含泥量、试验编号等是否和混凝土(砂浆)配合比申请单、通知单相应项目一致。

4. 相关要求

(1)卵石和碎石的颗粒级配应符合表 2-21 的规定。

表 2-21　颗　粒　级　配

公称粒级 mm		累计筛余/%											
		方孔筛/mm											
		2.36	4.75	9.50	16.0	19.0	26.5	31.5	37.5	53.0	63.0	75.0	90
连续粒级	5～16	95～100	85～100	30～60	0～10	0							
	5～20	95～100	90～100	40～80	—	0～10	0						
	5～25	95～100	90～100	—	30～70	—	0～5	0					
	5～31.5	95～100	90～100	70～90	—	15～45	—	0～5	0				
	5～40	—	95～100	70～90	—	30～65	—	—	0～5	0			
单粒粒级	5～10		95～100	80～100	0～15	0							
	10～16		95～100	80～100	0～15	0							
	10～20		95～100	85～100		0～15	0						
	16～25			95～100	85～70	25～40	0～10						
	16～31.5		95～100		85～100			0～10	0				
	20～40				95～100		85～100			0～10	0		
	40～80					95～100			70～100		30～60	0～10	0

(2)卵石、碎石的含泥量和泥块含量应符合表2-22的规定。

表2-22　含泥量和泥块含量

项　目	指　标		
	Ⅰ类	Ⅱ类	Ⅲ类
含泥量(按质量计)/(%)	≤0.5	≤1.0	≤1.5
泥块含量(按质量计)/(%)	0	≤0.2	≤0.5

(3)卵石和碎石的针片状颗粒含量应符合表2-23的规定。

表2-23　针、片状颗粒含量

项　目	指　标		
	Ⅰ类	Ⅱ类	Ⅲ类
针、片状颗粒(按质量计)/(%)	≤5	≤10	≤15

(4)有害物质:卵石和碎石中不应混有草根、树叶、树枝、塑料、煤块和炉渣等杂物。其有害物质含量应符合表2-24的规定。

表2-24　有害物质含量

项　目	指　标		
	Ⅰ类	Ⅱ类	Ⅲ类
有机物	合格	合格	合格
硫化物及硫酸盐(按 SO_3 质量计)/(%)	≤0.5	≤1.0	≤1.0

(5)压碎指标值应小于表的2-25规定。

表2-25　压　碎　指　标

项　目	指　标		
	Ⅰ类	Ⅱ类	Ⅲ类
碎石压碎指标(%)	≤10	≤20	≤30
卵石压碎指标(%)	≤12	≤14	≤16

(6)表观密度、堆积密度、空隙率应符合如下规定:表观密度大于2600kg/m³;松散堆积密度大于1350kg/m³;空隙率小于47%。

(7)经碱一骨料反应试验后,由卵石、碎石制备的试件无裂缝、酥裂、胶体外溢等现象。在规定的试验龄期的膨胀率应小于0.10%。

轻骨料试验报告

委托单位:××建设集团有限公司　　　　　　　　　　　　　　　　　试验编号:×××

<table>
<tr><td>工程名称</td><td>××工程</td><td>使用部位</td><td>××</td><td>委托日期</td><td>2015.4.19</td></tr>
<tr><td>轻骨料种类</td><td>黏土陶粒</td><td>密度等级</td><td>700</td><td>报告日期</td><td>2015.4.21</td></tr>
<tr><td>产　地</td><td>××</td><td>代表批量</td><td>100m^3</td><td>检验类别</td><td>委托</td></tr>
<tr><td colspan="3">检　验　项　目</td><td colspan="3">实　测　结　果</td></tr>
<tr><td rowspan="8">试验结果</td><td rowspan="3">一、筛分析</td><td>1. 细度模数(轻骨料)</td><td colspan="3">/</td></tr>
<tr><td>2. 最大粒径(细骨料)</td><td colspan="3">20mm</td></tr>
<tr><td>3. 级配情况</td><td colspan="3">连续粒级</td></tr>
<tr><td>二、表观密度 kg/m^3</td><td colspan="4">/</td></tr>
<tr><td>三、堆积密度 kg/m^3</td><td colspan="4">680</td></tr>
<tr><td>四、筒压强度 MPa</td><td colspan="4">3.9</td></tr>
<tr><td>五、吸水率(1h)%</td><td colspan="4">9.7</td></tr>
<tr><td>六、其他</td><td colspan="4">/</td></tr>
<tr><td colspan="6">结论:
依据《轻集料性能及其检验方法》(GB/T 17431.1～2－2010)标准要求,检查合格。</td></tr>
<tr><td colspan="6">试验单位:××检测中心　　技术负责人:×××　　审核:×××　　试(检)验:×××</td></tr>
</table>

《轻骨料试验报告》填写说明

轻骨料试验报告是指为保证建筑工程质量对用于工程的轻骨料进行筛分及有关指标进行测试后,由试验单位出具的试验证明文件。

1. 责任部门

试验单位。

2. 提交时限

正式使用前提交,复试时间 7d 左右。

3. 检查要点

(1)检查试验报告单上各项目是否齐全、准确、无未了项,试验室签字盖章是否齐全;检查试验编号是否填写;试验数据是否真实,以确定其是否符合规范要求。若发现问题应及时取双倍试样做复试,并将复试合格单或处理结论附于此单后一并存档,同时核查试验结论明确。

(2)检查各试验单代表数量总和是否与单位工程总需求量相符。

4. 相关要求

轻集料一般用于结构或结构保温用混凝土,表观密度轻、保温性能好的轻集料。也可用于保温用轻混凝土。凡粒径在 5mm 以上、堆积密度小于 1000kg/m^3 者,称为轻粗集料;粒径小于 5mm、堆积密度小于 1200kg/m^3 者,称为轻细集料(轻砂)。

轻集料必须有质量证明文件,并按规定取样复试,有复试报告。

(1)轻集料的密度等级应符合表 2-26 的规定。

表 2-26　　轻集料的密度等级

密度等级		堆积密度范围(kg/m^3)
轻粗集料	轻　砂	
300	—	210～300
400	—	310～400
500	500	410～500
600	600	510～600
700	700	610～700
800	800	710～800
900	900	810～900
1000	1000	910～1000
—	1100	1010～1100
—	1200	1110～1200

(2)轻粗集料的筒压强度及强度等级应符合表 2-27 的规定。

表 2-27　　筒压强度及强度等级

密度等级	筒压强度(MPa)		强度等级(MPa)	
	碎石型	普通和圆球型	普通型	圆球型
300	0.2/0.3	0.3	3.5	3.5
400	0.4/0.5	0.5	5.0	5.0
500	0.6/1.0	1.0	7.5	7.5
600	0.8/1.5	2.0	10	15
700	1.0/2.0	3.0	15	20
800	1.2/2.5	4.0	20	25
900	1.5/3.0	5.0	25	30
1000	1.8/4.0	6.0	30	40

注:碎石型天然轻集料取斜线以左值;其他碎石型轻集料取斜线以右值。

<table>
<tr><td colspan="4" rowspan="3">混凝土外加剂试验报告</td><td>编　号</td><td>×××</td></tr>
<tr><td>试验编号</td><td>2015-0036</td></tr>
<tr><td>委托编号</td><td>2015-01480</td></tr>
<tr><td>工程名称</td><td colspan="3">××工程</td><td>试样编号</td><td>006</td></tr>
<tr><td>委托单位</td><td colspan="3">×××项目部</td><td>试验委托人</td><td>×××</td></tr>
<tr><td>产品名称</td><td>泵送剂</td><td>生产厂</td><td>××建材厂</td><td>生产日期</td><td>2015 年 9 月 10 日</td></tr>
<tr><td>代表数量</td><td>2t</td><td>来样日期</td><td>2015 年 9 月 14 日</td><td>试验日期</td><td>2015 年 10 月 13 日</td></tr>
<tr><td>试验项目</td><td colspan="5">减水率、28d 抗压强度比、钢筋锈蚀</td></tr>
<tr><td rowspan="7">试验结果</td><td colspan="3">试　验　项　目</td><td colspan="2">试验结果</td></tr>
<tr><td colspan="3">1. 坍落度保留值</td><td colspan="2">H30：163mm　H60：137mm</td></tr>
<tr><td colspan="3">2. 压力泌水率比</td><td colspan="2">74％</td></tr>
<tr><td colspan="3">3. 抗压强度比</td><td colspan="2">R7：124％　R28：111％</td></tr>
<tr><td colspan="3">4. 对钢筋的锈蚀情况</td><td colspan="2">对钢筋无锈蚀</td></tr>
<tr><td colspan="3"></td><td colspan="2"></td></tr>
<tr><td colspan="3"></td><td colspan="2"></td></tr>
<tr><td colspan="6">结论：
符合《混凝土外加剂》(GB 8076－2008)标准，该产品性能符合检验要求。</td></tr>
</table>

批　准	×××	审　核	×××	试　验	×××
试验单位	××中心试验室(单位章)				
报告日期	2015 年 10 月 13 日				

本表由试验单位提供，建设单位、施工单位、城建档案馆各保存一份。

《混凝土外加剂试验报告》填写说明

1. 责任部门

有资质的试验单位提供，项目试验员收集。

2. 提交时限

正式使用前提交，复试时间 3～28d。

3. 相关要求

(1)外加剂主要包括减水剂、早强剂、缓凝剂、泵送剂、防水剂、防冻剂、膨胀剂、引气剂和速凝剂等。

(2)外加剂必须有质量证明书或合格证、有相应资质等级检测部门出具的检测报告、产品性能和使用说明书等。

(3)应按规定取样复试，具有复试报告。承重结构混凝土使用的外加剂应实行有见证取样和送检。

(4)依据 GB 50204－2015 中 7.2.1 条规定，钢筋混凝土结构、预应力混凝土结构用外加剂的检测报告必须有氯化物总含量检测项目，其总含量应符合国家现行标准要求。

(5)掺外加剂混凝土性能指标应符合表 2.4-18 的规定。

(6)型式检验：

1)检验项目：匀质性指标、混凝土性能指标。

2)检验条件：有下列情况之一者，应进行型式检验：

①新产品或老产品转厂生产的试制定型鉴定；

②原料和生产工艺改变时；

③正常生产时，每半年进行一次检验；

④产品连续停产(泵送剂三个月含三个月、防水剂半年)，重新恢复生产时；

⑤出厂检验结果和上次型式检验有较大差异(相对误差大于 5%)时；

⑥国家质量监督机构提出进行型式检验要求时。

(7)试验报告应由相应资质等级的建筑企业试验室签发。

(8)检查试验报告单上各项目是否齐全、准确、真实、无未了项，试验室签字盖章是否齐全；检查试验编号是否填写；试验数据是否达到规范规定标准值。若发现问题应及时取双倍试样做复试，并将复试合格单或处理结论附于此单后一并存档。同时核查试验结论。

(9)核对使用日期，与混凝土(砂浆)试配单比较是否合理，不允许先使用后试验。

(10)核对各试验报告单批量总和是否与单位工程总需求量相符。

(11)外加剂资料应与其他施工资料对应一致，交圈吻合。

混凝土坍落度检查记录

工程名称：××工程　　　　**施工单位：**××建设集团有限公司

混凝土强度等级	C30		搅拌方式	机械
时 间 （年 月 日 时）	施工部位	要求坍落度	坍落度	备 注
2015 年 4 月 28 日 11 时	13－25 轴六层框架柱及墙体	180±20mm	184mm	开盘后第一次测定
2015 年 4 月 28 日 13 时	13－25 轴六层框架柱及墙体	180±20mm	180mm	过程测试
2015 年 4 月 28 日 15 时	13－25 轴六层框架柱及墙体	180±20mm	190mm	过程测试
2015 年 4 月 28 日 17 时	13－25 轴六层框架柱及墙体	180±20mm	186mm	过程测试

项目技术负责人：×××　　　　**试验员：**×××

《混凝土坍落度检查记录》填写说明

混凝土坍落度检查记录是指为保证混凝土质量在浇筑时对混凝土坍落度的检查记录。

1. 责任部门

项目工程部。

2. 提交时限

检查当日完成,检验批验收前1d提交。

3. 填写要点

(1)要求坍落度:指混凝土试配的坍落度;

(2)坍落度:指混凝土施工时的现场检查的坍落度;

4. 检查要点

混凝土坍落度在浇筑地点进行检查,每一工作班至少两次。

5. 相关要求

混凝土浇筑时的坍落度,应符合表2-28的规定,如采用预拌及泵送混凝土时,其坍落度应根据工程实际需要确定。

表2-28　混凝土浇筑时的坍落度　(mm)

项次	结构种类	坍落度
1	基础或地面等的垫层、无配筋的厚大结构(挡土墙、基础或厚大的块体等)或配筋稀疏的结构	10～30
2	板、梁及大型及中型截面的柱子等	30～60
3	配筋密列的结构(薄壁、斗仓、筒仓、细柱等)	50～70
4	配筋特密的结构	70～90

注:1. 本表系指采用机械振捣的混凝土坍落度,采用人工振捣时可适当增大混凝土坍落度;

2. 需要配置大坍落度混凝土时应加入混凝土外加剂;

3. 曲面、斜面结构的混凝土,其坍落度应根据需要另行选用。

混凝土工程施工记录

工程名称:××工程　　　　　　　　　　　　**施工单位:××建设集团有限公司**

<table>
<tr><td rowspan="2">混凝土强度等级</td><td colspan="2" rowspan="2">C30　早强</td><td colspan="2" rowspan="2">操作班组</td><td colspan="2" rowspan="2">××
混凝土班组</td><td colspan="2">气象</td><td>晴</td></tr>
<tr><td colspan="2">风力</td><td>1～2 级</td></tr>
<tr><td rowspan="2">混凝土配比单编号</td><td colspan="2" rowspan="2">2015034690</td><td colspan="2" rowspan="2">浇注部位</td><td colspan="2" rowspan="2">1～13 轴四层框架柱及墙体</td><td rowspan="2">温度(℃)</td><td>最高</td><td>30℃</td></tr>
<tr><td>最低</td><td>19℃</td></tr>
<tr><td rowspan="2">材料
混凝土配合比</td><td rowspan="2">水泥</td><td rowspan="2">砂</td><td rowspan="2">石</td><td rowspan="2">水</td><td colspan="4">外加剂名称及用量</td><td rowspan="2">外掺混合材料名称及用量</td></tr>
<tr><td>QH-H早强减水剂</td><td></td><td></td><td></td></tr>
<tr><td>配合比</td><td>1</td><td>1.76</td><td>2.73</td><td>0.45</td><td>0.03</td><td></td><td></td><td></td><td>0.113</td></tr>
<tr><td>每 m^3 数量</td><td>395</td><td>715</td><td>1071</td><td>194</td><td>13.5</td><td></td><td></td><td></td><td>55</td></tr>
<tr><td>每盘用料数量</td><td>395</td><td>715</td><td>1071</td><td>194</td><td>13.5</td><td></td><td></td><td></td><td>55</td></tr>
<tr><td>开始浇筑时间</td><td colspan="9">2015 年 05 月 07 日 14 时</td></tr>
<tr><td>终止浇筑时间</td><td colspan="9">2015 年 05 月 07 日 19 时</td></tr>
<tr><td>当班完成混浇土数量(立方米)</td><td colspan="9">当班共完成混凝土量 61m^3</td></tr>
<tr><td>备　注</td><td colspan="9">共留置两组试块,其中标养一组,同条件一组。</td></tr>
</table>

<table>
<tr><td rowspan="3">参加人员</td><td rowspan="2">监理(建设)单位</td><td colspan="3">施工单位</td></tr>
<tr><td>项目技术负责人</td><td>施工员</td><td>试验员</td></tr>
<tr><td>×××</td><td>×××</td><td>×××</td><td>×××</td></tr>
</table>

一册在手　表格全有　贴近现场　资料无忧

《混凝土工程施工记录》填写说明

混凝土工程施工记录是指不论混凝土浇筑工程量大小，对环境条件、混凝土配合比、浇筑部位、坍落度、试块结果等进行全面真实记录。

1. 责任部门

项目工程部。

2. 提交进限

混凝土工程检验批验收前1d提交。

3. 填写要点

(1)混凝土强度等级：指设计要求的混凝土强度等级。

(2)混凝土配合比单编号：指试验室提供的混凝土配合比通知单编号。

(3)配合比：指试验室下达的配合比。

(4)开始、终止浇筑时间：指当班工作日起止时间。

(5)天气情况：指当日最高、最低气温及气候情况。

4. 检查要点

(1)混凝土的运输、浇筑、振捣、养护必须符合质量验收规范要求。

(2)凡是进行混凝土施工，不论工程量大小均必须按当班工作日填报混凝土施工记录。

5. 相关要求

(1)混凝土应分层浇筑，每层浇筑厚度应根据混凝土的振捣方法而定，其厚度应符合表2-29的规定。

表2-29　混凝土浇筑层厚度　(mm)

捣实混凝土的方法		浇筑层的厚度
插入式振捣		振捣器作用部分长度的1.25倍
表面振动		200
人工捣固	在基础、无筋混凝土或配筋稀疏的结构中	250
	在梁、墙板、柱结构中	200
	在配筋密列的结构中	150

(2)混凝土浇筑时的坍落度，应符合表2-30的规定，如采用预拌及泵送混凝土时，其坍落度应根据工程实际需要确定。

表2-30　混凝土浇筑时的坍落度　(mm)

项次	结构种类	坍落度
1	基础或地面等的垫层、无配筋的厚大结构(挡土墙、基础或厚大的块体等)或配筋稀疏的结构	10～30
2	板、梁及大型及中型截面的柱子等	30～60

续表

项次	结构种类	坍落度
3	配筋密列的结构(薄壁、斗仓、筒仓、细柱等)	50～70
4	配筋特密的结构	70～90

注:1. 本表系指采用机械振捣的混凝土坍落度,采用人工振捣时可适当增大混凝土坍落度;

2. 需要配置大坍落度混凝土时应加入混凝土外加剂;

3. 曲面、斜面结构的混凝土,其坍落度应根据需要另行选用。

(3)浇筑混凝土应连续进行,如必须间歇时,其间歇时间宜缩短,并应在前层混凝土初凝之前,将次层混凝土浇筑完毕。混凝土运输、浇筑及间歇的全部时间不得超过表 2-31 的规定,当超过时应按要求设置施工缝。

表 2-31 混凝土运输、浇筑和间歇的允许时间 (mm)

混凝土强度等级	气温	
	≤25℃	>25℃
≤C30	210	180
>C30	180	150

注:当混凝土中掺加有促凝或缓凝型外加剂时,其允许时间应根据试验结果确定。

(4)浇筑质量要求

1)在浇筑工序中,应控制混凝土的均匀性和密实性。混凝土拌合物运至浇筑地点后,应立即浇筑入模。在浇筑过程中,如发现混凝土拌合物的均匀性和稠度发生较大的变化,应及时处理。

2)浇筑混凝土时,应注意防止混凝土的分层离析。混凝土由料斗、漏斗内卸出进行浇筑时,其自由倾落高度一般不宜超过 2m,在竖向结构中浇筑混凝土的高度不得超过 3m,否则应采用串筒、斜槽、溜管等下料。

3)浇筑竖向结构混凝土前,底部应先填以 50～100mm 厚与混凝土成分相同的水泥砂浆。

4)浇筑混凝土时,应经常观察模板、支架、钢筋、预埋件和预留孔洞的情况,当发现有变形、移位时,应立即停止浇筑,并应在已浇筑的混凝土凝结前修整完好。

5)混凝土在浇筑及静置过程中,应采取措施防止产生裂缝。混凝土因沉降及干缩产生的非结构性的表面裂缝,应在混凝土终凝前予以修整。在浇筑与柱和墙连成整体的梁和板时,应在柱和墙浇筑完毕后停歇 1～1.5h,使混凝土获得初步沉实后,再继续浇筑,以防止接缝处出现裂缝。

6)梁和板应同时浇筑混凝土。较大尺寸的梁(梁的高度大于 1m)、拱和类似的结构,可单独浇筑。但施工缝的设置应符合有关规定。

混凝土开盘鉴定记录

工程名称	××小区7号住宅楼工程			编　号		×××
				开盘时间		2015年×月×日
配比单编号	PB100600124			设计强度等级		C30
浇筑部位	首层①～⑬/Ⓐ～Ⓙ轴顶板、梁			浇　筑　量		$150m^3$
坍落度设计值	150～170mm			坍落度实测值		160mm
搅拌机型号	JZC350			试块编号		×××
材料名称	水泥	砂	石	水	外加剂	掺合料
种类规格	P·O　42.5	中砂	5～31.5m	饮用水	FB减水剂	粉煤灰
设计配比(kg/m^3)	350	748	1076	175	12.03	51
试配用料(kg/盘)	350	785	1076	158	12.03	51
施工用料(kg/盘)	100	224	307	45	3.44	14.6

鉴定结论及其他需要说明的事项：

同意C30混凝土开盘鉴定结果，鉴定合格。

签字栏	施工单位	××建设集团有限公司	专业技术负责人	专业质检员
			王××	李××
	监理单位	××工程建设监理有限公司	专业监理工程师	宋××

《混凝土开盘鉴定记录》填写说明

1. 责任部门

施工项目经理部、项目监理机构、混凝土试配单位及相关责任人等。

2. 提交时限

每次鉴定通过的当日完成，混凝土原材料及配合比设计检验批验收前1d提交。

3. 填写要点

表中各项应根据配合比试验报告、浇筑部位及现场开盘鉴定的实际情况填写清楚、齐全，不得有缺项、漏项。要有明确的检查结论，签字齐全。

4. 相关要求

(1)根据《混凝土结构施工质量验收规范》GB 50204要求：

1)现场搅拌混凝土时，首次使用的混凝土配合比，应进行开盘鉴定。

2)商品混凝土首次使用的混凝土配合比，由供应单位自行组织相关人员进行开盘鉴定。

3)混凝土开盘鉴定记录应按本表要求填写。

(2)用于承重结构及抗渗防水工程使用的混凝土，开盘鉴定是指第一次使用的配合比、第一盘搅拌时的鉴定。

(3)采用现场搅拌混凝土的，应由项目部组织监理单位、搅拌机组、混凝土试配单位进行开盘鉴定工作，共同认定试验室签发的混凝土配合比确定的组成材料是否与现场施工所用材料相符，以及混凝土拌合物性能是否满足设计要求和施工需要。开始生产时应至少留置一组标准养护试件，作为验证配合比的依据。

(4)混凝土所用主要原材料：水泥、砂、石、外加剂等应与配合比中的材料吻合，如有变化应调整配合比。

(5)混凝土试配配合比应换算为实际使用配合比。

根据现场砂、石的含水率，换算出实际单方混凝土加水量，砂、石用量。

实际加水量＝配合比中的用水量－砂用量×砂含水率－石用量×石含水率。

砂实际用量＝配合比中砂用量×(1＋砂含水率)。

石实际用量＝配合比中石用量×(1＋石含水率)。

混凝土搅拌检查记录

工程名称	××综合楼工程		编　号	×××
施工部位(构件)	首层⑨～⑬/Ⓐ～Ⓖ轴顶板		混凝土强度等级	C30
日期	×月×日	月　日	月　日	月　日
搅拌机编号	××			
配比单编号	2011－0636			
设计配合比	1.00∶2.14∶3.07∶ 0.50∶0.034∶0.146			
水泥复试报告编号	2011－0205			
水泥用量(kg/盘)	350			
砂化验单编号	2011－0207			
砂用量(kg/盘)	785			
石化验单编号	2011－0221			
石用量(kg/盘)	1076			
用水量(kg/盘)	158			
外加剂名称	ISP－Ⅳ			
外加剂掺量(kg/盘)	12.03			
掺合材料名称	粉煤灰			
掺合材料用量(kg/盘)	51			

签字栏	施工单位	××建设集团有限公司	专业技术负责人	专业质检员
			王××	李××
	监理单位	××工程建设监理有限公司	专业监理工程师	刘××

《混凝土搅拌检查记录》填写说明

1. 责任部门

项目工程部。

2. 提交时限

检查通过当日完成，混凝土施工检验批提交前1d提交验收。

3. 填写要点

(1)水泥进场时应对其品种、级别、包装或散装仓号、出厂日期等进行检查，并应对其强度、安定性及其他必要的性能指标进行复验，其质量必须符合现行国家标准《硅酸盐水泥、普通硅酸盐水泥》GB 175等的规定。

当在使用中对水泥质量有怀疑或水泥出厂超过三个月(快硬硅酸盐水泥超过一个月)时，应进行复验，并按复验结果使用。

钢筋混凝土结构、预应力混凝土结构中，严禁使用含氯化物的水泥。

检查数量：按同一生产厂家、同一等级、同一品种、同一批号且连续进场的水泥，袋装不超过200t为一批，散装不超过500t为一批，每批抽样不少于一次。

检验方法：检查产品合格证、出厂检验报告和进场复验报告。

(2)混凝土中掺用外加剂的质量及应用技术应符合现行国家标准《混凝土外加剂》GB 8076、《混凝土外加剂应用技术规范》GB 50119等和有关环境保护的规定。

预应力混凝土结构中，严禁使用含氯化物的外加剂。钢筋混凝土结构中，当使用含氯化物的外加剂时，混凝土中氯化物的总含量应符合现行国家标准《混凝土质量控制标准》GB 50164的规定。

检查数量：按进场的批次和产品的抽样检验方案确定。

检验方法：检查产品合格证、出厂检验报告和进场复验报告。

(3)混凝土中氯化物和碱的总含量应符合现行国家标准《混凝土结构设计规范》GB 50010和设计的要求。

检验方法：检查原材料试验报告和氯化物、碱的总含量计算书。

(4)混凝土中掺用矿物掺合料的质量应符合现行国家标准《用于水泥和混凝土中的粉煤灰》GB 1596等的规定。矿物掺合料的掺量应通过试验确定。

检查数量：按进场的批次和产品的抽样检验方案确定。

检验方法：检查出厂合格证和进场复验报告。

(5)普通混凝土所用的粗、细骨料的质量应符合国家现行标准《普通混凝土用碎石或卵石质量标准及检验方法》JGJ 53、《普通混凝土用砂质量标准及检验方法》JGJ 52的规定。

检查数量：按进场的批次和产品的抽样检验方案确定。

检验方法：检查进场复验报告

注：1. 混凝土用的粗骨料，其最大颗粒粒径不得超过构件截面最小尺寸的1/4，且不得超过钢筋最小净间距的3/4。

2. 对混凝土实心板，骨料的最大粒径不宜超过板厚的1/3，且不得超过40mm。

(6)拌制混凝土宜采用饮用水；当采用其他水源时，水质应符合国家现行标准《混凝土拌合用水标准》JGJ 63的规定。

检查数量：同一水源检查不应少于一次。

检验方法：检查水质试验报告。

混凝土浇筑检查记录

工程名称	××综合楼工程		编　号	×××
施工日期	5月20日	月　日	月　日	月　日
施工部位(构件)	二层顶板梁 ①～⑫/Ⓐ～Ⓗ轴			
施工班组	混凝土班组			
搅拌检查记录编号	0106－C053－1			
混凝土强度等级	C25			
混凝土浇灌方式	泵送			
混凝土振捣方式	机械振捣			
天气情况	温度26℃晴			
施工缝	有/无			
混凝土实测坍落度	160mm			
混凝土浇筑量	$80m^3$			
标养试块组数	1组			
同条件试块组数	2组			
混凝土养护方法	洒水覆盖			
混凝土养护时间	28d			

签字栏				
签字栏	施工单位	××建设集团有限公司	专业技术负责人	专业质检员
			王××	杜××
	监理单位	××工程建设监理有限公司	专业监理工程师	张××

《混凝土浇筑检查记录》填写说明

现场混凝土浇筑必须进行施工检查，检查记录应按本表要求填写。

1. 责任部门

项目工程部。

2. 提交时限

检查通过当日完成，混凝土施工检验批提交前 1d 提交验收。

3. 相关要求

(1)混凝土运输、浇筑及间歇的全部时间不应超过混凝土的初凝时间。同一施工段的混凝土应连续浇筑，并应在底层混凝土初凝之前将上一层混凝土浇筑完毕。

当底层混凝土初凝后浇筑上一层混凝土时，应按施工技术方案中对施工缝的要求进行处理。

(2)施工缝的位置应在混凝土浇筑前按设计要求和施工技术方案确定。施工缝的处理应按施工技术方案执行。

(3)后浇带的留置位置应按设计要求和施工技术方案确定。后浇带混凝土浇筑应按施工技术方案进行。

检查数量：全数检查。检验方法：观察，检查施工记录。

(4)混凝土浇筑完毕后，应按施工技术方案及时采取有效的养护措施，并应符合下列规定：

1)应在浇筑完毕后的 12h 以内对混凝土加以覆盖并保湿养护；

2)混凝土浇水养护的时间：对采用硅酸盐水泥、普通硅酸盐水泥或矿渣硅酸盐水泥拌制的混凝土，不得少于 7d；对掺用缓凝型外加剂或有抗渗要求的混凝土，不得少于 14d ；

3)浇水次数应能保持混凝土处于湿润状态；混凝土养护用水应与拌制用水相同；

4)采用塑料布覆盖养护的混凝土，其敞露的全部表面应覆盖严密，并应保持塑料布内有凝结水；

5)混凝土强度达到 1.2N/mm^2 前，不得在其上踩踏或安装模板及支架。

注：1. 当日平均气温低于 5℃时，不得浇水；

2. 当采用其他品种水泥时，混凝土的养护时间应根据所采用水泥的技术性能确定；

3. 混凝土表面不便浇水或使用塑料布时，宜涂刷养护剂；

4. 对大体积混凝土的养护，应根据气候条件按施工技术方案采取控温措施。

现场搅拌混凝土测温记录

<table>
<tr><td colspan="2" rowspan="2">工程名称</td><td colspan="4" rowspan="2">××综合楼工程</td><td>编　号</td><td colspan="2">×××</td></tr>
<tr><td>测温时间</td><td colspan="2">2015 年 12 月 10 日</td></tr>
<tr><td colspan="2">浇筑部位</td><td colspan="7">基础底板①～④/Ⓑ～Ⓔ轴</td></tr>
<tr><td colspan="2">搅拌机编号</td><td colspan="4">002</td><td>测温方式</td><td colspan="2">温度计</td></tr>
<tr><td colspan="2" rowspan="2">测温项目</td><td colspan="4">各测点温度(℃)</td><td rowspan="2">平均温度(℃)</td><td rowspan="2">间隔时间(h)</td><td rowspan="2">备　注</td></tr>
<tr><td>1</td><td>2</td><td>3</td><td>4</td></tr>
<tr><td>1</td><td>室外环境</td><td>−5</td><td>−3</td><td>−5</td><td>−4</td><td>−4.25</td><td>2</td><td></td></tr>
<tr><td>2</td><td>搅拌机棚</td><td>+5</td><td>+3</td><td>+3</td><td>+4</td><td>+3.75</td><td>2</td><td></td></tr>
<tr><td>3</td><td>水</td><td></td><td></td><td></td><td></td><td></td><td></td><td></td></tr>
<tr><td>4</td><td>水泥</td><td></td><td></td><td></td><td></td><td></td><td></td><td></td></tr>
<tr><td>5</td><td>砂</td><td></td><td></td><td></td><td></td><td></td><td></td><td></td></tr>
<tr><td>6</td><td>石</td><td></td><td></td><td></td><td></td><td></td><td></td><td></td></tr>
<tr><td>7</td><td>外加剂溶液</td><td></td><td></td><td></td><td></td><td></td><td></td><td></td></tr>
<tr><td>8</td><td>混凝土出罐</td><td>+15</td><td>+16</td><td>+16</td><td>+15</td><td>+15.5</td><td>2</td><td></td></tr>
<tr><td>9</td><td>混凝土入模</td><td>+14</td><td>+13</td><td>+13</td><td>+13</td><td>+13.25</td><td>2</td><td></td></tr>
<tr><td colspan="3">测温人：
齐××
2015 年 12 月 10 日</td><td colspan="4">专业质检员：
姚××
2015 年 12 月 10 日</td><td colspan="2">专业技术负责人：
王××
2015 年 12 月 10 日</td></tr>
</table>

一册在手 表格全有 贴近现场 资料无忧

《现场搅拌混凝土测温记录》填写说明

冬期混凝土施工，须对现场搅拌混凝土测温，测温记录应按本表要求填写。

1. 填写依据

(1)《混凝土结构工程施工规范》GB 50666－2011；

(2)《混凝土结构工程施工质量验收规范》GB 50204－2015；

(3)《建筑工程冬期施工规程》JGJ/T 104－2011；

(4)《建筑工程资料管理标准》DB22/JT 127－2014。

2. 责任部门

施工单位项目专业技术负责人、专业质检员、测温人(技术人员)等。

3. 提交时限

冬期施工期间按周或月提交。

4. 相关要求

(1)采用预拌混凝土时，原材料、搅拌、运输过程中的温度检查及混凝土质量检查应由预拌混凝土生产企业进行，并应将记录资料提供给施工单位。

(2)施工期间的测温项目与频次应符合表 2-32 规定。

表 2-32　　施工期间的测温项目与频次

测温项目	频次
室外气温	测量最高、最低气温
环境温度	每昼夜不少于 4 次
搅拌机棚温度	每一工作班不少于 4 次
水、水泥、矿物掺合料、砂、石及外加剂溶液温度	每一工作班不少于 4 次
混凝土出机、浇筑、入模温度	每一工作班不少于 4 次

冬期混凝土搅拌及浇灌测温记录

工程名称:××工程

施工部位	基础底板⑯～㉛/Ⓐ～Ⓔ轴					天气	晴	风力		2～3
年　月　日 时:　分	原材料温度(℃)				大气温度	混凝土温度(℃)、养护条件				
	水泥	水	砂	石		出机	入模	浇灌部位	养护方法	备　注
15年12月1日 10:00	+6	+62	+4	+6	+5	+18	+16	××	自然养护	现场搅拌
15年12月1日 12:00	+5	+61	+14	+4	+6	+18	+16	××	自然养护	现场搅拌
15年12月1日 14:00	+5	+60	+14	+4	+8	+20	+17	××	自然养护	现场搅拌
15年12月1日 16:00	+5.5	+63	+15	+5	+6	+18	+15	××	自然养护	现场搅拌
15年12月1日 18:00	+6	+62	+15	+5	+5	+19	+16	××	自然养护	现场搅拌
15年12月1日 20:00	+5	+60	+15	+5	+2	+17	+15	××	自然养护	现场搅拌
15年12月1日 22:00	+5	+60	+16	+4	+1	+18	+16	××	自然养护	现场搅拌
15年12月1日 24:00	+5	+60	+14	+4	−2	+19	+16	××	自然养护	现场搅拌
…										
项目技术负责人:×××					质检员:×××				记录员:×××	

《冬期混凝土搅拌及浇灌测温记录》填写说明

冬期混凝土施工时,应进行搅拌测温(包括现场搅拌、预拌混凝土)并记录。混凝土冬施搅拌测温记录包括大气温度、原材料温度、出罐温度、入模温度等。测温的具体要求应有书面技术交底,执行人必须按照规定操作。

1. 责任部门

项目工程部。

2. 提交时限

冬期施工期间按周或月提交。

3. 填写要点

(1)应按照工作班进行记录。

(2)同一配合比编号的混凝土,每一工作班测温不宜少于4次。

(3)温度测试精确至0.1℃。

(4)对于预拌混凝土只作大气温度、出罐温度、入模温度的测温记录。

(5)“备注”栏应填写“现场搅拌”或“预拌混凝土”。表格中各温度值需标注正负号。

4. 相关要求

(1)混凝土质量控制及检查。

1)冬期施工混凝土质量检查除应符合国家现行标准《混凝土结构工程施工及验收规范》(GB 50204)及其他国家有关标准规定外,尚应符合下列要求:

①检查外加剂质量及掺量。商品外加剂进入施工现场后应进行抽样检验,合格后方准使用。

②检查水、骨料、外加剂溶液和混凝土出罐及浇筑时温度。

③检查混凝土从入模到拆除保温层或保温模板期间的温度。

2)冬期施工测温的项目与次数应符合表2-33规定。

表2-33　混凝土冬期施工测温项目和次数

测温项目	测温次数
室外气温及环境温度	每昼夜不少于4次,此外还需测最高、最低气温
搅拌机棚温度	每一工作班不少于4次
水、水泥、砂、石及外加剂溶液温度	每一工作班不少于4次
混凝土出罐、浇筑、入模温度	每一工作班不少于4次

注:室外最高最低气温测量起、止日期为本地区冬期施工起始至终了时止。

(2)原材料加热的原则。

1)冬期施工混凝土原材料一般需要加热,加热时应优先采用加热水的方法。加热温度根据热工计算确定,但不得超过表2-34的规定。如果将水加热到最高温度,还不能满足混凝土温度的要求,再考虑加热骨料。

表2-34　拌合水及骨料加热最高温度　(单位:℃)

项次	项目	拌合水	骨料
1	强度等级<52.5的普通硅酸盐水泥、矿渣硅酸盐水泥	80	60
2	强度等级≥52.5的普通硅酸盐水泥、硅酸盐水泥	60	40

2)对拌合水加热的要求是水温准确,供应及时,保持先后用水温度一致。

3)当自然气温较低,只加热拌合水尚无法满足拌合物出机温度的要求时,对于骨料,首先是砂,其次是石子也要加热。

4)在骨料中,不应夹杂有冰屑、雪团和冻块。水泥在任何情况下都不准加热,但在使用前应存放在棚内预温,这对混凝土达到规定的温度是有利的。

混凝土养护测温记录

工程名称			××小区住宅楼工程								编　号		×××		
部位			首层⑨～⑩/⑨～⑬轴墙、柱	养护方法			综合蓄热法				测温方式		温度计		
测温时间			大气温度(℃)	各测孔温度(℃)									平均温度(℃)	间隔时间(h)	备注
月	日	时		1	2	3	4	5	6	7	8	9			
3	10	10	7	14	13	13	14						13.5		
		14	5	12	12	11	11	12	11	12	13	13	11.9	4	
		18	2	9	9	8	9	9	9	9	10	9	10.4	4	
		22	3	9	9	8	9	9	9	9	10	9	9	4	
	11	2	5	6	8	7	8	8	9	8	8	8	7.8	4	
		6	9	6	6	6	6	7	7	6	6	7	6.3	4	
		10	6	8	5	6	6	6	6	6	6	7	6.2	4	
		14	4	10	7	8	8	7	5	8	8	8	7.7	4	
	12	4	−4	9	9	9	10	9	7	9	9	10	9	4	
		10	−3	9	9	9	9	9	9	9	9	9	9	4	
		14	−3	7	8	8	8	8	8	10	8	8	8.1	4	
		18	−2	9	9	9	9	8	8	8	8	9	8.6	4	

测温人:	专业质检员:	专业技术负责人:
齐××	姚××	王××
2015年3月14日	2015年3月14日	2015年3月14日

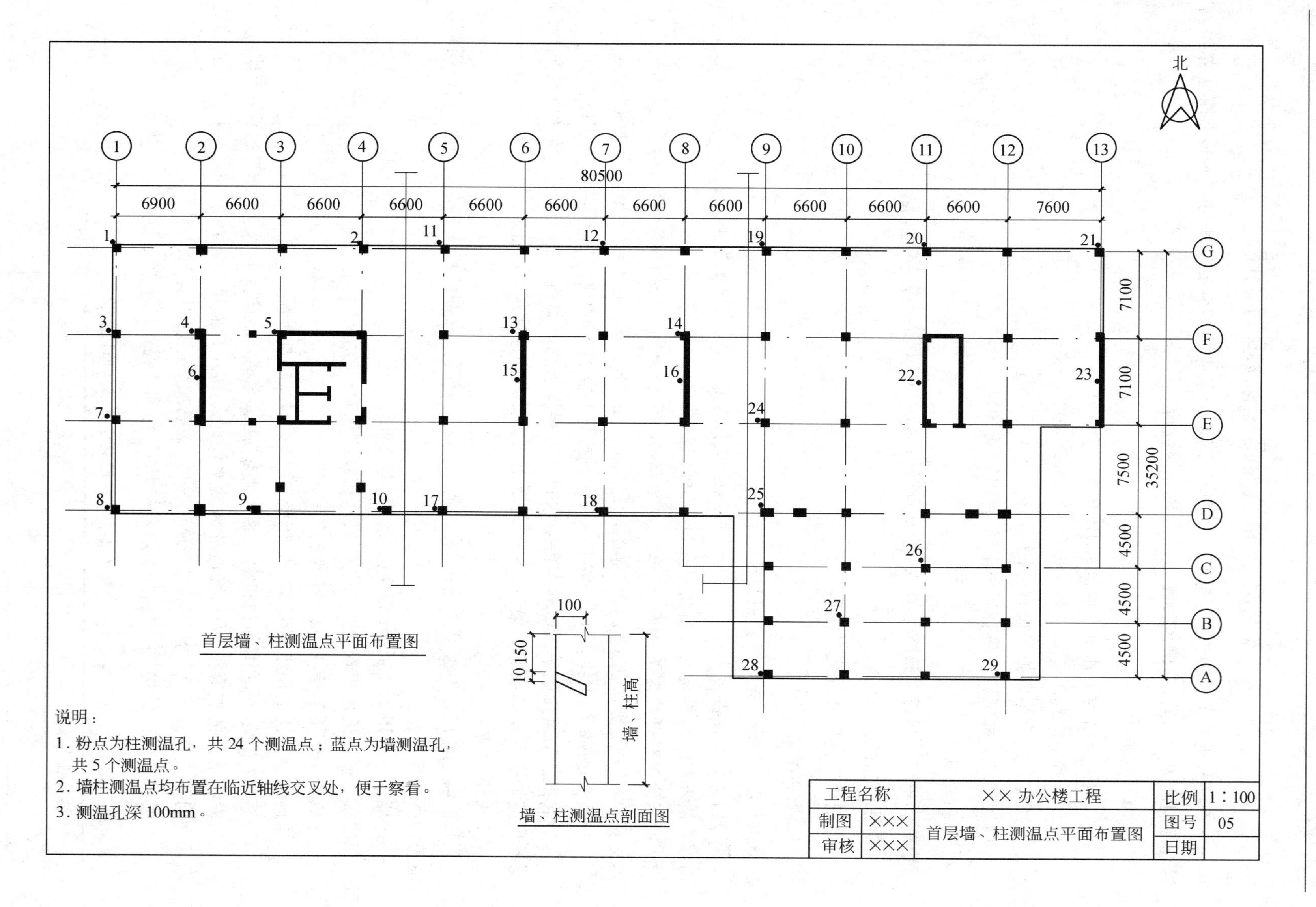
北
1
2
3
4
5
6
7
8
9
10
11
12
13
80500
6900
6600
7600
G
F
E
D
C
B
A
7100
7500
4500
35200
100
10 150
10
墙、柱高
首层墙、柱测温点平面布置图
说明：
1. 粉点为柱测温孔，共 24 个测温点；蓝点为墙测温孔，共 5 个测温点。
2. 墙柱测温点均布置在临近轴线交叉处，便于察看。
3. 测温孔深 100mm。
墙、柱测温点剖面图
工程名称
××办公楼工程
比例
1 : 100
制图
×××
首层墙、柱测温点平面布置图
图号
05
审核
×××
日期

《混凝土养护测温记录》填写说明

冬季混凝土施工，须对已浇筑混凝土测温，测温记录应按本表要求填写。冬施混凝土养护测温应绘制测温点布置图，确定测温点的部位和深度等。

1. 填写依据

(1)《混凝土结构工程施工规范》GB 50666－2011；

(2)《混凝土结构工程施工质量验收规范》GB 50204－2015；

(3)《建筑工程冬期施工规程》JGJ/T 104－2011；

(4)《建筑工程资料管理标准》DB22/JT 127－2014。

2. 责任部门

施工单位项目专业技术负责人、专业质检员、测温人(技术人员)等。

3. 提交时限

冬期施工期间按周或月填写。

4. 相关要求

(1)混凝土蓄热法和综合蓄热法养护

1)当室外最低温度不低于－15℃时，地面以上的工程，或表面系数不大于 $5m^{-1}$ 的结构，宜采用蓄热法养护。对结构易受冻的部位，应加强保温措施。

2)当室外最低气温不低于－15℃时，对于表面系数为 $5m^{-1}$～$15m^{-1}$ 的结构，宜采用综合蓄热法养护，围护层数散热系数宜控制在 $50kJ/(m^3 \cdot h \cdot K)$～$200kJ/(m^3 \cdot h \cdot K)$之间。

3)综合蓄热法施工的混凝土中应掺入早强剂或早强型复合外加剂，并应具有减水、引气作用。

4)混凝土浇筑后应采用塑料布等防水材料对裸露表面覆盖并保温。对边、棱角部位的保温层厚度应增大到面部位的 2 倍～3 倍。混凝土在养护期间应防风、防失水。

(2)混凝土蒸汽养护法

1)混凝土蒸汽养护法可采用棚罩法、蒸汽套法、热模法、内部通汽法等方式进行，其适用范围应符合下列规定：

①棚罩法适用于预制梁、板、地下基础、沟道等；

②蒸汽套法适用于现浇梁、板、框架结构，墙、柱等；

③热模法适用于墙、柱及框架架构；

④内部通汽法适用于预制梁、柱、桁架，现浇梁、柱、框架单梁。

2)蒸汽养护法应采用低压饱和蒸汽，当工地有高压蒸汽时，应通过减压阀或过水装置后方可使用。

3)蒸汽养护的混凝土，采用普通硅酸盐水泥时最高养护温度不得超过 80℃，采用矿渣硅酸盐水泥时可提高到 85℃，但采用内部通汽法时，最高加热温度不应超过 60℃。

4)整体浇筑的结构，采用蒸汽加热养护时，升温和降温速度不得超过表 2-35 规定。

表 2-35　　蒸汽加热养护混凝土升温和降温速度

结构表面系数(m^{-1})	升温速度(℃/h)	降温速度(℃/h)
≥6	15	10
＜6	10	5

5)蒸汽养护应包括升温—恒温—降温三个阶段,各阶段加热延续时间可根据养护结束时要求的强度确定。

6)采用蒸汽养护的混凝土,可掺入早强剂或非引气型减水剂。

7)蒸汽加热养护混凝土时,应排除冷凝水,并应防止渗入地基土中。当有蒸汽喷出口时,喷嘴与混凝土外露面的距离不得小于 300mm。

(5)电加热法养护混凝土

1)电加热法养护混凝土的温度应符合表 2-36 的规定。

表 2-36　　电加热法养护混凝土的强度(℃)

水泥强度等级	结构表面系数(m^{-1})		
	<10	10～15	>15
32.5	70	50	45
42.5	40	40	35

注:采用红外线辐射加热时,其辐射表面温度可采用 70℃～90℃。

2)电极加热法养护混凝土的适用范围宜符合表 2-37 的规定。

表 2-37　　电极加热法养护混凝土的适用范围

分类		常用电极规格	设置方法	适用范围
内部电极	棒形电极	ϕ6～ϕ12 的钢筋短棒	混凝土浇筑后,将电极穿过模板或在混凝土表面插入混凝土体内	梁、柱、厚度大于 150mm 的板、墙及设备基础
	弦形电极	ϕ6～ϕ12 的钢筋,长为 2.0m～2.5m	在浇筑混凝土前将电极装入,与结构纵向平行。电极两端弯成直角,由模板孔引出	含筋较少的墙、柱、梁、大型柱基础以及厚度大于 200mm 单侧配筋的板
表面电极		ϕ6 钢筋或厚 1mm～2mm,宽 30mm～60mm 的扁钢	电极固定在模板内侧,或装在混凝土的外表面	条形基础、墙及保护层大于 50mm 的大体积结构和地面等

3)混凝土采用电极加热法养护应符合下列规定:

①电路接好应经检查合格后方可合闸送电。当结构工程量较大,需边浇筑边通电时,应将钢筋接地线。电加热现场应设安全围栏。

②棒形和弦形电极应固定牢固,并不得与钢筋直接接触,电极与钢筋之间的距离应符合表 2-38 的规定;当因钢筋密度大而不能保证钢筋与电极之间的距离满足表 2-38 的规定时,应采取绝缘措施。

表 2-38　　电极与钢筋之间的距离

工作电压(V)	电小距离(mm)
65.0	50～70
87.0	80～100
106.0	120～150

③电极加热法应采用交流电。电极的形式、尺寸、数量及配置应能保证混凝土各部位加热均匀，且应加热到设计的混凝土强度标准值的50%。在电极附近的辐射半径方向每隔10mm距离的温度差不得超过1℃。

④电极加热应在混凝土浇筑后立即送电，送电前混凝土表面应保温覆盖。混凝土在加热养护过程中，洒水应在断电后进行。

4)混凝土采用电热毯法养护应符合下列规定：

①电热毯宜由四层玻璃纤维布中间夹以电阻丝制成。其几何尺寸应根据混凝土表面或模板外侧与龙骨组成的区格大小确定。电热毯的电压宜为60V～80V，功率宜为75W～100W。

②布置电热毯时，在模板周边的各区格应连接布毯，中间区格可间隔布毯，并应与对面模板错开。电热毯外侧应设置岩棉板等性质的耐热保温材料。

③电热毯养护的通电持续时间应根据气温及养护温度确定，可采取分段、间断或连续通电养护工序。

5)混凝土采用工频涡流法养护应符合下列规定：

①工频涡流法养护的涡流管应采用钢管，其直径宜为12.5mm，壁厚宜为3mm。钢管内穿铝芯绝缘导线，其截面宜为25～35mm^2，技术参数宜符合表2-39的规定。

表2-39　　工频涡流管技术参数

项　目	取　值
饱和电压降值(V/m)	1.05
饱和电流值(A)	200
钢管极限功率(W/m)	195
涡流管间距(mm)	150～250

②各种构件涡流模板的配置应通过热工计算确定，也可按下列规定配置：

a. 柱：四面配置；

b. 梁：当高宽比大于2.5时，侧模宜采用涡流模板，底模宜采用普通模板；当高宽比小于等于2.5时，侧模和底模皆宜采用涡流模板；

c. 墙板：距墙板底部600mm范围内，应在两侧对称拼装涡流板；600mm以上部位，应在两侧采用涡流和普通钢模交错拼装，并应使涡流模板对应面为普通模板；

d. 梁、柱节点：可将涡流钢管插入节点内，钢管总长度应根据混凝土量按6.0kW/m^{3}功率计算；节点外围应保温养护。

③当采用工频涡流法养护时，各阶段送电功率应使预养与恒温阶段功率相同，升温阶段功率应大于预养阶段功率的2.2倍。预养、恒温阶段的变压器一次接线为Y形，升温阶段接线应为Δ形。

6)线圈感应加热法养护宜用于梁、柱结构，以及各种装配式钢筋混凝土结构的接头混凝土的加热养护；亦可用于型钢混凝土组合结构的钢体、密筋结构的钢筋和模板预热，以及受冻混凝土结构构件的解冻。

7)混凝土采用线圈感应加热养护应符合下列规定：

①变压器宜选择50kVA或100kVA低压加热变压器，电压宜在36V～110V间调整。当混凝土量较少时，也可采用交流电焊机。变压器的容量宜比计算结果增加20%～30%。

②感应线圈宜选用截面面积为 $35mm^2$ 铝质或铜质电缆，加热主电缆的截面面积宜为 $150mm^2$，电流不宜超过400A。

③当缠绕感应线圈时，宜靠近钢模板。构件两端线圈导线的间距应比中间加密一倍，加密范围宜由端部开始向内至一个线圈直径的长度为止。端头应密缠5圈。

④最高电压值宜为80V，新电缆电压值可采用100V，但应确保接头绝缘。养护期间电流不得中断，并应防止混凝土受冻。

⑤通电后应采用钳形电流表和万能表随时检查测定电流，并应根据具体情况随时调整参数。

8)采用电热红外线加热器对混凝土进行辐射加热养护，宜用于薄壁钢筋混凝土结构和装配式钢筋混凝土结构接头处混凝土加热，加热温度应符合《建筑工程冬期施工规程》(JGJ/T 104－2011)第6.5.1条的规定。

(4)暖棚法施工

1)暖棚法施工适用于地下结构工程和混凝土构件比较集中的工程。

2)暖棚法施工应符合下列规定：

①应设专人监测混凝土及暖棚内温度，暖棚内各测点温度不得低于5℃。测温点应选择具有代表性位置进行布置，在离地面500mm高度处应设点，每昼夜测温不应少于4次。

②养护期间应监测暖棚内的相对温度，混凝土不得有失水现象，否则应及时采取增湿措施或在混凝土表面洒水养护。

③暖棚的出入口应设专人管理，并应采取防止棚内温度下降或引起风口处混凝土受冻的措施。

④在混凝土养护期间应将烟或燃烧气体排至棚外，并应采取防止烟气中毒和防火的措施。

(5)负温养护法

1)混凝土负温养护法适用于不易加热保温，且对强度增长要求不高的一般混凝土结构工程。

2)负温养护法施工的混凝土，应以浇筑后5d内的预计日最低气温来选用防冻剂，起始养护温度不应低于5℃。

3)混凝土浇筑后，裸露表面应采取保湿措施；同时，应根据需要采取必要的保温覆盖措施。

4)负温养护法施工应《建筑工程冬期施工规程》JGJ/T 104－2011第6.9.3条规定加强测温；混凝土内部温度降到防冻剂规定温度之前，混凝土的抗压强度应符合《建筑工程冬期施工规程》JGJ/T 104－2011第6.1.1条的规定。

(6)混凝土质量控制及检查

1)混凝土冬期施工质量检查除应符合现行国家标准《混凝土结构工程施工质量验收规范》GB 50204以及国家现行有关标准规定外，尚应符合下列规定：

①应检查外加剂质量及掺量；外加剂进入施工现场后应进行抽样检验，合格方准使用；

②应根据施工方案确定的参数检查水、骨料、外加剂溶液和混凝土出机、浇筑、起始养护时的温度；

③应检查混凝土从入模到拆除保温层或保温模板期间的温度；

2)混凝土养护期间的温度测量应符合下列规定：

①采用蓄热法或综合蓄热法时，在达到受冻临界强度之前应每隔4h～6h测量一次；

②采用负温养护法时，在达到受冻临界强度之前应每隔2h测量一次；

③采用加热法时，升温和降温阶段应每隔1h测量一次，恒温阶段每隔2h测量一次；

④混凝土在达到受冻临界强度后，可停止测温；

⑤大体积混凝土养护期间的温度测量尚应符合现行国家标准《大体积混凝土施工规范》GB 50496 的相关规定。

3)养护温度的测量方法应符合下列规定：

①测温孔应编号,并应绘制测温孔布置图,现场应设置明显标识；

②测温时,测温元件应采取措施与外界气温隔离；测温元件测量位置应处于结构表面下 20mm 处,留置在测温孔内的时间不应少于 3min；

③采用非加热法养护时,测温孔应设置在易于散热的部位；采用加热法养护时,应分别设置在离热源不同的位置。

4)混凝土质量检查符合下列规定：

①应检查混凝土表面是否受冻、粘连、收缩裂缝,边角是否脱落,施工缝处有无受冻痕迹；

②应检查同条件养护试块的养护条件是否与结构实体相一致；

③按《建筑工程冬期施工规程》JGJ/T 104－2011 附录 B 成熟度法推定混凝土强度时,应检查测温记录与计算公式要求是否相符；

④采用电加热养护时,应检查供电变压器二次电压和二次电流强度,每一工作班不应少于两次。

5)模板和保温层在混凝土达到要求强度并冷却到 5℃后方可拆除。拆模时混凝土表面与环境温差大于 20℃时,混凝土表面应及时覆盖,缓慢冷却。

6)混凝土抗压强度试件的留置除应按现行国家标准《混凝土结构工程施工质量验收规范》GB 50204 规定进行外,尚应增设不少于 2 组同条件养护试件。

大体积混凝土养护测温记录

工程名称			××大厦工程						编　号		×××	
测温部位			基础底板Ⓐ～Ⓔ/①～⑩轴			测温方式		玻璃温度计	养护方法		综合蓄热法	
测温时间			大气温度℃	入模温度℃	孔号	各测量孔温度℃		温差(℃)			内外最大温差记录(℃)	裂缝宽度(mm)
月	日	时						t中－t上	t中－t下	t气－t上		
3	18	20:00	9	13	25	上	18	0	2	9	9	无肉眼可见异常裂缝
						中	18					
						下	16					
		20:00	7	11	26	上	20	2	0	13	13	无肉眼可见异常裂缝
						中	18					
						下	18					
		20:00	7	11	27	上	16	2	0	9	11	无肉眼可见异常裂缝
						中	18					
						下	18					
		20:00	7	11	28	上	17	2	1	10	12	无肉眼可见异常裂缝
						中	19					
						下	18					
	18	22:00	7	11	25	上	18	2	0	11	11	无肉眼可见异常裂缝
						中	16					
						下	16					
		22:00	7	11	26	上	16	2	2	9	15	无肉眼可见异常裂缝
						中	18					
						下	22					
		22:00	5	10	27	上	22	8	10	17	17	无肉眼可见异常裂缝
						中	10					
						下	17					
		22:00	5	10	28	上	18	1	1	13	15	无肉眼可见异常裂缝
						中	19					
						下	20					
	18	0:00	5	10	25	上	17	3	1	12	15	无肉眼可见异常裂缝
						中	20					
						下	19					
		0:00	5	10	26	上	16	2	0	11	13	无肉眼可见异常裂缝
						中	18					
						下	18					
		0:00	5	10	27	上	16	2	0	11	14	无肉眼可见异常裂缝
						中	19					
						下	19					
		0:00	7	10	28	上	16	3	0	11	14	无肉眼可见异常裂缝
						中	18					
						下	19					

测温人：	专业质检员：	专业技术负责人：
齐××	宋××	刘××
2015 年 3 月 19 日	2015 年 3 月 19 日	2015 年 3 月 19 日

《大体积混凝土养护测温记录》填写说明

大体积混凝土施工时应进行测温，填写大体积混凝土养护测温记录，并附测温孔布置图。

1. 填写依据

(1)《大体积混凝土施工规范》GB 50496—2009；

(2)《混凝土结构工程施工质量验收规范》GB 50204；

(3)《建筑工程资料管理标准》DB22/JT 127—2014。

2. 责任部门

施工单位项目专业技术负责人、专业质检员、测温人(技术人员)等。

3. 提交时限

按周或月提交。

4. 相关要求

(1)大体积混凝土浇筑体里表温差、降温速率及环境温度的测试，在混凝土浇筑后，每昼夜不应少于4次；入模温度的测量，每台班不应少于2次。

(2)大体积混凝土浇筑体内监测点的布置，应真实地反映出混凝土浇筑体内最高温升、里表温差、降温速率及环境温度，可按下列方式布置：

1)监测点的布置范围应以所选混凝土浇筑体平面图对称轴线的半条轴线为测试区，在测试区内监测点按平面分层布置；

2)在测试区内，监测点的位置与数量可根据混凝土浇筑体内温度场的分布情况及温控的要求确定；

3)在每条测试轴线上，监测点位不宜少于4处，应根据结构的几何尺寸布置；

4)沿混凝土浇筑体厚度方向，必须布置外表、底面和中心温度测点，其余测点宜按测点间距不大于600mm布置；

5)保温养护效果及环境温度监测点数量应根据具体需要确定；

6)混凝土浇筑体的外表温度，宜为混凝土外表以内50mm处的温度；

7)混凝土浇筑体底面的温度，宜为混凝土浇筑体底面上50mm处的温度。

(3)测温元件的选择应符合下列规定：

1)测温元件的测温误差不应大于0.3℃(25℃环境下)；

2)测试范围应为－30℃～150℃；

3)绝缘电阻应大于500MΩ。

(4)温度测试元件的安装及保护，应符合下列规定：

1)测试元件安装前，必须在水下1m处经过浸泡24h不损坏；

2)测试元件接头安装位置应准确，固定应牢固，并应与结构钢筋及固定架金属体绝热；

3)测试元件的引出线宜集中布置，并应加以保护；

4)测试元件周围应进行保护，混凝土浇筑过程中，下料时不直接冲击测试测温元件及其引出线；振捣时，振捣器不得触及测温元件及引出线。

(5)测试过程中宜及时描绘出各点的温度变化曲线和断面的温度分布曲线。

(6)发现温控数值异常应及时报警，并应采取相应的措施。

同条件养护试块测温记录

工程名称					××工程		编　号	×××	
序号	测温时间			实测温度	试块代表部位	日平均养护温度(℃)	累计等效养护龄期(d)	累计养护温度(℃·d)	
	月	日	时						
1	3	11	8:14	20	首层⑨～⑬/Ⓐ～Ⓖ轴柱、墙		22		521
2			8:14	22	首层⑨～⑬/Ⓐ～Ⓖ轴柱、墙			1	530
3			8:14	24	首层⑨～⑬/Ⓐ～Ⓖ轴柱、墙			2	528
4			8:14	22	首层⑨～⑬/Ⓐ～Ⓖ轴柱、墙			3	530
5		12	8:14	18	首层⑨～⑬/Ⓐ～Ⓖ轴柱、墙		20	4	541
6			8:14	20	首层⑨～⑬/Ⓐ～Ⓖ轴柱、墙			5	550
7			8:14	22	首层⑨～⑬/Ⓐ～Ⓖ轴柱、墙			6	548
8			8:14	20	首层⑨～⑬/Ⓐ～Ⓖ轴柱、墙			7	550
9		13	8:14	16	首层⑨～⑬/Ⓐ～Ⓖ轴柱、墙		20	8	561
10			8:14	20	首层⑨～⑬/Ⓐ～Ⓖ轴柱、墙			9	570
11			8:14	20	首层⑨～⑬/Ⓐ～Ⓖ轴柱、墙			10	568
12			8:14	24	首层⑨～⑬/Ⓐ～Ⓖ轴柱、墙			11	570
13		14	8:14	22	首层⑨～⑬/Ⓐ～Ⓖ轴柱、墙		24	12	581
14			8:14	22	首层⑨～⑬/Ⓐ～Ⓖ轴柱、墙			13	590
15			8:14	26	首层⑨～⑬/Ⓐ～Ⓖ轴柱、墙			14	588
16			8:14	26	首层⑨～⑬/Ⓐ～Ⓖ轴柱、墙			15	590
17		15	8:14	18	首层⑨～⑬/Ⓐ～Ⓖ轴柱、墙		21	16	602
18			8:14	22	首层⑨～⑬/Ⓐ～Ⓖ轴柱、墙			17	611
19			8:14	23	首层⑨～⑬/Ⓐ～Ⓖ轴柱、墙			18	609
20			8:14	21	首层⑨～⑬/Ⓐ～Ⓖ轴柱、墙			19	611

测温人：	专业质检员：	专业技术负责人：
杜××	齐××	王××
2015 年××月××日	2015 年××月××日	2015 年××月××日

《同条件养护试块测温记录》填写说明

1. 填写依据

(1)《混凝土结构工程施工质量验收规范》GB 50204－2015;

(2)《建筑工程资料管理规程》JGJ/T 185－2009。

2. 责任部门

施工单位项目专业技术负责人、专业质检员、测量技术人员等。

3. 提交时限

按周或按月提交。

4. 相关要求

(1)同条件养护试件的留置方式和取样数量应符合下列要求:

1)同条件养护试件所对应的结构构件或结构部位应由监理(建设) 施工等各方共同选定;

2)对混凝土结构工程中的各混凝土强度等级均应留置同条件养护试件;

3)同一强度等级的同条件养护试件其留置的数量,应根据混凝土工程量和重要性确定,不宜少于 10 组,且不应少于 3 组;

4)同条件养护试件拆模后,应放置在靠近相应结构构件或结构部位的适当位置,并应采取相同的养护方法。

(2)同条件养护试件应在达到等效养护龄期时,进行强度试验;等效养护龄期应根据同条件养护试件强度与在标准养护条件下 28d 龄期试件强度相等的原则确定。

(3)同条件自然养护试件的等效养护龄期及相应的试件强度代表值,宜根据当地的气温和养护条件按下列规定确定:

1)等效养护龄期可取按日平均温度逐日累计达到 600 d 时所对应的龄期,0 及以下的龄期不计入,等效养护龄期不应小于 14d ,也不宜大于 60d;

2)同条件养护试件的强度代表值,应根据强度试验结果按现行国家标准《混凝土强度检验评定标准》GB 50107 的规定确定后乘折算系数取用,折算系数宜取为 1. 10,也可根据当地的试验统计结果作适当调整。

混凝土试块试验报告

委托单位：××建设集团有限公司　　　　　　**试验编号**：××

<table>
<tr><td>工程名称</td><td colspan="4">××工程</td><td>委托日期</td><td>2015 年 7 月 14 日</td></tr>
<tr><td>结构部位</td><td colspan="4">基础底板</td><td>报告日期</td><td>2015 年 8 月 11 日</td></tr>
<tr><td>强度等级</td><td>C10</td><td>试块边长 mm</td><td colspan="2">150×150</td><td>检验类别</td><td>委托</td></tr>
<tr><td>配合比编号</td><td colspan="4">06115305</td><td>养护方法</td><td>标养</td></tr>
<tr><td>试样编号</td><td>成型日期</td><td>破型日期</td><td>龄期
d</td><td>强度值
MPa</td><td>强度代表值
MPa</td><td>达设计强度
%</td></tr>
<tr><td rowspan="3">007</td><td rowspan="3">2015 年 7 月 12 日</td><td rowspan="3">2015 年 8 月 9 日</td><td rowspan="3">28</td><td>26.0</td><td rowspan="3">26.9</td><td rowspan="3">134</td></tr>
<tr><td>27.9</td></tr>
<tr><td>26.8</td></tr>
<tr><td rowspan="3"></td><td rowspan="3"></td><td rowspan="3"></td><td rowspan="3"></td><td></td><td rowspan="3"></td><td rowspan="3"></td></tr>
<tr><td></td></tr>
<tr><td></td></tr>
<tr><td rowspan="3"></td><td rowspan="3"></td><td rowspan="3"></td><td rowspan="3"></td><td></td><td rowspan="3"></td><td rowspan="3"></td></tr>
<tr><td></td></tr>
<tr><td></td></tr>
<tr><td colspan="7">依据标准：
《混凝土强度检验评定标准》(GB/T 50107－2010)</td></tr>
<tr><td colspan="7">检验结论：
符合《混凝土强度检验评定标准》(GB/T 50107－2010)的要求，合格。</td></tr>
<tr><td colspan="7">备　　注：本报告未经本室书面同意不得部分复制
见证单位：××建设监理公司
见证人：×××</td></tr>
<tr><td colspan="7">试验单位：××检测中心　　技术负责人：×××　　审核：×××　　试(检)验：×××</td></tr>
</table>

《混凝土试块试验报告》填写说明

混凝土试块试验报告是为保证建筑工程质量,由试验单位对工程中留置的混凝土试块的强度指标进行测试后出具的质量证明文件。

1. 责任部门

有资质检测单位提供,试验员收集。

2. 提交时限

标养30d内提交;同条件视龄期而定。

3. 填写要点

(1)委托单位:提请试验的单位。

(2)试验编号:由试验室按收到试件的顺序统一排列编号。

(3)工程名称及结构部位:按委托单上的工程名称及结构部位填写。

(4)试块边长:有100、150、200mm三种正方形。

(5)检验类别:有委托、仲裁、抽样、监督和对比五种,按实际填写。

(6)配合比编号:指生产该批混凝土所使用的混凝土强度委托试验单的编号。

(7)养护方法:指该组混凝土试件的养护方法,一般有:标养、蒸养、自然养护、同条件养护。

(8)试样编号:指该组混凝土试件的编号。

4. 检查要点

对涉及混凝土结构安全的重要部位应进行结构实体的混凝土强度检验。检验应在监理工程师(建设单位项目专业技术负责人)见证下,由施工项目技术负责人组织实施。对混凝土强度的检验,应以在混凝土浇筑地点制备并与结构实体同条件养护的试件强度为依据。

(1)按照《混凝土结构工程施工质量验收规范》(GB 50204)规定,应有C20以上每个强度等级的结构实体强度检验报告。

(2)承重结构的混凝土抗压强度试块,应按规定实行有见证取样和送检。

(3)结构混凝土出现不合格检验批的,或未按规定留置试块的,应有结构处理的相关资料;需要检测的,应有相应资质检测机构的检测报告,并有设计单位出具的认可文件。

(4)用于现浇结构构件混凝土质量的试块,应在混凝土浇筑地点随机取样制作,并在标准条件下养护,试件的留置应符合相应标准的规定。

(5)用于预制结构构件或施工期间有临时负荷时的混凝土试块,应采用与结构构件同条件养护。

(6)试验、审核、技术负责人签字齐全关并加盖试验单位公章。

5. 相关要求

(1)混凝土强度试件留置及组批原则。

1)普通混凝土试块留置:

①每拌制100盘且不超过100m³的同配合比的混凝土,取样不得少于一次。

②每工作班拌制的同一配合比的混凝土不足100盘时,取样不得少于一次。

③当一次连续浇筑超过1000m³时,同一配合比混凝土每200m³混凝土取样不得少于一次。

④每一楼层,同一配合比的混凝土,取样不得少于一次。

⑤每次取样应至少留置一组标准养护试件,同条件养护试件的留置组数(如拆模前,拆除支

撑前等)应根据实际需要确定。

⑥冬期施工时,掺用外加剂的混凝土,还应留置与结构同条件养护的用以检验受冻临界强度试件及与结构同条件养护28d、再标准养护28d的试件;未掺用外加剂的混凝土。应留置与结构同条件养护的用以检验受冻临界强度试件及解除冬期施工后转常温养护28d的同条件试件。

⑦用于结构实体检验的同条件养护试件留置应符合下列规定:对混凝土结构工程中的各混凝土强度等级,均应留置同条件养护试件;同一强度等级的同条件养护试件,其留置的数量应根据混凝土工程量和重要性确定,不宜少于10组,且不应少于3组。

⑧建筑地面工程的混凝土,以同一配合比,同一强度等级,每一层或每1000m² 为一检验批,不足1000m² 也按一批计。每批应至少留置一组试块。

2)抗渗混凝土试块留置:

①连续浇筑抗渗混凝土每500m³ 应留置一组抗渗试件(一组为6个抗渗试件),且每项工程不得少于两组。采用预拌混凝土的抗渗试件,留置组数应视结构的规模和要求而定。混凝土的抗渗性能,应采用标准条件下养护混凝土抗渗试件的试验结果评定。

②冬季施工检验掺用防冻剂的混凝土抗渗性能,应增加留置与工程同条件养护28d,再标准养护28d后进行抗渗试验的试件。

③留置抗渗试件的同时需留置抗压强度试件并应取自同一盘混凝土拌合物中。取样方法同普通混凝土,试块应在浇筑地点制作。

3)轻集料混凝土试块留置:

①抗压强度、稠度同普通混凝土

②混凝土干表观密度试验:连续生产的预制构件厂及预拌混凝土同配合比的混凝土每月不少于4次;单项工程每100m³ 混凝土至少一次,不足100m³ 也按100m³ 计。

(2)结构实体检验用同条件养护试件的留置规定。

1)留置ST试件的结构部位为涉及混凝土结构安全的重要部位,这些结构部位应由监理(建设)、施工等方共同选定。一般仅限于涉及混凝土结构安全的柱、墙、梁等结构构件。通常选择同类构件中跨度较大,负荷较大的构件。而底板和顶板混凝土一般不考虑,因为在施工中养护条件(温度和湿度)容易保证。

2)重要部位的每一强度等级的混凝土,均应留置结构实体同条件混凝土试件。同一强度等级留置数量依据混凝土量和结构重要性确定,但不宜少于10组,且最少不应少于3组。

3)ST试件在浇筑地点制作,并做到完全与结构实体同条件养护,即要求放置在相应结构构件或结构部位的适当位置,要求试压前的养护条件始终与结构一致。

(3)其他要求。

1)同条件养护试件应在达到等效养护龄期时进行强度试验。

2)同条件自然养护试件的等效养护龄期及相应的试件强度代表值,宜根据当地的气温和养护条件,按下列规定确定:

①等效养护龄期可取按日平均温度逐日累计达到600℃·d时所对应的龄期,0℃及以下的龄期不计入;等效养护龄期不应小于14d,也不宜大于60d。

②同条件养护试件的强度代表值应根据强度试验结果,按现行国家标准《混凝土强度检验评定标准》(GB/T 50107—2010)的规定确定后,乘折算系数取用;折算系数宜取为1.10,也可根据当地的试验统计结果作适当调整。

混凝土抗渗性能报告

委托单位:××建设集团有限公司　　　　试验编号:×××

<table>
<tr><td>工程名称</td><td colspan="2">××工程</td><td>使用部位</td><td colspan="3">基础底板</td></tr>
<tr><td>混凝土
强度等级</td><td colspan="2">C30</td><td>设　计
抗渗等级</td><td colspan="3">P8</td></tr>
<tr><td>混凝土配合比
编　号</td><td colspan="2">2015－001721</td><td>成型日期</td><td>2015 年
4 月 6 日</td><td>委托日期</td><td>2015 年 5 月 8 日</td></tr>
<tr><td>养护方法</td><td>标准养护</td><td>龄期</td><td>32</td><td>报告日期</td><td colspan="2">2015 年 5 月 9 日</td></tr>
<tr><td colspan="4">试件上表渗水部位及剖开渗水高度(cm):

渗水高度＝0.1cm</td><td colspan="3">实际达到压力(MPa)

渗水压力＝0.9MPa</td></tr>
<tr><td colspan="7">依据标准:
《普通混凝土长期性能和耐久性能试验方法标准》(GB/T 50082－2009)</td></tr>
<tr><td colspan="7">检验结论:
根据《普通混凝土长期性能和耐久性能试验方法标准》(GB/T 50082－2009)标准,符合 P8 设计要求</td></tr>
<tr><td colspan="7">备　注:
本报告未经本室书面同意不得部分复制
见证单位:××建设监理公司
见证人:×××</td></tr>
<tr><td colspan="7">试验单位:××检测中心　技术负责人:×××　审核:×××　试(检)验:×××</td></tr>
</table>

《混凝土抗渗性能报告》填写说明

混凝土抗渗性能试验报告是为保证建筑工程质量，由试验单位对工程中留置的混凝土抗渗指标进行测试后出具的质量证明文件。

1. 责任部门

有资质检测单位提供，试验员收集。

2. 提交时限

混凝土分项工程质量验收前提交，抗渗试验 30～90d。

3. 填写要点

(1)委托单位：提请试验的单位。

(2)试验编号：由试验室按收到试件的顺序统一排列编号。

(3)工程名称及使用部位：按委托单上的工程名称及使用部位填写。

(4)龄期：指该组混凝土抗渗试块进行试验时的天数。

(5)配合比编号：指生产该批混凝土所使用的混凝土强度委托试验单的编号。

(6)养护方法：指该组混凝土试件的养护方示，一般有：标养、蒸养、自然养护、同条件养护；按有关规定确定。

(7)检验结论：应明确混凝土达到的抗渗等级。

4. 检查要点

(1)混凝土抗渗试件，应在混凝土浇筑地点随机取样制作，且至少有一组在标准条件下养护，试件的留置应符合相应标准的规定。

(2)试验、审核、技术负责人签字齐全并加盖试验单位公章。

5. 相关要求

(1)防水混凝土和有特殊要求的混凝土，应有配合比申请单和配合比通知单及抗渗试验报告和其他专项试验报告，应符合《地下防水工程质量验收规范》(GB 50208)中的有关规定。防水混凝土要进行稠度、强度和抗渗性能三项试验。稠度和强度试验同普通混凝土；防水混凝土抗渗性能，应采用标准条件下养护的防水混凝土抗渗试块的试验结果评定。

(2)有抗渗要求的混凝土应留置检验抗渗性能的试块，留置原则可依据《地下防水工程质量验收规范》(GB 50208)中第 4.1.5 条，对连续浇筑混凝土每 500m^3 应留置一组抗渗试块，且每项工程不得少于两组。其中至少一组在标准条件下养护。抗渗等级以每组 6 个试块中有 3 个试件端面呈有渗水现象时的水压(H)计算出的 P 值进行评定。若按委托抗渗等级 P 评定(6 个试件均无透水现象)，应试压至 $P+1$ 时的水压，方可评为 $>P$。采用预拌混凝土的抗渗试块，留置组数应视结构的规模和要求而定。

混凝土抗折强度试验报告

委托单位:××建设集团有限公司　　　　**来样日期:**2015年8月8日

检验编号:2015-00621　　　　**报告日期:**2015年8月13日

工程名称	××工程	**工程部位**	首层⑪～⑲/Ⓐ～Ⓗ轴墙体

试样编号	**养护条件**	**检验日期**	**检验依据**	**检验条件**
005	标准养护	2015年8月13日	《普通混凝土力学性能试验方法》(GBJ 81)	**室温(℃):**23 **设备型号:**抗折试验机

强度设计	**配合比编号**	**配合比(kg/m³)**							
		水泥	**砂**	**石**	**水**	**外加剂**			
C40P6 4.5MPa	2015-0079	358	694	1104	175	10.45			

检　验　结　果

成型日期	**试压日期**	**龄期(d)**	**试块尺寸(mm)**	**单块破坏荷载(kN)**	**单块抗折强度(MPa)**	**尺寸换算系数**	**抗折强度(MPa)**	**达到设计强度标准值(%)**
2015年7月16日	2015年8月13日	28	400×100×100	20.7		0.85	5.7	127
				22.5				
				23.6				

备注	**抽样单位:**××建设集团有限公司　　**抽样人:**××× **见证单位:**××建设监理公司　　**见证人:**×××

检验单位:××试验室　　**批准:**×××　　**审核:**×××　　**编写:**×××

注意事项

1. 委托检验未加盖"检验报告专用章"无效。
2. 复制报告未重新加盖"检验报告专用章"无效。
3. 检验报告无编写、审核、批准人员签章无效。
4. 检验报告涂改无效。
5. 对检验报告结论若有异议,请于收到检验报告之日起15日内提出,以便及时处理。

检验单位地址:×××　　**电话:**×××　　**邮编:**×××

《混凝土抗折强度试验报告》填写说明

抗折强度是指材料或构件在承受弯曲时达到破裂前单位面积上的最大应力。

1. 责任部门

有资质检测单位提供，试验员收集。

2. 提交时限

混凝土分项工程质量验收前提交。

3 相关要求

(1) 抗折强度试验步骤应按下列方法进行：

1) 试件从养护地取出后应及时进行试验，将试件表面擦干净。

2) 按图 2-1 装置试件，安装尺寸偏差不大于 1mm。试件的承压面应为试件成型时的侧面。支座及承压面与圆柱的接触面应平稳、均匀，否则应垫平。

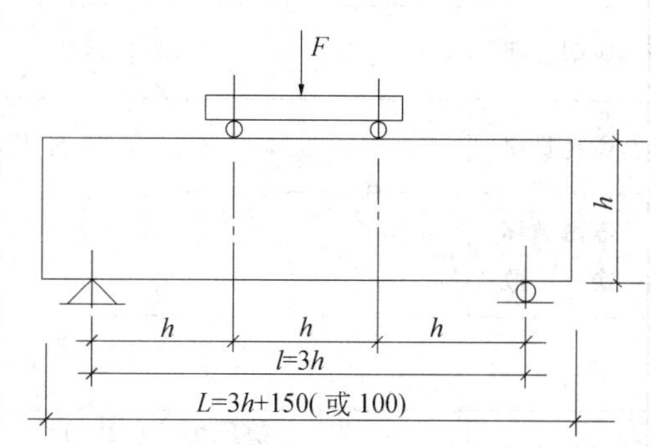

图 2-1　抗折试件装置

3) 施加荷载应保持均匀、连续。当混凝土强度等级＜C30 时，加荷速度取每秒钟 0.02～0.05MPa；当混凝土强度等级≥C30 且＜C60 时，取每秒钟 0.05～0.08MPa；当混凝土强度等级≥C60 时，取每秒钟 0.08～0.10MPa，至试件接近破坏时，应停止调整试验机油门，直至试件破坏，然后记录破坏荷载。

4) 记录试件破坏荷载的试验机示值及试件下边缘断裂位置。

(2) 抗折强度试验结果计算及确定按下列方法进行：

1) 若试件下边缘断裂位置处于两个集中荷载作用线之间，则试件的抗折强度 f_f(MPa)按下式计算：

$$f_f = \frac{Fl}{bh^2}$$

式中　f_f——混凝土抗折强度(MPa)；

F——试件破坏荷载(N)；

l——支座间跨度(mm)；

h——试件截面高度(mm)；

b——试件截面宽度(mm)；

抗折强度计算应精确至 0.1MPa。

2)强度值的确定应符合下列规定：

①三个试件测值的算术平均值作为该组试件的强度值(精确至 0.1MPa)；

②三个测值中的最大值或最小值中如有一个与中间值的差值超过中间值的 15%时，则把最大及最小值一并舍除，取中间值作为该组试件的抗压强度值；

③如最大值和最小值与中间值的差均超过中间值的 15%，则该组试件的试验结果无效。

3) 三个试件中若有一个折断面位于两个集中荷载之外，则混凝土抗折强度值按另两个试件的试验结果计算。若这两个测值的差值不大于这两个测值的较小值的 15%时，则该组试件的抗折强度值按这两个测值的平均值计算，否则该组试件的试验无效。若有两个试件的下边缘断裂位置位于两个集中荷载作用线之外，则该组试件试验无效。

4) 当试件尺寸为 400mm×100mm×100mm 非标准试件时，应乘以尺寸换算系数 0.85；当混凝土强度等级≥C60 时，宜采用标准试件；使用非标准试件时，尺寸换算系数应由试验确定。

混凝土抗冻性能试验报告

委托单位:××建设集团有限公司　　　　　　　　　　　　　　　试验编号:×××

工程名称	××工程		施工部位	九层 ④~⑦/Ⓐ~Ⓓ 轴剪力墙
混凝土强度等级	C30		抗冻性能	F2
成型日期	2015年11月16日		配合比编号	2015-0124
委托日期	2015年12月14日		报告日期	2015年12月14日
冻融循环次　　数	25次			
抗冻试验结果				
试件编号	抗压强度(MPa)		试块单块重量(kg)	
	对比试件	冻融循环以后	冻融循环以前	冻融循环以后
1	46.3	42.58	10	9.7
2	46.3	41.67	10	9.72
3	46.3	40.76	10	9.68
3块平均值	46.3	41.67	10	9.7
结　果	强度损失率	10　%	重量损失率	3　%

依据标准:

《普通混凝土长期性能和耐久性能试验方法标准》(GB/T 50082-2009)

检验结论:

试件经检测,其结果符合《普通混凝土长期性能和耐久性能试验方法标准》(GB/T 50082-2009)的规定,评定合格

备　　注:

本报告未经本室书面同意不得部分复制

见证单位:××建设监理公司

见证人:×××

试验单位:××检测中心　　技术负责人:×××　　审核:×××　　试(检)验:×××

《混凝土抗冻性能试验报告》填写说明

混凝土抗冻性能试验报告是为保证建筑工程质量，由试验单位对工程中留置的混凝土抗冻指标进行测试后出具的质量证明文件。

1. 责任部门

有资质检测单位提供，试验员收集。

2. 提交时限

混凝土分项工程质量验收前提交。

3. 填写要点

(1)委托单位：提请验试的单位。

(2)试验编号：由试验室按收到试件的顺序统一排列编号。

(3)工程名称及施工部位：按委托单上的工程名称及施工部位填写。

(4)配合比编号：指生产该批混凝土所使用的混凝土强度委托试验单的编号。

(5)检验结论：应明确混凝土达到的抗冻等级。

4. 检查要点

(1)混凝土抗冻试件，应在混凝土浇筑地点随机取样制作，并在标准条件下养护，试件的留置应符合相应标准的规定。

(2)试验、审核、技术负责人签字齐全并加盖试验单位公章。

5. 相关要求

(1)混凝土取样

1)混凝土取样应符合现行国家标准《普通混凝土拌合物性能试验方法标准》(GB/T 50080)中的规定。

2)每组试件所用的拌合物应从同一盘混凝土或同一车混凝土中取样。

(2)试件的横截面尺寸

1)试件的最小横截面尺寸宜按下列要求选用：

骨料最大公称粒径(mm)：31.0，试件最小横截面尺寸(mm)：100×100 或 ϕ100；

骨料最大公称粒径(mm)：40.0，试件最小横截面尺寸(mm)：150×150 或 ϕ150；

骨料最大公称粒径(mm)：63.0，试件最小横截面尺寸(mm)：200×200 或 ϕ200。

2)骨料最大公称粒径应符合现行行业标准《普通混凝土用砂、石质量及检验方法标准》(JGJ 52)的规定。

3)试件应采用符合现行行业标准《混凝土试模》(JG 237)规定的试模制作。

(3)试件的公差

1)所有试件的承压面的平面度的公差不得超过试件的边长或直径的 0.0005。

2)除抗水渗透试件外，其他所有试件的相邻面间的夹角应为 90°，公差不得超过 0.5°。

3)除特别指明试件的尺寸公称以外，所有试件各边长、自径或高度的公差不得超过 1mm。

(4)试件的制作和养护

1)试件的制作和养护应符合现行国家标准《普通混凝土力学性能试验方法标准》(GB/T 50081)中的规定。

2)在制作混凝土长期性能和耐久性能试验用试件时,不应采用增水性脱模剂。

3)在制作混凝土长期性能和耐久性能试验用试件时,宜同时制作与相应耐久性能试验龄期对应的混凝土立方体挤压强度用试件。

4)制作混凝土长期性能和耐久性能试验用试件时,所采用的振动台和搅拌机应分别符合现行行业标准《混凝土试验用振动台》(JG/T 245)和《混凝土试验用搅拌机》(JG 244)的规定。

(5)抗冻试验

1)慢冻法。

①本方法适用于测定混凝土试件在气冻融条件下,以经受的冻融循环次数来表示的混凝土抗冻性能。

②慢冻法抗冻试验所采用的试件应符合下列规定:

a. 试验应采用尺寸为100mm×10mm×100mm的立方体试件。

b. 慢冻法试验所需要的试件组数应符合表2-40的规定,每组试件应为3块。

表2-40　　慢冻法试验所需的试件组数

设计抗冻标号	D25	D50	D100	D150	D200	D250	D300
检查强度时的冻融循环次数	25	50	50及100	100及150	150及200	200及250	250及300
鉴定28d强度所需试件组数	1	1	1	1	1	1	1
冻融试件组数	1	1	2	2	2	2	2
对比试件组数	1	1	2	2	2	2	2
总计试件组数	3	3	5	5	5	5	5

2)快冻法

①本方法适用于测定混凝土试件在水冻水融条件下,以经受的快速冻融循环次数来表示的混凝土抗冻性能。

②快冻法抗冻试验所采用的试件应符合如下规定:

a. 快冻法抗冻试验应采用尺寸为100mm×100mm×400mm的棱柱体试件,每组试件应为3块。

b. 成型试件时,不得采用憎水性脱模剂。

c. 除制作冻融试验的试件外,尚应制作同样形状、尺寸、且中心埋有温度传感器的测温试件,测温试件应采用防冻液作为冻融介质,测温试件所用混凝土的冻性能应高于冻融试件。测温试件的温度传感器应埋设在试件中心。温度传感器不应采用钻孔后插入的方式埋设。

3)单面冻融法(或称冻法)。

①本方法适用于测定混凝土试件在大气环境中且与盐接触的条件下,以能够经受的冻融循环次数或者表面剥落质量或超声波相对动弹性模量来表示的混凝土抗冻性能。

②试件制作应符合下列规定:

a. 在制作试件时,应采用150mm×150mm×150mm的立方体试模,应在模具中间垂直插入一片聚四氟乙烯片,使试模均分为两部分,聚四氟乙烯片不得涂抹任何脱模剂。当骨料尺寸较大时,应在试验的两内侧各放一片聚四氟乙烯片,但骨料的最大粒径不得大于超声波最小传播距离的1/3。应将接触聚四氟乙烯片的面作为测试面。

b. 试件成型后，应先在空气中带模养护(24±2)h，然后将试件脱模并放在(20±2)℃的水中养护至 7d 龄期。当试件的强度较低时，带模养护的时间可延长，在(20±2)℃的水中的养护时间应相应缩短。

c. 当试件在水中养护至 7d 龄期后，应对试件进行切割。试件切割位置应符合图 2-2 的规定，首先应将试件的成型面切去，试件的高度应为 110mm。然后将试件从中间的聚四氟乙烯片分开成两个试件，每个试件的尺寸应为 150mm×110mm×70mm，偏差应为±2mm。切割完成后，应将试件旋转在空气中养护。对于切割后的试件与标准试件的尺寸有偏差的，应在报告中注明。非标准试件的测试表面边长不应小于 90mm；对于形状不规则的试件，其测试表面大小应能保证内切一个直径 90mm 的圆，试件的长高比不应大于 3。

d. 每组试件的数量不应少于 5 个，且总的测试面积不得少于 0.08m。

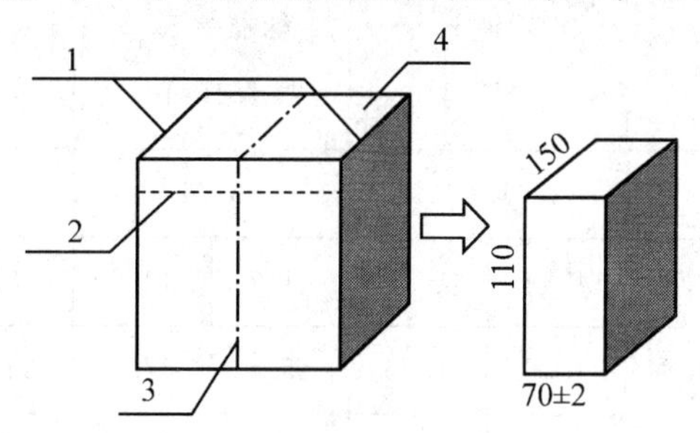

图 2-2　试件切割位置示意图(mm)

1—聚四氟乙烯片(测试面)；2、3—切割线；4—成型面

混凝土试块强度统计、评定记录

工程名称	××综合楼工程	编　　号	×××
		强度等级	C35
施工单位	××建设集团有限公司××项目经理部	养护方法	标准养护
统计期	2015年4月7日　至　2015年6月26日	结构部位	一～五层柱、墙、顶板后浇带

试块组 n	强度标准值 $f_{cu,k}$ (MPa)	平均值 $m_{f_{cu}}$ (MPa)	标准差 $S_{f_{cu}}$ (MPa)	最小值 $f_{cu,min}$ (MPa)	合格评定系数 λ_1	合格评定系数 λ_2
21	35	41.88	3.01	35.9	0.95	0.85

每组强度值(Mpa)										
	40.1	43.5	42.8	42.1	41.7	42.9	38.1	43.8	48.4	35.9
	42.2	38.8	42.6	43.2	45.4	37.2	38.8	42.8	42.9	40.2
	46									

评定界限	☑统计方法			□非统计方法	
	$f_{cu,k}$	$f_{cu,k}+\lambda_1 \cdot S_{f_{cu}}$	$\lambda_2 \cdot f_{cu,k}$	$\lambda_3 \cdot f_{cu,k}$	$\lambda_4 \cdot f_{cu,k}$
	35	37.86	29.75		

判定式	$m_{f_{cu}} \geqslant f_{cu,k}+\lambda_1 \cdot S_{f_{cu}}$	$f_{cu,min} \geqslant \lambda_2 \cdot f_{cu,k}$	$m_{f_{cu}} \geqslant \lambda_3 \cdot f_{cu,k}$	$f_{cu,min} \geqslant \lambda_4 \cdot f_{cu,k}$
结果	41.88＞37.86	35.9＞29.75		

结论：

依据《混凝土强度检验评定标准》(GB/T 50107－2010)要求，该批混凝土强度评定为合格。

签字栏	专业技术负责人	专业监理工程师
	王××	刘××

《混凝土试块强度统计、评定记录》填写说明

1. 责任部门

施工单位项目质量部、项目专业技术负责人，项目监理机构专业监理工程师等。

2. 提交时限

同一验收批报告齐全后评定，混凝土分项质量验收前 1d 提交。

3. 填写要点

(1)确定单位工程中需统计评定的混凝土验收批，找出所有同一强度等级的各组试件强度值，分别填入表中。

(2)填写所有已知项目。

(3)分别计算出该批混凝土试件的强度平均值、标准差，找出合格评定系数和混凝土试件强度最小值填入表中。

(4)计算出各评定数据并对混凝土试件强度进行评定，结论填入表中。

(5)凡按《混凝土强度检验评定标准》进行强度统计达不到要求的，应有结构处理措施，需要检测的，应经法定检测单位检测并应征得设计部门认可。检测、处理资料应存档。

4. 相关要求

(1)一般要求

1)对混凝土强度的检验，其试块应在混凝土浇筑地点制作，并分别以标准养护和同条件养护的试块强度为依据。

2)当未能取得同条件养护试块强度或同条件养护试块强度被判为不合格时，应委托具有相应资质等级的检测机构进行检测。

(2)统计方法评定

1)采用统计方法评定时，应按下列规定进行：

①当连续生产的混凝土，生产条件在较长时间内保持一致，且同一品种、同一强度等级混凝土的强度变异性保持稳定时，应按本项“2)”的规定进行评定。

②其他情况应按本项“3)”的规定进行评定。

2)一个检验批的样本容量应为连续的 3 组试件，其强度应同时符合下式规定：

$$m_{f_{cu}} \geqslant f_{cu,k} + 0.7\sigma_0$$

$$f_{cu,min} \geqslant f_{cu,k} - 0.7\sigma_0$$

检验批混凝土立方体抗压强度的标准差应按下式计算：

$$\sigma_0 = \sqrt{\frac{\sum_{i=1}^{n} f_{cu,i}^2 - nm_{f_{cu}}^2}{n-1}}$$

当混凝土强度等级不高于 C20 时，其强度的最小值尚应满足下式要求：

$$f_{cu,min} \geqslant 0.85 f_{cu,k}$$

当混凝土强度等级高于 C20 时，其强度的最小值尚应满足下式要求：

$$f_{cu,min} \geqslant 0.90 f_{cu,k}$$

式中：$m_{f_{cu}}$——同一检验批混凝土立方体抗压强度的平均值(N/mm^2)，精确到 0.1(N/mm^2)；

$f_{cu,k}$——混凝土立方体抗压强度标准值(N/mm^2)，精确到 0.1(N/mm^2)；

σ_0——检验批混凝土立方体抗压强度的标准差(N/mm^2),精确到0.01(N/mm^2);当检验批混凝土强度标准差σ_0计算值小于$2.5N/mm^2$时,应取$2.5N/mm^2$;

$f_{cu,i}$——前一个检验期内同一品种、同一强度等级的第i组混凝土试件的立方体抗压强度代表值(N/mm^2),精确到0.1(N/mm^2);该检验期不应少于60d,也不得大于90d;

n——前一检验期内的样本容量,在该期间内样本容量不应小于45;

$f_{cu,min}$——同一检验批混凝土立方体抗压强度的最小值(N/mm^2),精确到0.1(N/mm^2)。

3)当样本容量不少于10组时,其强度应同时满足下式要求:

$$m_{f_{cu}} \geqslant f_{cu,k} + \lambda_1 \cdot S_{f_{cu}}$$

$$f_{cu,min} \geqslant \lambda_2 \cdot f_{cu,k}$$

同一检验批混凝土立方体抗压强度的标准差应按下式计算:

$$S_{f_{cu}} = \sqrt{\frac{\sum_{i=1}^{n} f_{cu,i}^2 - nm_{f\,cu}^2}{n-1}}$$

式中:$S_{f_{cu}}$——同一检验批混凝土立方体抗压强度的标准差(N/mm^2),精确到0.01(N/mm^2);当检验批混凝土强度标准差$S_{f\,cu}$计算值小于$2.5N/mm^2$时,应取$2.5N/mm^2$;

λ_1,λ_2——合格评定系数,按表2-41取用;

n——本检验期内的样本容量。

表2-41　混凝土强度的合格评定系数

试件组数	10～14	15～19	≥20
λ_1	1.15	1.05	0.95
λ_2	0.90	0.85	

(3)非统计方法评定

1)当用于评定的样本容量小于10组时,应采用非统计方法评定混凝土强度。

2)按非统计方法评定混凝土强度时,其强度应同时符合下式规定:

$$m_{f_{cu}} \geqslant \lambda_3 \cdot f_{cu,k}$$

$$f_{cu,min} \geqslant \lambda_4 \cdot f_{cu,k}$$

式中:λ_3,λ_4——合格评定系数。

混凝土强度等级<C60时:$\lambda_3=1.15$,$\lambda_4=0.95$;

混凝土强度等级≥C60时:$\lambda_3=1.10$,$\lambda_4=0.95$。

(4)混凝土强度的合格性评定

1)当检验结果满足上述(1)或(2)项的规定时,则该批混凝土强度应评定为合格;当不能满足上述规定时,该批混凝土强度应评定为不合格。

2)对评定为不合格批的混凝土,可按国家现行的有关标准进行处理。

混凝土试块试验报告汇总表

工程名称:××工程 2015年3月14日

序号	试验编号	施工部位	留置组数	设计强度等　级	试块成型日　期	龄期	试块强度等　级	备　注
1	150100504	基础筏板、地梁	1组	C35P6	2015.01.05	28天	37.2MPa	106%
2	150100505	基础筏板、地梁	1组	C35P6	2015.01.05	28天	40.3MPa	115%
3	150100506	基础筏板、地梁	1组	C35P6	2015.01.05	28天	35.9MPa	103%
4	150100507	基础筏板、地梁	1组	C35P6	2015.01.05	28天	36.6MPa	105%
5	150100508	基础筏板、地梁	1组	C35P6	2015.01.05	28天	41.3MPa	118%
6	H－2015－0694	地下室外墙柱	1组	C35	2015.01.18	28天	39.7MPa	114%
7	H－2015－0692	地下室外墙柱	1组	C35	2015.01.18	28天	39.0MPa	111%
8	H－2015－0693	地下室外墙柱	1组	C35	2015.01.19	28天	41.1MPa	117%
9	H－2015－0699	地下室顶板、梁、楼梯	1组	C35	2015.01.29	28天	41.3MPa	118%
10	H－2015－0700	地下室顶板、梁、楼梯	1组	C35	2015.01.29	28天	40.9MPa	117%
11	H－2015－0700	地下室顶板、梁、楼梯	1组	C35	2015.01.29	28天	43.0MPa	123%

填表单位:××检测中心　　审核:×××　　制表:×××

《混凝土试块试验报告汇总表》填写说明

1. **填写要点**

(1)试验编号:由实验室按收到试件的顺序统一排列编号;

(2)试块成型日期:指试块在浇筑地点制作的日期;

(3)试块强度等级:指试验室试压后出具报告上的混凝土抗压强度。

2. **相关要求**

混凝土强度按单位工程的设计强度等级、龄期相同及生产工艺条件、配合比基本相同的混凝土为同一验收批,但验收批仅有一组试块时,其强度不低于$1.15f_{cu,k}$。

混凝土结构实体强度统计、评定记录

工程名称	××综合楼工程	编　　号	×××
		强度等级	C30P8
施工单位	××建设集团有限公司××项目部	养护方法	600℃·d 等效养护
统计期	2015 年 3 月 29 日至 2015 年 4 月 19 日	结构部位	基础导墙、底板、顶板

试块组 n	强度标准值 $f_{cu,k}$ (MPa)	平均值 m_{fcu} (MPa)	标准差 S_{fcu} (MPa)	最小值 $f_{cu,min}$ (MPa)	合格判定系数	
					λ_1	λ_2
5	30	34.76		30.9		

每组强度值 MPa										
	30.9	35.9	33.9	32.3	40.8					

	□ 统计方法(二)			☑ 非统计方法	
评定界限	$f_{cu,k}$	$f_{cu,k}+\lambda_1 \cdot S_{f_{cu}}$	$\lambda_2 \cdot f_{cu,k}$	$\lambda_3 \cdot f_{cu,k}$	$\lambda_4 \cdot f_{cu,k}$
				34.50	28.50
判定式	$m_{f_{cu}} \geqslant f_{cu,k}+\lambda_1 \cdot S_{f_{cu}}$		$f_{cu,min} \geqslant \lambda_2 \cdot f_{cu,k}$	$m_{f_{cu}} \geqslant \lambda_3 \cdot f_{cu,k}$	$f_{cu,min} \geqslant \lambda_4 \cdot f_{cu,k}$
结果				合格	合格

结论：

根据《混凝土强度检验评定标准》GB/T 50107—2010,合格。

签字栏	专业技术负责人	专业监理工程师
	王××	刘××

混凝土结构实体钢筋保护层厚度检验记录

工程名称	××办公楼工程(地下一层梁、板)	编　　号	×××
		结构类型	框架剪力墙
施工单位	××建设集团有限公司	验收日期	2015 年 6 月 7 日

构件类别	序号	钢筋保护层厚度(mm)							合格点率	评定结果	监理/建设单位验收结果
		设计值	实测值								
梁	1	25	23	29	28	24	28		100%	合格	钢筋保护层厚度试验报告实测值符合要求，合格率 100%
	2	25	27	30	27	26	27				
	3	25	20	23	22						
板	1	15	17	13	16	19	18	15	100%	合格	钢筋保护层厚度试验报告实测值符合要求，合格率 100%
	2	15	16	15	20	17	13	16			

结论：

经试验室现场检查，符合设计要求及《混凝土结构工程施工质量验收规范》GB 50204－2015 的规定，验收合格。

签字栏	项目专业技术负责人	专业监理工程师
	王××	刘××

《混凝土结构实体钢筋保护层厚度检验记录》填写说明

对混凝土结构实体进行检验,并不是在子分部工程验收前的重新检验,而是在相应分项工程验收合格,过程控制使质量得到保证的基础上,对重要项目进行的验证性检查,其目的是为了加强混凝土结构的施工质量验收,真实地反映混凝土强度及受力钢筋位置等质量指标,确保结构安全。混凝土结构实体钢筋保护层厚度检验记录应按本表要求填写。当钢筋保护层厚度不满足要求时,应委托具有相应资质等级的检测机构进行检测。

1. 责任部门

工程检测机构、施工单位项目专业技术负责人、项目监理机构专业监理工程师等。

2. 提交时限

地基、主体分部工程验收前提交。

3. 相关要求

(1)钢筋保护层厚度检验的结构部位和构件数量,应符合下列要求:

1)钢筋保护层厚度检验的结构部位,应由监理(建设)、施工等各方根据结构构件的重要性共同选定;

2)对梁类、板类构件,应各抽取构件数量的2%且不少于5个构件进行检验;当有悬挑构件时,抽取的构件中悬挑梁类、板类构件所占比例均不宜小于50%。

(2)对选定的梁类构件,应对全部纵向受力钢筋的保护层厚度进行检验;对选定的板类构件,应抽取不少于6根纵向受力钢筋的保护层厚度进行检验。对每根钢筋,应在有代表性的部位测量1点。

对结构实体钢筋保护层厚度的检验,其检验范围主要是钢筋位置可能显著影响结构构件承载力和耐久性的构件和部位,如梁、板类构件的纵向受力钢筋。

由于悬臂构件上部受力钢筋移位可能严重削弱结构构件的承载力,故更应重视对悬臂构件受力钢筋保护层厚度的检验。

有代表性的部位是指该处钢筋保护层厚度可能对构件承载力或耐久性有显著影响的部位。对梁柱节点等钢筋密集的部位,检验存在困难,在抽取钢筋进行检测时可避开这种部位。

对板类构件,应按有代表性的自然间抽查。对大空间结构的板,可先按纵、横轴线划分检查面,然后抽查。

(3)钢筋保护层厚度的检验,可采用非破损或局部破损的方法,也可采用非破损方法并用局部破损方法进行校准。当采用非破损方法检验时,所使用的检测仪器应经过计量检验,检测操作应符合相应规程的规定。钢筋保护层厚度检验的检测误差不应大于1mm。

保护层厚度的检测,可根据具体情况,采用保护层厚度测定仪器量测,或局部开槽钻孔测定,但应及时修补。

(4)钢筋保护层厚度检验时,纵向受力钢筋保护层厚度的允许偏差,对梁类构件为+10,-7mm;对板类构件为+8,-5mm。

考虑施工扰动等不利因素的影响,结构实体钢筋保护层厚度检验时,其允许偏差在钢筋安装允许偏差的基础上作了适当调整。

(5)对梁类、板类纵向受力钢筋的保护层厚度应分别进行验收。

结构实体钢筋保护层厚度验收合格应符合下列规定：

1)当全部钢筋保护层厚度检验的合格点率为 90%及以上时，钢筋保护层厚度的检验结果应判为合格；

2)当全部钢筋保护层厚度检验的合格点率小于 90%但不小于 80%，可再抽取相同数量的构件进行检验；当按两次抽样总和计算的合格点率为 90%及以上时，钢筋保护层厚度的检验结果仍应判为合格；

3)每次抽样检验结果中不合格点的最大偏差均不应大于 GB 50204 附录 E 第 E. 0.4 条规定允许偏差的 1.5 倍。

回弹法检测混凝土强度

检 测 报 告

工程名称:××工程

委托单位:××建设工程有限公司

检测日期:2015 年×月×日

(共 3 页,含本页)

检测单位:××建设工程质量检测中心

回弹法检测混凝土强度报告

报告编号:2015-×××　　　　　　　　　　　　　　　　　　　　**本报告共** 3 **页第** 2 **页**

工程名称	××工程		**委托日期**	2015 年×月×日
委托单位	××建设工程有限公司		**检测日期**	2015 年×月×日
建设单位	××房地产开发有限公司		**报告日期**	2015 年×月×日
施工单位	××建设工程有限公司		**混凝土设计等级**	C25
设计单位	××勘察设计研究院		**混凝土输送方式**	泵送
监理单位	××建设监理公司		**水泥编号**	2015-×××
监督单位	××市建设工程质量监督站		**混凝土生产单位**	××混凝土有限公司
检测原因	混凝土标养试件报告值 小于标准值,不合格			
检测部位	一层剪力墙柱		**检测方式**	委托检验
回弹仪	**生产厂家**	××仪器厂	**出厂编号**	0254
	型号	ZC 3－A	**检定证号**	E2007-265
检测人员资质证书号		×××		
1	**抽样构件数**　　(件)		10	
2	**测区总数量**　　(n)		100	
3	**测区强度最小值**　　(MPa)		26.1	
4	**测区强度平均值**　　(MPa)		29.6	
5	**强度标准差**　　(MPa)		2.14	
6	**现龄期混凝土强度推定值**(MPa)		26.1	
检验依据	《回弹法检测混凝土抗压强度技术标准》(JGJ/T 23－2011)。			
备　　注	本报告未经本中心书面批准不得复制。			

单位:××建设工程质量检测中心(公章)　　**负责人**:×××　　**审核**:×××　　**试验**:×××

回弹法检测混凝土抗压强度报告

报告编号:2015-×××　　　　本报告共 3 页第 3 页

<table>
<tr><td>工程名称</td><td colspan="2">××工程</td><td>委托日期</td><td>2015 年×月×日</td></tr>
<tr><td>委托单位</td><td colspan="2">××建设工程有限公司</td><td>检测日期</td><td>2015 年×月×日</td></tr>
<tr><td>建设单位</td><td colspan="2">××房地产开发有限公司</td><td>报告日期</td><td>2015 年×月×日</td></tr>
<tr><td>施工单位</td><td colspan="2">××建设工程有限公司</td><td>混凝土设计等级</td><td>C25</td></tr>
<tr><td>设计单位</td><td colspan="2">××勘察设计研究院</td><td>混凝土输送方式</td><td>泵送</td></tr>
<tr><td>监理单位</td><td colspan="2">××建设监理公司</td><td>水泥编号</td><td>2015-×××</td></tr>
<tr><td>监督单位</td><td colspan="2">×××建设工程质量监督站</td><td rowspan="2">混凝土生产单位</td><td rowspan="2">××建设工程有限公司</td></tr>
<tr><td>检测原因</td><td colspan="2">混凝土标准试块抗压强度不合格</td></tr>
<tr><td>检测部位</td><td colspan="2">一层柱及剪力墙</td><td>检测方式</td><td>批量检测</td></tr>
<tr><td rowspan="2">回弹仪</td><td>生产厂家</td><td>×××回弹仪器厂</td><td>出厂编号</td><td>0254</td></tr>
<tr><td>型号</td><td>ZC3－A</td><td>检定证号</td><td>E2015-265</td></tr>
<tr><td colspan="2">检测人员资质证书号</td><td colspan="3">×××</td></tr>
</table>

构件号	构件名称	测区混凝土抗压强度换算值(MPa)			构件现龄期混凝土强度推定值(MPa)
		平均值	标准差	最小值	
1	一层 1/F 柱	30.0	1.99	27.0	26.7
2	一层 9/B 柱	30.6	1.43	28.2	28.2
3	一层 3/F 柱	29.4	1.37	28.0	27.1
4	一层 12/A 柱	29.3	1.02	29.0	27.6
5	一层 2/D 柱	28.6	2.04	27.1	25.2
6	一层 13/B 柱	29.6	1.77	27.8	26.7
7	一层 2/A 柱	33.2	2.99	28.6	28.3
8	一层 14/D 柱	28.0	1.04	26.1	26.3
9	一层 3/B-D 剪力墙	29.2	1.39	27.7	26.9
10	一层 17/F 柱	28.3	0.72	27.2	27.1
检测依据	《回弹法检测混凝土抗压强度技术标准》(JGJ/T 23－2011)。				
备　注	本报告未经本中心批准复制无效。				

单位:××建筑工程质量检测中心(公章)　　负责人:×××　　审核:×××　　检测:×××

钻芯法检测混凝土抗压强度报告

委托单位	××公司	委托日期	2015 年×月×日
工程名称	××××综合楼	委托编号	2015 年×月×日
设计等级	C25	报告日期	2015 年×月×日
依据标准	CECS 03:2007	检测日期	2015 年×月×日

检　测　结　果

成型日期	原编号(部位)	试压龄期(天)	芯样尺寸(mm)		承压面积(mm^2)	破坏荷载(kN)	抗压强度(MPa)	
			直径	高度			单块值	代表值
2015 年×月×日	1 层①轴线剪力墙	50	150	151	17.663	450.4	25.5	25.8
			150	149	17.663	460.3	26.1	
			150	151	17.663	455.1	25.7	
备　注	芯样在自然干燥状态下进行检测							

签发:×××　　　审核:×××　　　检测:×××

《混凝土结构工程检测》填写说明

1. 检测目的：根据国家标准《建筑工程施工质量验收统一标准》(GB 50300—2001)规定的原则，在混凝土结构子分部工程验收前应进行结构实体检验。结构实体检验的范围仅限于涉及安全的柱、墙、梁等结构构件的重要部位。结构实体检验采用由各方参与的见证抽样形式，以保证检验结果的公正性。

对结构实体进行检验，并不是在子分部工程验收前的重新检验，而是在相应分项工程验收合格、过程控制使质量得到保证的基础上，对重要项目进行的验证性检查，其目的是为了加强混凝土结构的施工质量验收，正确地反映混凝土强度及受力钢筋位置等质量指标，确保结构安全。

2. 检测内容：考虑到目前的检测手段，并为了控制检验工作量，结构实体检验主要对混凝土强度、重要结构构件的钢筋保护层厚度两个项目进行。当工程合同有约定时，可根据合同确定其他检验项目和相应的检验方法、检验数量、合格条件，但其要求不得低于混凝土施工质量验收规范的规定。当有专门要求时，也可以进行其他项目的检验，如混凝土的内部缺陷、构件尺寸偏差及外观质量、钢筋的配置等，必要时，可进行现场结构荷载试验。但应在合同中做出相应的规定。

由于混凝土是非均质性材料，各种物质随机交织在一起，形成复杂的内部结构，再加上混凝土通常是在工地进行配料、搅拌、成型、养护，每个环节稍有不慎就影响其质量，因此，对钢筋混凝土结构其首选的检测项目往往是混凝土的强度。其次是根据工程的质量情况来选择检测项目。譬如，当混凝土梁、板、柱、墙构件存在裂缝时，需检测裂缝的宽度和深度；有时，为进一步了解裂缝出现的原因，还需在裂缝附近区域检测其配筋情况；当混凝土中钢筋锈蚀较严重时，需检测钢筋的锈蚀程度，必要时，检测混凝土 Cl^- 的含量；总之，检测项目需根据工程的实际情况进行确定。

3. 常用检测方法见表 2-42。

表 2-42　　常用的混凝土检测方法

检测目的	常用方法		测试量	换算原理
混凝土强度	非破损法	超声法	超声脉冲传播速度	根据混凝土应力应变性质与强度的关系，用弹性模量或粘塑性指标推算标准抗压强度及特征强度
		回弹法	回弹值	
		超声回弹综合法	回弹值与声速	
	局部破损法	钻芯法	芯样抗压强度	局部区域的抗压、抗剪、抗拉或抗冲击强度推算成标准抗压强度及特征强度
		后装拔出法	抗拔力	
钢筋位置与保护层厚度	非破损法	磁测法	磁场强度	钢筋对磁场的影响
		雷达法	雷达波	雷达波遇金属反射
	局部破损法	剔凿法	钢筋位置	直观测量

4. 超声法：超声法检测混凝土强度，主要是通过测量在测距内超声传播的平均声速来推定混凝土的强度。

(1)测区布置：如果把一个混凝土构件作为一个检测总体，要求在构件上均布划出不少于 10 个 200mm×200mm 方格网，以每一个方格网视为一个测区。如果对同批构件(指混凝土强度相同，原材料、配合比、成型工艺、养护条件相同）不得少于同批构件总数的 30%，且不少于 4 个。同样，每个构件测区数不少于 10 个。

每个测区应满足下列要求：

1)测区布置在构件混凝土浇灌方向的侧面；

2)测区与测区的间距不宜大于 2m；

3)测区宜避开钢筋密集区和预埋铁件；

4)测试面应清洁和平整，如有杂物粉尘应清除；

5)测区应标明编号。

(2)测点布置：为了使构件混凝土测试条件和方法尽可能与率定曲线时的条件、方法一致，在每个测区网格内布置三对或五对超声波的测点。

构件相对面布置测点应力求方位对等，使每对测点的测距最短。如果一对测点在任一测试面上布在蜂窝、麻面或模板漏浆缝上，可适当相应改变该对测点的位置，使各对测点表面平整声耦合良好。

(3)数据分析：根据各测区超声声速检测值，按率定的回归方程计算或查表取得对应测区的混凝土强度值。最后按下列情况推定结构混凝土的强度。

1)按单个构件检测时，单个构件的混凝土强度推定值取该构件各测区中最小的混凝土强度计算值；

2)按批抽样检测时，该批构件的混凝土强度推定值按下式计算：

$$f_{cu}^{c} = m_{f_{cu}^{c}} - 1.645 S_{f_{cu}^{c}}$$

式中

$$m_{f_{cu}^{c}} = \frac{1}{n}\sum_{i=1}^{n} f_{cu}^{c}$$

$$S_{f_{cu}^{c}} = \sqrt{\frac{1}{n-1}(f_{cu}^{c})^2 - n(m_{f_{cu}^{c}})^2}$$

3)当同批测区混凝土强度换算值的标准差过大时，批构件的混凝土强度推定值可按下式计算：

$$f_{cu}^{c} = m_{f_{cu,min}^{c}} = \frac{1}{m}\sum_{i=1}^{m} f_{cu,min,i}^{c}$$

式中　$m_{f_{cu,min}^{c}}$——批中各构件中最小的测区强度换算值的平均值(MPa)；

$f_{cu,min,i}^{c}$——第 i 个构件中的最小测区混凝土强度换算值(MPa)；

m——批中抽取的构件数。

4)按批抽样检测时，若全部测区强度的标准差出现下列情况时，则该批构件应全部按单个构件检测和推定强度：

①当混凝土强度等级低于或等于 C20 时：

$$S_{f_{cu}^{c}} > 2.45(\text{MPa})$$

②当混凝土强度等级高于 C20 时：

$$S_{f_{cu}^{c}} > 5.5(\text{MPa})$$

5. 回弹法：回弹法是根据混凝土的回弹值、碳化深度与抗压强度之间的相关关系来推定其抗压强度的一种非破损方法。

(1)适用条件：混凝土强度的检验与评定应按现行国家标准《混凝土强度检验评定标准》(GBJ 107)执行。当对结构混凝土强度有怀疑或评定为不合格时，可进行回弹法检测，检测结果可作为处理混凝土质量的一个依据。

回弹法不适用于表层与内部质量有明显差异或内部存在缺陷的混凝土构件的检测，对测试前遭受冻结或表层湿润的混凝土，应待解冻或经风干后再进行测试。

对龄期超过1000d(天)的混凝土，用回弹法进行检测时，需钻取不少于6个芯样的混凝土抗压强度进行修正。修正系数是芯样(直径100mm)强度与芯样所对应测区的回弹强度之比，取各修正系数的平均值作为其回弹法修正系数。必须注意的是不可以将较长芯样沿长度方向截取为多个芯样来计算修正系数。

(2)测区及测面的要求：被测构件和测试部位应具有代表性，试样的抽样原则为：当推定单个构件的混凝土强度时，可根据混凝土质量的实际情况确定检测数量；当用抽样法推定整个结构或成批构件的混凝土强度时，随机抽样的数量不应少于同批同类构件总数的30%，且构件数量不得少于10件。

在每个抽样构件上均匀布置测区，其测区数不应少于10个，对某一方向尺寸小于4.5m且另一方向尺寸小于0.3m的构件，其测区数不应少于5个。相邻测区的间距不宜大于2m，每个测区宜选在构件的两个对称可测面上，也可选在一个可测面上，测区的面积宜控制在$0.04m^2$以内。检测面应为原状混凝土面，并应清洁、平整，不应有疏松层、浮浆、油垢以及蜂窝、麻面，必要时可用砂轮清除疏松层和杂物，且不应有残留的粉末碎屑，不能用清水清洗。

(3)回弹仪的操作：检测时，回弹仪的轴线应垂直于测试面，缓慢均匀施压，待弹击杆反弹后测读回弹值。每个测区弹击16点(当一个测区有两个测面时，则每一测面弹击8点)。测点宜在测区范围内均匀分布，相邻两测点的净距一般不小于20mm。测点距构件边缘或外露钢筋、预埋件的距离不宜小于30mm。测点不应在气孔或外露石子上，同一测点只允许弹击一次。

(4)碳化深度值的测量：回弹测试完毕后，用凿子或冲击钻在测区内凿或钻出直径约15mm，深度不小于6mm的孔洞。然后除净孔洞的粉末和碎屑，不得用水冲洗。将浓度为1%的酚酞酒精溶液滴在孔洞内壁的边缘处，再用碳化深度测量规或游标卡尺测量自混凝土表面至变色部分的垂直距离(未碳化的混凝土呈粉红色)，该距离即为混凝土的碳化深度值。通常，测量不应少于3次，求出平均碳化深度d_m，每次读数精确至0.5mm。

(5)数据分析：分别剔除测区16个测点回弹值中的3个较大值和3个较小值，然后按下式计算测区平均回弹值：

$$R_m = (\sum_{i=1}^{10} R_i)/10$$

式中　R_m——测区平均回弹值，精确至0.1；

R_i——第i个测点的回弹值。

除回弹仪水平方向检测外，其他非水平方向检测时应对测区平均回弹值进行角度修正；当测试面不是混凝土的浇筑侧面时，应对测区平均回弹值进行浇筑面修正；当测试时回弹仪既非呈水平方向，测区又非混凝土的浇筑侧面时，应先对测区平均回弹值进行角度修正，然后再进行浇筑面修正。回弹值的修正见《回弹法检测混凝土抗压强度技术规程》(JGJ/T 23—2001)的附录C和附录D。从一般的工程检测经验来看，回弹法经过角度或浇筑面修正后，其测试误差有所增大，因此，检测混凝土强度时，应尽可能在构件的浇筑侧面进行检测。

6. 超声回弹综合法：超声回弹综合法是建立在超声波传播速度和回弹值与混凝土抗压强度之间相关关系的基础上，以声速和回弹值综合反映混凝土抗压强度的一种非破损方法。

(1)适用条件：超声回弹综合法的适用条件与回弹法基本相同。

(2)测区、测点布置:超声测点布置在回弹测试的同一测区内,先进行回弹检测,后进行超声检测。对构件上每一测区的两个相对测试面各弹击 8 点,按回弹法的计算原则,算出各测区平均回弹值。超声测试时,每个测区在对角线上布置相对的 3 个测点,对测时,要求两换能器的中心置于一条轴线上。

(3)数据分析:取各测区 3 个声时值的平均值作为测区声时值 t_m(μs),由构件的超声测试厚度即可求得测区声速 υ(km/s):

$$\upsilon = l/t_m$$

式中　υ——测区声速值(km/s);

l——超声测距(mm);

t_m——测区平均声时值(μs)。

根据测区的回弹值与声速推算混凝土的强度。在没有专用的测强曲线时可用下式推算测区混凝土强度:

$$f_{cu,i}^{c} = 0.0038(\upsilon_i)^{1.23}(R_i)^{1.95} \quad (卵石)$$

$$f_{cu,i}^{c} = 0.0080(\upsilon_i)^{1.72}(R_i)^{1.57} \quad (碎石)$$

式中　$f_{cu,i}^{c}$——第 i 个测区混凝土强度换算值(MPa);

υ_i——第 i 个测区的超声声速值(km/s);

R_i——第 i 个测区修正后的回弹值。

当按单个构件检测时,以该构件各测区强度中的最小值作为该构件的混凝土强度推定值;当按批量检测时,需计算两个强度指标,一个是该批构件所有测区的强度平均值减去 1.645 倍标准差后的强度值,另一个是该批单个构件中最小的测区强度值的平均值(即该批所有构件的强度平均值)。取这二者中的较大值作为该批构件的混凝土强度推定值。

7. 钻芯法:钻芯法是使用专用钻机从结构上钻取芯样,并根据芯样的抗压强度推定结构混凝土强度的一种局部破损的检测方法。

(1)适用条件:与非破损方法相比,钻芯法还可用来检测长龄期混凝土和遭受火灾、冻害及化学侵蚀等的混凝土。对混凝土强度等级低于 C10 的结构,不宜采用钻芯法检测。

(2)钻芯位置选择:由于钻芯法对结构有所损伤,钻芯的位置应选择在结构受力较小,没有主筋或预埋件的部位。为避开混凝土中钢筋,钻芯位置先用磁感仪或雷达仪测出钢筋位置,画出标线。就梁、柱构件而言,由于构件端头一般为箍筋加密区,应尽可能避开在端头钻芯;对于矩形柱子,可选在柱长边一侧靠近柱中线位置钻取芯样,当同一柱中钻取多个芯样时,宜选各芯样在同一铅直线上取芯,避免各芯样在同一水平上取芯,而过多地减弱柱的截面积;对于框架梁的取芯,为便于钻芯操作进行,可选楼梯间的主梁进行抽芯检测,并在梁侧面靠近梁中和轴附近钻取芯样。

用钻芯法对单个构件检测时,每个构件的钻芯数量不应少于 3 个;对于较小构件,钻芯数量可取 2 个。钻取的芯样直径一般不宜小于骨料最大粒径的 3 倍,在任何情况下不得小于骨料最大粒径的 2 倍。

(3)芯样加工要求:从结构中取出的混凝土芯样往往是长短不齐的,应采用锯切机把芯样切成一定长度,一般试件的高度与直径之比应在 1～2 的范围内。芯样试件内不宜有钢筋,如不能满足此要求,每个试件内最多只允许含有二根直径小于 10mm 的钢筋,且钢筋应与芯样轴线基本垂直并不得露出端面。锯切后的芯样,当不能满足平整度及垂直度要求时,应用磨平机磨平或硫磺胶泥等材料补平。

(4)数据分析:芯样在做抗压强度试验时的状态应与实际构件的使用状态接近。如结构工作条件比较干燥,芯样试件在抗压试验前应在室内自然干燥3d;如结构工作条件比较潮湿,芯样试件应在20℃±5℃的清水中浸泡2d,从水中取出后应立即进行抗压试验。

芯样试件的混凝土强度换算值,按下式计算:

$$f_{cu}^{c} = \alpha \frac{4F}{\pi \cdot d^2}$$

式中 f_{cu}^{c}——芯样试件混凝土强度换算值(MPa);

F——芯样试件抗压试验测得的最大压力(N);

d——芯样试件的平均直径(mm);

α——不同高径比的芯样试件混凝土强度换算系数(见表2-43)。

表2-43　芯样试件混凝土强度换算系数

高径比(h/d)	1.0	1.1	1.2	1.3	1.4	1.5	1.6	1.7	1.8	1.9	2.0
系数(α)	1.00	1.04	1.07	1.10	1.13	1.15	1.17	1.19	1.21	1.22	1.24

单个构件或单个构件的局部区域,可取芯样试件混凝土强度换算值中的最小值作为其代表值。

(5)芯样孔的修补:钻孔取芯后,结构上留下的圆孔必须及时修补。通常采用微膨胀水泥细石混凝土填实,修补时应清除孔内污物,修补后应及时养护,并保证新填混凝土与原结构混凝土结构良好。一般来说,即使是修补后结构的承载力仍有可能低于未钻孔时的承载力,因此,钻芯法不宜普遍使用,更不宜在一个受力区域内集中钻孔。建议将钻芯法与其他非破损方法结合使用,一方面利用非破损方法来减少钻芯的数量,另一方面又利用钻芯法来提高非破损方法的测试精度。

混凝土原材料检验批质量验收记录

02010301　001

<table>
<tr><td>单位（子单位）工程名称</td><td>××工程</td><td>分部（子分部）工程名称</td><td>主体结构（混凝土结构）</td><td>分项工程名称</td><td colspan="2">现浇结构</td></tr>
<tr><td>施工单位</td><td>××建筑有限公司</td><td>项目负责人</td><td>×××</td><td>检验批容量</td><td colspan="2">226.12m³</td></tr>
<tr><td>分包单位</td><td>/</td><td>分包单位项目负责人</td><td>/</td><td>检验批部位</td><td colspan="2">二层墙、柱</td></tr>
<tr><td>施工依据</td><td colspan="2">《混凝土结构工程施工规范》GB 50666-2011</td><td>验收依据</td><td colspan="3">《混凝土结构工程施工质量验收规范》GB 50204-2015</td></tr>
<tr><td colspan="3">验收项目</td><td>设计要求及规范规定</td><td>最小/实际抽样数量</td><td>检查记录</td><td>检查结果</td></tr>
<tr><td rowspan="2">主控项目</td><td>1</td><td>水泥进场检验</td><td>第7.2.1条</td><td>/</td><td>水泥品种P·O42.5，质量证明文件编号：××××；试验合格，试验报告编号：××××</td><td>√</td></tr>
<tr><td>2</td><td>外加剂进场检验</td><td>第7.2.2条</td><td>/</td><td>/</td><td>/</td></tr>
<tr><td rowspan="3">一般项目</td><td>1</td><td>混凝土用矿物掺合料进场检验</td><td>第7.2.3条</td><td>/</td><td>/</td><td>/</td></tr>
<tr><td>2</td><td>粗细骨料质量检验</td><td>第7.2.4条</td><td>/</td><td>5～31.5碎石，试验合格，试验报告编号：××××；中粗砂，试验合格，试验报告编号：××××</td><td>√</td></tr>
<tr><td>3</td><td>混凝土拌制及养护用水的质量检验</td><td>第7.2.5条</td><td>/</td><td>饮用水，试验合格，报告编号：××××</td><td>√</td></tr>
<tr><td colspan="2">施工单位检查结果</td><td colspan="5">符合要求
专业工长：王晨
项目专业质量检查员：张凡民
2015年××月××日</td></tr>
<tr><td colspan="2">监理单位验收结论</td><td colspan="5">合格
专业监理工程师：刘东
2015年××月××日</td></tr>
</table>

《混凝土原材料检验批质量验收记录》填写说明

1. 填写依据

(1)《混凝土结构工程施工质量验收规范》GB 50204－2015。

(2)《建筑工程施工质量验收统一标准》GB 50300－2013。

2. 规范摘要

以下内容摘自《混凝土结构工程施工质量验收规范》GB 50204－2015。

(1)检验批划分原则

参见本节“钢筋原材料检验批质量验收记录”验收要求的相关内容。

(2)一般规定

1)结构构件的混凝土强度应按现行国家标准《混凝土强度检验评定标准》GB/T 50107 的规定分批检验评定。

对采用蒸汽法养护的混凝土结构构件,其混凝土试件应先随同结构构件同条件蒸汽养护,再转入标准条件养护共28d。

当混凝土中掺用矿物掺合料时,确定混凝土强度时的龄期可按现行国家标准《粉煤灰混凝土应用技术规范》GBJ 146 等的规定取值。

2)检验评定混凝土强度用的混凝土试件的尺寸及强度的尺寸换算系数应按表 2-44 取用;其标准成型方法、标准养护条件及强度试验方法应符合普通混凝土力学性能试验方法标准的规定。

表 2-44　混凝土试件尺寸及强度的尺寸换算系数

骨料最大粒径(mm)	试件尺寸(mm)	强度的尺寸换算系数
≤31.5	100×100×100	0.95
≤40	150×150×150	1.00
≤63	200×200×200	1.05

注:对强度等级为 C60 及以上的混凝土试件,其强度的尺寸换算系数可通过试验确定。

3)结构构件拆模、出池、出厂、吊装、张拉、放张及施工期间临时负荷时的混凝土强度,应根据同条件养护的标准尺寸试件的混凝土强度确定。

4)当混凝土试件强度评定不合格时,可采用非破损或局部破损的检测方法,按国家现行有关标准的规定对结构构件中的混凝土强度进行推定,并作为处理的依据。

5)混凝土的冬期施工应符合国家现行标准《建筑工程冬期施工规程》JGJ/T 104 和施工技术方案的规定。

(3)验收要求

主控项目

1)水泥进场时,应对其品种、代号、强度等级、包装或散装仓号、出厂日期等进行检查,并应对水泥的强度、安定性和凝结时间进行检验,检验结果应符合现行国家标准《通用硅酸盐水泥》GB175 的相关规定。

检查数量:按同一厂家、同一品种、同一代号、同一强度等级、同一批号且连续进场的水泥,袋装不超过 200t 为一批,散装不超过 500t 为一批,每批抽样数量不应少于一次。

检验方法:检查质量证明文件和抽样检验报告。

2)混凝土外加剂进场时,应对其品种、性能、出厂日期等进行检查,并应对外加剂的相关性能指标进行检验,检验结果应符合现行国家标准《混凝土外加剂》GB 8076 和《混凝土外加剂应用技术规范》GB 50119 的规定。

检查数量:按同一厂家、同一品种、同一性能、同一批号且连续进场的混凝土外加剂,不超过 50t 为一批,每批抽样数最不应少于一次。

检验方法:检查质量证明文件和抽样检验报告。

一般项目

1)混凝土用矿物掺合料进场时,应对其品种、性能、出厂日期等进行检查,并应对矿物掺合料的相关性能指标进行检验,检验结果应符合国家现行有关标准的规定。

检查数量:按同一厂家、同一品种、同一批号且连续进场的矿物掺合料,粉煤灰、矿渣粉、磷渣粉、钢铁渣粉和复合矿物掺合料不超过 200t 为一批,沸石粉不超过 120t 为一批,硅灰不超过 30t 为一批,每批抽样数量不应少于一次。

检验方法:检查质量证明文件和抽样检验报告。

2)混凝土原材料中的粗骨科、细骨料质量应符合现行行业标准《普通混凝土用砂、石质量及检验方法标准》JGJ 52 的规定,使用经过净化处理的海砂应符合现行行业标准《海砂混凝土应用技术规范》JGJ 206 的规定,再生混凝土骨料应符合现行国家标准《混凝土用再生粗骨料》GB/T 25177 和《混凝土和砂浆用再生细骨科》GB/T 25176 的规定。

检查数量:按现行行业标准《普通混凝土用砂、石质量及检验方法标准》JGJ 52 的规定确定。

检验方法:检查抽样检验报告。

3)混凝土拌制及养护用水应符合现行行业标准《混凝土用水标准》JGJ 63 的规定。采用饮用水作为混凝土用水时,可不检验;采用中水、搅拌站清洗水、施工现场循环水等其他水源时,应对其成分进行检验。

检查数量:同一水源检查不应少于一次。

检验方法:检查水质检验报告。

混凝土拌合物检验批质量验收记录

02010302___001___

<table>
<tr><td colspan="2">单位（子单位）
工程名称</td><td>××工程</td><td colspan="2">分部（子分部）
工程名称</td><td>主体结构
（混凝土结构）</td><td>分项工程
名称</td><td colspan="2">现浇结构</td></tr>
<tr><td colspan="2">施工单位</td><td>××建筑有限
公司</td><td colspan="2">项目负责人</td><td>×××</td><td>检验批容量</td><td colspan="2">26.12m³</td></tr>
<tr><td colspan="2">分包单位</td><td>/</td><td colspan="2">分包单位
项目负责人</td><td>/</td><td>检验批部位</td><td colspan="2">二层柱 A～E/1～6+2.5m 轴</td></tr>
<tr><td colspan="2">施工依据</td><td colspan="3">《混凝土结构工程施工规范》
GB 50666-2011</td><td>验收依据</td><td colspan="3">《混凝土结构工程施工质量验收规范》GB 50204-2015</td></tr>
<tr><td colspan="3">验收项目</td><td>设计要求及
规范规定</td><td colspan="2">最小/实际
抽样数量</td><td colspan="2">检查记录</td><td>检查
结果</td></tr>
<tr><td rowspan="4">主控项目</td><td>1</td><td>预拌混凝土进场检验</td><td>第 7.3.1 条</td><td colspan="2">/</td><td colspan="2">全部检查，质量证明文件编号：××××</td><td>√</td></tr>
<tr><td>2</td><td>混凝土拌合物是否离析</td><td>第 7.3.2 条</td><td colspan="2">/</td><td colspan="2">全部检查，混凝土无离析现象发生</td><td>√</td></tr>
<tr><td>3</td><td>混凝土中氯离子含量和碱总含量</td><td>第 7.3.3 条</td><td colspan="2">/</td><td colspan="2">氯离子含量和碱总含量符合要求，计算书编号：××××</td><td>√</td></tr>
<tr><td>4</td><td>混凝土开盘鉴定</td><td>第 7.3.4 条</td><td colspan="2">/</td><td colspan="2">开盘鉴定合格，报告编号：××××</td><td>√</td></tr>
<tr><td rowspan="3">一般项目</td><td>1</td><td>混凝土拌合物的稠度</td><td>第 7.3.5 条</td><td colspan="2">1/1</td><td colspan="2">抽查 1 次，合格</td><td>100%</td></tr>
<tr><td>2</td><td>混凝土耐久性</td><td>第 7.3.6 条</td><td colspan="2">/</td><td colspan="2">/</td><td>/</td></tr>
<tr><td>3</td><td>混凝土含气量</td><td>第 7.3.7 条</td><td colspan="2">/</td><td colspan="2">/</td><td>/</td></tr>
<tr><td colspan="3">施工单位
检查结果</td><td colspan="6">符合要求
专业工长：王晨
项目专业质量检查员：孔凡民
2015 年××月××日</td></tr>
<tr><td colspan="3">监理单位
验收结论</td><td colspan="6">合格
专业监理工程师：刘东
2015 年××月××日</td></tr>
</table>

一册在手 表格全有 贴近现场 资料无忧

《混凝土拌合物检验批质量验收记录》填写说明

1. 填写依据

(1)《混凝土结构工程施工质量验收规范》GB 50204－2015。

(2)《建筑工程施工质量验收统一标准》GB 50203－2013。

2. 规范摘要

以下内容摘自《混凝土结构工程施工质量验收规范》GB 50204－2015。

(1)检验批划分原则

参见本书“钢筋原材料检验批质量验收记录”验收要求的相关内容。

(2)混凝土拌合物验收要求

主控项目

1)预拌混凝土进场时，其质量应符合现行国家标准《预拌混凝土》GB/T 14902的规定。

检查数量：全数检查。

检验方法：检查质量证明文件。

2)混凝土拌合物不应离析。

检查数量：全数检查。

检验方法：观察。

3)混凝土中氯离子含量和碱总含量应符合现行国家标准《混凝土结构设计规范》GB 50010的规定和设计要求。

检查数量：同一配合比的混凝土检查不应少于一次。

检验方法：检查原材料试验报告和氯离子、碱的总含量计算书。

4)首次使用的混凝土配合比应进行开盘鉴定，其原材料、强度、凝结时间、稠度等应满足设计配合比的要求。

检查数量：同一配合比的混凝土检查不应少于一次。

检验方法：检查开盘鉴定资料和强度试验报告。

一般项目

1)混凝土拌合物稠度应满足施工方案的要求。

检查数量：对同一配合比混凝土，取样应符合下列规定：

①每拌制100盘且不超过100m^{3}时，取样不得少于一次；

②每工作班拌制不足100盘时，取样不得少于一次；

③每次连续浇筑超过1000m^{3}时，每200m^{3}取样不得少于一次；

④每一楼层取样不得少于一次。

检验方法：检查稠度抽样检验记录。

2)混凝土有耐久性指标要求时，应在施工现场随机抽取试件进行耐久性检验，其检验结果应符合国家现行有关标准的规定和设计要求。

检查数量：同一配合比的混凝土，取样不应少于一次，留置试件数量应符合国家现行标准《普通混凝土长期性能和耐久性能试验方法标准》GB/T 50082和《混凝土耐久性检验评定标准》JGJ/T 193的规定。

检验方法:检查试件耐久性试验报告。

3)混凝土有抗冻要求时,应在施工现场进行混凝土含气量检验,其检验结果应符合国家现行有关标准的规定和设计要求。

检查数量:同一配合比的混凝土,取样不应少于一次,取样数量应符合现行国家标准《普通混凝土拌合物性能试验方法标准》GB/T 50080 的规定。

检验方法:检查混凝土含气量检验报告。

混凝土施工检验批质量验收记录

02010303＿＿001

<table>
<tr><td>单位（子单位）
工程名称</td><td>××工程</td><td>分部（子分部）
工程名称</td><td>主体结构
（混凝土结构）</td><td>分项工程
名称</td><td colspan="2">现浇结构</td></tr>
<tr><td>施工单位</td><td>××建筑有限公司</td><td>项目负责人</td><td>×××</td><td>检验批容量</td><td colspan="2">26.12m³</td></tr>
<tr><td>分包单位</td><td>/</td><td>分包单位
项目负责人</td><td>/</td><td>检验批部位</td><td colspan="2">二层柱 A～E/1～6+2.5m 轴</td></tr>
<tr><td>施工依据</td><td colspan="2">《混凝土结构工程施工规范》
GB 50666-2011</td><td>验收依据</td><td colspan="3">《混凝土结构工程施工质量验收规范》GB 50204-2015</td></tr>
<tr><td colspan="3">验收项目</td><td>设计要求及
规范规定</td><td>最小/实际
抽样数量</td><td>检查记录</td><td>检查
结果</td></tr>
<tr><td>主控项目</td><td>1</td><td>混凝土的强度等级与试件取样</td><td>第 7.4.1 条</td><td>/</td><td>混凝土强度等级 C40，抗压强度试验报告编号：××××；留置混凝土试件 2 组（含同条件 1 组）</td><td>√</td></tr>
<tr><td rowspan="2">一般项目</td><td>1</td><td>后浇带的留设位置、后浇带和施工缝的留设与处理方法</td><td>第 7.4.2 条</td><td>/</td><td>/</td><td>/</td></tr>
<tr><td>2</td><td>混凝土养护</td><td>第 7.4.3 条</td><td>全/34</td><td>共 34 处，全部检查，34 处合格</td><td>100%</td></tr>
<tr><td colspan="2">施工单位
检查结果</td><td colspan="5">符合要求
专业工长：王晨
项目专业质量检查员：张凡民
2015 年××月××日</td></tr>
<tr><td colspan="2">监理单位
验收结论</td><td colspan="5">合格
专业监理工程师：刘东
2015 年××月××日</td></tr>
</table>

《混凝土施工检验批质量验收记录》填写说明

1. 填写依据

(1)《混凝土结构工程施工质量验收规范》GB 50204－2015。

(2)《建筑工程施工质量验收统一标准》GB 50300－2013。

2. 规范摘要

以下内容摘自《混凝土结构工程施工质量验收规范》GB 50204－2015。

(1)检验批划分原则

参见本书“钢筋原材料检验批质量验收记录”验收要求的相关内容。

(2)混凝土施工验收要求

主控项目

1)混凝土的强度等级必须符合设计要求。用于检验混凝土强度的试件应在浇筑地点随机抽取。

检查数量:对同一配合比混凝土,取样与试件留置应符合下列规定:

①每拌制 100 盘且不超过 $100m^3$ 时,取样不得少于一次;

②每工作班拌制不足 100 盘时,取样不得少于一次;

③连续浇筑超过 $1000m^3$ 时,每 $200m^3$ 取样不得少于一次;

④每一楼层取样不得少于一次;

⑤每次取样应至少留置一组试件。

检验方法:检查施工记录及混凝土强度试验报告。

一般项目

1)后浇带的留设位置应符合设计要求,后浇带和施工缝的留设及处理方法应符合施工方案要求。

检查数量:全数检查。

检验方法:观察。

2)混凝土浇筑完毕后应及时进行养护,养护时间以及养护方法应符合施工方案要求。

检查数量:全数检查。

检验方法:观察,检查混凝土养护记录。

混凝土 分项工程质量验收记录表

单位(子单位)工程名称	××工程	结构类型	全现浇剪力墙
分部(子分部)工程名称	混凝土结构	检验批数	12
施工单位	××建设集团有限公司	项目经理	×××
分包单位	/	分包单位负责人	/

序号	检验批名称及部位、区段	施工单位检查评定结果	监理(建设)单位验收结论
1	首层墙、板	√	合格
2	二层墙、板	√	合格
3	三层墙、板	√	合格
4	四层墙、板	√	合格
5	五层墙、板	√	合格
6	六层墙、板	√	合格
7	七层墙、板	√	合格
8	八层墙、板	√	合格
9	九层墙、板	√	合格
10	十层墙、板	√	合格
11	屋顶电梯机房	√	合格
12	屋顶水箱间	√	合格

检查结论	首层至屋顶水箱间混凝土材料、配合比设计及混凝土施工质量符合《混凝土结构工程施工质量验收规范》(GB 50204－2015)的要求，混凝土分项工程合格。 项目专业技术负责人：××× 2015 年 7 月 11 日	验收结论	同意施工单位检查结论，验收合格。 监理工程师：××× (建设单位项目专业技术负责人) 2015 年 7 月 11 日

注：地基基础、主体结构工程的分项工程质量验收不填写“分包单位”、“分包项目经理”。

2.5 预应力工程

2.5.1 预应力工程资料列表

(1)施工管理资料

1)工程概况表

2)施工现场质量管理检查记录

3)专业承包单位资质证明文件及专业人员岗位证书

4)分包单位资质报审表

5)见证取样和送检见证人备案书

6)钢绞线、锚具、灌浆材料取样试验见证记录

7)施工日志

(2)施工技术资料

1)预应力工程施工组织设计

2)施工方案

①有粘结预应力工程专项施工方案

②无粘结预应力工程专项施工方案

3)技术交底记录

①有粘结预应力工程专项施工方案技术交底记录

②无粘结预应力工程专项施工方案技术交底记录

③预应力分项工程技术交底记录

4)图纸会审记录、设计变更通知单、工程洽商记录

(3)施工物资资料

1)预应力筋(预应力钢丝、钢绞线、热处理钢筋)产品合格证、质量保证书、出厂检验报告

2)预应力筋复试报告

3)钢丝镦头强度试验报告

4)预应力筋用锚具、夹具和连接器产品合格证、质量保证书、出厂检验报告

5)预应力锚具、夹具和连接器复试报告

6)无粘结预应力筋锚具组装件静载锚固性能试验报告

7)特殊要求时的化学成分专项检验报告

8)螺旋管材、涂包材料、灌浆材料产品合格证、出厂检验报告等质量证明文件

9)金属螺旋管进场复验报告

注:对金属螺旋管用量较少的一般工程,当有可靠依据时,可不做径向刚度、抗渗漏性能的进场复验。

10)灌浆材料进场复验报告

注:对孔道灌浆用水泥和外加剂用量较少的一般工程,当有可靠依据时,可不做材料性能的进场复验。

11)预应力张拉设备检定(测试)证书

12)材料、构配件进场检验记录

13)工程物资进场报验表

(3)施工记录

1)预应力筋安装隐蔽工程验收记录

2)预应力封锚隐蔽工程验收记录

3)交接检查记录

4)预检记录

5)预应力筋张拉申请书

6)预应力筋张拉记录(一)、(二)

注:后张法预应力张拉施工应实行见证管理,按规定做见证张拉记录。

7)有粘结预应力结构灌浆记录

8)预应力张拉原始施工记录

(5) 施工试验记录及检测报告

1)预应力筋应力检测记录(先张法施工)

2)灌浆用水泥浆配合比申请单、通知单

3)灌浆用水泥浆性能试验报告

4)灌浆用水泥浆试件强度试验报告

5)混凝土同条件养护试件强度试验报告

(6)施工质量验收记录

1)预应力原材料检验批质量验收记录表

2)预应力制作与安装工程检验批质量验收记录表

3)预应力张拉、放张、灌浆及封锚工程检验批质量验收记录表

4)预应力分项工程质量验收记录表

5)分项/分部工程施工报验表

2.5.2 预应力工程资料填写范例

<table>
<tr><td colspan="3">隐蔽工程检查记录</td><td>编　号</td><td colspan="2">×××</td></tr>
<tr><td>工程名称</td><td colspan="5">××工程</td></tr>
<tr><td>隐检项目</td><td colspan="2">预应力筋制作与安装</td><td>隐检日期</td><td colspan="2">2015年×月×日</td></tr>
<tr><td>隐检部位</td><td colspan="5">地上一层　①～⑨/Ⓑ～Ⓖ　轴线　－0.05m　标高</td></tr>
<tr><td colspan="6">隐检依据:施工图图号　结施 6　,设计变更/洽商(编号　/　)及有关国家现行标准等。
主要材料名称及规格/型号:　钢绞线(1860MPa)、挤压锚(BSMJ 15)</td></tr>
<tr><td colspan="6">隐检内容:
1. 预应力筋的规格、数量、位置、形状符合设计及规范要求。
2. 端部预埋垫板的数量、位置符合设计及规范要求。
3. 预应力筋下料长度 1＃63.7m、2＃51.1m、3＃19m、14＃12m、16＃26.2m、21＃21.4m、22＃44.1m、23＃9.2m、30＃14.4m、31＃27.3m。
4. 预应力筋下料用砂轮切割机切断。
5. 预应力筋竖向位置偏差符合设计及规范要求。
6. 预应力筋固定牢固,护套完整。
隐检内容已做完,请予以检查。
申报人:×××</td></tr>
<tr><td colspan="6">检查意见:
经检查,上述项目均符合设计要求及《混凝土结构工程施工质量验收规范》(GB 50204－2015)规定。
检查结论:　☑同意隐蔽　　☐不同意,修改后进行复查</td></tr>
<tr><td colspan="6">复查结论:
复查人:　　　　复查日期:</td></tr>
<tr><td rowspan="3">签字栏</td><td rowspan="2">建设(监理)单位</td><td>施工单位</td><td colspan="3">××建设集团有限公司</td></tr>
<tr><td>专业技术负责人</td><td>专业质检员</td><td colspan="2">专业工长</td></tr>
<tr><td>×××</td><td>×××</td><td>×××</td><td colspan="2">×××</td></tr>
</table>

本表由施工单位填写,建设单位、施工单位、城建档案馆各保存一份。

预应力筋张拉记录

工程名称	××写字楼工程	编　号	×××
		张拉日期	2015 年 6 月 1 日

混凝土设计强度	C40	仪表型号、编号	压力表 001917	锚具类型	YM15－1J 单孔锚具 DZM1－1P 挤压锚具
张拉时混凝土强度	43.4MPa	预应力筋规格	ϕ15.2	施工部位	设备层①～⑤/Ⓓ～Ⓔ轴预应力混凝土顶板
设计控制应力	1395MPa	预应力筋计算伸长值	7.7cm	预应力筋抗拉强度	1395MPa

顺序号	计算值	预应力钢筋拉伸长实测值(cm)						需要说明事项：
		一端张拉		另一端张拉		总伸长	备　注	1. 附件一：预应力张拉顺序 2. 附件二：平面示意图 3. 其他
		张拉力	伸长值	张拉力	伸长值			
1	7.7	201.2	7.2	201.2	0.5	7.7		
2	7.7	201.2	7.7	201.2	0.1	7.8		
3	7.7	201.2	7.3	201.2	0.4	7.7		
4	7.7	201.2	8.2	201.2	0.5	7.7		
5	7.7	201.2	7.4	201.2	0.4	7.8		
6	7.7	201.2	7.7	201.2	0.1	7.8		
7	7.7	201.2	7.3	201.2	0.3	7.6		
8	7.7	201.2	7.8	201.2	0.1	7.7		

张拉结果：

合格

签字栏	分包单位	××预应力工程有限公司	专业技术负责人	专业质检员
			宋××	李××
	总包单位	××建设集团有限公司	专业技术负责人	专业质检员
			王××	刘××
	监理单位	××工程建设监理有限公司	专业监理工程师	沈××

《预应力筋张拉记录》填写说明

预应力工程施加预应力时应填写预应力筋张拉记录。

1. 责任部门

专业分包单位、总包单位、项目监理机构及其相关责任人等。

2. 提交时限

张拉结束后的2d内完成,预应力张拉检验批验收前1d提交。

3. 相关要求

(1)一般规定

1)后张法预应力工程的施工应由具有相应资质等级的预应力专业施工单位承担。张拉操作人员必须经过培训考核,并具备张拉施工操作人员资格。

2)预应力筋张拉机具设备及仪表,应定期维护和校验。张拉设备应配套标定,并配套使用。张拉设备的标定期限不应超过半年。当在使用过程中出现反常现象时或在千斤顶检修后,应重新标定。张拉设备标定时,千斤顶活塞的运行方向应与实际张拉工作状态一致。压力表的精度不应低于1.5级,标定张拉设备用的试验机或测力计精度不应低于±2%。

(2)张拉与放张

1)预应力筋张拉或放张时,混凝土强度应符合设计要求;当设计无具体要求时,不应低于设计的混凝土立方体抗压强度标准值的75%。

2)张拉设备应经校验、千斤顶和油压计量检定合格。

3)预应力筋的张拉力、张拉或放张顺序及张拉工艺应符合设计及施工技术方案规定的操作程序要求,严格控制张拉操作质量,并有张拉记录,且应符合下列规定:

①当施工需要超张拉时,最大张拉应力不应大于国家现行标准《混凝土结构设计规范》(GB 50010—2010)的规定。

②张拉工艺应能保证同一束中各根预应力筋的应力均匀一致。

③后张法施工中,当预应力筋是逐根或逐束张拉时,应保证各阶段不出现对结构不利的应力状态;同时宜考虑后批张拉预应力筋所产生的结构构件的弹性压缩对先批张拉预应力筋的影响,确定张拉力。

④先张法预应力筋放张时,宜缓慢放松锚固装置,使各根预应力筋同时缓慢放松。

⑤当采用应力控制方法张拉时,应校核预应力筋的伸长值。实际伸长值与设计计算理论伸长值的相对允许偏差为±6%。

4)预应力筋张拉锚固后实际建立的预应力值与工程设计规定检验值的相对允许偏差为±5%。

5)张拉过程中应避免预应力筋断裂或滑脱;当发生断裂或滑脱时,必须符合下列规定:

①对后张法预应力结构构件,断裂或滑脱的数量严禁超过同一截面预应力筋总根数的3%,且每束钢丝不得超过一根;对多跨双向连续板其同一截面应按每跨计算。

②对先张法预应力构件,在浇筑混凝土前发生断裂或滑脱的预应力筋必须予以更换。

6)锚固阶段张拉端预应力筋的内缩量应符合设计要求;当设计无具体要求时,应符合表2-45的规定。

表 2-45　张拉端预应力筋的内缩量限值

锚具类别		内缩量限值 (mm)
支承式锚具(镦头锚具等)	螺帽缝隙	1
	每块后加垫板的缝隙	1
锥塞式锚具		5
夹片式锚具	有顶压	6
	无顶压	6～8

7)先张法预应力筋张拉后与设计位置的偏差不得大于 5mm,且不得大于构件截机短边边长的 4%。

预应力筋封锚记录

<table>
<tr><td>工程名称</td><td>××大厦</td><td>记录日期</td><td>2015 年 9 月 2 日</td></tr>
<tr><td>施工单位</td><td>××建设工程有限公司</td><td>结构部位</td><td>二层①～⑪/Ⓐ～Ⓕ轴预应力框架</td></tr>
<tr><td>封锚处理简图及说明</td><td colspan="3">灌浆完成后，及时对锚具进行防护处理或浇筑封锚混凝土，对封锚混凝土加强养护，并符合下列规定：
1. 应采取防止锚具腐蚀和遭受机械损伤的有效措施。
2. 凸出式锚固端锚具的保护层厚度不应小于 50mm。
3. 外露预应力筋的保护层厚度：在正常环境时，不应小于 20mm；处于易受腐蚀的环境时，不应小于 50mm。
(封锚处理简图略)</td></tr>
<tr><td>结论</td><td colspan="3">符合设计要求和《混凝土结构工程施工质量验收规范》(GB 50204－2015)的规定。</td></tr>
<tr><td colspan="4">监理工程师：(建设单位代表)：×××　　施工技术负责人：×××　　施工质检员：×××　　记录人：×××</td></tr>
</table>

有粘结预应力结构灌浆记录

<table>
<tr><td>工程名称</td><td colspan="3">××综合楼工程</td><td>编　号</td><td>×××</td></tr>
<tr><td></td><td colspan="3"></td><td>日　期</td><td>2015年7月3日</td></tr>
<tr><td>灌浆配合比</td><td colspan="3">水泥∶水∶外加剂＝1∶0.38∶0.02</td><td>标准压力值</td><td>0.4～0.6MPa</td></tr>
<tr><td>水泥强度等级</td><td colspan="3">P·O 42.5</td><td>复试报告编号</td><td>SN 2015－00379</td></tr>
<tr><td>灌浆点编号</td><td>实际压力值</td><td>灌浆量</td><td>灌浆点编号</td><td>灌浆实际压力值</td><td>灌浆量</td></tr>
<tr><td>YKL－2－①</td><td>0.44</td><td>93.6</td><td></td><td></td><td></td></tr>
<tr><td>YKL－2－②</td><td>0.46</td><td>93.5</td><td></td><td></td><td></td></tr>
<tr><td>YKL－2－③</td><td>0.40</td><td>91.9</td><td></td><td></td><td></td></tr>
<tr><td>YKL－2－④</td><td>0.44</td><td>71.1</td><td></td><td></td><td></td></tr>
<tr><td>YKL－2－⑤</td><td>0.46</td><td>72.3</td><td></td><td></td><td></td></tr>
<tr><td>YKL－2－⑥</td><td>0.42</td><td>91.0</td><td></td><td></td><td></td></tr>
<tr><td>YKL－2－⑦</td><td>0.44</td><td>93.7</td><td></td><td></td><td></td></tr>
<tr><td>YKL－2－⑧</td><td>0.40</td><td>90.5</td><td></td><td></td><td></td></tr>
</table>

灌浆点简图及需说明的事项：

1.灌浆点简图

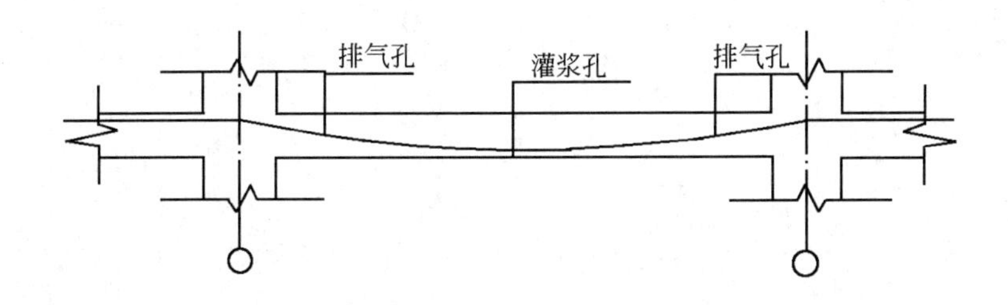

2.灌浆点编号由梁号、预应力筋编号和每道梁中对应的孔道顺序号组成。

<table>
<tr><td rowspan="6">签字栏</td><td rowspan="2">分包单位</td><td rowspan="2">××预应力工程有限公司</td><td>专业技术负责人</td><td>专业质检员</td></tr>
<tr><td>宋××</td><td>李××</td></tr>
<tr><td rowspan="2">总包单位</td><td rowspan="2">××建设集团有限公司</td><td>专业技术负责人</td><td>专业质检员</td></tr>
<tr><td>王××</td><td>刘××</td></tr>
<tr><td>监理单位</td><td>××工程建设监理有限公司</td><td>专业监理工程师</td><td>沈××</td></tr>
</table>

《有粘结预应力结构灌浆记录》填写说明

预应力筋张拉后,孔道应及时灌浆,孔道灌浆时应填写有粘结预应力结构灌浆记录。

1. 责任部门

专业分包单位、总包单位、项目监理机构及其相关责任人等。

2. 提交时限

灌浆结束后的2天内完成,预应力灌浆检验批验收前提交。

3. 相关要求

(1)后张法有粘结预应力筋张拉后应尽早进行孔道灌浆,孔道内水泥浆应饱满、密实。

(2)锚具的封闭保护应符合设计要求。当设计无具体要求时,应符合下列规定:

1)应采取防止锚具腐蚀和遭受机械损伤的有效措施;

2)凸出式锚固端锚具的保护层厚度不应小于50mm;

3)外露预应力筋的保护层厚度:处于正常环境时,不应小于20mm;处于易受腐蚀的环境时,不应小于50mm。

(3)后张法预应力筋锚固后的外露部分宜采用机械方法切割,其外露长度不宜小于预应力筋直径的1.5倍,且不宜小于30mm。

(4)灌浆用水泥浆的水灰比不应大于0.45,搅拌后3h泌水率不宜大于2%,且不应大于3%。泌水应能在24h内全部重新被水泥浆吸收。

(5)灌浆用水泥浆的抗压强度不应小于30N/mm^2。

(6)一组试件由6个试件组成。试件应标准养护28d;抗压强度为一组试件的平均值,当一组试件中抗压强度最大值或最小值与平均值相差超过20%时,应取中间4个试件强度的平均值。

电热法施加预应力记录

工程名称：　　　　　　　　　　　　　　　　　　　　　　　　　　　　构件名称、型号：

张拉日期	张拉顺序	钢筋长度(mm)	钢筋直径(mm)	遇电时间(S)	伸长(mm)	一次电压(V_1)	一次电流(A_1)	二次电压(V_2)	二次电流(A_2)	孔道温度(℃)	用电量(度)	校核应力			备注
												计算应力 N/mm^2	实际应力 N/mm^2	误差(%)	
1	2	3	4	5	6	7	8	9	10	11	12	13	14	15	16
钢筋张拉顺序编号草图															
项目技术负责人：							质检员：				钎探人：				

注：电热法施加预应力记录是利用钢筋热胀冷缩原理，以强大的低压电流使预应力钢筋在短时间内发热，伸长至设计伸长值时锚固，然后停电、钢筋冷却，使混凝土构件获得预压应力实施过程的记录；电热法施加预应力张拉工艺应对预应力钢筋伸长值、钢筋电热时的温度进行计算，分别确定预应力钢筋的伸长值和电热时达到钢筋伸长值时所需的温度。

预应力原材料检验批质量验收记录

02010401___001___

单位（子单位）工程名称	××工程	分部（子分部）工程名称	主体结构（混凝土结构）	分项工程名称	预应力
施工单位	××建筑有限公司	项目负责人	×××	检验批容量	24片
分包单位	/	分包单位项目负责人	/	检验批部位	二层A～E/1～6轴
施工依据	《混凝土结构工程施工规范》GB 50666-2011		验收依据	《混凝土结构工程施工质量验收规范》GB 50204-2015	

		验收项目	设计要求及规范规定	最小/实际抽样数量	检查记录	检查结果
主控项目	1	预应力筋的力学性能检验	第6.2.1条	/	预应力筋复检合格，质量证明文件编号：××××试验报告编号：××××	√
	2	无粘结预应力钢绞线防腐润滑脂量和护套厚度	第6.2.2条	/	/	/
	3	预应力用锚具、夹具、连接器性能	第6.2.3条	/	材料质量合格，材料质量证明文件编号：××××；复验报告编号：××××；锚固区传力性能试验报告编号：××××	√
	4	锚具系统防水性能	第6.2.4条	/	/	/
	5	水泥种类、水泥与外加剂质量	第6.2.5条	/	PO42.5水泥，质量证明文件编号：××××；复验报告编号：××××。	√
一般项目	1	预应力筋外观质量	第6.2.6条	/	预应力筋表面无裂纹、小刺、机械损伤等缺陷	√
	2	预应力筋用锚具、夹具、连接器外观质量	第6.2.7条	/	表面无污物、锈蚀、机械损伤和裂纹	√
	3	预应力成孔管道的外观、径向刚度和抗渗漏性能	第6.2.8条	/	金属波纹管内外表面无锈蚀、油污等缺陷。质量证明文件编号：××××，复试报告编号：××××	√

施工单位检查结果	符合要求 专业工长：王晨 项目专业质量检查员：孔凡民 2015年××月××日
监理单位验收结论	合格 专业监理工程师：刘东 2015年××月××日

《预应力原材料检验批质量验收记录》填写说明

1. 填写依据

(1)《混凝土结构工程施工质量验收规范》GB 50204－2015。

(2)《建筑工程施工质量验收统一标准》GB 50300－2013。

2. 规范摘要

以下内容摘自《混凝土结构工程施工质量验收规范》GB 50204－2015。

(1)检验批划分原则

参见本书“钢筋原材料检验批质量验收记录”验收要求的相关内容。

(2)一般规定

1)浇筑混凝土之前，应进行预应力隐蔽工程验收。隐蔽工程验收应包括下列主要内容：

①预应力筋的品种、规格、级别、数量和位置；

②成孔管道的规格、数量、位置、形状、连接以及灌浆孔、排气兼泌水孔；

③局部加强钢筋的牌号、规格、数量和位置；

④预应力筋锚具和连接器及锚垫板的品种、规格、数量和位置。

2)预应力筋、锚具、夹具、连接器、成孔管道的进场检验，当满足下列条件之一时，其检验批容最可扩大一倍：

①获得认证的产品；

②同一厂家、同一品种、同一规格的产品，连续三批均一次检验合格。

3)预应力筋张拉机具及压力表应定期维护和标定。张拉设备和压力表应配套标定和使用，标定期限不应超过半年。

(3)原材料验收要求

主控项目

1)预应力筋进场时，应按国家现行标准《预应力混凝土用钢绞线》GB/T5224、《预应力混凝土用钢丝》GB/T5223、《预应力混凝土用螺纹钢筋》GB/T20065 和《无粘结预应力钢绞线》JG161 抽取试件作抗拉强度、伸长率检验，其检验结果应符合相应标准的规定。

检查数量：按进场的批次和产品的抽样检验方案确定。

检验方法：检查质量证明文件和抽样检验报告。

2)无粘结预应力钢绞线进场时，应进行防腐润滑脂量和护套厚度的检验，检验结果应符合现行行业标准《无粘结预应力钢绞线》JG161 的规定。

经观察认为涂包质量有保证时，无粘结预应力筋可不作油脂量和护套厚度的抽样检验。

检查数量：按现行行业标准《无粘结预应力钢绞线》JG161 的规定确定。

检验方法：观察，检查质量证明文件和抽样检验报告。

3)预应力筋用锚具应和锚垫板、局部加强钢筋配套使用，锚具、夹具和连接器进场时，应按现行行业标准《预应力筋用锚具、央具和连接器应用技术规程》JGJ85 的相关规定对其性能进行检验，检验结果应符合该标准的规定。

锚具、夹具和连接器用量不足检验批规定数量的 50%，且供货方提供有效的试验报告时，可不作静载锚固性能试验。

检查数量：按现行行业标准《预应力筋用锚具、夹具和连接器应用技术规程》JGJ85 的规定确定。

检验方法:检查质量证明文件、锚固区传力性能试验报告和抽样检验报告。

4)处于三a、三b类环境条件下的无粘结预应力筋用锚具系统,应按现行行业标准《无粘结预应力混凝土结构技术规程》JGJ92的相关规定检验其防水性能,检验结果应符合该标准的规定。

检查数量:同一品种、同一规格的锚具系统为一批,每批抽取3套。

检验方法:检查质量证明文件和抽样检验报告。

5)孔道灌浆用水泥应采用硅酸盐水泥或普通硅酸盐水泥,水泥、外加剂的质量应分别符合本规范第7.2.1条、第7.2.2条的规定;成品灌浆材料的质量应符合现行国家标准《水泥基灌浆材料应用技术规范》GB/T50448的规定。

检查数量:按进场批次和产品的抽样检验方案确定。

检验方法:检查质量证明文件和抽样检验报告。

一般项目

1)预应力筋进场时,应进行外观检查,其外观质量应符合下列规定:

①有粘结预应力筋的表面不应有裂纹、小刺、机械损伤、氧化铁皮和油污等,展开后应平顺、不应有弯折;

②无粘结预应力钢绞线护套应光滑、无裂缝,无明显褶皱;轻微破损处应外包防水塑料胶带修补,严重破损者不得使用。

检查数量:全数检查。

检验方法:观察。

2)预应力筋用锚具、夹具和连接器进场时,应进行外观检查,其表面应无污物、锈蚀、机械损伤和裂纹。

检查数量:全数检查。

检验方法:观察。

3)预应力成孔管道进场时,应进行管道外观质量检查、径向刚度和抗渗漏性能检验,其检验结果应符合下列规定:

①金属管道外观应清洁,内外表面应无锈蚀、油污、附着物、孔洞;波纹管不应有不规则褶皱,咬口应无开裂、脱扣;钢管焊缝应连续;

②塑料波纹管的外观应光滑、色泽均匀,内外壁不应有气泡、裂口、硬块、油污、附着物、孔洞及影响使用的划伤;

③径向刚度和抗渗漏性能应符合现行行业标准《预应力混凝土桥梁用塑料波纹管》JT/T529和《预应力混凝土用金属波纹管》JG225的规定。

检查数量:外观应全数检查;径向刚度和抗渗漏性能的检查数量应按进场的批次和产品的抽样检验方案确定。

检验方法:观察,检查质量证明文件和抽样检验报告。

预应力制作与安装检验批质量验收记录

02010402＿001＿

单位（子单位）工程名称	××工程	分部（子分部）工程名称	主体结构（混凝土结构）	分项工程名称	预应力
施工单位	××建筑有限公司	项目负责人	×××	检验批容量	8 根
分包单位	/	分包单位项目负责人	/	检验批部位	二层 A～E/1～6 轴 01 号梁
施工依据	《混凝土结构工程施工规范》GB 50666-2011		验收依据	《混凝土结构工程施工质量验收规范》GB 50204-2015	

验收项目				设计要求及规范规定	最小/实际抽样数量	检查记录	检查结果
主控项目	1	预应力筋的品种、规格、级别、数量		第 6.3.1 条	全/8	共 8 处，全部合格	√
主控项目	2	预应力筋的安装位置		第 6.3.2 条	全/8	共 8 处，全部合格	√
一般项目	1	预应力筋端部锚具制作质量		第 6.3.3 条	2/2	抽查 2 处、全部合格	100%
一般项目	2	预应力筋或成孔管道的安装质量		第 6.3.4 条	全/8	共 8 处，全部合格	100%
一般项目	3	预应力筋或成孔管道定位控制点的竖向位置偏差	构件截面高（厚）度	允许偏差（mm）	最小/实际抽样数量	检查记录	检查结果
			h≤300	±5	/	/	/
			300＜h≤1500	±10	3/3	抽查 3 处，全部合格	100%
			h＞1500	±15	/	/	/

施工单位检查结果	符合要求 专业工长：王晨 项目专业质量检查员：孔凡民 2015 年××月××日
监理单位验收结论	合格 专业监理工程师：刘东 2015 年××月××日

《预应力制作与安装检验批质量验收记录》填写说明

1. 填写依据

(1)《混凝土结构工程施工质量验收规范》GB 50204－2015。

(2)《建筑工程施工质量验收统一标准》GB 50300－2013。

2. 规范摘要

以下内容摘自《混凝土结构工程施工质量验收规范》GB 50204－2015。

(1)检验批划分原则

参见本章“钢筋原材料检验批质量验收记录”验收要求的相关内容。

(2)制作与安装验收要求

主控项目

1)预应力筋安装时,其品种、规格、级别和数量必须符合设计要求。

检查数量:全数检查。

检验方法:观察,尺量。

2)预应力筋的安装位置应符合设计要求。

检查数量:全数检查。

检验方法:观察,尺量。

一般项目

1)预应力筋端部锚具的制作质量应符合下列规定:

①钢绞线挤压锚具挤压完成后,预应力筋外端露出挤压套筒的长度不应小于 1mm;

②钢绞线压花锚具的梨形头尺寸和直线锚固段长度不应小于设计值;

③钢丝镦头不应出现横向裂纹,镦头的强度不得低于钢丝强度标准值的 98%。

检查数量:对挤压锚,每工作班抽查 5%,且不应少于 5 件;对压花锚,每工作班抽查 3 件。对钢丝镦头强度,每批钢丝检查 6 个镦头试件。

检验方法:观察,尺量,检查镦头强度试验报告。

2)预应力筋或成孔管道的安装质量应符合下列规定:

①成孔管道的连接应密封;

②预应力筋或成孔管道应平顺,并应与定位支撑钢筋绑扎牢固;

③锚垫板的承压面应与预应力筋或孔道曲线末端垂直,预应力筋或孔道曲线末端直线段长度应符合表 2-46 规定;

④当后张有粘结预应力筋曲线孔道波峰和波谷的高差大于 300mm,且采用普通灌浆工艺时,应在孔道波峰设置排气孔。

表 2-46　预应力筋曲线起始点与张拉锚固点之间直线段最小长度

预应力筋张拉控制力 N(kN)	N≤1500	1500<N≤1600	N>1600
直线段最小长度(mm)	400	500	600

检查数量:全数检查。

检验方法:观察,尺量。

3)预应力筋或成孔管道定位控制点的竖向位置偏差应符合表 2-47 的规定，其合格点率应达到 90%及以上，且不得有超过表中数值 1.5 倍的尺寸偏差。

检查数量：在同一检验批内，应抽查各类型构件总数的 10%，且不少于 3 个构件，每个构件不应少于 5 处。

检验方法：尺量。

表 2-47　　预应力或成孔管道定位控制点的竖向位置允许偏差

构件截面高(厚)度(mm)	h≤300	300<h≤1500	h>1500
允许偏差(mm)	±5	±10	±15

预应力张拉与放张检验批质量验收记录

02010403　001

单位（子单位）工程名称	××工程	分部（子分部）工程名称	主体结构（混凝土结构）	分项工程名称	预应力
施工单位	××建筑有限公司	项目负责人	×××	检验批容量	8根
分包单位	/	分包单位项目负责人	/	检验批部位	二层A～E/1～6轴01号梁
施工依据	《混凝土结构工程施工规范》GB 50666-2011		验收依据	《混凝土结构工程施工质量验收规范》GB 50204-2015	

<table>
<tr><td colspan="5">验收项目</td><td>设计要求及规范规定</td><td>最小/实际抽样数量</td><td>检查记录</td><td>检查结果</td></tr>
<tr><td rowspan="3">主控项目</td><td>1</td><td colspan="3">张拉或放张时的混凝土强度</td><td>第6.4.1条</td><td>/</td><td>混凝土强度C38.8，抗压强度试验报告编号：×××</td><td>√</td></tr>
<tr><td>2</td><td colspan="3">钢绞线出现断裂或滑脱的情况</td><td>第6.4.2条</td><td>全/8</td><td>共8处，全部合格</td><td>√</td></tr>
<tr><td>3</td><td colspan="3">实际预应力值控制</td><td>第6.4.3条</td><td>3/3</td><td>抽查3处，全部合格</td><td>√</td></tr>
<tr><td rowspan="7">一般项目</td><td>1</td><td colspan="3">预应力筋张拉质量</td><td>第6.4.4条</td><td>全/8</td><td>共8处，全部合格</td><td>100%</td></tr>
<tr><td>2</td><td colspan="3">预应力筋张拉后的位置偏差</td><td>第6.4.5条</td><td>3/3</td><td>抽查3处，全部合格</td><td>100%</td></tr>
<tr><td rowspan="5">3</td><td rowspan="5">预应力筋的内缩量</td><td rowspan="2">支承式锚具</td><td>螺帽缝隙</td><td>1</td><td>/</td><td>/</td><td>/</td></tr>
<tr><td>每块后加垫板的缝隙</td><td>1</td><td>/</td><td>/</td><td>/</td></tr>
<tr><td colspan="2">锥塞式锚具</td><td>5</td><td>3/3</td><td>抽查3处，全部合格</td><td>100%</td></tr>
<tr><td rowspan="2">夹片式锚具</td><td>有预压</td><td>5</td><td>/</td><td>/</td><td>/</td></tr>
<tr><td>无预压</td><td>6～8</td><td>/</td><td>/</td><td>/</td></tr>
<tr><td colspan="4">施工单位检查结果</td><td colspan="5">符合要求
专业工长：王晨
项目专业质量检查员：孔凡民
2015年××月××日</td></tr>
<tr><td colspan="4">监理单位验收结论</td><td colspan="5">合格
专业监理工程师：刘东
2015年××月××日</td></tr>
</table>

《预应力张拉与放张检验批质量验收记录》填写说明

1. 填写依据

(1)《混凝土结构工程施工质量验收规范》GB 50204－2015。

(2)《建筑工程施工质量验收统一标准》GB 50300－2013。

2. 规范摘要

以下内容摘自《混凝土结构工程施工质量验收规范》GB 50204－2015。

(1)检验批划分原则

参见本章“钢筋原材料检验批质量验收记录”验收要求的相关内容。

(2)张拉与放张验收要求

主控项目

1)预应力筋张拉或放张前,应对构件混凝土强度进行检验。同条件养护的混凝土立方体试件抗压强度应符合设计要求,当设计无要求时应符合下列规定:

①应符合配套锚固产品技术要求的混凝土最低强度且不应低于设计混凝土强度等级值的 75%;

②对采用消除应力钢丝或钢绞线作为预应力筋的先张法构件,不应低于 30MPa。

检查数量:全数检查。

检验方法:检查同条件养护试件试验报告。

2)对后张法预应力结构构件,钢绞线出现断裂或滑脱的数量不应超过同一截面钢绞线总根数的 3%,且每根断裂的钢绞线断丝不得超过一丝;对多跨双向连续板,其同一截面应按每跨计算。

检查数量:全数检查。

检验方法:观察,检查张拉记录。

3)先张法预应力筋张拉锚固后,实际建立的预应力值与工程设计规定检验值的相对允许偏差为±5%。

检查数量:每工作班抽查预应力筋总数的 1%,且不应少于 3 根。

检验方法:检查预应力筋应力检测记录。

一般项目

1)预应力筋张拉质量应符合下列规定:

①采用应力控制方法张拉时,张拉力下预应力筋的实测伸长值与计算伸长值的相对允许偏差为±6%;

②最大张拉应力不应大于现行国家标准《混凝土结构工程施工规范》GB50666 的规定。

检查数量:全数检查。

检验方法:检查张拉记录。

2)先张法预应力构件,应检查预应力筋张拉后的位置偏差,张拉后预应力筋的位置与设计位置的偏差不应大于 5mm,且不应大于构件截面短边边长的 4%。

检查数量:每工作班抽查预应力筋总数的 3%,且不应少于 3 束。

检验方法:尺量。

3)锚固阶段张拉端预应力筋的内缩量应符合设计要求;当设计无具体要求时,应符合表 2-48

的规定。

检查数量:每工作班抽查预应力筋总数的3%,且不少于3束。

检验方法:尺量。

表 2-48　　张拉端预应力筋的内缩量限值

锚具类别		内缩量限制(mm)
支承式锚具(镦头锚具等)	螺帽缝隙	1
	每块后加垫板的缝隙	1
锥塞式锚具		5
夹片式锚具	有顶压	5
	无顶压	6～8

预应力灌浆与封锚检验批质量验收记录

02010404＿001＿

单位（子单位）工程名称	××工程	分部（子分部）工程名称	主体结构（混凝土结构）	分项工程名称	预应力
施工单位	××建筑有限公司	项目负责人	×××	检验批容量	8 根
分包单位	/	分包单位项目负责人	/	检验批部位	二层 A～E/1～6 轴 01 号梁
施工依据	《混凝土结构工程施工规范》GB 50666-2011		验收依据	《混凝土结构工程施工质量验收规范》GB 50204-2015	

验收项目			设计要求及规范规定	最小/实际抽样数量	检查记录	检查结果
主控项目	1	孔道灌浆的一般要求	第 6.5.1 条	全/8	共 8 处，全部合格	√
	2	灌浆用水泥性能	第 6.5.2 条	/	水泥性能符合要求，水泥浆性能试验报告编号：××××	√
	3	水泥浆试件的抗压强度	第 6.5.3 条	/	水泥浆强度 38.2MPa，抗压强度试验报告编号：××××	√
	4	锚具的封闭保护措施	第 6.5.4 条	5/5	抽查 5 处，全部合格	√
一般项目	1	预应力筋的外露长度	第 6.5.5 条	5/5	抽查 5 处，全部合格	100%
施工单位检查结果	符合要求 专业工长：王晨 项目专业质量检查员：孔凡民 2015 年××月××日					
监理单位验收结论	合格 专业监理工程师：刘东 2015 年××月××日					

《预应力灌浆与封锚检验批质量验收记录》填写说明

1. 填写依据

(1)《混凝土结构工程施工质量验收规范》GB 50204－2015。

(2)《建筑工程施工质量验收统一标准》GB 50300－2013。

2. 规范摘要

以下内容摘自《混凝土结构工程施工质量验收规范》GB 50204－2015。

(1)检验批划分原则

参见本章“钢筋原材料检验批质量验收记录”验收要求的相关内容。

(2)灌浆及封锚验收要求

主控项目

1)预留孔道灌浆后,孔道内水泥浆应饱满、密实。

检查数量:全数检查。

检验方法:观察,检查灌浆记录。

2)现场搅拌的灌浆用水泥浆的性能应符合下列规定:

①3h 自由泌水率宜为 0,且不应大于 1%,泌水应在 24h 内全部被水泥浆吸收;

②水泥浆中氯离子含量不应超过水泥重量的 0.06%;

③当采用普通灌浆工艺时,24h 自由膨胀率不应大于 6%;当采用真空灌浆工艺对,24h 自由膨胀率不应大于 3%。

检查数量:同一配合比检查一次。

检验方法:检查水泥浆配比性能试验报告。

3)现场留置的孔道灌浆科试件的抗压强度不应低于 30MPa。

试件抗压强度检验应符合下列规定:

①每组应留取 6 个边长为 70.7mm 的立方体试件,并应标准养护 28d;

②试件抗压强度应取 6 个试件的平均值;当一组试件中抗压强度最大值或最小值与平均值相差超过 20%时,应取中间 4 个试件强度的平均值。

检查数量:每工作班留置一组。

检验方法:检查试件强度试验报告。

4)锚具的封闭保护措施应符合设计要求。当设计无要求时,外露锚具和预应力筋的混凝土保护层厚度不应小于:一类环境时 20mm,二 a、二 b 类环境时 50mm,三 a、三 b 类环境时 80mm。

检查数量:在同一检验批内,抽查预应力筋总数的 5%,且不应少于 5 处。

检验方法:观察,尺量。

一般项目

后张法预应力筋锚固后的锚具外的外露长度不应小于预应力筋直径的 1.5 倍,且不应小于 30mm。

检查数量:在同一检验批内,抽查预应力筋总数的 3%,且不应少于 5 束。

检验方法:观察,尺量。

预应力 分项工程质量验收记录表

单位(子单位)工程名称	××工程	结构类型	全现浇剪力墙
分部(子分部)工程名称	混凝土结构	检验批数	12
施工单位	××建设集团有限公司	项目经理	×××
分包单位	/	分包单位负责人	/
序号	检验批名称及部位、区段	施工单位检查评定结果	监理(建设)单位验收结论
1	首层墙、板	√	合格
2	二层墙、板	√	合格
3	三层墙、板	√	合格
4	四层墙、板	√	合格
5	五层墙、板	√	合格
6	六层墙、板	√	合格
7	七层墙、板	√	合格
8	八层墙、板	√	合格
9	九层墙、板	√	合格
10	十层墙、板	√	合格
11	屋顶电梯机房	√	合格
12	屋顶水箱间	√	合格
检查结论	首层至屋顶水箱间预应力原材料、制作与安装及预应力筋张拉、放张、灌浆及封锚工程施工质量符合《混凝土结构工程施工质量验收规范》(GB 50204－2015)的要求，预应力分项工程合格。 项目专业技术负责人:××× 2015 年 8 月 3 日	验收结论	同意施工单位检查结论，验收合格。 监理工程师:××× (建设单位项目专业技术负责人) 2015 年 8 月 3 日

2.6 现浇结构工程

2.6.1 现浇结构工程资料列表

注:施工管理资料、施工物资资料、施工试验记录及检测报告参见混凝土分项工程相关内容。

(1)施工技术资料

技术处理方案

(2)施工记录

混凝土外观质量缺陷处理记录

(3)施工质量验收记录

1)现浇结构外观及尺寸偏差检验批质量验收记录表

2)混凝土设备基础外观及尺寸偏差检验批质量验收记录表

3)现浇结构分项工程质量验收记录表

4)分项/分部工程施工报验表

(4)住宅工程质量分户验收记录表(参考表)

1)现浇结构外观及尺寸偏差质量分户验收记录表

2)施工质量验收记录

2.6.2　现浇结构工程资料填写范例

混凝土外观质量一般缺陷处理记录

<table>
<tr><td>工程名称</td><td>××工程</td><td>工程部位</td><td>二层</td><td>验收日期</td><td>2015 年×月×日</td></tr>
<tr><td colspan="6">缺陷情况：
1. ④～⑤与Ⓐ～Ⓑ间现浇板板底角有蜂窝，面积为 200×120mm，深度为 14mm。
2. ⑦/Ⓑ交点构造柱柱头夹渣，长度为 80mm，深度为 10mm。</td></tr>
<tr><td colspan="6">处理的技术措施：
1. 现浇板蜂窝处，将不密实混凝土剔凿干净，用钢丝刷将松动砂石清理掉，提前 24h 用水润湿，表面用界面剂进行处理，再用高标号砂浆抹平、压实。并用保温材料进行养护。
2. 构造柱柱头夹渣处，将杂物清理干净，并将混凝土表面浮浆剔掉，将夹渣处剔成外大内小的楔型形状。提前 24h 用水润湿，涂刷界面剂，用高标号水泥砂浆进行抹平、压实，并用保温材料保温养护。</td></tr>
<tr><td colspan="6">处理结果：
1. 现浇板蜂窝处理后表面平整、与原混凝土接触密实，无空鼓及开裂现象。
2. 构件柱夹渣处理后表面平整，密实，无开裂现象。</td></tr>
<tr><td colspan="6">验收意见：
1. 现浇板蜂窝处理表面平整，密实，达到规范要求。
2. 构造柱夹渣处理后接缝无开裂现象．表面平整，密实，达到规范要求。</td></tr>
</table>

监理（建设）单位		施工单位		
监理工程师	总监理工程师	单位工程技术负责人	施工员	质检员
×××	×××	×××	×××	×××

现浇结构外观及尺寸偏差检验批质量验收记录

02010501___001

单位（子单位）工程名称	××工程	分部（子分部）工程名称	主体结构（混凝土结构）	分项工程名称	现浇结构
施工单位	××建筑有限公司	项目负责人	×××	检验批容量	26.12m^3
分包单位	/	分包单位项目负责人	/	检验批部位	二层柱 A～E/1～6+2.5m 轴
施工依据	《混凝土结构工程施工规范》GB 50666-2011		验收依据	《混凝土结构工程施工质量验收规范》GB 50204-2015	

		验收项目			设计要求及规范规定	最小/实际抽样数量	检查记录	检查结果
主控项目	1	外观质量严重缺陷			第 8.2.1 条	/	外观无严重缺陷	√
	2	影响结构性能或使用功能的尺寸偏差			第 8.3.1 条	/	无影响结构性能或使用功能的尺寸偏差	√
一般项目	1	外观质量一般缺陷			第 8.2.2 条	全/34	共 34 处，全部合格	100%
	2	轴线位置	整体基础		15	/		
			独立基础		10	/		
			柱、墙、梁		8	4/4	抽查 4 处，合格 4 处	100%
		垂直度	层高	≤6m	10	4/4	抽查 4 处，合格 4 处	100%
				＞6m	12	/	/	/
			全高（H）≤300m		H/30000+20	/	/	/
			全高（H）＞300m		H/10000 且≤80	/	/	/
		标高	层高		±10	4/4	抽查 4 处，合格 4 处	100%
			全高		±30	4/4	抽查 4 处，合格 4 处	100%
		截面尺寸	基础		+15，-10	/	/	/
			柱、梁、板、墙		+10，-5	4/4	抽查 4 处，合格 4 处	100%
			楼梯相邻踏步高差		6	/	/	/
		电梯井	中心位置		10	/	/	/
			长、宽尺寸		+25，0	/	/	/
		表面平整度			8	4/4	抽查 4 处，合格 4 处	100%
		预埋件中心位置	预埋板		10	/	/	/
			预埋螺栓		5	/	/	/
			预埋管		5	/	/	/
			其他		10	/	/	/
		预留洞、孔中心线位置			15	/	/	/

施工单位检查结果	符合要求 专业工长：王晨 项目专业质量检查员：孔凡民 2015 年××月××日
监理单位验收结论	合格 专业监理工程师：刘东 2015 年××月××日

一册在手 表格全有 贴近现场 资料无忧

《现浇结构外观及尺寸偏差检验批质量验收记录》填写说明

1. 填写依据

(1)《混凝土结构工程施工质量验收规范》GB 50204－2015。

(2)《建筑工程施工质量验收统一标准》GB 50300－2013。

2. 规范摘要

以下内容摘自《混凝土结构工程施工质量验收规范》GB 50204－2015。

(1)检验批划分原则

参见本章"钢筋原材料检验批质量验收记录"验收要求的相关内容。

(2)一般规定

1)现浇结构质量验收应符合下列规定：

①现浇结构质量验收应在拆模后、混凝土表面未作修整和装饰前进行，并应作出记录；

②已经隐蔽的不可直接观察和量测的内容，可检查隐蔽工程验收记录；

③修整或返工的结构构件或部位应有实施前后的文字及图像记录。

2)现浇结构的外观质量缺陷应由监理单位、施工单位等各方根据其对结构性能和使用功能影响的严重程度按表 2-49 确定。

表 2-49　现浇结构外观质量缺陷

名称	现象	严重缺陷	一般缺陷
露筋	构件内钢筋未被混凝土包裹而外露	纵向受力钢筋有露筋	其他钢筋有少量露筋
蜂窝	混凝土表面缺少水泥砂浆而形成石子外露	构件主要受力部位有蜂窝	其他部位有少量蜂窝
孔洞	混凝土中孔穴深度和长度均超过保护层厚度	构件主要受力部位有孔洞	其他部位有少量孔洞
夹渣	混凝土中夹有杂物且深度超过保护层厚度	构件主要受力部位有夹渣	其他部位有少量夹渣
疏松	混凝土中局部不密实	构件主要受力部位有疏松	其他部位有少量疏松
裂缝	缝隙从混凝土表面延伸至混凝土内部	构件主要受力部位有影响结构性能或使用功能的裂缝	其他部位有少量不影响结构性能或使用功能的裂缝
连接部位缺陷	构件连接处混凝土缺陷及连接钢筋、连接件松动	连接部位有影响结构传力性能的缺陷	连接部位有基本不影响结构传力性能的缺陷
外形缺陷	缺棱掉角、棱角不直、翘曲不平、民边凸肋等	清水混凝土构件有影响使用功能或装饰效果的外形缺陷	其他混凝土构件有不影响使用功能的外形缺陷
外表缺陷	构件表面麻面、掉皮、起砂、沾污等	具有重要装饰效果的清水混凝土构件有外表缺陷	其他混凝土构件有不影响使用功能的外表缺陷

3)装配式结构现浇部分的外观质量、位置偏差、尺寸偏差验收应符合本章要求；预制构件与现浇结构之间的结合面应符合设计要求。

(3)外观质量验收要求

主控项目

现浇结构的外观质量不应有严重缺陷。对已经出现的严重缺陷，应由施工单位提出技术处理方案，并经监理单位认可后进行处理；对裂缝、连接部位出现的严重缺陷及其他影响结构安全的严重缺陷，技术处理方案尚应经设计单位认可。对经处理的部位应重新验收。

检查数量：全数检查。

检验方法：观察，检查处理记录。

一般项目

现浇结构的外观质量不应有一般缺陷。

对已经出现的一般缺陷，应由施工单位按技术处理方案进行处理。对经处理的部位应重新验收。

检查数量：全数检查。

检验方法：观察，检查处理记录。

(4)位置和尺寸偏差验收要求

主控项目

现浇结构不应有影响结构性能或使用功能的尺寸偏差；混凝土设备基础不应有影响结构性能和设备安装的尺寸偏差。

对超过尺寸允许偏差且影响结构性能和安装、使用功能的部位，应由施工单位提出技术处理方案，经监理、设计单位认可后进行处理。对经处理的部位应重新验收。

检查数量：全数检查。

检验方法：量测，检查处理记录。

一般项目

1)现浇结构的位置、尺寸偏差及检验方法应符合表 2-50 的规定。

检查数量：按楼层、结构缝或施工段划分检验批。在同一检验批内，对梁、柱和独立基础，应抽查构件数量的 10%，且不应少于 3 件；对墙和板，应按有代表性的自然间抽查 10%，且不应少于 3 间；对大空间结构，墙可按相邻轴线间高度 5m 左右划分检查面，板可按纵、横轴线划分检查面，抽查 10%，且均不应少于 3 面；对电梯井，应全数检查。

2)现浇设备基础的位置和尺寸应符合设计和设备安装的要求。其位置和尺寸偏差及检验方法应符合表 2-51 的规定。

检查数量：全数检查。

表 2-50　　现浇结构位置、尺寸允许偏差及检验方法

<table>
<tr><th colspan="3">项目</th><th>允许偏差(mm)</th><th>检验方法</th></tr>
<tr><td rowspan="3">轴线位置</td><td colspan="2">整体基础</td><td>15</td><td>经纬仪及尺量</td></tr>
<tr><td colspan="2">独立基础</td><td>10</td><td>经纬仪及尺量</td></tr>
<tr><td colspan="2">柱、墙、梁</td><td>8</td><td>尺量</td></tr>
<tr><td rowspan="4">垂直度</td><td rowspan="2">柱、墙层高</td><td>≤6m</td><td>10</td><td>经纬仪或吊线、尺量</td></tr>
<tr><td>>6m</td><td>12</td><td>经纬仪或吊线、尺量</td></tr>
<tr><td colspan="2">全高(H)≤300m</td><td>H/30000+20</td><td>经纬仪、量尺</td></tr>
<tr><td colspan="2">全高(H)>300m</td><td>H/10000 且≤80</td><td>经纬仪、量尺</td></tr>
<tr><td rowspan="2">标高</td><td colspan="2">层高</td><td>±10</td><td>水准仪或拉线、尺量</td></tr>
<tr><td colspan="2">全高</td><td>±30</td><td>水准仪或拉线、尺量</td></tr>
<tr><td rowspan="3">截面尺寸</td><td colspan="2">基础</td><td>+15，−10</td><td>尺量</td></tr>
<tr><td colspan="2">柱、梁、板、墙</td><td>+10，−5</td><td>尺量</td></tr>
<tr><td colspan="2">楼梯相邻踏步高差</td><td>±6</td><td>尺量</td></tr>
<tr><td rowspan="2">电梯井洞</td><td colspan="2">中心位置</td><td>10</td><td>尺量</td></tr>
<tr><td colspan="2">长、宽尺寸</td><td>+25，0</td><td>尺量</td></tr>
</table>

续表

项目		允许偏差(mm)	检验方法
表面平整度		8	2m 靠尺和塞尺量测
预埋件中心位置	预埋件	10	尺量
	预埋螺栓	5	尺量
	预埋管	5	尺量
	其他	10	尺量
预留洞、孔中心线位置		15	尺量

注:1　检查轴线、中心线位置时,沿纵、横两个方向测量,并取其中偏差的较大值。
　2　H 为全高,单位为 mm。

表 2-51　　现浇设置基础位置和尺寸允许偏差及检验方法

项目		允许偏差(mm)	检验方法
坐标位置		20	经纬仪及尺量
不同平面标高		0,−20	水准仪或拉线、尺量
平面外形尺寸		±20	尺量
凸台上平面外形尺寸		0,−20	尺量
凹槽尺寸		+20,0	尺量
平面水平度	每米	5	水平尺、塞尺量测
	全长	10	水准仪或拉线、尺量
垂直度	每米	5	经纬仪或吊线、尺量
	全高	10	经纬仪或吊线、尺量
预埋地脚螺栓	中心位置	2	尺量
	顶标高	+20,0	水准仪或拉线、尺量
	中心距	±2	尺量
	垂直度	5	吊线、尺量
预埋地脚螺栓孔	中心位置	10	尺量
	截面尺寸	+20,0	尺量
	深度	+20,0	尺量
	垂直度	h/100 且≤10	吊线、尺量
预埋活动地脚螺栓锚板	中心线位置	5	尺量
	标高	+20,0	水准仪或拉线、尺量
	带槽锚板平整度	5	钢尺、塞尺量测
	带螺纹孔锚板平整度	2	直尺、塞尺量测

注:1　检查坐标、中心线位置时,应沿纵、横两个方向测量,并取其中偏差的较大值。
　2　h 为预埋地脚螺栓孔孔深,单位为 mm。

混凝土设备基础外观及尺寸偏差检验批质量验收记录

02010502__001__

单位（子单位）工程名称	××工程	分部（子分部）工程名称	主体结构（混凝土结构）	分项工程名称	现浇结构
施工单位	××建筑有限公司	项目负责人	×××	检验批容量	3
分包单位	/	分包单位项目负责人	/	检验批部位	F11层风机基础
施工依据	《混凝土结构工程施工规范》GB 50666-2011		验收依据	《混凝土结构工程施工质量验收规范》GB 50204-2015	

验收项目				设计要求及规范规定	最小/实际抽样数量	检查记录	检查结果
主控项目	1	外观质量严重缺陷		第8.2.1条	/	外观无严重缺陷	√
	2	影响结构性能或使用功能的尺寸偏差		第8.3.1条	/	无影响结构性能或使用功能的尺寸偏差	√
一般项目	1	外观质量一般缺陷		第8.2.2条	全/3	共3处，全部合格	100%
	2	坐标位置		20	全/3	共3处，全部合格	100%
		不同平面标高		0，-20	全/3	共3处，全部合格	100%
		平面外形尺寸		±20	全/3	共3处，全部合格	100%
		凸台上平面外形尺寸		0，-20	/	/	/
		凹槽尺寸		+20，0	/	/	/
		平面水平度	每米	5	全/3	共3处，全部合格	100%
			全长	10	全/3	共3处，全部合格	100%
		垂直度	每米	5	全/3	共3处，全部合格	100%
			全高	10	全/3	共3处，全部合格	100%
		预埋地脚螺栓	中心位置	2	全/24	共24处，全部合格	100%
			顶标高	+20，0	全/24	共24处，全部合格	100%
			中心距	±2	全/24	共24处，全部合格	100%
			垂直度	5	全/24	共24处，全部合格	100%
		预埋地脚螺栓孔	中心线位置	10	/	/	/
			截面尺寸	+20，0	/	/	/
			深度	+20，0	/	/	/
			垂直度	h/100且≤10	/	/	/
		预埋活动地脚螺栓锚板	中心线位置	5	/	/	/
			标高	+20，0	/	/	/
			带槽锚板平整度	5	/	/	/
			带螺纹孔锚板平整度	2	/	/	/

施工单位检查结果	符合要求 专业工长：王晨 项目专业质量检查员：孔凡民 2015年××月××日
监理单位验收结论	合格 专业监理工程师：刘东 2015年××月××日

《混凝土设备基础外观及尺寸偏差检验批质量验收记录》填写说明

1. 填写依据

(1)《混凝土结构工程施工质量验收规范》GB 50204－2015。

(2)《建筑工程施工质量验收统一标准》GB50300－2013。

2. 规范摘要

参见本章“钢筋原材料检验批质量验收记录”验收要求的相关内容。

填表内容参见本节“现浇结构外观及尺寸偏差检验批质量验收记录”。

现浇结构 分项工程质量验收记录表

<table>
<tr><td colspan="2">单位(子单位)工程名称</td><td>××工程</td><td>结构类型</td><td>全现浇剪力墙</td></tr>
<tr><td colspan="2">分部(子分部)工程名称</td><td>混凝土结构</td><td>检验批数</td><td>12</td></tr>
<tr><td>施工单位</td><td colspan="2">××建设集团有限公司</td><td>项目经理</td><td>×××</td></tr>
<tr><td>分包单位</td><td colspan="2">/</td><td>分包单位负责人</td><td>/</td></tr>
<tr><td>序号</td><td>检验批名称及部位、区段</td><td>施工单位检查评定结果</td><td colspan="2">监理(建设)单位验收结论</td></tr>
<tr><td>1</td><td>首层墙、板</td><td>√</td><td colspan="2">合格</td></tr>
<tr><td>2</td><td>二层墙、板</td><td>√</td><td colspan="2">合格</td></tr>
<tr><td>3</td><td>三层墙、板</td><td>√</td><td colspan="2">合格</td></tr>
<tr><td>4</td><td>四层墙、板</td><td>√</td><td colspan="2">合格</td></tr>
<tr><td>5</td><td>五层墙、板</td><td>√</td><td colspan="2">合格</td></tr>
<tr><td>6</td><td>六层墙、板</td><td>√</td><td colspan="2">合格</td></tr>
<tr><td>7</td><td>七层墙、板</td><td>√</td><td colspan="2">合格</td></tr>
<tr><td>8</td><td>八层墙、板</td><td>√</td><td colspan="2">合格</td></tr>
<tr><td>9</td><td>九层墙、板</td><td>√</td><td colspan="2">合格</td></tr>
<tr><td>10</td><td>十层墙、板</td><td>√</td><td colspan="2">合格</td></tr>
<tr><td>11</td><td>屋顶电梯机房</td><td>√</td><td colspan="2">合格</td></tr>
<tr><td>12</td><td>屋顶水箱间</td><td>√</td><td colspan="2">合格</td></tr>
<tr><td>检查结论</td><td>首层至屋顶水箱间外观尺寸及施工质量符合《混凝土结构工程施工质量验收规范》(GB 50204－2015)的要求，现浇结构分项工程合格。

项目专业技术负责人:×××
2015年8月3日</td><td>验收结论</td><td colspan="2">同意施工单位检查结论，验收合格。

监理工程师:×××
(建设单位项目专业技术负责人)
2015年8月3日</td></tr>
</table>

2.7　装配式结构工程

2.7.1　装配式结构工程资料列表

(1)施工技术资料

1)装配式结构施工方案,技术处理方案

2)技术交底记录

①方案技术交底记录

②装配式结构分项工程技术交底记录

3)图纸会审记录、设计变更通知单、工程洽商记录

(2)施工物资资料

1)预制混凝土构件出厂合格证

注:国家实行产品许可证的构件,应按规定有产品许可证编号。

2)材料、构配件进场检验记录

3)工程物资进场报验表

(3)施工记录

1)隐蔽工程验收记录

2)装配式结构施工记录

3)大型构件吊装记录

4)混凝土外观质量缺陷处理记录

(4)施工试验记录及检测报告

1)钢筋连接试验报告(包括焊接、机械连接接头)

注:预制构件与结构之间的连接。

2)砂浆配合比申请单、通知单

3)砂浆试件强度试验报告

4)混凝土配合比申请单、通知单

5)混凝土试件强度试验报告

(5)施工质量验收记录

1)预制构件模板工程检验批质量验收记录表

2)模板拆除工程检验批质量验收记录表(现场预制构件时)

3)预制构件检验批质量验收记录表

4)装配式结构施工工程检验批质量验收记录表

5)装配式结构分项工程质量验收记录表

6)分项/分部工程施工报验表

2.7.2 装配式结构工程资料填写范例

大型构件吊装记录

<table>
<tr><td colspan="2" rowspan="2">工程名称</td><td colspan="2" rowspan="2">××综合楼工程</td><td>编　号</td><td colspan="2">×××</td></tr>
<tr><td>吊装时间</td><td colspan="2">2015 年 8 月 20 日</td></tr>
<tr><td colspan="2">吊装部位</td><td colspan="2">一层大厅</td><td>吊装班组</td><td colspan="2">钢构件吊装班组</td></tr>
<tr><td>序号</td><td>构件名称</td><td>编号</td><td>节点处理</td><td>固定方式</td><td>标高偏差</td><td>搭接长度</td></tr>
<tr><td>1</td><td>钢梁</td><td>GL2c</td><td>喷砂</td><td>高强度螺栓</td><td>合格</td><td>合格</td></tr>
<tr><td>2</td><td>钢梁</td><td>GL2b</td><td>喷砂</td><td>高强度螺栓</td><td>合格</td><td>合格</td></tr>
<tr><td>3</td><td>钢梁</td><td>GL2d</td><td>喷砂</td><td>高强度螺栓</td><td>合格</td><td>合格</td></tr>
<tr><td>4</td><td>钢梁</td><td>GL2a</td><td>喷砂</td><td>高强度螺栓</td><td>合格</td><td>合格</td></tr>
<tr><td>5</td><td></td><td></td><td></td><td></td><td></td><td></td></tr>
<tr><td>6</td><td></td><td></td><td></td><td></td><td></td><td></td></tr>
<tr><td>7</td><td></td><td></td><td></td><td></td><td></td><td></td></tr>
<tr><td>8</td><td></td><td></td><td></td><td></td><td></td><td></td></tr>
<tr><td>9</td><td></td><td></td><td></td><td></td><td></td><td></td></tr>
<tr><td>10</td><td></td><td></td><td></td><td></td><td></td><td></td></tr>
<tr><td>11</td><td></td><td></td><td></td><td></td><td></td><td></td></tr>
<tr><td>12</td><td></td><td></td><td></td><td></td><td></td><td></td></tr>
<tr><td>13</td><td></td><td></td><td></td><td></td><td></td><td></td></tr>
<tr><td>14</td><td></td><td></td><td></td><td></td><td></td><td></td></tr>
<tr><td>15</td><td></td><td></td><td></td><td></td><td></td><td></td></tr>
<tr><td colspan="7">需要说明的事项(包括简图):
（略）</td></tr>
<tr><td rowspan="3">签字栏</td><td rowspan="2">施工单位</td><td colspan="2" rowspan="2">××钢结构工程有限公司</td><td colspan="2">专业技术负责人</td><td>专业质检员</td></tr>
<tr><td colspan="2">梁××</td><td>乔××</td></tr>
<tr><td>监理</td><td colspan="2">××工程建设监理有限公司</td><td colspan="2">专业监理工程师</td><td>宋××</td></tr>
</table>

《大型构件吊装记录》填写说明

本表适用于大型预制混凝土构件、钢构件、木构件的吊装。吊装记录内容包括：构件名称、编号及安装部位、节点处理、固定方式、标高偏差、搭接长度等。

1. 填写依据

(1)《混凝土结构工程施工规范》GB 50666－2011；

(2)《混凝土结构工程施工质量验收规范》GB 50204－2015；

(3)《钢结构工程施工规范》GB 50755－2012；

(4)《钢结构工程施工质量验收规范》GB 50205－2001；

(5)《木结构工程施工质量验收规范》GB 50206－2012；

(6)《建筑工程资料管理标准》DB22/JT 127－2014。

2. 责任部门

施工项目经理部工程部、项目监理机构及其相关责任人等。

3. 提交时限

吊装期间按周或月提交。

4. 相关要求

(1)混凝土构件安装

1)预制构件吊装前，应按设计要求在构件和相应的支承结构上标志中心线、标高等控制尺寸，按标准图或设计文件校核预埋件及连接钢筋等，并做出标志。

2)预制构件应按标准图或设计的要求吊装。起吊时绳索与构件水平面的夹角不宜小于 45°，否则应采用吊架或经验算确定。

3)预制构件安装就位后，应采取保证构件稳定的临时固定措施，并应根据水准点和轴线校正位置。

4)装配式结构中的接头和拼缝应符合设计要求；当设计无具体要求时，应符合下列规定：

①对承受内力的接头和拼缝应采用混凝土浇筑，其强度等级应比构件混凝土强度等级提高一级。

②对不承受内力的接头和拼缝应采用混凝土或砂浆浇筑，其强度等级不应低于 C15 或 M15。

③用于接头和拼缝的混凝土或砂浆，宜采取微膨胀措施和快硬措施，在浇筑过程中应振捣密实，并应采取必要的养护措施。

(2)钢柱安装应符合下列规定：

1)柱脚安装时，锚栓宜使用导入器或护套；

2)首节钢柱安装后应及时进行垂直度、标高和轴线位置校正，钢柱的垂直度可采用纬仪或线锤测量；校正合格后钢柱应可靠固定，并应进行柱底二次灌浆，灌浆前应清除柱底板与基础面间杂物；

3)首节以上的钢柱定位轴线应从地面控制轴线直接引上，不得从下层柱的轴线引上；钢柱校正垂直度时，应确定钢梁接头焊接的收缩量，并应预留焊缝收缩变形值；

4)倾斜钢柱可采用三维坐标测量法进行测校，也可采用柱顶投影点结合标高进行测校，校正合格后宜采用刚性支撑固定。

(3)钢梁安装应符合下列规定:

1)钢梁宜采用两点起吊;当单根钢梁长度大于21m,采用两点吊装不能满足构件强度和变形要求时,宜设置3个～4个吊装点吊装或采用平衡梁吊装,吊点位置应通过计算确定;

2)钢梁可采用一机一吊或一机串吊的方式吊装,应位后应立即临时固定连接;

3)钢梁面的标高及两端高差可采用水准仪与标尺进行测量,校正完成后应进行永久性连接。

(4)支撑安装应符合下列规定:

1)交叉支撑宜按从下到上的顺序组合吊装;

2)无特殊规定时,支撑构件的校正宜在相邻结构校正固定后进行;

3)屈曲约束支撑应按设计文件和产品说明书的要求进行安装。

(5)桁架(屋架)安装应在钢柱校正合格后进行,并应符合下列规定:

1)钢桁架(屋架)可采用整榀或分段安装;

2)钢桁架(屋架)应在起板和吊装过程中防止产生变形;

3)单榀钢桁架(屋架)安装时采用缆绳或刚性支撑增加侧向临时约束。

(6)钢板剪力墙安装应符合下列规定:

1)钢板剪力墙吊装时应采取防止平面外的变形措施;

2)钢板剪力墙的安装时间和顺序应符合设计文件要求。

(7)关节轴承节点安装应符合下列规定:

1)关节轴承节点应采用专门的工装进行吊装和安装;

2)轴承点成不宜解体安装,应位后应采取临时固定措施;

3)连接销轴与孔装配时应密贴接触,宜采用锥形孔、轴,应采用专用工具顶紧安装;

4)安装完毕后应做好成品保护。

(8)钢铸件或铸钢节点安装应符合下列规定:

1)出厂时应标识清晰的安装其准标记;

2)现场焊接应严格按焊接工艺专项方案施焊和检验。

(9)由多相构件在地面组拼的重型组合构件吊装时,吊点位置和数量应经计算确定。

(10)后安装构件应根据设计文件或吊装工况的要求进行安装,其加工长度宜根据现场实际测量确定;当后安装构件与已完成结构采用焊接连接时,应采取减少焊接变形和焊接残余力措施。

装配式结构预制构件检验批质量验收记录

02010601＿＿001

单位（子单位）工程名称	××工程	分部（子分部）工程名称	主体结构（混凝土结构）	分项工程名称	装配式结构
施工单位	××建筑有限公司	项目负责人	×××	检验批容量	24 件
分包单位	/	分包单位项目负责人	/	检验批部位	二层 A～D/1～5 轴墙板
施工依据	《混凝土结构工程施工规范》GB 50666-2011		验收依据	《混凝土结构工程施工质量验收规范》GB 50204-2015	

类别	序号	验收项目			设计要求及规范规定	最小/实际抽样数量	检查记录	检查结果
主控项目	1	预制构件质量			第 9.2.1 条	/	合格，质量证明文件编号：××××	√
主控项目	2	预制构件结构性能			第 9.2.2 条	1/1	合格，结构性能报告编号：××××	√
主控项目	3	预制构件的外观质量			第 9.2.3 条	全/24	共 24 处，全部合格	√
主控项目	4	预埋件、预留插筋、预埋管线等			第 9.2.4 条	/	/	/
一般项目	1	预制构件标识			第 9.2.5 条	全/24	共 24 处，全部合格	100%
一般项目	2	预制构件的外观质量			第 9.2.6 条	全/24	共 24 处，23 处合格	96%
一般项目	3	长度	楼板、梁、柱、桁架	＜12m	±5	/	/	/
一般项目	3	长度	楼板、梁、柱、桁架	≥12m 且＜18m	±10	/	/	/
一般项目	3	长度	楼板、梁、柱、桁架	＞18m	±20	/	/	/
一般项目	3	长度	墙板		±4	5/5	抽查 5 处，全部合格	100%
一般项目	3	宽度、高（厚）度	楼板、梁、柱、桁架		±5	/	/	/
一般项目	3	宽度、高（厚）度	墙板		±4	5/5	抽查 5 处，全部合格	100%
一般项目	3	表面平整度	楼板、梁、柱、墙板内表面		5	5/5	抽查 5 处，全部合格	100%
一般项目	3	表面平整度	墙板外表面		3	5/5	抽查 5 处，全部合格	100%
一般项目	3	侧向弯曲	楼板、梁、柱		L/750 且≤20	/	/	/
一般项目	3	侧向弯曲	墙板、桁架		L/1000 且≤20	5/5	抽查 5 处，全部合格	100%
一般项目	3	翘曲	楼板		L/750	/	/	/
一般项目	3	翘曲	墙板		L/1000	5/5	抽查 5 处，全部合格	100%
一般项目	3	对角线	楼板		10	/	/	/
一般项目	3	对角线	墙板		5	5/5	抽查 5 处，全部合格	100%
一般项目	3	预留孔	中心线位置		5	/	/	/
一般项目	3	预留孔	孔尺寸		±5	/	/	/
一般项目	3	预留洞	中心线位置		10	/	/	/
一般项目	3	预留洞	洞口尺寸、深度		±10	/	/	/
一般项目	3	预埋件	预埋板中心线位置		5	/	/	/
一般项目	3	预埋件	预埋板与混凝土面高差		0，-5	/	/	/
一般项目	3	预埋件	预埋螺栓		2	/	/	/
一般项目	3	预埋件	预埋螺栓外露长度		+10，-5	/	/	/
一般项目	3	预埋件	预埋套筒、螺母中心线		2	/	/	/
一般项目	3	预埋件	预埋套筒、螺母高差		±5	/	/	/
一般项目	3	预留插筋	中心线位置		5	5/5	抽查 5 处，全部合格	100%
一般项目	3	预留插筋	外露长度		+10，-5	5/5	抽查 5 处，全部合格	100%
一般项目	3	键槽	中心线位置		5	/	/	/
一般项目	3	键槽	长度、宽度		±5	/	/	/
一般项目	3	键槽	深度		±10	/	/	/
一般项目	4	粗糙面的质量及键槽数量			第 9.2.8 条	/	/	/

施工单位检查结果	符合要求 专业工长：王晨 项目专业质量检查员：张凡民 2015 年××月××日
监理单位验收结论	合格 专业监理工程师：刘东 2015 年××月××日

《装配式结构预制构件检验批质量验收记录》填写说明

1. 填写依据

(1)《混凝土结构工程施工质量验收规范》GB 50204－2015。

(2)《建筑工程施工质量验收统一标准》GB50300－2013。

2. 规范摘要

以下内容摘自《混凝土结构工程施工质量验收规范》GB 50204－2015。

(1)检验批划分原则

混凝土结构子分部工程可根据结构的施工方法分为两类:现浇混凝土结构子分部工程和装配式混凝土结构子分部工程;根据结构的分类,还可分为钢筋混凝土结构子分部工程和预应力混凝土结构子分部工程等。混凝土结构子分部工程可划分为模板、钢筋、预应力、混凝土、现浇结构和装配式结构等分项工程。各分项工程可根据与施工方式相一致且便于控制施工质量的原则,按工作班、楼层、结构缝或施工段划分为若干检验批。

(2)预制构件验收要求

主控项目

1)预制构件的质量应符合本规范、国家现行相关标准的规定和设计的要求。

检查数量:全数检查。

检验方法:检查质量证明文件或质量验收记录。

2)混凝土预制构件专业企业生产的预制构件进场时,预制构件结构性能检验应符合下列规定:

①梁板类简支受弯预制构件进场时应进行结构性能检验,并应符合下列规定:

a. 结构性能检验应符合国家现行相关标准的有关规定及设计的要求,检验要求和试验方法应符合本规范附录B的规定。

b. 钢筋混凝土构件和允许出现裂缝的预应力混凝土构件应进行承载力、挠度和裂缝宽度检验;不允许出现裂缝的预应力混凝土构件应进行承载力、挠度和抗裂检验。

c. 对大型构件及有可靠应用经验的构件,可只进行裂缝宽度、抗裂和挠度检验。

d. 对使用数量较少的构件,当能提供可靠依据时,可不进行结构性能检验。

②对其他预制构件,除设计有专门要求外,进场时可不做结构性能检验。

③对进场时不做结构性能检验的预制构件,应采取下列措施:

a. 施工单位或监理单位代表应驻厂监督制作过程;

b. 当无驻厂监督时,预制构件进场时应对预制构件主要受力钢筋数量、规格、间距及混凝土强度等进行实体检验。

检验数量:每批进场不超过1000个同类型预制构件为一批,在每批中应随机抽取一个构件进行检验。

检验方法:检查结构性能检验报告或实体检验报告。

注:“同类型”是指同一钢种、同一混凝土强度等级、同一生产工艺和同一结构形式。抽取预制构件时,宜从设计荷载最大、受力最不利或生产数量最多的预制构件中抽取。

3)预制构件的外观质量不应有严重缺陷,且不应有影响结构性能和安装、使用功能的尺寸偏差。

检查数量:全数检查。

检验方法:观察,尺量;检查处理记录。

4)预制构件上的预埋件、预留插筋、预埋管线等的材料质量、规格和数量以及预留孔、预留洞的数量应符合设计要求。

检查数量:全数检查。

检验方法:观察。

一般项目

1)预制构件应有标识。

检查数量:全数检查。

检验方法:观察。

2)预制构件的外观质量不应有一般缺陷。

检查数量:全数检查。

检验方法:观察,检查处理记录。

3)预制构件的尺寸偏差及检验方法应符合表 2-52 的规定;设计有专门规定时,尚应符合设计要求。施工过程中临时使用的预埋件,其中心线位置允许偏差可取表 2-52 中规定数值的 2 倍。

检查数量:同一类型的构件,不超过 100 个为一批,每批应抽查构件数量的 5%,且不应少于 3 个。

表 2-52　　预制构件尺寸的允许偏差及检验方法

项目			允许偏差(mm)	检验方法
长度	楼板、梁、柱、桁架	<12m	±5	尺量
		≥12m 且<m	±10	
		≥18m	±20	
	墙板		±4	
宽度、高(厚)度	楼板、梁、柱、桁架		±5	尺量一端及中部,取其中偏差绝对值较大处
	墙板		±4	
表面平整度	楼板、梁、柱、墙板内表面		5	2m 靠尺和塞尺量测
	墙板外表面		3	
侧向弯曲	梁、柱、板		$l/750$ 且≤20	拉线、直尺量测最大侧向弯曲处
	墙板、桁架		$l/1000$ 且≤20	
翘曲	楼板		$l/750$	调平尺在两端量测
	墙板		$l/1000$	
对角线	楼板		10	尺量两个对角线
	墙板		5	

续表

项目		允许偏差(mm)	检验方法
预留孔	中心线位置	5	尺量
	孔尺寸	±5	
预留洞	中心线位置	10	尺量
	洞口尺寸、深度	±10	
预埋件	预埋板中心线位置	5	尺量
	预埋板与混凝土面平面高差	0,−5	
	预埋螺栓	2	
	预埋螺栓外露长度	+10,−5	
	预埋套筒、螺母中心线位置	2	
	预埋套筒、螺母与混凝土面平面高差	±5	
预留插筋	中心线位置	5	尺量
	外露长度	+10,−5	
键槽	中心线位置	5	尺量
	长度、宽度	±5	
	深度	±10	

注:1 l 为构件长度,单位为mm;

2 检查中心线、螺栓和孔道位置偏差时,沿纵、横两个方向量测,并取其中偏差较大值。

4)预制构件的粗糙面的质量及键槽的数量应符合设计要求。

检查数量:全数检查。

检验方法:观察。

装配式结构施工检验批质量验收记录

02010602＿001

单位（子单位）工程名称	××工程	分部（子分部）工程名称	主体结构（混凝土结构）	分项工程名称	预应力
施工单位	××建筑有限公司	项目负责人	×××	检验批容量	24 件
分包单位	/	分包单位项目负责人	/	检验批部位	二层 A～D/1～5 轴墙板
施工依据	《混凝土结构工程施工规范》GB 50666-2011		验收依据	《混凝土结构工程施工质量验收规范》GB 50204-2015	

验收项目			设计要求及规范规定	最小/实际抽样数量	检查记录	检查结果
主控项目	1	预制构件临时固定措施	第 9.3.1 条	全/24	共 24 处，全部合格	√
	2	套筒灌浆连接材料及质量	第 9.3.2 条	/	/	/
	3	焊接接头质量	第 9.3.3 条	全/24	共 24 处，全部合格	√
	4	机械连接接头质量	第 9.3.4 条	/	/	/
	5	焊接、螺栓连接材料性能与施工质量	第 9.3.5 条	/	/	/
	6	后浇混凝土强度	第 9.3.6 条	/	合格，试验报告编号：××××	√
	7	外观质量严重缺陷与影响结构性能和安装使用功能的尺寸偏差	第 9.3.7 条	全/24	共 24 处，全部合格	√
一般项目	1	外观质量一般缺陷	第 9.3.8 条	全/24	共 24 处，全部合格	100%
	2	构件轴线位置 竖向构件（柱、墙板、桁架）	8	3/3	抽查 3 处，全部合格	100%
		构件轴线位置 水平构件（梁、楼板）	5	/	/	/
		标高 梁、柱、墙板 楼板底面或顶面	±5	3/3	抽查 3 处，全部合格	100%
		构件垂直度 柱、墙板安装后的高度 ≤6m	5	3/3	抽查 3 处，全部合格	100%
		构件垂直度 柱、墙板安装后的高度 ＞6m	10	/	/	/
		构件倾斜度 梁、桁架	5	/	/	/
		相邻构件平整度 梁、楼板底面 外露	3	/	/	/
		相邻构件平整度 梁、楼板底面 不外露	5	/	/	/
		相邻构件平整度 柱、墙板 外露	5	/	/	/
		相邻构件平整度 柱、墙板 不外露	8	3/3	抽查 3 处，全部合格	100%
		构件搁置长度 梁、板	±10	/	/	/
		支座、支垫中心位置 板、梁、柱、墙板、桁架	10	3/3	抽查 3 处，全部合格	100%
		墙板接缝宽度	±5	3/3	抽查 3 处，全部合格	100%
施工单位检查结果	符合要求 专业工长：王晨 项目专业质量检查员：孔凡民 2015 年××月××日					
监理单位验收结论	合格 专业监理工程师：刘东 2015 年××月××日					

《装配式结构施工检验批质量验收记录》填写说明

1. 填写依据

(1)《混凝土结构工程施工质量验收规范》GB 50204－2015。

(2)《建筑工程施工质量验收统一标准》GB50300－2013。

2. 规范摘要

以下内容摘自《混凝土结构工程施工质量验收规范》GB 50204－2015。

(1)检验批划分原则

参见本章“钢筋原材料检验批质量验收记录”验收要求的相关内容。

(2)装配式结构施工验收要求

主控项目

1)预制构件临时固定措施的安装质量应符合施工方案的要求。

检查数量:全数检查。

检验方法:观察。

2)钢筋采用套筒灌浆连接或浆锚搭接连接时,灌浆应饱满、密实,其材料及连接质量应符合国家现行行业标准《钢筋套筒灌浆连接应用技术规程》JGJ335 的规定。

检查数量:按国家现行行业标准《钢筋套筒灌浆连接应用技术规程》JGJ335 的规定确定。

检验方法:检查质量证明文件、灌浆记录及相关检验报告。

3)钢筋采用焊接连接时,其接头质量应符合现行行业标准《钢筋焊接及验收规程》JGJ18 的规定。

检查数量:按现行行业标准《钢筋焊接及验收规程》JGJ18 的有关规定确定。

检验方法:检查质量证明文件及平行加工试件的检验报告。

4)钢筋采用机械连接时,其接头质量应符合现行行业标准《钢筋机械连接技术规程》JGJ107 的规定。

检查数量:按现行行业标准《钢筋机械连接技术规程》JGJ107 的规定确定。

检验方法:检查质量证明文件、施工记录及平行加工试件的检验报告。

5)预制构件采用焊接、螺栓连接等连接方式时,其材料性能及施工质量应符合国家现行标准《钢结构工程施工质量验收规范》GB50205 和《钢筋焊接及验收规程》JGJ18 的相关规定。

检查数量:按国家现行标准《钢结构工程施工质量验收规范》GB50205 和《钢筋焊接及验收规程》JGJ18 的规定确定。

检验方法:检查施工记录及平行加工试件的检验报告。

6)装配式结构采用现浇混凝土连接构件时,构件连接处后浇混凝土的强度应符合设计要求。

检查数量:按本规范第 7.4.1 条的规定确定。

检验方法:检查混凝土强度试验报告。

7)装配式结构施工后,其外观质量不应有严重缺陷,且不应有影响结构性能和安装、使用功能的尺寸偏差。

检查数量:全数检查。

检验方法:观察,量测;检查处理记录。

一般项目

1)装配式结构施工后,其外观质量不应有一般缺陷。

检查数量:全数检查。

检验方法:观察,检查处理记录。

2)装配式结构施工后,预制构件位置、尺寸偏差及检验方法应符合设计要求;当设计无具体要求时,应符合表 2-53 的规定。预制构件与现浇结构连接部位的表面平整度应符合表表 2-53 的规定。

检查数量:按楼层、结构缝或施工段划分检验批。在同一检验批内,对梁、柱和独立基础,应抽查构件数量的 10%,且不应少于 3 件;对墙和板,应按有代表性的自然间抽查 10%,且不应少于 3 间;对大空间结构,墙可按相邻轴线间高度 5m 左右划分检查面,板可按纵、横轴线划分检查面,抽查 10%,且均不应少于 3 面。

表 2-53　　装配式结构构件位置和尺寸允许偏差及检验方法

<table>
<tr><th colspan="3">项目</th><th>允许偏差(mm)</th><th>检验方法</th></tr>
<tr><td rowspan="2">构件轴线位置</td><td colspan="2">竖向构件(柱、墙板、桁架)</td><td>8</td><td rowspan="2">经纬仪及尺量</td></tr>
<tr><td colspan="2">水平构件(梁、楼板)</td><td>5</td></tr>
<tr><td>标高</td><td colspan="2">梁、柱、墙板
楼板底面或顶面</td><td>±5</td><td>水准仪或拉线、尺量</td></tr>
<tr><td rowspan="2">构件垂直度</td><td rowspan="2">柱、墙板安装后的高度</td><td>≤6m</td><td>5</td><td rowspan="2">经纬仪或吊线、尺量</td></tr>
<tr><td>>6m</td><td>10</td></tr>
<tr><td>构件倾斜度</td><td colspan="2">梁、桁架</td><td>5</td><td>经纬仪或吊线、尺量</td></tr>
<tr><td rowspan="4">相邻构件平整度</td><td rowspan="2">梁、楼板底面</td><td>外露</td><td>3</td><td rowspan="4">2m 靠尺和塞尺量测</td></tr>
<tr><td>不外露</td><td>5</td></tr>
<tr><td rowspan="2">柱、墙板</td><td>外露</td><td>5</td></tr>
<tr><td>不外露</td><td>8</td></tr>
<tr><td>构件搁置长度</td><td colspan="2">梁、板</td><td>±10</td><td>尺量</td></tr>
<tr><td>支座、支垫中心位置</td><td colspan="2">板、梁、柱、墙板、桁架</td><td>10</td><td>尺量</td></tr>
<tr><td colspan="3">墙板接缝宽度</td><td>±5</td><td>尺量</td></tr>
</table>

装配式 分项工程质量验收记录表

单位(子单位)工程名称	××工程	结构类型	全现浇剪力墙
分部(子分部)工程名称	混凝土结构	检验批数	12
施工单位	××建设集团有限公司	项目经理	×××
分包单位	/	分包单位负责人	/
序号	检验批名称及部位、区段	施工单位检查评定结果	监理(建设)单位验收结论
1	首层墙、板	√	合格
2	二层墙、板	√	合格
3	三层墙、板	√	合格
4	四层墙、板	√	合格
5	五层墙、板	√	合格
6	六层墙、板	√	合格
7	七层墙、板	√	合格
8	八层墙、板	√	合格
9	九层墙、板	√	合格
10	十层墙、板	√	合格
11	屋顶电梯机房	√	合格
12	屋顶水箱间	√	合格
检查结论	首层至屋顶水箱间预制构件及装配式结构施工质量符合《混凝土结构工程施工质量验收规范》(GB 50204－2015)的要求，装配式结构分项工程合格。 项目专业技术负责人：××× 2015年8月3日	验收结论	同意施工单位检查结论，验收合格。 监理工程师：××× (建设单位项目专业技术负责人) 2015年8月3日

第 3 章

砌体结构工程资料及范例

3.1 砌体结构工程规范清单

砖砌体工程应参考的标准及规范清单

(1)《砌体工程施工质量验收规范》(GB 50203－2011)
(2)《烧结普通砖》(GB 5101－2003)
(3)《烧结多孔砖和多孔砌块》(GB 13544－2011)
(4)《蒸压灰砂砖》(GB 11945－1999)
(5)《烧结空心砖和空心砌块》(GB/T 13545－2014)
(6)《砌体工程现场检测技术标准》(GB/T 50315－2011)
(7)《砌墙砖试验方法》(GB/T 2542－2012)
(8)《建筑砂浆基本性能试验方法标准》(JGJ 70－2009)
(9)《砌墙砖检验规则》(JC/T 466－1992(1996))
(10)《蒸压粉煤灰砖》(JC/T 239－2014)
(11)《炉渣砖》(JC/T 525－2007)
(12)《非烧结垃圾尾矿砖》(JC/T 422－2007)
(13)《蒸压灰砂多孔砖》(JC/T 637－2009)
(14)《回弹仪评定烧结普通砖强度等级的方法》(JC/T 796－2013)

混凝土小型空心砌块砌体工程应参考的标准及规范清单

(1)《砌体工程施工质量验收规范》(GB 50203－2011)
(2)《普通混凝土小型砌块》(GB 8239－2014)
(3)《轻集料混凝土小型空心砌块》(GB 15229－2011)
(4)《蒸压加气混凝土砌块》(GB 11968－2006)
(5)《通用硅酸盐水泥》(GB 175－2007)
(6)《砌筑砂浆配合比设计规程》(JGJ/T 98－2010)
(7)《建筑砂浆基本性能试验方法标准》(JGJ 70－2009)
(8)《混凝土用水标准》(JGJ 63－2006)
(9)《混凝土小型空心砌块建筑技术规程》(JGJ/T 14－2011)
(10)《建筑生石灰》(JC/T 479－2013)

石砌体工程应参考的标准及规范清单

(1)《砌体工程施工质量验收规范》(GB 50203－2011)
(2)《通用硅酸盐水泥》(GB 175－2007)
(3)《混凝土用水标准》(JGJ 63－2006)
(4)《建筑砂浆基本性能试验方法标准》(JGJ 70－2009)
(5)《砌筑砂浆配合比设计规程》(JGJ 98－2010)
(6)《混凝土外加剂应用技术规范》(GB50119－2003)
(7)《建筑生石灰》(JC/T 479－2013)

填充墙砌体工程应参考的标准及规范清单

(1)《砌体工程施工质量验收规范》(GB 50203－2011)
(2)《烧结空心砖和空心砌块》(GB 13545－2014)

(3)《通用硅酸盐水泥》(GB 175－2007)

(4)《混凝土外加剂应用技术规范》(GB50119－2003)

(5)《蒸压加气混凝土砌块》(GB/T 11968－2006)

(6)《轻集料混凝土空心小型砌块》(GB/T 15229－2011)

(7)《混凝土用水标准》(JGJ 63－2006)

(8)《建筑砂浆基本性能试验方法标准》(JGJ 70－2009)

(9)《砌筑砂浆配合比设计规程》(JGJ 98－2010)

(10)《建筑生石灰》(JC/T 479－2013)

配筋砖砌体工程应参考的标准及规范清单

(1)《砌体工程施工质量验收规范》(GB 50203－2011)

(2)《通用硅酸盐水泥》(GB 175－2007)

(3)《混凝土外加剂应用技术规范》(GB50119－2003)

(4)《混凝土用水标准》(JGJ 63－2006)

(5)《建筑砂浆基本性能试验方法标准》(JGJ 70－2009)

(6)《砌筑砂浆配合比设计规程》(JGJ 98－2010)

(7)《建筑生石灰》(JC/T 479－2013)

其他参见第二章“钢筋工程”和“混凝土工程”砌体结构分部(子分部)工程质量验收记录表

3.2 砖砌体工程

3.2.1 砖砌体工程资料列表

(1)施工管理资料

见证记录

(2)施工技术资料

1)施工方案

①砖砌体工程施工方案

②砖砌体工程冬期施工方案

2)技术交底记录

①砖砌体工程施工方案技术交底记录

②砖砌体工程冬期施工方案技术交底记录

③砖砌体分项工程技术交底记录

3)设计变更通知单、工程洽商记录

(3)施工物资资料

1)烧结普通砖(或烧结多孔砖、混凝土实心砖、蒸压灰砂砖等)出厂质量证明文件

2)烧结普通砖(或烧结多孔砖、混凝土实心砖、蒸压灰砂砖等)试验报告

注:承重墙用砖应实行有见证取样和送检。

3)水泥、砂、掺合料、外加剂、钢筋等质量证明文件及复试报告

注:水泥应实行有见证取样和送检;按规定应预防碱—集料反应的工程或结构部位所使用的砂应有碱活性检验报告。

4)材料、构配件进场检验记录

5)工程物资进场报验表

(4)施工记录

1)隐蔽工程验收记录

2)预检记录

3)测量放线及复核记录

4)砂浆原材料称量记录

5)砌体工程施工记录

(5)施工试验记录及检测报告

1)砂浆抗压强度试验报告目录

2)砂浆配合比申请单、通知单

3)砂浆施工配合比下料单

4)砂浆抗压强度试验报告(包括:标养、冬施同条件养护等试件试验报告)

5)砌筑砂浆试块强度统计、评定记录

(6)施工试验记录及检测报告

1)砖砌体工程检验批质量验收记录

2)砖砌体分项工程质量验收记录

3)分项/分部工程施工报验表

(7)住宅工程质量分户验收记录表(参考表)

砖砌体(混水)工程质量分户验收记录表

3.2.2　砖砌体工程资料填写范例

砖(砌块)试验报告

委托单位:××建设集团有限公司　　　　　　　　　　　　　　　　试验编号:×××

<table>
<tr><td>工程名称</td><td colspan="3">××工程</td><td>委托日期</td><td colspan="2">2015 年 3 月 27 日</td></tr>
<tr><td>使用部位</td><td colspan="3">地下一层①～④/Ⓐ～Ⓒ轴</td><td>报告日期</td><td colspan="2">2015 年 3 月 29 日</td></tr>
<tr><td>强度级别</td><td>MU10</td><td>代表批量</td><td>10 万块</td><td>检验类别</td><td colspan="2">委托</td></tr>
<tr><td>生产厂</td><td colspan="2">××</td><td>规格尺寸</td><td colspan="3">240×115×53(mm)</td></tr>
<tr><td rowspan="3">烧结普通砖抗压检验</td><td colspan="2">强度平均值(MPa)</td><td colspan="2">强度标准值/最小值(MPa)</td><td rowspan="2">强度标准差(MPa)</td><td rowspan="2">变异系数</td></tr>
<tr><td>标准要求</td><td>实测结果</td><td>标准要求</td><td>实测结果</td></tr>
<tr><td>≥10.0</td><td>14.1</td><td>≥6.5</td><td>10.6</td><td>3.68</td><td>0.24</td></tr>
<tr><td rowspan="3">砌　块</td><td colspan="2">抗压强度(MPa)</td><td colspan="2" rowspan="2">干燥表观密度(kg/m^3)</td><td colspan="2">抗折强度(MPa)</td></tr>
<tr><td>平均值</td><td>最小值</td><td>最大值</td><td>最小值</td></tr>
<tr><td>—</td><td>—</td><td colspan="2">—</td><td>—</td><td>—</td></tr>
<tr><td>检验项目</td><td>泛　霜</td><td>石灰爆裂</td><td>冻　融</td><td>吸水率</td><td>饱和系数</td><td>尺寸偏差</td></tr>
<tr><td>实测结果</td><td>—</td><td>—</td><td>—</td><td>—</td><td>—</td><td>—</td></tr>
<tr><td colspan="7">依据标准:
《烧结普通砖》(GB/T 5101－2003)</td></tr>
<tr><td colspan="7">检验结论:
所检项目符合烧结普通砖 MU10 标准要求</td></tr>
<tr><td colspan="7">备　注:本报告未经本室书面同意不得部分复制。
见证单位:××建设监理公司
见证人:×××</td></tr>
<tr><td colspan="7">试验单位:××检测中心　　技术负责人:×××　　审核:×××　　试(检)验:×××</td></tr>
</table>

一册在手　表格全有　贴近现场　资料无忧

砖(砌块)试验报告

委托单位:××建设集团有限公司　　　　试验编号:×××

<table>
<tr><td>工程名称</td><td colspan="3">××工程</td><td>委托日期</td><td colspan="2">2015 年 3 月 27 日</td></tr>
<tr><td>使用部位</td><td colspan="3">地上二层①~②/Ⓓ~Ⓕ轴</td><td>报告日期</td><td colspan="2">2015 年 3 月 29 日</td></tr>
<tr><td>强度级别</td><td>MU10</td><td>代表批量</td><td>5 万块</td><td>检验类别</td><td colspan="2">委托</td></tr>
<tr><td>生产厂</td><td colspan="2">××</td><td>规格尺寸</td><td colspan="3">240×115×53</td></tr>
<tr><td rowspan="3">烧结普通砖抗压检验</td><td colspan="2">强度平均值(MPa)</td><td colspan="2">强度标准值/最小值(MPa)</td><td rowspan="2">强度标准差(MPa)</td><td rowspan="2">变异系数</td></tr>
<tr><td>标准要求</td><td>实测结果</td><td>标准要求</td><td>实测结果</td></tr>
<tr><td>≥10.0</td><td>15.2</td><td>≥6.5</td><td>13.6</td><td>0.9</td><td>0.24</td></tr>
<tr><td rowspan="3">砌　块</td><td colspan="2">抗压强度(MPa)</td><td colspan="2" rowspan="2">干燥表观密度(kg/m³)</td><td colspan="2">抗折强度(MPa)</td></tr>
<tr><td>平均值</td><td>最小值</td><td>最大值</td><td>最小值</td></tr>
<tr><td>—</td><td>—</td><td colspan="2">—</td><td>—</td><td>—</td></tr>
<tr><td>检验项目</td><td>泛　霜</td><td>石灰爆裂</td><td>冻　融</td><td>吸水率</td><td>饱和系数</td><td>尺寸偏差</td></tr>
<tr><td>实测结果</td><td>—</td><td>—</td><td>—</td><td>—</td><td>—</td><td>—</td></tr>
</table>

依据标准:

《烧结多孔砖和多孔砌块》(GB 13544—2011)

检验结论:

所检项目符合烧结多孔砖 MU10 标准要求

备　注:本报告未经本室书面同意不得部分复制。

见证单位:××建设监理公司

见证人:×××

试验单位:××检测中心　技术负责人:×××　审核:×××　试(检)验:×××

《砖(砌块)试验报告》填写说明

砖(砌块)试验报告是对用于工程中的砖(砌块)强度等指标进行复试后由试验单位出具的质量证明文件。

1. 责任部门

供货单位必须提供产品合格证、物理性能检验报告及建筑材料放射性指标检验报告。出厂合格证、检验报告应由施工单位的项目材料员负责收集,项目资料员汇总整理,试验报告由试验单位提供。复试报告由施工单位的项目试验员负责收集、项目资料员汇总整理。

2. 提交时限

检测报告应随物资进场提交,试验报告应在正式使用前提交,复试时间为 7d 左右。

3. 检查要点

(1)砖(砌块)出厂合格证、检验报告。

1)公章及复印件要求:质量证明文件应具有生产单位、材料供应单位公章。复印件应加盖原件存放单位红章、具有经办人签字和经办日期。

2)质量证明文件各项内容填写齐全,不得漏填或随意涂改,内容包括:强度等级、出厂日期、批量及编号、抗压、抗折强度、尺寸偏差等。

3)砌体结构用砖(砌块)的产品龄期要求不应小于 28d,不宜小于 35d(块材龄期不足易造成开裂)。

(2)砖(砌块)试验报告。

1)出厂质量证明文件与(砖)砌块进场外观检查合格后,方可按照有关规定取样做力学性能复试,复试合格后方可在工程中使用。做到先复试后使用,严禁先施工后复试。

2)委托单位:应填写施工单位名称,并与施工合同中的施工单位名称相一致。

3)代表数量:应填写本次复试的实际砖(砌块)数量,不得笼统填写验收批的最大批量。

4. 技术要求

(1)烧结普通砖。

1)尺寸偏差。

尺寸允许偏差应符合表 3-1 规定。

表 3-1　烧结普通砖尺寸允许偏差　(单位:mm)

公称尺寸	优等品		一等品		合格品	
	样本平均偏差	样本极差≤	样本平均偏差	样本极差≤	样本平均偏差	样本极差≤
240	±2.0	6	±2.5	7	±3.0	8
115	±1.5	5	±2.0	6	±2.5	7
53	±1.5	4	±1.6	5	±2.0	6

2)外观质量。

砖的外观质量应符合表 3-2 的规定。

表 3-2　　烧结普通砖外观质量　　(单位:mm)

项目		优等品	一等品	合格
两条面高度差 ≤		2	3	4
弯曲 ≤		2	3	4
杂质凸出高度 ≤		2	3	4
缺棱掉角的三个破坏尺寸不得同时大于		5	20	30
裂纹长度≤	a. 大面上宽度方向及其延伸至条面的长度	30	60	80
	b. 大面上长度方向及其延伸至顶面的长度或条顶面上水平裂纹的长度	50	80	100
完整面不得少于		二条面和二顶面	一条面和一顶面	—
颜色		基本一致	—	—

注:1. 为装饰而加的色差,凹凸纹、拉毛、压花等不算作缺陷。
2. 凡有下列缺陷之一者,不得称为完整面。
(1)缺损在条面或顶面上造成的破坏面尺寸同时大于 10mm×10mm。
(2)条面或顶面上裂纹宽度大于 1mm,其长度超过 30mm。
(3)压陷、粘底、焦花在条面或顶面上的凹陷或凸出超过 2mm,区域尺寸同时大于 10mm×10mm。

3)强度。

砖的强度应符合表 3-3 规定。

表 3-3　　烧结普通砖强度

强度等级	抗压强度平均值 $\bar{f}$≥	变异系数 δ≤0.21	变异系数 δ>0.21
		强度标准值 f_k≥	单块最小抗压强度值 f_{min}≥
MU30	30.0	22.0	25.0
MU25	25.0	18.0	22.0
MU20	20.0	14.0	16.0
MU15	15.0	10.0	12.0
MU10	10.0	6.5	7.5

(2)烧结多孔砖和多孔砌块。

1)尺寸允许偏差。

烧结多孔砖和多孔砌块尺寸允许偏差应符合表 3-4 的规定。

表 3-4　　烧结多孔砖和多孔砌块的尺寸允许偏差　　(单位:mm)

尺寸	样本平均偏差	样本极差 ≤
>400	±3.0	10.0
300~400	±2.5	9.0
200~300	±2.5	8.0
100~200	±2.0	7.0
<100	±1.5	6.0

2)外观质量。

烧结多孔砖和多孔砌块的外观质量应符合表3-5的规定。

表3-5　烧结多孔砖和多孔砌块的外观质量　（单位:mm）

项目		指标
1.完整面	不得少于	一条面和一顶面
2.缺棱掉角的三个破坏尺寸	不得同时大于	30
3.裂纹长度		
a)大面(有孔面)上深入孔壁15mm以上宽度方向及其延伸到条面的长度	不大于	80
b)大面(有孔面)上深入孔壁15mm以上长度方向及其延伸到顶面的长度	不大于	100
c)条顶面上的水平裂纹	不大于	100
4.杂质在砖或砌块面上造成的凸出高度	不大于	5

注:凡有下列缺陷之一者,不能称为完整面;

a)缺损在条面或顶或上造成的破坏面尺寸同时大于20mm×30mm;

b)条面或顶面上裂纹宽度大于1mm,其长度超过70mm;

c)压陷、焦花、粘底在条面或顶面上的凹陷或凸出超过2mm,区域最大投影尺寸同时大于20mm×30mm。

3)强度。

烧结多孔砖和多孔砌块的强度应符合表3-6的规定。

表3-6　烧结多孔砖和多孔砌块的强度　（单位:MPa）

强度等级	抗压强度平均值 $\overline{f}\geqslant$	变异系数 $\delta\leqslant0.21$	变异系数 $\delta>0.21$
		强度标准值 $f_K\geqslant$	单块最小抗压强度值 $f_{min}\geqslant$
MU30	30.0	22.0	25.0
MU25	25.0	18.0	22.0
MU20	20.0	14.0	16.0
MU15	15.0	10.0	12.0
MU10	10.0	6.5	7.5

(3)烧结空心砖和空心砌块。

1)尺寸偏差。

烧结空心砖和空心砌块的尺寸允许偏差应符合表3-7的规定。

表3-7　烧结空心砖和空心砌块尺寸允许偏差　（单位:mm）

尺　寸	样本平均偏差	样本偏差　≤
>300	±3.0	7.0
>200～300	±2.5	6.0
100～200	±2.0	5.0
<100	±1.7	4.0

2)外观质量。

烧结空心砖和空心砌块的外观质量应符合表3-8的规定。

表 3-8　　烧结空心砖和空心砌块的外观质量　　(单位:mm)

项　　目		一等品
1. 弯曲	≤	4
2. 缺棱掉角的三个破坏尺寸不得同时	>	30
3. 垂直度差	≤	4
4. 未贯穿裂纹长度	≤	
① 大面上宽度方向及其延伸到条面的长度		100
② 大面上长度方向或条面上水平面方向的长度		120
5. 贯穿裂纹长度		
① 大面上宽度方向及其延伸到条面的长度		40
② 壁、肋沿长度方向、宽度方向及其水平方向的长度		40
6. 肋、壁内残缺长度	≤	40
7. 完整面	不少于	一条面或一大面

注:凡有下列缺陷之一者,不能称为完整面:

(1)缺损在大面、条面上造成的破坏面尺寸同时大于 20mm×30mm。

(2)大面、条面上裂纹宽度大于 1mm,其长度超过 70mm。

(3)压陷、粘底、焦花在大面、条面上的凹陷或凸出超过 2mm,区域尺寸同时大于 20mm×30mm。

3)强度等级。

烧结空心砖和空心砌块的强度应符合表 3-9 的规定。

表 3-9　　烧结空心砖和空心砌块的强度

强度等级	抗压强度/MPa		
	抗压强度平均值 $\bar{f}\geqslant$	变异系数 $\delta\leqslant 0.21$	变异系数 $\delta>0.21$
		强度标准值 $f_k\geqslant$	单块最小抗压强度值 $f_{min}\geqslant$
MU10.0	10.0	7.0	8.0
MU7.5	7.5	5.0	5.8
MU5.0	5.0	3.5	4.0
MU3.5	3.5	2.5	2.8

(4)粉煤灰砖。

粉煤灰砖的强度指标和抗冻性指标见表 3-10～表 3-11。

表 3-10　　粉煤灰砖强度指标　　(单位:MPa)

强度级别	抗压强度		抗折强度	
	10 块平均值≥	单块值≥	10 块平均值≥	单块值≥
MU30	30.0	24.0	6.2	5.0
MU25	25.0	20.0	5.0	4.0
MU20	20.0	16.0	4.0	3.2
MU15	15.0	12.0	3.3	2.6
MU10	10.0	8.0	2.5	2.0

表3-11　　粉煤灰砖抗冻性指标

强度级别	抗压强度/MPa 平均值≥	砖的干质量损失/(%) 单块值≤
MU30	24.0	2.0
MU25	20.0	
MU20	16.0	
MU15	12.0	
MU10	8.0	

(5)粉煤灰砌块。

1)粉煤灰砌块的立方体抗压强度、碳化后强度、抗冻性能和密度见表3-12。

表3-12　　粉煤灰砌块的立方体抗压强度、碳化后强度、抗冻性能和密度

项　目	指　标	
	10级	13级
抗压强度/MPa	3块试件平均值不小于10.0单块最小值8.0	3块试件平均值不小于13.0单块最小值10.5
人工碳化后强度/MPa	不小于6.0	不小于7.5
抗冻性	冻融循环结束后,外观无明显疏松,剥落或裂缝,强度损失不大于20%	

2)粉煤灰砌块的干缩值见表3-13。

表3-13　　粉煤灰砌块的干缩值

一等品(B)	合格品(C)
≤0.75	≤0.90

(6)蒸压灰砂砖。

1)蒸压灰砂砖力学性能见表3-14。

表3-14　　蒸压灰砂砖力学性能　　(单位:MPa)

强度级别	抗　压　强　度		抗　折　强　度	
	平均值不小于	单块值不小于	平均值不小于	单块值不小于
MU25	25.0	20.0	5.0	4.0
MU20	20.0	16.0	4.0	3.2
MU15	15.0	12.0	3.3	2.6
MU10	10.0	8.0	2.5	2.0

注:优等品的强度级别不得小于MU15。

2)蒸压灰砂砖抗冻性指标见表 3-15。

表 3-15　蒸压灰砂砖抗冻性指标

强度级别	冻后抗压强度,MPa 平均值不小于	单块砖的干质量损失,% 不大于
MU25	20.0	2.0
MU20	16.0	2.0
MU15	12.0	2.0
MU10	8.0	2.0

注:优等品的强度级别不得小于 MU15。

(7)蒸压灰砂空心砖。

1)蒸压灰砂空心砖的抗压强度见表 3-16。

表 3-16　蒸压灰砂空心砖的抗压强度　(单位:MPa)

强度级别	抗压强度		强度级别	抗压强度	
	五块平均值 ≥	单块值 ≥		五块平均值 ≥	单块值 ≥
25	25.0	20.0	10	10.0	8.0
20	20.0	16.0	7.5	7.5	6.0
15	15.0	12.0			

2)蒸压灰砂空心砖的抗冻性见表 3-17。

表 3-17

强度级别	冻后抗压强度,MPa 平均值≥	单块砖的干质量损失,(%)≥	强度级别	冻后抗压强度,MPa 平均值≥	单块砖的干质量损失,(%)≥
25	20.0		10	8.0	
20	16.0	2.0	7.5	6.0	2.0
15	12.0				

(8)普通混凝土空心砌块。

1)普通混凝土空心砌块外观质量应符合表 3-18 规定。

表 3-18　普通混凝土空心砌块外观质量

<table>
<tr><th colspan="3">项目名称</th><th>技术指标</th></tr>
<tr><td colspan="2">弯曲/mm</td><td>≤</td><td>2</td></tr>
<tr><td rowspan="2">掉角缺棱</td><td>个数,个</td><td>≤</td><td>1</td></tr>
<tr><td>三个方向投影尺寸的最小值,mm</td><td>≤</td><td>20</td></tr>
<tr><td colspan="2">裂纹延伸的投影尺寸累计/mm</td><td>≤</td><td>30</td></tr>
</table>

2)普通混凝土空心砌块强度等级应符合表3-19的规定。

表3-19 **普通混凝土空心砌块强度等级** (单位:MPa)

强度等级	砌块抗压强度	
	平均值不小于	单块最小值不小于
MU5.0	5.0	4.0
MU7.5	7.5	6.0
MU10.0	10.0	8.0
MU15.0	15.0	12.0
MU20.0	20.0	16.0

3)普通混凝土空心砌块相对含水率应符合表3-20规定。

表3-20 **普通混凝土空心砌块相对含水率** (单位:%)

使用地区	潮湿	中等	干燥
相对含水率不大于	45	40	35

注:潮湿——系指年平均相对湿度大于75%的地区;
中等——系指年平均要对湿度50%~75%的地区;
干燥——系指年平均相对湿度小于50%的地区

4)抗渗性:用于清水墙的砌块,其抗渗性应满足表3-21的规定。

表3-21 **普通混凝土空心砌块抗渗性** (单位:mm)

项目名称	指 标
水面下降高度	三块中任一块不大于10

5)抗冻性:应符合表3-22的规定。

表3-22 **普通混凝土空心砌块抗冻性**

使用环境条件		抗冻标号	指 标
非采暖地区		不规定	—
采暖地区	一般环境	D15	强度损失≤25% 质量损失≤5%
	干湿交替环境	D25	

注:非采暖地区指最冷月份平均气温高-5℃的地区;
采暖地区指最冷月份平均气温低于或等于-5℃的地区。

(9)轻集料混凝土小型空心砌块。

1)轻集料混凝土小型空心砌块强度等级见表3-23。

表 3-23　　轻集料混凝土小型空心砌块强度等级　　(单位:MPa)

强度等级	砌块抗压强度		密度等级范围
	平均值	最小值	
MU2.5	≥2.5	2.0	≤800
MU3.5	≥3.5	2.8	≤1 000
MU5.0	≥5.0	4.0	≤1 200
MU7.5	≥7.5	6.0	≤1 400
MU10.0	≥10.0	8.0	

2)轻集料混凝土小型空心砌块干缩率和相对含水率见表 3-24。

表 3-24　　轻集料混凝土小型空心砌块干缩率和相对含水率

干缩率,(%)	相对含水率,(%)		
	潮湿	中等	干燥
<0.03	≤45	≤40	≤35
0.03~0.045	≤40	≤35	≤30
>0.045~0.065	≤35	≤30	≤25

注:1. 相对含水率即砌块出厂含水率与吸水率之比。

$$W=\frac{\omega_1}{\omega_2}\times 100$$

式中　W—砌块的相对含水率/%;

ω_1——砌块出厂时的含水率/%;

ω_2——砌块的吸水率/%。

2. 使用地区的湿度条件:

潮湿——系指年平均相对湿度大于 75%的地区;

中等——系指年平均相对湿度 50%~75%的地区;

干燥——系指年平均相对湿度小于 50%的地区。

3)轻集料混凝土小型空心砌块抗冻性见表 3-25。

表 3-25　　轻集料混凝土小型空心砌块抗冻性

使用条件	抗冻标号	质量损失/(%)	强度损失/(%)
温和与夏热冬暖地区	D15	≤3	≤25
夏热冬冷地区	D25		
寒冷地区	D35		
寒冷地茈	D50		

注:1. 非采暖地区指最冷月份平均气温高于-5℃的地区;采暖地区系指最冷月份平均气温低于或等于-5℃的地区。

2. 抗冻性合格的砌块的外观质量也应符合相关规定的要求。

(10)蒸压加气混凝土砌块。

1)蒸压加气混凝土砌块的抗压强度应符合表 3-26 的规定。

表 3-26　　蒸压加气混凝土砌块的立方体抗压强度　　（单位：MPa）

强度级别	立方体抗压强度	
	平均值不小于	单组最小值不小于
A1.0	1.0	0.8
A2.0	2.0	1.6
A2.5	2.5	2.0
A3.5	3.5	2.8
A5.0	5.0	4.0
A7.5	7.5	6.0
A10.0	10.0	8.0

2)蒸压加气混凝土砌块的干密度应符合表 3-27 的规定。

表 3-27　　蒸压加气混凝土砌块的干密度　　（单位：kg/m³）

干密度级别		B03	B04	B05	B06	B07	B08
干密度	优等品(A)≤	300	400	500	600	700	800
	合格品(B)≤	325	425	525	625	725	825

3)蒸压加气混凝土砌块的强度级别应符合表 3-28 的规定。

表 3-28　　蒸压加气混凝土砌块的强度级别

干密度级别		B03	B04	B05	B06	B07	B08
强度级别	优等品(A)	A1.0	A2.0	A3.5	A5.0	A7.5	A10.0
	合格品(B)			A2.5	A3.5	A5.0	A7.5

4)蒸压加气混凝土砌块的干燥收缩、抗冻性和导热系数(干态)应符合表 3-29 的规定。

表 3-29　　蒸压加气混凝土砌块干燥收缩、抗冻性和导热系数

干密度级别			B03	B04	B05	B06	B07	B08
干燥收缩值[a]	标准法/(mm/m)　≤		0.50					
	快速法/(mm/m)　≤		0.80					
抗冻性	质量损失/(%)　≤		5.0					
	冻后强度/MPa≥	优等品(A)	0.8	1.6	2.8	4.0	6.0	8.0
		合格品(B)			2.0	2.8	4.0	6.0
导热系数(干态)/[W/(m·K)]　≤			0.10	0.12	0.14	0.16	0.18	0.20

注：[a] 规定采用标准法、快速法测定砌块干燥收缩值，若测定结果发生矛盾不能判定时，则以标准法测定的结果为准。

砂浆原材料称量记录

工程名称	××工程									强度等级		M5.0	
部　位	二层填充墙		施工日期		2015年×月×日9时至2015年×月×日11时								
现场配合比	原　材　料		水泥	石	砂	水	掺合料(石灰膏)			外加剂			
	每盘用量(kg)		100	/	659	37	27			/			
施工现场每盘实际称量偏差记录(±　kg)													
序号	水泥	石	砂	水	掺合料	外加剂	序号	水泥	石	砂	水	掺合料	外加剂
1	−1	/	4	0.2	−0.1	/							
2	0.5	/	6	0.1	0.3	/							
3	1	/	3	0.6	0.1	/							
4	1	/	4	0.2	0.2	/							
设计配合比	原材料		水泥	石	砂	水	掺合料(石灰膏)			外加剂			
	每盘用量(kg)		100	/	650	45	27			/			

司磅员：　×××　　　　监理员：　×××　　　　第　1　页共　1　页

注：1. 按设计配合比报告计算出每盘原材料的设计配合比用量，填入相应栏内；

2. 按施工现场材料的含水量调整出每盘原材料现场配合比用量，填入相应栏内；

3. 使用掺合料、外加剂时，在相应栏中填入所用的材料名称、如粉煤灰、早强剂等。

<table>
<tr><td colspan="4" rowspan="2">砂浆配合比申请单</td><td>编　　号</td><td>×××</td></tr>
<tr><td>委托编号</td><td>2015-01370</td></tr>
<tr><td>工程名称</td><td colspan="5">××工程</td></tr>
<tr><td>委托单位</td><td colspan="3">×××项目部</td><td>试验委托人</td><td>×××</td></tr>
<tr><td>砂浆种类</td><td colspan="3">混合砂浆</td><td>强度等级</td><td>M5</td></tr>
<tr><td>水泥品种</td><td colspan="3">P·O　42.5</td><td>厂别</td><td>××水泥厂</td></tr>
<tr><td>水泥进场日期</td><td colspan="3">2015 年 3 月 9 日</td><td>试验编号</td><td>2015C-0059</td></tr>
<tr><td>砂产地</td><td>卢沟桥</td><td>粗细级别</td><td>中砂</td><td>试验编号</td><td>2015S-0065</td></tr>
<tr><td>掺合料种类</td><td colspan="3">白灰膏</td><td>外加剂种类</td><td>/</td></tr>
<tr><td>申请日期</td><td colspan="3">2015 年 4 月 14 日</td><td>要求使用日期</td><td>2015 年 4 月 18 日</td></tr>
</table>

<table>
<tr><td colspan="4" rowspan="2">砂浆配合比通知单</td><td>配合比编号</td><td>2015-0082</td></tr>
<tr><td>试配编号</td><td>5</td></tr>
<tr><td>强度等级</td><td colspan="2">M5</td><td>试验日期</td><td colspan="2">2015 年 4 月 14 日</td></tr>
<tr><td colspan="6">配　合　比</td></tr>
<tr><td>材料名称</td><td>水泥</td><td>砂</td><td>白灰膏</td><td>掺合料</td><td>外加剂</td></tr>
<tr><td>每立方米用量（kg/m³）</td><td>238</td><td>1571</td><td>95.00</td><td></td><td></td></tr>
<tr><td>比例</td><td>1</td><td>6.6</td><td>0.40</td><td></td><td></td></tr>
<tr><td colspan="6">注：砂浆稠度为 70～100mm，白灰膏稠度为 120±5mm。</td></tr>
</table>

批　准	×××	审　核	×××	试　验	×××
试验单位	××中心试验室（单位章）				
报告日期	2015 年 4 月 18 日				

本表由施工单位保存。

《砂浆配合比申请单、通知单》填写说明

1. 责任部门

有资质的试验单位提供,试验员收集。

2. 提交时限

砂浆砌筑开始前提交。

3. 填写要点

(1)"砂浆种类"栏应填写清楚,如水泥砂浆,混合砂浆。

(2)"强度等级"栏应按照设计要求填写。

(3)所用的水泥、砂、掺合料、外加剂等要具实填写,并要在复试合格后再做试配,填好试验编号。

(4)配合比通知单应字迹清楚,无涂改,签字齐全。

4. 相关要求

(1)委托单位应依据设计强度等级、技术要求、施工部位、原材料情况等,向试验部门提出配合比申请单,试验部门依据配合比申请单,按照《砌体工程施工质量验收规范》(GB 50203－2011)的相关规定,并执行《砌筑砂浆配合比设计规程》(JGJ/T 98－2010)签发配合比通知单。

(2)砌筑砂浆应采用经试验确定的重量配合比,施工中要严格按配合比计量施工,不得随意变更。

(3)如砂浆的组成材料(水泥、骨料、外加剂等)有变化,其配合比应重新试配选定。

(4)砂浆的品种、强度等级、稠度、分层度、强度必须满足设计要求及《砌筑砂浆配合比设计规程》(JGJ/T 98－2000),如品种、强度等级有变动,应征得设计的同意,并办理洽商。

(5)混合砂浆所用生石灰、粘土及电石渣均应化膏使用,其使用稠度宜为120±5mm计量。

水泥砂浆和水泥石灰砂浆中掺用微沫剂,其掺量应事先通过试验确定。水泥粘土砂浆中,不得掺入有机塑化剂。

<u>M5.0</u> 砂浆施工配合比下料单

工程名称	××综合楼工程	编　　号	×××
		施工日期	2015年8月20日
施工单位	××建设发展有限公司	执行班组	土建班组
施工部位	二～三层砌体	搅拌机型号	SMJ－500
设计配合比	1.00∶0.82∶7.63	设计强度等级	M5.0
水泥强度等级	P·O 42.5	水泥种类	普通水泥
水泥/m³	190kg	水泥/盘	100kg
混合材料/m³	155kg	混合材料/盘	81.6kg
砂/m³	1450kg	砂/盘	763kg
外加剂使用情况	/	配合比报告单编号	2015－24－0047－001
需要说明事项： （略）			
专业技术负责人(签字)： ××× 2015年8月20日		填表人(签字)： ××× 2015年8月20日	

《砂浆施工配合比下料单》填写说明

1. 填写依据

《建筑工程资料管理标准规程》JGJ/T 185－2009。

2. 相关要求

砂浆施工配合比下料单应符合相关规范的规定，由施工单位技术员依据砂浆配合比试验报告，结合施工现场实际填写，经项目专业技术负责人审定后作为现场搅拌砂浆投料的依据。

砂浆试件台账

工程名称		××工程				统计人(签字)		×××		编号		×××	
试样编号	砌筑部位	强度等级	砂浆种类	配合比编号	成型时间	养护方式	是否见证	制作人	送检日期	委托编号	报告编号	检测试验编号	备注
1	二层填充墙①~⑱/Ⓐ~Ⓗ	M5	砌筑砂浆	2014—11—1	201×年4月5日	标准养护	是	×××	201×年5月6日	2014—WT—0007	SJ2014—00137	合格	
2	三层填充墙①~⑱/Ⓐ~Ⓗ	M5	砌筑砂浆	2014—11—1	201×年4月8日	标准养护	是	×××	201×年5月7日	2014—WT—0002	SJ2014—00137	合格	
3	四层填充墙①~⑱/Ⓐ~Ⓗ	M5	砌筑砂浆	2014—11—1	201×年4月9日	标准养护	是	×××	201×年5月9日	2014—WT—0003	SJ2014—00137	合格	
4	五层填充墙①~⑱/Ⓐ~Ⓗ	M5	砌筑砂浆	2014—11—1	201×年4月11日	标准养护	是	×××	201×年5月3日	2014—WT—0005	SJ2014—00137	合格	

《砂浆试件台账》填写说明

1. 责任部门

“砂浆试件台账”由现场试验人员(项目试验员)制取试件并做出标识后,按试件编号顺序登记试件台账,并在获取检测试验报告后填写齐全试件台账。

2. 提交时限

“砂浆试件台账”应随施工进度及时整理,并在相应分部(子分部)、分项工程验收前完成。

3. 填写要点

(1)试件编号:试件按照取样时间顺序连续编号,不得空号、重号。

(2)砌筑部位:应体现层、轴线、标高和主要构件名称(墙等)。

(3)强度等级:填写设计强度等级。

(4)砂浆种类:填写水泥砂浆或混合砂浆。

(5)配合比编号:依据配合比试验报告填写。

(6)养护方式:标准养护或同条件养护。

(7)是否见证:承重结构的砌筑砂浆试件应按规定实行有见证取样和送检。

(8)委托编号:应按检测单位给定的委托编号填写。

(9)报告编号:应按相应试验报告中的报告编号填写。

(10)检测试验结果:应按相应试验报告中试验的结果、结论如实填写。作为强度评定的试件,必须是以龄期为28d标养试件抗压试验结果为准。

(11)备注:填写其他需要说明的问题。

<table>
<tr><td colspan="2">施工检查记录(通用)</td><td>编 号</td><td>×××</td></tr>
<tr><td>工程名称</td><td>××工程</td><td>检查项目</td><td>砌筑工程</td></tr>
<tr><td>检查部位</td><td>三层①～⑫/Ⓑ～Ⓚ轴墙体</td><td>检查日期</td><td>2015 年 7 月 26 日</td></tr>
<tr><td colspan="4">检查依据:
1. 施工依据:
(1)按《建筑分项工程施工工艺标准》施工;
(2)砂浆配比经试配采用 1∶6.3∶1.30,砂浆试块均达到 M5.0 强度要求。
2. 材质:
(1)多孔砖规格为 240mm×115mm×90mm,经见证取样试验,抗压强度为 MU10。
(2)水泥:采用 32.5 级矿渣硅酸盐水泥,试验结果满足标准要求。
(3)砂:采用沙河细砂,试验结果满足标准要求。
(4)掺合料:采用石灰膏。</td></tr>
<tr><td colspan="4">检查内容:
1. 检查砌体组砌方法是否正确、水平灰缝砂浆饱满度、砌体加筋等是否符合要求、水平灰缝厚度、门窗洞口尺寸是否符合设计要求。
2. 砌体材料是否符合相应标准规定。</td></tr>
<tr><td colspan="4">检查结论:
1. 能认真执行施工工艺标准。砌体组砌方法正确、水平灰缝砂浆饱满度均在 85%至 97%之间、砌体加筋符合要求、水平灰缝厚度均在 8～12mm 范围内、门窗洞口尺寸符合设计要求。
2. 砌体材料:多孔砖、砂试验报告符合相应标准规定。</td></tr>
<tr><td colspan="4">复查意见:
复查合格。

复查人:××× 复查日期:2015 年 7 月 27 日</td></tr>
</table>

<table>
<tr><td rowspan="3">签字栏</td><td>施工单位</td><td colspan="2">××建设集团有限公司</td></tr>
<tr><td>专业技术负责人</td><td>专业质检员</td><td>专业工长</td></tr>
<tr><td>×××</td><td>×××</td><td>×××</td></tr>
</table>

注:按照现行规范要求应进行施工检查的重要工序,且无相应施工记录表格的,应填写本表,本表适用于各专业。对于施工过程中影响质量、观感、安装、人身安全的工序,尤其是建筑与结构工程中的砌筑工程、装饰装修工程等应在过程中做好过程控制检查并填写本表。

《施工检查记录》填写说明

按照现行规范要求应进行施工检查的重要工序，且无相应施工记录表格的，应填写本表，本表适用于各专业。

1. 责任部门

项目工程部、项目技术部。

2. 提交时限

检查合格后1d内完成，检验批验收前提交。

3. 相关要求

对于施工过程中影响质量、观感、安装、人身安全的工序，尤其是建筑与结构工程中的砌筑工程、装饰装修工程等应在过程中做好过程控制检查并填写本表。

以下是以装饰装修为例，讲解此表的填写内容。

(1)地面工程施工检查内容。

检查基层标高、坡度、厚度是否符合设计要求，表面是否平整、坚硬、密实、洁净、干燥，是否有起砂、空鼓、裂缝等缺陷。

1)厕浴间、厨房和有排水(或其他液体)要求的建筑地面面层与相连接各类面层的标高差应符合设计要求。

2)楼梯踏步的宽度、高度应符合设计要求。楼梯阶段相邻踏步高度差不应大于10mm，每踏步两端宽度差不应大于10mm。

(2)抹灰工程施工检查内容。

检查抹灰基层表面尘土、污垢、油渍等是否清除干净，并洒水湿润；抹灰层是否有脱层、空鼓，面层是否有爆灰和裂缝；抹灰层总厚度是否符合设计要求。

(3)门窗工程施工检查内容。

检查门窗洞口位置、尺寸；窗扇应开关灵活、关闭严密、位置正确，功能应满足使用要求。

(4)吊顶工程施工检查内容。

检查标高、尺寸、起拱和造型等是否符合设计要求。龙骨架构排列是否整齐顺直、表面是否平整。

(5)轻质隔墙工程施工检查内容。

检查安装应垂直、平整、位置正确，表面平整光滑、色泽一致、洁净，接缝均匀、顺直。

(6)饰面板(砖)工程施工检查内容。

检查基层表面是否坚实、平整、干净；抹灰层是否有脱层、空鼓。以涂料为饰面的金属板基层表面不得有油污、锈斑、鱼鳞皮、焊渣和毛刺，并应进行除锈、防锈处理；以清漆为饰面的木质基层表面应平整光滑、颜色协调一致，表面无污染、裂缝、残缺等缺陷。接缝、嵌缝做法符合设计要求。

(7)涂饰工程施工检查内容。

涂饰前基层处理应符合以下要求：

1)新建筑物的混凝土或抹灰基层在涂饰涂料前应涂刷抗碱封闭底漆。

2)旧墙面在涂饰涂料前应清除疏松的旧装修层，并涂刷界面剂。

3)混凝土或抹灰基层涂刷溶剂型涂料时，含水率不得大于8%；涂刷乳液型涂料时，含水率不得大于10%。木材基层的含水率不得大于12%。

4)基层腻子应平整、坚实、牢固,无粉化、起皮和裂缝;内墙腻子的粘结强度应符合《建筑室内用腻子》(JG/T 3049)的规定。

5)厨房卫生间墙面必须使用耐水腻子。

(8)裱糊工程施工检查内容。

裱糊前基层处理质量应达到下列要求:

1)新建筑物的混凝土或抹灰基层墙面在刮腻子前应涂刷抗碱封闭底漆。

2)旧墙面在裱糊前应清除疏松的旧装修层,并涂刷界面剂。

3)混凝土或抹灰基层含水率不得大于8%;木材基层的含水率不得大于12%。

4)基层腻子应平整、坚实、牢固,无粉化、起皮和裂缝;腻子的粘结强度应符合《建筑室内用腻子》(JG/T 3049)N型的规定。

5)基层表面平整度、立面垂直度及阴阳角方正应达到《建筑装饰装修工程施工质量验收规范》(GB 50210-2001)第4.2.11条的要求。

6)基层表面颜色应一致。

7)裱糊前应用封闭底胶涂刷基层。

砂浆试块试验报告

委托单位：××建设集团有限公司　　　　　　　　　　**试验编号：**15114215

<table>
<tr><td>工程名称</td><td colspan="4">××工程</td><td>委托日期</td><td>2015 年 4 月 25 日</td></tr>
<tr><td>使用部位</td><td colspan="4">地上二层①～⑨/Ⓐ～Ⓓ轴</td><td>报告日期</td><td>2015 年 5 月 23 日</td></tr>
<tr><td>强度等级</td><td>M5.0</td><td colspan="2">砂浆种类</td><td>混合砂浆</td><td>检验类别</td><td>委托</td></tr>
<tr><td>配合比编号</td><td>2015－043136</td><td colspan="2">养护方法</td><td>标养</td><td></td><td></td></tr>
<tr><td>试件编号</td><td>成型日期</td><td>破型日期</td><td>龄期
d</td><td>强度值
MPa</td><td>强度代表值
MPa</td><td>达设计强度
%</td></tr>
<tr><td rowspan="3">012</td><td rowspan="3">2015 年
4 月 25 日</td><td rowspan="3">2015 年
5 月 23 日</td><td rowspan="3">28</td><td>6.3</td><td rowspan="3">6.2</td><td rowspan="3">126</td></tr>
<tr><td>6.5</td></tr>
<tr><td>6.4</td></tr>
<tr><td rowspan="3"></td><td rowspan="3"></td><td rowspan="3"></td><td rowspan="3"></td><td></td><td rowspan="3"></td><td rowspan="3"></td></tr>
<tr><td></td></tr>
<tr><td></td></tr>
<tr><td rowspan="3"></td><td rowspan="3"></td><td rowspan="3"></td><td rowspan="3"></td><td></td><td rowspan="3"></td><td rowspan="3"></td></tr>
<tr><td></td></tr>
<tr><td></td></tr>
<tr><td rowspan="3"></td><td rowspan="3"></td><td rowspan="3"></td><td rowspan="3"></td><td></td><td rowspan="3"></td><td rowspan="3"></td></tr>
<tr><td></td></tr>
<tr><td></td></tr>
<tr><td colspan="7">依据标准：《建筑砂浆基本性能试验方法标准》(JGJ/T 70－2009)</td></tr>
<tr><td colspan="7">备　　注：本报告未经本室书面同意不得部分复制
见证单位：××建设监理公司
见证人：×××</td></tr>
<tr><td colspan="7">试验单位：××检测中心　技术负责人：×××　审核：×××　试(检)验：×××</td></tr>
</table>

《砂浆抗压强度试验报告》填写说明

砂浆试块试验报告是为保证建筑工程质量,由试验单位对工程中留置的砂浆试块的强度进行测试后出具的质量证明文件。

根据砂浆试块的龄期,项目试验员向检测单位查询其结果是否符合要求;在达到砂浆试样的试验周期后,凭试验委托合同单到检测单位领取完整的砂浆抗压强度试验报告。

1. 责任部门

有资质的试验单位提供,试验员收集。

2. 提交时限

标养30d内提交,同条件视龄期而定。

3. 填写要点

(1)委托单位:提请试验的单位。

(2)试验编号:由试验室按收到试件的顺序统一排列编号。

(3)工程名称及结构部位:按委托单上的工程名称及结构部位填写。

(4)砂浆种类:一般有水泥砂浆和混合砂浆等。

(5)检验类别:有委托、仲裁、抽样、监督和对比五种,按实际填写。

(6)配合比编号:指生产该批砂浆所使用的砂浆强度委托试验单的编号。

(7)养护方法:指该组砂浆试件的养护方法,一般有:标养、自然养护、同条件养护等。

4. 检查要点

(1)砌筑砂浆试块,应在搅拌机出料口随机取样制作,并在标准条件下养护,试件的留置应符合相应标准的规定。

(2)试验、审核、技术负责人签字齐全并加盖试验单位公章。

5. 相关要求

(1)组批原则

1)每一检验批且不超过$250m^3$砌体的各种类型及强度等级的砌筑砂浆,每台搅拌机应至少抽检一次,每次至少应制作一组试块(3个)标准养护。如砂浆等级或配合比变更时,还应制作试块。

2)冬期施工砂浆试块的留置,除应按常温规定要求外,尚应增留不少于1组与砌体同条件养护的试块,测试检验28d强度。

3)干拌砂浆:同强度等级每400t为一验收批,不足400t也按一批计。每批从20个以上的不同部位取等量样品。总质量不少于15kg,分成两份,一份送试,一份备用。

4)建筑地面用水泥砂浆,以每一层或$1000m^2$为一检验批,不足$1000m^2$也按一批计。每批砂浆至少取样一组。当改变配合比时也应相应地留量试块。

(2)试验要求

1)立方体抗压强度试验应使用下列仪器设备:

①试模:尺寸为70.7mm×70.7mm×70.7mm的带底试模,应符合现行行业标准《混凝土试模》(JG237-2008)的规定选择,应具有足够的刚度并拆装方便。试模的内表面应机械加工,其不平度应为每100mm不超过0.05mm,组装后各相邻面的不垂直度不应超过$\pm0.5^{\circ}$。

②钢制捣棒:直径为10mm,长度为350mm,端部磨圆。

③压力试验机:精度应为1%,试件破坏荷载应不小于压力机量程的20%,且不应大于全量程的80%。

④垫板：试验机上、下压板及试件之间可垫以钢垫板，垫板的尺寸应大于试件的承压面，其不平度应为每 100m 不超过 0.02mm。

⑤振动台：空载中台面的垂直振幅应为(0.5±0.05)mm，空载频率应为 50±3Hz，空载台面振幅均匀度不应大于 10%，一次试验应至少能固定(或用磁力吸盘)3 个试模。

2)立方体抗压强度试件的制作及养护应按下列步骤进行：

①应采用立方体试件，每组试件应为 3 个。

②应采用黄油等密封材料涂抹试模的外接缝，试模内应涂刷薄层机油或脱模剂。应将拌制好的砂浆一次性装满砂浆试模，成型方法应根据稠度而确定。当稠度不小于 50mm 时，宜采用人工插捣成型。当稠度小于 50mm 时，宜采用振动台振实成型。

a. 人工插捣：应采用捣棒均匀地由边缘向中心按螺旋方式插捣 25 次，插捣过程中当砂浆沉落低于试模口时，应随时添加砂浆，可用油灰刀插捣数次，并用手将试模一边抬高 5～10mm 各振动 5 次，砂浆应高出试模顶面 6～8mm。

b. 机械振动：将砂浆一次装满试模，放置到振动台上，振动时试模不得跳动，振动 5～10s 或持续到表面泛浆为止，不得过振；

c. 应待表面水分稍干后，再将高出试模部分的砂浆沿试模顶面刮去并抹平。

d. 试件制作后应在温度为(20±5)℃的环境下静置(24±2)h，对试件进行编号、拆模。当气温较低时，或者凝结时间大于 24h 的砂浆，可适当延长时间，但不应超过 2d。试件拆模后应立即放入温度为(20±2)℃，相对湿度为 90%以上的标准养护室中养护。养护期间，试件彼此间隔不得小于 10mm，混合砂浆试件上面应覆盖，防止有水滴在试件上。

3)立方体试件抗压强度试验应按下列步骤进行：

①试件从养护地点取出后应及时进行试验。试验前应将试件表面擦拭干净，测量尺寸，并检查其外观。并应计算试件的承压面积。当实测尺寸与公尺之差不超过 1mm 时，可按照公称尺寸进行计算。

②将试件安放在试验机的下压板或下垫板上，试件的承压面应与成型时的顶面垂直，试件中心应与试验机下压板或下垫板中心对准。开动试验机，当上压板与试件或上垫板接近时，调整球座，使接触面均衡受压。承压试验应连续而均匀地加荷，加荷速度应为 0.25～1.5kN/s；砂浆强度不大于 2.5MPa 时，宜取下限。当试件接近破坏而开始迅速变形时，停止调整试验机油门，直至试件破坏，然后记录破坏荷载。

4)砂浆立方体抗压强度应按下式计算：

$$f_{m,cu}=K\frac{N_{\mu}}{A}$$

式中　$f_{m,cu}$——砂浆立方体试件抗压强度(MPa)，应精确至 0.1MPa；

N_{μ}——试件破坏荷载(N)

A——试件承压面积(mm^2)

K——换算系数，取 1.35。

5)立方体抗压强度试验的试验结果应按下列要求确定：

①应以三个试件测值的算术平均值作为该组试件的砂浆立方体抗压强度平均值(f_2)，精确至 0.1MPa。

②当三个测值的最大值或最小值中有一个与中间值的差值超过中间值的 15%时，应把最大值及最小值一并舍去，取中间值作为该组试件的抗压强度值。

③当两个测值与中间值的差值均超过中间值的 15%时，该组试验结果应为无效。

砌筑砂浆试块强度统计、评定记录

<table>
<tr><td colspan="2" rowspan="2">工程名称</td><td colspan="4" rowspan="2">××工程</td><td colspan="2">编　　号</td><td colspan="2">×××</td></tr>
<tr><td colspan="2">强度等级</td><td colspan="2">M5.0</td></tr>
<tr><td colspan="2">施工单位</td><td colspan="4">××建设集团有限公司</td><td colspan="2">养护方法</td><td colspan="2">标准养护</td></tr>
<tr><td colspan="2">统计日期</td><td colspan="4">2015 年 5 月 14 日至 2015 年 6 月 20 日</td><td colspan="2">结构部位</td><td colspan="2">六～十一层砌体</td></tr>
<tr><td colspan="2">试块组数 n</td><td colspan="2">强度标准值 $f_{cu,k}$ (MPa)</td><td colspan="2">平均值 $m_{f_{cu}}$ (MPa)</td><td colspan="2">最小值 $f_{cu,min}$ (MPa)</td><td colspan="2">$85\% f_{cu,k}$</td></tr>
<tr><td colspan="2">6</td><td colspan="2">5</td><td colspan="2">9.15</td><td colspan="2">7.3</td><td colspan="2">4.25</td></tr>
<tr><td rowspan="7">每组强度值(Mpa)</td><td>9.7</td><td>10.2</td><td>9.5</td><td>9.4</td><td>8.8</td><td>7.3</td><td></td><td></td><td></td></tr>
<tr><td></td><td></td><td></td><td></td><td></td><td></td><td></td><td></td><td></td></tr>
<tr><td></td><td></td><td></td><td></td><td></td><td></td><td></td><td></td><td></td></tr>
<tr><td></td><td></td><td></td><td></td><td></td><td></td><td></td><td></td><td></td></tr>
<tr><td></td><td></td><td></td><td></td><td></td><td></td><td></td><td></td><td></td></tr>
<tr><td></td><td></td><td></td><td></td><td></td><td></td><td></td><td></td><td></td></tr>
<tr><td></td><td></td><td></td><td></td><td></td><td></td><td></td><td></td><td></td></tr>
<tr><td>判定式</td><td colspan="5">$m_{f_{cu}} \geq 1.10 f_{cu,k}$</td><td colspan="4">$f_{cu \cdot min} \geq 85\% f_{cu,k}$</td></tr>
<tr><td>结果</td><td colspan="5">9.15＞5.5</td><td colspan="4">7.3＞4.25</td></tr>
<tr><td colspan="10">结论：
依据《砌体结构工程施工质量验收规范》(GB 50203－2011)第 4.0.12 条，评定合格。</td></tr>
<tr><td rowspan="2">签字栏</td><td colspan="4">专业技术负责人</td><td colspan="5">专业监理工程师</td></tr>
<tr><td colspan="4">王××</td><td colspan="5">刘××</td></tr>
</table>

《砌筑砂浆试块强度统计、评定记录》填写说明

结构验收(基础或主体结构完成后)前,按单位工程同一类型、强度等级的砂浆为同一验收批,工程中所用各品种、各强度等级的砂浆强度都应分别进行统计评定。

1. 填写依据

(1)《砌体结构工程施工质量验收规范》GB 50203-2011;

(2)《建筑工程资料管理规程》JGJ/T 185-2009。

2. 责任部门

施工单位项目质量部、专业技术负责人,项目监理机构专业监理工程师等。

3. 提交时限

同一验收批强度报告齐全后评定,分项质量验收前1d提交。

4. 相关要求

砌筑砂浆试块强度验收时其强度合格标准应符合下列规定:

(1)同一验收批砂浆试块强度平均值应大于或等于设计强度等级值的1.10倍;

(2)同一验收批砂浆试块抗压强度的最小一组平均值应大于或等于设计强度等级值的85%。

注:1 砌筑砂浆的验收批,同一类型、强度等级的砂浆试块不应少于3组;同一验收批砂浆只有1组或2组试块时,每组试块抗压强度平均值应大于或等于设计强度等级值的1.10倍;对于建筑结构的安全等级为一级或设计使用年限为50年及以上的房屋,同一验收批砂浆试块的数量不得少于3组;

2 砂浆强度应以标准养护,28d龄期的试块抗压强度为准;

3 制作砂浆试块的砂浆稠度应与配合比设计一致。

抽检数量:每一检验批且不超过250m^3砌体的各类、各强度等级的普通砌筑砂浆,每台搅拌机应至少抽检一次。验收批的预拌砂浆、蒸压加气混凝土砌块专用砂浆,抽检可为3组。

检验方法:在砂浆搅拌机出料口或在湿拌砂浆的储存容器出料口随机取样制作砂浆试块(现场拌制的砂浆,同盘砂浆只应作1组试块),试块标养28d后作强度试验。预拌砂浆中的湿拌砂浆稠度应在进场时取样检验。

砖砌体检验批质量验收记录

02020101001

单位（子单位）工程名称	××大厦	分部（子分部）工程名称	主体结构/砌体结构	分项工程名称	砖砌体
施工单位	××建筑有限公司	项目负责人	赵斌	检验批容量	50m^3
分包单位	/	分包单位项目负责人	/	检验批部位	三层墙A～G/1～9轴
施工依据	《砌体结构工程施工规范》GB50924-2014		验收依据	《砌体结构工程施工质量验收规范》GB50203-2011	

		验收项目		设计要求及规范规定	最小/实际抽样数量	检查记录	检查结果
主控项目	1	砖强度等级必须符合设计要求		设计要求MU10	/	见证复验合格，报告编号×××	√
	2	砂浆强度等级必须符合设计要求		设计要求M10	/	见证复验合格，报告编号×××	√
	3	砂浆饱满度	墙水平灰缝	≥80%	5/5	抽查5处，合格5处	√
			柱水平及竖向灰缝	≥90%	/	/	
	4	转角、交接处		第5.2.3条	5/5	抽查5处，合格5处	√
	5	斜槎留置		第5.2.3条	/	/	
	6	直槎拉结钢筋及接槎处理		第5.2.4条	5/5	抽查5处，合格5处	√
一般项目	1	组砌方法		第5.3.1条	5/5	抽查5处，合格5处	100%
	2	水平灰缝厚度		8～12mm	5/5	抽查5处，合格5处	100%
	3	竖向灰缝宽度		8～12mm	5/5	抽查5处，合格5处	100%
	4	轴线位移		≤10mm	全/16	共16处，全部检查，合格16处	100%
	5	基础、墙、柱顶面标高		±15mm以内	5/5	抽查5处，合格5处	100%
	6	每层墙面垂直度		≤5mm	5/5	抽查5处，合格5处	100%
	7	表面平整度	清水墙柱	≤5mm	5/5	抽查5处，合格5处	100%
			混水墙柱	≤8mm	/	/	
	8	水平灰缝平直度	清水墙	≤7mm	5/5	抽查5处，合格5处	100%
			混水墙	≤10mm	/	/	
	9	门窗洞口高、宽（后塞口）		±10mm以内	5/5	抽查5处，合格5处	100%
	10	外墙上下窗口偏移		≤20mm	5/5	抽查5处，合格5处	100%
	11	清水墙游丁走缝		≤20mm	5/5	抽查5处，合格5处	100%

施工单位检查结果	符合要求 专业工长：王晨 项目专业质量检查员：孔凡民 2014年××月××日
监理单位验收结论	合格 专专业监理工程师：刘东 2014年××月××日

《砖砌体检验批质量验收记录》填写说明

1. 填写依据

(1)《砌体结构工程施工质量验收规范》GB 50203－2011。

(2)《建筑工程施工质量验收统一标准》GB 50300－2013。

2. 规范摘要

以下内容摘自《砌体结构工程施工质量验收规范》GB 50203－2011。

(1)检验批划分原则

砌体结构工程检验批的划分应同时符合下列规定：

1)所用材料类型及同类型材料的强度等级相同；

2)不超过 $250m^3$ 砌体；

3)主体结构砌体一个楼层(基础砌体可按一个楼层计)；填充墙砌体量少时可多个楼层合并。

(2)一般规定

1)适用于用于烧结普通砖、烧结多孔砖、混凝土多孔砖、混凝土实心砖、蒸压灰砂砖、蒸压粉煤灰砖等砌体工程。

2)用于清水墙、柱表面的砖，应边角整齐，色泽均匀。

3)砌体砌筑时，混凝土多孔砖、混凝土实心砖、蒸压灰砂砖、蒸压粉煤灰砖等块体的产品龄期不应小于 28d。

4)有冻胀环境和条件的地区，地面以下或防潮层以下的砌体，不应采用多孔砖。

5)不同品种的砖不得在同一楼层混砌。

6)砌筑烧结普通砖、烧结多孔砖、蒸压灰砂砖、蒸压粉煤灰砖砌体时，砖应提前 1d～2d 适度湿润，严禁采用干砖或处于吸水饱和状态的砖砌筑，块体湿润程度宜符合下列规定：

①烧结类块体的相对含水率 60％～70％；

②混凝土多孔砖及混凝土实心砖不需要浇水湿润，但在气候干燥炎热的情况下，宜在砌筑前对其喷水湿润。其他非烧结类块体的相对含水率 40％～50％。

7)采用铺浆法砌筑砌体，铺浆长度不得超过 750mm；当施工期间气温超过 30℃时，铺浆长度不得超过 500mm。

8)240mm 厚承重墙的墙的每层墙的最上一皮砖，砖砌体的阶台水平面上及挑出层的外皮砖，应整砖丁砌。

9)弧拱式及平拱式过梁的灰缝应砌成楔形缝，拱底灰缝宽度不宜小于 5mm，拱顶灰缝宽度不应大于 15mm，拱体的纵向及横向灰缝应填实砂浆；平拱式过梁拱脚下面应伸入墙内不小于 20mm；砖砌平拱过梁底应有 1％的起拱。

10)砖过梁底部的模板及其支架拆除时，灰缝砂浆强度不应低于设计强度的 75％。

11)多孔砖的孔洞应垂直于受压面砌筑。半盲孔多孔砖的封底面应朝上砌筑。

12)竖向灰缝不应出现瞎缝、透明缝和假缝。

13)砖砌体施工临时间断处补砌时，必须将接槎处表面清理干净，洒水湿润，并填实砂浆，保持灰缝平直。

14)夹心复合墙的砌筑应符合下列规定：

①墙体砌筑时，应采取措施防止空腔内掉落砂浆和杂物；

②拉结件设置应符合设计要求，拉结件在叶墙上的搁置长度不应小于叶墙厚度的2/3，并不应小于60mm；

②保温材料品种及性能应符合设计要求。保温材料的浇注压力不应对砌体强度、变形及外观质量产生不良影响。

(2)验收要求

主控项目

1)砖和砂浆的强度等级必须符合设计要求。

抽检数量：每一生产厂家，烧结普通砖、混凝土实心砖每15万块，烧结多孔砖、混凝土多孔砖、蒸压灰砂砖及蒸压粉煤灰砖每10万块各为一验收批，不足上述数量时按1批计，抽检数量为1组。砂浆试块的抽检数量执行GB 50203—2011第4.0.12条的有关规定。

检验方法：查砖和砂浆试块试验报告。

2)砌体灰缝砂浆应密实饱满，砖墙水平灰缝的砂浆饱满度不得低于80%；砖柱水平灰缝和竖向灰缝饱满度不得低于90%。

抽检数量：每检验批抽查不应少于5处。

检验方法：用百格网检查砖底面与砂浆的粘结痕迹面积。每处检测3块砖，取其平均值。

3)砖砌体的转角处和交接处应同时砌筑，严禁无可靠措施的内外墙分砌施工。在抗震设防烈度为8度及8度以上的地区，对不能同时砌筑而又必须留置的临时间断处应砌成斜槎，普通砖砌体斜槎水平投影长度不应小于高度的2/3，多孔砖砌体的斜槎长高比不应小于1/2。斜槎高度不得超过一步脚手架的高度。

抽检数量：每检验批抽查不应少于5处。

检验方法：观察检查。

4)非抗震抗震设防及抗震设防烈度为6度、7度地区的临时间断处，当不能留斜搓时，除转角处外，可留直槎，但直槎必须做成凸槎，且应加设拉结钢筋，拉结钢筋应符合下列规定：

①每120mm墙厚放置1φ6拉结钢筋(120mm厚墙应放置2φ6拉结钢筋)；

②间距沿墙高不应超过500mm，且竖向间距偏差不应超过100mm；

③埋入长度从留槎处算起每边均不应小于500mm，对抗震设防烈度6度、7度的地区，不应小于1000mm；

④末端应有90°弯钩(图3-1)。

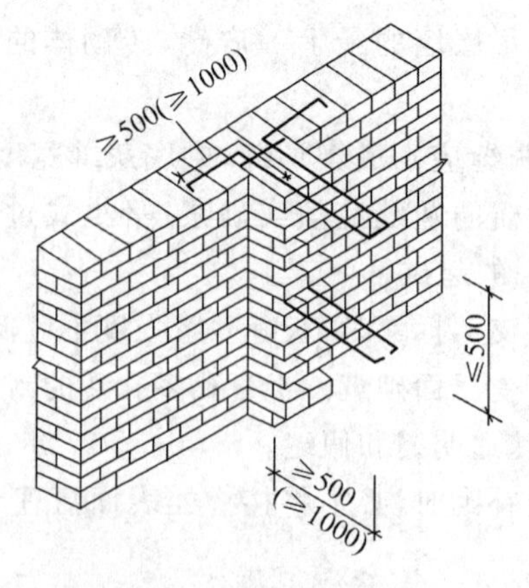

图3-1 直槎处拉结钢筋示意图

抽检数量：每检验批抽查不应少于5处。

检验方法：观察和尺量检查。

一般项目

1）砖砌体组砌方法应正确，内外搭砌，上、下错缝。清水墙、窗间墙无通缝；混水墙中不得有长度大于 300mm 的通缝，长度 200mm～300mm 的通缝每间不超过 3 处，且不得位于同一面墙体上。砖柱不得采用包心砌法。

抽检数量：每检验批抽查不应少于 5 处。

检验方法：观察检查。砌体组砌方法抽检每处应为 3m～5m。

2）砖砌体的灰缝应横平竖直，厚薄均匀，水平灰缝厚度及竖向灰缝宽度宜为 10mm，但不应小于 8mm，也不应大于 12mm。

抽检数量：每检验批抽查不应少于 5 处。

检验方法：水平灰缝厚度用尺量 10 皮砖砌体高度折算；竖向灰缝宽度用尺量 2m 砌体长度折算。

3）砖砌体尺寸、位置的允许偏差及检验应符合表 3-30 的规定。

表 3-30　　砖砌体尺寸、位置的允许偏差及检验

项次	项目			允许偏差（mm）	检验方法	抽检数量
1	轴线位移			10	用经纬仪和尺或用其他测量仪器检查	承重墙、柱全数检查
2	基础、墙、柱顶面标高			±15	用水准仪和尺检查	不应少于 5 处
3	墙面垂直度	每层		5	用 2m 托线板检查	不应少于 5 处
		全高	≤10m	10	用经纬仪、吊线和尺或其他测量仪器检查	外墙全部阳角
			>10m	20		
4	表面平整度	清水墙、柱		5	用 2m 靠尺和楔形塞尺检查	不应少于 5 处
		混水墙、柱		8		
5	水平灰缝平直度	清水墙		7	拉 5m 线和尺检查	不应少于 5 处
		混水墙		10		
6	门窗洞口高、宽（后塞口）			±10	用尺检查	不应少于 5 处
7	外墙下下窗口偏移			20	以底层窗口为准，用经纬仪或吊线检查	不应少于 5 处
8	清水墙游丁走缝			20	以每层第一皮砖为准，用吊线和尺检查	不应少于 5 处

砖砌体(混水)工程质量分户验收记录表

<table>
<tr><td colspan="3">单位工程名称</td><td colspan="2">××住宅楼3#楼</td><td colspan="4">结构类型</td><td colspan="4">砖混</td><td colspan="3">层数</td><td>六层</td></tr>
<tr><td colspan="3">验收部位(房号)</td><td colspan="2">一单元301</td><td colspan="4">户型</td><td colspan="4">两室两厅一卫</td><td colspan="3">检查日期</td><td>2015年×月×日</td></tr>
<tr><td colspan="3">建设单位</td><td colspan="2">××房地产开发有限公司</td><td colspan="4">参检人员姓名</td><td colspan="4">×××</td><td colspan="3">职务</td><td>甲方代表</td></tr>
<tr><td colspan="3">施工单位</td><td colspan="2">××建设集团有限公司</td><td colspan="4">参检人员姓名</td><td colspan="4">×××</td><td colspan="3">职务</td><td>质量检查员</td></tr>
<tr><td colspan="3">监理单位</td><td colspan="2">××建设监理公司</td><td colspan="4">参检人员姓名</td><td colspan="4">×××</td><td colspan="3">职务</td><td>土建监理</td></tr>
<tr><td colspan="4">施工执行标准名称及编号</td><td colspan="13">《砌体工程施工工艺标准》(QB ×××－2005)</td></tr>
<tr><td colspan="4">施工质量验收规范的规定(GB 50203－2011)</td><td colspan="12">施工单位检查评定记录</td><td>监理(建设)单位验收记录</td></tr>
<tr><td rowspan="7">主控项目</td><td>1</td><td>砖强度等级</td><td>设计要求MU</td><td colspan="12">砖强度等级为MU10,
有合格证和复试报告各1份,
试验编号××,合格</td><td>合格</td></tr>
<tr><td>2</td><td>砂浆强度等级</td><td>设计要求M</td><td colspan="12">水泥砂浆强度等级为M10,有配合比单,计量设施完备、准确,试块编号×××,抗压强度合格</td><td>合格</td></tr>
<tr><td>3</td><td>水平灰缝砂浆饱满度</td><td>≥80%</td><td>85</td><td>88</td><td>90</td><td>92</td><td>85</td><td>93</td><td>91</td><td>87</td><td>90</td><td>94</td><td></td><td></td><td>合格</td></tr>
<tr><td>4</td><td>斜槎留置</td><td>第5.2.3条</td><td colspan="12">斜槎水平投影长度大于高度的2/3</td><td>合格</td></tr>
<tr><td>5</td><td>直槎拉结筋及接槎处理</td><td>5.2.4条</td><td colspan="12">留槎正确,拉结钢筋设置数量、直径、竖向间距符合规范要求</td><td>合格</td></tr>
<tr><td>6</td><td>轴线位移</td><td>≤10mm</td><td>3</td><td>3</td><td>5</td><td>6</td><td></td><td></td><td></td><td></td><td></td><td></td><td></td><td></td><td>合格</td></tr>
<tr><td>7</td><td>垂直度(每层)</td><td>≤5mm</td><td>2</td><td>4</td><td>3</td><td>3</td><td></td><td></td><td></td><td></td><td></td><td></td><td></td><td></td><td>合格</td></tr>
<tr><td rowspan="7">一般项目</td><td>1</td><td>组砌方法</td><td>第5.3.1</td><td colspan="12">组砌方法正确,上、下错缝,
内外搭砌,符合规范要求</td><td>合格</td></tr>
<tr><td>2</td><td>水平灰缝厚度10mm</td><td>8～12mm</td><td>10</td><td>9</td><td>10</td><td>12</td><td>10</td><td>11</td><td>12</td><td>10</td><td>10</td><td>10</td><td></td><td></td><td>合格</td></tr>
<tr><td>3</td><td>基础顶面、楼面标高</td><td>±15mm</td><td>6</td><td>5</td><td>3</td><td>7</td><td>10</td><td>10</td><td>12</td><td>8</td><td>8</td><td>8</td><td></td><td></td><td>合格</td></tr>
<tr><td>4</td><td>表面平整度(混水)</td><td>6mm</td><td>3</td><td>5</td><td>2</td><td>4</td><td>3</td><td>4</td><td>3</td><td>5</td><td>2</td><td>5</td><td></td><td></td><td>合格</td></tr>
<tr><td>5</td><td>门窗洞口高、宽度</td><td>±5mm</td><td>2</td><td>3</td><td>-2</td><td>4</td><td>3</td><td>-2</td><td>4</td><td>-2</td><td></td><td></td><td></td><td></td><td>合格</td></tr>
<tr><td>6</td><td>外墙上下窗口偏移</td><td>20mm</td><td>8</td><td>10</td><td>12</td><td>6</td><td>5</td><td>8</td><td>8</td><td>9</td><td></td><td></td><td></td><td></td><td>合格</td></tr>
<tr><td>7</td><td>水平灰缝平直度(混水)</td><td>10mm</td><td>6</td><td>8</td><td>5</td><td>5</td><td>7</td><td>3</td><td>4</td><td>6</td><td>6</td><td>5</td><td></td><td></td><td>合格</td></tr>
<tr><td colspan="3">复查记录</td><td colspan="14">监理工程师(签章):　　年　月　日
建设单位专业技术负责人(签章):　　年　月　日</td></tr>
<tr><td colspan="3">施工单位
检查评定结果</td><td colspan="14">经检查,主控项目、一般项目均符合设计和《砌体工程施工质量验收规范》(GB 50203－2011)的规定。
施工单位质量检查员(签章):2015年×月×日</td></tr>
<tr><td colspan="3">监理单位
验收结论</td><td colspan="14">验收合格。
监理工程师(签章):2015年×月×日</td></tr>
<tr><td colspan="3">建设单位
验收结论</td><td colspan="14">验收合格。
建设单位专业技术负责人(签章)2015年×月×日</td></tr>
</table>

砖砌体 分项工程质量验收记录表

<table>
<tr><td colspan="2">单位(子单位)工程名称</td><td>××商住楼</td><td>结构类型</td><td>底框砖混</td></tr>
<tr><td colspan="2">分部(子分部)工程名称</td><td>砖砌体结构</td><td>检验批数</td><td>12</td></tr>
<tr><td>施工单位</td><td colspan="2">××建设集团有限公司</td><td>项目经理</td><td>×××</td></tr>
<tr><td>分包单位</td><td colspan="2">/</td><td>分包单位负责人</td><td>/</td></tr>
<tr><td>序号</td><td colspan="2">检验批名称及部位、区段</td><td>施工单位检查评定结果</td><td>监理(建设)单位验收结论</td></tr>
<tr><td>1</td><td colspan="2">2 层 1～19/A～D 轴砖砌体(混水)工程</td><td>√</td><td>同意验收</td></tr>
<tr><td>2</td><td colspan="2">2 层 19～37/A～D 轴砖砌体(混水)工程</td><td>√</td><td>同意验收</td></tr>
<tr><td>3</td><td colspan="2">3 层 1～19/A～D 轴砖砌体(混水)工程</td><td>√</td><td>同意验收</td></tr>
<tr><td>4</td><td colspan="2">3 层 19～37/A～D 轴砖砌体(混水)工程</td><td>√</td><td>同意验收</td></tr>
<tr><td>5</td><td colspan="2">4 层 1～19/A～D 轴砖砌体(混水)工程</td><td>√</td><td>同意验收</td></tr>
<tr><td>6</td><td colspan="2">4 层 19～37/A～D 轴砖砌体(混水)工程</td><td>√</td><td>同意验收</td></tr>
<tr><td>7</td><td colspan="2">5 层 1～19/A～D 轴砖砌体(混水)工程</td><td>√</td><td>同意验收</td></tr>
<tr><td>8</td><td colspan="2">5 层 19～37/A～D 轴砖砌体(混水)工程</td><td>√</td><td>同意验收</td></tr>
<tr><td>9</td><td colspan="2">6 层 1～19/A～D 轴砖砌体(混水)工程</td><td>√</td><td>同意验收</td></tr>
<tr><td>10</td><td colspan="2">6 层 19～37/A～D 轴砖砌体(混水)工程</td><td>√</td><td>同意验收</td></tr>
<tr><td></td><td colspan="2"></td><td></td><td></td></tr>
<tr><td></td><td colspan="2"></td><td></td><td></td></tr>
<tr><td>检查结论</td><td colspan="2">合格

项目专业技术负责人:×××
2015 年 8 月 3 日</td><td>验收结论</td><td>验收合格

监理工程师:×××
(建设单位项目专业技术负责人)
2015 年 8 月 3 日</td></tr>
</table>

3.3 混凝土小型空心砌块砌体工程

3.3.1 混凝土小型空心砌块砌体工程资料列表

(1)施工管理资料

见证记录

(2)施工技术资料

1)施工方案

①混凝土小型空心砌块砌体工程施工方案

②混凝土小型空心砌块砌体工程冬期施工方案

2)技术交底记录

①混凝土小型空心砌块砌体工程施工方案技术交底记录

②混凝土小型空心砌块砌体工程冬期施工方案技术交底记录

③混凝土小型空心砌块砌体分项工程技术交底记录

3)设计变更通知单、工程洽商记录

(3)施工物资资料

1)普通混凝土小型空心砌块(或轻骨料混凝土小型空心砌块等)出厂质量证明文件

2)普通混凝土小型空心砌块(或轻骨料混凝土小型空心砌块等)试验报告

注:混凝土小型砌块应实行有见证取样和送检。

3)水泥、砂、石、掺合料、外加剂、钢筋等质量证明文件及复试报告

注:水泥应实行有见证取样和送检;按规定应预防碱一集料反应的工程或结构部位所使用的砂、石应有碱活性检验报告。

4)材料、构配件进场检验记录

5)工程物资进场报验表

(4)施工记录

1)隐蔽工程验收记录

2)预检记录

3)测量放线及复核记录

4)砂浆有关的施工记录(如砂浆原材料称量记录等)

5)混凝土有关的施工记录(混凝土开盘鉴定和浇灌申请等)

6)砌体工程施工记录

(5)施工试验记录及检测报告

1)砂浆抗压强度试验报告目录

2)砂浆配合比申请单、通知单

3)砂浆施工配合比下料单

4)砂浆抗压强度试验报告(包括:标养、冬施同条件养护等试件试验报告)

5)砌筑砂浆试块强度统计、评定记录

6)芯柱混凝土试件抗压强度试验报告目录

7)芯柱混凝土配合比申请单、通知单

8)芯柱混凝土试件抗压强度试验报告

(6)施工质量验收记录

1)混凝土小型空心砌块砌体工程检验批质量验收记录

2)混凝土小型空心砌块砌体分项工程质量验收记录

3)分项/分部工程施工报验表

3.3.2 混凝土小型空心砌块砌体工程资料填写范例

砖(砌块)试验报告				编　号	×××
				试验编号	2015-0011
				委托编号	2015-00736
工程名称	××工程			试样编号	013
委托单位	×××项目部			试验委托人	×××
种　类	普通混凝土小型空心砌块			生产厂	××厂
强度等级	MU10	密度等级	/	代表数量	1 万
试件处理日期	2015 年×月×日	来样日期	2015 年×月×日	试验日期	2015 年×月×日

试验结果

烧结普通砖		
抗压强度平均值 f (MPa)	变异系数 δ≤0.21	变异系数 δ>0.21
	强度标准值 f_k (MPa)	单块最小强度值 f_k (MPa)

轻集料混凝土小型空心砌块		
砌块抗压强度(MPa)		砌块干燥表观密度(kg/m^3)
平均值	最小值	
11.2	≥10	

其他种类

抗压强度(MPa)						抗折强度(MPa)	
平均值	最小值	大面		条面		平均值	最小值
		平均值	最小值	平均值	最小值		

结论：

依据《普通混凝土小型砌块》(GB 8239－2014)标准，符合 MU10 的普通混凝土小型砌块的要求。

批　准	×××	审　核	×××	试　验	×××
试验单位	××中心试验室(单位章)				
报告日期	2015 年×月×日				

本表由试验单位提供，建设单位、施工单位、城建档案馆各保存一份。

施工检查记录

<table>
<tr><td rowspan="2">工程名称</td><td rowspan="2">××办公楼工程</td><td>编　　号</td><td>×××</td></tr>
<tr><td>检查日期</td><td>2015 年 6 月 10 日</td></tr>
<tr><td>检查部位</td><td>二层①～⑬/Ⓐ～Ⓖ轴砌体</td><td>检查项目</td><td>砌筑</td></tr>
<tr><td colspan="4">检查依据：
(1)施工图纸:建施－1、建施－7;
(2)《砌体结构工程施工质量验收规范》(GB 50203－2011);
(3)《混凝土小型空心砌块建筑技术规程》(JGJ/T 14－2011)。</td></tr>
<tr><td colspan="4">检查内容：
1. 轻集料混凝土小型空心砌块有合格证、检验报告、复试报告,合格;其品种、强度等级符合设计要求,规格为 390×140×190mm、390×190×190mm、390×240×190mm 等;
2. 砂浆的品种符合设计要求,强度等级达到 M5;
3. 底部采用 150mm 高 C20 混凝土,拉结筋每 500mm 设置一道,2ϕ6,通长设置;构造柱、圈梁、板带的设置均符合设计要求;
4. 砌体水平、竖向灰缝的砂浆饱满,水平灰缝为 10～15mm,竖向灰缝为 20mm,上下砌块错缝,没有瞎缝、透明缝。有构造柱的地方留马牙槎;
5. 预埋木砖、预埋件符合要求;
6. 砌块墙表面平整度、垂直度、轴线、位置、门窗洞口大小符合设计和规范要求</td></tr>
<tr><td colspan="4">检查结论：
经检查,符合设计要求和《砌体结构工程施工质量验收规范》(GB 50203－2011)的规定</td></tr>
</table>

<table>
<tr><td rowspan="3">签字栏</td><td>施工单位</td><td colspan="2">××建设集团有限公司</td></tr>
<tr><td colspan="2">专业技术负责人</td><td>专业质检员</td></tr>
<tr><td colspan="2">王××</td><td>李××</td></tr>
</table>

一册在手　表格全有　贴近现场　资料无忧

《施工检查记录》填写说明

按照现行规范要求，凡需应进行施工过程检查的重要工序，且无专用记录表格的，均应按本表要求填写。

1. 责任部门

施工项目经理部项目技术负责人、专业质检员、专业工长（施工员）等。

2. 提交时限

检查合格后1d内完成，检验批验收前提交。

3. 相关要求

对于施工过程中影响质量、观感、安装、人身安全的工序，尤其是建筑与结构工程中的砌筑工程、装饰装修工程等应在过程中做好过程控制检查并填写本表。

以下是以建筑装饰装修为例，讲解应填写内容。

(1)地面工程施工检查内容。

检查基层标高、坡度、厚度是否符合设计要求，表面是否平整、坚硬、密实、洁净、干燥，是否有起砂、空鼓、裂缝等缺陷。

1)厕浴间、厨房和有排水（或其他液体）要求的建筑地面面层与相连接各类面层的标高差应符合设计要求。

2)楼梯踏步的宽度、高度应符合设计要求。楼梯阶段相邻踏步高度差不应大于10mm，每踏步两端宽度差不应大于10mm。

(2)抹灰工程施工检查内容。

检查抹灰基层表面尘土、污垢、油渍等是否清除干净，并洒水湿润；抹灰层是否有脱层、空鼓，面层是否有爆灰和裂缝；抹灰层总厚度是否符合设计要求。

(3)门窗工程施工检查内容。

检查门窗洞口位置、尺寸；窗扇应开关灵活、关闭严密、位置正确，功能应满足使用要求。

(4)吊顶工程施工检查内容。

检查标高、尺寸、起拱和造型等是否符合设计要求。龙骨架构排列是否整齐顺直、表面是否平整。

(5)轻质隔墙工程施工检查内容。

检查安装应垂直、平整、位置正确，表面平整光滑、色泽一致、洁净，接缝均匀、顺直。

(6)饰面板（砖）工程施工检查内容。

检查基层表面是否坚实、平整、干净；抹灰层是否有脱层、空鼓。以涂料为饰面的金属板基层表面不得有油污、锈斑、鱼鳞皮、焊渣和毛刺，并应进行除锈、防锈处理；以清漆为饰面的木质基层表面应平整光滑、颜色协调一致，表面无污染、裂缝、残缺等缺陷。接缝、嵌缝做法符合设计要求。

(7)涂饰工程施工检查内容。

涂饰前基层处理应符合以下要求：

1)新建筑物的混凝土或抹灰基层在涂饰涂料前应涂刷抗碱封闭底漆。

2)旧墙面在涂饰涂料前应清除疏松的旧装修层，并涂刷界面剂。

3)混凝土或抹灰基层涂刷溶剂型涂料时，含水率不得大于8%；涂刷乳液型涂料时，含水率不得大于10%。木材基层的含水率不得大于12%。

4)基层腻子应平整、坚实、牢固,无粉化、起皮和裂缝;内墙腻子的粘结强度应符合《建筑室内用腻子》(JG/T 298-2010)的规定。

5)厨房卫生间墙面必须使用耐水腻子。

(8)裱糊工程施工检查内容。

裱糊前基层处理质量应达到下列要求:

1)新建筑物的混凝土或抹灰基层墙面在刮腻子前应涂刷抗碱封闭底漆。

2)旧墙面在裱糊前应清除疏松的旧装修层,并涂刷界面剂。

3)混凝土或抹灰基层含水率不得大于8%;木材基层的含水率不得大于12%。

4)基层腻子应平整、坚实、牢固,无粉化、起皮和裂缝;腻子的粘结强度应符合《建筑室内用腻子》(JG/T 298-2010)中N型的规定。

5)基层表面平整度、立面垂直度及阴阳角方正应达到《建筑装饰装修工程施工质量验收规范》(GB 50210-2001)第4.2.11条的要求。

6)基层表面颜色应一致。

7)裱糊前应用封闭底胶涂刷基层。

混凝土小型空心砌块砌体检验批质量验收记录

02020201001

单位（子单位）工程名称	××大厦	分部（子分部）工程名称	主体结构/砌体结构	分项工程名称	混凝土小型空心砌块砌体
施工单位	××建筑有限公司	项目负责人	赵斌	检验批容量	$50m^3$
分包单位	/	分包单位项目负责人	/	检验批部位	三层墙 A～G/1～9 轴
施工依据	《砌体结构工程施工规范》GB50924-2014		验收依据	《砌体结构工程施工质量验收规范》GB50203-2011	

		验收项目		设计要求及规范规定	最小/实际抽样数量	检查记录	检查结果
主控项目	1	小砌块强度等级		设计要求 MU10	/	见证复验合格，报告编号×××	√
	2	芯柱混凝土强度等级		设计要求 C30	/	见证试件试验合格，报告编号×××	√
	3	砂浆强度等级		设计要求 M10	/	见证试件试验合格，报告编号×××	√
	4	水平灰缝砂浆饱满度		≥90%	5/5	抽查 5 处，合格 5 处	√
		竖向灰缝砂浆饱满度		≥90%	5/5	抽查 5 处，合格 5 处	√
	5	墙体转角处、纵横交接处		同时砌筑	5/5	抽查 5 处，合格 5 处	√
		斜槎留置		第 6.2.3 条	/	/	
		施工洞孔直槎留置及砌筑		第 6.2.3 条	5/5	抽查 5 处，合格 5 处	√
	6	芯柱贯通楼盖		第 6.2.4 条	/	/	
		芯柱混凝土灌实		第 6.2.4 条	5/5	抽查 5 处，合格 5 处	√
一般项目	1	水平灰缝厚度		8～12mm	5/5	抽查 5 处，合格 5 处	100%
		竖向灰缝宽度		8～12mm	5/5	抽查 5 处，合格 5 处	100%
	2	轴线位移		≤10mm	全/16	共 16 处，全部检查，合格 16 处	100%
	3	基础、墙、柱顶面标高		±15mm 以内	5/5	抽查 5 处，合格 5 处	100%
	4	每层墙面垂直度		≤5mm	5/5	抽查 5 处，合格 5 处	100%
	5	表面平整度	清水墙柱	≤5mm	/	/	
			混水墙柱	≤8mm	55	抽查 5 处，合格 5 处	100%
	6	水平灰缝平直度	清水墙	≤7mm	/	/	
			混水墙	≤10mm	5/5	抽查 5 处，合格 5 处	100%
	7	门窗洞口高、宽（后塞口）		±10mm 以内	5/5	抽查 5 处，合格 5 处	100%
	8	外墙上下窗口偏移		≤20mm	5/5	抽查 5 处，合格 5 处	100%
	9	清水墙游丁走缝		≤20mm	/	/	

施工单位检查结果	符合要求 专业工长：王晨 项目专业质量检查员：孔凡民 2014 年××月××日
监理单位验收结论	合格 专业监理工程师：刘东 2014 年××月××日

《混凝土小型空心砌块砌体检验批质量验收记录》填写说明

1. 填写依据

(1)《砌体结构工程施工质量验收规范》GB 50203－2011。

(2)《建筑工程施工质量验收统一标准》GB 50300－2013。

2. 规范摘要

以下内容摘自《砌体结构工程施工质量验收规范》GB 50203－2011。

(1)检验批划分原则

砌体结构工程检验批的划分应同时符合下列规定：

1)所用材料类型及同类型材料的强度等级相同；

2)不超过 $250m^3$ 砌体；

3)主体结构砌体一个楼层(基础砌体可按一个楼层计)；填充墙砌体量少时可多个楼层合并。

混凝土小型空心砌块砌体工程

(2)一般规定

1)适用于普通混凝土小型空心砌块和轻骨料混凝土小型空心砌块(以下简称小砌块)等砌体工程。

2)施工前，应按房屋设计图编绘小砌块平、立面排列图，施工中应按排块图施工。

3)施工采用的小砌块的产品龄期不应小于 28d。

4)砌筑小砌块时，应清除表面污物、剔除外观质量不合格的小砌块。

5)砌筑小砌块砌体，宜选用专用小砌块砌筑砂浆。

6)底层室内地面以下或防潮层以下的砌体，应采用强度等级不低于 C20(或 Cb20)的混凝土灌实小砌块的孔洞。

7)砌筑普通混凝土小型空心砌块砌体，不需对小砌块浇水湿润，如遇天气干燥炎热，宜在砌筑前对其喷水湿润；对轻骨料混凝土小砌块，应提前浇水湿润，块体的相对含水率宜为 40％～50％。雨天及小砌块表面有浮水时，不得施工。

8)承重墙体使用的小砌块应完整、无缺损、无裂缝。

9)小砌块墙体应对孔对孔、肋对肋有错缝搭蝴。单排孔小砌块的搭接长度应为块体长度的 1/2；多排孔小砌块的搭接长度可适当调整，但不宜小于砌块长度的 1/3，且不应小于 90mm。墙体的个别部位不能满足上述要求时，应在灰缝中设置拉结钢筋或钢筋网片，但竖向通缝仍不得超过两皮小砌块。

10)小砌块应将生产时的底面朝上反砌于墙上。

11)小砌块墙体宜逐块坐(铺)浆砌筑。

12)在散热器、厨房和卫生间等设备的卡具安装处砌筑的小砌块，宜在施工前用强度等级不低于 C20(或 Cb20)的混凝土将其孔洞灌实。

13)每步架墙(柱)砌筑完后，应随即刮平墙体灰缝。

14)芯柱处水上砌块墙体砌筑应符合下列规定：

①每一楼层芯柱处第一皮砌块应采用开口小砌块；

②砌筑时应随砌随清除小砌块孔内的毛边，并将灰缝中挤出的砂浆刮净。

15)芯柱混凝土宜选用专用小砌块灌孔混凝土。浇筑芯柱混凝土应符合下列规定：

①每次连续浇筑的高度宜为半个楼层，但不应大于1.8m；

②浇筑芯柱混凝土时，砌筑砂浆强度应大于1MPa；

③清除孔内掉落的砂浆等杂物，并用水冲淋孔壁；

④浇筑芯柱混凝土前，应先注入适量与芯柱混凝土相同的去石砂浆；

⑤每浇筑400mm? 500mm高度捣实一次，或边浇筑边捣实。

16)小砌块复合夹心墙的砌筑应符合规范GB50203－2011第5.1.14条的规定。

(3)验收要求

主控项目

1)小砌块和芯柱混凝土、砌筑砂浆的强度等级必须符合设计要求。

抽检数量：每一生产厂家，每1万块小砌块为一验收批，不足1万块按一批计，抽检数量为1组；用于多层以上建筑的基础和底层的小砌块抽检数量不应少于2组。砂浆试块的抽检数量应执行GB 50203－2011第4.0.12条的有关规定。

检验方法：检查小砌块和芯柱混凝土、砌筑砂浆试块试验报告。

2)砌体水平灰缝和竖向灰缝的砂浆饱满度，按净面积计算不得低于90%。

抽检数量：每检验批抽查不应少于5处。

检验方法：用专用百格网检测小砌块与砂浆粘结痕迹，每处检测3块小砌块，取其平均值。

3)墙体转角处和纵横交接处应同时砌筑。临时间断处应砌成斜槎，斜槎水平投影长度不应小于斜槎高度。施工洞口可预留直槎，但在洞口砌筑和补砌时，应在直槎上下搭砌的小砌块孔洞内用强度等级不低于C20(或Cb20)的混凝土灌实。

抽检数量：每检验批抽查不应少于5处。

检验方法：观察检查。

4)小砌块砌体的芯柱在楼盖处应贯通，不得削弱芯柱截面尺寸；芯柱混凝土不得漏灌。

抽检数量：每检验批抽查不应少于5处。

检验方法：观察检查。

一般项目

1)砌体的水平灰缝厚度和竖向灰缝宽度宜为10mm，但不应小于8mm，也不应大于12mm。

抽检数量：每检验批抽查不应少于5处。

检验方法：水平灰缝厚度用尺量5皮小砌块的高度折算；竖向灰缝宽度用尺量2m砌体长度折算。

2)小砌块砌体尺寸、位置的允许偏差应按规范GB50203－2011第5.3.3条的规定执行。

3.4 石砌体工程

3.4.1 石砌体工程资料列表

(1)施工技术资料

1)施工方案

①石砌体工程施工方案

②石砌体工程冬期施工方案

2)技术交底记录

①石砌体工程施工方案技术交底记录

②石砌体工程冬期施工方案技术交底记录

③石砌体分项工程技术交底记录

3)设计变更通知单、工程洽商记录

(2)施工物资资料

1)石材(毛石、料石等)产品质量证明书和抽样检测报告,石材放射性检验报告

2)石材试块试验报告

3)水泥、砂、掺合料、外加剂等质量证明文件及复试报告

4)材料、构配件进场检验记录

5)工程物资进场报验表

(3)施工记录

1)隐蔽工程验收记录

2)预检记录

3)测量放线及复核记录

4)砂浆原材料称量记录

5)砌体工程施工记录

(4)施工试验记录及检测报告

1)砂浆抗压强度试验报告目录

2)砂浆配合比申请单、通知单

3)砂浆施工配合比下料单

4)砂浆抗压强度试验报告(包括:标养、冬施同条件养护等试件试验报告)

5)砌筑砂浆试块强度统计、评定记录

(5)施工质量验收记录

1)石砌体工程检验批质量验收记录

2)石砌体分项工程质量验收记录

3)分项/分部工程施工报验表

3.4.2　石砌体工程资料填写范例

石砌体检验批质量验收记录

02020301001

单位（子单位）工程名称	××大厦	分部（子分部）工程名称	主体结构/砌体结构	分项工程名称	石砌体
施工单位	××建筑有限公司	项目负责人	赵斌	检验批容量	220m^3
分包单位	/	分包单位项目负责人	/	检验批部位	基础 A～G/1～9 轴
施工依据	《砌体结构工程施工规范》GB50924-2014		验收依据	《砌体结构工程施工质量验收规范》GB50203-2011	

		验收项目	设计要求及规范规定	最小/实际抽样数量	检查记录	检查结果
主控项目	1	石材强度等级	设计要求 MU30	/	见证复验合格，报告编号××××	√
	2	砂浆强度等级	设计要求 M10	/	见证试验合格，报告编号××××	√
	3	灰缝砂浆饱满度	≥80%	5/5	抽查 5 处，合格 5 处	√

		项目	毛石砌体		料石砌体					最小/实际抽样数量	检查记录	检查结果
					毛料石		粗料石		细料石			
			基础	墙	基础	墙	基础	墙	墙、柱			
			☐	☐	☐	☐	☑	☐	☐			
一般项目	1	轴线位移	≤20	≤15	≤20	≤15	≤15	≤10	≤10	5/5	抽查 5 处，合格 5 处	100%
	2	砌体顶面标高	±25	±15	±25	±15	±15	±15	±10	5/5	抽查 5 处，合格 5 处	100%
	3	砌体厚度	+30	+20 -10	+30	+20 -10	+15	+10 -5	+10 -5	5/5	抽查 5 处，合格 5 处	100%
	4	每层墙面垂直度	-	≤20	-	≤20	-	≤10	≤7	/	/	
	5	清水墙、柱表面平整度	-	-	-	≤20	-	≤10	≤5	/	/	
		混水墙、柱表面平整度	-	-	-	≤20	-	≤15	-	/	/	
	6	清水墙水平灰缝平直度	-	-	-	-	-	≤10	≤5	/	/	
	7	组砌形式	第 7.3.2 条							/	/	

施工单位检查结果	符合要求 专业工长：王晨 项目专业质量检查员：孔凡民 2014 年××月××日
监理单位验收结论	合格 专业监理工程师：刘东 2014 年××月××日

《石砌体检验批质量验收记录》填写说明

1. 填写依据

(1)《砌体结构工程施工质量验收规范》GB 50203－2011。

(2)《建筑工程施工质量验收统一标准》GB 50300－2013。

2. 规范摘要

以下内容摘自《砌体结构工程施工质量验收规范》GB 50203－2011。

(1)检验批划分原则

砌体结构工程检验批的划分应同时符合下列规定：

1)所用材料类型及同类型材料的强度等级相同；

2)不超过 $250m^3$ 砌体；

3)主体结构砌体一个楼层(基础砌体可按一个楼层计)；填充墙砌体量少时可多个楼层合并。

(2)一般规定

1)适用于毛石、毛料石、粗料石、细料石等砌体工程。

2)石砌体采用的石材应质地坚实，无裂纹和无明显风化剥落；用于清水墙、柱表面的石材，尚应色泽均匀；石材的放射性应经检验，其安全性应符合现行国家标准《建筑材料放射性核素限量》GB 6566 的有关规定。

3)石材表面的泥垢、水锈等杂质，砌筑前应清除干净。

4)砌筑毛石基础的第一皮石块应座浆，并将大面向下；砌筑料石基础的第一皮石块应用丁砌层座浆砌筑。

5)毛石砌体的第一皮及转角处、交接处和洞口处，应用较大的平毛石砌筑。每个楼层(包括基础)砌体的最上一皮，宜选用较大的毛石砌筑。

6)毛石砌筑时，对石块间存在的较大的缝隙，应先向缝内填灌砂浆并捣实，然后用小石块嵌填，不得先填小石块后填灌砂浆，石块间不得出现无砂浆相互接触现象。

7)砌筑毛石挡土墙应按分层高度砌筑，并应符合下列规定：

①每彻 3 皮～4 皮为一个分层高度，每个分层高度应将顶层石块蝴平；

②两个分层高度间分层处的错缝不得小于 80mm。

8)料石挡土墙，当中间部分用毛石砌时，丁砌料石伸入毛石部分的长度不应小于 200mm。

9)毛石、毛料石、粗料石、细料石砌体灰缝厚度应均匀，灰缝厚度应符合下列规定：

①毛石彻体外露面的灰缝厚度不宜大于 40mm；

②毛料石和粗料石的灰缝厚度不宜大于 20mm；

③细料石的灰缝厚度不宜大于 5mm。

10)挡土墙的泄水孔当设计无规定时，施工应符合下列规定：

①泄水孔应均匀设置，在每米高度上间隔 2m 左右设置一个泄水孔；

②泄水孔与土体间铺设长宽各为 300mm、厚 200mm 的卵石或碎石作疏水层。

11)挡土挡土墙内侧回填土必须分层夯填，分层松土厚宜为墙顶土面应有适当坡度使流水流向挡土墙外侧面。

12)在毛石和实心砖的组合墙中，毛石砌体与砖砌体应同时砌筑，并每隔 4 皮～6 皮砖用 2 皮～3 皮丁砖与毛石砌体拉结砌合；两种砌体间的空隙应填实砂浆。

13)毛石墙和砖墙相接的转角处和交接处应同时砌筑。转角处、交接处应自纵墙(或横墙)每隔 4 皮～6 皮砖高度引出不小于 120mm 与横墙(或纵墙)相接。

(3)验收要求

主控项目

1)石材及砂浆强度等级必须符合设计要求。

抽检数量:同一产地的同类石材抽检不应少于 1 组。砂浆试块的抽检数量执行 GB 50203—2011 第 4.0.12 条的有关规定。

检验方法:料石检查产品质量证明书,石材、砂浆检查试块试验报告。

2)砌体灰缝的砂浆饱满度不应小于 80%。

抽检数量:每检验批抽查不应少于 5 处。

检验方法:观察检查。

一般项目

1)石砌体尺寸、位置的允许偏差及检验方法应符合表 3-31 的规定。

表 3-31　石砌体尺寸、位置的允许偏差及检验方法

<table>
<tr><th rowspan="4">项次</th><th rowspan="4" colspan="2">项目</th><th colspan="7">允许偏差(mm)</th><th rowspan="4">检验方法</th></tr>
<tr><th colspan="2">毛石砌体</th><th colspan="5">料石砌体</th></tr>
<tr><th rowspan="2">基础</th><th rowspan="2">墙</th><th colspan="2">毛料石</th><th colspan="2">粗料石</th><th>细料石</th></tr>
<tr><th>基础</th><th>墙</th><th>基础</th><th>墙</th><th>墙、柱</th></tr>
<tr><td>1</td><td colspan="2">轴线位置</td><td>20</td><td>15</td><td>20</td><td>15</td><td>15</td><td>10</td><td>10</td><td>用经纬仪和尺检查,或用其他检测仪器检查</td></tr>
<tr><td>2</td><td colspan="2">基础和墙砌体顶面标高</td><td>±25</td><td>±15</td><td>±25</td><td>±15</td><td>±15</td><td>±15</td><td>±10</td><td>用水准仪和尺检查</td></tr>
<tr><td>3</td><td colspan="2">砌体厚度</td><td>+30</td><td>+20
−10</td><td>+30</td><td>+20
−10</td><td>+15</td><td>+10
−5</td><td>+10
−5</td><td>用尺检查</td></tr>
<tr><td rowspan="2">4</td><td rowspan="2">墙面垂直度</td><td>每层</td><td>—</td><td>20</td><td>—</td><td>20</td><td>—</td><td>10</td><td>7</td><td rowspan="2">用经纬仪、吊线和尺检查或用其他检测仪器检查</td></tr>
<tr><td>全高</td><td>—</td><td>30</td><td>—</td><td>30</td><td>—</td><td>25</td><td>10</td></tr>
<tr><td rowspan="2">5</td><td rowspan="2">表面平整度</td><td>清水墙、柱</td><td>—</td><td>—</td><td>—</td><td>20</td><td>—</td><td>10</td><td>5</td><td rowspan="2">细料石用 2m 的靠尺和楔形塞尺检查,其他用两直尺垂直于灰缝拉 2m 线和卷尺检查</td></tr>
<tr><td>混水墙、柱</td><td>—</td><td>—</td><td>—</td><td>20</td><td>—</td><td>15</td><td>—</td></tr>
<tr><td>6</td><td colspan="2">清水墙水平灰缝平直度</td><td>—</td><td>—</td><td>—</td><td>—</td><td>—</td><td>10</td><td>5</td><td>拉 10m 线和卷尺检查</td></tr>
</table>

抽检数量:每检验批抽查不应少于 5 处。

2)石砌体的组砌形式应符合下列规定:

①内外搭砌,上下错缝,拉结石、丁砌石交错设置;

②毛石墙拉结石每 0.7m² 墙面不应少于 1 块。

检查数量:每检验批抽查不应少于 5 处。

检验方法:观察检查。

3.5 配筋砌体工程

3.5.1 配筋砌体工程资料列表

(1)施工管理资料见证记录

(2)施工技术资料

1)施工方案

①配筋砌体工程施工方案

②配筋砌体工程冬期施工方案

2)技术交底记录

①配筋砌体工程施工方案技术交底记录

②配筋砌体工程冬期施工方案技术交底记录

③配筋砌体分项工程技术交底记录

3)设计变更通知单、工程洽商记录

(3)施工物资资料

1)砖、砌块质量证明文件及复试报告

2)钢筋产品合格证或质量证明书及现场抽样(包括见证取样)性能复试试验报告

3)水泥产品合格证、出厂检验报告及现场抽样(包括见证取样)试验报告

4)砂试验报告,石试验报告等

5)材料、构配件进场检验记录

6)工程物资进场报验表

(4)施工记录

1)隐蔽工程验收记录

2)预检记录

3)测量放线及复核记录

4)砂浆有关的施工记录(砂浆原材料称量记录等)

5)混凝土有关的施工记录(混凝土开盘鉴定和浇灌申请等)

6)砌体工程施工记录

(5)施工试验记录及检测报告

1)砂浆有关的施工试验记录(如配合比通知单、抗压强度报告等)

2)钢筋、混凝土有关的施工试验记录(如配合比通知单、抗压强度报告等)

(6)施工质量验收记录

1)配筋砌体工程检验批质量验收记录

2)砖砌体工程检验批质量验收记录

注:砖砌体工程检验批质量验收记录应为配合采用。

3)混凝土小型空心砌块砌体工程检验批质量验收记录

注:混凝土小型空心砌块砌体工程检验批质量验收记录应为配合采用。

4)钢筋、混凝土等有关的工程检验批质量验收记录

5)分项工程质量验收记录

6)分项/分部工程施工报验表

3.5.2 配筋砌体工程资料填写范例

<table>
<tr><td colspan="2">隐蔽工程检查记录</td><td>编　号</td><td>×××</td></tr>
<tr><td>工程名称</td><td colspan="3">××工程</td></tr>
<tr><td>隐检项目</td><td>配筋砌体</td><td>隐检日期</td><td>2015年×月×日</td></tr>
<tr><td>隐检部位</td><td colspan="3">一层墙①～⑫/Ⓑ～Ⓚ轴线　××标高</td></tr>
</table>

隐检依据：施工图图号　结施－3　，设计变更/洽商(编号　/　)及有关国家现行标准等。

主要材料名称及规格/型号：　HPB 330ϕ12

隐检内容：

1. 配筋砌体主筋：
   品种及直径：HPB 330ϕ12
   钢筋的数量：4
   搭接长度：55d(55×12＝660mm)
2. 配筋砌体箍筋：
   品种及直径：HPB 330ϕ6
   间距：200mm
   压在灰缝中保护层厚度：2mm
3. 砌体拉结筋、构造筋：
   品种及直径：HPB 330ϕ6
   沿墙高间距：500mm
   锚固长度：55d(55×6＝300mm)
   与基体连接方式：拉结钢筋两边伸入墙内1m，拉结钢筋穿过构造柱部位与受力钢筋绑牢

检查意见：

经检查，符合设计要求和《砌体工程施工质量验收规范》(GB 50203－2011)的规定。同意隐蔽。

检查结论：　☑同意隐蔽　　　□不同意，修改后进行复查

复查结论：

复查人：　　　　　　复查日期：

<table>
<tr><td rowspan="3">签字栏</td><td rowspan="2">建设(监理)单位</td><td>施工单位</td><td colspan="2">××钢结构工程有限公司</td></tr>
<tr><td>专业技术负责人</td><td>专业质检员</td><td>专业工长</td></tr>
<tr><td>×××</td><td>×××</td><td>×××</td><td>×××</td></tr>
</table>

本表由施工单位填写，建设单位、施工单位、城建档案馆各保存一份。

配筋砌体检验批质量验收记录

02020401001

单位（子单位）工程名称	××大厦	分部（子分部）工程名称	主体结构/砌体结构	分项工程名称	配筋砌体
施工单位	××建筑有限公司	项目负责人	赵斌	检验批容量	35m³
分包单位	/	分包单位项目负责人	/	检验批部位	三层墙 A～G/1～9轴
施工依据	《砌体结构工程施工规范》GB50924-2014		验收依据	《砌体结构工程施工质量验收规范》GB50203-2011	

		验收项目		设计要求及规范规定	最小/实际抽样数量	检查记录	检查结果
主控项目	1	钢筋品种、规格、数量和设置部位		设计要求	/	质量证明文件齐全，复验报告编号×××	√
	2	混凝土强度等级		设计要求C30	/	见证试件试验合格，报告编号×××	√
	3	砂浆强度等级		设计要求M10	/	见证试件试验合格，报告编号×××	√
	4	马牙槎尺寸		第8.2.3条	5/5	抽查5处，合格5处	√
		预留拉结钢筋设置		第8.2.3条	5/5	抽查5处，合格5处	√
		不得任意弯折拉结钢筋		第8.2.3条	5/5	抽查5处，合格5处	√
	5	钢筋连接方式		第8.2.4条	5/5	抽查5处，合格5处	√
		钢筋锚固长度		第8.2.4条	5/5	抽查5处，合格5处	√
		钢筋搭接长度		第8.2.4条	5/5	抽查5处，合格5处	√
一般项目	1	构造柱中心线位置		≤10mm	5/5	抽查5处，合格5处	100%
	2	构造柱层间错位		≤8mm	5/5	抽查5处，合格5处	100%
	3	每层构造柱垂直度		≤5mm	5/5	抽查5处，合格5处	100%
	4	灰缝钢筋防腐保护		第8.3.2条	5/5	抽查5处，合格5处	100%
		灰缝钢筋保护层		第8.3.2条	5/5	抽查5处，合格5处	100%
	5	网状配筋规格、间距		第8.3.3条	5/5	抽查5处，合格5处	100%
		网状配筋位置		第8.3.3条	5/5	抽查5处，合格5处	100%
	6	受力钢筋保护层厚度	网状配筋砌体	±10mm以内	5/	/	
			组合砖砌体	±5mm以内	5/	/	
			配筋小砌块砌体	±10mm以内	5/5	抽查5处，合格5处	100%
	7	配筋小砌块砌体墙凹槽中水平钢筋间距		±10mm以内	5/5	抽查5处，合格5处	100%

施工单位检查结果	符合要求 专业工长：王晨 项目专业质量检查员：孔凡民 2014年××月××日
监理单位验收结论	合格 专业监理工程师：刘东 2014年××月××日

《配筋砌体检验批质量验收记录》填写说明

1. 填写依据

(1)《砌体结构工程施工质量验收规范》GB 50203－2011。

(2)《建筑工程施工质量验收统一标准》GB 50300－2013。

2. 规范摘要

以下内容摘自《砌体结构工程施工质量验收规范》GB 50203－2011。

(1)检验批划分原则

砌体结构工程检验批的划分应同时符合下列规定：

1)所用材料类型及同类型材料的强度等级相同；

2)不超过 250m³ 砌体；

3)主体结构砌体一个楼层(基础砌体可按一个楼层计)；填充墙砌体量少时可多个楼层合并。

(2)一般规定

1)配筋砌体工程除应满足以下要求和规定外，尚应符合规范 GB50203－2011 第 5 章及第 6 章的要求和规定。

2)施工配筋小砌块砌体剪力墙，应采用专用的小砌块砌筑砂浆砌筑，专用小砌块灌孔混凝土浇筑芯柱。

3)设置在灰缝内的钢筋，应居中置于灰缝内，水平灰缝厚度应大于钢筋直径 4mm 以上。

(3)验收要求

主控项目

1)钢筋的品种、规格、数量和设置部位应符合设计要求。

检验方法：检查钢筋的合格证书、钢筋性能复试试验报告、隐蔽工程记录。

2)构造柱、芯柱、组合砌体构件、配筋砌体剪力墙构件的混凝土及砂浆的强度等级应符合设计要求。

抽检数量：每检验批砌体，试块不应少于 1 组，验收批砌体试块不得少于 3 组。

检验方法：检查混凝土和砂浆试块试验报告。

3)构造柱与墙体的连接应符合下列规定：

①墙体应砌成马牙槎，马牙槎凹凸尺寸不宜小于 60mm，高度不应超过 300mm，马牙槎应先退后进，对称砌筑；马牙槎尺寸偏差每一构造柱不应超过 2 处；

②预留拉结钢筋的规格、尺寸、数量及位置应正确，拉结钢筋应沿墙高每隔 500mm 设 2Φ6，伸入墙内不宜小于 600mm，钢筋的竖向移位不应超过 100mm，且竖向移位每一构造柱不得超过 2 处；

③施工中不得任意弯折拉结钢筋。

抽检数量：每检验批抽查不应少于 5 处。

检验方法：观察检查和尺量检查。

4)配筋砌体中受力钢筋的连接方式及锚固长度、搭接长度应符合设计要求。

检查数量：每检验批抽查不应少于 5 处。

检验方法：观察检查。

一般项目

1)构造柱一般尺寸允许偏差及检验方法应符合表3-32的规定。

表 3-32　　构造柱一般尺寸允许偏差及检验方法

项次	项目			允许偏差(mm)	检验方法
1	中心线位置			10	用经纬仪和尺检查或其他测量仪器检查
2	层间错位			8	用经纬仪和尺检查或其他测量仪器检查
3	垂直度	每层		10	用2m托线板检查
		全高	≤10m	15	用经纬仪、吊线和尺检查或其他测量仪器检查
			>10m	20	

抽检数量:每检验批抽查不应少于5处。

2)设置在砌体灰缝中钢筋的防腐保护应符合规范GB50203－2011第3.0.16条的规定,且钢筋防护层完好,不应有肉眼可见裂纹、剥落和擦痕等缺陷。

抽检数量:每检验批抽查不应少于5处。

检验方法:观察检查。

3)网状配筋砖砌体中,钢筋网规格及放置间距应符合设计规定。每一构件钢筋网沿砌体高度位置超过设计规定一皮砖厚不得多于一处。

抽检数量:每检验批抽查不应少于5处。

检验方法:通过钢筋网成品检查钢筋规格,钢筋网放置间距采用局部剔缝观察,或用探针刺入灰缝内检查,或用钢筋位置测定仪测定。

4)钢筋安装位置的允许偏差及检验方法应符合表3-33的规定。

表 3-33　　钢筋安装位置的允许偏差及检验方法

项目		允许偏差(mm)	检验方法
受力钢筋保护层厚度	网状配筋砌体	±10	检查钢筋网成品,钢筋网放置位置局部剔缝观察,或用探针刺入灰缝内检查,或用钢筋位置测定仪测定
	组合砖砌体	±10	支模前观察与尺量检查
	配筋小砌块砌体	±5	浇筑灌孔混凝土前观察与尺量检查
配筋小砌块砌体墙凹槽中水平钢筋间距		±10	钢尺量连续三档,取最大值

抽检数量:每检验批抽查不应少于5处。

配筋砌体　分项工程质量验收记录表

单位(子单位)工程名称	××商住楼	结构类型	底框砖混
分部(子分部)工程名称	配筋砌体结构	检验批数	14
施工单位	××建设集团有限公司	项目经理	×××
分包单位	/	分包单位负责人	/

序号	检验批名称及部位、区段	施工单位检查评定结果	监理(建设)单位验收结论
1	1层1～19/A～D轴配筋砖砌体	√	合格
2	1层19～37/A～D轴配筋砖砌体	√	合格
3	2层1～19/A～D轴配筋砖砌体	√	合格
4	2层19～37/A～D轴配筋砖砌体	√	合格
5	3层1～19/A～D轴配筋砖砌体	√	合格
6	3层19～37/A～D轴配筋砖砌体	√	合格
7	4层1～19/A～D轴配筋砖砌体	√	合格
8	4层19～37/A～D轴配筋砖砌体	√	合格
9	5层1～19/A～D轴配筋砖砌体	√	合格
10	5层19～37/A～D轴配筋砖砌体	√	合格
11	6层1～19/A～D轴配筋砖砌体	√	合格
12	6层19～37/A～D轴配筋砖砌体	√	合格

检查结论	合格 项目专业技术负责人:××× 2015年8月3日	验收结论	验收合格 监理工程师:××× (建设单位项目专业技术负责人) 2015年8月3日

3.6 填充墙砌体工程

3.6.1 填充墙砌体工程资料列表

(1)施工技术资料

1)施工方案

①填充墙砌体工程施工方案

②填充墙砌体工程冬期施工方案

2)技术交底记录

①填充墙砌体工程施工方案技术交底记录

②填充墙砌体工程冬期施工方案技术交底记录

③填充墙砌体分项工程技术交底记录

3)设计变更通知单、工程洽商记录

(2)施工物资资料

1)烧结空心砖、轻骨料混凝土小型空心砌块等

2)合格证书、性能检测报告及进场试验报告

3)水泥产品合格证、出厂检验报告及进场试验报告

4)砂试验报告,外加剂、钢筋等质量证明文件及试验报告

5)材料、构配件进场检验记录

6)工程物资进场报验表

(3)施工记录

1)隐蔽工程验收记录

2)预检记录

3)测量放线及复核记录

4)砂浆原材料称量记录

5)砌体工程施工记录

(4)施工试验记录及检测报告

1)填充墙砌体植筋锚固力检测记录

2)砂浆抗压强度试验报告目录

3)砂浆配合比申请单、通知单

4)砂浆施工配合比下料单

5)砂浆抗压强度试验报告(包括:标养、冬施同条件养护等试件试验报告)

6)砌筑砂浆试块强度统计、评定记录

(5)施工质量验收记录

1)填充墙砌体工程检验批质量验收记录

2)填充墙砌体分项工程质量验收记录

3)分项/分部工程施工报验表

3.6.2　填充墙砌体工程资料填写范例

填充墙砌体检验批质量验收记录

02020501 001

<table>
<tr><td colspan="3">单位（子单位）工程名称</td><td>××大厦</td><td>分部（子分部）工程名称</td><td>主体结构/砌体结构</td><td>分项工程名称</td><td>填充墙砌体</td></tr>
<tr><td colspan="3">施工单位</td><td>××建筑有限公司</td><td>项目负责人</td><td>赵斌</td><td>检验批容量</td><td>220m³</td></tr>
<tr><td colspan="3">分包单位</td><td>/</td><td>分包单位项目负责人</td><td>/</td><td>检验批部位</td><td>三层墙 A～G/1～9 轴</td></tr>
<tr><td colspan="3">施工依据</td><td colspan="2">《砌体结构工程施工规范》GB50924-2014</td><td>验收依据</td><td colspan="2">《砌体结构工程施工质量验收规范》GB50203-2011</td></tr>
<tr><td rowspan="5">主控项目</td><td colspan="2">验收项目</td><td>设计要求及规范规定</td><td>最小/实际抽样数量</td><td colspan="2">检查记录</td><td>检查结果</td></tr>
<tr><td>1</td><td>块体强度等级</td><td>设计要求 MU7.5</td><td>/</td><td colspan="2">质量证明文件齐全，复试报告编号×××</td><td>√</td></tr>
<tr><td>2</td><td>砂浆强度等级</td><td>设计要求 M5</td><td>/</td><td colspan="2">见证试件试验合格，报告编号×××</td><td>√</td></tr>
<tr><td>3</td><td>与主体结构连接</td><td>第 9.2.2 条</td><td>5/5</td><td colspan="2">抽查 5 处，合格 5 处</td><td>√</td></tr>
<tr><td>4</td><td>植筋实体检测</td><td>第 9.2.3 条</td><td>5/5</td><td colspan="2">检测 5 组，合格 5 组，试验报告编号××××</td><td>√</td></tr>
<tr><td rowspan="17">一般项目</td><td>1</td><td>轴线位移</td><td>≤10mm</td><td>5/5</td><td colspan="2">抽查 5 处，合格 5 处</td><td>100%</td></tr>
<tr><td rowspan="2">2</td><td>墙面垂直度（每层） ≤3m</td><td>≤5mm</td><td>5/5</td><td colspan="2">抽查 5 处，合格 5 处</td><td>100%</td></tr>
<tr><td>墙面垂直度（每层） >3m</td><td>≤10mm</td><td>/</td><td colspan="2">/</td><td></td></tr>
<tr><td>3</td><td>表面平整度</td><td>≤8mm</td><td>5/5</td><td colspan="2">抽查 5 处，合格 5 处</td><td>100%</td></tr>
<tr><td>4</td><td>门窗洞口高、宽（后塞口）</td><td>±10m 以内</td><td>5/5</td><td colspan="2">抽查 5 处，合格 5 处</td><td>100%</td></tr>
<tr><td>5</td><td>外墙上、下窗口偏移</td><td>≤20mm</td><td>5/5</td><td colspan="2">抽查 5 处，合格 5 处</td><td>100%</td></tr>
<tr><td rowspan="2">6</td><td>空心砖砌体砂浆饱满度 水平</td><td>≥80%</td><td>5/5</td><td colspan="2">抽查 5 处，合格 5 处</td><td>100%</td></tr>
<tr><td>空心砖砌体砂浆饱满度 垂直</td><td>第 9.3.2 条</td><td>5/5</td><td colspan="2">抽查 5 处，合格 5 处</td><td>100%</td></tr>
<tr><td rowspan="2">7</td><td>蒸压加气混凝土砌块、轻骨料混凝土小型空心砌块砌体砂浆饱满度 水平</td><td>≥80%</td><td>/</td><td colspan="2">/</td><td></td></tr>
<tr><td>蒸压加气混凝土砌块、轻骨料混凝土小型空心砌块砌体砂浆饱满度 垂直</td><td>≥80%</td><td>/</td><td colspan="2">/</td><td></td></tr>
<tr><td>8</td><td>拉结筋、网片位置</td><td>9.3.3 条</td><td>5/5</td><td colspan="2">抽查 5 处，合格 5 处</td><td>100%</td></tr>
<tr><td>9</td><td>拉结筋、网片埋置长度</td><td>9.3.3 条</td><td>5/5</td><td colspan="2">抽查 5 处，合格 5 处</td><td>100%</td></tr>
<tr><td>10</td><td>搭砌长度</td><td>9.3.4 条</td><td>5/5</td><td colspan="2">抽查 5 处，合格 5 处</td><td>100%</td></tr>
<tr><td>11</td><td>水平灰缝厚度</td><td>9.3.5 条</td><td>5/5</td><td colspan="2">抽查 5 处，合格 5 处</td><td>100%</td></tr>
<tr><td>12</td><td>竖向灰缝宽度</td><td>9.3.5 条</td><td>5/5</td><td colspan="2">抽查 5 处，合格 5 处</td><td>100%</td></tr>
<tr><td colspan="3">施工单位检查结果</td><td colspan="5">符合要求
专业工长：王晨
项目专业质量检查员：孔凡民
2014 年××月××日</td></tr>
<tr><td colspan="3">监理单位验收结论</td><td colspan="5">合格
专业监理工程师：刘东
2014 年××月××日</td></tr>
</table>

《填充墙砌体检验批质量验收记录》填写说明

验收要求

1. 主控项目

(1)烧结空心砖、小砌块和砌筑砂浆的强度等级应符合设计要求。

抽检数量:烧结空心砖每10万块为一验收批,小砌块每1万块为一验收批,不足上述数量时按一批计,抽检数量为1组。砂浆试块的抽检数量执行规范GB50203－2011第4.0.12条的有关规定。

检验方法:查砖、小砌块进场复验报告和砂浆试块试验报告。

(2)填充墙砌体应与主体结构可靠连接,其连接构造应符合设计要求,未经设计同意,不得随意改变连接构造方法。每一填充墙与柱的拉结筋的位置超过一皮块体高度的数量不得多于一处。

抽检数量:每检验批抽查不应少于5处。

检验方法:观察检查。

(3)填充墙与承重墙、柱、梁的连接钢筋,当采用化学植筋的连接方式时,应进行实体检测。锚固钢筋拉拔试验的轴向受拉非破坏承载力检验值应为6.0kN。抽检钢筋在检验值作用下应基材无裂缝、钢筋无滑移宏观裂损现象;持荷2min期间荷载值降低不大于5%。检验批验收可按规范GB50203－2011表B.0.1通过正常检验一次、二次抽样判定。填充墙砌体植筋锚固力检测记录可按规范GB50203－2011表C.0.1填写。

抽检数量:按表3-34确定。

检验方法:原位试验检查。

表3-34　检验批抽检锚固钢筋样本最小容量

检验批的容量	样本最小容量	检验批的容量	样本最小容量
≤90	5	281～500	20
91～150	8	501～1200	32
151～280	13	1201～3200	50

2. 一般项目

(1)填充墙砌体尺寸、位置的允许偏差及检验方法应符合表3-35的规定。

表3-35　填充墙砌体尺寸、位置的允许偏差及检验方法

项次	项目		允许偏差(mm)	检验方法
1	轴线位移		10	用尺测量
2	垂直度(每层)	≤3m	5	用2m托线板或吊线、尺测量
		＞3m	10	
3	表面平整度		8	用2m靠尺和楔形塞尺检查
4	门窗洞口高、宽(后塞口)		±10	用尺检查
5	外墙上、下窗偏移		20	用经纬仪或吊线测量

抽检数量：每检验批抽查不应少于 5 处。

(2)填充墙砌体的砂浆饱满度及检验方法应符合表 3-36 的规定。

表 3-36　　填充墙砌体的砂浆饱满度及检验方法

砌体分类	灰缝	饱满度及要求	检验方法
空心砌体	水平	≥80%	采用百格网检查块体底面或侧面砂浆的粘结痕迹面积
	垂直	填满砂浆，不得有透明缝、瞎缝、假缝	
蒸压加气混凝土砌块、轻骨料混凝土小型砌块砌体	水平	≥80%	
	垂直	≥80%	

抽检数量：每检验批抽查不应少于 5 处。

(3)填充墙留置的拉结钢筋或网片的位置应与块体皮数相符合。拉结钢筋或网片应置于灰缝中，埋置长度应符合设计要求，竖向位置偏差不应超过一皮高度。

抽检数量：每检验批抽查不应少于 5 处。

检验方法：观察和用尺量检查。

(4)砌筑填充墙时应错缝搭砌，蒸压加气混凝土砌块搭砌长度不应小于砌块长度的 1/3；轻骨料混凝土小型空心砌块搭砌长度不应小于 90mm；竖向通缝不应大于 2 皮。

抽检数量：每检验批抽查不应少于 5 处。

检验方法：观察检查。

(5)填充墙的水平灰缝厚度和竖向灰缝宽度应正确，烧结空心砖、轻骨料混凝土小型空心砌块砌体的灰缝应为 8mm～12mm；蒸压加气混凝土砌块砌体当采用水泥砂浆、水泥混合砂浆或蒸压加气混凝土砌块砌筑砂浆时，水平灰缝厚度和竖向灰缝宽度不应超过 15mm；当蒸压加气混凝土砌块砌体采用蒸压加气混凝土砌块粘结砂浆时，水平灰缝厚度和竖向灰缝宽度宜为 3mm～4mm。

抽检数量：每检验批抽查不应少于 5 处。

检验方法：水平灰缝厚度用尺量 5 皮小砌块的高度折算；竖向灰缝宽度用尺量 2m 砌体长度折算。

填充墙砌体 分项工程质量验收记录表

<table>
<tr><td colspan="2">单位(子单位)工程名称</td><td>××商住楼</td><td>结构类型</td><td>底框砖混</td></tr>
<tr><td colspan="2">分部(子分部)工程名称</td><td>填充墙砌体结构</td><td>检验批数</td><td>2</td></tr>
<tr><td>施工单位</td><td colspan="2">××建设集团有限公司</td><td>项目经理</td><td>×××</td></tr>
<tr><td>分包单位</td><td colspan="2">/</td><td>分包单位负责人</td><td>/</td></tr>
<tr><td>序号</td><td>检验批名称及部位、区段</td><td colspan="2">施工单位检查评定结果</td><td>监理(建设)单位验收结论</td></tr>
<tr><td>1</td><td>1层1～19/A～D轴填充墙</td><td colspan="2">√</td><td>合格</td></tr>
<tr><td>2</td><td>2层19～37/A～D轴填充墙</td><td colspan="2">√</td><td>合格</td></tr>
<tr><td>3</td><td></td><td colspan="2"></td><td></td></tr>
<tr><td>4</td><td></td><td colspan="2"></td><td></td></tr>
<tr><td>5</td><td></td><td colspan="2"></td><td></td></tr>
<tr><td>6</td><td></td><td colspan="2"></td><td></td></tr>
<tr><td>7</td><td></td><td colspan="2"></td><td></td></tr>
<tr><td>8</td><td></td><td colspan="2"></td><td></td></tr>
<tr><td>9</td><td></td><td colspan="2"></td><td></td></tr>
<tr><td>10</td><td></td><td colspan="2"></td><td></td></tr>
<tr><td>11</td><td></td><td colspan="2"></td><td></td></tr>
<tr><td>12</td><td></td><td colspan="2"></td><td></td></tr>
<tr><td>检查结论</td><td>合格

项目专业技术负责人:×××
2015年8月3日</td><td>验收结论</td><td colspan="2">验收合格

监理工程师:×××
(建设单位项目专业技术负责人)
2015年8月3日</td></tr>
</table>

第 4 章

钢结构工程资料及范例

4.1 钢结构工程规范清单

钢结构焊接工程应参考的标准及规范清单

(1)《钢结构工程施工质量验收规范》(GB 50205－2001)

(2)《钢结构设计规范》(GB 50017－2003)

(3)《建筑工程施工现场供用电安全规范》(GB 50194－2014)

(4)《碳素结构钢》(GB/T 700－2006)

(5)《非合金钢及细晶粒钢焊条》(GB/T 5117－2012)

(6)《热强钢焊条》(GB/T 5118－2012)

(7)《埋弧焊用碳钢焊丝和焊剂》(GB/T 5293－1999)

(8)《焊缝螺柱焊用圆柱头焊钉》(GB/T 10433－2002)

(9)《气体保护电弧焊用碳钢、低合金钢焊丝》(GB/T 8110－2008)

(10)《埋弧焊的推荐坡口》(GB/T 985.2－2008)

(11)《气焊、焊条电弧焊、气体保护焊和高能束焊的推荐坡口》(GB/T 985.1－2008)

(12)《低合金高强度结构钢》(GB/T 1591－2008)

(13)《高层民用建筑钢结构技术规程》(JGJ 99－98)

(14)《施工现场临时用电安全技术规范》(JGJ 46－2005)

(15)《钢结构焊接规范》(GB 50661－2011)

钢结构紧固件连接工程应参考的标准及规范清单

(1)《钢结构工程施工质量验收规范》(GB 50205－2001)

(2)《钢结构设计规范》(GB 50017－2003)

(3)《钢结构用高强度大六角头螺栓、大六角螺母、垫圈技术条件》(GB/T 1231－2006)

(4)《普通螺纹基本尺寸》(GB/T 196－2003)

(5)《普通螺纹公差》(GB/T 197－2003)

(6)《钢结构用高强度大六角头螺栓》(GB/T 1228－2006)

(7)《钢结构用扭剪型高强度螺栓连接副》(GB/T 3632－2008)

(8)《钢结构用高强度大六角头螺母》(GB/T 1229－2006)

(9)《紧固件机械性能抽芯铆钉》(GB/T 3098.19－2004)

(10)《紧固件机械性能盲铆钉试验方法》(GB/T 3098.18－2004)

(11)《紧固件机械性能蝶形螺母保证扭矩》(GB/T 3098.20－2004)

(12)《紧固件机械性能 －200℃～＋700℃使用的螺栓连接零件》(GB/T 3098.8－2010)

(13)《紧固件机械性能有色金属制造的螺栓、螺钉、螺柱和螺母》(GB/T 3098.10－1993)

(14)《紧固件机械性能螺母锥形保证载荷试验》(GB/T 3098.12－1996)

(15)《紧固件机械性能螺栓与螺钉的扭矩试验和破坏扭矩公称直径 1～10mm》(GB/T 3098.13－1996)

(16)《紧固件机械性能螺栓、螺钉和螺柱》(GB/T 3098.1－2000)

(17)《紧固件机械性能不锈钢螺栓、螺钉和螺柱》(GB/T 3098.6－2014)

(18)《紧固件机械性能自挤螺钉》(GB/T 3098.7－2000)

(19)《紧固件机械性能自攻螺钉》(GB/T 3098.5－2000)

(20)《紧固件机械性能螺母细牙螺纹》(GB/T 3098.4—2000)
(21)《紧固件机械性能紧定螺钉》(GB/T 3098.3—2000)
(22)《紧固件机械性能检查氢脆用预载荷试验平行支承面法》(GB/T 3098.17—2000)
(23)《紧固件机械性能不锈钢紧定螺钉》(GB/T 3098.16—2014)
(24)《紧固件机械性能不锈钢螺母》(GB/T 3098.15—2014)
(25)《紧固件机械性能螺母扩孔试验》(GB/T 3098.14—2000)
(26)《紧固件机械性能螺母粗牙螺纹》(GB/T 3098.2—2000)
(27)《钢结构高强度螺栓连接技术规程》(JGJ 82—2011)
(28)《建筑工程施工现场供用电安全规范》(GB 50194—2014)
(29)《高层民用建筑钢结构技术规程》(JGJ 99—98)
(30)《建筑施工高处作业安全技术规范》(JGJ 80—91)
(31)《施工现场临时用电安全技术规范》(JGJ 46—2005)

钢结构零件、部件加工工程应参考的标准及规范清单

(1)《钢结构工程施工质量验收规范》(GB 50205—2001)
(2)《高层民用建筑钢结构技术规程》(JGJ 99—98)
注:其他参见“钢结构焊接”及“钢结构紧固件连接工程”

单层钢结构安装工程应参考的标准及规范清单

(1)《钢结构工程施工质量验收规范》(GB 50205—2001)
(2)《固定式钢梯及平台安全要求 第 1 部分:钢直梯》(GB 4053.1—2009)
(3)《固定式钢梯及平台安全要求 第 2 部分:钢斜梯》(GB 4053.2—2009)
(4)《固定式钢梯及平台安全要求 第 3 部分:工业防护栏杆及钢平台》(GB 4053.3—2009)
(5)《施工现场临时用电安全技术规范》(JGJ 46—2005)
(6)《高层民用建筑钢结构技术规程》(JGJ 99—98)
(7)《建筑施工高处作业安全技术规程》(JGJ 80—91)
注:其他参见“钢结构焊接”及“钢结构紧固件连接工程”

多层及高层钢结构安装工程应参考的标准及规范清单

(1)《钢结构工程施工质量验收规范》(GB 50205—2001)
(2)《建筑工程施工现场供用电安全规范》(GB 50104)
(3)《固定式钢直梯安全技术条件》(GB 4053.1—1993)
(4)《固定式钢斜梯安全技术条件》(GB 4053.2—1993)
(5)《固定式工业防护栏杆安全技术条件》(GB 4053.3—1993)
(6)《施工现场临时用电安全技术规范》(JGJ 46—2005)
(7)《高层民用建筑钢结构技术规程》(JGJ 99—98)
(8)《建筑施工高处作业安全技术规程》(JGJ 80—91)
注:其他参见“钢结构焊接”及“钢结构紧固件连接工程”

钢构件组装、拼装工程应参考的标准及规范清单

(1)《钢结构工程施工质量验收规范》(GB 50205—2001)
(2)《空间网格结构技术规程》(JGJ 7—2010)
注:其他参见“钢结构焊接”及“钢结构紧固件连接工程”

钢网架安装工程应参考的标准及规范清单

(1)《钢结构工程施工质量验收规范》(GB 50205－2001)

(2)《空间网格结构技术规程》(JGJ 7－2010)

注:其他参见“钢结构焊接”及“钢结构紧固件连接工程”

压型金属板工程应参考的标准及规范清单

(1)《钢结构工程施工质量验收规范》(GB 50205－2001)

(2)《压型金属板设计施工规程》(YBJ 216－88)

注:其他参见“钢结构焊接”及“钢结构紧固件连接工程”

钢结构涂装工程应参考的标准及规范清单

(1)《钢结构工程施工质量验收规范》(GB 50205－2001)

(2)《钢结构防火涂料》(GB 14907－2002)

(3)《色漆和清漆、漆膜的划格试验》(GB/T 9286－1998)

(4)《建筑构件耐火试验方法》(GB/T 9978－2008)

(5)《钢结构防火涂料应用技术规程》(CECS 24:90)

(6)《建筑钢结构防火技术规范》(CECS 200:2006)

4.2 钢结构焊接工程

4.2.1 钢结构焊接工程资料列表

(1)施工管理资料

1)工程概况表

2)施工现场质量管理检查记录

3)专业承包单位资质证明文件及专业人员岗位(资格)证书

注:应检查焊工合格证及其认可范围、有效期。

4)分包单位资质报审表

5)钢结构用钢材取样试验见证记录

6)重要钢结构用焊接材料取样试验见证记录

7)施工日志

(2)施工技术资料

1)钢结构焊接工艺文件(包括焊接分项工程施工方案、焊接作业指导书、焊接工艺卡等)

2)技术交底记录

①钢结构焊接工艺文件(包括焊接分项工程施工方案、焊接作业指导书、焊接工艺卡等)技术交底记录

②钢结构焊接分项工程技术交底记录

3)图纸会审记录、设计变更通知单、工程洽商记录

(3)施工物资资料

1)钢结构用钢材质量合格证明文件、中文标志及检验报告等

注:选用的钢材应具备完善的焊接性资料、指导性焊接工艺、热加工和热处理工艺参数、相应钢材的焊接接头性能数据等资料;新材料应经专家论证、评审和焊接工艺评定合格后,方可在工程中采用。

2)钢结构用钢材复试报告注:对属于下列情况之一的钢材应进行抽样复验,其复验结果应符合国家现

行产品标准和设计要求：①国外进口钢材；②钢材混批；③板厚等于或大于 40mm，且设计有 Z 向性能要求的厚板；④建筑结构安全等级为一级，大跨度钢结构中主要受力构件所采用的钢材；⑤设计有复验要求的钢材；⑥对质量有疑义的钢材。

3）焊条、焊丝、焊剂等焊接材料的质量合格证明文件、中文标志及检验报告等注：焊接材料应由生产厂提供熔敷金属化学成分、性能鉴定资料及指导性焊接工艺参数。

4）重要钢结构用焊接材料复试报告

注："重要"是指：①建筑安全等级为一级的一、二级焊缝；②建筑安全等级为二级的一级焊缝；③大跨度结构（跨度≥60m）中的一级焊缝；④重级工作制吊车梁结构中的一级焊缝；⑤设计要求的焊缝。

5）检验仪器、仪表检定证书

6）材料、构配件进场检验记录

7）工程物资进场报验表

（4）施工记录

1）隐蔽工程验收记录

2）钢构件安装现场焊接施工检查记录

3）预检记录

4）焊接材料烘焙记录

5）钢结构焊缝外观检查记录

6）钢结构焊缝尺寸检查记录

7）钢结构焊缝预、后热施工记录

8）有关安全及功能的检验和见证检测项目检查记录

9）有关观感质量检验项目检查记录

（5）施工试验记录及检测报告

1）钢结构焊接工艺评定报告封面

2）钢结构焊接工艺评定报告目录

3）钢结构焊接工艺评定报告（天佑）

（包括：焊接工艺评定报告、焊接工艺评定指导书、焊接工艺评定记录表、焊接工艺评定检验结果、栓钉焊焊接工艺评定报告、栓钉焊焊接工艺评定指导书、栓钉焊焊接工艺评定记录表、栓钉焊焊接工艺评定试样检验结果、免予评定的焊接工艺报告、免予评定的焊接工艺、免予评定的栓钉焊焊接工艺报告、免予评定的栓钉焊焊接工艺）

4）超声波探伤报告

5）超声波探伤记录

6）钢构件射线探伤报告

7）磁粉探伤报告

（6）施工质量验收记录

1）钢结构焊接工程检验批质量验收记录

2）焊钉（栓钉）焊接工程检验批质量验收记录

3）分项工程质量验收记录表

4）强制性条文检验项目检查记录及证明文件

5）分项/分部工程施工报验表

4.2.2 钢结构焊接工程资料填写范例

Tianjin Bridge Group Co., Ltd　　No. 0006164

电焊条质量合格证

Welding Electrode Quality Certificate

使用单位:××钢结构工程有限公司　　提货单号:(INV. NO:)10105

焊条名称 Designation of electrode	批号 Batch No	规格 Size (mm)	数量 Quantity (kg)	焊缝金属机械性能 Mechanical properties of Weld seam metal									焊缝金属化学成分 Chemical compositions of Weld line metal(%)				
				抗拉强度 Tensile Strength (N/mm²)	屈服强度 Yielding Stree (N/mm²)	延伸率 Elongation (%)	却贝V型缺口冲击实验 Charpy V—notch Impact test				角焊 Fillet Weld	X光 X—Radial	碳 C	硫 S	锰 Mn	磷 P	硅 Si
							试验温度 Temp(℃)	试验值 Test Value(J) 1	2	3							
THJ422	11983	3.2	11000.0	470	390	29.00	0	62.00	68.00	70.00	合格	I	0.08	0.026	0.039	0.023	0.14
THJ422	04782	2.5	2000.0	476	400	29.30	0	70.00	76.00	77.00	合格	I	0.09	0.025	0.37	0.023	0.13
THJ422	04484	4.0	2000.0	520	400	28.00	0	8.00	75.00	85.00	合格	I	0.09	0.021	0.32	0.030	0.12

认可机构　Approved by:
美国　American Bureau of Shipping.
法国　Bureau Veritas.
中国　China Classification Society.
挪威　Det Norske Veritas.
德国　Germanischer Lloyd.
英国　Lloyd's Register of Shipping.
日本　Nippon Kaiji Kyokai.

此证加盖检验章有效。
THIS CERTIFICATE BECOME EFFECTIVE UPON
STAMPED BY THE QUALITY INSPECTION DEPT.
复印件必须另盖经销单位公章生效。
COPY OF THIS CERTIFICATE GO INTO EFFECT AFTER
STAMPED BY THE DISTRIBUTIVE AGENCY.

日期:2015.10.10
Date:

××焊接材料有限公司自动埋弧焊焊剂质量证明书

焊剂型号：HJ431　　　　证书编号：06323

焊剂批号	规格	化学成分							熔敷金属				其他检测				宜采用焊接参数		
		$SiO_2+T_1O_2$	Al_2O_3+MnO	CaO+MgO	CaF_2	FeO	S	P	屈服强度(MPa)	抗拉强度(MPa)	延伸率(%)	试验温度(−20℃)(J)	含水量(%)	杂质量(%)	脱渣性能	焊渣成型	电弧电压(V)	焊接电流(A)	焊接速度(m/h)
0604402	8~40目	42.40	38.05	11.05	5.65	1.44	0.022	0.030	348.4	457.8	26.2	36.4	0.04	0.05	良好	美观	32	560	25

注：1. 本产品执行GB/T 5293—1999标准，配用焊丝H08A。
2. 本产品宜采用交、直流焊接。
3. 本次供货量10吨。
4. 本证书无质量检验章或复印件无效(有分销商专用章者除外)。
5. 对本产品质量有异议，请在货到10日内提出，并注明焊剂型号、规格、批号、证书编号和发货日期。
6. 酸性焊剂烘干温度一般为250～300℃，烘焙时间2h；碱性焊剂烘干温度一般为300～400℃，烘焙时间2h。
7. 焊接处须清除油污、水分、铁锈等杂质。

质检员：×××　　　　审核：×××　　　　日期：2015年5月1日

MILL CERTIFICATE
材质证明书

No. 1041184
JT—Q—10—03

××WELDING & METAL CO.,LTD
××金属工业有限公司

No. ×× ×× Rd.,××Dist.,××. P. R. ××
××省××市××区××路××号

Customer 客户	Commodity 商名	Size 规格	Lot No. 批号	Mfg. Date 制造日期	Specification 规范	Date of Issue 发行日期
	焊丝 RM—56	φ1.2mm	1009/09	2015.9.20	AWSA5.18ER70S—6, GB/T 8110 ER50—8	2015.10.15

CHEMICAL COMPOSITION 化学成分(%)

Elements 成分	C	Mn	Si	P	S	Cu	Ni	Cr	Ti	Mo	Nb	
Requirement 标准	0.06～0.15	1.40～1.85	0.80～1.15	MAX 0.025	MAX 0.035	MAX 0.50	—	—	—	—		
焊丝	0.09	1.48	0.84	0.011	0.003	0.21	0.03	0.05				

	Tensile Test of Deposited Metal 熔金拉伸试验			Impact Test of Deposited Metal 熔金冲击试验		Soundness	Welding Condition 焊接条件			
	Yield Point 屈服强度 MPa	Tensile Strength 抗拉强度 MPa	Elongation 延伸率 %	Test Temp. 试验温度 ℃	Impact Value 冲击力 J		Type of Current 电流种类	Amperage 焊接电流	Arc Voltage 焊接电压	Shielding Gas or Flux 保护气体或焊剂
Requirement 标准	min 420	500～660	min 22	—29	min 27	Ⅱ级	—	—	—	
Actual Result 实测值	483	568	27	—20	54,60,52	Ⅰ级				CO_2

Bend Test 弯曲试验 Face 面弯	Bend Test 弯曲试验 Root 背弯	Fillet Weld Test 角焊试验	Hardness Test 硬度试验(HRC)	Moisture 含水率(%)	Core Wire Heat No. 原线号码	Remarks 备注
合格	合格	合格			224006709	

WE HEREBY CERTIFY THAT THIS REPORT IS CORRECT AND THAT ALL TEST RESULTS ARE IN COMPLIANCE WITH THE SPECIFICATION DESCRIBED HEREIN.
兹证明此报告上记载之所有测试结果皆正确并符合适用规范之要求。

QUALITY ASSURANCE DEPARTMENT
品 保 部
×××

Certificate
产品认证
CCS BG
LR、ABS、GL

产品合格证

工　　程：××工程

受货单位：××钢结构工程有限公司

合 同 号：××××

批　　号：2015－015

标 准 号：GB 10433

本批圆柱头焊钉按标准
检验合格准予出厂

厂长：×××
检验：××市××机电设备厂
日期：2015 年 2 月 14 日

检　测　报　告

一、名称：圆柱头焊钉

二、标准：GB 10433－89

三、规格、数量

规格	φ19×100			
数量（套）	500			

四、检测项目：

A. 外形尺寸　　B. 外观　　C. 机械性能

五、检测结果：

A. 外形尺寸

轴径 d	头部直径 D	头部厚 T	头下圆角 r	L
18.80	32.10	12.30	3	105.10
18.85	32.10	12.30	3	105.10
18.85	32.10	12.30	3	105.20
18.80	32.10	12.30	3	105.10
18.80	32.10	12.30	3	105.10
18.85	32.10	12.30	3	105.20
18.80	32.10	12.30	3	105.10
18.85	32.10	12.30	3	105.20

B. 外观：合格

C. 机械性能

编号	抗拉强度 δ bN/mm²	屈服点 σ SN/mm²	伸长率 %
1	436	305	21
2	428	301	22
3	420	294	23
4	418	293	23
5	432	304	21
6	430	302	21
7	424	294	22
8	439	310	20

D. 附材质单

检验合格准予出厂

2015 年 2 月 14 日

栓钉焊用陶瓷护圈质量保证书

生产日期:2015. 2. 14　　**批号:**××××　　**数量:**××

一、陶瓷护圈的外形尺寸:

(单位 mm)表 1

栓钉公称直径	D	D1	D2	D3	H	H
ϕ19	20	27	31.5	24	17	9

二、陶瓷护圈主要技术指标

表 2

项目名称	单位	指标
吸水率	%	<13
体比重	g/cm³	>1.9
弯曲强度	kgf/cm²	>250
冲击强度	kgf/cm²	>1.2
电阻系数	Ω	>10
击穿强度	kV/mm	>1.3
耐电弧特性	(级别)	1～3 级
耐温度急变性	℃	750
平均线膨胀系数	11℃	$(2-5)\times10^{-6}$

三、该陶瓷护圈符合 GB/T 10433—2002 栓钉配套使用,保证焊接工艺及性能满足 AWSD1.1 规范要求。

××市××厂

电焊条质量检验报告

委托单位:××钢结构工程有限公司　　　　**来样日期:**2015 年 10 月 9 日

检验编号:××　　　　**报告日期:**2015 年 10 月 9 日

工程名称	××钢结构工程			
生产单位	××		**使用部位**	一层柱
型号规格	**产品名称**	**检验日期**	**检验依据**	**检验条件**
3.2、4.5、4.0	THJ 422	2015 年 10 月 9 日	《碳素钢焊条》(GB/T 5117)	
样品数量	**代表批量**	**质量证明书号**	**检验仪器**	**焊件加工情况**
	500/1000/10000kg	00232	××	良好

试件编号	**力学性能试验**							**焊缝射线**		**焊缝金属化学成分**				
	抗拉强度(MPa)	**屈服强度**(MPa)	**延伸率**(%)	**却贝 V 型缺口冲击实验**				**角焊**	**X光**	**碳** C(%)	**硫** S(%)	**锰** Mn(%)	**磷** P(%)	**硅** Si(%)
				温度(℃)	**试验值** 1	2	3							
010	470	390	29.00	0	62.00	68.00	70.00	合格	Ⅰ	0.08	0.026	0.39	0.023	0.14
011	476	400	29.30	0	70.00	76.00	77.00	合格	Ⅰ	0.09	0.025	0.37	0.023	0.13
012	520	400	28.00	0	80.00	75.00	85.00	合格	Ⅱ	0.09	0.021	0.32	0.030	0.12

结　论	此焊条符合国家标准《非合金钢及细晶粒钢焊条》(GB/T 5117—2012)的规定。
备　注	**抽样单位:**××钢结构工程公司　　**抽样人:**××× **见证单位:**××建设监理公司　　**见证人:**×××
检验单位:×××建设工程检测中心　　**批准:**×××　　**审核:**×××　　**编写:**×××	
注意事项	1. **委托检验未加盖“检验报告专用章”无效。** 2. **复制报告未重新加盖“检验报告专用章”无效。** 3. **检验报告无编写、审核、批准人员签章无效。** 4. **检验报告涂改无效。** 5. **对检验报告结论若有异议,请于收到检验报告之日起** 15 **日内提出,以便及时处理。**

检验单位地址:×××　　**电话:**×××　　**邮编:**×××

金相试验报告

委托单位:××钢结构工程有限公司　　　　试验编号:××

工程名称	××工程			试样编号	1#、2#
委托单位	××钢结构工程有限公司			试验委托人	×××
材质及规格	Q235　650×200×8×6mm　焊态			试件名称	腹板底板焊
代表数量	20	来样日期	2015年4月11日	试验日期	2015年4月12日

试验情况与结果:

1#

焊缝组织:一次组织先共析铁素体沿原奥氏体粗大晶界析出,边缘有少量珠光体分布。晶内为粒状贝氏体、针状铁素体的混合组织以及方向性分布的粒贝,粒贝中的岛状相已有分解。

热影响区粗晶区:组织为粒状贝氏体,侧板条贝氏体、无碳贝氏体和针状铁素体,部分晶界有先共析铁素体分布。

热影响区细晶区:铁素体、粒状贝氏体、珠光体及少量针状铁素体。

热影响区不完全重结晶区:铁素体、珠光体呈团簇,不均匀带状分布。

母材组织:铁素体、珠光体呈带状分布。

2#

焊缝组织:送检样品上未见有焊缝一次组织。焊缝二次组织为铁素体和珠光体,分布仍可略见原柱晶的方向性。

结论:

热影响区粗晶区:粒状贝氏体、方向性分布的粒贝、铁素体和针状铁素体。从组织情况看为受再热影响的粗晶区部位。

热影响区细晶区:铁素体、珠光体呈团簇状不均匀带状分布。

母材组织:同1#。

试验单位:××建设工程检测中心　技术负责人:×××　审核:×××　试(检)验:×××

注:金相试验报告是通过金相显微镜在放大100～2000倍下,观察金属的组织和缺陷的测试方法。

钢材试验报告

委托单位:××建设集团有限公司　　　　　　　　　　　　试验编号:×××

工程名称	××工程	使用部位	首层大厅①~④/Ⓐ~Ⓓ
委托日期	2015 年 6 月 14 日	报告日期	2015 年 6 月 16 日
试样名称	结构钢工型钢	检验类别	委托
产　　地	××钢铁有限公司	代表数量	56.78t

试件规格	机械性能				硬度( )	冲击韧性 MPa	化学成分(%)						
	屈服点(MPa)	抗拉强度(MPa)	伸长率 δ_5(%)	冷弯 d=a			碳 C	硫 S	锰 Mn	磷 P	硅 Si		
结构钢 Q235B	244	375	34										
	225	390	37										

依据标准和结论	《碳素结构钢》(GB/T 700—2006)复试符合 Q235B 要求合格
备　注	本报告未经书面同意不得部分复印 见证单位:××工程监理公司 见证人:××× 试件来源:见证取样

试验单位:××质量检测中心　　技术负责人:×××　　审核:×××　　试(检)验:×××

注:当需要进行化学分析时应用此表。

《钢材试验报告表》填写说明

钢材试验报告是指对钢材机械性能和化学成分进行检测后由试验单位出具的试验证明文件。

1. 责任部门

试验单位提供,项目试验收集。

2. 提交时限

正式使用前提交,复验时间 3d 左右。

3. 填写要点

(1)委托单位:提请试验的单位。

(2)试验编号:由试验室按收到试件的顺序统一排列编号。

(3)工程名称及使用部位:按委托单上的工程名称及使用部位填写。

(4)试样名称:指试验钢材的型号、种类。

(5)检验类别:有委托、仲裁、抽样、监督和对比五种,按实际填写。

(6)代表数量:试件所能代表的用于某一工程的钢材数量。

(7)检验结论:按实际填写,必须明确合格或不合格。

4. 相关要求

(1)结构中所用的钢材应有出厂合格证和复试报告;无出厂合格证时,应同时做机械性能和化学成分检验。

(2)钢材如无出厂合格证原件,有抄件或原件复印件亦可,但抄件或原件复印件上要注明原件存放单位,抄件人和抄件、复印件单位签名并盖公章。

(3)试验、审核、技术负责人签字齐全并加盖试验单位公章。

钢材连接试验报告

委托单位:××建设集团有限公司　　　　**试验编号:**×××

工程名称	××工程			**委托日期**	2015 年 3 月 11 日
使用部位	基础梁			**报告日期**	2015 年 3 月 12 日
钢材类别	月牙肋	**原材料试验编号**	×××	**检验类别**	委托
接头类型	闪光对焊	**代表数量**	200 个	**操作人**	×××
公称直径 mm	**屈服点** MPa	**抗拉强度** MPa	**断口特征及位置**	**冷弯条件**	**冷弯结果**
ϕ22		590	距焊口 75m	d=4a 180°	完好
		590	距焊口 60m		完好
		575	距焊口 80m		完好

依据标准:

《钢筋焊接及验收规程》(JGJ 18－2012)。

检验结论:

所检项目符合《钢筋焊接及验收规程》(JGJ 18－2012)的要求。

备　　注:本报告未经本室书面同意不得部分复制

见证单位:××建设监理公司

见证人:×××

试验单位:××检测中心　**技术负责人:**×××　**审核:**×××　**试(检)验:**×××

《钢材连接试验报告》填写说明

钢材连接试验报告是指为保证建筑工程质量由试验单位对工程中钢材连接(焊接和机械连接)后的机械性能(屈服强度、抗拉强度、伸长率和冷弯)指标进行测试后出具的质量证明文件。

1. 责任部门

承重结构工程中的钢筋焊接接头应按规定实行见证取样和送检的管理。项目试验员应确认报告内容完整无误后,把试验报告移交给项目资料管理人员。

2. 提交时限

钢筋隐蔽验收前提交。

3. 填写要点

(1)委托单位:提请试验的单位。

(2)试验编号:由试验室按收到试件的顺序统一排列的编号。

(3)工程名称及使用部位:按委托单上的工程名称及使用部位填写。

(4)钢材类别:指钢材合格证书或试验报告中所注的钢材类别,如:热轧带肋 HRB335 钢筋、热轧光圆 R235 钢筋、热轧盘条 Q235。

(5)原材料试验编号:指钢材试验报告的编号。

(6)检验类别:有委托、仲裁、抽样、监督和对比五种,按实际填写。

(7)代表数量:试件所能代表用于某一工程钢筋接头数量。

(8)接头类型:指连接的方式,如闪光对焊、电渣压力焊、气压焊、电弧焊、锥螺纹连接等。

(9)操作人:填写钢材连接的人员,必须有上岗证。

(10)公称直径:指钢材的直径。

(11)检验结论:按实际填写,并必须明确合格或不合格。

4. 检查要点

(1)钢材必须经试验合格后再进行连接。

(2)电焊条、焊丝和焊剂的品种、牌号和规格应符合设计要求和规范规定,并有出厂合格证,需烘焙的焊条应填写烘焙记录。

(3)进口钢材必须按照标准规定进行焊接工艺试验。

(4)连接操作人员必须有上岗证。

(5)试验、审核、技术负责人签字齐全并加盖试验单位公章。

5. 相关要求

(1)组批原则。

1)闪光对焊接头的质量检验,应按下列规定分批进行外观检查和力学性能试验。

①在同一台班内,由同一焊工完成的 300 个同牌号、同直径钢筋焊接接头应作为一批。当同一台班内焊接的接头数量较少,可在一周内累计计算;累计仍不足 300 个接头时,应按一批计算。

②力学性能检验时,应从每批接头中随机切取 6 个接头,其中 3 个做拉伸试验,3 个做弯曲试验。

③封闭环式箍筋闪光对焊接头,以 600 个同牌号、同规格的接头作为一批,只做拉伸试验。

2)钢筋电弧焊,电渣压力焊的质量检验,应按下列规定分批进行外观检查和力学性能试验:

在现浇混凝土结构中，应以300个同牌号钢筋、同形式接头作为一批；在房屋结构中，应在不超过二层楼中300个同牌号钢筋、同形式接头作为一批。每批随机切取3个接头，做拉伸试验。在同一批中，若有几种不同直径的钢筋焊接接头，应在最大直径钢筋接头中切取3个试件。

(2)钢筋机械连接。

1)接头应根据抗拉强度、残余变形以及高应力和大变形条件下反复拉压性能的差异，分为下列三个性能等级。

①Ⅰ级。接头抗拉强度等于被连接钢筋的实际接断强度或不小于1.10倍钢筋抗拉强度标准值，残余变形小并具有高延性及反复拉压性能。

②Ⅱ级。接头抗拉强度不小于被连接钢筋抗拉强度标准值，残余变形较小并具有高延性及反复拉压性能。

③Ⅲ级。接头抗拉强度不小于被连接钢筋屈服度标准值的1.25倍，残余变形较小并具有一定的延性及反复拉压性能。

2)Ⅰ级、Ⅱ级、Ⅲ级接头的抗拉强度必须符合表4-1的规定。

表4-1　接头的抗拉强度

接应等级	Ⅰ级		Ⅱ级	Ⅲ级
抗拉强度	$f_{mst}^0 \geqslant f_{stk}$ 或 $f_{mst}^0 \geqslant 1.10 f_{stk}$	断于钢筋 断于接头	$f_{mst}^0 \geqslant f_{stk}$	$f_{mst}^0 \geqslant 1.25 f_{yk}$

注：1. f_{yk}——钢筋屈服强度标准值；

2. f_{stk}——钢筋抗拉强度标准值；

3. f_{mst}^0——钢筋接头试件实测抗拉强度；

3)对每种型式、级别、规格、材料、工艺的钢筋机械连接接头，型式检验试件不应小于9个：单向拉伸试件不应少于3个，高应力反复拉压试件不应少于3个，大变形反复拉压试件不应少于3个。同时应另取3根钢筋试件作抗拉强度试验。全部试件均应在同一根钢筋上截取。

4)用于型式检验的直螺纹或锥螺纹接头试件应散件送达检验单位，由型式检验单位或在其监督下由接头技术提供单位按标准规定的拧紧扭矩进行装配，拧紧扭矩值应记录在检验报告中，型式检验试件必须采用未经过预拉的试件。

5)钢筋连接工程开始前，应对不同钢筋生产厂的进场钢筋进行接头工艺检验；施工过程中，更换钢筋生产厂时，应补充进行工艺检验。工艺检验应符合下列规定：

①每种规格钢筋的接头试件不应少于3根；

②每根试件的抗拉强度和3根接头试件的残余变形的平均值均应符合标准的规定。

③接头试件在测量残余变形后可再进行抗拉强度试验，并宜按《钢筋机械连接技术规程》(JGJ 107－2010)附录A表A.1.3中的单向拉伸加载制度进行试验；

④第一次工艺检验中1根试件抗拉强度或3根试件的残余变形平均值不合格时，允许再抽3根试件进行复检，复检仍不合格时判为工艺检验不合格。

6)对接头的每一验收批，必须在工程结构中随机截取3个接头试件作抗拉强度试验，按设计要求的接头等级进行评定。当3个接头试件的抗拉强度均符合本规格表4-1中相应等级的强度要求时，该验收批应评为合格。如有1个试件的抗拉强度不符合要求，应再取6个试件进行复检，复检中如仍有1个试件的抗拉强度不符合要求，则该验收批应评为不合格。

7)现场截取抽样试件后，原接头位置的钢筋可采用同等规格的钢筋进行搭接连接，或采用焊接及机械连接方法补接。

(3)钢结构焊接。

1)抽样检查时，应符合下列要求。

①焊缝处数的计数方法：工厂制作焊缝长度小于等于 1000mm 时，每条焊缝为 1 处；长度大于 1000mm 时，将其划分为每 300mm 为 1 处；现场安装焊缝每条焊缝为 1 处；

②可按下列方法确定检查批。

a. 按焊接部位或接头形式分别组成批。

b. 工厂制作焊缝可以同一工区（车间）按一定的焊缝数量组成批；多层框架结构可以每节柱的所有构件组成批。

c. 现场安装焊缝可以区段组成批；多层框架结构可以每层（节）的焊缝组成批。

③批的大小宜为 300～600 处。

④抽样检查除设计指定焊缝外应采用随机取样方式取样。

2)抽样检查的焊缝数如不合格率小于 2%时。该批验收应定为合格；不合格率大于 5%时，该批验收应定为不合格；不合格率为 2%～5%时，应加倍抽检，且必须在原不合格部位两侧的焊缝延长线各增加一处，如在所有抽检焊缝中不合格率不大于 3%时，该批验收应定为合格，大于 3%时，该批验收应定为不合格。当批量验收不合格时，应对该批余下焊缝的全数进行检查。当检查出一处裂纹缺陷时，应加倍抽查。如在加倍抽检焊缝中未检查出其它裂纹缺陷时，该批验收应定为合格，当检查出多处裂纹缺陷或加倍抽查又发现裂纹缺陷时，应对该批余下焊缝的全数进行检查。

(4)其他要求。

1)用于焊接、机械连接钢筋的力学性能和工艺性能应符合现行国家标准。

2)正式焊（连）接工程开始前及施工过程中，应对每批进场钢筋，在现场条件下进行工艺检验。工艺检验合格后方可进行焊接或机械连接的施工。

3)钢筋焊接接头或焊接制品、机械连接接头应按焊（连）接类型和验收批的划分进行质量验收并现场取样复试。

4)承重结构工程中的钢筋连接接头应按规定实行有见证取样和送检的管理。

5)采用机械连接接头型式施工时，技术提供单位应提交由有相应资质等级的检测机构出具的型式检验报告。

6)焊（连）接工人必须具有有效的岗位证书。

<table>
<tr><td colspan="3">隐蔽工程检查记录</td><td>编　号</td><td colspan="2">×××</td></tr>
<tr><td>工程名称</td><td colspan="5">××工程</td></tr>
<tr><td>隐检项目</td><td colspan="2">钢结构焊缝</td><td>隐检日期</td><td colspan="2">2015 年×月×日</td></tr>
<tr><td>隐检部位</td><td colspan="5">一层钢梁柱角焊缝　①～⊗/Ⓐ～⊗轴线　××标高</td></tr>
<tr><td colspan="6">隐检依据：施工图图号＿＿结施××＿＿，设计变更/洽商(编号＿＿/＿＿)及有关国家现行标准等。
主要材料名称及规格/型号：＿＿×××＿＿</td></tr>
<tr><td colspan="6">隐检内容：
焊缝外观质量项目(未焊满、根部收缩、咬边、弧坑裂纹、电弧擦伤、接头不良、表面夹渣、表面气孔)符合《钢结构工程施工质量验收规范》(GB 50205－2001)附录 A 及设计要求。
焊缝长度尺寸允许偏差均在 2mm 以内，符合要求。
焊缝外观达到外形均匀、成型较好、焊道与焊道、焊道与基体金属间过渡较平滑，焊渣与飞溅物基本清除干净。</td></tr>
<tr><td colspan="6">检查意见：
经检查，符合设计要求和《钢结构工程施工质量验收规范》(GB 50205－2001)的规定。同意隐蔽。

检查结论：　☑同意隐蔽　　　□不同意，修改后进行复查</td></tr>
<tr><td colspan="6">复查结论：

复查人：　　　　　　　　复查日期：</td></tr>
<tr><td rowspan="3">签字栏</td><td rowspan="2">建设(监理)单位</td><td>施工单位</td><td colspan="3">××钢结构工程有限公司</td></tr>
<tr><td>专业技术负责人</td><td>专业质检员</td><td colspan="2">专业工长</td></tr>
<tr><td>×××</td><td>×××</td><td>×××</td><td colspan="2">×××</td></tr>
</table>

本表由施工单位填写，建设单位、施工单位、城建档案馆各保存一份。

钢结构焊缝外观检查记录

<table>
<tr><td colspan="2">工程名称</td><td colspan="3">××工程</td><td colspan="3">构件名称、编号</td><td colspan="5">钢梁　BH 550×250×8×12
编号：GL1～GL4</td><td colspan="3">施工单位</td><td colspan="4">××钢结构工程有限公司</td></tr>
<tr><td rowspan="2">序号</td><td rowspan="2">焊接日期</td><td rowspan="2">焊缝编号</td><td rowspan="2">焊工代号</td><td rowspan="2">焊缝长度(mm)</td><td colspan="2">裂纹</td><td rowspan="2">焊瘤</td><td colspan="2">气孔</td><td colspan="2">夹渣</td><td rowspan="2">电弧擦伤</td><td colspan="2">接头不良</td><td colspan="2">未焊满和根部收缩</td><td colspan="3">咬　边</td></tr>
<tr><td>长度</td><td>数量</td><td>直径</td><td>数量</td><td>深度</td><td>长度</td><td>深度</td><td>数量</td><td>深度</td><td>长度</td><td>深度</td><td>连续长度</td><td>两侧总长度</td></tr>
<tr><td>1</td><td>2015年×月×日</td><td>a</td><td>××</td><td>250</td><td>无</td><td>无</td><td>无</td><td>无</td><td>无</td><td>无</td><td>无</td><td>无</td><td>无</td><td>无</td><td>无</td><td>无</td><td>无</td><td>无</td><td>无</td></tr>
<tr><td>2</td><td>2015年×月×日</td><td>b</td><td>××</td><td>250</td><td>无</td><td>无</td><td>无</td><td>无</td><td>无</td><td>无</td><td>无</td><td>无</td><td>无</td><td>无</td><td>无</td><td>无</td><td>无</td><td>无</td><td>无</td></tr>
<tr><td>3</td><td>2015年×月×日</td><td>c</td><td>××</td><td>250</td><td>无</td><td>无</td><td>无</td><td>无</td><td>无</td><td>无</td><td>无</td><td>无</td><td>无</td><td>无</td><td>无</td><td>无</td><td>无</td><td>无</td><td>无</td></tr>
<tr><td>4</td><td>2015年×月×日</td><td>d</td><td>××</td><td>250</td><td>无</td><td>无</td><td>无</td><td>无</td><td>无</td><td>无</td><td>无</td><td>无</td><td>无</td><td>无</td><td>无</td><td>无</td><td>无</td><td>无</td><td>无</td></tr>
<tr><td></td><td></td><td></td><td></td><td></td><td></td><td></td><td></td><td></td><td></td><td></td><td></td><td></td><td></td><td></td><td></td><td></td><td></td><td></td><td></td></tr>
<tr><td></td><td></td><td></td><td></td><td></td><td></td><td></td><td></td><td></td><td></td><td></td><td></td><td></td><td></td><td></td><td></td><td></td><td></td><td></td><td></td></tr>
<tr><td></td><td></td><td></td><td></td><td></td><td></td><td></td><td></td><td></td><td></td><td></td><td></td><td></td><td></td><td></td><td></td><td></td><td></td><td></td><td></td></tr>
<tr><td></td><td></td><td></td><td></td><td></td><td></td><td></td><td></td><td></td><td></td><td></td><td></td><td></td><td></td><td></td><td></td><td></td><td></td><td></td><td></td></tr>
<tr><td></td><td></td><td></td><td></td><td></td><td></td><td></td><td></td><td></td><td></td><td></td><td></td><td></td><td></td><td></td><td></td><td></td><td></td><td></td><td></td></tr>
<tr><td>检查结论</td><td colspan="19">钢梁所检项目符合《钢结构工程施工质量验收规范》(GB 50205—2001)要求。</td></tr>
<tr><td colspan="2">施工单位</td><td colspan="5">项目技术负责人：×××
记录人：×××
2015年×月×日</td><td>监理（建设）单位</td><td colspan="6">监理工程师（建设单位代表）：×××
2015年×月×日</td><td>其他单位</td><td colspan="5">代表：×××
2015年×月×日</td></tr>
</table>

钢结构焊缝尺寸检查记录

<table>
<tr><td colspan="2">工程名称</td><td colspan="3">××大厦</td><td>构件名称、编号</td><td colspan="2">钢梁　GL2</td><td>施工单位</td><td>××钢结构工程有限公司</td></tr>
<tr><td rowspan="2">序号</td><td rowspan="2">焊缝编号</td><td rowspan="2">焊工代号</td><td rowspan="2">焊缝等级</td><td colspan="3">焊缝焊脚尺寸</td><td colspan="3">焊缝余高和错边</td></tr>
<tr><td>一般全焊缝的角接与对接组合焊缝</td><td>需经疲劳验算的全焊透角接与对接组合焊缝</td><td>角焊缝及部分焊透的角接与对接组合焊缝</td><td>对接焊接余高</td><td>对接焊缝错边</td><td>角焊缝余高</td></tr>
<tr><td>1</td><td>01</td><td>××</td><td>Ⅱ级</td><td></td><td></td><td>8.0</td><td></td><td></td><td>6.5</td></tr>
<tr><td>2</td><td>02</td><td>××</td><td>Ⅱ级</td><td></td><td></td><td>8.3</td><td></td><td></td><td>7.0</td></tr>
<tr><td>3</td><td>03</td><td>××</td><td>Ⅱ级</td><td></td><td></td><td>8.2</td><td></td><td></td><td>6.8</td></tr>
<tr><td>4</td><td>04</td><td>××</td><td>Ⅱ级</td><td></td><td></td><td>8.3</td><td></td><td></td><td>7.0</td></tr>
<tr><td></td><td></td><td></td><td></td><td></td><td></td><td></td><td></td><td></td><td></td></tr>
<tr><td></td><td></td><td></td><td></td><td></td><td></td><td></td><td></td><td></td><td></td></tr>
<tr><td>检查结论</td><td colspan="9">焊脚尺寸、角焊缝余高的检测值在允许偏差范围内，符合《钢结构工程施工质量验收规范》(GB 50205—2001)要求。</td></tr>
<tr><td>施工单位</td><td colspan="3">项目技术负责人：×××
记录人：×××
2015 年 4 月 10 日</td><td>监理（建设）单位</td><td colspan="2">监理工程师(建设单位代表)：×××
2015 年 4 月 10 日</td><td>其他单位</td><td colspan="2">代表：
年　月　日</td></tr>
</table>

钢材焊接接头冲击试验报告

委托单位:　　　　　　　　　　　　　　　　　　　　　　　　　　　　试验编号:

钢筋级别及直径					焊接方法及接头型式					报告日期			
焊接人姓名													
试件编号	试验温度(℃)	试件尺寸(mm)	缺口型式	缺口底部截面积(cm^2)	冲击吸收功 Ak(J)				冲击韧性值 ak(J/cm^2)				备注
					焊缝区	熔合区	过热区	母材	焊缝区	熔合区	过热区	母材	
结果分析													
备　注													
试验单位:			技术负责人:				审核:			试(检)验:			

《钢材焊接接头冲击试验报告》填写说明

焊接冲击试验是测试焊缝质量的方法之一，为设计有要求时的试验内容。

1. 填写要点

(1)试验温度：指按金属常温冲击韧性试验或低温冲击韧性试验条件要求的试验温度。

(2)试件尺寸：试件尺寸为标准试件尺寸和非标准试件尺寸，试件尺寸应符合试验标准的规定。

(3)缺口型式：冲击试验缺口型式分别为：试件缺口开在焊缝区或开在近缝区，由试验要求确定。

(4)冲击吸收功：即破断吸收能，缺口试样在冲击试验机上，受冲击弯曲荷载折断时，所消耗的功，应分别按焊接缝区、熔合区、过热区母材分别填写。

(5)冲击韧性值：即缺口处单位横截面积所消耗的功分别按焊接缝区、熔合区、过热区母材分别填写。

2. 相关要求

(1)一般要求。

1)标准尺寸冲击试样长度为 55mm，横截面为 10mm×10mm 方形截面。

2)如试料不够制备标准尺寸试样，可使用宽度 7.5mm、5mm 或 2.5mm 的小尺寸试样(见图 4-1 和表 4-2)。

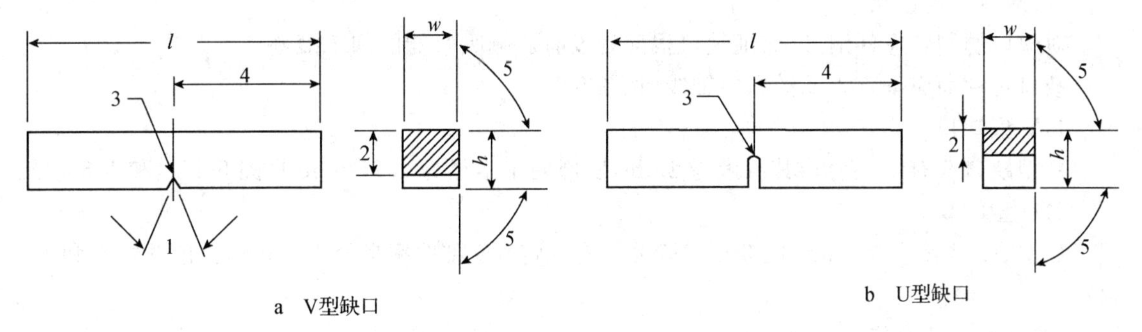

a　V型缺口　　　　b　U型缺口

图 4-1　夏比冲击试样

符号 l、h、w 和数字 1～5 的尺寸见表 4-2。

表 4-2　　试样的尺寸与偏差

名称	符号及序号	V 型缺口试样		U 型缺口试样	
		公称尺寸	机加工偏差	公称尺寸	机加工偏差
长度	l	55mm	±0.60mm	55mm	±0.60mm
高度[a]	h	10mm	±0.075mm	10mm	±0.11mm
宽度[a]	w				
——标准试样		10mm	±0.11mm	10mm	±0.11mm
——小试样		7.5mm	±0.11mm	7.5mm	±0.11mm
——小试样		5mm	±0.06mm	5mm	0.06mm
——小试样		2.5mm	±0.04mm	—	—
缺口角度	1	45°	±2°	—	—

续表

名称	符号及序号	V型缺口试样		U型缺口试样	
		公称尺寸	机加工偏差	公称尺寸	机加工偏差
缺口底部高度	2	8mm	±0.075mm	8mm[b] 5mm[b]	±0.09mm ±0.09mm
缺口根部半径	3	0.25mm	±0.025mm	1mm	±0.07mm
缺口对称面一端部距离[a]	4	27.5mm	±0.025mm	1mm	±0.07mm
缺口对称面一试样纵轴角度	—	90°	±2°	90°	±2°
试样纵向面间夹角	5	90°	±2°	90°	±2°

3)对于低能量的冲击试验,因为摆锤要吸收额外能量,因此垫片的使用非常重要。对于高能量的冲击试验并不十分重要。应在支座上放置适当厚度的垫片,以使试样打击中心的高度为5 mm(相当于宽度10mm标准试样打击中心的高度)。

4)试样表面粗糙度 Ra 应优于5μm,端部除外。

5)对于需热处理的试验材料,应在最后精加工前进行热处理,除非已知两者顺序改变不导致性能的差别。

(2)缺口几何形状。

对缺口的制备应仔细,以保证缺口根部处没有影响吸收能的加工痕迹。

缺口对称面应垂直于试样纵向轴线(见图5-1)。

1)V型缺口

V型缺口应有45°夹角,其深度为2mm,底部曲率半径为0.25 mm(见图5-1(a)和表5-74)。

2)U型缺口

U型缺口深度应为2 mm或5 mm(除非另有规定),底部曲率半径为1 mm(见图5-1(b)和表5-74)。

(3)试样尺寸及偏差。

规定的试样及缺口尺寸与偏差在图5-1和表5-74中示出。

(4)试样的制备。

试样样坯的切取应按相关产品标准或(GB/T 2975)的规定执行,试样制备过程应使由于过热或冷加工硬化而改变材料冲击性能的影响减至最小。

(5)试样的标记。

试样标记应远离缺口,不应标在与支座、砧座或摆锤刀刃接触的面上。试样标记应避免塑性变形和表面不连续性对冲击吸收能量的影响。

钢材焊接接头硬度试验报告

委托单位：　　　　　　　　　　　　　　　　　　试验编号：

<table>
<tr><td>钢筋级别及直径</td><td>焊接方法及接头型式</td><td colspan="2">焊接工艺参数</td><td colspan="2">实验机型号及荷载</td></tr>
<tr><td></td><td></td><td colspan="2"></td><td colspan="2"></td></tr>
<tr><td></td><td colspan="2"></td><td colspan="2">报告日期</td><td></td></tr>
<tr><td colspan="2">测点位置简图</td><td colspan="4">硬度测定结果</td></tr>
<tr><td colspan="2"></td><td colspan="4"></td></tr>
<tr><td colspan="6">备　　注</td></tr>
<tr><td colspan="6">试验单位：　　　　技术负责人：　　　　审核：　　　　试(检)验：</td></tr>
</table>

一册在手 表格全有 贴近现场 资料无忧

《钢材焊接接头硬度试验报告》填写说明

1. 填写要点

(1)焊接工艺参数:指该焊接试件实际采用的焊接方法工艺参数;

(2)试验机型号及荷载:根据不同的硬度测试要求确定其试验机型号及荷载;

(3)测点位置简图:试验单位应在硬度试验报告表上绘制测点位置简图;

(4)硬度测定结果:以实测的硬度值和测点位置写出的报告,判定硬度测试结论。

2. 检查要点

(1)硬度试验是测量被试材质硬度的方法,设计有要求时进行的试验内容。

(2)试验、审核、技术负责人签字齐全并加盖试验单位公章。

超声波探伤记录		编 号	×××
工程名称	××工程	报告编号	×××
施工单位	××钢结构工程有限公司第×项目部	检测单位	××建设工程 质量检测中心

焊缝编号（两侧）	板厚（mm）	折射角（度）	回波高度	X（mm）	D（mm）	Z（mm）	L（mm）	级别	评定结果	备注
11GL－1K－N	10	70	/	/	/	/	/	I	合格	
11GL－1J2－S	10	70	/	/	/	/	/	I	合格	
N	10	70	/	/	/	/	/	I	合格	
11GL－1J1－S	10	70	/	/	/	/	/	I	合格	
11GL－1H2－N	10	70	/	/	/	/	/	I	合格	
11GL－1H1－S	10	70	/	/	/	/	/	I	合格	
N	10	70	/	/	/	/	/	I	合格	
11GL－1H－S	10	70	/	/	/	/	/	I	合格	
N	12	70	/	/	/	/	/	I	合格	
11GL－1G－S	12	70	/	/	/	/	/	I	合格	
11GL－4K－N	10	70	/	/	/	/	/	I	合格	
11GL－4J2－S	10	70	/	/	/	/	/	I	合格	
N	10	70	/	/	/	/	/	I	合格	
11GL－4J1－S	10	70	/	/	/	/	/	I	合格	
N	14	70	/	/	/	/	/	I	合格	
11GL－4J－S	14	70	/	/	/	/	/	I	合格	
N	14	70	/	/	/	/	/	I	合格	
11GL－4H2－S	14	70	/	/	/	/	/	I	合格	
N	10	70	/	/	/	/	/	I	合格	
11GL－5K－N	10	70	/	/	/	/	/	I	合格	
11GL－5J2－S	10	70	/	/	/	/	/	I	合格	
N	10	70	/	/	/	/	/	I	合格	

批准	审核	检测	检测单位名称 （公章）
×××	×××	×××	
报告日期	2015 年 6 月 9 日		

本表由建设单位、施工单位、城建档案馆各保存一份。

《超声波探伤记录》填写说明

1. 责任部门

有资质检测单位提供,试验员收集。

2. 提交时限

焊接完成 24h 后进行,钢结构分部工程验收前提交。

3. 相关要求

依据《钢结构工程施工质量验收规范》(GB 50205－2001)规范要求,设计要求全焊头的一、二级焊缝应做缺陷检验,由有相应资质等级检测单位出具超声波。

钢结构工程质量验收采用常规无损检测方法进行。常规无损检测方法超声波检测主要检测金属焊缝接头和钢板内部缺陷。

(1)焊接球节点网架焊缝、螺栓球节点网架焊缝及圆管 T、K、Y 形节点相贯线焊缝,其内部缺陷分级及探伤方法分别符合国家现行标准《钢筋结构超声波探伤及质量分级法》(JG/T 203－2007)、《建筑钢结构焊接技术规程》(JGJ 81－2012)的规定。

(2)最大反射波幅位于Ⅰ区的缺陷,根据缺陷指示长度按表 4-3 的规定予以评级。

表 4-3 缺陷的等级分类

检验等级 板厚 mm 评定等级	A	B	C
	8～50	8～300	8～300
Ⅰ	$\frac{2}{3}\delta$;最小 12	$\frac{1}{3}\delta$ 最小 10,最大 30	$\frac{1}{3}\delta$ 最小 10,最大 20
Ⅱ	$\frac{3}{4}\delta$;最小 12	$\frac{2}{3}\delta$ 最小 12,最大 50	$\frac{1}{2}\delta$ 最小 10,最大 30
Ⅲ	$<\delta$ 最小 20	$\frac{3}{4}\delta$ 最小 16,最大 75	$\frac{2}{3}\delta$ 最小 12,最大 50
Ⅳ	超过三级者		

注:①δ 为坡口加工侧母材板厚,母材板厚不同时,以较薄侧板厚为准。
②管座角焊缝 δ 为焊缝截面中心线高度。

(3)最大反射波幅不超过评定线的缺陷,均评为Ⅰ级。

(4)最大反射波幅超过评定线的缺陷,检验者判定为裂纹等危害性缺陷时,无论其波幅和尺寸如何,均评定为Ⅳ级。

(5)反射波幅位于Ⅰ区的非裂纹性缺陷,均评为Ⅰ级。

(6)反射波幅位于Ⅱ区的缺陷,无论其指示长度如何,均评定为Ⅳ级。

(7)不合格的缺陷,应予返修,返修区域修补后,返修部位及补焊受影响的区域,应按原探伤条件进行复验,复探部位的缺陷亦应按相关标准评定。

焊缝射线探伤报告

委托单位： 试验编号：

工程名称		焊接类型			报告日期		
工程编号		规格			母材试验单编号		
设备型号		焦距		管电压			
曝光时间				管电流			
透度计型号		胶片型号		胶片尺寸		有效长度	
增感方式				冲洗方式			

焊缝全长： m； 探伤比例： %； 长度： m

探伤部位：

射线拍片共 张；其中纵缝： 张，环缝： 张，其他部位 张

Ⅰ级片 张，占总片数 %

Ⅱ级片 张，占总片数 %

Ⅲ级片 张，占总片数 %

附：探伤位置图和探伤记录

试验单位： 技术负责人： 审核： 试(检)验：

注：焊缝射线探伤报告是无损探伤焊缝的试(检)验项目。

《焊缝射线探伤报告》填写说明

1. 责任部门

有资质检测单位提供,试验员收集。

2. 提交时限

焊接完成24h后进行,钢结构分部工程验收前提交。

3. 填写要点

(1)焊接类型:指受试焊缝射线探伤焊接件的焊接类别;如对焊、电弧焊等。

(2)设备型号:按实际用作射线探伤试验的设备型号填写。

(3)焦距:指射线探伤选定的焦距,焦距选定应合理,一般不用短焦距。

(4)管电压:管电压应不超过不同透照厚度所允许的最高管电压。

(5)曝光时间:应根据设备、胶片和增感屏等具体条件制作和选用合适的曝光曲线。

(6)透度计型号:是进行x射线探伤的应用仪器之一,透度计的型式和规格的选用、透度计的灵敏度与焊缝厚度等,均应符合规范的要求。

(7)胶片型号:指射线探伤应用的胶片型号。

(8)胶片尺寸:指射线探伤应用胶片的尺寸。

(9)有效长度:指射线探伤应用胶片的实际长度。

(10)增感方式:一般用增感屏,个别情况射线照拍方法为A级时也可用荧光增感屏或金属增感屏。

(11)焊缝全长:指被焊件的焊缝的全部长度。

(12)探伤比例:指被焊件的焊缝全长与射线探伤长度之比。

4. 相关要求

(1)依据《钢结构工程施工质量验收规范》(GB 50205)规范要求,设计要求全焊头的一、二级焊缝应做缺陷检验,由有相应资质等级检测单位出具射线探伤检验报告。

(2)钢结构工程质量验收采用常规无损检测方法进行。常规无损检测方法射线检验主要检测金属焊缝接头内部缺陷。

(3)超声波探伤不能对缺陷作出判断时,应采用射线探伤,其内部缺陷分级及探伤方法应符合现行国家标准《钢焊缝手工超声波探伤方法和探伤结果分级》(GB 11345)或《金属熔化焊对接接头射线照相》(GB/T 3323)的规定。

(4)根据缺陷的性质和数量,焊接接头质量分为四个等级。

Ⅰ级焊接接头:应无裂纹、未熔合和未焊透和条形缺陷。

Ⅱ级焊接接头:应无裂纹、未熔合和未焊透。

Ⅲ级焊接接头:应无裂纹、未熔合以及双面焊和加垫板的单面焊中的未焊透。

Ⅳ级焊接接头:焊接接头中缺陷超过Ⅲ级者。

焊缝超声波探伤报告

委托单位：××钢结构工程有限公司　　　　**试验编号：**×××

<table>
<tr><td>工程名称</td><td>××工程</td><td>焊接类型</td><td colspan="2">钢架栓</td><td colspan="2">试验编号</td><td>JXG—06—081</td></tr>
<tr><td>工程编号</td><td>××</td><td>规　　格</td><td colspan="2">ϕ76 3.5 厚</td><td colspan="2">报告日期</td><td>2015 年 3 月 21 日</td></tr>
<tr><td>仪器型号</td><td>CTS—22A</td><td>探伤方法</td><td colspan="2">斜角探伤</td><td colspan="2">探测频率</td><td>2.5MHz</td></tr>
<tr><td>探头直径</td><td>2.5P8×12</td><td>探头 K 值</td><td colspan="2">2</td><td colspan="2">探头移动方式</td><td>深度法 2∶1</td></tr>
<tr><td>耦合剂</td><td>机油</td><td>检验标准</td><td colspan="2">GB 11345
GB 50205</td><td colspan="2">试块</td><td>CSK—ⅢA</td></tr>
<tr><td>探测灵敏度</td><td>ϕ1×6—3　增益</td><td></td><td>抑制</td><td></td><td>输出</td><td></td><td>粗调　</td></tr>
</table>

焊缝全长：1.0901m；**探伤比例：**＞20％；**长度：**0.3818m

探伤部位：环缝

缺陷记录：

（附探伤位置图）

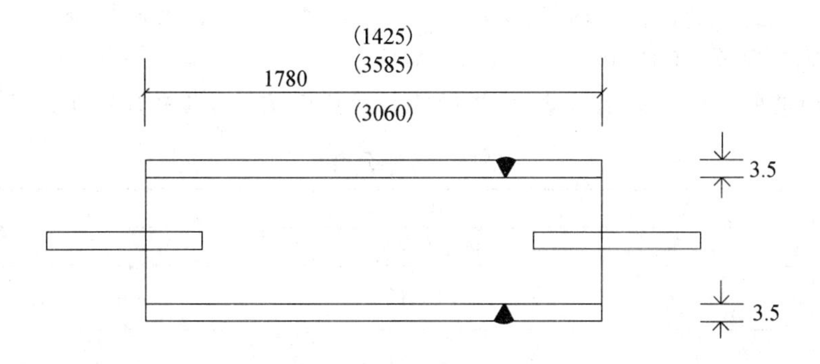

共计 80 件钢架栓，对接焊缝经 20％，超声波探伤检查，检查结果符合《焊缝手工超声波探伤方法和探伤结果分级》（GB 11345）的规定，Ⅱ级焊缝合格。

试验单位：××检测中心　　**技术负责人：**×××　　**审核：**×××　　**试（检）验：**×××

《焊缝超声波探伤记录》填写说明

焊缝超声波探伤报告是一种利用超声波不能穿透任何固体、气体界面而被全部反射的特性来进行探伤的。

1. 责任部门

有资质检测单位提供，试验员收集。

2. 提交时限

焊接完成 24h 后进行，钢结构分部工程验收前提交。

3. 填写要点

（1）仪器型号：指超声波探伤仪的型号。

（2）探伤频率：指超声波探伤时应用的探测频率。

（3）探头 K 值：K 值的选择与探头的型号、角度、测试方法等有关，K 值的选择应符合有关规范的要求。

(4)探头移动方式:探头移动方式和范围应保证扫查到全部焊缝截面计热影响区。

(5)探测灵敏度:按实测时的灵敏度填写。

(6)耦合剂:应选用适当的液体和糊状物作为耦合剂;(典型的耦合剂为水、机油、甘油、糨糊及适量润湿剂)。

(7)焊缝全长:指被焊件的焊缝全长。

(8)探伤比例:指被焊件的焊缝全长与射线探伤长度之比。

4. 相关要求

依据《钢结构工程施工质量验收规范》(GB 50205－2001)规范要求,设计要求全焊头的一、二级焊缝应做缺陷检验,由有相应资质等级检测单位出具超声波。

钢结构工程质量验收采用常规无损检测方法进行。常规无损检测方法超声波检测主要检测金属焊缝接头和钢板内部缺陷。

(1)焊接球节点网架焊缝、螺栓球节点网架焊缝及圆管 T、K、Y 形节点相贯线焊缝,其内部缺陷分级及探伤方法分别符合国家现行标准《钢筋结构超声波探伤及质量分级法》(JG/T 203－2007)、《钢结构焊接规范》(GB 50661－2011)的规定。

(2)最大反射波幅位于Ⅰ区的缺陷,根据缺陷指示长度按表 4-4 的规定予以评级。

表 4-4　　缺陷的等级分类

检验等级板厚 mm	A	B	C
评定等级	8～50	8～300	8～300
Ⅰ	$\frac{2}{3}\delta$;最小 12	$\frac{1}{3}\delta$ 最小 10,最大 30	$\frac{1}{3}\delta$ 最小 10,最大 20
Ⅱ	$\frac{3}{4}\delta$;最小 12	$\frac{2}{3}\delta$ 最小 12,最大 50	$\frac{1}{2}\delta$ 最小 10,最大 30
Ⅲ	$<\delta$ 最小 20	$\frac{3}{4}\delta$ 最小 16,最大 75	$\frac{2}{3}\delta$ 最小 12,最大 50
Ⅳ	超过三级者		

注:①δ 为坡口加工侧母材板厚,母材板厚不同时,以较薄侧板厚为准。

②管座角焊缝 δ 为焊缝截面中心线高度。

(3)最大反射波幅不超过评定线的缺陷,均评为Ⅰ级。

(4)最大反射波幅超过评定线的缺陷,检验者判定为裂纹等危害性缺陷时,无论其波幅和尺寸如何,均评定为Ⅳ级。

(5)反射波幅位于Ⅰ区的非裂纹性缺陷,均评为Ⅰ级。

(6)反射波幅位于Ⅱ区的缺陷,无论其指示长度如何,均评定为Ⅳ级。

(7)不合格的缺陷,应予返修,返修区域修补后,返修部位及补焊受影响的区域,应按原探伤条件进行复验,复探部位的缺陷亦应按相关标准评定。

焊缝磁粉探伤报告

委托单位：××钢结构工程有限公司　　　　试验编号：×××

工程名称	××工程	**主要名称**	腹板	**日　　期**	2015 年 4 月 11 日
工程编号	××	**产品编号**	MB—6	**规　　格**	650×200×8×6
设备型号	CJE—A	**材　　质**	Q345B	**壁　　厚**	8mm
仪器型号	CJE—A	**激磁方式**	单组	**灵敏度**	ϕ3—16 d13

磁粉和磁悬液体配制

磁粉选用 350 目磁粉膏，每 100mm 长磁粉膏加入 1000mL 水溶解。

悬液体的配制浓度 10～20g/L，沉淀=浓度为 1.2～2.4mL/100mL。

焊缝全长：　1400m；**探伤比例：**　100%；**长度：**　1400m

探伤部位：腹板对接焊缝

缺陷记录：Ⅱ级

（附探伤位置图）

略

试验单位：××检测中心　　**技术负责人：**×××　　**审核：**×××　　**试（检）验：**×××

《焊缝磁粉探伤报告》填写说明

焊接焊缝磁粉探伤报告是检查焊缝表面或近表面的裂纹或其他缺陷的一种试(检)验方法。

1. 责任部门

有资质的检测单位提供。

2. 提交时限

焊接完成24h后进行,钢结构分部工程验收前提交。

3. 填写要点

(1)产品编号:指主品的产品编号。

(2)材质:指主品的材料质量。

(3)仪器型号:指磁场指示器的型号。

(4)激磁方式:有直接通电磁化和间接磁化。

(5)灵敏度:指磁粉材料组成、磁粉探伤设备、操作技术和磁场值等,整个系统的灵敏度,综合进行评价。

(6)磁粉和磁悬液体配制:磁粉质量、磁粉颜色与被检工件具有最大的比度、湿磁粉的应用、磁悬液载体的性能(如油剂、含添加剂水性能)等必须保证。

(7)焊缝全长:指被试焊件的焊缝总长度。

(8)探伤比例:指被试焊件的焊缝总长度与探伤长度的比例。

4. 检查要点

试验、审核、技术负责人签字齐全并加盖试验单位公章。

GD2301071☒☒

建筑钢结构焊接工艺评定报告

建筑钢结构焊接工艺评定报告

编　　号：×××　JHP 2014－9 LZSY

编　　制：×××

焊接责任技术人员：×××

批　　准：×××

单　　位：××冶金结构有限公司

日　　期：2014 年 11 月 16 日

××冶金结构有限公司 项目经理部

焊接工艺评定报告目录

GD2301071-1☒☒

序号	报 告 名 称	报告编号	页数
1	首页		1
2	目录	JHP2014－9(ZSY)	1
3	焊接工艺评定报告	JHPPZ2014－8(ZSY)	1
4	焊接工艺评定记录表		1
5	焊接工艺评定检验结果表		1
6	超声波探伤报告		2
7	试验报告单位		4
8	试验材料报告		4
9	焊接工艺评定见证表		1
10			
11			
12			
13			
14			
15			
16			
17			
18			
19			
20			
21			

焊接工艺评定报告

GD2301071-2☒☒

共 × 页第 × 页

工程(产品)名称	××综合楼工程	评定报告编号	JHP2014－9(ZSY)
委托单位	××建设工程有限公司	工艺指导书编号	JHP 2014－8(ZSY)
项目负责人	×××	依据标准	《钢结构焊接规范》(GB 50661－2011)
试样焊接单位	××制造厂	施焊日期	2014 年 9 月 7 日

焊工	×××	资格代号	Y22－2014－021	级别	—

母材钢号	Q3456GJZC、R345C	规格	－40.30	供货状态	—	生产厂	××钢厂

化学成分和力学性能

	C (%)	Mn (%)	Si (%)	S (%)	P (%)			σ_s (MPa)	σ_b (MPa)	δ_s (%)	ψ (%)	A_{kv} (J)
标准	≤0.2	1.0～1.6	≤0.55	≤0.035	≤0.035			≥325	470～630	≥22	—	≥34
合格证	0.15	1.41	0.33	0.003	0.015			410	560	30	—	128
复验												

碳当量	0.41　0.42	公式	$C_{eq}=C+\frac{Mn}{6}+\frac{Si}{6}+\frac{Ni}{6}+\frac{Cr}{6}+\frac{Mo}{6}+\frac{Cu}{6}+\frac{P}{6}$

焊接材料	生产厂	牌号	类型	直径(mm)	烘干制度(℃×h)	备注
焊条	—	—	—	—	—	
焊丝	××厂	KFX－717	药芯	Φ1.2	—	
焊剂或气体	××厂	CO_2 气体	—	—		

焊接方法	CO_2 气体保护焊	焊接位置	水平角接	接头形式	十字接头

焊接工艺参数	见焊接工艺评定指导书	清根工艺	碳弧气刨清根
焊接设备型号	KR_{II}－500	电源及极性	直流(－)

预热温度(℃)	110	层间温度(℃)	130	后热温度(℃)及时间(min)	250℃,1.6h
焊后热处理	—				

评写结论:本评定按《钢结构焊接规范》(GB 50661－2011)规定,根据工程情况编制工艺评定指导书、焊接试件、制取并检验试样、测定性能,确认试验记录正确,评定结果为:<u>合格</u>。焊接条件及工艺参数适用范围按本评定指导书规定执行。

评定	×××	2014 年 11 月 16 日	评定单位:(签章) 2014 年 11 [illegible] 6 日
审核	×××	2014 年 11 月 16 日	
技术负责	×××	2014 年 11 月 16 日	

××冶金结构有限公司 项目经理部

焊接工艺评定指导书

GD2301071-3☒☒

共 × 页第 × 页

工程名称	××综合楼工程			指导书编号	HZ2005-8(ZSY)		
母材钢号	Q345GJZC、Q345C	规格	Ⅱ	供货状态	—	生产厂	××钢铁有限公司

焊接材料	生产厂	牌号	类型	烘干制度(℃×h)	备注
焊　条	—				
焊　丝	×××	KFX-71T	药芯	—	
焊剂或气体	×××	CO_2	—	—	

焊接方法	CO_2 气体保护焊		焊接位置	水平角接	
焊接设备型号	$KR_{Ⅱ}$-500		电源及极性	直流(—)	
预热温度(℃)	110	层间温度(℃)	130±10	后热温度(℃)及时间(min)	200～250℃,1.6h

接头及坡口尺寸图	40、25、3、12、40°、60°、30	焊接顺序图	40、1～12、30

焊接工艺参数	道次	焊接方法	焊条或焊丝		焊剂或保护气	保护气流量(L/min)	电流(A)	电压(V)	焊接速度(cm/min)	热输入(kJ/cm)	备注
			牌号	φ(mm)							
	1、7	CO_2 气体保护焊	KFX-71T	1.2	CO_2	15～20	240～280	24～30	30～35	12～14	
	2、3、8、9	CO_2 气体保护焊	KFX-71T	1.2	CO_2	15～20	260～300	30～35	20～27	23～24	
	4、5、6、10、11、12	CO_2 气体保护焊	KFX-71T	1.2	CO_2	15～20	260～300	26～30	30～35	23～24	

技术措施	焊前清理	除锈、打磨	层间清理	清渣、除飞溅、磨光
	背面清根	碳弧气刨清根		
	其他			

编制	×××	日期	2014年9月1日	审核	×××	日期	2014年9月1日

焊接工艺评定记录表

GD2301071-4☒☒

共 × 页第 × 页

工程名称	××综合楼工程			指导书编号	JHPZ2005-8(ZSY)		
焊接方法	CO_2 气体保护焊	焊接位置	平焊	设备型号	KR_{II} 500	电源及极性	直流(一)
母材钢号	Q345GJZC、Q345C	类别	Ⅱ	生产厂	××钢铁厂		
母材规格	一40、一30			供货状态	一		

接头尺寸及施焊道次顺序	焊接材料				
40 30 1 2 3 4 5 6 7 8 9 10 11 12	焊条	牌 号	一	类 型	一
		生产厂	一	批 号	一
		烘干温度(℃)	一	时间(min)	一
	焊丝	牌 号	KFX-71T	规格(min)	ϕ1.2
		生产厂	×××	批 号	527A8071901
	焊剂或气体	牌 号	CO_2 气体	规格(mm)	一
		生产厂	×××		
		烘干温度(℃)	一	时间(min)	一

施 焊 工 艺 参 数 记 录

道次	焊接方法	焊条(焊丝)直径(mm)	保护气体流量(L/min)	电流(A)	电压(V)	焊接速度(cm/min)	热输入(kJ/cm)	备注
1、7	CO_2 气体保护焊	ϕ1.2	25	290	31	31	18	
2、3、8、9	CO_2 气体保护焊	ϕ1.2	25	330	35	30	23	
4、5、6、10、11、12	CO_2 气体保护焊	ϕ1.2	25	320	34	32	21	

施焊环境	室内/~~室外~~	环境温度(℃)	28	相对湿度	51%		
预热温度(℃)	110	层间温度(℃)	130	后热温度	250	时间(min)	1.6
后热处理							
技术措施	焊前清理	除锈打磨		层间清理	清渣		
	背面清根	碳弧气刨清根					
	其 他						

焊工姓名	×××	资格代号	Y22-2009-021	级别	一	施焊日期	2014 年 9 月 7 日
记　录	×××	日期	2014 年 9 月 7 日	审核	×××	日期	2014 年 9 月 7 日

焊接工艺评定检验结果

GD2301071-5☒☒

共　　页第　　页

非破坏检验				
试验项目	合格标准	评定结果	报告编号	备注
外　观	二级	合格	—	—
X　光	—	—	—	—
超声波	Ⅰ级	合格	ZGSY-009	—
磁　粉	—	—	—	—

拉伸试验	报告编号	JC2014JT4148			弯曲试验	报告编号	JC2014JT4148		
试样编号	σ_s (MPa)	σ_b (MPa)	断口位置	评定结果	试样编号	试验类型	弯心直径 D(mm)	弯曲角度	评定结果
8#-1	—	530	母材	拉断	8#-1	弯曲	$D=a$	120	弯合格
8#-1	—	530	母材	拉断	8#-1	弯曲	$D=a$	120	弯合格

冲击试验	报告编号	JC2014JT4148		宏观金相	报告编号	(2014)钢测(W)粤字第280号
试样编号	缺口位置	试验温度(℃)	冲击功 A_{kv}(J)	评定结果：合格		
8#中-1	焊缝	0	118			
8#中-2	焊缝	0	92			
8#中-3	焊缝	0	88	硬度试验	报告编号	
8#中-1	热影响区	0	63	评定结果：		
8#中-2	热影响区	0	84			
8#中-3	热影响区	0	124			

其他检验：

检验	×××	日期	2014年9月30日	审核	×××	日期	2014年9月30日

栓钉焊焊接工艺评定报告

GD2301071-6□□

共　　页第　　页

工程(产品)名称			评定报告编号		
委托单位			工艺指导书编号		
项目负责人			依据标准		
试样焊接单位			施焊日期		
焊工		资格代号		级别	
施焊材料		牌号	规格	热处理或表面状态	备注
母材钢号					
穿透焊板材					
焊钉钢号					
瓷环牌号				烘干制度(℃×h)	
焊接方法		焊接位置		接头形式	
焊接工艺参数	见焊接工艺评定指导书				
焊接设备型号		电源及极性			

备注

评论结论：

本评定按______________规定，根据工程情况编制工艺评写指导书、焊接试件、制取并检验试样、测定性能，确认试验记录正确，评定结果为：____________。焊接条件及工艺参数适用范围应按本评定指导书规定执行。

评定		年　月　日	检测评定单位：　　　　(盖章)
审核		年　月　日	
技术负责		年　月　日	年　月　日

一册在手 表格全有 贴近现场 资料无忧

栓钉焊焊接工艺评定指导书

GD2301071-7□□

共　　页第　　页

<table>
<tr><td colspan="3">工程名称</td><td colspan="3"></td><td colspan="2">指导书编号</td><td colspan="3"></td></tr>
<tr><td colspan="3">焊接方法</td><td colspan="3"></td><td colspan="2">焊接位置</td><td colspan="3"></td></tr>
<tr><td colspan="3">设备型号</td><td colspan="3"></td><td colspan="2">电源及极性</td><td colspan="3"></td></tr>
<tr><td colspan="2">母材钢号</td><td></td><td>类别</td><td colspan="2"></td><td colspan="2">厚度(mm)</td><td></td><td>生产厂</td><td></td></tr>
<tr><td rowspan="12">接头及试件形式</td><td colspan="5" rowspan="12"></td><td colspan="5">施　焊　材　料</td></tr>
<tr><td rowspan="4">穿透焊钢材</td><td>牌号</td><td colspan="3"></td></tr>
<tr><td>生产厂</td><td colspan="3"></td></tr>
<tr><td>表面镀层</td><td colspan="3"></td></tr>
<tr><td>规格(mm)</td><td colspan="3"></td></tr>
<tr><td rowspan="2">焊钉</td><td>牌号</td><td></td><td>规格(mm)</td><td></td></tr>
<tr><td>生产厂</td><td></td><td></td><td></td></tr>
<tr><td rowspan="3">瓷环</td><td>牌号</td><td></td><td>规格(mm)</td><td></td></tr>
<tr><td>生产厂</td><td></td><td></td><td></td></tr>
<tr><td colspan="2">烘干温度℃及时间(min)</td><td colspan="2"></td></tr>
<tr><td colspan="4"></td></tr>
<tr><td colspan="4"></td></tr>
<tr><td rowspan="8">焊接工艺参数</td><td>序号</td><td>电流(A)</td><td>电压(V)</td><td>时间(S)</td><td></td><td colspan="2">伸出长度(mm)</td><td colspan="2">提升高度(mm)</td><td>备注</td></tr>
<tr><td></td><td></td><td></td><td></td><td></td><td colspan="2"></td><td colspan="2"></td><td></td></tr>
<tr><td></td><td></td><td></td><td></td><td></td><td colspan="2"></td><td colspan="2"></td><td></td></tr>
<tr><td></td><td></td><td></td><td></td><td></td><td colspan="2"></td><td colspan="2"></td><td></td></tr>
<tr><td></td><td></td><td></td><td></td><td></td><td colspan="2"></td><td colspan="2"></td><td></td></tr>
<tr><td></td><td></td><td></td><td></td><td></td><td colspan="2"></td><td colspan="2"></td><td></td></tr>
<tr><td></td><td></td><td></td><td></td><td></td><td colspan="2"></td><td colspan="2"></td><td></td></tr>
<tr><td></td><td></td><td></td><td></td><td></td><td colspan="2"></td><td colspan="2"></td><td></td></tr>
<tr><td rowspan="2">技术措施</td><td colspan="2">焊前母材清理</td><td colspan="8"></td></tr>
<tr><td colspan="10">其他:</td></tr>
<tr><td>编制</td><td colspan="2"></td><td>日期</td><td>年　月　日</td><td>审核</td><td colspan="2"></td><td>日期</td><td colspan="2">年　月　日</td></tr>
</table>

一册在手　表格全有　贴近现场　资料无忧

栓钉焊焊接工艺评定记录表

GD2301071-8□□

共　　页第　　页

<table>
<tr><td>工程名称</td><td colspan="3"></td><td>指导书编号</td><td colspan="3"></td></tr>
<tr><td>焊接方法</td><td colspan="3"></td><td>焊接位置</td><td colspan="3"></td></tr>
<tr><td>设备型号</td><td colspan="3"></td><td>电源及极性</td><td colspan="3"></td></tr>
<tr><td>母材钢号</td><td></td><td>类别</td><td></td><td>厚度(mm)</td><td></td><td>生产厂</td><td></td></tr>
</table>

<table>
<tr><td rowspan="10">接头及试件形式</td><td rowspan="10"></td><td colspan="5">施焊材料</td></tr>
<tr><td rowspan="4">穿透焊钢材</td><td>牌号</td><td colspan="3"></td></tr>
<tr><td>生产厂</td><td colspan="3"></td></tr>
<tr><td>表面镀层</td><td colspan="3"></td></tr>
<tr><td>规格(mm)</td><td colspan="3"></td></tr>
<tr><td rowspan="2">焊钉</td><td>牌号</td><td></td><td>规格(mm)</td><td></td></tr>
<tr><td>生产厂</td><td></td><td></td><td></td></tr>
<tr><td rowspan="3">瓷环</td><td>牌号</td><td></td><td>规格(mm)</td><td></td></tr>
<tr><td>生产厂</td><td colspan="3"></td></tr>
<tr><td colspan="2">烘干温度℃及时间(min)</td><td colspan="2"></td></tr>
</table>

序号	电流(A)	电压(V)	时间(S)	伸出长度(mm)	提升高度(mm)	环境温度(℃)	相对温度(%)	备注

<table>
<tr><td rowspan="2">技术措施</td><td>焊前母材清理</td><td></td></tr>
<tr><td colspan="2">其他：</td></tr>
</table>

<table>
<tr><td>焊工姓名</td><td></td><td>资格代号</td><td></td><td>级别</td><td colspan="2"></td><td>施焊日期</td><td>年　月　日</td></tr>
<tr><td>编制</td><td></td><td>日期</td><td>年　月　日</td><td>审核</td><td colspan="2"></td><td>日期</td><td>年　月　日</td></tr>
</table>

栓钉焊焊接工艺评定试样检验结果

GD2301071-9□□

共　　页第　　页

焊缝外观检查						
检查项目	实测值(mm)				规定值(mm)	检验结果
	0°	90°	180°	270°		
焊缝高					＞1	
焊缝宽					＞0.5	
咬边深度					＜0.5	
气孔					无	
夹渣					无	

拉伸试验	报告编号			
试样编号	抗拉强度 σ_b	断口位置	断裂特征	检验结果

弯曲试验	报告编号			
试样编号	实验类型	弯曲角度	检验结果	备注
	锤击	30°		
	锤击	30°		
	锤击	30°		

其他检验：

检验		日期	年　月　日	审核		日期	年　月　日

钢结构焊接检验批质量验收记录

02030101 001

单位（子单位）工程名称	××大厦	分部（子分部）工程名称	主体结构/钢结构	分项工程名称	钢结构焊接
施工单位	××建筑有限公司	项目负责人	赵斌	检验批容量	50 件
分包单位	/	分包单位项目负责人	/	检验批部位	宴会大厅
施工依据	《钢结构工程施工规范》GB50755-2012		验收依据	《钢结构工程施工质量验收规范》GB50205-2001	

		验收项目	设计要求及规范规定	最小/实际抽样数量	检查记录	检查结果
主控项目	1	焊接材料品种、规格	第 4.3.1 条	/	质量证明文件齐全，试验合格，报告编号××××	√
	2	焊接材料复验	第 4.3.2 条	/	见证复验，报告编号×××	√
	3	材料匹配	第 5.2.1 条	/	质量证明文件齐全，记录齐全	√
	4	焊工证书	第 5.2.2 条	/	文件符合规定，资料齐全	√
	5	焊接工艺评定	第 5.2.3 条	/	文件符合规定，资料齐全	√
	6	内部缺陷	第 5.2.4 条	/	文件符合规定，资料齐全	√
	7	组合焊缝尺寸	第 5.2.5 条	20/20	抽查 20 处，合格 20 处	√
	8	焊缝表面缺陷	第 5.2.6 条	5/5	抽查 5 处，合格 5 处	√
一般项目	1	焊接材料外观质量	第 4.3.4 条	10/10	抽查 10 包，合格 10 包	100%
	2	预热和后热处理	第 5.2.7 条	/	/	
	3	焊缝外观质量	第 5.2.8 条	5/5	抽查 5 处，合格 5 处	100%
	4	焊缝尺寸偏差	第 5.2.9 条	5/5	抽查 5 处，合格 5 处	100%
	5	凹形角焊缝	第 5.2.10 条	10/10	抽查 10 处，合格 10 处	100%
	6	焊缝感观	第 5.2.11 条	5/5	抽查 5 处，合格 5 处	100%

施工单位检查结果	符合要求 专业工长：王晨 项目专业质量检查员：孔凡民 2014 年××月××日
监理单位验收结论	合格 专业监理工程师：刘东 2014 年××月××日

《钢结构焊接检验批质量验收记录》填写说明

1. 填写依据

(1)《钢结构工程施工质量验收规范》GB 50205－2001。

(2)《建筑工程施工质量验收统一标准》GB 50300－2013。

2. 规范摘要

以下内容摘自《钢结构工程施工质量验收规范》GB 50205－2001。

(1)检验批划分原则

钢结构焊接工程可按相应的钢结构制作或安装工程检验批的划分原则划分为一个或若干个检验批。

(2)焊接材料验收要求

主控项目

1)焊接材料的品种、规格、性能等应符合现行国家产品标准和设计要求。

检查数量:全数检查。

检验方法:检查焊接材料的质量合格证明文件、中文标志及检验报告等。

2)重要钢结构采用的焊接材料应进行抽样复验,复验结果应符合现行国家产品标准和设计要求。

检查数量:全数检查。

检验方法:检查复验报告。

一般项目

焊条外观不应有药皮脱落、焊芯生锈等缺陷;焊剂不应受潮结块。

检查数量:按量抽查1%,且不应少于10包。

检验方法:观察检查。

(3)钢构件焊接工程验收要求

主控项目

1)焊条、焊丝、焊剂、电渣焊熔嘴等焊接材料与母材的匹配应符合设计要求及国家现行行业标准《建筑钢结构焊接技术规程》JGJ 81的规定。焊条、焊剂、药芯焊丝、熔嘴等在使用前,应按其产品说明书及焊接工艺文件的规定进行烘焙和存放。

检查数量:全数检查。

检验方法:检查质量证明书和烘焙记录。

2)焊工必须经考试合格并取得合格证书。持证焊工必须在其考试合格项目及其认可范围内施焊。

检查数量:全数检查。

检验方法:检查焊工合格证及其认可范围、有效期。

3)施工单位对其首次采用的钢材、焊接材料、焊接方法、焊后热处理等,应进行焊接工艺评定,并应根据评定报告确定焊接工艺。

检查数量:全数检查。

检验方法:检查焊接工艺评定报告。

4)设计要求全焊透的一、二级焊缝应采用超声波探伤进行内部缺陷的检验,超声波探伤不能对缺陷作出判断时，应采用射线探伤，其内部缺陷分级及探伤方法应符合现行国家标准《钢焊缝手工超声波探伤方法和探伤结果分级》GB 11345 或《钢熔化焊对接接头射线照相和质量分级》GB 3323 的规定。焊接球节点网架焊缝、螺栓球节点网架焊缝及圆管 T、K、Y 形节点相贯线焊缝，其内部缺陷分级及探伤方法应分别符合国家现行标准《焊接球节点钢网架焊缝超声波探伤方法及质量分级法》JG/T 3034.1、《螺栓球节点钢网架焊缝超声波探伤方法及质量分级法》JG/T 3034.2、《建筑钢结构焊接技术规程》JGJ 81 的规定。一级、二级焊缝的质量等级及缺陷分级应符合表 4-5 的规定。

检查数量：全数检查。

检验方法：检查超声波或射线探伤记录。

表 4-5　　一、二级焊缝质量等级及缺陷分级

焊缝质量等级		一级	二级
内部缺陷超声波探伤	评定等级	Ⅱ	Ⅲ
	检验等级	B 级	B 级
	探伤比例	100%	20%
内部缺陷射线探伤	评定等级	Ⅱ	Ⅲ
	检验等级	AB 级	AB 级
	探伤比例	100%	20%

注：探伤比例的计数方法应按以下原则确定：

1. 耐工厂制作焊缝，应按每条焊缝计焊缝进行探伤；
2. 对现场安装焊缝，应按同一类型、同一施焊条件的焊缝条数计算百分比，探伤长度应不小于 200mm. 并应不少于 1 条焊缝。

5)T 形接头、十字接头、角接接头等要求熔透的对接和角对接组合焊缝，其焊脚尺寸不应小于 t/4(图 4-2a、b、c)；设计有疲劳验算要求的吊车梁或类似构件的腹板与上翼缘连接焊缝的焊脚尺寸为 t/2(图 4-2d)，且不应大于 10mm。焊脚尺寸的允许偏差为 0～4mm。

检查数量：资料全数检查；同类焊缝抽查 10%，且不应少于 3 条。

检验方法：观察检查，用焊缝量规抽查测量。

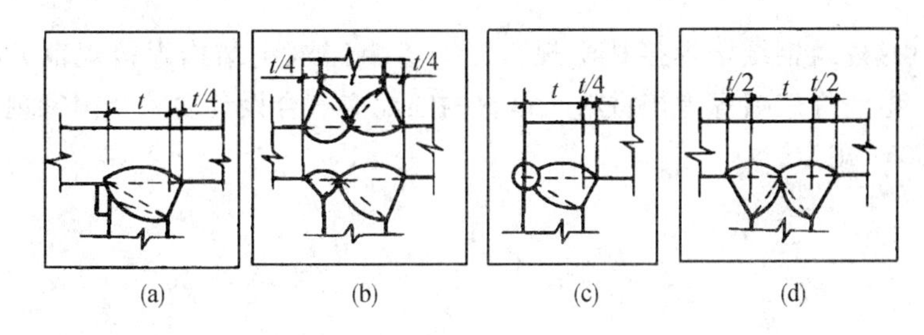

图 4-2　焊脚尺寸

6)焊缝表面不得有裂纹、焊瘤等缺陷。一级、二级焊缝不得有表面气孔、夹渣、弧坑裂纹、电弧擦伤等缺陷。且一级焊缝不得有咬边、未焊满、根部收缩等缺陷。

检查数量：每批同类构件抽查 10%，且不应少于 3 件；被抽查构件中，每一类型焊缝按条数抽查 5%，且不应少于 1 条；每条检查 1 处，总抽查数不应少于 10 处。

检验方法:观察检查或使用放大镜、焊缝量规和钢尺检查,当存在疑义时,采用渗透或磁粉探伤检查。

一般项目

1)对于需要进行焊前预热或焊后热处理的焊缝,其预热温度或后热温度应符合国家现行有关标准的规定或通过工艺试验确定。预热区在焊道两侧,每侧宽度均应大于焊件厚度的1.5倍以上,且不应小于100mm;后热处理应在焊后立即进行,保温时间应根据板厚按每25mm板厚1h确定。

检查数量:全数检查。

检验方法:检查预、后热施工记录和工艺试验报告。

2)二级、三级焊缝外观质量标准应符合GB 50205－2001附录A中表A.0.1的规定。三级对接焊缝应按二级焊缝标准进行外观质量检验。

检查数量:每批同类构件抽查10%,且不应少于3件;被抽查构件中,每一类型焊缝按条数抽查5%,且不应少于1条;每条检查1处,总抽查数不应少于10处。

检验方法:观察检查或使用放大镜、焊缝量规和钢尺检查。

3)焊缝尺寸允许偏差应符合GB 50205－2001附录A中表A.0.2的规定。

检查数量:每批同类构件抽查10%,且不应少于3件;被抽查构件中,每种焊缝按条数各抽查5%,但不应少于1条;每条检查1处,总抽查数不应少于10处。

检验方法:用焊缝量规检查。

4)焊成凹形的角焊缝,焊缝金属与母材间应平缓过渡;加工成凹形的角焊缝,不得在其表面留下切痕。

检查数量:每批同类构件抽查10%,且不应少于3件。

检验方法:观察检查。

5)焊缝感观应达到:外形均匀、成型较好,焊道与焊道、焊道与基本金属间过渡较平滑,焊渣和飞溅物基本清除干净。

检查数量:每批同类构件抽查10%,且不应少于3件;被抽查构件中,每种焊缝按数量各抽查5%,总抽查处不应少于5处。

检验方法:观察检查。

【说明】

第5.2.1条中《建筑钢结构焊接技术规程》JGJ 81已被《钢结构焊接规范》GB 50661取代。焊条、焊丝、焊剂、电渣焊熔嘴等焊接材料与母材的匹配应符合设计要求及国家现行标准《钢结构焊接规范》GB 50661规定。

焊钉（栓钉）焊接工程检验批质量验收记录

02030102 001

单位（子单位）工程名称	××大厦	分部（子分部）工程名称	主体结构/钢结构	分项工程名称	钢结构焊接
施工单位	××建筑有限公司	项目负责人	赵斌	检验批容量	50 件
分包单位	/	分包单位项目负责人	/	检验批部位	宴会大厅
施工依据	《钢结构工程施工规范》GB50755-2012		验收依据	《钢结构工程施工质量验收规范》GB50205-2001	

		验收项目	设计要求及规范规定	最小/实际抽样数量	检查记录	检查结果
主控项目	1	焊接材料品种规格	第 4.3.1 条	/	质量证明文件齐全，检验合格，报告编号××××	√
	2	焊接材料复验	第 4.3.2 条	/	质量证明文件齐全，检验合格，报告编号××××	√
	3	焊接工艺评定	第 5.3.1 条	/	文件符合规定，资料齐全	√
	4	焊后弯曲试验	第 5.3.2 条	10/10	抽查 10 件，合格 10 件	√
一般项目	1	焊钉和瓷环尺寸	第 4.3.3 条	10/10	抽查 10 套，合格 10 套	100%
	2	焊缝外观质量	第 5.3.3 条	10/10	抽查 10 处，合格 10 处	100%

施工单位检查结果	符合要求 专业工长：王晨 项目专业质量检查员：孔凡民 2014 年××月××日
监理单位验收结论	合格 专业监理工程师：刘东 2014 年××月××日

《焊钉(栓钉)焊接工程检验批质量验收记录》填写说明

1. 填写依据

(1)《钢结构工程施工质量验收规范》GB 50205－2001。

(2)《建筑工程施工质量验收统一标准》GB 50300－2013。

2. 规范摘要

以下内容摘自《钢结构工程施工质量验收规范》GB 50205－2001。

(1)检验批划分原则

钢结构焊接工程可按相应的钢结构制作或安装工程检验批的划分原则划分为一个或若干个检验批。

(2)焊接材料验收要求

主控项目

1)焊接材料的品种、规格、性能等应符合现行国家产品标准和设计要求。

检查数量:全数检查。

检验方法:检查焊接材料的质量合格证明文件、中文标志及检验报告等。

2)重要钢结构采用的焊接材料应进行抽样复验,复验结果应符合现行国家产品标准和设计要求。

检查数量:全数检查。

检验方法:检查复验报告。

一般项目

焊钉及焊接瓷环的规格、尺寸及偏差应符合现行国家标准《圆柱头焊钉》GB10433 中的规定。

检查数量:按量抽查 1%,且不应少于 10 套。

检验方法:用钢尺和游标卡尺量测。

(3)焊钉(栓钉)焊接工程验收要求

主控项目

1)施工单位对其采用的焊钉和钢材焊接应进行焊接工艺评定,其结果应符合设计要求和国家现行有关标准的规定。瓷环应按其产品说明书进行烘焙。

检查数量:全数检查。

检验方法:检查焊接工艺评定报告和烘焙记录。

2)焊钉焊接后应进行弯曲试验检查,其焊缝和热影响区不应有肉眼可见的裂纹。

检查数量:每批同类构件抽查 10%,且不应少于 10 件;被抽查构件中,每件检查焊钉数量的 1%,但不应少于 1 个。

检验方法:焊钉弯曲 30°后用角尺检查和观察检查。

一般项目

焊钉根部焊脚应均匀,焊脚立面的局部未熔合或不足 360°的焊脚应进行修补。

检查数量:按总焊钉数量抽查 1%,且不应少于 10 个。

检验方法:观察检查。

4.3　紧固件连接工程

4.3.1　紧固件连接工程资料列表

(1)施工管理资料

1)扭剪型高强度螺栓连接副预拉力取样试验见证记录

2)高强度大六角头螺栓连接副扭矩系数取样试验见证记录

3)高强度螺栓连接摩擦面抗滑移系数取样试验见证记录

(2)施工技术资料

1)紧固件连接工程施工方案、作业指导书

2)技术交底记录

①紧固件连接工程施工方案技术交底记录

②紧固件连接分项工程技术交底记录

3)图纸会审记录、设计变更通知单、工程洽商记录

(3)施工物资资料

1)钢结构连接用大六角头高强度螺栓连接副、扭剪型高强度螺栓连接副、钢网架用高强度螺栓、普通螺栓、铆钉、自攻螺钉、拉铆钉、射钉、锚栓(机械型和化学试剂型)、地脚锚栓等紧固标准件及螺母、垫圈等标准配件的产品质量合格证明文件、中文标志及检验报告等注:大六角头高强度螺栓连接副和扭剪型高强度螺栓连接副出厂时应分别随箱带有扭矩系数和紧固轴力(预拉力)的检验报告。

2)螺栓实物复验报告

3)扭剪型高强度螺栓连接副预拉力复验报告

4)高强度大六角头螺栓连接副扭矩系数复验报告

5)高强度螺栓连接摩擦面抗滑移系数试验报告和复验报告

6)材料、构配件进场检验记录

7)工程物资进场报验表

(4)施工记录

1)隐蔽工程验收记录

2)施工检查记录

3)预检记录

4)扭矩扳手标定记录

5)高强度螺栓连接施工记录

6)有关安全及功能的检验和见证检测项目检查记录

(5)施工质量验收记录

1)紧固件连接工程检验批质量验收记录

2)高强度螺栓连接工程检验批质量验收记录

3)分项工程质量验收记录表

4)强制性条文检验项目检查记录及证明文件

5)分项/分部工程施工报验表

4.3.2 紧固件连接工程资料填写范例

高强度大六角头螺栓连接副扭矩系数检验报告

共1页　第1页

工程名称	××工程	委托编号	检 15×××
委托单位	××建筑工程公司	检验日期	2015年×月×日
见证单位	××建设监理咨询公司	见证人	×××
样品名称	高强度大六角头螺栓连接副	检验项目	扭矩系数
检验依据	《钢结构工程施工质量验收规范》(GB 50205－2001)		
检验仪器	仪器名称:标准测力计　7X－11－01　　检定证书编号:×××		

高强度大六角头螺栓连接副预拉力检验结果

型号规格	样品编号	预拉力(kN)	扭矩(N·m)	扭矩系数	扭矩系数平均值	扭矩系数标准偏差
M22×75 10.9S	GL06×××	195	0.54	0.126	0.131	0.007
	GL06×××	195	0.60	0.140		
	GL06×××	195	0.56	0.131		
	GL06×××	195	0.52	0.121		
	GL06×××	195	0.56	0.131		
	GL06×××	195	0.60	0.140		
	GL06×××	195	0.58	0.135		
	GL06×××	195	0.54	0.126		
检验结论	该试样所检项目符合《钢结构工程施工质量验收规范》(GB 50205－2001)。					

批准:×××　　审核:×××　　校核:×××　　检验:×××

扭剪型高强度螺栓连接副预拉力检验报告

共1页 第1页

工程名称	××工程	委托编号	检15×××
委托单位	××建筑工程公司	检验日期	2015年×月×日
见证单位	××建设监理咨询公司	见证人	×××
样品名称	高强度大六角头螺栓连接副	检验项目	扭矩系数
检验依据	《钢结构工程施工质量验收规范》(GB 50205－2001)		
检验仪器	仪器名称:标准测力计 7X－11－01 检定证书编号:×××		

扭剪型高强度螺栓连接副预拉力检验结果

型号规格	样品编号	实测预拉力(kN)	预拉力平均值(kN)		预拉力标准值(kN)	
			标准值	实测值	标准值	实测值
M24×75 10.9S	GL06×××	254	222～270	260	≤22.7	9.1
	GL06×××	261				
	GL06×××	243				
	GL06×××	266				
	GL06×××	257				
	GL06×××	263				
	GL06×××	274				
	GL06×××	260				
检验结论	该试样所检项目符合《钢结构工程施工质量验收规范》(GB 50205－2001)。					

批准:××× 审核:××× 校核:××× 检验:×××

螺栓连接副拉力荷载检验报告

工程名称	××工程	委托编号	检15×××
委托单位	××建筑工程公司	检验日期	2015年×月×日
见证单位	××建设监理咨询公司	见证人	×××
检验依据	《钢结构用扭剪型高强度螺栓连接副》(GB/T 3632－2008) 《钢结构工程施工质量验收规范》(GB 50205－2001)		
检验仪器	仪器名称:标准测力计　7X－11－01　　检定证书编号:×××		

检验结果汇总表

样品编号	型号规格	螺纹公称应力截面积(mm²)	实测预拉力荷载(kN)	折算抗拉强度(MPa)	破坏形态
GL06×××	M22×75 10.9S	303	332	1095	断裂在螺纹部位
GL06×××			340	1120	断裂在螺纹部位
GL06×××			353	1165	断裂在螺纹部位
GL06×××			360	1190	断裂在螺纹部位
GL06×××			348	1150	断裂在螺纹部位
GL06×××			357	1180	断裂在螺纹部位
GL06×××			344	1135	断裂在螺纹部位
GL06×××			348	1150	断裂在螺纹部位
检验结论	该试样所检项目符合《钢结构用扭剪型高强度螺栓连接副》(GB/T 3632－2008)标准要求。				

批准:×××　　审核:×××　　校核:×××　　检验:×××

高强度螺栓洛氏硬度检验报告

工程名称	××工程	委托编号	检 15×××
委托单位	××建筑工程公司	检验日期	2015 年×月×日
见证单位	××建设监理咨询公司	见证人	×××
检验依据	《金属洛氏硬度试验　第 1 部分：试验方法》(GB/T 230.1－2004) 《钢结构用扭剪型高强度螺栓连接副》(GB/T 3632－2008)		
检验仪器	仪器名称：HR－150A 洛氏硬度计　　检定证书编号：×××		

检　验　结　果

型号	序号	洛氏硬度(HRC)			检测部位	型号	序号	洛氏硬度(HRC)			检测部位
M24×75 10.9S	1	23.5	23.0	23.0	2 层 2/A～B		9				
	2	25.0	25.0	25.0	1 层 1/A～B		10				
	3	23.5	23.5	23.5	3 层 A/1～2		11				
	4	—	—	—			12				
	5	—	—	—			13				
	6	—	—	—			14				
	7	—	—	—			15				
	8	—	—	—			16				
检验结论	该试样所检项目符合(GB/T 3632－2008)标准中的要求。										

批准：×××　　　　审核：×××　　　　校核：×××　　　　检验：×××

钢结构高强度螺栓连接施工记录

<table>
<tr><td rowspan="2">工程名称</td><td colspan="4" rowspan="2">××工程</td><td>编　　号</td><td>×××</td></tr>
<tr><td>施工日期</td><td>2015 年 8 月 7 日</td></tr>
<tr><td rowspan="2">螺栓规格</td><td rowspan="2">M24×75
10.9s</td><td rowspan="2">标准值</td><td>初拧</td><td>≥390N·m</td><td rowspan="2">施工执行标准
名称及编号</td><td rowspan="2">《钢结构工程施工质量验收规范》
(GB 50205－2001)</td></tr>
<tr><td>终拧</td><td>660～
900N·m</td></tr>
</table>

节点部位	高强螺栓规格	初拧扭矩值	终拧扭矩值	节点部位	高强螺栓规格	初拧扭矩值	终拧扭矩值
②/Ⓐ～Ⓒ轴地脚螺栓	M24×75 10.9s	420N·m	850N·m				
…							

<table>
<tr><td rowspan="6">签字栏</td><td rowspan="2">分包单位</td><td rowspan="2">××钢结构工程有限公司</td><td>专业技术负责人</td><td>专业质检员</td></tr>
<tr><td>刘××</td><td>刘××</td></tr>
<tr><td rowspan="2">总包单位</td><td rowspan="2">××建设集团有限公司</td><td>专业技术负责人</td><td>专业质检员</td></tr>
<tr><td>王××</td><td>李××</td></tr>
<tr><td rowspan="2">监理单位</td><td rowspan="2">××工程建设监理有限公司</td><td rowspan="2">专业监理工程师</td><td rowspan="2">张××</td></tr>
<tr></tr>
</table>

《高强度螺栓连接施工记录》填写说明

1. 责任部门

专业分包单位、总包单位、项目监理机构及其相关负责作等。

2. 提交时限

钢结安装检验批验收前一天提交。

3. 相关要求

(1)安装高强度螺栓时，构件的摩控面应保持干燥，不得在雨中作业。

(2)大六角头高强度螺栓施工所用的扭矩扳手，班前必须校正，其扭矩相对误差应为±5%，合格后方准使用。校正用的扭矩板手，其扭矩相对误差应为±3%。

(3)大六角头高强度螺栓拧紧时，应只在螺母上施加扭矩。

(4)大六角头高强度螺栓的施工终拧扭矩可按下式计算确定：

$$T_c = kP_c d$$

式中：d——高强度螺栓公称直径(mm)；

k——高强度螺栓连接副的扭矩系数平均值；

P_c——高强度螺栓施工拉力(kN)，按表 4-6 取值；

T_c——施工终拧扭矩(N·m)。

表 4-6　高强度大六角头螺栓施工预拉力(kN)

螺栓性能等级	螺栓公称直径						
	M12	M16	M20	M22	M24	M27	M30
8.8s	50	90	140	165	195	255	310
10.9s	110	170	210	250	320	390	

(5)高强度大六角头螺栓连接副的拧紧应分为初拧、终拧。对于大型节点应分为初拧、复拧、终拧。初拧扭矩和复拧扭矩为终拧扭矩的 50%左右。终拧后的高强度螺栓应用另一种颜色在螺母上标记。高强度大六角头螺栓连接副的初拧、复拧、终拧宜在一天内完成。

(6)扭剪型高强度螺栓连接副的拧紧应分为初拧、终拧。对于大型节点应分为初拧、复拧、终拧。初拧扭矩和复拧扭矩值为 $0.065 \times P_c \times d$，或按表 4-7 选用。初拧或复拧后的高强度螺栓应用颜色在螺母上标记，用专用扳手进行终拧，直至拧掉螺栓尾部梅花头。扭剪型高强度螺栓连接副的初拧、复拧、终拧宜在一天内完成。

表 4-7　扭剪型高强度螺栓初拧(复拧)扭矩值(N·m)

螺栓公称直径	M16	M20	M22	M24	M27	M30
初拧扭矩	115	220	300	390	560	760

(7)当采用转角法施工时，大六角头高强度螺栓连接副应按 JGJ 82－2011 标准第 6.3.1 条检验合格，且应按上述(5)内容进行初拧、复拧。初拧(复拧)后连接副的终拧角度应按表 4-8 规定执行。

表 4-8　　初拧(复拧)后大六角头高强度螺栓连接副的终拧转角

螺栓长度 L 范围	螺母转角	连接状态
$L \leqslant 4d$	1/3 圈(120°)	连接形式为一层芯板加两层盖板
$4d < L \leqslant 8d$ 或 200mm 及以下	1/2 圈(180°)	
$8d < L \leqslant 12d$ 或 200mm 以上	2/3 圈(240°)	

注:1　螺母的转角为螺母与螺栓杆之间的相对转角;

2　当螺栓长度 L 超过螺栓公称直径 d 的 12 倍时,螺母的终拧角度应由试验确定。

(8)高强度螺栓在初拧、复拧和终拧时,连接处的螺栓应按一定顺序施拧,确定施拧顺序的原则为由螺栓群中央顺序向外拧紧,和从接头刚度大的部位向约束小的方向拧紧。

(9)对于露天使用或接触腐蚀性气体的钢结构,在高强度螺栓拧紧检查验收合格后,连接处板缝应及时用腻子封闭。

(10)经检查合格后的高强度螺栓连接处,防腐、防火应按设计要求涂装。

隐蔽工程检查记录

隐蔽工程检查记录		编　号	×××
工程名称	××工程		
隐检项目	钢结构	隐检日期	××年×月×日
隐检部位	二层楼板底梁节点　层　③～Ⓖ轴线　7.200m 标高		

隐检依据: 施工图图号结施 9　技术交底　，设计变更/洽商(编号　/　)及有关国家现行标准等。

主要材料名称及规格/型号: 主梁钢材 Q235 GL－210;工字钢 420×200×8×3 次梁钢材 Q235 GL－X2　工字钢 300×150×6.5×9。

隐检内容:

1. 钢结构用高强度螺栓的产品合格证,检测报告。
2. 采用高强度螺栓公称直径 16mm,螺栓孔直径 17.5m,位置③轴右 3m 处。
3. 按先紧固后焊接的施工工艺顺序进行,紧固牢固可靠。
4. 主梁与次梁安装的表面高差。GB 50205－2001 规范允许偏差 Δ=±2mm

经检查,实测 5 点,全部附合要求,请求隐检。

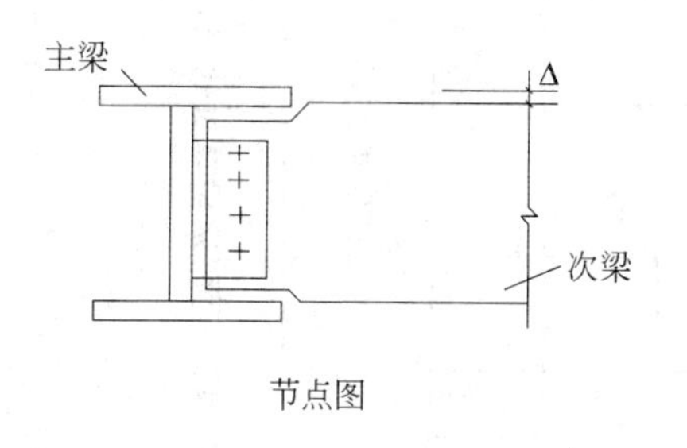

节点图

测点记录值

测点	允许偏差±2mm
1#	1.5
2#	1.8
3#	1.2
4#	0.9
5#	1.0

申报人:×××

检查意见:

以上项目均符合设计要求和《钢结构工程质量验收规范》(GB 50205－2001)的规定要求。

检查结论:　☑同意隐蔽　☐不同意,修改后进行复查

复查结论:

复查人:　　　　复查日期:

签字栏	建设(监理)单位	施工单位	××钢结构专业有限公司	
		专业技术负责人	专业质检员	专业工长
	×××	×××	×××	×××

本表由施工单位填写,建设单位、施工单位、城建档案馆各保存一份。

大六角头高强度螺栓施工检查记录

工程名称		××大厦					连接构件名称			钢梁						施工单位		××钢结构工程有限公司			
抽查节点					连接摩擦面质量	螺栓穿孔质量	连接接头外观质量			施拧扭矩值(N·m)				大六角头终拧质量				扭矩扳手质量		初、终拧标记	
部位	数量	螺栓					穿入方向	螺栓露长	垫圈方向	扭矩系数复试平均值K	初拧	复拧	终拧	小锤逐只敲击质量检查	松扣、回扣检查			定期标定记录	班前班后检查记录	初拧	终拧
		等级	规格	数量											检查扭矩值	偏差值(%)	检查结果				
GL1		10.9s	M22×75	8套	符合要求	符合要求	正确	4mm	正确	0.131	0.29	0.46	0.58	合格	合格	0.7	合格	齐全	齐全	正确	正确
GL2		10.9s	M22×75	8套	符合要求	符合要求	正确	4mm	正确	0.126	0.28	0.45	0.56	合格	合格	0.6	合格	齐全	齐全	正确	正确
GL3		10.9s	M22×75	8套	符合要求	符合要求	正确	4mm	正确	0.140	0.30	0.48	0.60	合格	合格	0.8	合格	齐全	齐全	正确	正确

检查结论	经检查,符合《钢结构工程施工质量验收规范》(GB 50205—2001)要求。				
施工单位	项目技术负责人:××× 记录人:××× 2015年4月10日	监理(建设)单位	监理工程师(建设单位代表):××× 2015年4月10日	其他单位	代表: 年 月 日

扭剪型高强度螺栓施工检查记录

工程名称	××大厦						连接构件名称			钢梁					施工单位		××钢结构工程有限公司	
抽查节点					连接摩擦面质量	螺栓穿孔质量	连接接头外观质量			初拧扭矩(N·m)	螺栓梅花头未在终拧中拧掉数及处理结果(6.3.3 条)							
部位	数量	螺栓					螺栓穿入方向	螺栓露长	垫圈方向		未拧断梅花头螺栓数量(只)	扭矩扳手施拧扭矩值(N·m)		终拧质量检查		初、终拧标记		扳手标定记录
		等级	规格	数量								初拧	终拧	小锤逐只敲检	松扣、回扣检查	初拧	终拧	
GL5		10.9s	M24×75	8 套	符合要求	符合要求	正确	4mm	正确	0.29		0.29	0.58	合格	合格	正确	正确	符合要求
GL6		10.9s	M24×75	8 套	符合要求	符合要求	正确	4mm	正确	0.28		0.28	0.57	合格	合格	正确	正确	符合要求
GL7		10.9s	M24×75	8 套	符合要求	符合要求	正确	4mm	正确	0.29		0.29	0.58	合格	合格	正确	正确	符合要求
检查结论	经检查，符合《钢结构工程施工质量验收规范》(GB 50205—2001)要求。																	
施工单位	项目技术负责人：××× 记录人：××× 2015 年 4 月 15 日					监理(建设)单位	监理工程师(建设单位代表)：××× 2015 年 4 月 15 日					其他单位	代表： 年　月　日					

紧固件连接检验批质量验收记录

02030201 001

单位(子单位)工程名称	××大厦	分部(子分部)工程名称	主体结构/钢结构	分项工程名称	紧固件连接
施工单位	××建筑有限公司	项目负责人	赵斌	检验批容量	50处
分包单位	/	分包单位项目负责人	/	检验批部位	宴会大厅
施工依据	《钢结构工程施工规范》GB50755-2012		验收依据	《钢结构工程施工质量验收规范》GB50205-2001	

		验收项目	设计要求及规范规定	最小/实际抽样数量	检查记录	检查结果
主控项目	1	成品进场	第4.4.1条	/	质量证明文件齐全	√
	2	螺栓实物复验	第6.2.1条	/	实物复验报告编号×××	√
	3	匹配及间距	第6.2.2条	5/5	抽查5处,合格5处	√
一般项目	1	螺栓紧固	第6.2.3条	5/5	抽查5处,合格5处	100%
	2	外观质量	第6.2.4条	5/5	抽查5处,合格5处	100%

施工单位检查结果	符合要求 专业工长:王晨 项目专业质量检查员:孔凡民 2014年××月××日
监理单位验收结论	合格 专业监理工程师:刘东 2014年××月××日

《紧固件连接检验批质量验收记录》填写说明

1. 填写依据

(1)《钢结构工程施工质量验收规范》GB 50205－2001。

(2)《建筑工程施工质量验收统一标准》GB 50300－2013。

2. 规范摘要

以下内容摘自《钢结构工程施工质量验收规范》GB 50205－2001。

(1)检验批划分原则

紧固件连接工程接工程可按相应的钢结构制作或安装工程检验批的划分原则划分为一个或若干个检验批。

(2)连接用紧固标准件验收要求

主控项目

钢结构连接用高强度大六角头螺栓连接副、扭剪型高强度螺栓连接副、钢网架用高强度螺栓、普通螺栓、铆钉、自攻钉、拉铆钉、射钉、锚栓(机械型和化学试剂型)、地脚锚栓等紧固标准件及螺母、垫圈等标准配件,其品种、规格、性能等应符合现行国家产品标准和设计要求。高强度大六角头螺栓连接副和扭剪型高强度螺栓连接副出厂时应分别随箱带有扭矩系数和紧固轴力(预拉力)的检验报告。

检查数量:全数检查。

检验方法:检查产品的质量合格证明文件、中文标志及检验报告等。

(3)普通紧固件连接验收要求

主控项目

1)普通螺栓作为永久性连接螺栓时,当设计有要求或对其质量有疑义时,应进行螺栓实物最小拉力载荷复验,试验方法见GB 50205－2001附录B,其结果应符合现行国家标准《紧固件机械性能螺栓、螺钉和螺柱》GB 3098的规定。

检查数量:每一规格螺栓抽查8个。

检验方法:检查螺栓实物复验报告。

2)连接薄钢板采用的自攻钉、拉铆钉、射钉等其规格尺寸应与被连接钢板相匹配,其间距、边距等应符合设计要求。

检查数量:按连接节点数抽查1%,且不应少于3个。

检验方法:观察和尺量检查。

一般项目

1)永久性普通螺栓紧固应牢固、可靠,外露丝扣不应少于2扣。

检查数量:按连接节点数抽查10%,且不应少于3个。

检验方法;观察和用小锤敲击检查。

2)自攻螺钉、钢拉铆钉、射钉等与连接钢板应紧固密贴,外观排列整齐。

检查数量:按连接节点数抽查10%,且不应少于3个。

检验方法:观察或用小锤敲击检查。

高强度螺栓连接检验批质量验收记录

02030202 001

单位（子单位）工程名称	××大厦	分部（子分部）工程名称	主体结构/钢结构	分项工程名称	紧固件连接
施工单位	××建筑有限公司	项目负责人	赵斌	检验批容量	500 处
分包单位	/	分包单位项目负责人	/	检验批部位	宴会大厅
施工依据	《钢结构工程施工规范》GB50755-2012		验收依据	《钢结构工程施工质量验收规范》GB50205-2001	

		验收项目	设计要求及规范规定	最小/实际抽样数量	检查记录	检查结果
主控项目	1	成品进场	第 4.4.1 条	全/	有产品的质量合格证明文件、中文标志及检验报告	√
	2	扭矩系数或预拉力复验	第 4.2.2 条或第 4.4.3 条	全/	质量证明文件齐全，检验合格，报告编号××××	√
	3	抗滑移系数试验	第 6.3.1 条	全/	检验合格，报告编号×××	√
	4	终拧扭矩	第 6.3.2 条或第 6.3.3 条	50/50	抽查 50 处，合格 50 处	√
一般项目	1	成品进场检验	第 4.4.4 条	3/3	抽查 3 箱，合格 3 箱	100%
	2	表面硬度试验	第 4.4.5 条	8/8	抽查 8 处，合格 8 处	100%
	3	施拧顺序和初拧、复拧扭矩	第 6.3.4 条	全/500	施拧顺序和扭矩符合设计要求和施工技术方案	√
	4	连接外观质量	第 6.3.5 条	25/25	抽查 25 处，合格 25 处	100%
	5	摩擦面外观	第 6.3.6 条	全/500	共 500 处，全部检查，合格 500 处	100%
	6	扩孔	第 6.3.7 条	全/500	共 500 处，全部检查，合格 500 处	100%

施工单位检查结果	符合要求 专业工长：王晨 项目专业质量检查员：孔凡民 2014 年××月××日
监理单位验收结论	合格 专业监理工程师：刘东 2014 年××月××日

《高强度螺栓连接检验批质量验收记录》填写说明

1. 填写依据

(1)《铝合金结构工程施工质量验收规范》GB 50576－2010。

(2)《建筑工程施工质量验收统一标准》GB 50300－2013。

2. 规范摘要

以下内容摘自《铝合金结构工程施工质量验收规范》GB 50576 － 2010。

高强度螺栓连接验收要求

主控项目

(1)钢结构制作和安装单位应按 GB 50576 － 2010 附录 B 的规定分别进行高强度螺栓连接摩擦面的抗滑移系数试验和复验,现场处理的构件摩擦面应单独进行摩擦面抗滑移系数试验,其结果应符合设计要求。

检查数量:见 GB 50576 － 2010 附录 B。

检验方法:检查摩擦面抗滑移系数试验报告和复验报告。

(2)高强度大六角头螺栓连接副终拧完成 1h 后、48h 内应进行终拧扭矩检查,检查结果应符合 GB 50576 － 2010 附录 B 的规定。

检查数量:按节点数抽查 10%,且不应少于 10 个;每个被抽查节点按螺栓数抽查 10%,且不应少于 2 个。

检验方法:见 GB 50576 － 2010 附录 B。

(3)扭剪型高强度螺栓连接副终拧后,除因构造原因无法使用专用扳手终拧掉梅花头者外,未在终拧中拧掉梅花头的螺栓数不应大于该节点螺栓数的 5%。对所有梅花头未拧掉的扭剪型高强度螺栓连接副应采用扭矩法或转角法进行终拧并作标记,且按 GB 50576 － 2010 第 6.3.2 条的规定进行终拧扭矩检查。

检查数量:按节点数抽查 10%,但不应少于 10 个节点,被抽查节点中梅花头未拧掉的扭剪型高强度螺栓连接副全数进行终拧扭矩检查。

检验方法:观察检查及 GB 50576 － 2010 附录 B。

一般项目

(1)高强度螺栓连接副的施拧顺序和初拧、复拧扭矩应符合设计要求和国家现行行业标准《钢结构高强度螺栓连接的设计施工及验收规程》JGJ 82 的规定。

检查数量:全数检查资料。

检验方法:检查扭矩扳手标定记录和螺栓施工记录。

(2)高强度螺栓连接副终拧后,螺栓丝扣外露应为 2～3 扣,其中允许有 10%的螺栓丝扣外露 1 扣或 4 扣。

检查数量:按节点数抽查 5%,且不应少于 10 个。

检验方法:观察检查。

(3)高强度螺栓连接摩擦面应保持干燥、整洁,不应有飞边、毛刺、焊接飞溅物、焊疤、氧化铁皮、污垢等,除设计要求外摩擦面不应涂漆。

检查数量:全数检查。

检验方法:观察检查。

(4)高强度螺栓应自由穿入螺栓孔。高强度螺栓孔不应采用气割扩孔,扩孔数量应征得设计同意,扩孔后的孔径不应超过 1.2d(d 为螺栓直径)。

检查数量:被扩螺栓孔全数检查。

检验方法:观察检查及用卡尺检查。

(5)螺栓球节点网架总拼完成后,高强度螺栓与球节点应紧固连接,高强度螺栓拧入螺栓球内的螺纹长度不应小于 1.0d(d 为螺栓直径),连接处不应出现有间隙、松动等未拧紧情况。

检查数量:按节点数抽查 5%,且不应少于 10 个。

检验方法:普通扳手及尺量检查

【说明】

第 6.3.4 条中《钢结构高强度螺栓连接的设计施工及验收规程》JGJ 82 更新名称为《钢结构高强度螺栓连接技术规程》JGJ 82。

4.4　钢零部件加工工程

4.4.1　钢零部件加工工程资料列表

(1)施工管理资料

1)钢结构专业人员岗位(资格)证书

2)钢结构用钢材取样试验见证记录

(2)施工技术资料

1)钢零件及钢部件加工工程施工方案、作业指导书

2)技术交底记录

①钢零件及钢部件加工工程施工方案技术交底记录

②钢零件及钢部件加工分项工程技术交底记录

3)图纸会审记录、设计变更通知单、工程洽商记录

(3)施工物资资料

1)需要加工的零(部)件的原材料(如钢板、型材等)质量合格证明文件、中文标志及检验报告等

2)钢结构用钢材复试报告

3)压力表、速度计等检定证书

4)材料、构配件进场检验记录

5)工程物资进场报验表

(4)施工记录

1)隐蔽工程验收记录

2)预检记录

3)钢零(部)件加工施工记录(包括:放样、号料检查记录,零件加工的质量交接记录,切割操作中的质量返修记录,矫正和成型工序的检查记录,钻孔操作中的质量记录表,钻孔后的标识记录,钻孔返修记录,热处理过程记录)

4)焊接材料烘焙记录

5)钢零(部)件焊缝外观检查记录

6)钢零(部)件焊缝尺寸检查记录

(5)施工试验记录及检测报告

1)钢零(部)件制作工艺报告

2)超声波探伤报告

3)超声波探伤记录

4)磁粉探伤报告

(6)施工质量验收记录

1)钢结构(零件及部件加工)分项工程检验批质量验收记录

2)钢零件及钢部件加工分项工程质量验收记录

3)分项/分部工程施工报验表

4.4.2 钢零部件加工程资料填写范例

钢零部件加工检验批质量验收记录

02030301 001

单位（子单位）工程名称	××大厦	分部（子分部）工程名称	主体结构/钢结构	分项工程名称	钢零部件加工
施工单位	××建筑有限公司	项目负责人	赵斌	检验批容量	120件
分包单位	/	分包单位项目负责人	/	检验批部位	宴会大厅
施工依据	《钢结构工程施工规范》GB50755-2012		验收依据	《钢结构工程施工质量验收规范》GB50205-2001	

		验收项目	设计要求及规范规定	最小/实际抽样数量	检查记录	检查结果
主控项目	1	材料品种、规格	第4.2.1条	/	质量证明文件齐全，检验合格，报告编号××××	√
	2	钢材复验	第4.2.2条	/	检验合格，报告编号××××	√
	3	切面质量	第7.2.1条	全/120	共120处，全部检查，合格120处	√
	4	矫正和成型	第7.3.1条或第7.3.2条	/	文件符合规定，资料齐全	√
	5	边缘加工	第7.4.1条	/	文件符合规定，资料齐全	√
	6	制孔	第7.6.1条	12/12	抽查12处，合格12处	√
一般项目	1	材料规格尺寸	第4.2.3条和第4.2.4条	全/120	共120处，全部检查，合格120处	100%
	2	钢材表面质量	第4.2.5条	12/15	抽查15处，合格15处	100%
	3	切割精度	第7.2.2条和第7.2.3条	全/12	抽查12处，合格12处	100%
	4	矫正质量	第7.3.3条、第7.3.4条和第7.3.5条	12/12	抽查12处，合格12处	100%
	5	边缘加工精度	第7.4.2条	12/12	抽查12处，合格12处	100%
	6	制孔精度	第7.6.2条和第7.6.3条	12/12	抽查12处，合格12处	100%

施工单位检查结果	符合要求 专业工长：王晨 项目专业质量检查员：孔凡民 2014年××月××日
监理单位验收结论	合格 专业监理工程师：刘东 2014年××月××日

《钢零部件加工检验批质量验收记录》填写说明

1. 填写依据

(1)《钢结构工程施工质量验收规范》GB 50205－2001。

(2)《建筑工程施工质量验收统一标准》GB 50300－2013。

2. 规范摘要

以下内容摘自《钢结构工程施工质量验收规范》GB 50205－2001。

(1)检验批划分原则

钢零件及钢部件加工工程,可按相应的钢结构制作工程或钢结构安装工程检验批的划分原则划分为一个或若干个检验批。

(2)钢材验收要求

主控项目

1)钢材、钢铸件的品种、规格、性能等应符合现行国家产品标准和设计要求。进口钢材产品的质量应符合设计和合同规定标准的要求。

检查数量:全数检查。

检验方法:检查质量合格证明文件、中文标志及检验报告等。

2)对属于下列情况之一的钢材,应进行抽样复验,其复验结果应符合现行国家产品标准和设计要求。

①国外进口钢材;

②钢材混批;

③板厚等于或大于40mm,且设计有Z向性能要求的厚板;

④建筑结构安全等级为一级,大跨度钢结构中主要受力构件所采用的钢材;

⑤设计有复验要求的钢材;

⑥对质量有疑义的钢材。

检查数量:全数检查。检验方法:检查复验报告。

一般项目

1)钢板厚度及允许偏差应符合其产品标准的要求。

检查数量:每一品种、规格的钢板抽查5处。

检验方法:用游标卡尺量测。

2)型钢的规格尺寸及允许偏差应符合其产品标准的要求。

检查数量:每一品种、规格的型钢抽查5处。

检验方法:用钢尺和游标卡尺量测。

3)钢材的表面外观质量除应符合国家现有关标准的规定外,尚应符合下列规定:

①当钢材的表面有锈蚀、麻点或划痕等缺陷时,其深度不得大于该钢材厚度负允许偏差值的1/2;

②钢材表面的锈蚀等级应符合现有国家标准《涂装前钢材表面锈蚀等级和除锈等级》GB 8923规定的C级及C级以上;

③钢材端边或断口处不应有分层、夹渣等缺陷。

检查数量:全数检查。

检验方法:观察检查。

(3)切割验收要求

主控项目

钢材切割面或剪切面应无裂纹、夹渣、分层和大于1mm的缺棱。

检查数量:全数检查。

检验方法:观察或用放大镜及百分尺检查,有疑义时作渗透、磁粉或超声波探伤检查。

一般项目

1)气割的允许偏差应符合表4-9的规定。

检查数量:按切割面数抽查10%,且不应少于3个。

检验方法:观察检查或用钢尺、塞尺检查。

表4-9　　气割的允许偏差(mm)

项目	允许偏差
零件宽度、长度	±3.0
切割面平面度	0.05t,且不应大于2.0
割纹深度	0.3
局部缺口深度	1.0

注:t为切割面厚度。

2)机械剪切的允许偏差应符合表4-10的规定。

检查数量:按切割面数抽查10%,且不应少于3个。

检验方法:观察检查或用钢尺、塞尺检查。

表4-10　　机械剪切的允许偏差(mm)

项目	允许偏差
零件宽度、长度	±3.0
边缘缺棱	1.0
型钢端部垂直度	2.0

(4)矫正和成型验收要求

主控项目

1)碳素结构钢在环境温度低于-16℃、低合金结构钢在环境温度低于-12℃时,不应进行冷矫正和冷弯曲。碳素结构钢和低合金结构钢在加热矫正时,加热温度不应超过900℃。低合金结构钢在加热矫正后应自然冷却。

检查数量:全数检查。

检验方法:检查制作工艺报告和施工记录。

2)当零件采用热加工成型时,加热温度应控制在900℃~1000℃;碳素结构钢和低合金结构钢在温度分别下降到700℃和800℃之前,应结束加工;低合金结构钢应自然冷却。

检查数量:全数检查。

检验方法:检查制作工艺报告和施工记录。

一般项目

1)矫正后的钢材表面，不应有明显的凹面或损伤，划痕深度不得大于 0.5mm，且不应大于该钢材厚度负允许偏差的 1/2。

检查数量：全数检查。

检验方法：观察检查和实测检查。

2)冷矫正和冷弯曲的最小曲率半径和最大弯曲矢高应符合表 7.3.4(略)的规定。

检查数量：按冷矫正和冷弯曲的件数抽查 10%，且不应少于 3 个。

检验方法：观察检查和实测检查。

3)钢材矫正后的允许偏差，应符合表 7.3.5(略)的规定。

检查数量：按矫正件数抽查 10%，且不应少于 3 件。

检验方法：观察检查和实测检查。

(5)边缘加工验收要求

主控项目

气割或机械剪切的零件，需要进行边缘加工时，其刨削量不应小于 2.0mm。

检查数量：全数检查。

检验方法：检查工艺报告和施工记录。

一般项目

边缘加工允许偏差应符合表 4-11 的规定。

检查数量：按加工面数抽查 10%，且不应少于 3 件。

检验方法：观察检查和实测检查。

表 4-11　　边缘加工的允许偏差(单位：mm)

项　目	允许偏差
零件宽度、长度	±1.0
加工边直线度	l/3000，且不应大于 2.0
相邻两边夹角	±6′
加工面垂直度	0.025t，且不应大于 0.5
加工面表面粗糙度	$\overset{50}{\bigtriangledown}$

(6)制孔验收要求

主控项目

A、B 级螺栓孔(Ⅰ类孔)应具有 H12 的精度，孔壁表面粗糙度 Ra 不应大于 12.5μm。其孔径的允许偏差应符合表 4-12 的规定。C 级螺栓孔(Ⅱ类孔)，孔壁表面粗糙度 Ra 不应大于 25μm，其允许偏差应符合表 4-13 的规定。

检查数量：按钢构件数量抽查 10%，且不应少于 3 件。

检验方法：用游标卡尺或孔径量规检查。

表 4-12　A、B 级螺栓孔径的允许偏差(mm)

序号	螺栓公称直径、螺栓孔直径	螺栓公称直径、允许偏差	螺栓孔直径、允许偏差
1	10～18	0.00 －0.18	＋0.18 0.00
2	18～30	0.00 －0.21	＋0.21 0.00
3	30～50	0.00 －0.25	＋0.25 0.00

表 4-13　C 级螺栓孔的允许偏差(mm)

项目	允许偏差
直径	＋1.0 0.0
圆度	2.0
垂直度	0.03t,且不应大于 2.0

一般项目

1)螺栓孔孔距的允许偏差应符合表 4-14 的规定。

检查数量:按钢构件数量抽查 10%,且不应少于 3 件。

检验方法:用钢尺检查。

表 4-14　螺栓孔孔距允许偏差

螺栓孔孔距范围	≤500	501～1200	1201～3000	＞3000
同一组内任一两孔间距离	±1.0	±1.5	—	—
相邻两组的端孔间距离	±1.5	±2.0	±2.5	±3.0

注:1. 在节点中连接板与一根杆件相连的所有螺栓孔为一组;

2. 对接接头在拼接板一侧的螺栓孔为一组;

3. 在两相邻节点或接头间的螺栓孔为一组,但不包括上述两款所规定的螺栓孔。

4. 受弯构件翼缘上的连接螺栓孔,每米长度范围内的螺栓孔为一组。

2)螺栓孔孔距的允许偏差超过表 7.6.2 规定的允许偏差时,应采用与母材材质相匹配的焊条补焊后重新制孔。

检查数量:全数检查。

检验方法:观察检查。

4.5　钢构件组装及预拼装工程

4.5.1　钢构件组装资料列表

(1)施工管理资料

1)钢结构专业人员岗位(资格)证书

2)钢结构用钢材取样试验见证记录

3)重要钢结构用焊接材料取样试验见证记录

(2)施工技术资料

1)钢构件组装工程施工方案、作业指导书

2)技术交底

①钢构件组装工程施工方案技术交底记录

②钢构件组装分项工程技术交底记录

3)图纸会审记录、设计变更通知单、工程洽商记录

(3)施工物资资料

1)制作钢构件和零件的原材料(如钢板、型材等)质量合格证明文件、中文标志及检验报告等

2)钢结构用钢材复试报告

3)焊接材料(如电焊条、焊丝等)的质量合格证明文件、中文标志及检验报告等

4)重要钢结构用焊接材料复试报告

5)相关的防腐涂料的产品质量合格证明文件、中文标志及检验报告等

6)材料、构配件进场检验记录

7)工程物资进场报验表

(4)施工记录

1)焊前的预检记录

2)焊接材料烘焙记录

3)构件组装后的自检记录

4)钢构件外观质量检测记录

(5)施工质量验收记录

1)钢结构(构件组装)分项工程检验批质量验收记录

2)钢构件组装分项工程质量验收记录

3)强制性条文检验项目检查记录及证明文件

4)分项/分部工程施工报验表

4.5.2　钢构件预拼装资料列表

(1)施工技术资料

1)钢构件预拼装分项工程技术交底记录

2)图纸会审记录、设计变更通知单、工程洽商记录

(2) 施工物资资料

1)需预拼装的钢构件的原材料(如钢板、型材等)质量合格证明文件、中文标志及检验报告等

2)材料、构配件进场检验记录

3)工程物资进场报验表

(3)施工记录

1)预检记录

2)钢构件预拼装后的自检记录

(4)施工质量验收记录

1)钢结构(预拼装)分项工程检验批质量验收记录

2)钢构件预拼装分项工程质量验收记录

3)分项/分部工程施工报验表

注:单层钢结构安装中关于钢结构焊接、高强度螺栓安装的施工资料参见"钢结构焊接"、"紧固件连接"分项工程相关内容。

4.5.3　钢构件组装及预拼装资料填写范例

钢构件组装检验批质量验收记录

02030401 001

<table>
<tr><td colspan="2">单位（子单位）工程名称</td><td>××大厦</td><td>分部（子分部）工程名称</td><td>主体结构/钢结构</td><td>分项工程名称</td><td>钢构件组装及预拼装</td></tr>
<tr><td colspan="2">施工单位</td><td>××建筑有限公司</td><td>项目负责人</td><td>赵斌</td><td>检验批容量</td><td>150 件</td></tr>
<tr><td colspan="2">分包单位</td><td>/</td><td>分包单位项目负责人</td><td>/</td><td>检验批部位</td><td>宴会大厅</td></tr>
<tr><td colspan="2">施工依据</td><td colspan="2">《钢结构工程施工规范》GB50755-2012</td><td>验收依据</td><td colspan="2">《钢结构工程施工质量验收规范》GB50205-2001</td></tr>
<tr><td rowspan="4">主控项目</td><td colspan="2">验收项目</td><td>设计要求及规范规定</td><td>最小/实际抽样数量</td><td>检查记录</td><td>检查结果</td></tr>
<tr><td>1</td><td>吊装梁（桁架）</td><td>第 8.3.1 条</td><td>/</td><td>/</td><td></td></tr>
<tr><td>2</td><td>端部铣平精度</td><td>第 8.4.1 条</td><td>15/15</td><td>抽查 15 处，合格 15 处</td><td>√</td></tr>
<tr><td>3</td><td>外形尺寸</td><td>第 8.5.1 条</td><td>全/150</td><td>共 150 件，全部检查，合格 150 件</td><td>√</td></tr>
<tr><td rowspan="9">一般项目</td><td>1</td><td>焊接 H 型钢接缝</td><td>第 8.2.1 条</td><td>全/150</td><td>共 150 件，全部检查，合格 150 件</td><td>100%</td></tr>
<tr><td>2</td><td>焊接 H 型钢精度</td><td>第 8.2.2 条</td><td>15/15</td><td>抽查 15 件，合格 15 件</td><td>100%</td></tr>
<tr><td>3</td><td>焊接组装精度</td><td>第 8.3.2 条</td><td>15/15</td><td>抽查 15 件，合格 15 件</td><td>100%</td></tr>
<tr><td>4</td><td>顶紧接触面</td><td>第 8.3.3 条</td><td>15/15</td><td>抽查 15 处，合格 15 处</td><td>100%</td></tr>
<tr><td>5</td><td>轴线交点错位</td><td>第 8.3.4 条</td><td>15/15</td><td>抽查 15 处，合格 15 处</td><td>100%</td></tr>
<tr><td>6</td><td>焊缝坡口精度</td><td>第 8.4.2 条</td><td>15/15</td><td>抽查 15 处，合格 15 处</td><td>100%</td></tr>
<tr><td>7</td><td>铣平面保护</td><td>第 8.4.3 条</td><td>全/150</td><td>共 150 处，全部检查，合格 150 处</td><td>100%</td></tr>
<tr><td>8</td><td>外形尺寸</td><td>第 8.5.2 条</td><td>15/15</td><td>抽查 15 处，合格 15 处</td><td>100%</td></tr>
<tr><td></td><td></td><td></td><td></td><td></td><td></td></tr>
<tr><td colspan="3">施工单位检查结果</td><td colspan="4">符合要求
专业工长：王晨
项目专业质量检查员：孔凡民
2014 年××月××日</td></tr>
<tr><td colspan="3">监理单位验收结论</td><td colspan="4">合格
专业监理工程师：刘东
2014 年××月××日</td></tr>
</table>

《钢构件组装检验批质量验收记录》填写说明

1. 填写依据

(1)《钢结构工程施工质量验收规范》GB 50205－2001。

(2)《建筑工程施工质量验收统一标准》GB 50300－2013。

2. 规范摘要

以下内容摘自《钢结构工程施工质量验收规范》GB 50205－2001。

(1)检验批划分原则

钢构件组装工程可按钢结构制作工程检验批的划分原则划分为一个或若干个检验批。

(2)焊接H型钢验收要求

一般项目

1)焊接H型钢的翼缘板拼接缝和腹板拼接缝的间距不应小于200mm。翼缘板拼接长度不应小于2倍板宽;腹板拼接宽度不应小于300mm,长度不应小于600mm。

检查数量:全数检查。

检验方法:观察和用钢尺检查。

2)焊接H型钢的允许偏差应符合GB 50205－2001附录C中表C.0.1的规定。

检查数量:按钢构件数抽查10%,宜不应少于3件。

(3)组装验收要求

主控项目

吊车梁和吊车桁架不应下挠。

检查数量:全数检查。

检验方法:构件直立,在两端支承后,用水准仪和钢尺检查。

一般项目

1)焊接连接组装的允许偏差应符合GB 50205－2001附录4中表4.0.2的规定。

检查数量:按构件数抽查10%,且不应少于3个。

检验方法:用钢尺检验。

2)顶紧接触面应有75%以上的面积紧贴。

检查数量:按接触面的数量抽查10%,且不应少于10个。

检验方法:用0.3mm塞尺检查,其塞入面积应小于25%,边缘间隙不应大于0.8mm。

3)桁架结构杆件轴线交点错位的允许偏差不得大于3.0mm。

检查数量:按构件数抽查10%,且不应少于3个,每个抽查构件按节点数抽查10%,且不应少于3个节点。

检验方法:尺量检查。

(4)端部铣平及安装焊缝坡口验收要求

主控项目

端部铣平的允许偏差应符合表4-15的规定。

检查数量:按铣平面数量抽查10%,且不应少于3个。

检验方法:用钢尺、角尺、塞尺等检查。

表 4-15　　端部铣平的允许偏差(mm)

项目	允许偏差
两端铣平时构件长度	±2.0
两端铣平时零件长度	±0.5
铣平面的平面度	0.3
铣平面对轴线的垂直度	L/1500

一般项目

1)安装焊缝坡口的允许偏差应符合表 4-16 的规定。

检查数量:按坡口数量抽查 10%,且不应少于 3 条。

检验方法:用焊缝量规检查。

表 4-16　　安装焊缝坡口的允许偏差

项目	允许偏差
坡口角度	±5°
钝边	±1.0mm

2)外露铣平面应防锈保护。

检查数量:全数检查。

检验方法:观察检查。

(5)钢构件外形尺寸验收要求

主控项目

钢构件外形尺寸主控项目的允许偏差应符合表 4-17 的规定。

检查数量:全数检查。

检验方法:用钢尺检查。

表 4-17　　钢构件外形尺寸主控项目的允许偏差(mm)

项目	允许偏差
单层柱、梁、桁架受力支托(支承面)表面至第一个安装孔距离	±1.0
多节柱铣平而至第一个安装孔距离	±1.0
实腹梁两端最外侧安装孔距离	±3.0
构件连接处的截面几何尺寸	±3.0
柱、梁连接处的腹板中心线偏移	2.0
受压构件(杆件)弯曲矢高	L/1000,且不应大于 10.0

一般项目

钢构件外形尺寸一般项目的允许偏差应符合 GB 50205－2001 附录 C 中表 C.0.3～表 C.0.9 的规定。

检查数量:按构件数量抽查 10%,且不应少于 3 件。

检验方法:见 GB 50205－2001 附录 4 中 C.0.3～表 C.0.9。

钢构件预拼装检验批质量验收记录

02030402 001

单位（子单位）工程名称	××大厦	分部（子分部）工程名称	主体结构/钢结构	分项工程名称	钢构件组装及预拼装
施工单位	××建筑有限公司	项目负责人	赵斌	检验批容量	30 件
分包单位	/	分包单位项目负责人	/	检验批部位	宴会大厅
施工依据	《钢结构工程施工规范》GB50755-2012		验收依据	《钢结构工程施工质量验收规范》GB50205-2001	

		验收项目	设计要求及规范规定	最小/实际抽样数量	检查记录	检查结果
主控项目	1	多层板叠螺栓孔	第 9.2.1 条	全/30	共 30 处，全部检查，合格 30 处	√
一般项目	1	预拼装精度	第 9.2.2 条	全/30	共 30 处，全部检查，合格 30 处	100%
施工单位检查结果		符合要求 专业工长： 项目专业质量检查员： 2014 年××月××日				
监理单位验收结论		合格 专业监理工程师： 2014 年××月××日				

《钢构件预拼装检验批质量验收记录》填写说明

1. 填写依据

(1)《钢结构工程施工质量验收规范》GB 50205－2001。

(2)《建筑工程施工质量验收统一标准》GB 50300－2013。

2. 规范摘要

以下内容摘自《钢结构工程施工质量验收规范》GB 50205－2001。

(1)检验批划分原则

钢构件预拼装工程可按钢结构制作工程检验批的划分原则划分为一个或若干个检验批。

(2)预拼装验收要求

主控项目

高强度螺栓和普通螺栓连接的多层板叠,应采用试孔器进行检查,并应符合下列规定:

1)当采用比孔公称直径小 1.0mm 的试孔器检查时,每组孔的通过率不应小于 85%;

2)当采用比螺栓公称直径大 0.3mm 的试孔器检查时,通过率应为 100%。

检查数量:按预拼装单元全数检查。

检验方法:采用试孔器检查。

一般项目

预拼装的允许偏差应符合 GB 50205－2001 附录 D 表 D 的规定。

检查数量:按预拼装单元全数检查。

检验方法:见 GB 50205－2001 附录 D 表 D。

4.6 单层钢结构安装

4.6.1 单层钢结构安装资料列表

(1) 施工管理资料

1)工程概况表

2)施工现场质量管理检查记录

3)专业承包单位资质证明文件及专业人员岗位(资格)证书

4)分包单位资质报审表

5)质量事故处理记录、质量事故报告

6)施工检测计划

7)施工日志

8)不合格项的处理记录及验收记录

(2)施工技术资料

1)施工方案

①单层钢结构安装工程施工方案

②冬雨期施工方案,焊接专项施工方案,测量专项方案

③重大质量、技术问题实施方案及验收记录

2)技术交底记录

①单层钢结构安装工程施工方案技术交底记录

②冬雨期施工方案技术交底记录,焊接专项施

③工方案技术交底记录,测量专项方案技术交底记录

④单层钢结构安装分项工程技术交底记录

3)图纸会审记录、设计变更通知单、工程洽商记录

(3) 施工物资资料

1)钢构件出厂合格证

2)钢结构用钢材质量合格证明文件、中文标志、检验报告及复试报告等

3)连接材料(高强度螺栓、焊接材料、焊钉等)的质量合格证明文件、中文标志、检验报告及复试报告等

4)相关的涂装材料的产品质量合格证明文件、中文标志及检验报告等

5)测量仪器检定证书

6)材料、构配件进场检验记录(包括钢构件进场验收记录)

7)工程物资进场报验表

(4)施工记录

1)隐蔽工程验收记录

2)交接检查记录

3)预检记录

4)钢结构楼层平面放线记录

5)钢结构楼层标高抄测记录

6)地脚螺栓安装偏差测量记录及平面示意图

7)埋件位置偏差测量记录

8)钢柱安装垂直度、标高偏差测量记录

9)钢吊车梁(桁架)挠度检查记录

10)钢屋(托)架、桁架、钢梁、吊车梁等垂直度和侧向弯曲矢高偏差测量记录

11)单层钢结构主体结构整体垂直度偏差施工测量成果

12)单层钢结构主体结构整体平面弯曲偏差施工测量成果

13)大型构件吊装记录

14)钢结构施工记录(吉林上册)

15)钢结构安装自检记录

16)有关安全及功能的检验和见证检测项目检查记录

17)有关观感质量检验项目检查记录

(5) 施工试验记录及检测报告

砂浆配合比通知单、砂浆抗压强度试验报告等

(6) 施工质量验收记录

1)钢结构(单层结构安装)分项工程检验批质量验收记录

2)单层钢结构安装分项工程质量验收记录

3)强制性条文检验项目检查记录及证明文件

4)分项/分部工程施工报验表

注:多层及高层钢结构安装中关于钢结构焊接、高强度螺栓安装的施工资料参见“钢结构焊接”、“紧固件连接”分项工程相关内容。

4.6.2 单层钢结构安装资料填写范例

钢构件出厂合格证			编　号	×××	
工程名称	××工程		合格证编号	2015-105	
委托单位	××钢构件厂		焊药型号	/	
钢材材质		防腐状况	已做防腐处理	焊条或焊丝型号	E4303 3.2mm×350mm
供应总量(t)	90	加工日期	2015年4月9日	出厂日期	2015年4月17日

序号	构件名称及编号	构件数量	构件单重(kg)	原材报告编号	复试报告编号	使用部位
1	1#钢柱	12	85	035	2015-0135	一层①～⑨/Ⓑ～Ⓘ轴
2	1#桁架	3	30	039	2015-0147	屋面

备注:		
供应单位技术负责人	填表人	供应单位名称 (盖章)
×××	×××	
填表日期	2015年4月17日	

本表由钢构件供应单位提供,建设单位、施工单位各保存一份。

《钢构件出厂合格证》填写说明

1. 责任部门

供应单位提供，项目物资部收集。

2. 提交时限

随物资进场提交。

3. 检验方法

钢构件出厂合格证应包括以下主要内容：工程名称、委托单位、合格证编号、钢材原材报告及复试报告编号、焊条或焊丝及焊药型号、供应总量、加工及出厂日期、构件名称及编号、构件数量、防腐状况、使用部位、技术负责人（签字）、填表人（签字）及单位盖章等内容。

合格证要填写齐全，不得漏填或错填。数据真实，结论正确，符合标准要求。

4. 相关要求

钢构件出厂时，其质量必须合格，并符合《钢结构工程施工质量验收规范》（GB 50205—2001）中的有关规定，并应提交以下资料：

（1）钢构件出厂合格证。

（2）施工图和设计变更文件，设计变更的内容应在施工图中相应部位加以注明。

（3）制作中对技术问题处理的协议文件。

（4）钢材、连接材料和涂装材料的质量证明书或试验报告。

1）钢材必须有质量证明书，并应符合设计文件的要求，如对钢材的质量有异议时，必须按规范进行力学性能和化学成分的抽样检验，合格后方能使用。

焊条、焊剂及焊药应有出厂合格证，并应符合设计要求，需进行烘焙的应有烘焙记录。

2）高强度螺栓、高强度大六角头螺栓在安装前，按有关规定应复验摩擦面抗滑移系数及连接副预拉力或扭矩系数，合格后方可安装。应有一级、二级焊缝无损检验报告。

3）涂料应有质量证明书，防火涂料应经消防部门认可。

（5）焊接工艺评定报告。

（6）有预拼要求时，钢构件验收应具备预拼装记录。

（7）构件发运和包装清单。

钢结构施工记录

<table>
<tr><td rowspan="2">工程名称</td><td rowspan="2">××综合楼工程</td><td>编　　号</td><td>×××</td></tr>
<tr><td>施工日期</td><td>2015 年 10 月 9 日</td></tr>
<tr><td>施工部位</td><td>首层Ⓐ～Ⓖ/①～⑨轴钢梁</td><td>结构类型</td><td>桁架</td></tr>
<tr><td colspan="4">构件现场检查情况:
桁架梁在吊装前,已检查柱和柱间距,然后在地面组装成榀后进行整体吊装。</td></tr>
<tr><td colspan="4">施工方案交底:
交底程序及交底内容已完备,详见钢梁施工技术交底(编号××　)。</td></tr>
<tr><td colspan="4">基础标高及地脚螺栓情况:
基础标高及地脚螺栓偏差范围符合设计要求和《钢结构工程施工质量验收规范》(GB 50205－2001)的规定。</td></tr>
<tr><td colspan="4">拼装、安装情况及偏差值:
第一榀桁架梁吊装完毕时对已吊装桁架梁进行误差检查和校正,其梁轴线位移控制在 1/1000 且≤10mm 范围内。</td></tr>
</table>

<table>
<tr><td rowspan="5">签字栏</td><td rowspan="2">分包单位</td><td rowspan="2">××钢结构工程有限公司</td><td>专业技术负责人</td><td>专业质检员</td></tr>
<tr><td>刘××</td><td>刘××</td></tr>
<tr><td rowspan="2">总包单位</td><td rowspan="2">××建设集团有限公司</td><td>专业技术负责人</td><td>专业质检员</td></tr>
<tr><td>王××</td><td>李××</td></tr>
<tr><td>监理单位</td><td>××工程建设监理有限公司</td><td>专业监理工程师</td><td>张××</td></tr>
</table>

《钢结构施工记录》填写说明

1. 填写依据

(1)《钢结构工程施工规范》GB 50755－2012；

(2)《钢结构工程施工质量验收规范》GB 50205－2001；

(3)《建筑工程资料管理标准》DB22/JT 127－2014。

2. 责任部门

专业分包单位、总包单位、项目监理机构及其相关负责作等。

3. 提交时限

钢结构安装检验批验收前 1d 提交。

4. 相关要求

(1)钢结构安装现场应设置专门的构件堆场，并应采取防止构件变形及表面污染的保护措施。

(2)安装前，应按构件明细表核对进场的构件，查验产品合格证；工厂预拼装过的构件在现场组装时，应根据预拼装记录进行。

(3)构件吊装前应清楚表面上的油污、冰雪、泥沙和灰土等杂物，并应做好轴线和标高标记。

(4)钢结构安装应根据结构特点按照合理顺序进行，并应形成稳固的空间刚度单元，必要时应增加临时支承结构或临时措施。

(5)钢结构安装校正时应分析温度、日照和焊接变形等因素对结构变形的影响。施工单位和监理单位宜在相同的天气条件和时间段进行测量验收。

(6)钢结构吊装宜在构件上设置专门的吊装耳板或吊装孔。设计文件无特殊要求时，吊装耳板和吊装孔可保留在构件上，需要除耳板时，可采用气割或碳弧气刨方式在离母材 3mm～5mm 位置切除，严禁采用锤击方式去除。

隐蔽工程验收记录

<table>
<tr><td>工程名称</td><td colspan="2">××办公楼工程</td><td>编　　号</td><td colspan="2">×××</td></tr>
<tr><td>隐检项目</td><td colspan="2">核心筒钢柱安装</td><td>隐检日期</td><td colspan="2">2015 年 10 月 11 日</td></tr>
<tr><td>隐检部位</td><td colspan="5">A 栋 T2 节钢柱层⑫～⑬/Ⓑ～Ⓒ轴线 6.470～15.500m 标高</td></tr>
<tr><td colspan="6">隐检依据:施工图号　结施－39、结施－41　,设计变更/工程变更单(编号　/　)及有关国家现行标准等。
主要材料名称及规格/型号:　Q345B、Q345C H 型钢柱</td></tr>
<tr><td colspan="6">隐检内容:
1. 钢柱型号、规格、几何尺寸、螺栓孔距符合设计要求。
2. 安装焊接 H 型钢柱(H200×200×10×14)8 根,长度 9.03m。
3. 钢柱轴线、总体垂直度、柱顶标高符合 GB 50205－2001 及设计要求。</td></tr>
<tr><td colspan="6">检查结论:
经检查,隐检项目符合设计要求和《钢结构工程施工质量验收规范》(GB 50205－2001)的规定。

☑同意隐蔽　　　　☐不同意隐蔽</td></tr>
<tr><td rowspan="3">签字栏</td><td rowspan="2">施工单位</td><td rowspan="2">××建设集团有限公司</td><td>专业技术负责人</td><td colspan="2">专业质检员</td></tr>
<tr><td>王××</td><td colspan="2">李××</td></tr>
<tr><td>监理单位</td><td>××工程建设监理有限公司</td><td>专业监理工程师</td><td colspan="2">赵××</td></tr>
</table>

楼层测量放线检查记录

<table>
<tr><td rowspan="2">工程名称</td><td rowspan="2">××住宅小区17号楼工程</td><td>编　　号</td><td>×××</td></tr>
<tr><td>检查日期</td><td>2015年6月10日</td></tr>
<tr><td>检查部位</td><td>墙、柱轴线、边线、门窗洞口线</td><td>依据图纸</td><td>结施－6</td></tr>
<tr><td colspan="4">放线示意图(可加A3附图)：
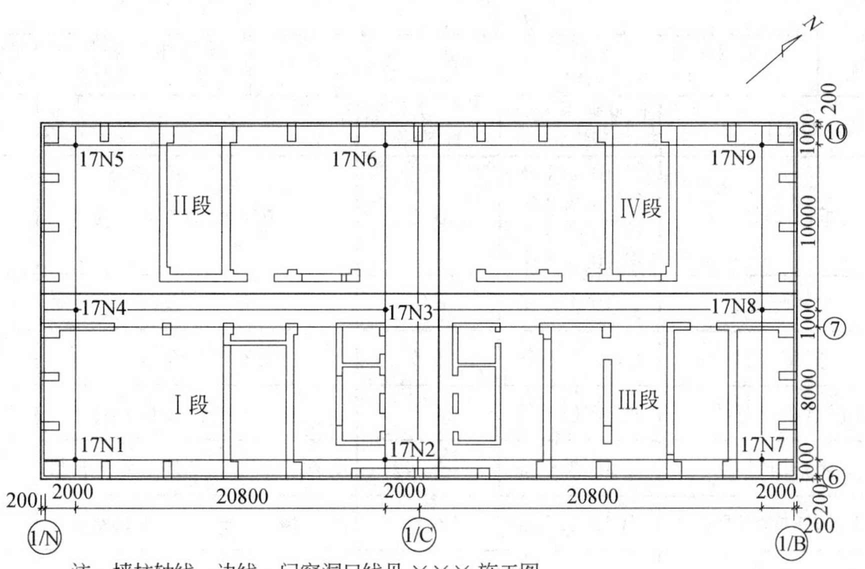

注：墙柱轴线、边线、门窗洞口线见×××施工图</td></tr>
<tr><td colspan="4">检查结论：
经核对：外控桩(坐标)尺寸、施工图及测绘成果资料一致无误。
经查验：控制段轴线误差在±5mm以内，角度在±10″以内。
各轴线、墙柱边线、控制线、门窗洞口线误差均在±2mm以内。
内控点间距尺寸误差在3mm、角度在±10″以内。
本层结构控制标高－0.080m，实测混凝土楼面标高误差在±10mm以内。
符合《工程测量规范》(GB 50026－2007)精度要求</td></tr>
<tr><td>施工单位</td><td>××建设集团有限公司</td><td>监理单位</td><td>××工程建设监理有限公司</td></tr>
<tr><td>施测人(签字)</td><td>宋××</td><td colspan="2" rowspan="3">专业监理工程师：
张××
2015年6月10日</td></tr>
<tr><td>专业质检员(签字)</td><td>刘××</td></tr>
<tr><td>专业技术负责人(签字)</td><td>王××</td></tr>
</table>

单层钢结构安装检验批质量验收记录

02030501 001

<table>
<tr><td>单位(子单位)工程名称</td><td>××大厦</td><td>分部(子分部)工程名称</td><td>主体结构/钢结构</td><td>分项工程名称</td><td>单层钢结构安装</td></tr>
<tr><td>施工单位</td><td>××建筑有限公司</td><td>项目负责人</td><td>赵斌</td><td>检验批容量</td><td>53件</td></tr>
<tr><td>分包单位</td><td>/</td><td>分包单位项目负责人</td><td>/</td><td>检验批部位</td><td>宴会大厅</td></tr>
<tr><td>施工依据</td><td colspan="2">《钢结构工程施工规范》GB50755-2012</td><td>验收依据</td><td colspan="2">《钢结构工程施工质量验收规范》GB50205-2001</td></tr>
</table>

<table>
<tr><td colspan="3">验收项目</td><td>设计要求及规范规定</td><td>最小/实际抽样数量</td><td>检查记录</td><td>检查结果</td></tr>
<tr><td rowspan="5">主控项目</td><td>1</td><td>基础验收</td><td>第10.2.1条
第10.2.2条
第10.2.3条
第10.2.4条</td><td>6/6</td><td>抽查6处,合格6处</td><td>√</td></tr>
<tr><td>2</td><td>构件验收</td><td>第10.3.1条</td><td>6/6</td><td>抽查6处,合格6处</td><td>√</td></tr>
<tr><td>3</td><td>顶紧接触面</td><td>第10.3.2条</td><td>6/6</td><td>抽查6处,合格6处</td><td>√</td></tr>
<tr><td>4</td><td>垂直度和侧弯曲</td><td>第10.3.3条</td><td>6/6</td><td>抽查6处,合格6处</td><td>√</td></tr>
<tr><td>5</td><td>主体结构尺寸</td><td>第10.3.4条</td><td>全/4</td><td>4个立面全数检查,全部合格</td><td>√</td></tr>
<tr><td rowspan="9">一般项目</td><td>1</td><td>地脚螺栓精度</td><td>第10.2.5条</td><td>6/6</td><td>抽查6处,合格6处</td><td>100%</td></tr>
<tr><td>2</td><td>标记</td><td>第10.3.5条</td><td>6/6</td><td>抽查6处,合格6处</td><td>100%</td></tr>
<tr><td>3</td><td>桁架、梁安装精度</td><td>第10.3.6条</td><td>6/6</td><td>抽查6处,合格6处</td><td>100%</td></tr>
<tr><td>4</td><td>钢柱安装精度</td><td>第10.3.7条</td><td>6/6</td><td>抽查6处,合格6处</td><td>100%</td></tr>
<tr><td>5</td><td>吊车梁安装精度</td><td>第10.3.8条</td><td>/</td><td>/</td><td></td></tr>
<tr><td>6</td><td>檩条等安装精度</td><td>第10.3.9条</td><td>6/6</td><td>抽查6处,合格6处</td><td>100%</td></tr>
<tr><td>7</td><td>平台等安装精度</td><td>第10.3.10条</td><td>/</td><td>/</td><td></td></tr>
<tr><td>8</td><td>现场组对精度</td><td>第10.3.11条</td><td>6/6</td><td>抽查6处,合格6处</td><td>100%</td></tr>
<tr><td>9</td><td>结构表面</td><td>第10.3.12条</td><td>6/6</td><td>抽查6处,合格6处</td><td>100%</td></tr>
<tr><td colspan="3">施工单位检查结果</td><td colspan="4">符合要求
专业工长:王晨
项目专业质量检查员:孔凡民
2014年××月××日</td></tr>
<tr><td colspan="3">监理单位验收结论</td><td colspan="4">合格
专业监理工程师:刘东
2014年××月××日</td></tr>
</table>

《单层钢结构安装检验批质量验收记录》填写说明

1. 填写依据

(1)《钢结构工程施工质量验收规范》GB 50205－2001。

(2)《建筑工程施工质量验收统一标准》GB 50300－2013。

2. 规范摘要

以下内容摘自《钢结构工程施工质量验收规范》GB 50205－2001。

(1)检验批划分原则

单层钢结构安装工程可按变形缝或空间刚度单元等划分成一个或若干个检验批。地下钢结构可按不同地下层划分检验批。

(2)基础和支承面验收要求

主控项目

1)建筑物的定位轴线、基础轴线和标高、地脚螺栓的规格及其紧固应符合设计要求。

检查数量:按柱基数抽查 10%,且不应少于 3 个。

检验方法:用经纬仪、水准仪、全站仪、和钢尺现场实测。

2)基础顶面直接作为柱的支承面和基础顶面预埋钢板或支座作为柱的支承面时,其支承面地脚螺栓(锚栓)位置的允许偏差应符合表 4-18 的规定。

检查数量:按柱基数抽查 10%,且不应少于 3 个。

检验方法:用经纬仪、水准仪、全站仪、水平尺和钢尺实测。

表 4-18　支承面、地脚螺栓(锚栓)位置的允许偏差(mm)

项目		允许偏差
支承面	标高	±3
	水平度	1/1000
地脚螺栓(锚栓)	螺栓中心偏移	5.0
预留孔中心偏移		10.0

3)采用座浆垫板时,座浆垫板的允许偏差应符合表 4-19 的规定。

检查数量:资料全数检查。按柱基数抽查 10%,且不应少于 3 个。

检验方法:用水准仪、全站仪、水平尺和钢义现场实测。

表 4-19　座浆垫板的允许偏差(mm)

项目	允许偏差
顶面标高	0.0,－3.0
水平度	l/1000
位置	20.0

4)采用杯口基础时,杯口尺寸的允许偏差应符合表 4-20 的规定。

检查数量:按基础数抽查 10%,且不应少于 4 处。检验方法:观察及尺量检查。

表 4-20　　**杯口尺寸的允许偏差(mm)**

项目	允许偏差
底面标高	0.0,−5.0
杯口深度 H	±5.0
杯口垂直度	H/1000,且不应大于 10.0
位置	10.0

一般项目

地脚螺栓(锚栓)尺寸的偏差应符合表 4-21 的规定。

地脚螺栓(锚栓)的螺纹应受到保护。

检查数量:按柱基数抽查 10%,且不应少于 3 个。

检验方法:用钢尺现场实测。

表 4-21　　**地脚螺栓(锚栓)尺寸的允许偏差(mm)**

项目	允许偏差
螺栓(锚栓)露出长度	+30.0 0.0
螺纹长度	+30.0 0.0

(3)安装和校正验收要求

主控项目

1)钢构件应符合设计要求和 GB50205－2001 的规定。运输、堆放和吊装等造成的钢构件变形及涂层脱落,应进行矫正和修补。

检查数量:按构件数抽查 10%,且不应少于 3 个。

检验方法:用拉线、钢尺现场实测或观察。

2)设计要求顶紧的节点,接触面不应少于 70%紧贴,且边缘最大间隙不应大于 0.8mm。

检查数量:按节点数抽查 10%,且不应少于 3 个。

检验方法:用钢尺及 0.3mm 和 0.8mm 厚的塞尺现场实测。

3)钢屋(托)架、桁架、梁及受压杆件的垂直度和侧向弯曲矢高的允许偏差应符合表 4-22 的规定。

检查数量:按同类构件数抽查 10%,且不应少于 3 个。

检验方法:用吊线、拉线、经纬仪和钢尺现场实测。

表 4-22　　钢屋(托)架、桁架、梁及受压杆件垂直度和侧向弯曲矢高的允许偏差(mm)

项　目	允许偏差		图　例
跨中的垂直度	h/250,且不应大于 15.0		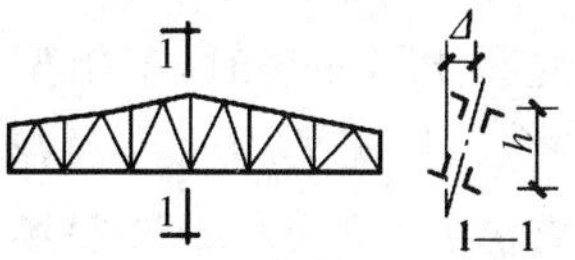
侧向弯曲矢高 f	$l\leqslant 30\text{m}$	$l/1000$,且不应大于 10.0	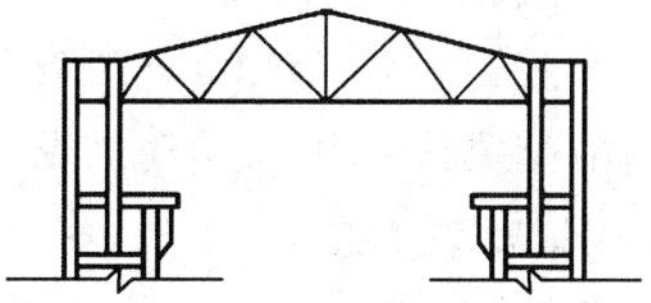
	$30\text{m}<l\leqslant 60\text{m}$	$l/1000$,且不应大于 30.0	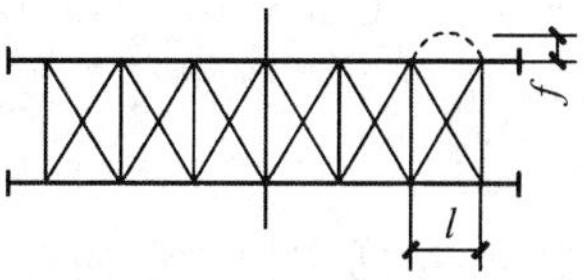
	$l>60\text{m}$	$l/1000$,且不应大于 50.0	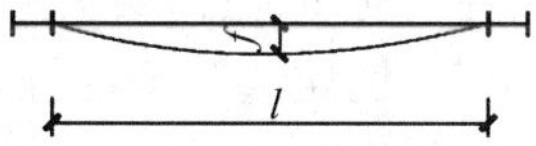

4)单层钢结构主体结构的整体垂直度和整体平面弯曲的允许偏差应符合表 4-23 的规定。

检查数量:对主要立面全部检查。对每个所检查的立面,除两列角柱外,尚应至少选取一列中间柱。

检验方法:采用经纬仪、全站仪等测量。

表 4-23　　整体垂直度和整体平面弯曲的允许偏差(mm)

项　目	允许偏差	图　例
主体结构的整体垂直度	$H/1000$,且不应大于 25.0	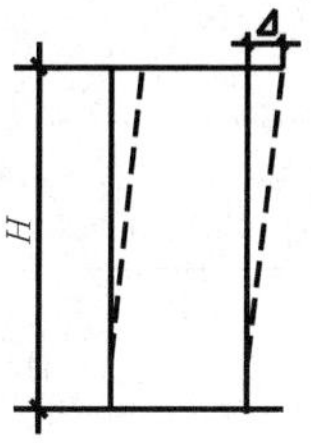
主体结构的整体平面弯曲	$L/1500$,且不应大于 25.0	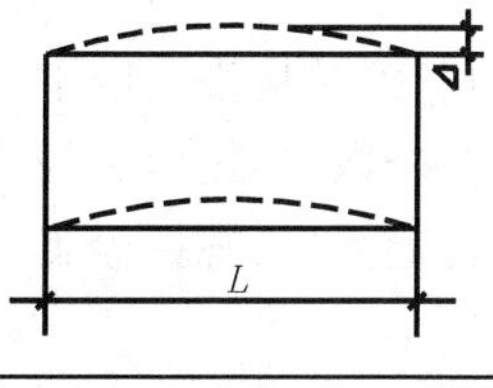

5)钢柱等主要构件的中心线及标高基准点等标记应齐全。

检查数量:按同类构件数抽查10%,且不应少于3件。

检验方法:观察检查。

6)当钢桁架(或梁)安装在混凝土柱上时,其支座中心对定位轴线的偏差不应大于10mm;当采用大型混凝土屋面板时,钢桁架(或梁)间距的偏差不应大于10mm。

检查数量:按同类构件数抽查10%,且不应少于3榀。

检验方法:用拉线和钢尺现场实测。

7)钢柱安装的允许偏差应符合GB 50205－2001附录E中表E.0.1的规定。

检查数量:按钢柱数抽查10%,且不应少于3件。

检验方法:见GB 50205－2001附录E中表E.0.1。

8)钢吊车梁或直接承受动力荷载的类似构件,其安装的允许偏差应符合GB 50205－2001附录E中表E.0.2的规定。

检查数量:按钢吊车梁数抽查10%,且不应少于3榀。

检验方法:见GB 50205－2001附录E中表E.0.2。

9)檩条、墙架等次要构件安装的允许偏差应符合GB 50205－2001附录E中表E.0.3的规定。

检查数量:按同类构件数抽查10%,且不应少于3件。

检验方法:见GB 50205－2001附录E中表E.0.3。

10)钢平台、钢梯、栏杆安装应符合现行国家标准《固定式钢直梯》GB 4053.1、《固定式钢斜梯》GB 4053.2、《固定式防护栏杆》GB 4053.3和《固定式钢平台》GB 4053.4的规定。钢平台、钢梯和防护栏杆安装的允许偏差应符合GB 50205－2001附录E中表E.0.4的规定。

检查数量:按钢平台总数抽查10%,栏杆、钢梯按总长度各抽查10%,但钢平台不应少于1个,栏杆不应少于5m,钢梯不应少于1跑。

检验方法:见GB 50205－2001附录E中表E.0.4。

11)现场焊缝组对间隙的允许偏差应符合表4-24的规定。

检查数量:按同类节点数抽查10%,且不应少于3个。

检验方法:尺量检查。

表4-24　现场焊缝组对间隙的允许偏差(mm)

项　目	允许偏差
无垫板间隙	+3.0 0.0
有垫板间隙	+3.0 －2.0

12)钢结构表面应干净,结构主要表面不应有疤痕、泥沙等污垢。

检查数量:按同类构件数抽查10%,且不应少于3件。

检验方法:观察检查。

4.7　多层及高层钢结构安装

4.7.1　多层及高层钢结构安装资料列表

(1)施工管理资料

1)工程概况表

2)施工现场质量管理检查记录

3)专业承包单位资质证明文件及专业人员岗位(资格)证书

4)分包单位资质报审表

5)质量事故处理记录、质量事故报告

6)施工检测计划

7)施工日志

8)不合格项的处理记录及验收记录

(2)施工技术资料

1)施工方案

①多层及高层钢结构安装工程施工方案

②冬雨期施工方案,焊接专项施工方案,测量专项方案

③重大质量、技术问题实施方案及验收记录

2)技术交底记录

①多层及高层钢结构安装工程施工方案技术交底记录

②冬雨期施工方案技术交底记录,焊接专项施工方案技术交底记录,测量专项方案技术交底记录

③多层及高层钢结构安装分项工程技术交底记录

3)图纸会审记录、设计变更通知单、工程洽商记录

(3) 施工物资资料

1)钢构件出厂合格证

2)钢结构用钢材质量合格证明文件、中文标志、检验报告及复试报告等

3)连接材料(高强度螺栓、焊接材料、焊钉等)的质量合格证明文件、中文标志、检验报告及复试报告等

4)相关的涂装材料的产品质量合格证明文件、中文标志及检验报告等

5)测量仪器检定证书

6)材料、构配件进场检验记录(包括钢构件进场验收记录)

7)工程物资进场报验表

(4)施工记录

1)隐蔽工程验收记录

2)交接检查记录

3)预检记录

4)钢结构楼层平面放线记录

5)钢结构楼层标高抄测记录

6)地脚螺栓(锚栓)安装偏差测量记录及平面示意图

7)埋件位置偏差测量记录

8)钢柱安装垂直度、标高偏差测量记录

9)钢吊车梁(桁架)挠度检查记录

10)钢主梁、次梁及受压杆件垂直度和侧向弯曲矢高偏差测量记录

11)多层及高层钢结构主体结构整体垂直度偏差施工测量成果

12)多层及高层钢结构主体结构整体平面弯曲偏差施工测量成果

13)多层及高层钢结构主体结构总高度偏差测量记录

14)大型构件吊装记录

15)钢结构施工记录

16)钢结构安装自检记录

17)有关安全及功能的检验和见证检测项目检查记录

18)有关观感质量检验项目检查记录

(5)施工试验记录及检测报告

砂浆配合比通知单、砂浆抗压强度试验报告等

(6)施工质量验收记录

1)钢结构(多层及高层结构安装)分项工程检验批质量验收记录

2)多层及高层钢结构安装分项工程质量验收记录

3)强制性条文检验项目检查记录及证明文件

4)分项/分部工程施工报验表

注:①钢网架结构安装中关于钢结构焊接、高强度螺栓安装的施工资料参见“钢结构焊接”、“紧固件连接”分项工程相关内容;②组合网架中混凝土结构部分需按《混凝土结构工程施工质量验收规范》GB50204 的有关规定提供相应验收资料。

4.7.2　多层及高层钢结构安装资料填写范例

多层及高层钢结构检验批质量验收记录

02030601 001

单位（子单位）工程名称		××大厦	分部（子分部）工程名称	主体结构/钢结构	分项工程名称	多层及高层钢结构安装
施工单位		××建筑有限公司	项目负责人	赵斌	检验批容量	53 件
分包单位		/	分包单位项目负责人	/	检验批部位	文物展览厅
施工依据		《钢结构工程施工规范》GB50755-2012		验收依据	《钢结构工程施工质量验收规范》GB50205-2001	
	验收项目		设计要求及规范规定	最小/实际抽样数量	检查记录	检查结果
主控项目	1	基础验收	第 11.2.1 条 第 11.2.2 条 第 11.2.3 条 第 11.2.4 条	3/5	抽查 5 处，合格 5 处	√
	2	构件验收	第 11.3.1 条	6/6	抽查 6 处，合格 30 处	√
	3	钢柱安装精度	第 11.3.2 条	/25	计 25 件立柱，全数符合要求	√
	4	顶紧接触面	第 11.3.3 条	3/3	抽查 3 处，合格 3 处	√
	5	垂直度和侧弯曲	第 11.3.4 条	6/6	抽查 6 处，合格 6 处	√
	6	主体结构尺寸	第 11.3.5 条	全/16	检查 16 处，合格 16 处	√
一般项目	1	地脚螺栓精度	第 11.2.5 条	3/3	抽查 3 处，合格 3 处	100%
	2	标记	第 11.3.7 条	6/6	抽查 6 处，合格 6 处	100%
	3	构件安装精度	第 1.3.8 条 第 11.3.10 条	6/6	抽查 6 处，合格 6 处	100%
	4	主体结构高度	第 11.3.9 条	4/4	抽查 4 处，合格 4 处	100%
	5	吊车梁安装精度	第 11.3.11 条	/	/	
	6	檩条等安装精度	第 11.3.12 条	6/6	抽查 6 处，合格 6 处	100%
	7	平台等安装精度	第 11.3.13 条	/	/	
	8	现场组对精度	第 11.3.14 条	6/6	抽查 6 处，合格 6 处	100%
	9	结构表面	第 11.3.6 条	6/6	抽查 6 处，合格 6 处	100%
施工单位检查结果		符合要求 专业工长：王晨 项目专业质量检查员：孔凡民 2014 年××月××日				
监理单位验收结论		合格 专业监理工程师：刘东 2014 年××月××日				

《多层及高层钢结构检验批质量验收记录》填写说明

1. 填写依据

(1)《钢结构工程施工质量验收规范》GB 50205－2001。

(2)《建筑工程施工质量验收统一标准》GB 50300－2013。

2. 规范摘要

以下内容摘自《钢结构工程施工质量验收规范》GB 50205－2001。

(1)检验批划分原则

多层及高层钢结构安装工程可按楼层或施工段等划分为一个或若干个检验批。地下钢结构可按不同地下层划分检验批。

(2)基础和支承面验收要求

主控项目

1)建筑物的定位轴线、基础上柱的定位轴线和标高、地脚螺栓(锚栓)的规格和位置、地脚螺栓(锚栓)紧固应符合设计要求。当设计无要求时,应符合表4-25的规定。

检查数量:按柱基数抽查10%,且不应少于3个。

检验方法:采用经纬仪、水准仪、全站仪和钢尺实测。

表4-25　建筑物定位轴线、基础上柱的定位轴线和标高、地脚螺栓(锚栓)的允许偏差(mm)

项　目	允许偏差	图　例
建筑物定位轴线	L/20000,且不应大于3.0	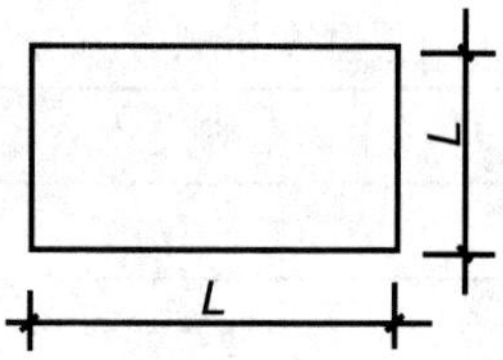
基础上柱的定位轴线	1.0	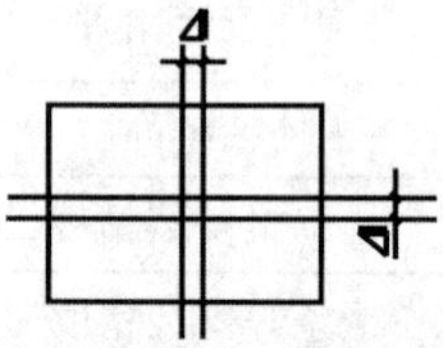
基础上柱底标高	±2.0	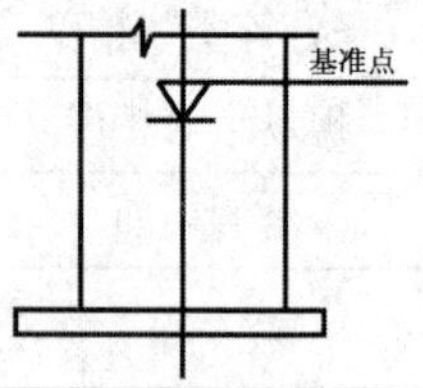
地脚螺栓(锚栓)位移	2.0	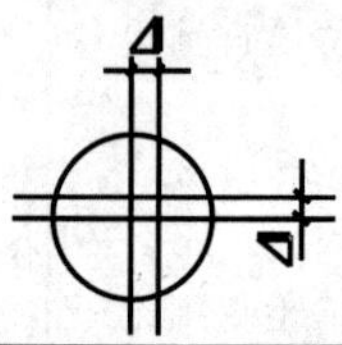

2)多层建筑以基础顶面直接作为柱的支承面,或以基础顶面预埋钢板或支座作为柱的支承面时,其支承面、地脚螺栓(锚栓)位置的允许偏差应符合GB 50205－2001表10.2.2的规定。

检查数量:按柱基数抽查 10%,且不应少于 3 个。

检验方法:用经纬仪、水准仪、全站仪、水平尺和钢尺实测。

3)多层建筑采用座浆垫板时,座浆垫板的允许偏差应符合 GB 50205— 2001 表 10.2.3 的规定。

检查数量:资料全数检查。按柱基数抽查 10%,且不应少于 3 个。

检验方法:用水准仪、全站仪、水平尺和钢尺实测。

4)当采用杯口基础时,杯口尺寸的允许偏差应符合 GB 50205—2001 表 10.2.4 的规定。

检查数量:按基础数抽查 10%,且不应少于 4 处。

检验方法:观察及尺量检查。

一般项目

地脚螺栓(锚栓)尺寸的允许偏差应符合 GB 50205— 2001 第 10.2.5 条的规定。地脚螺栓(锚栓)的螺纹应受保护。

检查数量:按柱基数抽查 10%,且不应少于 3 个。

检验方法:用钢尺现场实测。

(3)安装和校正验收要求

主控项目

1)钢构件应符合设计要求和规范。运输、堆放和吊装等造成的钢构件变形及涂层脱落,应进行矫正和修补。

检查数量:按构件数检查 10%,且不应少于 3 个。

检验方法:用拉线、钢尺现场实测或观察。

2)柱子安装的允许偏差应符合表 4-26 的规定。

检查数量:标准柱全部检查;非标准柱抽查 10%,且不应少于 3 根。

检验方法:用全部仪或激光经纬仪和钢尺实测。

表 4-26　　柱子安装的允许偏差(mm)

项　目	允许偏差	图　例
底层柱柱底轴线对定位轴线偏移	3.0	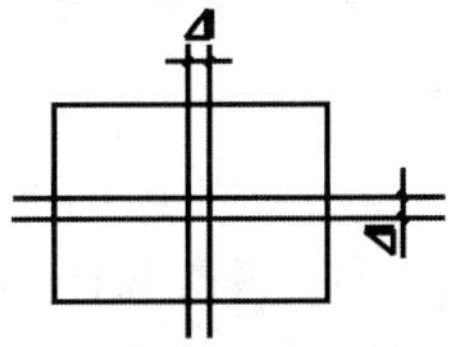
柱子定位轴线	1.0	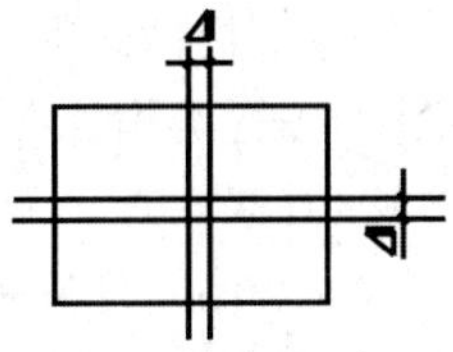
单节柱的垂直度	h/1000,且不应大于 10.0	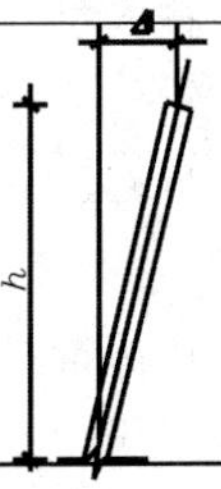

3)设计要求顶紧的节点,接触面不应少于70%紧贴,且边缘最大间隙不应大于0.8mm。

检查数量:按节点数抽查10%,且不应少于3个。

检验方法:用钢尺及0.3mm和0.8mm厚的塞尺现场实测。

4)钢主梁、次梁及受压杆件的垂直度和侧向弯曲矢高的允许偏差应符合GB 50205－2001表10.3.3中有关钢屋(托)架允许偏差的规定。

检查数量:按同类构件数抽查10%,且不应少于3个。

检验方法:用吊线、拉线、经纬仪和钢尺现场实测。

5)多层及高层钢结构主体结构的整体垂直度和整体平面弯曲的允许偏差应符合表4-27的规定。

检查数量:对主要立面全部检查。对每个所检查的立面,除两列角柱外,尚应至少选取一列中间柱。

检验方法:对于整体垂直度,可采用激光经纬仪、全站仪测量,也可根据各节柱的垂直度允许偏差累计(代数和)计算。对于整体平面弯曲,可按产生的允许偏差累计(代数和)计算。

表4-27　　整体垂直度和整体平面弯曲的允许偏差(mm)

项目	允许偏差	图例
主体结构的整体垂直度	(H/2500＋10.0), 且不应大于50.0	Δ H
主体结构的整体平面弯曲	L/1500,且不应大于25.0	Δ L

一般项目

1)钢结构表面应干净,结构主要表面不应有疤痕、泥沙等污垢。

检查数量:按同类构件数抽查10%,且不应少于3件。

检验方法:观察检查。

2)钢柱等主要构件的中心线及标高基准点等标记应齐全。

检查数量:按同类构件数抽查10%,且不应少于3件。

检验方法:观察检查。

3)钢构件安装的允许偏差应符合GB 50205－2001附录E中表E.0.5的规定。

检查数量:按同类构件或节点数抽查10%。其中柱和梁各不应少于3件,主梁与次梁连接节点不应少于3个,支承压型金属板的钢梁长度不应少于5m。

检验方法:见GB 50205－2001附录E中表E.0.5。

4)主体结构总高度的允许偏差应符合GB 50205－2001附录E中表E.0.6的规定。

检查数量:按标准柱列数抽查10%,且不应少于4列。

检验方法:采用全站仪、水准仪和钢尺实测。

5)当钢构件安装在混凝土柱上时,其支座中心对定位轴线的偏差不应大于 10mm;当采用大型混凝土屋面板时,钢梁(或桁架)间距的偏差不应大于 10mm。

检查数量:按同类构件数抽查 10%,且不应少于 3 榀。

检验方法:用拉线和钢尺现场实测。

6)多层及高层钢结构中钢吊车梁或直接承受动力荷载的类似构件,其安装的允许偏差应符合 GB 50205— 2001 附录 E.0.2 的规定。

检查数量:按钢吊车梁数抽查 10%,且不应少于 3 榀。

检验方法:见 GB 50205— 2001 附录表 E.0.2。

7)多层及高层钢结构中檩条、墙架等次要构件安装的允许偏差应符合 GB 50205— 2001 附录 E.0.3 的规定。

检查数量:按同类构件数抽查 10%,且不应少于 3 件。

检验方法:见 GB 50205— 2001 附录 E 中表 E.0.3。

8)多层及高层钢结构中钢平台、钢梯、栏杆安装应符合现行国家标准《固定式钢直梯》GB 4053.1、《固定式钢斜梯》GB 4053.2、《固定式防护栏杆》GB 4053.3 和《固定式钢平台》GB 4053.4 的规定。钢平台、钢梯和防护栏杆安装的允许偏差应符合 GB 50205—2001 附录 6 中表 6.0.4 的规定。

检查数量:按钢平台总数抽查 10%,栏杆、钢梯按总长度各抽查 10%,但钢平台不应少于 1 个,栏杆不应少于 5m,钢梯不应少于 1 跑。

检验方法:见 GB 50205—2001 附录 E 中表 E.0.4。

9)多层及高层钢结构中现场焊缝组对间隙的允许偏差应符合表 10.3.11 的规定。

检查数量:按同类节点数抽查 10%,且不应少于 3 个。

检验方法:尺量检查。

4.8 压型金属板

4.8.1 压型金属板工程资料列表

(1)施工管理资料

1)质量事故处理记录、质量事故报告

2)不合格项的处理记录及验收记录

(2)施工技术资料

1)压型金属板安装工程施工方案

2)技术交底记录

①压型金属板安装工程施工方案技术交底记录

②压型金属板安装分项工程技术交底记录

3)图纸会审记录、设计变更通知单、工程洽商记录

(3)施工物资资料

1)压型金属板及制造压型金属板所采用的原材料质量合格证明文件、中文标志及检验报告

2)压型金属泛水板、包角板和零配件的质量合格证明文件、中文标志及检验报告

3)防水密封材料的产品质量证明文件、中文标志

4)保温材料的产品质量证明文件、中文标志

5)连接用紧固材料的产品质量证明文件、中文标志

6)材料、构配件进场检验记录

7)工程物资进场报验表

(4)施工记录

1)隐蔽工程验收记录

2)预检记录

3)钢结构施工记录

4)压型金属板安装自检记录

5)有关观感质量检验项目检查记录

(5)施工质量验收记录

1)钢结构(压型金属板)分项工程检验批质量验收记录

2)压型金属板分项工程质量验收记录

3)分项/分部工程施工报验表

4.8.2　压型金属板工程资料填写范例

隐蔽工程验收记录

工程名称	××大厦工程	编　　号	×××
隐检项目	压型钢板铺设	隐检日期	2015 年 10 月 11 日
隐检部位	A 栋 F5 层⑧～⑬/Ⓐ～Ⓖ轴线 22.300m 标高		

隐检依据：施工图号＿＿＿结施－45＿＿＿，设计变更/工程变更单（编号＿＿＿/＿＿＿）及有关国家现行标准等。

主要材料名称及规格/型号：＿＿＿闭口压型钢板 BD 65－0.91mm＿＿＿

隐检内容：

1. 压型钢板长度、波矩、波高、外观符合要求。

2. 宽度 555mm、厚度 0.91mm 压型钢板铺设、轴线位置、点焊固定、角钢支撑焊接、洞口尺寸、封边板焊接、搭接长度，错口尺寸符合要求。

检查结论：

经检查，隐检项目符合设计要求和《钢结构工程施工质量验收规范》(GB 50205－2001)的规定。

☑同意隐蔽　　　　□不同意隐蔽

签字栏	施工单位	××建设集团有限公司	专业技术负责人	专业质检员
			孙××	郭××
	监理单位	××工程建设监理有限公司	专业监理工程师	杨××

压型金属板检验批质量验收记录

02030901 001

单位（子单位）工程名称	××大厦	分部（子分部）工程名称	主体结构/钢结构	分项工程名称	压型金属板工程	
施工单位	××建筑有限公司	项目负责人	赵斌	检验批容量	150件	
分包单位	/	分包单位项目负责人	/	检验批部位	宴会大厅	
施工依据	《钢结构工程施工规范》GB50755-2012		验收依据	《钢结构工程施工质量验收规范》GB50205-2001		
	验收项目		设计要求及规范规定	最小/实际抽样数量	检查记录	检查结果
主控项目	1	压型金属板及其原材料	第4.8.1条 第4.8.2条	/	质量证明文件齐全，检验合格，报告编号××××	√
	2	基板裂纹、涂层缺陷	第13.2.1条 第13.2.2条	10/10	抽查10处，合格10处	√
	3	现场安装	第13.3.1条	全/150	共150处，全部检查，合格150处	√
	4	搭接	第13.3.2条	15/15	抽查15处，合格15处	√
	5	端部锚固	第13.3.3条	15/15	抽查15处，合格15处	√
一般项目	1	压型金属板精度	第4.8.3条	8/10	抽查10处，合格10处	100%
	2	轧制精度	第13.2.3条 第13.2.5条	10/10	抽查10处，合格10处	100%
	3	表面质量	第13.2.4条	10/10	抽查10处，合格10处	100%
	4	安装质量	第13.3.4条	15/15	抽查15处，合格15处	100%
	5	安装精度	第13.3.5条	15/15	抽查15处，合格15处	100%
施工单位检查结果	符合要求 专业工长：王晨 项目专业质量检查员：孔凡民 2014年××月××日					
监理单位验收结论	合格 专业监理工程师：刘东 2014年××月××日					

《压型金属板检验批质量验收记录》填写说明

1. 填写依据

(1)《钢结构工程施工质量验收规范》GB 50205－2001。

(2)《建筑工程施工质量验收统一标准》GB 50300－2013。

2. 规范摘要

以下内容摘自《钢结构工程施工质量验收规范》GB 50205－2001。

(1)检验批划分原则

压型金属板的制作和安装工程可按变形缝、楼层、施工段或屋面、墙面、楼面等划分为一个或若干个检验批。

(2)金属压型板验收要求

主控项目

1)金属压型板及制造金属压型板所采用的原材料，其品种、规格、性能等应符合现行国家产品标准和设计要求。

检查数量：全数检查。检验方法：检查产品的质量合格证明文件、中文标志及检验报告等。

2)压型金属泛水板、包角板和零配件的品种、规格以及防水密封材料的性能应符合现行国家产品标准和设计要求。

检查数量：全数检查。检验方法：检查产品的质量合格证明文件、中文标志及检验报告等。

一般项目

压型金属板的规格尺寸及允许偏差、表面质量、涂层质量等应符合设计要求和 GB 50205－2001 的规定。

检查数量：每种规格抽查 5%，且不应少于 3 件。

检验方法：观察和用 10 倍放大镜检查及尺量。

(3) 压型金属制作验收要求

主控项目

1)压型金属板成型后，其基板不应有裂纹。

检查数量：按计件数抽查 5%，且不应少于 10 件。

检验方法：观察和用 10 倍放大镜检查。

2)有涂层、镀层压型金属板成型后，涂、镀层不应有肉眼可见的裂纹、剥落和擦痕等缺陷。

检查数量：按计件数抽查 5%，且不应少于 10 件。

检验方法：观察检查。

一般项目

1)压型金属板的尺寸允许偏差应符合表 4-28 的规定。

检查数量：按计件数抽查 5%，且不应少于 10 件。

检验方法：用拉线和钢尺检查。

2)压型金属板成型后，表面应干净，不应有明显凹凸和皱褶。

检查数量：按计件数抽查 5%，且不应少于 10 件。

检验方法：观察检查。

表 4-28　　压型金属板的尺寸允许偏差(mm)

<table>
<tr><td colspan="3">项目</td><td>允许偏差</td></tr>
<tr><td colspan="3">波距</td><td>±2.0</td></tr>
<tr><td rowspan="2">波高</td><td rowspan="2">压型钢板</td><td>截面高度≤70</td><td>±1.5</td></tr>
<tr><td>截面高度＞70</td><td>±2.0</td></tr>
<tr><td>侧向弯曲</td><td>在测量长度 l_1 的范围内</td><td colspan="2">20.0</td></tr>
</table>

注:l_1 为测量长度,指板长扣除两端各 0.5m 后的实际长度(小于 10m)或扣除后任选的 10m 长度。

3)压型金属板施工现场制作的允许偏差应符合表 4-29 的规定。

检查数量:按计件数抽查 5%,且不应少于 10 件。

检验方法:用钢尺、角尺检查。

表 4-29　　压型金属板施工现场制作的允许偏差(mm)

<table>
<tr><td colspan="2">项目</td><td>允许偏差</td></tr>
<tr><td rowspan="2">压型金属板的覆盖宽度</td><td>截面高度≤70</td><td>+10.0,−2.0</td></tr>
<tr><td>截面高度＞70</td><td>+6.0,−2.0</td></tr>
<tr><td colspan="2">板长</td><td>±9.0</td></tr>
<tr><td colspan="2">横向剪切偏差</td><td>6.0</td></tr>
<tr><td rowspan="3">泛水板、包角板尺寸</td><td>板长</td><td>±6.0</td></tr>
<tr><td>折弯面宽度</td><td>±3.0</td></tr>
<tr><td>折弯面夹角</td><td>2°</td></tr>
</table>

(4)压型金属板安装验收要求

主控项目

1)压型金属板、泛水板和包角板等应固定可靠、牢固,防腐涂料涂刷和密封材料敷设应完好,连接件数量、间距应符合设计要求和国家现行有关标准规定。

检查数量:全数检查。

检验方法:观察检查及尺量。

2)压型金属板应在支承构件上可靠搭接,搭接长度应符合设计要求,且不应小于表 4-30 所规定的数值。

检查数量:按搭接部位总长度抽查 10%,且不应少于 10m。

检验方法:观察和用钢尺检查。

表 4-30　　压型金属板在支承构件上的搭接长度(mm)

<table>
<tr><td colspan="2">项目</td><td>搭接长度</td></tr>
<tr><td colspan="2">截面高度＞70</td><td>375</td></tr>
<tr><td rowspan="2">截面高度≤70</td><td>屋面坡度＜1/10</td><td>250</td></tr>
<tr><td>屋面坡度≥1/10</td><td>200</td></tr>
<tr><td colspan="2">墙面</td><td>120</td></tr>
</table>

3)组合楼板中压型钢板与主体结构(梁)的锚固支承长度应符合设计要求,且不应小于 50mm,端部锚固件连接应可靠,设置位置应符合设计要求。

检查数量:沿连接纵向长度抽查 10%,且不应少于 10m。

检验方法:观察和用钢尺检查。

一般项目

1)压型金属板安装应平整、顺直,板面不应有施工残留物污物。檐口和墙面下端应呈直线,不应有未经处理的错钻孔洞。

检查数量:按面积抽查 10%,且不应少于 $10m^2$。

检验方法:观察检查。

2)压型金属板安装的允许偏差应符合表 4-31 的规定。

检查数量:檐口与屋脊的平行度:按长度抽查 10%,且不应少于 10m。其他项目:每 20m 长度应抽查 1 处,不应少于 2 处。

检验方法:用拉线、吊线和钢尺检查。

表 4-31　　压型金属板安装的允许偏差(mm)

项目		允许偏差
屋面	檐口与屋脊的平行度	12.0
	压型金属板波纹线对屋脊的垂直度	L/800,且不应大于 25.0
	檐口相邻两块压型金属板端部错位	6.0
	压型金属板卷边板件最大波浪高	4.0
墙面	墙板波纹线的垂直度	H/800,且不应大于 25.0
	墙板包角板的垂直度	H/800,且不应大于 25.0
	相邻两块压型金属板的下端错位	6.0

注:1. L 为屋面半坡或单坡长度;
2. H 为墙面高度。

4.9 防腐、防火涂料涂装工程

4.9.1 防腐、防火涂料涂装工程资料列表

(1)施工管理资料

1)专业承包单位资质证明文件及专业人员岗位(资格)证书

2)分包单位资质报审表

3)不合格项的处理记录及验收记录

(2)施工技术资料

1)施工方案

①除锈施工方案

②钢结构涂装施工方案

2)技术交底记录

①除锈施工方案技术交底记录

②钢结构涂装施工方案技术交底记录

③钢结构涂装分项工程技术交底记录

3)图纸会审记录、设计变更通知单、工程洽商记录

(3)施工物资资料

1)钢结构防腐涂料、稀释剂和固化剂等产品的质量合格证明文件、中文标志及检验报告等

2)钢结构防腐涂料复试报告

3)钢结构防火涂料产品的质量合格证明文件、中文标志及检验报告等

4)钢结构厚涂型防火涂料抽检的粘结强度、抗压强度试验报告

注:每使用500t或不足500t钢结构厚涂型防火涂料应抽检一次粘结强度和抗压强度。

5)钢结构薄涂型防火涂料抽检的粘结强度试验报告

注:每使用100t或不足100t钢结构薄涂型防火涂料应抽检一次粘结强度。

6)构件(部件)摩擦面处理后抗滑移系数试验报告

7)测试仪器检定证书

8)材料、构配件进场检验记录

9)工程物资进场报验表

(4)施工记录

1)隐蔽工程验收记录

2)预检记录

3)各层涂层的厚度和总厚度测量记录

4)施工时的气候条件记录

5)涂装的施工方法及施工黏度记录

6)钢结构防腐、防火涂料涂装工程自检记录

7)有关观感质量检验项目检查记录

(5) 施工试验记录及检测报告

1)钢结构防腐、防火涂料厚度检测报告

2)涂层附着力测试报告

(6) 施工质量验收记录

1)钢结构(防腐涂料涂装)分项工程检验批质量验收记录

2)钢结构(防火涂料涂装)分项工程检验批质量验收记录

3)钢结构涂装分项工程质量验收记录

4)强制性条文检验项目检查记录及证明文件

5)分项/分部工程施工报验表

4.9.2 防腐、防火涂料涂装工程资料填写范例

钢结构防腐涂料涂层厚度检查记录

工程名称	××工程				施工单位	××钢结构工程有限公司					构件名称	钢梁				干漆膜厚度(μm)						125
序号	构件编号	干漆膜厚度检测值(每一个构件测 5 处,每处测三个相距 50mm 测 点的平均值)																				备　注
		第一测处				第二测处				第三测处				第四测处				第五测处				
		每测点值			平均值	每测点值			平均值	每测点值			平均值	每测点值			平均值	每测点值			平均值	
1	GL1	110	115	115	113	120	115	120	118	110	110	115	112	115	120	120	118	110	105	110	108	
2	GL2	110	120	115	115	115	115	120	117	120	120	110	117	105	105	110	107	120	115	120	118	
3	GL3	120	120	115	118	115	115	110	113	120	110	110	113	115	115	110	113	110	115	110	112	
检查结论	经检查,钢梁防腐涂料涂层厚度符合《钢结构工程施工质量验收规范》(GB 50205—2001)要求。																					
施工单位	项目技术负责人:××× 记录人:××× 2015 年×月×日						监理(建设)单位	监理工程师(建设单位代表):××× 2015 年×月×日								其他单位	代表: 年　月　日					

钢结构防火涂料涂层厚度检查记录

<table>
<tr><td colspan="2">工程名称</td><td colspan="5">××工程</td><td colspan="2">施工单位</td><td colspan="4">××钢结构工程有限公司</td></tr>
<tr><td colspan="2">耐火等级</td><td colspan="3">0.5～3h</td><td colspan="2">涂层厚度</td><td colspan="2">20mm</td><td colspan="2">涂层遍数</td><td colspan="2">3</td></tr>
<tr><td>序号</td><td>构件编号</td><td colspan="10">检　测　值　(mm)</td><td>平均值</td></tr>
<tr><td>1</td><td>GL1</td><td>20.2</td><td>20.3</td><td>20.4</td><td></td><td></td><td></td><td></td><td></td><td></td><td></td><td>20.3</td></tr>
<tr><td>2</td><td>GL2</td><td>20.1</td><td>20.0</td><td>19.8</td><td></td><td></td><td></td><td></td><td></td><td></td><td></td><td>20.0</td></tr>
<tr><td>3</td><td>GL3</td><td>20.2</td><td>20.4</td><td>20.2</td><td></td><td></td><td></td><td></td><td></td><td></td><td></td><td>20.3</td></tr>
<tr><td>4</td><td>GZ1</td><td>20.2</td><td>20.3</td><td>20.4</td><td></td><td></td><td></td><td></td><td></td><td></td><td></td><td>20.3</td></tr>
<tr><td>5</td><td>GZ2</td><td>19.8</td><td>20.3</td><td>20.2</td><td></td><td></td><td></td><td></td><td></td><td></td><td></td><td>20.1</td></tr>
<tr><td>6</td><td>GZ3</td><td>20.1</td><td>20.3</td><td>20.4</td><td></td><td></td><td></td><td></td><td></td><td></td><td></td><td>20.3</td></tr>
<tr><td></td><td></td><td></td><td></td><td></td><td></td><td></td><td></td><td></td><td></td><td></td><td></td><td></td></tr>
<tr><td></td><td></td><td></td><td></td><td></td><td></td><td></td><td></td><td></td><td></td><td></td><td></td><td></td></tr>
<tr><td></td><td></td><td></td><td></td><td></td><td></td><td></td><td></td><td></td><td></td><td></td><td></td><td></td></tr>
<tr><td></td><td></td><td></td><td></td><td></td><td></td><td></td><td></td><td></td><td></td><td></td><td></td><td></td></tr>
<tr><td></td><td></td><td></td><td></td><td></td><td></td><td></td><td></td><td></td><td></td><td></td><td></td><td></td></tr>
<tr><td></td><td></td><td></td><td></td><td></td><td></td><td></td><td></td><td></td><td></td><td></td><td></td><td></td></tr>
<tr><td>检查结论</td><td colspan="12">经检查,防火涂料涂层厚度符合设计要求。</td></tr>
<tr><td>施工单位</td><td colspan="3">项目技术负责人:
×××
记录人:×××

2015 年×月×日</td><td colspan="2">监理(建设)单位</td><td colspan="3">监理工程师:×××
(建设单位代表)

2015 年×月×日</td><td colspan="2">其他单位</td><td colspan="2">代表:

年　月　日</td></tr>
</table>

《钢结构涂料施工记录》填写说明

薄涂型防火涂料涂层表面裂纹宽度不应大于0.5mm，涂层厚度应符合有关耐火极限的设计要求；厚涂型防火涂料涂层表面裂纹宽度不应大于1mm，其涂层厚度应有80%以上的面积符合耐火极限的设计要求，且最薄处厚度不应低于设计要求的85%。防火涂料涂层厚度测定方法如下：

1. 测针(厚度测量仪)：测针由针杆和可滑动的圆盘组成，圆盘始终保持与针杆垂直，并在其上装有固定装置，圆盘直径不大于30mm，以保证完全接触被测试件的表面。如果厚度测量仪不易插入被插材料中，也可使用其他适宜的方法测试。

测试时，将测厚探针(见图4-3)垂直插入防火涂层直至钢基材表面上，记录标尺读数。

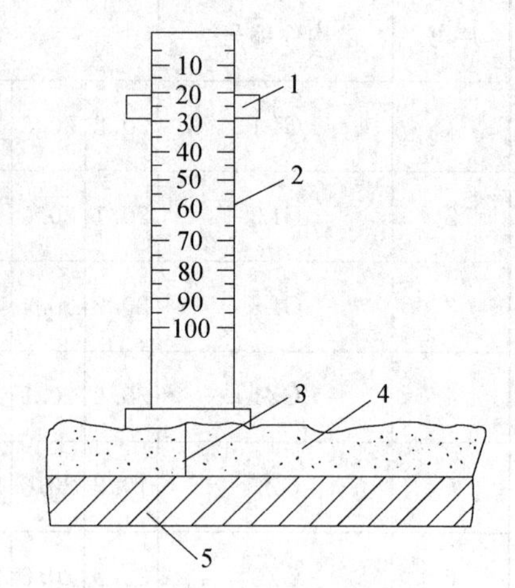

图4-3 测厚度示意图

1—标尺；2—刻度；3—测针；
4—防火涂层；5—钢基材

2. 测点选定：

(1)楼板和防火墙的防火涂层厚度测定，可选两相邻纵、横轴线相交中的面积为一个单元，在其对角线上，按每米长度选一点进行测试。

(2)全钢框架结构的梁和柱的防火层厚度测定，在构件长度内每隔3m取一截面，按右图所示位置测试。

(3)桁架结构的上弦和下弦每隔3m取一截面检测，其他腹杆每根取一截面检测。

3. 测量结果：对于楼板和墙面，在所选择的面积中，至少测出5个点；对于梁和柱在所选择的位置中，分别测出6个和8个点。分别计算出它们的平均值，精确到0.5mm。

防腐涂料涂装检验批质量验收记录

02031001 001

单位（子单位）工程名称	××大厦	分部（子分部）工程名称	主体结构/钢结构	分项工程名称	防腐涂料涂装
施工单位	××建筑有限公司	项目负责人	赵斌	检验批容量	150 件
分包单位	/	分包单位项目负责人	/	检验批部位	宴会大厅
施工依据	《钢结构工程施工规范》GB50755-2012		验收依据	《钢结构工程施工质量验收规范》GB50205-2001	

		验收项目	设计要求及规范规定	最小/实际抽样数量	检查记录	检查结果
主控项目	1	涂料性能	第 4.9.1 条	/	质量证明文件齐全，检验合格，报告编号××××	√
	2	涂装基层验收	第 14.2.1 条	15/15	抽查 15 处，合格 15 处	√
	3	涂层厚度	第 14.2.2 条	15/15	抽查 15 处，合格 15 处	√
一般项目	1	涂料质量	第 4.9.3 条	3/全	涂料型号、名称、颜色及有效期均满足设计要求，并符合规范要求	√
	2	表面质量	第 14.2.3 条	全/150	共 150 处，全部检查，合格 150 处	100%
	3	附着力测试	第 14.2.4 条	3/3	抽查 3 处，合格 3 处	100%
	4	标志	第 14.2.5 条	全/15	共计 15 处，合格 15 处	100%

施工单位检查结果	符合要求 专业工长：王晨 项目专业质量检查员：孔凡民 2014 年××月××日
监理单位验收结论	合格 专业监理工程师：刘东 2014 年××月××日

《防腐涂料涂装检验批质量验收记录》填写说明

1. 填写依据

(1)《钢结构工程施工质量验收规范》GB 50205－2001。

(2)《建筑工程施工质量验收统一标准》GB 50300－2013。

2. 规范摘要

以下内容摘自《钢结构工程施工质量验收规范》GB 50205－2001。

(1)检验批划分原则

钢结构涂装工程可按钢结构制作或钢结构安装工程检验批的划分原则划分成一个或若干个检验批。

(2)涂装材料验收要求

主控项目

钢结构防腐涂料、稀释剂和固化剂等材料的品种、规格、性能等符合现行国家产品标准和设计要求。

检查数量:全数检查。

检验方法:检查产品的质量合格证明文件、中文标志及检验报告等。

一般项目

防腐涂料和防火涂料的型号、名称、颜色及有效期应与其质量证明文件相符。开启后,不应存在结皮、结块、凝肢等现象。

检查数量:每种规格抽查5%,且不应少于3桶。

检验方法:观察检查。

(3)钢结构防腐涂料涂装验收要求

主控项目

1)涂装前钢材表面除锈应符合设计要求和国家现行有关标准的规定。处理后的钢材表面不应有焊渣、焊疤、灰尘、油污、水和毛刺等。当设计无要求时,钢材表面除锈等级应符合表4-32的规定。

检查数量:按构件数抽查10%,且同类构件不应少于3件。

检验方法:用铲刀检查和用现行国家标准《涂装前钢材表面锈蚀等级和除锈等级》GB 8923规定的图片对照观察检查。

表4-32　各种底漆或防锈漆要求最低的除锈等级

涂料品种	除锈等级
油性酚醛、醇酸等底漆或防锈漆	St2
高氯化聚乙烯、氯化橡胶、氯磺化聚乙烯、环氧树脂、聚氨酯等底漆或防锈漆	Sa2
无机富锌、有机硅、过氯乙烯等底漆	Sa2 $\frac{1}{2}$

2)涂料、涂装遍数、涂层厚度均应符合设计要求。当设计对涂层厚度无要求时,涂层干漆膜总厚度:室外应为150μm,室内应为125μm,其允许偏差为－25μm。每遍涂层干漆膜厚度的允许偏差为－5μm。

检查数量:按构件数抽查10%,且同类构件不应少于3件。

检验方法:用干漆膜测厚仪检查。每个构件检测5处,每处的数值为3个相距50mm测点涂层干漆膜厚度的平均值。

一般项目

1)构件表面不应误涂、漏涂,涂层不应脱皮和返锈等。涂层应均匀、无明显皱皮、流坠、针眼和气泡等。

检查数量:全数检查。

检验方法:观察检查。

2)当钢结构处在有腐蚀介质环境或外露且设计有要求时,应进行涂层附着力测试,在检测处范围内,当涂层完整程度达到70%以上时,涂层附着力达到合格质量标准的要求。

检查数量:按构件数抽查1%,且不应少于3件,每件测3处。

检验方法:按照现行国家标准《漆膜附着力测定法》GB 1720或《色漆和清漆、漆膜的划格试验》GB 9286执行。

3)涂装完成后,构件的标志、标记和编号应清晰完整。

检查数量:全数检查。

检验方法:观察检查。

防火涂料涂装检验批质量验收记录

02031101 001

单位（子单位）工程名称	××大厦	分部（子分部）工程名称	主体结构/钢结构	分项工程名称	防火涂料涂装
施工单位	××建筑有限公司	项目负责人	赵斌	检验批容量	150件
分包单位	/	分包单位项目负责人	/	检验批部位	宴会大厅
施工依据	《钢结构工程施工规范》GB50755-2012		验收依据	《钢结构工程施工质量验收规范》GB50205-2001	

		验收项目	设计要求及规范规定	最小/实际抽样数量	检查记录	检查结果
主控项目	1	涂料性能	第4.9.2条	/	质量证明文件齐全，检验合格，报告编号××××	√
	2	涂装基层验收	第14.3.1条	15/15	抽查15处，合格15处	√
	3	强度试验	第14.3.2条	/	检验合格，报告编号×××	√
	4	涂层厚度	第14.3.3条	15/15	抽查15处，合格15处	√
	5	表面裂纹	第14.3.4条	15/15	抽查15处，合格15处	√
一般项目	1	产品质量	第4.9.3条	6/6	抽查6桶，合格6桶	100%
	2	基层表面	第14.3.5条	全/150	共150处，全部检查，合格150处	100%
	3	涂层表面质量	第14.3.6条	全/150	共150处，全部检查，合格150处	100%

施工单位检查结果	符合要求 专业工长：王晨 项目专业质量检查员：孔凡民 2014年××月××日
监理单位验收结论	合格 专业监理工程师：刘东 2014年××月××日

《防火涂料涂装检验批质量验收记录》填写说明

1. 填写依据

(1)《钢结构工程施工质量验收规范》GB 50205－2001。

(2)《建筑工程施工质量验收统一标准》GB 50300－2013。

2. 规范摘要

以下内容摘自《钢结构工程施工质量验收规范》GB 50205－2001。

(1)检验批划分原则

钢结构涂装工程可按钢结构制作或钢结构安装工程检验批的划分原则划分成一个或若干个检验批。

(2)涂装材料验收要求

主控项目

钢结构防火涂料的品种和技术性能应符合设计要求，并应经过具有资质的检测机构检测符合国家现行有关标准的规定。

检查数量：全数检查。

检验方法：检查产品的质量合格证明文件、中文标志及检验报告等。

一般项目

防腐防腐涂料和防火涂料的型号、名称、颜色及有效期应与其质量证明文件相符。开启后，不应存在结皮、结块、凝胶等现象。

检查数量：每种规格抽查 5%，且不应少于 3 桶。

检验方法：观察检查。

(3)钢结构防火涂料涂装验收要求

主控项目

1)防火涂料涂装前钢材表面除锈及防锈底漆涂装应符合设计要求和国家现行有关标准的规定。

检查数量：按构件数抽查 10%，且同类构件不应少于 3 件。

检验方法：表面除锈用铲刀检查和用现行国家标准《涂装前钢材表面锈蚀等级和除锈等级》GB 8923 规定的图片对照观察检查。底漆涂装用干漆膜测厚仪检查，每个构件检测 5 处，每处的数值为 3 个相距 50mm 测点涂层干漆膜厚度的平均值。

2)钢结构防火涂料的粘结强度、抗压强度应符合国家现行标准《钢结构防火涂料应用技术规程》CECS 24 的规定。检验方法应符合现行国家标准《建筑构件防火喷涂材料性能试验方法》GB 9978 的规定。

检查数量：每使用 100t 或不足 100t 薄涂型防火涂料应抽检一次粘结强度；每使用 500t 或不足 500t 厚涂型防火涂料应抽检一次粘结强度和抗压强度。

检验方法：检查复检报告。

3)薄涂型防火涂料的涂层厚度应符合有关耐火极限的设计要求。厚涂型防火涂料涂层的厚度，80%及以上面积应符合有关耐火极限的设计要求，且最薄处厚度不应低于设计要求的 85%。

检查数量：按同类构件数抽查 10%，且均不应少于 3 件。

检验方法：用涂层厚度测量仪、测针和钢尺检查。测量方法应符合国家现行标准《钢结构防火涂料应用技术规程》CECS 24:90 的规定及 GB 50205－ 2001 中附录 F。

4)薄涂型防火涂料涂层表面裂纹宽度不应大于 0.5mm;厚涂型防火涂料涂层表面裂纹宽度不应大于 1mm。

检查数量:按同类构件数抽查 10%,且均不应少于 3 件。

检验方法:观察和用尺量检查。

一般项目

1)防火涂料涂装基层不应有油污、灰尘和泥砂等污垢。

检查数量:全数检查。

检验方法:观察检查。

2)防火涂料不应有误涂、漏涂,涂层应闭合无脱层、空鼓、明显凹陷、粉化松散和浮浆等外观缺陷,乳突已剔除。

检查数量:全数检查。

检验方法:观察检查。

第 5 章

钢管混凝土结构工程资料及范例

5.1 钢管混凝土结构工程规范清单

《钢管混凝土结构技术规范》GB 50936－2014
《钢管混凝土工程施工质量验收规范》GB 50628－2010
《矩形钢管混凝土结构技术规程》CECS 159:2004
《钢管混凝土叠合柱结构技术规程》CECS 188:2005
《实心与空心钢管混凝土结构技术规程》CECS 254:2012
《钢管混凝土结构技术规程》CECS 28:2012
《钢管结构技术规程》CECS 280:2010
《钢管混凝土结构技术规程》DB21/T 1746－2009
《钢管混凝土结构技术规程》DB62/T 25－3041－2009
《结构用不锈钢无缝钢管》GB/T 14975－2012
《结构用无缝钢管》GB/T 8162－2008
《建筑结构用冷弯矩形钢管》JG/T 178－2005
《建筑结构用铸钢管》JG/T 300－2011
《建筑结构用冷成型焊接圆钢管》JG/T 381－2012
《无缝钢管超声波探伤检验方法》GB/T 5777－2008
《无缝钢管尺寸、外形、重量及允许偏差》GB/T 17395－2008
《结构用直缝埋弧焊接钢管》GB/T 30063－2013

5.2　构件现场拼装

5.2.1　钢管混凝土结构构件现场拼装资料列表

(1)施工管理资料

1)施工现场质量管理检查记录

2)质量事故处理记录、质量事故报告

3)施工检测计划

4)施工日志

5)不合格项的处理记录及验收记录

(2)施工技术资料

1)施工方案

构件现场拼装施工方案

2)技术交底记录

构件现场拼装施工方案技术交底记录

3)图纸会审记录、设计变更通知单、工程洽商记录

(3) 施工物资资料

1)钢构件出厂合格证

2)连接材料(高强度螺栓、焊接材料、焊钉等)的质量合格证明文件、中文标志、检验报告及复试报告等

3)材料、构配件进场检验记录

4)设备开箱检验记录

5)工程物资进场报验表

(4)施工记录

1)隐蔽工程验收记录

2)交接检查记录

3)预检记录

4)楼层平面放线及标高实测记录

5)钢管力学性能、工艺性能检验报告

6)钢管构件外形尺寸检查记录表

7)构件现场拼装施工记录

8)构件吊装记录

9)焊接材料烘焙记录

(5)施工试验记录及检测报告

1)超声波探伤报告

2)超声波探伤记录

3)钢构件射线探伤报告

4)磁粉探伤报告

(6)施工质量验收记录

1)构件现场拼装检验批质量验收记录

2)分项工程质量验收记录

5.2.2 钢管混凝土结构构件现场拼装资料填写范例

钢管混凝土构件现场拼装检验批质量验收记录

02040102 001

<table>
<tr><td>单位（子单位）工程名称</td><td>××大厦</td><td>分部（子分部）工程名称</td><td>主体结构/钢管混凝土结构</td><td>分项工程名称</td><td>构件现场拼装</td></tr>
<tr><td>施工单位</td><td>××建筑有限公司</td><td>项目负责人</td><td>赵斌</td><td>检验批容量</td><td>100 件</td></tr>
<tr><td>分包单位</td><td>/</td><td>分包单位项目负责人</td><td>/</td><td>检验批部位</td><td>首层 1～8 轴钢管混凝土墩柱</td></tr>
<tr><td>施工依据</td><td colspan="2">《钢结构工程施工规范》GB50755-2012</td><td>验收依据</td><td colspan="2">《钢管混凝土工程施工质量验收规范》GB50628-2010</td></tr>
</table>

<table>
<tr><th></th><th colspan="3">验收项目</th><th colspan="2">设计要求及规范规定</th><th>最小/实际抽样数量</th><th>检查记录</th><th>检查结果</th></tr>
<tr><td rowspan="4">主控项目</td><td>1</td><td colspan="2">构件上缀件数量、位置</td><td colspan="2">第 4.2.1 条</td><td>全/42</td><td>共 42 处，全部检查，合格 42 处</td><td>√</td></tr>
<tr><td>2</td><td colspan="2">拼装的方式、程序、方法</td><td colspan="2">第 4.2.2 条</td><td>全/100</td><td>共 100 处，全部检查，合格 100 处</td><td>√</td></tr>
<tr><td>3</td><td colspan="2">焊接材料</td><td colspan="2">第 4.2.3 条</td><td>全/全</td><td>焊接材料符合设计要求，试验报告编号××××</td><td>√</td></tr>
<tr><td>4</td><td colspan="2">焊缝质量(一、二级)</td><td colspan="2">第 4.2.4 条</td><td>全/70</td><td>共 70 处，全部检查，合格 70 处</td><td>√</td></tr>
<tr><td rowspan="14">一般项目</td><td>1</td><td colspan="2">拼装场地条件</td><td colspan="2">第 4.2.5 条</td><td>全/全</td><td>拼装条件符合规范要求</td><td>√</td></tr>
<tr><td colspan="3"></td><td>☑二级</td><td>□三级</td><td></td><td></td><td></td></tr>
<tr><td rowspan="12">2</td><td rowspan="12">缺陷类型允许偏差</td><td>未焊满(指不足设计要求)</td><td>≤0.2+0.02t 且≤2.0</td><td>≤0.2+0.04t 且≤2.0</td><td>10/30</td><td>抽查 30 处，合格 30 处</td><td>100%</td></tr>
<tr><td>未焊满(每 100.0)</td><td>≤25.0</td><td>≤25.0</td><td>10/30</td><td>抽查 30 处，合格 30 处</td><td>100%</td></tr>
<tr><td>根部收缩</td><td>≤0.2+0.02t 且≤1.0</td><td>≤0.2+0.04t 且≤2.0</td><td>10/30</td><td>抽查 30 处，合格 30 处</td><td>100%</td></tr>
<tr><td rowspan="2">咬边</td><td>≤0.05t 且≤0.5</td><td>≤0.1t 且≤1.0</td><td>10/30</td><td>抽查 30 处，合格 30 处</td><td>100%</td></tr>
<tr><td>连续长度≤100.0，且焊缝两侧咬边总长不应大于 10%焊缝全长</td><td>-</td><td>10/30</td><td>抽查 30 处，合格 30 处</td><td>100%</td></tr>
<tr><td>弧坑裂纹</td><td>-</td><td>允许存在个别长度≤5.0 的弧坑裂纹</td><td>10/30</td><td>抽查 30 处，合格 30 处</td><td>100%</td></tr>
<tr><td>电弧擦伤</td><td>-</td><td>允许存在个别电弧擦伤</td><td>10/30</td><td>抽查 30 处，合格 30 处</td><td>100%</td></tr>
<tr><td>接头不良</td><td>缺口深度 0.05t≤0.5</td><td>缺口深度 0.01t，≤1.0</td><td>10/30</td><td>抽查 30 处，合格 30 处</td><td>100%</td></tr>
<tr><td>每 1000 焊缝接头不良</td><td>≤1</td><td>≤1</td><td>10/30</td><td>抽查 30 处，合格 30 处</td><td>100%</td></tr>
<tr><td>表面夹渣</td><td>-</td><td>深≤0.2t，长≤0.5t，且≤2.0</td><td>10/30</td><td>抽查 30 处，合格 30 处</td><td>100%</td></tr>
<tr><td>表面气孔</td><td>-</td><td>每 50.0 焊缝长度内允许直径≤0.4t，且不应大于 3.0 的气孔 2 个，孔距≥6 倍孔距</td><td>10/30</td><td>抽查 30 处，合格 30 处</td><td>100%</td></tr>
</table>

续表

单位（子单位）工程名称	××大厦	分部（子分部）工程名称	主体结构/钢管混凝土结构	分项工程名称	构件现场拼装
施工单位	××建筑有限公司	项目负责人	赵斌	检验批容量	100 件
分包单位	/	分包单位项目负责人	/	检验批部位	首层 1～8 轴钢管混凝土墩柱
施工依据	《钢结构工程施工规范》GB50755-2012		验收依据	《钢管混凝土工程施工质量验收规范》GB50628-2010	

一般项目		验收项目			允许偏差（mm）☑一、二级	允许偏差（mm）□三级	最小/实际抽样数量	检查记录	检查结果
	3	焊缝余高及错边允许偏差	对焊接缝余高 C	B＜20	0～3.0	0～4.0	10/30	抽查 30 处，合格 30 处	100%
				B≥20	0～4.0	0～5.0	/	/	
			对接焊缝错边 d	d＜0.15t	≤2.0	≤3.0	10/30	抽查 30 处，合格 30 处	100%
			角焊缝余高 C	h_f≤6	0～1.5		10/30	抽查 30 处，合格 30 处	100%
				h_f＞6	0～3.0		/	/	

一般项目		验收项目	允许偏差（mm）□单层柱	允许偏差（mm）☑多层柱	最小/实际抽样数量	检查记录	检查结果
	4	一节柱高度	±5.0	±3.0	10/10	抽查 10 处，合格 10 处	100%
		对口错边	t/10，≤3.0	2.0	10/10	抽查 10 处，合格 10 处	100%
		柱身弯曲矢高	H/1500，≤10	H/1500，≤5	10/10	抽查 10 处，合格 10 处	100%
		牛腿处的柱身扭曲	3.0	d/250，≤5	10/10	抽查 10 处，合格 10 处	100%
		牛腿处的翘曲△	2.0	L_3≤1000，2.0 L_3＞1000，3.0	10/10	抽查 10 处，合格 10 处	100%
		柱底面到柱端与梁连接的最上一个安装孔距离 L	±L/1500，且≤±15	-	10/10	抽查 10 处，合格 10 处	100%
		柱两端最外侧安装孔、穿钢筋孔距离 L 不	-	±2.0	10/10	抽查 10 处，合格 10 处	100%
		柱底面到到牛腿支承面距离 L 俞	±L 俞/1500，且≤±8	-	10/10	抽查 10 处，合格 10 处	100%
		牛腿端孔到柱轴线距离 L 吘	±3.0	±3.0	10/10	抽查 10 处，合格 10 处	100%
		管肢组合尺寸偏差	a≤1/1000	b≤1/1000	10/10	抽查 10 处，合格 10 处	100%
		缀件尺寸偏差	c≤1/1000	d≤1/1000	10/10	抽查 10 处，合格 10 处	100%
		缀件节点偏差	d 不不宜小于 50	d 不不宜小于 50	10/10	抽查 10 处，合格 10 处	100%
			δ 不应大于 d/4(宜交于中心)	δ 不应大于 d/4(宜交于中心)	10/10	抽查 10 处，合格 10 处	100%

施工单位检查结果	符合要求 专业工长：王晨 项目专业质量检查员：孔凡民 2014 年××月××日
监理单位验收结论	合格 专业监理工程师：刘东 2014 年××月××日

《钢管混凝土构件现场拼装检验批质量验收记录》填写说明

1. 填写依据

(1)《钢管混凝土工程施工质量验收规范》GB 50628－2010。

(2)《建筑工程施工质量验收统一标准》GB 50300－2013。

2. 规范摘要

以下内容摘自《钢管混凝土工程施工质量验收规范》GB 50628－2010。

钢管混凝土构件现场拼装验收要求

主控项目

(1)钢管混凝土构件现场拼装时,钢管混凝土构件各种缀件的规格、位置和数量应符合设计要求。

检查数量:全数检查。

检验方法:观察检查、尺量检查。

(2)钢管混凝土构件拼装的方式、程序、施焊方法应符合设计及专项施工方案要求。

检查数量:全数检查。

检验方法:观察检查、检查施工记录。

(3)钢管混凝土构件焊接的焊接材料应与母材相匹配,并应符合设计要求和现行国家标准《钢结构工程施工质量验收规范》GB 50205 的有关规定。

检查数量:全数检查。

检验方法:检查施工记录。

(4)钢管混凝土构件拼装焊接焊缝质量应符合设计要求和现行国家标准《钢结构工程施工质量验收规范》GB 50205 的有关规定。设计要求的一、二级焊缝应符合 GB 50628－2010 第 3.0.7 条的规定。

检查数量:全数检查。

检验方法:检查施工记录及焊缝检测报告。

一般项目

(1)钢管混凝土构件拼装场地的平整度、控制线等控制措施应符合专项施工方案的要求。

检查数量:全数检查。

检验方法:观感检查、尺量检查。

(2)钢管混凝土构件现场拼装焊接二、三级焊缝外观质量应符合表 5-1 的规定。

检查数量:同批构件抽查 10%,且不少于 3 件。

检验方法:观察检查、尺量检查。

表 5-1　二、三级焊缝外观质量标准

项目	允许偏差(mm)	
缺陷类型	二级	三级
未焊满(指不足设计要求)	≤0.2+0.02t,且不应大于 1.0	≤0.2+0.04t,且不应大于 2.0
	每 100.0 焊缝内缺陷总长不应大于 25.0	

续表

项目	允许偏差(mm)	
根部收缩	≤0.2+0.02t,且不应大于 1.0	≤0.2+0.04t,且不应大于 2.0
	长度不限	
咬边	≤0.05t,且不应大于 0.5;连续长度≤100.0,且焊缝两侧咬边总长不应大于 10%焊缝全长	≤0.1t,且不应大于 1.0,长度不限
弧坑裂纹	—	允许存在个别长度≤5.0 的弧裂抗纹
电弧擦伤	—	允许存在个别电弧擦伤
接头不良	缺口深度 0.05t,且不应大于 0.5	缺口深度 0.1t,且不应大于 1.0
	每 1000.0 焊缝不应超过 1 处	
表面夹杂	—	深≤0.2t 长≤0.5t,且不应大于 2.0
表面气孔	—	每 50.0 焊缝长度内允许直径≤0.4t,且不应大于 3.0 的气孔 2 个,孔距≥6 倍孔径

注:表内 t 为连接处较薄的板厚。

(3)钢管混凝土构件对接焊缝和角焊缝余高及错边允许偏差应符合表 5-2 的规定。

检查数量:同批构件抽查 10%,且不少于 3 件。

检验方法:焊缝量规检查。

表 5-2　　**焊缝余高及错边允许偏差**

序号	内容	图例	允许偏差(mm)	
			一、二级	三级
1	对接焊缝余高 C	B C	B<20 时,C 为 0～3.0B≥20 时,C 为 0～4.0	B<20 时,C 为 0～4.0B≥20 时,C 为 0～5.0
2	对接焊缝错边 d	B d t	d<0.15t,且不应大于 2.0	d<0.15t,且不应大于 3.0
3	角焊缝余高 C	h_f c h_f	h_f≤6 时,C 为 0～1.5;h_f>6 时,C 为 0～3.0	

注:h_f>8.0mm 的角焊缝其局部焊脚尺寸允许低于设计要求值 1.0mm,但总长度不得超过焊缝长度 10%。

(4)钢管混凝土构件现场拼装允许偏差应符合表 5-3 的规定。

检查数量:同批构件抽查 10%,且不少于 3 件。

检验方法:见表 5-3。

表 5-3　　钢管混凝土构件现场拼装允许偏差(mm)

项目	允许偏差		检验方法	图例
	单层柱	多层柱		
一节柱高度	+5.0	±3.0	尺量检查	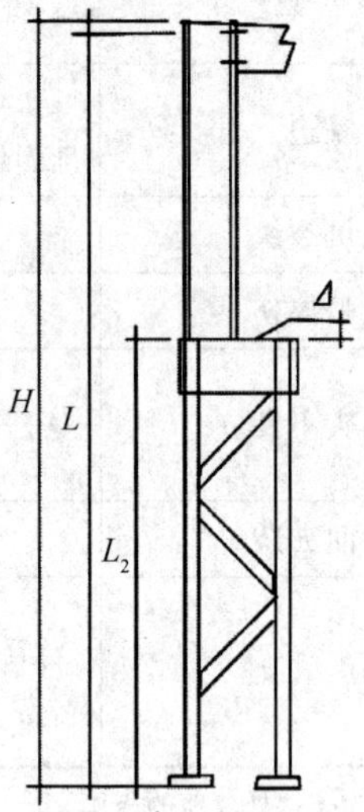
对口错边	$t/10$,且不应大于 3.0	2.0	焊缝量规检查	
柱身弯曲矢高	$H/1500$,且不应大于 10.0	$H/1500$,且不应大于 5.0	拉线、直角尺和尺量检查	
牛腿处的柱身扭曲	3.0	$d/250$,且不应大于 5.0	拉线、吊线和尺量检查	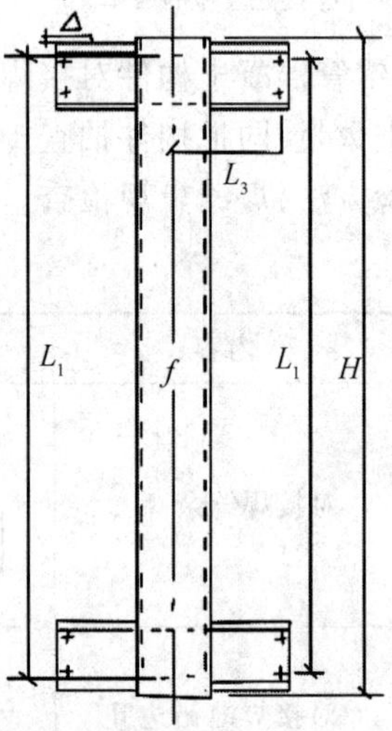
牛腿面的翘曲 Δ	2.0	$L_3 \leqslant 1000$,2.0;$L_3 > 1000$,3.0	拉线、直角尺和尺量检查	
柱底面到柱端与梁连接的最上一个安装孔距离 L	$\pm L/1500$,且不应超过±15.0	—	尺量检查	
柱两端最外侧安装孔、穿钢筋空距离 L_1	—	±2.0		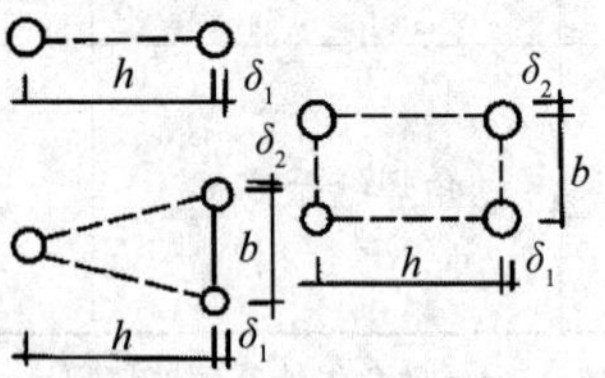

续表

项目	允许偏差		检验方法	图例
	单层柱	多层柱		
柱底面到牛腿支承面距离 L_2	$\pm L_2/2000$，且不应超过±8.0	—	尺量检查	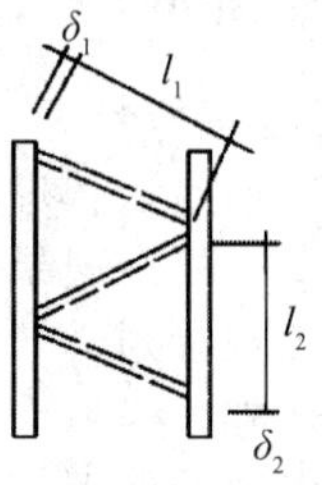
牛腿端孔到柱轴线距离 L_3	±3.0	±3.0	尺量检查	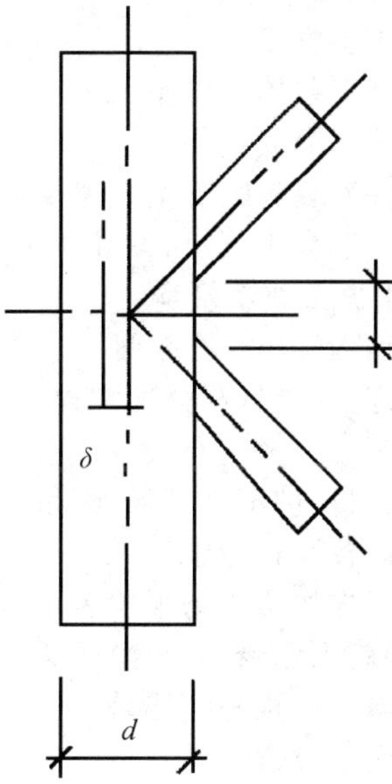

5.3 构件安装工程

5.3.1 钢管混凝土结构构件安装资料列表

(1)施工管理资料

1)施工现场质量管理检查记录

2)质量事故处理记录、质量事故报告

3)施工检测计划

4)施工日志

5)不合格项的处理记录及验收记录

(2)施工技术资料

1)施工方案

构件安装施工方案

2)技术交底记录

构件安装施工方案技术交底记录

3)图纸会审记录、设计变更通知单、工程洽商记录

(3) 施工物资资料

1)钢构件出厂合格证

2)连接材料(高强度螺栓、焊接材料、焊钉等)的质量合格证明文件、中文标志、检验报告及复试报告等

3)材料、构配件进场检验记录

4)设备开箱检验记录

5)工程物资进场报验表

(4)施工记录

1)隐蔽工程验收记录

2)交接检查记录

3)预检记录

4)楼层平面放线及标高实测记录

5)钢管构件外形尺寸检查记录表

6)构件安装施工记录

7)构件吊装记录

8)焊接材料烘焙记录

9)混凝土构件同条件养护试验报告

10)高强度螺栓终拧扭矩记录

(5)施工试验记录及检测报告

1)超声波探伤报告

2)超声波探伤记录

3)钢构件射线探伤报告

4)磁粉探伤报告

5)钢管力学性能、工艺性能检验报告

(6)施工质量验收记录

1)构件安装检验批质量验收记录

2)分项工程质量验收记录

5.3.2 钢管混凝土结构构件安装资料填写范例

钢管混凝土构件安装检验批质量验收记录

02040202 001

单位（子单位）工程名称	××大厦	分部（子分部）工程名称	主体结构/钢管混凝土结构	分项工程名称	构件安装
施工单位	××建筑有限公司	项目负责人	赵斌	检验批容量	300 件
分包单位	/	分包单位项目负责人	/	检验批部位	首层 1～8 轴混凝土墩柱
施工依据	钢管混凝土专项方案		验收依据	《钢管混凝土工程施工质量验收规范》GB50628-2010	

		验收项目			设计要求及规范规定	最小/实际抽样数量	检查记录	检查结果
主控项目	1	构件吊装与混凝土浇筑顺序			第 4.4.1 条	/	检验合格，记录编号××××	√
	2	基座及下层管内混凝土强度			第 4.4.2 条	/	见证试验合格，报告编号××××	√
	3	构件标点线、吊点、支撑点			第 4.4.3 条	全/300	共 300 处，全部检查，合格 300 处	√
	4	构件就位后校正固定			第 4.4.4 条	全/300	共 300 处，全部检查，合格 300 处	√
	5	焊接材料			第 4.4.5 条	全/300	共 300 处，全部检查，合格 300 处	√
	6	垂直度	单层钢管垂直度		h/1000 且≤10.0	30/30	抽查 30 处，合格 30 处	√
			多层钢管整体垂直度		H/2500 且≤30.0	/	/	
一般项目	1	构件管内清理封口			第 4.4.7 条	全/300	共 300 处，全部检查，合格 300 处	100%
	2	安装允许偏差(mm)	单层	轴线偏移	5.0	30/30	抽查 30 处，合格 30 处	100%
				单层构件弯曲矢高	h/1500 且≤10.0	30/30	抽查 30 处，合格 30 处	100%
			双层及高层	上下连接错口	3.0	/	/	
				同一层构件顶高度差	5.0	/	/	
				主体结构钢管混凝土构件总高度差	±H/2500 且≤30.0	/	/	

施工单位检查结果	符合要求 专业工长：王晨 项目专业质量检查员：孔凡民 2014 年××月××日
监理单位验收结论	合格 专业监理工程师：刘东 2014 年××月××日

一册在手 表格全有 贴近现场 资料无忧

《钢管混凝土构件安装检验批质量验收记录》填写说明

1. 填写依据

(1)《钢管混凝土工程施工质量验收规范》GB 50628－2010。

(2)《建筑工程施工质量验收统一标准》GB 50300－2013。

2. 规范摘要

以下内容摘自《钢管混凝土工程施工质量验收规范》GB 50628－2010。

钢管混凝土构件安装验收要求

主控项目

(1)钢管混凝土构件吊装与混凝土浇筑顺序应符合设计和专项施工方案要求。

检查数量:全数检查。

检验方法:观察检查,检查施工记录。

(2)钢管混凝土构件吊装前,基座混凝土强度应符合设计要求。多层结构上节钢管混凝土构件吊装应在下节钢管内混凝土达到设计要求后进行。

检查数量:全数检查。

检验方法:检查同条件养护试块报告。

(3)钢管混凝土构件吊装前,钢管混凝土构件的中心线、标高基准点等标记应齐全;吊点与临时支撑点的设置应符合设计及专项施工方案要求。

检查数量:全数检查。

检验方法:观察检查。

(4)钢管混凝土构件吊装就位后,应及时校正和固定牢固。

检查数量:全数检查。

检验方法:观察检查。

(5)钢管混凝土构件焊接与紧固件连接的质量应符合设计要求和现行国家标准《钢结构工程施工质量验收规范》GB 50205 的有关规定。

检查数量:全数检查。

检验方法:尺量检查,检查高强度螺栓终拧扭矩记录、施工记录及焊缝检测报告。

(6)钢管混凝土构件垂直度允许偏差应符合表 5-4 的规定。

检查数量:同批构件抽查 10%,且不少于 3 件。

表 5-4　　钢管混凝土构件安装垂直度允许偏差(mm)

项目		允许偏差	检验方法
单纯	单层钢管混凝土构件的垂直度	h/1000,且不应大于 10.0	经纬仪,全站仪检查
多层及高层	主体结构钢管混凝土构件的整体垂直度	H/2500,且不应大于 30.0	经纬仪。全站仪检查

注:h 为单层钢管混凝土构件的高度,尺为多层及高层钢管混凝土构件全高。

一般项目

(1)钢管混凝土构件吊装前,应清除钢管内的杂物,钢管口应包封严密。

检查数量:全数检查。

检验方法:观察检查。

(2)钢管混凝土构件安装允许偏差应符合表 5-5 的规定。

检查数量:同批构件抽查 10%,且不少于 3 件。

检验方法:见表 5-5。

表 5-5　　钢管混凝土构件安装允许偏差(mm)

项目		允许偏差	检验方法
单层	柱脚底座中心线对定位轴线的偏移	5.0	吊线和尺量检查
	单层钢管混凝土构件弯曲矢高	h/1500,且不应大于 10.0	经纬仪、全站仪检查
多层及高层	上下构件连接处错口		尺量检查
	同一层构件各构件顶高度差	5.0	水准仪检查
	主体结构钢管混凝土构件高度差	±H/1000,且不应大于 30.0	水准仪和尺量检查

注:h 为单层钢管构件高度,H 为构件全高。

5.4 构件连接工程

5.4.1 钢管混凝土结构构件连接工程资料列表

(1)施工管理资料

1)施工现场质量管理检查记录

2)质量事故处理记录、质量事故报告

3)施工检测计划

4)施工日志

5)不合格项的处理记录及验收记录

(2)施工技术资料

1)施工方案

构件连接工程施工方案

2)技术交底记录

构件连接工程施工方案技术交底记录

3)图纸会审记录、设计变更通知单、工程洽商记录

(3) 施工物资资料

1)钢构件出厂合格证

2)连接材料(高强度螺栓、焊接材料、焊钉等)的质量合格证明文件、中文标志、检验报告及复试报告等

3)材料、构配件进场检验记录

4)设备开箱检验记录

5)工程物资进场报验表

(4)施工记录

1)隐蔽工程验收记录

2)交接检查记录

3)楼层平面放线及标高实测记录

4)构件现场拼装施工记录

5)构件吊装记录

6)焊接材料烘焙记录

(5)施工试验记录及检测报告

1)超声波探伤报告

2)超声波探伤记录

3)钢构件射线探伤报告

4)磁粉探伤报告

(6)施工质量验收记录

1)钢管构件进场验收检验批质量验收记录

2)钢管混凝土柱与钢筋混凝土梁连接检验批质量验收记录

3)分项工程质量验收记录

5.4.2　钢管混凝土结构构件连接工程资料填写范例

钢管构件进场验收检验批质量验收记录

02040101 001

单位（子单位）工程名称	××大厦	分部（子分部）工程名称	主体结构/钢管混凝土结构	分项工程名称	构件现场拼装
施工单位	××建筑有限公司	项目负责人	赵斌	检验批容量	300 件
分包单位	/	分包单位项目负责人	/	检验批部位	首层 1～8 轴钢管混凝土墩柱
施工依据	《钢结构工程施工规范》GB50755-2012		验收依据	《钢管混凝土工程施工质量验收规范》GB50628-2010	

		验收项目	设计要求及规范规定	最小/实际抽样数量	检查记录	检查结果
主控项目	1	钢管构件加工质量	第 4.1.1 条	/	检验合格，资料齐全	√
主控项目	2	按安装工序配套核查构配件数量	第 4.1.2 条	/	检验合格，资料齐全	√
主控项目	3	钢管构件上翅片、肋板、栓钉及开孔规格、数量	第 4.1.3 条	30/30	抽查 30 处，合格 30 处	√
一般项目	1	不应有运输、堆放造成的变形脱漆	第 4.1.4 条	30/30	抽查 30 处，合格 30 处	100%
一般项目	2	允许偏差(mm) 直径(D)	±D/500 且不应大于±5.0	30/30	抽查 30 处，合格 30 处	100%
		允许偏差(mm) 构件长度(L)	±3.0	30/30	抽查 30 处，合格 30 处	100%
		允许偏差(mm) 管口圆度	D/500 且不应大于 5.0mm	30/30	抽查 30 处，合格 30 处	100%
		允许偏差(mm) 弯曲矢高	L/1500 且不应大于 5.0mm	30/30	抽查 30 处，合格 30 处	100%
		允许偏差(mm) 钢筋孔径偏差 中间	1.2d～1.5d	30/30	抽查 30 处，合格 30 处	100%
		允许偏差(mm) 钢筋孔径偏差 外侧	1.2d～1.5d	30/30	抽查 30 处，合格 30 处	100%
		允许偏差(mm) 钢筋孔径偏差 长圆孔宽	1.2d～1.5d	30/30	抽查 30 处，合格 30 处	100%
		允许偏差(mm) 钢筋孔距 任意	±1.5	30/30	抽查 30 处，合格 30 处	100%
		允许偏差(mm) 钢筋孔距 两端	±2.0	30/30	抽查 30 处，合格 30 处	100%
		允许偏差(mm) 钢筋轴线偏差	1.5mm	30/30	抽查 30 处，合格 30 处	100%
施工单位检查结果		符合要求 专业工长：王晨 项目专业质量检查员：孔凡民 2014 年××月××日				
监理单位验收结论		合格 专业监理工程师：刘东 2014 年××月××日				

《钢管构件进场验收检验批质量验收记录》填写说明

1. 填写依据

(1)《钢管混凝土工程施工质量验收规范》GB 50628－2010。

(2)《建筑工程施工质量验收统一标准》GB 50300－2013。

2. 规范摘要

以下内容摘自《钢管混凝土工程施工质量验收规范》GB 50628－2010。

钢管构件进场验收验收要求

主控项目

(1)钢管构件进场应进行验收，其加工制作质量应符合设计要求和合同约定。

检查数量：全数检查。

检验方法：检查出厂验收记录。

(2)钢管构件进场应按安装工序配套核查构件、配件的数量。

检查数量：全数检查。

检验方法：按照安装工序清单清点构件、配件数量。

(3)钢管构件上的钢板翅片、加劲肋板、栓钉及管壁开孔的规格和数量应符合设计要求。

检查数量：同批构件抽查10%，且不少于3件。

检验方法：尺量检查、观察检查及检查出厂验收记录。

一般项目

(1)钢管构件不应有运输、堆放造成的变形、脱漆等现象。

检查数量：同批构件抽查10%，且不少于3件。

检验方法：观察检查。

(2)钢管构件进场应抽查构件的尺寸偏差，其允许偏差应符合表5-6的规定。

检查数量：同批构件抽查10%，且不少于3件。

检验方法：见表5-6。

表5-6　钢管构件进场抽查尺寸允许偏差(mm)

项目		允许偏差	检验方法
直径 D		$\pm D/500$ 且不应大于 ± 5.0	尺量检查
构件长度 L		± 3.0	
管口圆度		$D/500$ 且不应大于5.0	
弯曲矢高	$L/1500$ 且不应大于5.0	拉线、吊线和尺量检查	
钢筋贯穿管柱孔 (d钢筋直径)	孔径偏差范围	中间1.2d～1.5d 外侧1.5d～2.0d 长圆孔宽1.2d～1.5d	尺量检查
	轴线偏差	1.5	
	孔距	任意两孔距离±1.5 两端孔距离±2.0	

钢管混凝土柱与钢筋混凝土梁连接检验批质量验收记录

02040301 001

<table>
<tr><td>单位（子单位）工程名称</td><td>××大厦</td><td>分部（子分部）工程名称</td><td>主体结构/钢管混凝土结构</td><td>分项工程名称</td><td>钢管焊接</td></tr>
<tr><td>施工单位</td><td>××建筑有限公司</td><td>项目负责人</td><td>赵斌</td><td>检验批容量</td><td>100 件</td></tr>
<tr><td>分包单位</td><td>/</td><td>分包单位项目负责人</td><td>/</td><td>检验批部位</td><td>首层 1～8 轴钢管混凝土墩柱</td></tr>
<tr><td>施工依据</td><td colspan="2">钢管混凝土专项方案</td><td>验收依据</td><td colspan="2">《钢管混凝土工程施工质量验收规范》GB50628-2010</td></tr>
</table>

<table>
<tr><td colspan="4">验收项目</td><td>设计要求及规范规定</td><td>最小/实际抽样数量</td><td>检查记录</td><td>检查结果</td></tr>
<tr><td rowspan="3">主控项目</td><td>1</td><td colspan="2">柱梁连接点核心区构造</td><td>第 4.5.1 条</td><td>全/100</td><td>共 100 处，全部检查，合格 100 处</td><td>√</td></tr>
<tr><td>2</td><td colspan="2">柱梁连接贯通型节点</td><td>第 4.5.2 条</td><td>全/30</td><td>共 30 处，全部检查，合格 30 处</td><td>√</td></tr>
<tr><td>3</td><td colspan="2">柱梁连接非贯通型节点</td><td>第 4.5.3 条</td><td>全/70</td><td>共 70 处，全部检查，合格 70 处</td><td>√</td></tr>
<tr><td rowspan="4">一般项目</td><td>1</td><td colspan="2">梁纵筋通过核心区要求</td><td>第 4.5.4 条</td><td>全/100</td><td>共 100 处，全部检查，合格 100 处</td><td>100%</td></tr>
<tr><td>2</td><td colspan="2">梁纵筋间距</td><td>第 4.5.5 条</td><td>全/100</td><td>共 100 处，全部检查，合格 100 处</td><td>100%</td></tr>
<tr><td rowspan="2">3</td><td rowspan="2">允许偏差(mm)</td><td>梁柱中心线偏移</td><td>5.0</td><td>全/100</td><td>共 100 处，全部检查，合格 100 处</td><td>100%</td></tr>
<tr><td>梁标高</td><td>±10.0</td><td>全/100</td><td>共 100 处，全部检查，合格 100 处</td><td>100%</td></tr>
<tr><td colspan="3">施工单位检查结果</td><td colspan="5">符合要求
专业工长：王晨
项目专业质量检查员：孔凡民
2014 年××月××日</td></tr>
<tr><td colspan="3">监理单位验收结论</td><td colspan="5">合格
专业监理工程师：刘东
2014 年××月××日</td></tr>
</table>

《钢管混凝土柱与钢筋混凝土梁连接检验批质量验收记录》填写说明

1. 填写依据

(1)《钢管混凝土工程施工质量验收规范》GB 50628－2010。

(2)《建筑工程施工质量验收统一标准》GB 50300－2013。

2. 规范摘要

以下内容摘自《钢管混凝土工程施工质量验收规范》GB 50628－2010。

钢管混凝土柱与钢筋混凝土梁连接验收要求

主控项目

(1)钢管混凝土柱与钢筋混凝土梁连接节点核心区的构造及钢筋的规格、位置、数量应符合设计要求。

检查数量：全数检查。

检验方法：观察检查，检查施工记录和隐蔽工程验收记录。

(2)钢管混凝土柱与钢筋混凝土梁采用钢管贯通型节点连接时，在核心区内的钢管外壁处理应符合设计要求，设计无要求时，钢管外壁应焊接不少于两道闭合的钢筋环箍，环箍钢筋直径、位置及焊接质量应符合专项施工方案要求。

检查数量：全数检查。

检验方法：观察检查，检查施工记录。

(3)钢管混凝土柱与钢筋混凝土梁连接采用钢管柱非贯通型节点连接时，钢板翅片、厚壁连接钢管及加劲肋板的规格、数量、位置与焊接质量应符合设计要求。

检查数量：全数检查。

检验方法：观察检查、尺量检查和检查施工记录。

一般项目

(1)梁纵向钢筋通过钢管混凝土柱核心区应符合下列规定：

1)梁的级向钢筋位置、间距应符合设计要求；

2)边跨梁的纵向钢筋的锚固长度应符合设计要求；

3)梁的纵向钢筋宜直接贯通核心区，且连接接头不宜设置在核心区。

检查数量：全数检查。

检验方法：观察检查、尺蓦检查和检查隐蔽工程验收记录。

(2)通过梁柱节点核心区的梁纵向钢筋的净距不应小于 40mm，且不小于混凝土骨料粒径的 1.5 倍。绕过钢管布置的纵向钢筋的弯折度应满足设计要求。

检查数量：全数检查。

检验方法：观察检查、尺量检查。

(3)钢管混凝土柱与钢筋混凝土梁连接允许偏差应符合表 5-7 的规定。

检查数量：全数检查。

检验方法：见表 5-7。

表 5-7　钢管混凝土柱与钢筋混凝土梁连接允许偏差(mm)

项目	允许偏差	检验方法
梁中心线对柱中心线偏移	5	经纬仪、吊线和尺量检查
梁标高	±10	水准仪、尺量检查

5.5　钢管内钢筋骨架

5.5.1　钢管内钢筋骨架资料列表

(1)施工管理资料

1)施工现场质量管理检查记录

2)质量事故处理记录、质量事故报告

3)施工检测计划

4)施工日志

5)不合格项的处理记录及验收记录

(2)施工技术资料

1)施工方案

构件连接工程施工方案

2)技术交底记录

构件连接工程施工方案技术交底记录

3)图纸会审记录、设计变更通知单、工程洽商记录

(3) 施工物资资料

1)钢构件出厂合格证

2)连接材料(高强度螺栓、焊接材料、焊钉等)的质量合格证明文件、中文标志、检验报告及复试报告等

3)材料、构配件进场检验记录

4)工程物资进场报验表

(4)施工记录

1)交接检查记录

2)钢筋骨架施工记录

(5)施工质量验收记录

1)钢管构件进场验收检验批质量验收记录

2)钢管内钢筋骨架安装检验批质量验收记录

3)分项工程质量验收记录

5.5.2 钢管内钢筋骨架资料填写范例

钢管内钢筋骨架检验批质量验收记录

02040501 001

<table>
<tr><td colspan="3">单位(子单位)工程名称</td><td>××大厦</td><td>分部(子分部)工程名称</td><td>主体结构/钢管混凝土结构</td><td>分项工程名称</td><td>钢管内钢筋骨架</td></tr>
<tr><td colspan="3">施工单位</td><td>××建筑有限公司</td><td>项目负责人</td><td>赵斌</td><td>检验批容量</td><td>30 件</td></tr>
<tr><td colspan="3">分包单位</td><td>/</td><td>分包单位项目负责人</td><td>/</td><td>检验批部位</td><td>首层 1～8 轴钢管混凝土墩柱</td></tr>
<tr><td colspan="3">施工依据</td><td colspan="2">钢管混凝土专项方案</td><td>验收依据</td><td colspan="2">《钢管混凝土工程施工质量验收规范》GB50628-2010</td></tr>
<tr><td rowspan="4">主控项目</td><td colspan="2">验收项目</td><td>设计要求及规范规定</td><td>最小/实际抽样数量</td><td colspan="2">检查记录</td><td>检查结果</td></tr>
<tr><td>1</td><td>钢筋质量</td><td>第 4.6.1 条</td><td>/</td><td colspan="2">质量证明文件齐全，见证复验合格，报告编号×××</td><td>√</td></tr>
<tr><td>2</td><td>钢筋加工、成型、安装</td><td>第 4.6.2 条</td><td>12/12</td><td colspan="2">抽查 12 件，合格 12 件</td><td>√</td></tr>
<tr><td>3</td><td>受力筋位置、锚固与管壁距离</td><td>第 4.6.3 条</td><td>全/30</td><td colspan="2">共 30 处，全部检查，合格 30 处</td><td>√</td></tr>
<tr><td rowspan="8">一般项目</td><td rowspan="8">1</td><td rowspan="8">允许偏差(mm)</td><td>骨架长度</td><td>±10.0</td><td>3/3</td><td>抽查 3 处，合格 3 处</td><td>100%</td></tr>
<tr><td>骨架截面圆形直径</td><td>±5.0</td><td>3/3</td><td>抽查 3 处，合格 3 处</td><td>100%</td></tr>
<tr><td>骨架截面矩形边长</td><td>±5.0</td><td>3/3</td><td>抽查 3 处，合格 3 处</td><td>100%</td></tr>
<tr><td>骨架安装中心位置</td><td>5</td><td>3/3</td><td>抽查 3 处，合格 3 处</td><td>100%</td></tr>
<tr><td>受力钢筋间距</td><td>±10.0</td><td>3/3</td><td>抽查 3 处，合格 3 处</td><td>100%</td></tr>
<tr><td>受力钢筋保护层厚度</td><td>±5.0</td><td>3/3</td><td>抽查 3 处，合格 3 处</td><td>100%</td></tr>
<tr><td>箍筋、横筋间距</td><td>±20.0</td><td>3/3</td><td>抽查 3 处，合格 3 处</td><td>100%</td></tr>
<tr><td>钢筋骨架与钢管间距</td><td>+5.0
-10.0</td><td>3/3</td><td>抽查 3 处，合格 3 处</td><td>100%</td></tr>
<tr><td colspan="3">施工单位检查结果</td><td colspan="5">符合要求
专业工长：王晨
项目专业质量检查员：孔凡民
2014 年××月××日</td></tr>
<tr><td colspan="3">监理单位验收结论</td><td colspan="5">合格
专业监理工程师：刘东
2014 年××月××日</td></tr>
</table>

《钢管内钢筋骨架检验批质量验收记录》填写说明

1. 填写依据

(1)《钢管混凝土工程施工质量验收规范》GB 50628－2010。

(2)《建筑工程施工质量验收统一标准》GB 50300－2013。

2. 规范摘要

以下内容摘自《钢管混凝土工程施工质量验收规范》GB 50628－2010。

钢管内钢筋骨架验收要求

主控项目

(1)钢管内钢筋骨架的钢筋品种、规格、数量应符合设计要求。

检查数量:全数检查。

检验方法:观察检查、卡尺测量、检查产品出厂合格证和检查进场复测报告。

(2)钢筋加工、钢筋骨架成形和安装质量应符合《混凝土结构工程施工质量验收规范》GB50204 的规定。

检查数量:按每一工作班同一类加工形式的钢筋抽查不少于 3 件。

检验方法:观察检查、尺量检查。

(3)受力钢筋的位置、锚固长度及与管壁之间的间距应符合设计要求。

检查数量:全数检查。

检验方法:观察检查、尺量检查。

一般项目

钢筋骨架尺寸和安装允许偏差应符合表 5-8 的规定。

检查数量:同批构件抽查 10%,且不少于 3 件。

检验方法:见表 5-8。

表 5-8　钢筋骨架尺寸和安装允许偏差(mm)

项次	检验项目			允许偏差	检验方法
1	钢筋骨架	长度		±10	尺量检查
		截面	圆形直径	±5	尺量检查
			矩形边长	±5	尺量检查
		钢筋骨架安装中心位置		5	尺量检查
2	受力钢筋		间距	±10	尺量检查,测量两端,中间各一点,取最大值
			保护层厚度	±5	尺量检查
3	箍筋、横筋间距			±20	尺量检查,连续三档,取最大值
4	钢筋骨架与钢管间距			+5,－10	尺量检查

5.6 混凝土

5.6.1 钢管混凝土结构混凝土工程资料列表

(1)施工管理资料

1)施工现场质量管理检查记录

2)质量事故处理记录、质量事故报告

3)施工检测计划

4)施工日志

5)不合格项的处理记录及验收记录

(2)施工技术资料

1)施工方案

混凝土工程专项施工方案

2)技术交底记录

混凝土工程专项施工方案技术交底记录

3)图纸会审记录、设计变更通知单、工程洽商记录

(3) 施工物资资料

1)钢构件出厂合格证

2)连接材料(高强度螺栓、焊接材料、焊钉等)的质量合格证明文件、中文标志、检验报告及复试报告等

3)材料、构配件进场检验记录

4)工程物资进场报验表

(4)施工记录

1)交接检查记录

2)混凝土试块强度试验报告

3)钢管内混凝土浇筑工艺试验报告

4)混凝土浇筑施工记录

(5)施工质量验收记录

1)钢管构件进场验收检验批质量验收记录

2)钢管内混凝土浇筑检验批质量验收记录

3)分项工程质量验收记录

注:其他资料参见混凝土工程资料列表

5.6.2　钢管混凝土结构混凝土工程资料填写范例

钢管内混凝土浇筑检验批质量验收记录

02040601 001

单位（子单位）工程名称	××大厦	分部（子分部）工程名称	主体结构/钢管混凝土结构	分项工程名称	混凝土
施工单位	××建筑有限公司	项目负责人	赵斌	检验批容量	300m^3
分包单位	/	分包单位项目负责人	/	检验批部位	首层 1～8 轴钢管混凝土墩柱
施工依据	钢管混凝土专项方案		验收依据	《钢管混凝土工程施工质量验收规范》GB50628-2010	

		验收项目	设计要求及规范规定	最小/实际抽样数量	检查记录	检查结果
主控项目	1	管内混凝土强度	第 4.7.1 条	全/	见证试件试验合格，报告编号××××	√
	2	管内混凝土工作性能	第 4.7.2 条	全/全	检查施工记录合格，施工记录编号××××	√
	3	混凝土浇筑初凝时间控制	第 4.7.3 条	全/全	检查施工记录合格，施工记录编号××××	√
	4	浇筑密实度	第 4.7.4 条	全/全	检验合格，记录编号××××	√
一般项目	1	管内施工缝留置	第 4.7.5 条	/	/	
	2	浇筑方法及开孔	第 4.7.6 条	全/全	检查施工记录合格，施工记录编号××××	√
	3	管内清理	第 4.7.7 条	全/全	检查施工记录合格，施工记录编号××××	√
	4	管内混凝土养护	第 4.7.8 条	全/	检验合格，记录编号×××	√
	5	孔的封堵及表面处理	第 4.7.9 条	全/30	共 30 处，全部检查，合格 30 处	100%

施工单位检查结果	符合要求 专业工长：王晨 项目专业质量检查员孔凡民 2014 年××月××日
监理单位验收结论	合格 专业监理工程师：刘东 2014 年××月××日

《钢管内混凝土浇筑检验批质量验收记录》填写说明

1. 填写依据

(1)《钢管混凝土工程施工质量验收规范》GB50628－2010。

(2)《建筑工程施工质量验收统一标准》GB50300－2013。

2. 规范摘要

以下内容摘自《钢管混凝土工程施工质量验收规范》GB50628－2010。

钢管内混凝土浇筑验收要求

主控项目

(1)钢管内混凝土的强度等级应符合设计要求。

检查数量:全数检查。

检验方法:检查试件强度试验报告。

(2)钢管内混凝土的工作性能和收缩性应符合设计要求和国家现行有关标准的规定。

检查数量:全数检查。

检验方法:检查施工记录。

(3)钢管内混凝土运输、浇筑及间歇的全部时间不应超过混凝土的初凝时间,同一施工段钢管内混凝土应连续浇筑。当需要留置施工缝时应按专项施工方案留置。

检查数量:全数检查。

检验方法:观察检查、检查施工记录。

(4)钢管内混凝土浇筑应密实。

检查数量:全数检查。

检验方法:检查钢管内混凝土浇筑工艺试验报告和混凝土浇筑施工记录。

一般项目

(1)钢管内混凝土施工缝的设置应符合设计要求,当设计无要求时,应在专项施工方案中作出规定,且钢管柱对接焊口的钢管应高出混凝土浇筑施工缝面 500mm 以上,以防钢管焊接时高温影响混凝土质量。施工缝处理应按专项施工方案进行。

检查数量:全数检查。

检验方法:观察检查、检查施工记录。

(2)钢管内的混凝土浇筑方法及浇灌孔、顶升孔、排气孔的留置应符合专项施工方案要求。

检查数量:全数检查。

检验方法:观察检查、检查施工记录。

(3)钢管内混凝土浇筑前,应对钢管安装质量检查确认,并应清理钢管内壁污物;混凝土浇筑后应对管口进行临时封闭。

检查数量:全数检查。

检验方法:观察检查、检查施工记录。

(4)钢管内混凝土灌筑后的养护方法和养护时间应符合专项施工方案要求。

检查数量:全数检查。

检验方法:检查施工记录。

(5)钢管内混凝土浇筑后,浇灌孔、顶升孔、排气孔应按设计要求封堵,表面应平整,并进行表面清理和防腐处理。

检查数量:全数检查。

检验方法:观察检查。

第 6 章

铝合金结构工程资料及范例

6.1 铝合金结构工程规范清单

《铝合金结构设计规范》GB 50429－2007
《铝合金结构工程施工质量验收规范》GB 50576－2010
《铝合金结构工程施工规程》JGJ/T 216－2010
《铝及铝合金挤压型材尺寸偏差》GB/T 14846－2014
《铝及铝合金的焊接工艺评定试验》GB/T 19869.2－2012
《铝及铝合金弧焊推荐工艺》GB/T 22086－2008
《铝及铝合金的弧焊接头 缺欠质量分级指南》GB/T 22087－2008
《铝合金加工产品的环形试样应力腐蚀试验方法》GB/T 22640－2008
《铝及铝合金熔化焊焊工技能评定》GB/T 24598－2009
《建筑用丙烯酸喷漆铝合金型材》GB 30872－2014
《铝及铝合金挤压棒材》GB/T 3191－2010
《铝及铝合金管材压缩试验方法》GB/T 3251－2006

6.2 铝合金结构工程质量验收资料清单

铝合金材料检验批质量验收记录
焊接材料检验批质量验收记录
标准紧固件检验批质量验收记录
螺栓球检验批质量验收记录
铝合金面板检验批质量验收记录
其他材料检验批质量验收记录
铝合金构件焊接检验批质量验收记录
普通紧固件连接检验批质量验收记录
高强度螺栓连接检验批质量验收记录
铝合金零部件切割加工检验批质量验收记录
铝合金零部件边缘加工检验批质量验收记录
球、毂加工检验批质量验收记录
铝合金零部件制孔检验批质量验收记录
铝合金零部件槽、豁、榫加工检验批质量验收记录
铝合金构件组装检验批质量验收记录
铝合金构件端部铣平及安装焊缝坡口检验批质量验收记录
铝合金构件预拼装检验批质量验收记录
铝合金框架结构基础和支承面检验批质量验收记录
铝合金框架结构总拼和安装检验批质量验收记录
铝合金空间网格结构支承面检验批质量验收记录
铝合金空间网格结构总拼和安装检验批质量验收记录
铝合金面板制作检验批质量验收记录
铝合金面板安装检验批质量验收记录
铝合金幕墙结构支承面检验批质量验收记录
铝合金幕墙结构总拼和安装检验批质量验收记录
阳极氧化检验批质量验收记录
涂装检验批质量验收记录
隔离检验批质量验收记录

6.3　铝合金结构工程资料填写范例

6.3.1　铝合金焊接工程检验批质量验收记录填写范例及说明

焊接材料检验批质量验收记录

02060101 001

单位（子单位）工程名称		××大厦	分部（子分部）工程名称	主体结构/铝合金结构	分项工程名称	铝合金焊接
施工单位		××建筑有限公司	项目负责人	赵斌	检验批容量	30 件
分包单位		/	分包单位项目负责人	/	检验批部位	1 层 1～8 轴/A～F 轴幕墙支架
施工依据		××大厦铝合金结构施工方案		验收依据	《铝合金结构工程施工质量验收规范》GB50576-2010	
		验收项目	设计要求及规范规定	最小/实际抽样数量	检查记录	检查结果
主控项目	1	焊接材料的品种、规格、性能	第 4.3.1 条	/	质量证明文件齐全，通过进场验收	√
	2	重要铝合金结构采用焊接材料进行抽样复验	第 4.3.2 条	/	试验合格，报告编号××××	√
一般项目	1	焊条外观不应有药皮脱落、焊芯生锈等缺陷，焊剂不应受潮结块	第 4.3.3 条	10/10	抽查 10 包，合格 10 包	100%
施工单位检查结果		符合要求 专业工长：王晨 项目专业质量检查员：孔凡民 2014 年××月××日				
监理单位验收结论		合格 专业监理工程师：刘东 2014 年××月××日				

《焊接材料检验批质量验收记录》填写说明

1. 填写依据

(1)《铝合金结构工程施工质量验收规范》GB 50576－2010。

(2)《建筑工程施工质量验收统一标准》GB 50300－2013。

2. 规范摘要

以下内容摘自《铝合金结构工程施工质量验收规范》GB 50576－2010。

主控项目

(1)铝合金材料的品种、规格、性能等应符合国家现行有关标准和设计要求。

检查数量:全数检查。

检验方法:检查质量合格证明文件、标识及检验报告等。

(2)对属于下列情况之一的铝合金材料,应进行抽样复验,其复验结果应符合国家现行有关产品标准和设计要求:

1)建筑结构安全等级为一级,铝合金主体结构中主要受力构件所采用的铝合金材料;

2)设计有复验要求的铝合金材料;

3)对质量有疑义的铝合金材料。

检查数量:全数检查。

检验方法:检查复验报告。

一般项目

(1)铝合金板厚度及允许偏差应符合其产品标准的要求。

检查数量:每一品种、规格的铝合金板抽查5处。

检验方法:用游标卡尺量测。

(2)铝合金型材的规格尺寸及允许偏差应符合其产品标准的要求。

检查数量:每一品种、规格的铝合金型材抽查5处。

检验方法:用钢尺和游标卡尺量测。

(3)铝合金材料的表面外观质量应符合现行国家标准《铝合金建筑型材第1部分:基材》GB 5237.1和《铝合金建筑型材第2部分:阳极氧化、着色型材》GB 5237.2等规定外,尚应符合下列规定:

1)铝合金材料表面不应有皱纹、裂纹、起皮、腐蚀斑点、气泡、电灼伤、流痕、发粘以及膜(涂)层脱落等缺陷存在;

2)铝合金材料端边或断口处不应有分层、夹渣等缺陷。

检查数量:全数检查。

检验方法:观察检查。

铝合金构件焊接检验批质量验收记录

02060102 002

单位（子单位）工程名称	××大厦	分部（子分部）工程名称	主体结构/铝合金结构	分项工程名称	铝合金焊接
施工单位	××建筑有限公司	项目负责人	赵斌	检验批容量	30 件
分包单位	/	分包单位项目负责人	/	检验批部位	1 层 1～8 轴/A～F 轴幕墙支架
施工依据	《钢结构工程施工规范》GB50755-2012		验收依据	《铝合金结构工程施工质量验收规范》GB50576-2010	

		验收项目	设计要求及规范规定	最小/实际抽样数量	检查记录	检查结果
主控项目	1	焊条、焊丝、焊剂等焊接材料与母材的匹配	第 5.2.1 条	/	焊条、焊丝、焊剂等焊接材料与母材相匹配	√
	2	焊条、焊剂、药芯焊丝等在使用前烘焙和存放	第 5.2.1 条	/	焊条、焊剂、药芯焊丝等在使用前进行了烘焙，见施工记录	√
	3	焊工必须经考试合格并取得合格证书	第 5.2.2 条	/	焊工具备符合要求的焊工资格证	√
	4	施工单位对首次采用的铝合金材料、焊接材料、焊接方法等进行焊接工艺评定	第 5.2.3 条	/	/	
	5	设计要求全焊透的对接焊缝，其内部缺陷检验	第 5.2.4 条	/	经检验，焊缝内无缺陷	√
	6	角焊缝焊脚高度	第 5.2.5 条	3/3	抽查 3 处，合格 3 处	√
	7	T 形接头、十字接头、角接接头焊脚尺寸	第 5.2.5 条	3/3	抽查 3 处，合格 3 处	√
	8	焊缝表面质量	第 5.2.6 条	3/3	抽查 3 处，合格 3 处	√
一般项目	1	对于需要进行焊前预热或焊后热处理的焊缝，其预热温度或后热温度	第 5.2.7 条	/	/	
	2	焊缝外观质量：未焊满(指不足设计要求)	≤0.2+0.02t，且≤1.0mm	3/3	抽查 3 处，合格 3 处	100%
			每 100mm 焊缝内缺陷总长≤25mm	/	/	
		焊缝外观质量：根部收缩	≤0.2+0.02t，且≤1.0mm	3/3	抽查 3 处，合格 3 处	100%
		焊缝外观质量：咬边深度	母材 t≤10mm 时，≤0.5mm	3/3	抽查 3 处，合格 3 处	100%
			母材 t＞10mm 时，≤0.8mm	/	/	
			连续长度≤100mm	3/3	抽查 3 处，合格 3 处	100%
		焊缝外观质量：焊缝两侧咬边总长度(L 为焊缝总长度)　板材	10%L (L=150mm)	3/3	抽查 3 处，合格 3 处	100%
		焊缝外观质量：焊缝两侧咬边总长度(L 为焊缝总长度)　管材	20%L (L=mm)	/	/	

续表

<table>
<tr><td>单位（子单位）工程名称</td><td colspan="2">××大厦</td><td colspan="2">分部（子分部）工程名称</td><td>主体结构/铝合金结构</td><td>分项工程名称</td><td>铝合金焊接</td></tr>
<tr><td>施工单位</td><td colspan="2">××建筑有限公司</td><td colspan="2">项目负责人</td><td>赵斌</td><td>检验批容量</td><td>30 件</td></tr>
<tr><td>分包单位</td><td colspan="2">/</td><td colspan="2">分包单位项目负责人</td><td>/</td><td>检验批部位</td><td>1 层 1～8 轴/A～F 轴幕墙支架</td></tr>
<tr><td>施工依据</td><td colspan="4">《钢结构工程施工规范》GB50755-2012</td><td>验收依据</td><td colspan="2">《铝合金结构工程施工质量验收规范》GB50576-2010</td></tr>
</table>

<table>
<tr><td rowspan="19">一般项目</td><td colspan="3">验收项目</td><td>设计要求及规范规定</td><td>最小/实际抽样数量</td><td>检查记录</td><td>检查结果</td></tr>
<tr><td rowspan="5">2</td><td rowspan="5">焊缝外观质量</td><td>裂纹、弧坑裂纹、电弧擦伤、焊瘤、表面夹渣、表面气孔</td><td>不允许</td><td>3/3</td><td>抽查 3 处，合格 3 处</td><td>100%</td></tr>
<tr><td rowspan="2">焊缝接头不良</td><td>缺口深度≤0.05t，≤0.5mm</td><td>3/3</td><td>抽查 3 处，合格 3 处</td><td>100%</td></tr>
<tr><td>每 1000mm 焊缝不应超过 1 处</td><td>3/3</td><td>抽查 3 处，合格 3 处</td><td>100%</td></tr>
<tr><td rowspan="2">未焊透</td><td>不加衬垫单面焊容许值≤0.15t 且≤1.5mm</td><td>3/3</td><td>抽查 3 处，合格 3 处</td><td>100%</td></tr>
<tr><td>每 100mm 焊缝内缺陷总长≤25mm</td><td>3/3</td><td>抽查 3 处，合格 3 处</td><td>100%</td></tr>
<tr><td rowspan="10">3</td><td rowspan="8">焊缝尺寸允许偏差</td><td rowspan="2">对接焊缝余高 C</td><td>母材 t≤10mm 时，≤3.0mm</td><td>3/3</td><td>抽查 3 处，合格 3 处</td><td>100%</td></tr>
<tr><td>母材 t>10mm 时，≤t/3 且≤5mm</td><td>/</td><td>/</td><td></td></tr>
<tr><td rowspan="2">角焊缝余高 C</td><td>hf≤6 时，≤1.5mm</td><td>3/3</td><td>抽查 3 处，合格 3 处</td><td>100%</td></tr>
<tr><td>hf>6 时，≤3.0mm</td><td>/</td><td>/</td><td></td></tr>
<tr><td rowspan="2">表面凹陷 d</td><td>仰焊位置单面焊焊缝内表面深度 d≤0.2t 且≤2mm</td><td>3/3</td><td>抽查 3 处，合格 3 处</td><td>100%</td></tr>
<tr><td>其它所有位置的焊缝表面应不低于基本金属</td><td>3/3</td><td>抽查 3 处，合格 3 处</td><td>100%</td></tr>
<tr><td rowspan="2">错边量 d</td><td>母材 t≤5mm 时，≤0.5mm</td><td>3/3</td><td>抽查 3 处，合格 3 处</td><td>100%</td></tr>
<tr><td>母材 t>5mm 时，≤0.1t 且≤2mm</td><td>/</td><td>/</td><td></td></tr>
<tr><td colspan="2">焊成凹形的焊缝，焊缝金属与母材间应平缓过渡</td><td>第 5.2.10 条</td><td>3/3</td><td>抽查 3 处，合格 3 处</td><td>100%</td></tr>
<tr><td colspan="2">焊缝感观</td><td>第 5.2.11 条</td><td>3/3</td><td>抽查 3 处，合格 3 处</td><td>100%</td></tr>
<tr><td colspan="3">施工单位检查结果</td><td colspan="4">符合要求
专业工长：王晨
项目专业质量检查员：孔凡民
2014 年××月××日</td></tr>
<tr><td colspan="3">监理单位验收结论</td><td colspan="4">合格
专业监理工程师：刘东
2014 年××月××日</td></tr>
</table>

《铝合金构件焊接检验批质量验收记录》填写说明

1. 填写依据

1)《铝合金结构工程施工质量验收规范》GB 50576－2010。

2)《建筑工程施工质量验收统一标准》GB 50300－2013。

2. 规范摘要

以下内容摘自《铝合金结构工程施工质量验收规范》GB 50576－2010。

(1)一般规定

1)适用于铝合金结构制作和安装中的铝合金构件焊接的工程质量验收。

2)铝合金结构焊接工程应按相应的铝合金结构制作或安装工程检验批的划分原则划分为一个或若干个检验批。

3)对于需要进行焊缝探伤检验的铝合金结构,宜在完成焊接246后,进行焊缝探伤检验。

4)焊缝施焊后应在工艺规定的焊缝及部位打上焊工钢印。

(2)铝合金构件焊接工程验收要求

主控项目

1)焊条、焊丝、焊剂等焊接材料与母材的匹配应符合设计要求及现行国家标准《铝及铝合金焊条》GB/T 3669和《铝及铝合金焊丝》GB/T 10858的有关规定。焊条、焊剂、药芯焊丝等在使用前,应按其产品说明书及焊接工艺文件的规定进行烘焙和存放。

检查数量:全数检查。

检验方法:检查质量证明书和烘焙记录。

2)焊工必须经考试合格并取得合格证书。

检查数量:全数检查。

检验方法:检查焊工合格证及有效期。

3)施工单位对首次采用的铝合金材料、焊接材料、焊接方法等,应进行焊接工艺评定,根据评定报告确定焊接工艺,并编制焊接作业指导书。

检查数量:全数检查。

检验方法:检查焊接工艺评定报告及焊接作业指导书。

4)设计要求全焊透的对接焊缝,其内部缺陷检验应符合下列要求:

①设计明确要求做内部缺陷探伤检验的部位,应采用超声波探伤进行检验,超声波探伤不能对缺陷进行判断时,应采用射线探伤,其内部缺陷分级及探伤方法应符合现行国家标准《现场设备、工业管道焊接施工及验收规范》GB 50236和《金属熔化焊焊接接头射线照相》GB/T 3323的有关规定;

②设计无明确要求做内部缺陷探伤检验的部位,可不进行无损检测。

检查数量:全数检查。

检验方法:检查超声波或射线探伤记录。

5)角焊缝的焊角高度应等于或大于两焊件中较薄焊件母材厚度的70%,且不应小于3mm。T形接头、十字接头、角接接头等要求熔透的对接和角对接组合焊缝,其焊脚尺寸不应小于板厚度的1/4(图6-1)。

检查数量:资料全数检查;同类焊缝抽查10%,且不应少于3条。

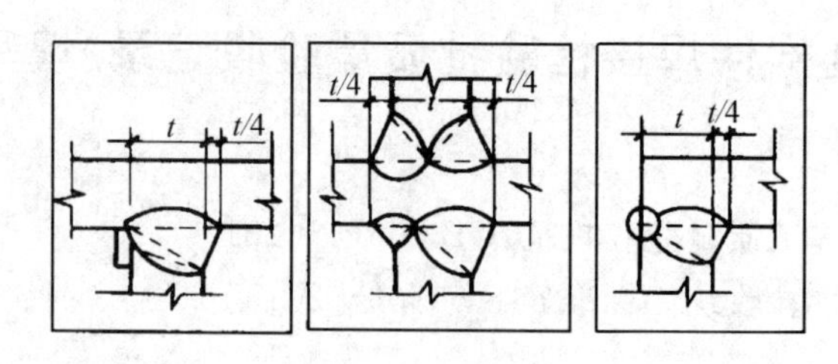

图 6-1 焊脚尺寸

注:t —板的厚度。

检验方法:观察检查,用焊缝量规抽查测量。

6)焊缝应与母材表面圆滑过渡,其表面不得有裂纹、焊瘤、弧坑裂纹、电弧擦伤等缺陷。

检查数量:每批同类构件抽查10%,且不应少于3件;被抽查构件中,每一类型焊缝按条数抽查5%且不应少于1条;每条检查1处,总抽查数不应少于10处。

检验方法:观察检查或使用放大镜、焊缝量规和钢尺检查,当存在疑义时,采用渗透探伤检查。

一般项目

1)对于需要进行焊前预热或焊后热处理的焊缝,其预热温度或后热温度应符合国家现行有关标准的规定或通过工艺试验确定。

检查数量:全数检查。

检验方法:检查预、后热施工记录和工艺试验报告。

2)铝合金焊缝外观质量标准应符合 GB 50576－2010 表 A.0.1 的规定。

检查数量:每批同类构件抽查10%,且不应少于3件;被抽查构件中,每一类焊缝按条数抽查5%,且不应少于1条;每条检查1处,总抽查数不应少于10处。

检验方法:观察检查或使用放大镜、焊缝量规和钢尺检查。

3)焊缝尺寸允许偏差应符合 GB 50576－2010 表 A.0.2 的规定。

检查数量:每批同类构件抽查10%,且不应少于3件;被抽查构件中,每一类焊缝按条数各抽查5%,但不应少于1条;每条检查1处,总抽查数不应少于10处。

检验方法:用焊缝量规检查。

4)焊成凹形的焊缝,焊缝金属与母材间应平缓过渡。

检查数量:每批同类构件抽查10%,且不应少于3件。

检验方法:观察检查。

5)焊缝感观应符合下列规定:

①外形均匀、成型较好;

②焊道与焊道、焊道与基本金属间过渡较平滑;

③焊渣和飞溅物基本清除干净。

检查数量:每批同类构件抽查10%,且不应少于3件;被抽查构件中,每一类焊缝按数量各抽查5%,总抽查处不应少于5处。

检验方法:观察检查。

6.3.2　紧固件连接工程检验批质量验收记录填写范例及说明

标准紧固件检验批质量验收记录

02060201001

<table>
<tr><td>单位（子单位）工程名称</td><td>××大厦</td><td>分部（子分部）工程名称</td><td>主体结构/铝合金结构</td><td>分项工程名称</td><td>紧固件连接</td></tr>
<tr><td>施工单位</td><td>××建筑有限公司</td><td>项目负责人</td><td>赵斌</td><td>检验批容量</td><td>30 件</td></tr>
<tr><td>分包单位</td><td>/</td><td>分包单位项目负责人</td><td>/</td><td>检验批部位</td><td>1 层 1～8 轴/A～F 轴幕墙支架</td></tr>
<tr><td>施工依据</td><td colspan="3">××大厦铝合金结构施工方案</td><td>验收依据</td><td>《铝合金结构工程施工质量验收规范》GB50576-2010</td></tr>
</table>

<table>
<tr><td colspan="3">验收项目</td><td>设计要求及规范规定</td><td>最小/实际抽样数量</td><td>检查记录</td><td>检查结果</td></tr>
<tr><td rowspan="3">主控项目</td><td>1</td><td>标准紧固件品种、规格、性能</td><td>第 4.4.1 条</td><td>/</td><td>质量证明文件齐全，通过进场验收</td><td>√</td></tr>
<tr><td>2</td><td>高强度大六角头螺栓连接副应检验扭矩系数</td><td>第 4.4.2 条</td><td>/</td><td>试验合格，报告编号××××</td><td>√</td></tr>
<tr><td>3</td><td>扭剪型高强度螺栓连接副检验预拉力</td><td>第 4.4.3 条</td><td>/</td><td>试验合格，报告编号××××</td><td>√</td></tr>
<tr><td rowspan="2">一般项目</td><td>1</td><td>高强度螺栓连接副包装和外观质量</td><td>第 4.4.4 条</td><td>3/3</td><td>抽查 3 箱，合格 3 箱</td><td>100%</td></tr>
<tr><td>2</td><td>螺栓球节点铝合金网架结构，其连接高强度螺栓外观质量和表面硬度试验</td><td>第 4.4.5 条</td><td>/</td><td>/</td><td></td></tr>
<tr><td colspan="3">施工单位检查结果</td><td colspan="4">符合要求
专业工长：王晨
项目专业质量检查员：孔凡民
2014 年××月××日</td></tr>
<tr><td colspan="3">监理单位验收结论</td><td colspan="4">合格
专业监理工程师：刘东
2014 年××月××日</td></tr>
</table>

《标准紧固件检验批质量验收记录》填写说明

1. 填写依据

(1)《铝合金结构工程施工质量验收规范》GB 50576－2010。

(2)《建筑工程施工质量验收统一标准》GB 50300－2013。

2. 规范摘要

以下内容摘自《铝合金结构工程施工质量验收规范》GB 50576－2010。

主控项目

(1)铝合金结构连接用高强度大六角头螺栓连接副、扭剪型高强度螺栓连接副、高强度螺栓、普通螺栓、铆钉、自攻螺钉、拉铆钉、锚栓(机械型和化学试剂型)、地脚锚栓等紧固标准件及螺母、垫圈等标准配件,其品种、规格、性能等应符合国家现行有关产品标准和设计要求。高强度大六角头螺栓连接副、扭剪型高强度螺检连接副出厂时应分别随箱带有扭矩系数和紧固轴力(预拉力)的检验报告。

检查数量:全数检查。

检验方法:检查产品的质量合格证明文件、标识及检验报告等。

(2)高强度大六角头螺栓连接副应按 GB 50576－2010 附录 B 的规定检验其扭矩系数,其检验结果应符合 GB 50576－2010 附录 B 的规定。

检查数量:见 GB 50576－2010 附录 B。

检验方法:检查复验报告。

(3)扭剪型高强度螺栓连接副应按 GB 50576－2010 附录 B 的规定检验预拉力,其检验结果应符合 GB 50576－2010 附录 B 的规定。

检查数量:见 GB 50576－2010 附录 B。

检验方法:检查复验报告。

通螺栓、铆钉、自攻螺钉、拉铆钉、锚栓(机械型和化学试剂型)、地脚锚栓等紧固标准件及螺母、垫圈等标准配件,其品种、规格、性能等应符合国家现行有关产品标准和设计要求。高强度大六角头螺栓连接副、扭剪型高强度螺检连接副出厂时应分别随箱带有扭矩系数和紧固轴力(预拉力)的检验报告。

检查数量:全数检查。

检验方法:检查产品的质量合格证明文件、标识及检验报告等。

一般项目

(1)高强度螺栓连接副,应按包装箱配套供货,包装箱上应标明批号、规格、数量及生产日期。

螺栓、螺母、垫圈外观表面应涂油保护,不应出现生锈和沾染赃物,螺纹不应有损伤。

检查数量:按包装箱数抽查 5%,且不应少于 3 箱。

检验方法:观察检查。

(2)对建筑结构安全等级为一级,跨度 40m 及以上的螺栓球节点铝合金网架结构,其连接高强度螺栓不得有裂缝或损伤,并应进行表面硬度试验,8.8 级的高强度螺栓的硬度应为 HRC21～HRC29;10.9 级高强度螺栓的硬度应 HRC32～HRC36。

检查数量:按规格抽查 8 只。

检验方法:硬度计、10 倍放大镜或磁粉探伤。

普通紧固件连接检验批质量验收记录

02060202＿002

单位（子单位）工程名称	××大厦	分部（子分部）工程名称	主体结构/铝合金结构	分项工程名称	紧固件连接
施工单位	××建筑有限公司	项目负责人	赵斌	检验批容量	30 件
分包单位	/	分包单位项目负责人	/	检验批部位	1 层 1～8 轴/A～F 轴幕墙
施工依据	铝合金结构施工方案		验收依据	《铝合金结构工程施工质量验收规范》GB50576-2010	

		验收项目	设计要求及规范规定	最小/实际抽样数量	检查记录	检查结果
主控项目	1	普通螺栓实物最小拉力载荷复验	第 6.2.1 条	/	检验合格，资料齐全	√
	2	连接铝合金薄板采用的自攻螺钉、铆钉、拉铆钉规格尺寸及其间距、边距	材料、配件相匹配	/	/	/
一般项目	1	永久性普通螺栓紧固	应牢固、可靠，外露丝扣不应少于 2 扣	3/3	抽查 3 处，合格 3 处	100%
	2	自攻螺钉、铆钉、拉铆钉等与连接铝合金板紧固	应紧固密贴，外观排列应整齐	/	/	/

施工单位检查结果	符合要求 专业工长：王晨 项目专业质量检查员：孔凡民 2014 年××月××日
监理单位验收结论	合格 专业监理工程师：刘东 2014 年××月××日

《普通紧固件连接检验批质量验收记录》填写说明

1. 填写依据

(1)《铝合金结构工程施工质量验收规范》GB50576－2010。

(2)《建筑工程施工质量验收统一标准》GB50300－2013。

2. 规范摘要

以下内容摘自《铝合金结构工程施工质量验收规范》GB50576－2010。

主控项目

(1)普通螺栓作为永久性连接螺栓时,当设计有要求或对其质量有疑义时,应进行螺栓实物最小拉力载荷复验,试验方法应符合《铝合金结构工程施工质量验收规范》GB50576 附录 B 的规定,试验结果应符合现行国家标准《紧固件机械性能》GB/T3098 的有关规定。

检查数量:每一规格螺栓抽查 8 个。

检验方法:检查螺栓实物复验报告。

(2)连接铝合金薄板采用的自攻螺钉、铆钉、拉铆钉等其规格尺寸应与被连接铝合金板相匹配,其间距、边距等应符合设计要求。

检查数量:按连接节点数抽查 3%,且不应少于 5 个。

检验方法:观察和尺量检查。

一般项目

(1)永久性普通螺栓紧固应牢固、可靠,外露丝扣不应少于 2 扣。

检查数量:按连接节点数抽查 3%,且不应少于 5 个。

检验方法:观察和用小锤敲击检查。

(2)自攻螺钉、铆钉、拉铆钉等与连接铝合金板应紧固密贴,外观排列应整齐。

检查数量:按连接节点数抽查 10%,且不应少于 3 个。

检验方法:观察或用小锤敲击检查。

高强度螺栓连接检验批质量验收记录

02030202 001

单位（子单位）工程名称	××大厦	分部（子分部）工程名称	主体结构/钢结构	分项工程名称	紧固件连接
施工单位	××建筑有限公司	项目负责人	赵斌	检验批容量	500 处
分包单位	/	分包单位项目负责人	/	检验批部位	宴会大厅
施工依据	《钢结构工程施工规范》GB50755-2012		验收依据	《钢结构工程施工质量验收规范》GB50205-2001	

		验收项目	设计要求及规范规定	最小/实际抽样数量	检查记录	检查结果
主控项目	1	成品进场	第 4.4.1 条	全/	有产品的质量合格证明文件、中文标志及检验报告	√
	2	扭矩系数或预拉力复验	第 4.2.2 条或第 4.4.3 条	全/	质量证明文件齐全，检验合格，报告编号××××	√
	3	抗滑移系数试验	第 6.3.1 条	全/	检验合格，报告编号×××	√
	4	终拧扭矩	第 6.3.2 条或第 6.3.3 条	50/50	抽查 50 处，合格 50 处	√
一般项目	1	成品进场检验	第 4.4.4 条	3/3	抽查 3 箱，合格 3 箱	100%
	2	表面硬度试验	第 4.4.5 条	8/8	抽查 8 处，合格 8 处	100%
	3	施拧顺序和初拧、复拧扭矩	第 6.3.4 条	全/500	施拧顺序和扭矩符合设计要求和施工技术方案	√
	4	连接外观质量	第 6.3.5 条	25/25	抽查 25 处，合格 25 处	100%
	5	摩擦面外观	第 6.3.6 条	全/500	共 500 处，全部检查，合格 500 处	100%
	6	扩孔	第 6.3.7 条	全/500	共 500 处，全部检查，合格 500 处	100%

施工单位检查结果	符合要求 专业工长：王晨 项目专业质量检查员：孔凡民 2014 年××月××日
监理单位验收结论	合格 专业监理工程师：刘东 2014 年××月××日

《高强度螺栓连接检验批质量验收记录》填写说明

1. 填写依据

(1)《铝合金结构工程施工质量验收规范》GB 50576－2010。

(2)《建筑工程施工质量验收统一标准》GB 50300－2013。

2. 规范摘要

以下内容摘自《铝合金结构工程施工质量验收规范》GB 50576－2010。

主控项目

(1)铝合金结构制作和安装单位应按 GB 50576－2010 附录 B 的规定分别进行高强度螺栓连接摩擦面的抗滑移系数试验和复验,现场处理的构件摩擦面应单独进行摩擦面抗滑移系数试验,试验结果应符合设计要求。

检查数量:见 GB 50576－2010 附录 B。

检验方法:检查摩擦面抗滑移系数试验报告和复验报告。

(2)高强度大六角头螺栓连接副终拧完成后、48h 内应进行终拧矩检查,检查结果应符合 GB 50576－2010 附录 B 的规定。

检查数量:按节点数抽查 10%,且不应少于 10 个;每个被抽查节点按螺栓数抽查 10%,且不应少于 2 个。

检验方法:见 GB 50576－2010 附录 B。

(3)扭剪型高强度螺栓连接副终拧后,除因构造原因无法使用专用扳手终拧掉梅花头者外,未在终拧中拧掉梅花头的螺栓数不应大于该节点螺栓数的 5%。对所有梅花头未拧掉的扭剪型高强度螺栓连接副应采用扭矩法或转角法进行终拧并作标记,且按 GB 50576－2010 第 6.3.2 条的规定进行终拧扭矩检查。

检查数量:按节点数抽查 10%,且不应少于 10 个节点;被抽检节点中梅花头未拧掉的扭剪型高强螺栓连接副全数进行终拧扭矩检查。

检验方法:观察检查及 GB 50576－2010 附录 B。

一般项目

(1)高强度螺栓连接副的施拧顺序和初拧、复拧扭矩应符合设计要求和国家现行有关标准的规定。

检查数量:全数检查资料。

检查方法:检查扭矩扳手标定记录和螺检施工记录。

(2)高强度螺栓连接副终拧后,螺栓丝扣外露应为 2 扣? 3 扣,其中可允许有 10%的螺栓丝扣外露 1 扣或 4 扣。

检查数量:按节点数抽查 5%,且不应少于 10 个。

检验方法:观察检查。

(3)高强度螺栓连接摩擦面应保持干燥、整洁,不应有飞边、毛刺、焊接飞溅物、焊疤、污垢等缺陷,除设计要求外摩擦面不应涂漆。

检查数量:全数检查。

检验方法:观察检查。

(4)高强度螺栓应自由穿入螺栓孔。高强度螺栓孔不应采用气割扩孔,扩孔数量应征得设计同意,扩孔后的孔径不应超过螺栓直径的 1.2 倍。

检查数量:被扩螺栓孔全数检查。检验方法:观察检查及用卡尺检查。

6.3.3　铝合金零部件加工工程检验批质量验收记录填写范例及说明

铝合金材料检验批质量验收记录

02060301001

<table>
<tr><td colspan="2">单位（子单位）工程名称</td><td>××大厦</td><td>分部（子分部）工程名称</td><td>主体结构/铝合金结构</td><td>分项工程名称</td><td>铝合金零部件加工</td></tr>
<tr><td colspan="2">施工单位</td><td>××建筑有限公司</td><td>项目负责人</td><td>赵斌</td><td>检验批容量</td><td>50 件</td></tr>
<tr><td colspan="2">分包单位</td><td>/</td><td>分包单位项目负责人</td><td>/</td><td>检验批部位</td><td>1 层 1～8 轴/A～F 轴幕墙</td></tr>
<tr><td colspan="2">施工依据</td><td colspan="2">××大厦铝合金结构施工方案</td><td>验收依据</td><td colspan="2">《铝合金结构工程施工质量验收规范》GB50576-2010</td></tr>
<tr><td rowspan="3">主控项目</td><td colspan="2">验收项目</td><td>设计要求及规范规定</td><td>最小/实际抽样数量</td><td>检查记录</td><td>检查结果</td></tr>
<tr><td>1</td><td>材料的品种、规格、性能</td><td>第 4.2.1 条</td><td>/</td><td>质量证明文件齐全，通过进场验收</td><td>√</td></tr>
<tr><td>2</td><td>材料抽样复验</td><td>第 4.2.2 条</td><td>/</td><td>检验合格，报告编号×××</td><td>√</td></tr>
<tr><td rowspan="3">一般项目</td><td>1</td><td>铝合金板厚度及允许偏差应符合其产品标准的要求</td><td>第 4.2.3 条</td><td>/</td><td>/</td><td></td></tr>
<tr><td>2</td><td>铝合金型材的规格尺寸及许偏差应符合其产品标准的要求</td><td>第 4.2.4 条</td><td>5/5</td><td>抽查 5 处，合格 5 处</td><td>100%</td></tr>
<tr><td>3</td><td>铝合金材料的表面外观质量</td><td>第 4.2.5 条</td><td>全/全</td><td>全部检查，外观质量良好，无污染和划伤现象</td><td>√</td></tr>
<tr><td colspan="2">施工单位检查结果</td><td colspan="5">符合要求
专业工长：王晨
项目专业质量检查员：孔凡民
2014 年××月××日</td></tr>
<tr><td colspan="2">监理单位验收结论</td><td colspan="5">合格
专业监理工程师：刘东
2014 年××月××日</td></tr>
</table>

《铝合金材料检验批质量验收记录》填写说明

1. 填写依据

(1)《铝合金结构工程施工质量验收规范》GB 50576－2010。

(2)《建筑工程施工质量验收统一标准》GB 50300－2013。

2. 规范摘要

以下内容摘自《铝合金结构工程施工质量验收规范》GB 50576－2010。

主控项目

(1)铝合金材料的品种、规格、性能等应符合国家现行有关标准和设计要求。

检查数量:全数检查。

检验方法:检查质量合格证明文件、标识及检验报告等。

(2)对属于下列情况之一的铝合金材料,应进行抽样复验,其复验结果应符合国家现行有关产品标准和设计要求:

1)建筑结构安全等级为一级,铝合金主体结构中主要受力构件所采用的铝合金材料;

2)设计有复验要求的铝合金材料;

3)对质量有疑义的铝合金材料。

检查数量:全数检查。

检验方法:检查复验报告。

一般项目

(1)铝合金板厚度及允许偏差应符合其产品标准的要求。

检查数量:每一品种、规格的铝合金板抽查5处。

检验方法:用游标卡尺量测。

(2)铝合金型材的规格尺寸及允许偏差应符合其产品标准的要求。

检查数量:每一品种、规格的铝合金型材抽查5处。

检验方法:用钢尺和游标卡尺量测。

(3)铝合金材料的表面外观质量应符合现行国家标准《铝合金建筑型材第1部分:基材》GB 5237.1和《铝合金建筑型材第2部分:阳极氧化、着色型材》GB 5237.2等规定外,尚应符合下列规定:

1)铝合金材料表面不应有皱纹、裂纹、起皮、腐蚀斑点、气泡、电灼伤、流痕、发粘以及膜(涂)层脱落等缺陷存在;

2)铝合金材料端边或断口处不应有分层、夹渣等缺陷。

检查数量:全数检查。

检验方法:观察检查。

铝合金零部件切割加工检验批质量验收记录

02060302 002

<table>
<tr><td colspan="3">单位（子单位）工程名称</td><td>××大厦</td><td>分部（子分部）工程名称</td><td>主体结构/铝合金结构</td><td>分项工程名称</td><td>铝合金零部件加工</td></tr>
<tr><td colspan="3">施工单位</td><td>××建筑有限公司</td><td>项目负责人</td><td>赵斌</td><td>检验批容量</td><td>30 件</td></tr>
<tr><td colspan="3">分包单位</td><td>/</td><td>分包单位项目负责人</td><td>/</td><td>检验批部位</td><td>1 层 1～8 轴/A～F 轴幕墙</td></tr>
<tr><td colspan="3">施工依据</td><td colspan="2">××大厦铝合金结构施工方案</td><td>验收依据</td><td colspan="2">《铝合金结构工程施工质量验收规范》GB50576-2010</td></tr>
<tr><td rowspan="2">主控项目</td><td colspan="3">验收项目</td><td>设计要求及规范规定</td><td>最小/实际抽样数量</td><td>检查记录</td><td>检查结果</td></tr>
<tr><td>1</td><td colspan="2">铝合金零部件切割面或剪切面表观质量</td><td>应无裂纹、夹渣和大于 0.5mm 的缺棱</td><td>全/30</td><td>共 30 处，全部检查，合格 30 处</td><td>√</td></tr>
<tr><td rowspan="4">一般项目</td><td rowspan="4">1</td><td rowspan="4">铝合金零部件切割允许偏差</td><td>零部件的宽度，长度</td><td>±1.0mm</td><td>3/3</td><td>抽查 3 处，合格 3 处</td><td>100%</td></tr>
<tr><td>切割平面度</td><td>—30′ 且不大于 0.3mm</td><td>3/3</td><td>抽查 3 处，合格 3 处</td><td>100%</td></tr>
<tr><td>割纹深度</td><td>0.3mm</td><td>3/3</td><td>抽查 3 处，合格 3 处</td><td>100%</td></tr>
<tr><td>局部缺口深度</td><td>0.5mm</td><td>3/3</td><td>抽查 3 处，合格 3 处</td><td>100%</td></tr>
<tr><td colspan="3">施工单位检查结果</td><td colspan="5">符合要求
专业工长：王晨
项目专业质量检查员：孔凡民
2014 年××月××日</td></tr>
<tr><td colspan="3">监理单位验收结论</td><td colspan="5">合格
专业监理工程师：刘东
2014 年××月××日</td></tr>
</table>

《铝合金零部件切割加工检验批质量验收记录》填写说明

1. 填写依据

(1)《铝合金结构工程施工质量验收规范》GB 50576－2010。

(2)《建筑工程施工质量验收统一标准》GB 50300－2013。

2. 规范摘要

以下内容摘自《铝合金结构工程施工质量验收规范》GB 50576－2010。

主控项目

招合金零部件切割面或剪切面应无裂纹、夹渣和大于 0.5mm 的缺棱。

检查数量:全数检查。

检验方法:观察或用放大镜及百分尺检查。

一般项目

铝合金零部件切割允许偏差应符合表 6-1 的规定。

检查数量:按切割面数检查 10%,且不应小于 3 个。

检查方法:卷尺、游标卡尺、分度头检查。

表 6-1 切割的允许偏差

检查项目	允许偏差	检查项目	允许偏差
零部件的宽度,长度	±1.0mm	割纹深度	0.3mm
切割平面度	－30′且不大于 0.3mm	局部缺口深度	0.5mm

铝合金零部件边缘加工检验批质量验收记录

02060303 003

<table>
<tr><td colspan="3">单位（子单位）工程名称</td><td colspan="2">××大厦</td><td>分部（子分部）工程名称</td><td>主体结构/铝合金结构</td><td>分项工程名称</td><td>铝合金零部件加工</td></tr>
<tr><td colspan="3">施工单位</td><td colspan="2">××建筑有限公司</td><td>项目负责人</td><td>赵斌</td><td>检验批容量</td><td>30 件</td></tr>
<tr><td colspan="3">分包单位</td><td colspan="2">/</td><td>分包单位项目负责人</td><td>/</td><td>检验批部位</td><td>1 层 1～8 轴/A～F 轴幕墙</td></tr>
<tr><td colspan="3">施工依据</td><td colspan="3">××大厦铝合金结构施工方案</td><td>验收依据</td><td colspan="2">《铝合金结构工程施工质量验收规范》GB50576-2010</td></tr>
<tr><td rowspan="2">主控项目</td><td colspan="3">验收项目</td><td>设计要求及规范规定</td><td>最小/实际抽样数量</td><td colspan="2">检查记录</td><td>检查结果</td></tr>
<tr><td>1</td><td colspan="2">铝合金零部件，按设计要求需要进行边缘加工</td><td>刨削量不应小于 1.0mm</td><td>/30</td><td colspan="2">共计 30 个，检验合格 30 个</td><td>√</td></tr>
<tr><td rowspan="4">一般项目</td><td>1</td><td rowspan="4">边缘加工允许偏差</td><td>零部件的宽度、长度</td><td>±1.0mm</td><td>3/3</td><td colspan="2">抽查 3 处，合格 3 处</td><td>100%</td></tr>
<tr><td>2</td><td>加工边直线度</td><td>L/3000，且不大于 2.0mm（L=1000mm）</td><td>3/3</td><td colspan="2">抽查 3 处，合格 3 处</td><td>100%</td></tr>
<tr><td>3</td><td>相邻两边夹角</td><td>±6′</td><td>3/3</td><td colspan="2">抽查 3 处，合格 3 处</td><td>100%</td></tr>
<tr><td>4</td><td>加工面表面粗糙度</td><td>12.5</td><td>3/3</td><td colspan="2">抽查 3 处，合格 3 处</td><td>100%</td></tr>
<tr><td colspan="3">施工单位检查结果</td><td colspan="6">符合要求
专业工长：王晨
项目专业质量检查员：孔凡民
2014 年××月××日</td></tr>
<tr><td colspan="3">监理单位验收结论</td><td colspan="6">合格
专业监理工程师：刘东
2014 年××月××日</td></tr>
</table>

《铝合金零部件边缘加工检验批质量验收记录》填写说明

1. 填写依据

1)《铝合金结构工程施工质量验收规范》GB 50576－2010。

2)《建筑工程施工质量验收统一标准》GB 50300－2013。

2. 规范摘要

以下内容摘自《铝合金结构工程施工质量验收规范》GB 50576－2010。

主控项目

铝合金零部件,按设计要求需要进行边缘加工时,其刨削量不应小于 1.0mm。

检查数量:全数检查。

检验方法:检查工艺报告和施工纪录。

一般项目

边缘加工允许偏差应符合表 6-2 的规定。

检查数量:按加工面数抽查 10%,且不应少于 3 件。

检验方法:观察检查和实测检查。

表 6-2　　边缘加工的允许偏差

检查项目	允许偏差	检查项目	允许偏差
零部件的宽度、长度	±1.0mm	相邻两边夹角	±6′
加工边直线度	L/3000,且不大于 2.0mm	加工面表面粗轻度	12.5▽

球、毂加工检验批质量验收记录

02060304001

单位（子单位）工程名称	××大厦	分部（子分部）工程名称	主体结构/铝合金结构	分项工程名称	铝合金零部件加工
施工单位	××建筑有限公司	项目负责人	赵斌	检验批容量	30 件
分包单位	/	分包单位项目负责人	/	检验批部位	1 层 1～8 轴/A～F 轴幕墙支架
施工依据	××大厦铝合金结构施工方案		验收依据	《铝合金结构工程施工质量验收规范》GB50576-2010	

		验收项目			设计要求及规范规定	最小/实际抽样数量	检查记录	检查结果
主控项目	1	螺栓球、毂成型后外观质量			不应有裂纹、褶皱、过烧等缺陷	5/5	抽查 5 处，合格 5 处	√
	2	铝合金板压制成半圆球后外观质量			表面不应有裂纹、褶皱等缺陷	5/5	抽查 5 处，合格 5 处	√
	3	焊接球其对应坡口应采用机械加工，对接焊缝表面外观质量			应打磨平整	5/5	抽查 5 处，合格 5 处	√
一般项目	1	螺栓球加工	圆度	d≤120mm	1.0mm	5/5	抽查 5 处，合格 5 处	100%
				d＞120mm	1.5mm	/	/	
			同一轴线上两铣平面的平行度	d≤120mm	0.1mm	5/5	抽查 5 处，合格 5 处	100%
				d＞120mm	0.2mm	/	/	
			铣平面距球中心距离		±0.1mm	5/5	抽查 5 处，合格 5 处	100%
			相邻螺栓孔中心线夹角		±30′	5/5	抽查 5 处，合格 5 处	100%
			两铣平面与螺栓孔轴线垂直度		0.005r (r=1000mm)	5/5	抽查 5 处，合格 5 处	100%
			球，毂毛坯直径	d≤120mm	+2.0mm −0.5mm	5/5	抽查 5 处，合格 5 处	100%
				d＞120mm	+3.0mm -1.0mm	/	/	
	2	管杆件加工允许偏差	长度		±0.5	5/5	抽查 5 处，合格 5 处	100%
			端面对管轴垂直度		0.005r (r=1000mm)	5/5	抽查 5 处，合格 5 处	100%
			管口曲线		0.5	5/5	抽查 5 处，合格 5 处	100%
	3	毂加工允许偏差	毂的圆度		±0.005d，±1.0mm (d=100mm)	5/5	抽查 5 处，合格 5 处	100%
			嵌入圆孔对分布圆中心线的平行度		0.3mm	5/5	抽查 5 处，合格 5 处	100%
			分布圆直径		±0.3mm	5/5	抽查 5 处，合格 5 处	100%
			直槽对园孔平行度		0.2mm	5/5	抽查 5 处，合格 5 处	100%
			嵌入槽夹角		±0.3°	5/5	抽查 5 处，合格 5 处	100%
			端面跳动		0.3mm	5/5	抽查 5 处，合格 5 处	100%
			端面平行度		0.5mm	5/5	抽查 5 处，合格 5 处	100%

施工单位检查结果	符合要求 专业工长：王晨 项目专业质量检查员：孔凡民 2014 年××月××日
监理单位验收结论	合格 专业监理工程师：刘东 2014 年××月××日

《球、毂加工检验批质量验收记录》填写说明

1. 填写依据

(1)《铝合金结构工程施工质量验收规范》GB 50576－2010。

(2)《建筑工程施工质量验收统一标准》GB 50300－2013。

2. 规范摘要

以下内容摘自《铝合金结构工程施工质量验收规范》GB 50576－2010。

主控项目

(1)螺栓球、毂成型后,不应有裂纹、褶皱、过烧等缺陷。

检查数量:每种规格抽查10%,且不应少于5个。

检验方法:10倍放大镜观察或表面探伤。

(2)铝合金板压制成半圆球后,表面不应有裂纹、褶皱等缺陷;焊接球其对应坡口应采用机械加工,对接焊缝表面应打磨平整。

检查数量:每种规格抽查10%,且不应少于5个。

检验方法:10倍放大镜观察检查或表面探伤。

一般项目

(1)螺栓球加工允许偏差应符合表6-3的规定。

检查数量:每种规格抽查10%,且不少于5个。

检验方法:见表6-3。

表6-3　　螺栓球加工的允许偏差

检查项目		允许偏差	检验方法
圆度	d≤120mm	1.0mm	用卡尺和游标卡尺检查
	d>120mm	1.5mm	
同一轴线上两铣平面的平行度	d≤120mm	0.1mm	用百分表V形块检查
	d>120mm	0.2mm	
铣平面距球中心距离		±0.1mm	用游标卡尺检查
相邻螺栓孔中心线夹角		±30′	用分度头检查
两铣平面与螺栓孔轴线垂直度		0.005r	用百分表检查
球,毂毛坯直径	d≤120mm	+2.0mm −0.5mm	用卡尺和游标卡尺检查
	d>120mm	+3.0mm −1.0mm	

注:1. d——標检球直径。

2. r——螺栓球半径。

(2)管杆件加工的允许偏差应符合表6-4的规定。

检查数量:每种规格抽查10%,且不少于5根。

检验方法:见表6-4。

表 6-4　　管杆件加工的允许偏差(mm)

检查项目	允许偏差	检验方法
长度	±0.5	用钢尺和百分表检查
端面对管轴的垂直度	0.005r	用百分表 V 形块检查
管口曲线	0.5	用套模和游标卡尺检查

注:r 一管杆半径。

(3)毂加工的允许偏差应符合表 6-5 的规定。

检查数量:每种规格抽查 10%,且不应少于 5 个。

检查方法:见表 6-5。

表 6-5　　毂加工的允许偏差

检查项目	允许偏差	检验方法
毂的圆度	±0.005d ±1.0mm	用卡尺和游标卡尺检查
嵌入圆孔对分布圆中心线的平行度	0.3mm	用百分表 V 形块检查
分布圆直径允许偏差	±0.3mm	用卡尺和游标卡尺检查
直槽对圆孔平行度允许偏差	0.2mm	用百分表 V 形块检查
嵌入槽夹角偏差	±0.3°	用分度头检查
端面跳动允许偏差	0.3mm	游标卡尺检查
端面平行度允许偏差	0.5mm	用百分表 V 形块检查

注:d——直径。

铝合金零部件制孔检验批质量验收记录

02060305001

<table>
<tr><td>单位（子单位）工程名称</td><td>××大厦</td><td>分部（子分部）工程名称</td><td>主体结构/铝合金结构</td><td>分项工程名称</td><td>铝合金零部件加工</td></tr>
<tr><td>施工单位</td><td>××建筑有限公司</td><td>项目负责人</td><td>赵斌</td><td>检验批容量</td><td>30个</td></tr>
<tr><td>分包单位</td><td>/</td><td>分包单位项目负责人</td><td>/</td><td>检验批部位</td><td>1层1～8轴/A～F轴幕墙支架</td></tr>
<tr><td>施工依据</td><td colspan="2">××大厦铝合金结构施工方案</td><td>验收依据</td><td colspan="2">《铝合金结构工程施工质量验收规范》GB50576-2010</td></tr>
</table>

<table>
<tr><th colspan="5">验收项目</th><th>设计要求及规范规定</th><th>最小/实际抽样数量</th><th>检查记录</th><th>检查结果</th></tr>
<tr><td rowspan="10">主控项目</td><td>1</td><td colspan="3">A、B级螺栓孔(Ⅰ类孔)精度和孔壁表面粗糙度</td><td>第7.5.1条</td><td>3/3</td><td>抽查3处，合格3处</td><td>√</td></tr>
<tr><td rowspan="6">2</td><td rowspan="6">A、B级螺栓孔径的允许偏差(mm)</td><td rowspan="3">螺栓公称直径</td><td>10～18</td><td>0.00，−0.18</td><td>3/3</td><td>抽查3处，合格3处</td><td>√</td></tr>
<tr><td>18～30</td><td>0.00，−0.21</td><td>/</td><td>/</td><td></td></tr>
<tr><td>30～50</td><td>0.00，−0.25</td><td>/</td><td>/</td><td></td></tr>
<tr><td rowspan="3">螺栓孔直径</td><td>10～18</td><td>+0.18，0.00</td><td>/</td><td>/</td><td></td></tr>
<tr><td>18～30</td><td>+0.21，0.00</td><td>/</td><td>/</td><td></td></tr>
<tr><td>30～50</td><td>+0.25，0.00</td><td>/</td><td>/</td><td></td></tr>
<tr><td rowspan="3">3</td><td rowspan="3">C级螺栓孔的允许偏差(mm)</td><td colspan="2">直径</td><td>+1.0，0.00</td><td>/</td><td>/</td><td></td></tr>
<tr><td colspan="2">圆度</td><td>1.0</td><td>/</td><td>/</td><td></td></tr>
<tr><td colspan="2">垂直度</td><td>0.03t，且不大于1.5
(t=mm)</td><td>/</td><td>/</td><td></td></tr>
<tr><td rowspan="7">一般项目</td><td>1</td><td colspan="3">螺栓孔位的允许偏差</td><td>±0.5mm</td><td>3/3</td><td>抽查3处，合格3处</td><td>100%</td></tr>
<tr><td>2</td><td colspan="3">孔距的允许偏差</td><td>±0.5mm</td><td>3/3</td><td>抽查3处，合格3处</td><td>100%</td></tr>
<tr><td>3</td><td colspan="3">孔距的累计偏差</td><td>±1.0mm</td><td>3/3</td><td>抽查3处，合格3处</td><td>100%</td></tr>
<tr><td>4</td><td colspan="3">铆钉通孔尺寸偏差</td><td>第7.5.3条</td><td>3/3</td><td>抽查3处，合格3处</td><td>100%</td></tr>
<tr><td>5</td><td colspan="3">沉头螺钉的沉孔尺寸偏差</td><td>第7.5.4条</td><td>/</td><td>/</td><td></td></tr>
<tr><td>6</td><td colspan="3">圆柱头、螺栓沉孔的尺寸偏差</td><td>第7.5.5条</td><td>/</td><td>/</td><td></td></tr>
<tr><td>7</td><td colspan="3">螺丝孔的尺寸偏差</td><td>第7.5.6条</td><td>3/3</td><td>抽查3处，合格3处</td><td>100%</td></tr>
</table>

<table>
<tr><td>施工单位检查结果</td><td>符合要求
专业工长：王晨
项目专业质量检查员：孔凡民
2014年××月××日</td></tr>
<tr><td>监理单位验收结论</td><td>合格
专业监理工程师：刘东
2014年××月××日</td></tr>
</table>

《铝合金零部件制孔检验批质量验收记录》填写说明

1. 填写依据

(1)《铝合金结构工程施工质量验收规范》GB 50576－2010。

(2)《建筑工程施工质量验收统一标准》GB 50300－2013。

2. 规范摘要

以下内容摘自《铝合金结构工程施工质量验收规范》GB 50576－2010。

主控项目

A、B 级螺栓孔(Ⅰ类孔)应具有 H12 的精度,孔壁表面粗糙度 Ra 不应大于 12.5μm。A、B 级螺栓孔径的允许偏差应符合表 6-6 的规定。C 级螺栓孔(Ⅱ类孔),孔壁表面粗糙度 Ra 不应大于 25.0μm,其允许偏差应符合表 6-7 的规定。

检查数量:按构件数量抽查 10%,且不应少于 3 件。

检验方法:用游标卡尺或孔径量规、粗糙度仪检查。

表 6-6　　A、B 级螺栓孔径的允许偏差(mm)

序号	螺栓公称直径、螺栓孔直径	螺栓公称直径允许偏差	螺栓孔直径允许偏差
1	10～18	0.00 －0.18	＋0.18 0.00
2	18～30	0.00 －0.21	＋0.21 0.00
3	30～50	0.00 －0.25	＋0.25 0.00

表 6-7　　C 级螺栓孔的允许偏差(mm)

检查项目	允许偏差
直径	＋1.00 0.00
圆度	1.00
垂直度	0.03t,且不大于 1.50

注:t 一厚度。

一般项目

(1)螺栓孔位的允许偏差为±0.5mm,孔距的允许偏差为±0.5mm,累计偏差为±1.0mm。

检查数量:按构件数量抽查 10%,且不应少于 3 件。

检验方法:用钢尺及游标卡尺配合检查。

(2)铆钉通孔尺寸偏差应符合现行国家标准《铆钉用通孔》GB/T 152.1 的有关规定。

检查数量:按构件数量抽查 10%,且不应少于 3 件。

检验方法:用游标卡尺或孔径量规检查。

(3)沉头螺钉的沉孔尺寸偏差应符合现行国家标准《沉头用沉孔》GB/T 152.2 的有关规定。

检查数量:按构件数量抽查 10%,且不应少于 3 件。

检验方法:用游标卡尺或孔径量规检查。

(4)圆柱头、螺栓沉孔的尺寸偏差应符合现行国家标准《圆柱头用沉孔》GB/T 152.3 的有关规定。

检查数量:按构件数量抽查 10%,且不应少于 3 件。

检验方法:用游标卡尺或孔径量规检查。

(5)螺丝孔的尺寸偏差应符合国家现行有关标准的规定及设计要求。

检查数量:按孔数量 10%,且不应少于 3 个。

检查方法:用游标卡尺或孔径量规检查。

铝合金零部件槽、豁、榫加工检验批质量验收记录

02060306006

单位（子单位）工程名称	××大厦		分部（子分部）工程名称	主体结构/铝合金结构	分项工程名称	铝合金零部件加工
施工单位	××建筑有限公司		项目负责人	赵斌	检验批容量	30 件
分包单位	/		分包单位项目负责人	/	检验批部位	1 层 1～8 轴/A～F 轴幕墙支架
施工依据	××大厦铝合金结构施工方案			验收依据	《铝合金结构工程施工质量验收规范》GB50576-2010	

	验收项目			设计要求及规范规定	最小/实际抽样数量	检查记录	检查结果
主控项目	1	槽口尺寸的允许偏差(mm)	A	+0.5，0.0	3/3	抽查 3 处，合格 3 处	√
			B	+0.5，0.0	3/3	抽查 3 处，合格 3 处	√
			C	±0.5	3/3	抽查 3 处，合格 3 处	√
	2	豁口尺寸的允许偏差(mm)	A	+0.5，0.0	/	/	
			B	+0.5，0.0	/	/	
			C	±0.5	/	/	
	3	榫头尺寸的允许偏差(mm)	A	0.0，−0.5	/	/	
			B	0.0，−0.5	/	/	
			C	±0.5	/	/	
施工单位检查结果	符合要求 专业工长：王晨 项目专业质量检查员：孔凡民 2014 年××月××日						
监理单位验收结论	合格 专业监理工程师：刘东 2014 年××月××日						

《铝合金零部件槽、豁、榫加工检验批质量验收记录》填写说明

1. 填写依据

(1)《铝合金结构工程施工质量验收规范》GB 50576－2010。

(2)《建筑工程施工质量验收统一标准》GB 50300－2013。

2. 规范摘要

以下内容摘自《铝合金结构工程施工质量验收规范》GB 50576－2010。

主控项目

(1)铝合金零部件槽口尺寸(图 6-2)的允许偏差应符合表 6-8 的规定。

检查数量:按槽口数量 10%,且不应小于 3 处。

检查方法:游标卡尺和卡尺。

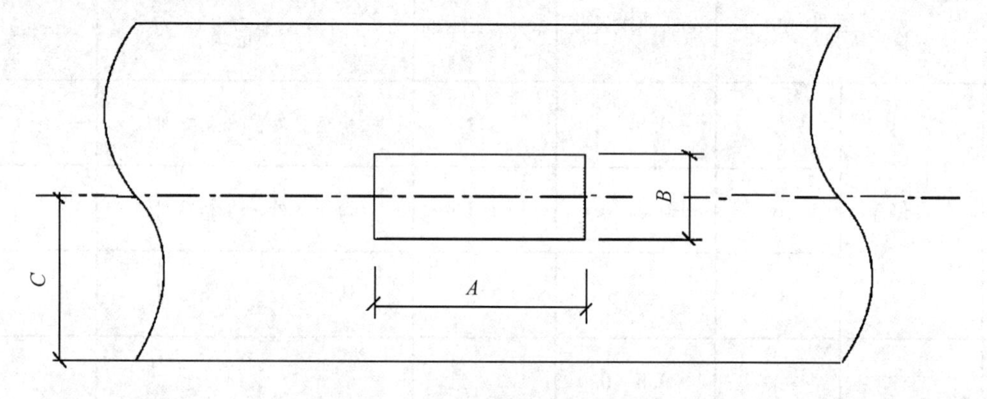

图 6-2　铝合金零部件槽口图

表 6-8　槽口尺寸的允许偏差(mm)

项目	A	B	C
允许偏差	+0.5 0.0	+0.5 0.0	±0.5

(2)铝合金零部件豁口尺寸(图 6-3)的允许偏差应符合表 6-9 的规定。

检查数量:按豁口数量 10%,且不应小于 3 处。

检查方法:游标卡尺和卡尺。

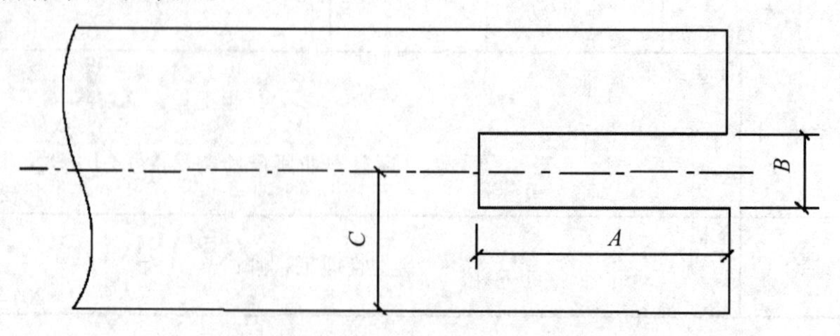

图 6-3　铝合金零部件豁口图

表 6-9　　豁口尺寸的允许偏差(mm)

项目	A	B	C
允许偏差	+0.5 0.0	+0.5 0.0	±0.5

(3)铝合金零部件榫头尺寸(图 6-4)的允许偏差应符合表 6-10 的规定。

检查数量:按榫头数量 10%,且不应小于 3 处。

检查方法:游标卡尺和卡尺。

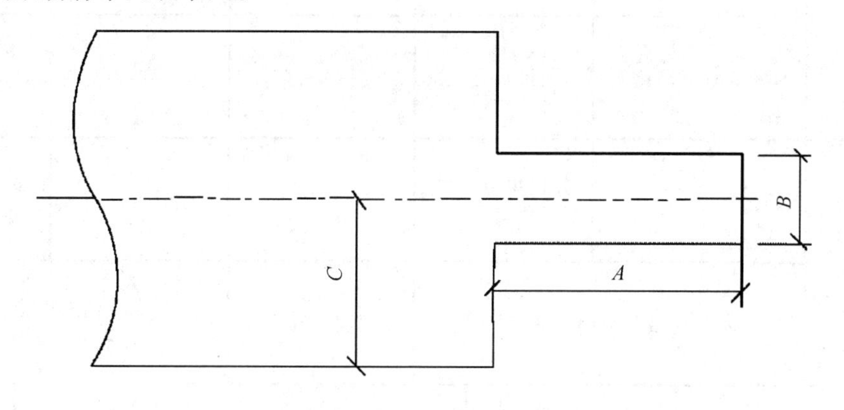

图 6-4　铝合金零部件榫头图

表 6-10　　榫头尺寸的允许偏差(mm)

项目	A	B	C
允许偏差	0.0 −0.5	0.0 −0.5	±0.5

6.3.4 铝合金构件组装工程检验批质量验收记录填写范例及说明

螺栓球检验批质量验收记录

02060401001

<table>
<tr><td colspan="3">单位(子单位)工程名称</td><td>××大厦</td><td>分部(子分部)工程名称</td><td>主体结构/铝合金结构</td><td>分项工程名称</td><td>铝合金构件组装</td></tr>
<tr><td colspan="3">施工单位</td><td>××建筑有限公司</td><td>项目负责人</td><td>赵斌</td><td>检验批容量</td><td>30个</td></tr>
<tr><td colspan="3">分包单位</td><td>/</td><td>分包单位项目负责人</td><td>/</td><td>检验批部位</td><td>1层1~8轴/A~F轴幕墙支架</td></tr>
<tr><td colspan="3">施工依据</td><td colspan="2">××大厦铝合金结构施工方案</td><td>验收依据</td><td colspan="2">《铝合金结构工程施工质量验收规范》GB50576-2010</td></tr>
<tr><td></td><td colspan="2">验收项目</td><td>设计要求及规范规定</td><td>最小/实际抽样数量</td><td colspan="2">检查记录</td><td>检查结果</td></tr>
<tr><td rowspan="2">主控项目</td><td>1</td><td>螺栓球及制造螺栓球节点所采用的原材料的品种、规格、性能</td><td>第4.5.1条</td><td>/</td><td colspan="2">质量证明文件齐全,通过进场验收</td><td>√</td></tr>
<tr><td>2</td><td>螺栓球质量</td><td>不得有裂纹、褶皱、过烧等缺陷</td><td>5/5</td><td colspan="2">抽查5处,合格5处</td><td>√</td></tr>
<tr><td rowspan="2">一般项目</td><td>1</td><td>螺栓球螺纹尺寸和螺纹公差</td><td>第4.5.3条</td><td>5/5</td><td colspan="2">抽查5处,合格5处</td><td>100%</td></tr>
<tr><td>2</td><td>螺栓球直径、圆度、相邻两螺栓孔中心线夹角等尺寸及允许偏差</td><td>第4.5.4条</td><td>3/5</td><td colspan="2">抽查5处,合格5处</td><td>100%</td></tr>
<tr><td colspan="3">施工单位检查结果</td><td colspan="5">符合要求
专业工长:王晨
项目专业质量检查员:孔凡民
2014年××月××日</td></tr>
<tr><td colspan="3">监理单位验收结论</td><td colspan="5">合格
专业监理工程师:刘东
2014年××月××日</td></tr>
</table>

《螺栓球检验批质量验收记录》填写说明

1. 填写依据

(1)《铝合金结构工程施工质量验收规范》GB 50576－2010。

(2)《建筑工程施工质量验收统一标准》GB 50300－2013。

2. 规范摘要

以下内容摘自《铝合金结构工程施工质量验收规范》GB 50576－2010。

主控项目

(1)螺栓球及制造螺栓球节点所采用的原材料,其品种、规格、性能等应符合国家现行产品标准和设计要求。

检查数量:全数检查。

检验方法:检查产品的质量合格证明文件、标识及检验报告等。

(2)螺栓球不得有裂纹、褶皱、过烧等缺陷。

检查数量:每种规格抽查 5%,且不应少于 5 只。

检验方法:用 10 倍放大镜观察和表面探伤。

一般项目

(1)螺栓球螺纹尺寸应符合现行国家标准《普通螺纹基本尺寸》GB/T 196 中粗牙螺纹的规定,螺纹公差必须符合现行国家标准《普通螺纹公差与配合》GB/T 197 中 6H 级精度的规定。

检查数量:每种规格抽查 5%,且不应少于 5 只。

检验方法:用标准螺纹规。

(2)螺栓球直径、圆度、相邻两螺栓孔中心线夹角等尺寸及允许偏差应符合 GB 50576－2010 的规定。

检查数量:每一种规格按数量抽查 5%,且不应少于 3 个。

检验方法:用卡尺和分度头仪检查。

铝合金构件组装检验批质量验收记录

铝合金构件组装检验批质量验收记录

02060402 002

单位（子单位）工程名称	××大厦	分部（子分部）工程名称	主体结构/铝合金结构	分项工程名称	铝合金构件组装
施工单位	××建筑有限公司	项目负责人	赵斌	检验批容量	30件
分包单位	/	分包单位项目负责人	/	检验批部位	1层～8轴/A～F轴幕墙支架
施工依据	铝合金结构施工方案		验收依据	《铝合金结构工程施工质量验收规范》GB50576-2010	

		验收项目		设计要求及规范规定	最小/实际抽样数量	检查记录	检查结果
一般项目	1	单元构件长度（mm）	≤2000	±1.5	5/5	抽查5处，合格5处	100%
			＞2000	±2.0	/	/	/
	2	单元构件宽度（mm）	≤2000	±1.5	5/5	抽查5处，合格5处	100%
			＞2000	±2.0	/	/	/
	3	单元构件对角线长度（mm）	≤2000	≤2.5	5/5	抽查5处，合格5处	100%
			＞2000	≤3.0	/	/	/
	4	单元构件平面度		≤1.0	5/5	抽查5处，合格5处	100%
	5	接缝高低差		≤0.5	5/5	抽查5处，合格5处	100%
	6	接缝间隙		≤0.5	5/5	抽查5处，合格5处	100%
	7	顶紧接触面应有75%以上的面积紧贴		第8.2.2条	10/10	抽查10处，合格10处	100%
	8	桁架结构杆件轴线交点错位允许偏差		≤3.0mm	3/5	抽查5处，合格5处	100%
施工单位检查结果	符合要求 专业工长：王晨 项目专业质量检查员：孔凡民 2014年××月××日						
监理单位验收结论	合格 专业监理工程师：刘东 2014年××月××日						

《铝合金构件组装检验批质量验收记录》填写说明

1. 填写依据

(1)《铝合金结构工程施工质量验收规范》GB50576－2010。

(2)《建筑工程施工质量验收统一标准》GB50300－2013。

2. 规范摘要

以下内容摘自《铝合金结构工程施工质量验收规范》GB50576－2010。

组装验收要求

一般项目

(1)单元件组装的允许偏差应符合《铝合金结构工程施工质量验收规范》GB50576 表 C.0.1 的规定。

检查数量:按单元组件的 10％抽查,且不应少于 5 个。

检验方法:见《铝合金结构工程施工质量验收规范》GB50576 表 C.0.1。

(2)顶紧接触面应有 75％以上的面积紧贴。

检查数量:按接触面的数量抽查 10％,且不应少于 10 个。

检验方法:0.3mm 塞尺检查,其塞入的面积应小于 25％,边缘间隙不应大于 0.8mm。

(3)桁架结构杆件轴线交点错位允许偏差不得大 3.0mm。

检查数量:按构件数抽查 10％,且不应少于 3 个,每个抽查构件按节点数抽查 10％,且不应少于 3 个节点。

检验方法:尺量检查。

铝合金构件端部铣平及安装焊缝坡口检验批质量验收记录

02060403 003

单位（子单位）工程名称	××大厦	分部（子分部）工程名称	主体结构/铝合金结构	分项工程名称	铝合金构件组装
施工单位	××建筑有限公司	项目负责人	赵斌	检验批容量	30件
分包单位	/	分包单位项目负责人	/	检验批部位	1层～8轴/A～F轴幕墙支架
施工依据	铝合金结构施工方案		验收依据	《铝合金结构工程施工质量验收规范》GB50576-2010	

	验收项目			设计要求及规范规定	最小/实际抽样数量	检查记录	检查结果
主控项目	1	端部铣平	两端铣平时构件长度	±1.0	3/3	抽查3处，合格3处	√
			两端铣平时零件长度	±0.5	3/3	抽查3处，合格3处	√
			铣平面的平面度	0.3	3/3	抽查3处，合格3处	√
			铣平面对轴线的垂直度	L/1500（L=1000mm）	3/3	抽查3处，合格3处	√
一般项目	1	安装焊缝坡口	坡口角度	±5°	3/3	抽查3处，合格3处	100%
			钝边	±0.5mm	3/3	抽查3处，合格3处	100%

施工单位检查结果	符合要求 专业工长：王晨 项目专业质量检查员：孔凡民 2014年××月××日
监理单位验收结论	合格 专业监理工程师：刘东 2014年××月××日

《铝合金构件端部铣平及安装焊缝坡口检验批质量验收记录》填写说明

1. 填写依据

(1)《铝合金结构工程施工质量验收规范》GB 50576－2010。

(2)《建筑工程施工质量验收统一标准》GB 50300－2013。

2. 规范摘要

以下内容摘自《铝合金结构工程施工质量验收规范》GB 50576－2010。

主控项目

端部铣平的允许偏差应符合表 6-11 的规定。

检查数量：按铣平面数量抽查 10%，且不应少于 3 个。

检验方法：用钢尺、角尺、塞尺等检查。

表 6-11　端部铣平的允许偏差(mm)

检查项目	允许偏差
两端铣平时构件长度	±1.0
两端铣平时零件长度	±0.5
铣平面的平面度	0.3
铣平面对轴线的垂直度	L/1500

注：L——铣平面边长。

一般项目

安装焊缝坡口的允许偏差应符合表 6-12 的规定。

检查数量：按坡口数量抽查 10%，且不少于 3 条。

检验方法：用焊缝量规检查。

表 6-12　安装焊缝坡口的允许偏差

检查项目	允许偏差
坡口角度	±5°
钝边	±0.5mm

6.3.5 铝合金构件预拼装工程检验批质量验收记录填写范例及说明

铝合金构件预拼装检验批质量验收记录

02060501 001

单位（子单位）工程名称	××大厦	分部（子分部）工程名称	主体结构/铝合金结构	分项工程名称	铝合金构件组装
施工单位	××建筑有限公司	项目负责人	赵斌	检验批容量	30件
分包单位	/	分包单位项目负责人	/	检验批部位	1层～8轴/A～F轴幕墙支架
施工依据	铝合金结构施工方案		验收依据	《铝合金结构工程施工质量验收规范》GB50576-2010	

		验收项目		设计要求及规范规定	最小/实际抽样数量	检查记录	检查结果
主控项目	1	高强度螺栓和普通螺栓连接的多层板叠，孔的通过率	当采用比孔公称直径大1.0mm的试孔器检查	不应小于85%	全/120	共120处，全部检查，合格120处	√
			当采用比螺栓公称直径大0.3mm的试孔检查	应为100%	全/120	抽查120处，合格120处	√
一般项目	1	桁架（mm）	跨度两端最外侧支撑面间距离	+5.0，-10.0	/	/	/
			接口截面错位	2.0	/	/	/
			拱度 设计要求起拱	±L/5000	/	/	/
			拱度 设计未要求起拱	L/2000，0	/	/	/
			节点处的杆件轴线错位	4.0	/	/	/
	2	管构件（mm）	预拼装单元总长	±5.0	/	/	/
			预拼装单元弯曲矢高	L/1500，且不应大于10.0	/	/	/
			对口错边	t/10，且不应大于3.0	/	/	/
			坡口间隙	+2.0，-1.0	/	/	/
	3	空间单元片（mm）	预拼装单元长、宽、对角线	5.0	全/4	共4处，全部检查，合格4处	100%
			预拼装单元弯曲矢高	L/1500，且不应大于10.0	全/4	共4处，全部检查，合格4处	100%
			接口错边	1.0	全/4	共4处，全部检查，合格4处	100%
			预拼装单元柱身扭曲	h/200，且不应大于5.0	全/4	共4处，全部检查，合格4处	100%
			顶紧面到任一支点距离	±2.0	全/4	共4处，全部检查，合格4处	100%
	4	零件、部件顶紧组装面	顶紧接触面紧贴	≥75%	全/4	共4处，全部检查，合格4处	100%
			边缘最大间隙	≤0.8mm	全/4	共4处，全部检查，合格4处	100%

施工单位检查结果	符合要求 专业工长：王晨 项目专业质量检查员：孔凡民 2014年××月××日
监理单位验收结论	合格 专业监理工程师：刘东 2014年××月××日

一册在手 表格全有 贴近现场 资料无忧

《铝合金构件预拼装检验批质量验收记录》填写说明

1. 填写依据

(1)《铝合金结构工程施工质量验收规范》GB50576－2010。

(2)《建筑工程施工质量验收统一标准》GB50300－2013。

2. 规范摘要

以下内容摘自《铝合金结构工程施工质量验收规范》GB50576－2010。

(1)一般规定

1)适用于铝合金构件预拼装工程的质量验收。

2)铝合金构件预拼装工程应按铝合金结构制作工程检验批的划分原则划分为一个或若干个检验批。

3)预拼装所用的胎架、支承凳或平台应测量找平，检查时应拆除全部临时固定和拉紧装置。

4)进行预拼装的铝合金构件，其质量应符合设计要求和 GB 50576－2010 合格质量标准的规定。

(2)预拼装验收要求

主控项目

高强度螺栓和普通螺栓连接的多层板叠，应采用试孔器进行检查，并应符合下列规定：

1)当采用比孔公称直径大 1.0mm 的试孔器检查时，每组孔的通过率不应小于 85%；

2)当采用比螺栓公称直径大 0.3mm 的试孔检查时，通过率应为 100%。

检查数量：按预拼装单元全数检查。

检验方法：采用试孔器检查。

一般项目

1)预拼装的允许偏差应符合《铝合金结构工程施工质量验收规范》GB50576 表 D 的规定。

检查数量：按预拼装单元全数检查。

检验方法：见《铝合金结构工程施工质量验收规范》GB50576 表 D。

2)零件、部件顶紧组装面，顶紧接触面不应少于 75%紧贴，且边缘最大间隙不应大于 0.8mm。

检查数量：按预拼装单元全数检查。

检验方法：0.3mm 塞尺检查，其塞入的面积应小于 25%。

6.3.6 铝合金框架结构安装工程检验批质量验收记录填写范例及说明

铝合金框架结构基础和支承面检验批质量验收记录

02060601___001

单位（子单位）工程名称	××大厦	分部（子分部）工程名称	主体结构/铝合金结构	分项工程名称	铝合金框架结构安装
施工单位	××建筑有限公司	项目负责人	赵斌	检验批容量	20个
分包单位	/	分包单位项目负责人	/	检验批部位	1层～8轴/A～F轴幕墙支架
施工依据	铝合金结构施工方案		验收依据	《铝合金结构工程施工质量验收规范》GB50576-2010	

		验收项目		设计要求及规范规定	最小/实际抽样数量	检查记录	检查结果
主控项目	1	建筑物定位轴线（mm）	长La	La/20000,且≤3.0	3/3	抽查3处，合格3处	√
			宽Lb	Lb/20000,且≤3.0	3/3	抽查3处，合格3处	√
		基础上柱的定位轴线（mm）		1.0	3/3	抽查3处，合格3处	√
		基础上柱底标高（mm）		±2.0	3/3	抽查3处，合格3处	√
		地脚螺栓(锚栓)位移(mm)		2.0	3/3	抽查3处，合格3处	√
	2	支承面（mm）	标高	±2.0	3/3	抽查3处，合格3处	√
			水平度	1/1000	3/3	抽查3处，合格3处	√
		地脚螺栓(锚栓)中心偏移(mm)		5.0	3/3	抽查3处，合格3处	√
		预留孔中心偏移（mm）		10.0	3/3	抽查3处，合格3处	√
	3	座浆垫板（mm）	顶面标高	0.0，-3.0	3/3	抽查3处，合格3处	√
			水平度	1/1000	3/3	抽查3处，合格3处	√
			位置	20.0	3/3	抽查3处，合格3处	√
一般项目	1	螺栓(锚栓)露出长度（mm）		+30.0,0.0	3/3	抽查3处，合格3处	100%
	2	螺纹长度（mm）		+30.0,0.0	3/3	抽查3处，合格3处	100%
	3	地脚螺栓（锚栓）的螺纹应受到保护		第10.2.4条	3/3	抽查3处，合格3处	100%

施工单位检查结果	符合要求 专业工长：王晨 项目专业质量检查员：孔凡民 2014年××月××日
监理单位验收结论	合格 专业监理工程师：刘东 2014年××月××日

《铝合金框架结构基础和支承面检验批质量验收记录》填写说明

1. 填写依据

(1)《铝合金结构工程施工质量验收规范》GB 50576－2010。

(2)《建筑工程施工质量验收统一标准》GB 50300－2013。

2. 规范摘要

以下内容摘自《铝合金结构工程施工质量验收规范》GB 50576－2010。

主控项目

(1)建筑物的定位轴线、基础轴线、基础上柱的定位轴线和标高、地脚螺栓(锚栓)的规格和位置、地脚螺栓(锚栓)紧固应符合设计要求。当设计无要求时,应符合表 6-13 的规定。

检查数量:按柱基数抽查 10%,且不应少于 3 个。

检验方法:用经纬仪、水准仪、全站仪和钢尺现场实测。

表 6-13　建筑物定位轴线、基础轴线、基础上柱的定位轴线和标高、地脚螺栓(锚栓)的允许偏差(mm)

项　目	允 许 偏 差	图　例
建筑物定位轴线	$L/20000$,且不应大于 3.0	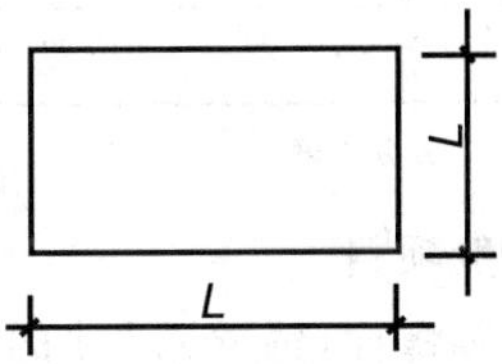
基础上柱的定位轴线	1.0	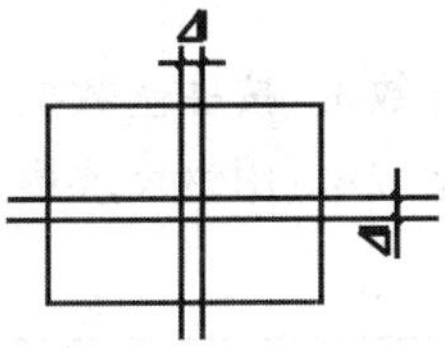
基础上柱底标高	±2.0	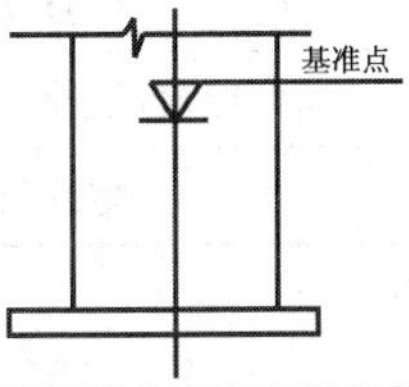 基准点
地脚螺栓(锚栓)位移	2.0	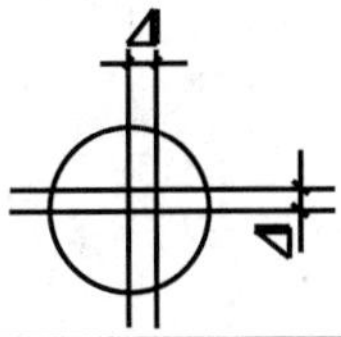

注:L_a、L_b——建筑物边长。

(2)基础顶面直接作为柱的支承面和基础顶面预埋钢板或支座作为柱的支承面时,其支承面、地脚螺栓(锚栓)位置的允许偏差应符合表 6-14 的规定。

检查数量:按柱基数抽查 10%,且不应少于 3 个。

检验方法:用经纬仪、水准仪、全站仪、水平尺和钢尺实测。

表 6-14　支承面、地脚螺栓(锚栓)位置的允许偏差(mm)

检查项目		允许偏差
支承面	标 高	±2.0
	水 平 度	l/1000
地脚螺栓(锚栓)	螺栓中心偏移	5.0
预留孔中心偏移		10.0

注:L——支承面长度。

(3)采用座浆垫板时,座浆垫板的允许偏差应符合表 6-15 的规定。

检查数量:资料全数检查。按柱基数抽查 10%,且不应少于 3 个。

检验方法:用水准仪、全站仪、水平尺和钢尺现场实测。

表 6-15　座浆垫板的允许偏差(mm)

检查项目	允许偏差
顶面标高	0.0,−3.0
水平度	l/1000
位置	20.0

注:L——垫板长度。

一般项目

地脚螺栓(锚栓)尺寸的允许偏差应符合表 6-16 的规定。地脚螺栓(锚栓)的螺纹应受到保护。

检查数量:按柱基数抽查 10%,且不应少于 3 个。

检验方法:用钢尺现场实测。

表 6-16　地脚螺栓(锚栓)尺寸的允许偏差(mm)

检查项目	允许偏差
螺栓(锚栓)露出长度	+30.0,0.0
螺纹长度	+30.0,0.0

铝合金框架结构总拼和安装检验批质量验收记录

02060602002

单位（子单位）工程名称	××大厦	分部（子分部）工程名称	主体结构/铝合金结构	分项工程名称	铝合金框架结构安装
施工单位	××建筑有限公司	项目负责人	赵斌	检验批容量	20 件
分包单位	/	分包单位项目负责人	/	检验批部位	1 层 1～8 轴/A～F 轴幕墙支架
施工依据	铝合金结构施工方案		验收依据	《铝合金结构工程施工质量验收规范》GB50576-2010	

类别	序号	验收项目			设计要求及规范规定	最小/实际抽样数量	检查记录	检查结果
主控项目	1	铝合金构件变形及涂层脱落			第 10.3.1 条	3/3	抽查 3 处，合格 3 处	√
主控项目	2	柱子安装(mm)	底层柱柱底轴线对定位轴线偏移		2.0	全/12	共 12 处，全部检查，合格 12 处	√
主控项目	2	柱子安装(mm)	柱子定位轴线		1.0	全/3	共 3 处，全部检查，合格 3 处	√
主控项目	2	柱子安装(mm)	单节柱的垂直度		h/1500，且≤8.0	全/4	共 4 处，全部检查，合格 4 处	√
主控项目	3	设计要求顶紧的节点	接触面紧贴		≥75%	3/3	抽查 3 处，合格 3 处	√
主控项目	3	设计要求顶紧的节点	边缘最大间隙		≤0.8mm	3/3	抽查 3 处，合格 3 处	√
主控项目	4	铝合金屋架、桁架、梁及受压杆件	跨中的垂直度(mm)		h/250，且不应大于15.0	/	/	/
主控项目	4	铝合金屋架、桁架、梁及受压杆件	侧向弯曲矢高(mm)		l/1000，且不应大于10.0	/	/	/
主控项目	5	主体结构(mm)	整体垂直度	单层	H/1500，且≤8.0	全/ 3	共 3 处，全部检查，合格 3 处	√
主控项目	5	主体结构(mm)	整体垂直度	多层	H/1500+5.0，且≤20.0	/	/	/
主控项目	5	主体结构(mm)	整体平面弯曲		L/1500，且≤25.0	全/ 3	共 3 处，全部检查，合格 3 处	√
一般项目	1	铝合金柱等主要构件的中心线及标高基准点等标记应齐全			第 10.3.6 条	3 / 3	抽查 3 处，合格 3 处	√
一般项目	2	当铝合金结构安装在混凝土柱上时，其支座中心对定位轴线的偏差			≤10mm	3 / 3	抽查 3 处，合格 3 处	√
一般项目	3	单层铝合金结构中柱子安装(mm)	柱脚底座中心轴线对定位轴线的偏差		5.0	3 / 3	抽查 3 处，合格 3 处	√
一般项目	3	单层铝合金结构中柱子安装(mm)	柱基准点标高	有梁的柱	+3.0，-5.0	3 / 3	抽查 3 处，合格 3 处	√
一般项目	3	单层铝合金结构中柱子安装(mm)	柱基准点标高	无梁的柱	+5.0，-8.0	/	/	/
一般项目	3	单层铝合金结构中柱子安装(mm)	弯曲矢高		H/1200，且≤10.0	3 / 3	抽查 3 处，合格 3 处	√
一般项目	3	单层铝合金结构中柱子安装(mm)	柱轴线垂直度	单层柱	H/1500，且≤8.0	3 / 3	抽查 3 处，合格 3 处	√
一般项目	3	单层铝合金结构中柱子安装(mm)	柱轴线垂直度	多层柱	H/1500+5.0，且≤20.0	/	/	/
一般项目	4	墙架、檩条等次要构件(mm)	墙架立柱	中心线对定位轴线的偏移	1.0	/	/	/
一般项目	4	墙架、檩条等次要构件(mm)	墙架立柱	垂直度	H/1500，且≤8.0	/	/	/
一般项目	4	墙架、檩条等次要构件(mm)	墙架立柱	弯曲矢高	H/1000，且≤15.0	/	/	/
一般项目	4	墙架、檩条等次要构件(mm)	抗风桁架的垂直度		H/250，且≤15.0	/	/	/
一般项目	4	墙架、檩条等次要构件(mm)	檩条、墙梁的间距		±5.0	/	/	/
一般项目	4	墙架、檩条等次要构件(mm)	檩条的弯曲矢高		L/750，且≤12.0	/	/	/
一般项目	4	墙架、檩条等次要构件(mm)	墙梁的弯曲矢高		L/750，且≤10.0	/	/	/

续表

单位（子单位）工程名称	××大厦	分部（子分部）工程名称	主体结构/铝合金结构	分项工程名称	铝合金框架结构安装
施工单位	××建筑有限公司	项目负责人	赵斌	检验批容量	20件
分包单位	/	分包单位项目负责人	/	检验批部位	1层1～8轴/A～F轴幕墙支架
施工依据	铝合金结构施工方案		验收依据	《铝合金结构工程施工质量验收规范》GB50576-2010	

一般项目	5	铝合金平台、铝合金梯、防护栏杆安装(mm)	平台高度	±15.0	/	/	/
			平台梁水平度	l/1000，且≤20.0	/	/	/
			平台支柱垂直度	H/1000，且≤15.0	/	/	/
			承重平台梁侧向弯曲	l/1000，且≤10.0	/	/	/
			承重平台梁垂直度	H/250，且≤15.0	/	/	/
			直梯垂直度	l/1000，且≤15.0	/	/	/
			栏杆高度	±15.0	/	/	/
			栏杆立柱间距	±15.0	/	/	/
			平台高度	±15.0	/	/	/
	6	多层铝合金结构构件(mm)	上、下柱连接处的错口	3.0	/	/	/
			同一层柱的各柱顶高度差	5.0	/	/	/
			同一根梁两端顶面的高差	l/1000，且≤10.0	/	/	/
			主梁与次梁表面的高差	±2.0	/	/	/
			压型金属板在铝合金梁上相邻列的错位	15.0		/	/
	7	多层铝合金结构主体结构总高度(mm)	用相对标高控制安装	±Σ（△h+△z+△w）	/	/	/
			用设计标高控制安装	H/1000，且≤30.0 −H/1000，且≤−30.0	/	/	/
	8	现场焊缝组对间隙(mm)	无垫板间隙	+3.0，0.0	3 / 3	抽查3处，合格3处	100%
			有垫板间隙	+3.0，−2.0	3 / 3	抽查3处，合格3处	100%
	9	铝合金结构表面质量		第10.3.14条	3 / 3	抽查3处，合格3处	100%
施工单位检查结果				符合要求 专业工长：王晨 项目专业质量检查员：孔凡民 2014年××月××日			
监理单位验收结论				合格 专业监理工程师：刘东 2014年××月××日			

《铝合金框架结构总拼和安装检验批质量验收记录》填写说明

1. 填写依据

(1)《铝合金结构工程施工质量验收规范》GB 50576－2010。

(2)《建筑工程施工质量验收统一标准》GB 50300－2013。

2. 规范摘要

以下内容摘自《铝合金结构工程施工质量验收规范》GB 50576－2010。

主控项目

(1)铝合金构件运输、堆放和吊装等造成的变形及涂层脱落，应进行矫正和修补。

检查数量：按构件数抽查 10%，且不应少于 3 个。

检验方法：用拉线、钢尺现场实测或观察。

(2)铝合金结构柱子安装的允许偏差应符合表 6-17 的规定。

检查数量：标准柱全部检查；非标准柱抽查 10%，且不应少于 3 根。

检验方法：用全站仪或经纬仪和钢尺实测。

表 6-17　铝合金结构柱子安装的允许偏差(mm)

项　　目	允许偏差	图 例
底层柱柱底轴线对定位轴线偏移	3.0	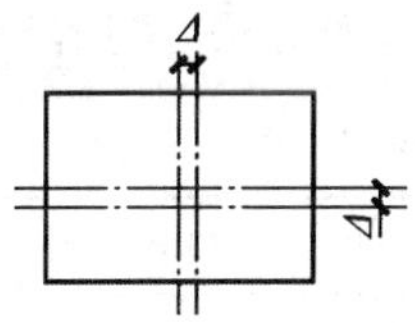
柱子定位轴线	1.0	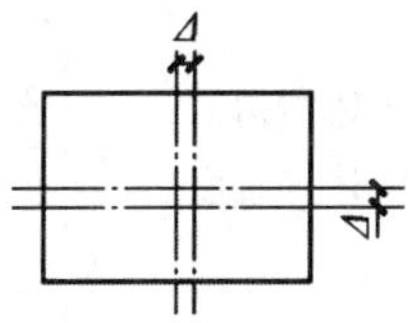
单节柱的垂直度	h/1500，且不应大于 8.0	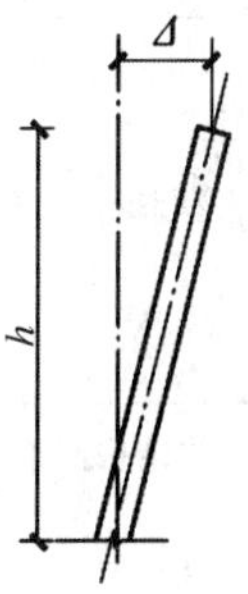

(3)设计要求顶紧的节点，接触面不应少于 75% 紧贴，且边缘最大间隙不应大于 0.8mm。

检查数量：按节点数抽查 10%，且不应小于 3 个。

检验方法：用钢尺及 0.3mm 和 0.8mm 厚的塞尺现场实测。

(4)铝合金屋(托)架、桁架、梁及受压杆件的垂直度和侧向弯曲矢高的允许偏差应符合表 6-18 的规定。

检查数量:按同类构件数抽查 10%,且不应小于 3 个。

检验方法:用吊线、拉线、经纬仪和钢尺现场实测。

表 6-18　铝合金屋(托)架、桁架、梁及受压杆件垂直度和侧向弯曲矢高的允许偏差(mm)

项目	允许偏差	图例
跨中的垂直度	$h/250$,且不应大于 15.0	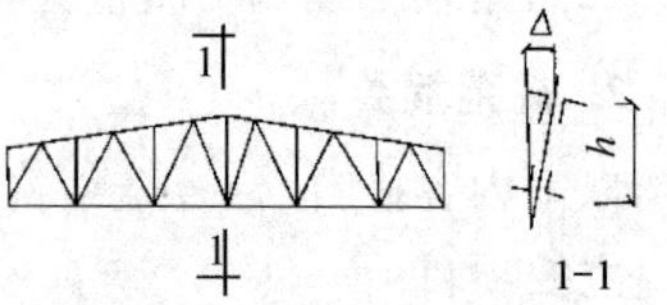
侧向弯曲矢高	$l/1000$,且不应大于 10.0	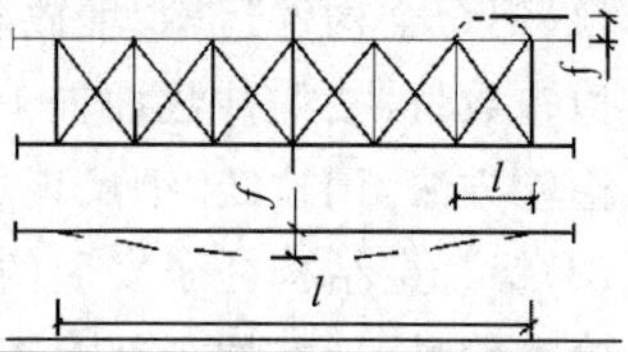

注:h 为截面高度,L 为跨度,f 为弯曲矢高。

(5)主体结构的整体垂直度和整体平面弯曲的允许偏差应符合表 6-19 的规定。

检查数量:对主要立面全部检查。对每个所检查的立面,除两列角柱外,尚应至少选取一列中间柱。

检验方法:采用经纬仪、全站仪等测量。

表 6-19　整体垂直度和整体平面弯曲的允许偏差(mm)

检查项目		允许偏差	图例
主体结构的整体垂直度	单层	$H/1500$,且不应大于 8.0	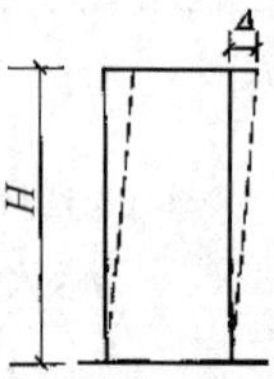
	多层	$H/1500+5.0$,且不应大于 20.0	
主体结构的整体平面弯曲		$L/1500$,且不应大于 25.0	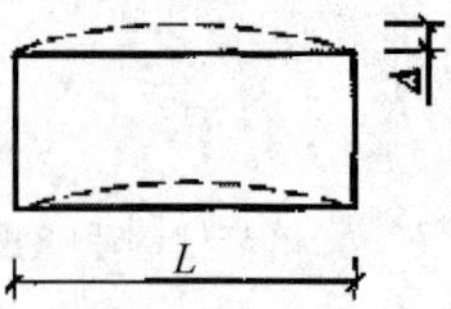

注:H 为主体结构高度,L 为主体结构长度、跨度。

一般项目

(1)铝合金柱等主要构件的中心线及标高基准点等标记应齐全。

检查数量:按同类构件数抽查 10%,且不应少于 3 件。

检验方法:观察检查。

(2)当铝合金结构安装在混凝土柱上时,其支座中心对定位轴线的偏差不应大于 10mm。

检查数量:按同类构件数抽查 10%,且不应少于 3 榀。

检验方法:用拉线和钢尺现场实测。

(3)单层铝合金结构中铝合金柱安装的允许偏差应符合 GB 50576－2010 表 E.0.1 的规定。

检查数量:按铝合金柱数抽查 10%,且不应小于 3 件。

检验方法:见 GB 50576－2010 表 E.0.1。

(4)檩条、墙架等次要构件安装的允许偏差应符合 GB 50576－2010 表 E.0.2 的规定。

检查数量:按同类构件数抽查 10%,且不应小于 3 件。

检验方法:见 GB 50576－2010 表 E.0.2。

(5)铝合金平台、铝合金梯、栏杆应符合国家现行有关标准的规定。铝合金平台、铝合金梯和防护栏杆安装的允许偏差应符合 GB 50576－2010 表 E.0.3 的规定。

检查数量:按铝合金平台总数抽查 10%,栏杆、铝合金梯按总长度各抽查 10%,但铝合金平台不应少于 1 个,栏杆不应少于 5m,铭合金梯不应少于 1 跑。

检验方法:见 GB 50576－2010 表 E.0.3。

(6)多层铝合金结构中构件安装的允许偏差应符合 GB 50576－2010 表 E.0.4 的规定。

检查数量:按同类构件或节点数抽查 10%。其中柱和梁各不应少于 3 件,主梁与次梁连接节点不应少于 3 个,支承压型金属板的铭合金梁长度不应少于 5m。

检验方法:见 GB 50576－2010 表 E.0.4。

(7)多层铝合金结构主体结构总高度的允许偏差应符合 GB 50576－2010 表 E.0.5 的规定。

检查数量:按标准柱列数抽查 10%,且不应少于 4 列。

检验方法:采用全站仪、水准仪和钢尺实测。

(8)现场焊缝组对间隙的允许偏差应符合表 6-20 的规定。

检查数量:按同类节点数抽查 10%,且不应少于 3 个。

检验方法:尺量检查。

表 6-20　现场焊缝组对间隙的允许偏差(mm)

项目	允许偏差
无垫板间隙	＋3.0,0.0
有垫板间隙	＋3.0,－2.0

(9)铝合金结构表面应干净,结构主要表面不应有疤痕、泥沙等污垢。

检查数量:按同类构件数抽查 10%,且不应少于 3 件。

检验方法:观察检查。

6.3.7 铝合金空间网格结构安装工程检验批质量验收记录填写范例及说明

铝合金空间网格结构支承面检验批质量验收记录

02060701001

单位（子单位）工程名称	××大厦	分部（子分部）工程名称	主体结构/铝合金结构	分项工程名称	铝合金空间网格结构安装
施工单位	××建筑有限公司	项目负责人	赵斌	检验批容量	50件
分包单位	/	分包单位项目负责人	/	检验批部位	1层1～8轴/A～F轴幕墙支架
施工依据	北京龙旗广场筑业大厦铝合金结构施工方案		验收依据	《铝合金结构工程施工质量验收规范》GB50576-2010	

		验收项目		设计要求及规范规定	最小/实际抽样数量	检查记录	检查结果
主控项目	1	铝合金空间网格结构支座定位轴线位置、支柱锚栓的规格		第11.2.1条	4/4	抽查4处，合格4处	√
	2	支承面顶板	位置	15.0	5/5	抽查5处，合格5处	√
			顶面标高	0，−3.0	5/5	抽查5处，合格5处	√
			顶面水平度	L/1000（L=9000mm）	5/5	抽查5处，合格5处	√
		支座锚栓中心偏移		5.0	5/5	抽查5处，合格5处	√
	3	支承垫块的种类、规格、摆放位置和朝向		第11.2.3条	5/5	抽查5处，合格5处	√
		橡胶垫块与刚性垫块之间或不同类型刚性垫块之间不得互换使用		第11.2.3条	5/5	抽查5处，合格5处	√
	4	铝合金空间网格结构支座锚栓的紧固		第11.2.4条	5/5	抽查5处，合格5处	√
一般项目	1	支座锚栓	露出长度（mm）	+30.0，0.0	5/5	抽查5处，合格5处	100%
			螺纹长度（mm）	+30.0，0.0	5/5	抽查5处，合格5处	100%
	2	支座锚栓的螺纹		应受到保护	5/5	抽查5处，合格5处	100%
施工单位检查结果				符合要求 专业工长：王晨 项目专业质量检查员：孔凡民 2014年××月××日			
监理单位验收结论				合格 专业监理工程师：刘东 2014年××月××日			

《铝合金空间网格结构支承面检验批质量验收记录》填写说明

1. 填写依据

(1)《铝合金结构工程施工质量验收规范》GB 50576－2010。

(2)《建筑工程施工质量验收统一标准》GB 50300－2013。

2. 规范摘要

以下内容摘自《铝合金结构工程施工质量验收规范》GB50576－2010。

主控项目

(1)铝合金空间网格结构支座定位轴线的位置、支柱锚栓的规格应符合设计要求。

检查数量:按支座数抽查10%,且不应少于4处。

检验方法:用经纬仪和钢尺实测。

(2)支承面顶板的位置、标高、水平度以及支座锚栓位置的允许偏差应符合表6-21的规定。

检查数量:按支座数抽查10%,且不应少于4处。

检验方法:用全站仪或经纬仪、水准仪、钢尺实测。

表6-21　　支承面顶板、支座锚栓位置的允许偏差(mm)

检查项目		允许偏差
支承面顶板	位置	15.0
	顶面标高	0,－3.0
	顶面水平度	L/1000
支座锚栓	中心偏移	5.0

注:L——顶面测量水平度时两个测点间的距离。

(3)支承垫块的种类、规格、摆放位置和朝向,必须符合设计要求和国家现行有关标准的规定。橡胶垫块与刚性垫块之间或不同类型刚性垫块之间不得互换使用。

检查数量:按支座数抽查10%,且不应少于4处。

检验方法:观察和用钢尺实测。

(4)铝合金空间网格结构支座锚栓的紧固应符合设计要求。

检查数量:按支座数抽查10%,且不应少于4处。

检验方法:观察检查。

一般项目

支座锚栓尺寸的允许偏差应符合GB 50576－2010表10.2.4的规定。支座锚栓的螺纹应受到保护。

检查数量:按支座数抽查10%,且不应少于4处。

检验方法:用钢尺实测和观察。

铝合金空间网格结构总拼和安装检验批质量验收记录

02060702 002

单位（子单位）工程名称	××大厦	分部（子分部）工程名称	主体结构/铝合金结构	分项工程名称	铝合金空间网格结构安装
施工单位	××建筑有限公司	项目负责人	赵斌	检验批容量	50件
分包单位	/	分包单位项目负责人	/	检验批部位	1层～8轴/A～F轴幕墙支架
施工依据	铝合金结构施工方案		验收依据	《铝合金结构工程施工质量验收规范》GB50576-2010	

	序号	验收项目				设计要求及规范规定	最小/实际抽样数量	检查记录	检查结果
主控项目	1	小拼单元	节点中心偏移			2.0	5/5	抽查5处，合格5处	√
			杆件交汇节点与杆件中心的偏移			1.0	5/5	抽查5处，合格5处	√
			杆件轴线的弯曲矢高			L1/1000，且≤5.0（L=1000mm）	5/5	抽查5处，合格5处	√
			锥体型小拼单元	弦杆长度		±2.0	5/5	抽查5处，合格5处	√
				锥体高度		±2.0	5/5	抽查5处，合格5处	√
				四角锥体上弦杆对角线长度		±3.0	5/5	抽查5处，合格5处	√
			平面桁架型小拼单元	跨长	≤24m	+3.0，-7.0	5/5	抽查5处，合格5处	√
					＞24m	+5.0，-10.0	5/5	抽查5处，合格5处	√
				跨中高度		±3.0	5/5	抽查5处，合格5处	√
				跨中拱度	设计起拱	±L/5000（L=6000mm）	5/5	抽查5处，合格5处	√
					设计部起拱	+10.0	/	/	/
	2	中拼单元	单元长度小于等于20m，拼接长度	单跨		±10.0	/	/	/
				多跨连续		±5.0	/	/	/
			单元长度大于20m，拼接长度	单跨		±20.0	/	/	/
				多跨连续		±10.0	/	/	/
	3	节点承载力试验	按设计指定规格的连接板及其匹配的铝杆件连接成试件			第11.3.3条	/	符合设计要求	√
			按设计指定规格的连接板最大螺栓孔螺纹			第11.3.3条	/	符合设计要求	√
	4	测量挠度值	网格结构			≤1.5h	全/4	共4处，全部检查，合格4处	√
			屋面工程			≤1.5h	/	/	/
一般项目	1	节点及杆件表面质量				第11.3.5条	10/10	抽查10处，合格10处	100%
	2	铝合金空间网格结构安装(mm)	纵向、横向长度			L/2000，且≤30.0-L/2000，且≤-30.0	全/30	共30处，全部检查，合格30处	100%
			支柱中心偏移			L/3000，且≤30.0	全/6	共6处，全部检查，合格6处	100%
			周边支承结构相邻支座高差			L1/400，且≤15.0	全/6	共6处，全部检查，合格6处	100%
			支座最大高差			30.0	全/6	共6处，全部检查，合格6处	100%
			多点支承格构相邻支座高差			L1/800，且≤30.0	全/3	共3处，全部检查，合格3处	100%
施工单位检查结果	符合要求 专业工长：王晨 项目专业质量检查员：孔凡民 2014年××月××日								
监理单位验收结论	合格 专业监理工程师：刘东 2014年××月××日								

《铝合金空间网格结构总拼和安装检验批质量验收记录》填写说明

1. 填写依据

(1)《铝合金结构工程施工质量验收规范》GB 50576－2010。

(2)《建筑工程施工质量验收统一标准》GB 50300－2013。

2. 规范摘要

以下内容摘自《铝合金结构工程施工质量验收规范》GB 50576－2010。

主控项目

(1)小拼单元的允许偏差应符合表 6-22 的规定。

检查数量:按单元数抽查 5%,且不应少于 5 个。

检验方法:用钢尺和拉线等辅助量具实测。

表 6-22　　小拼单元的允许偏差(mm)

检查项目			允许偏差
节点中心偏移			2.0
杆件交汇节点与杆件中心的偏移			1.0
杆件轴线的弯曲矢高			L_1/1000,且不应大于 5.0
锥体型小拼单元	弦杆长度		±2.0
	锥体高度		±2.0
	四角锥体上弦杆对角线长度		±3.0
平面桁架型小拼单元	跨长	≤24m	+3.0 −7.0
		＞24m	+5.0 −10.0
	跨中高度		±3.0
	跨中拱度	设计要求起拱	±L/5000
		设计未要求起拱	+10.0

注:1 L_1——杆件长度。
　2 L——跨长。

(2)中拼单元的允许偏差应符合表 6-23 的规定。

检查数量:全数检查。

检验方法:用钢尺和辅助量具实测。

表 6-23　　中拼单元的允许偏差(mm)

检查项目		允许偏差
单元长度小于等于 20m,拼接长度	单跨	±10.0
	多跨连续	±5.0
单元长度大于 20m,拼接长度	单跨	±20.0
	多跨连续	±10.0

(3)建筑结构安全等级为一级，且设计有要求时，应按下列项目进行节点承载力试验：

1)杆件交汇节点应按设计指定规格的连接板及其匹配的铝杆件连接成试件，进行轴心拉、压承载力试验，其试验破坏荷载值大于或等于1.6倍设计承载力为合格；

2)杆件交汇节点应按设计指定规格的连接板最大螺栓孔螺纹进行抗拉强度保证荷载试验，当达到螺栓的设计承载力时，螺孔、螺纹及螺帽仍完好无损为合格。

检查数量：每项试验做3个试件。

检验方法：检查试验报告。

(4)铝合金空间网格结构总拼完成后及屋面工程完成后应分别测量其挠度值，且所测的挠度值不应超过相应设计值的1.5倍。

检查数量：跨度24m及以下铝合金空间网格结构测量下弦中央一点；跨度24m以上铝合金空间网格结构测量下弦中央一点及各向下弦跨度的四等分点。

检验方法：用钢尺和水准仪实测。

一般项目

(1)铝合金空间网格结构安装完成后，其节点及杆件表面应干净，不应有明显的疤痕、泥沙和污垢等缺陷。

检查数量：按节点及杆件数抽查5%，且不应少于10个节点。

检验方法：观察检查。

(2)铝合金空间网格结构安装完成后，其安装的允许偏差应符合表6-24的规定。

检查数量：全数检查。

检验方法：用钢尺、经纬仪和水准仪实测。

表6-24 铝合金空间网格结构安装的允许偏差(mm)

检查项目	允许偏差	检验方法
纵向、横向长度	L/2000，且不应大于30.0 $-L$/2000，且不应小于$-$30.0	用钢尺实测
支柱中心偏移	L/3000，且不应大于30.0	用钢尺和经纬仪实测
周边支撑结构相邻支座高差	L_1/400，且不应大于15.0	用钢尺和水准仪实测
支座最大高差	30.0	
多点支承格构相邻支座高差	L_1/800，且不应大于30.0	

注：1. L——纵向、横向长度。

2. L_1——相邻支座间距。

6.3.8　铝合金面板工程检验批质量验收记录填写范例及说明

铝合金面板检验批质量验收记录

02008010__001__

<table>
<tr><td colspan="2">单位（子单位）工程名称</td><td>××大厦</td><td>分部（子分部）工程名称</td><td>主体结构/铝合金结构</td><td>分项工程名称</td><td>铝合金面板</td></tr>
<tr><td colspan="2">施工单位</td><td>××建筑有限公司</td><td>项目负责人</td><td>赵斌</td><td>检验批容量</td><td>30 批</td></tr>
<tr><td colspan="2">分包单位</td><td>/</td><td>分包单位项目负责人</td><td>/</td><td>检验批部位</td><td>1 层 1～8 轴/A～F 轴幕墙</td></tr>
<tr><td colspan="2">施工依据</td><td colspan="2">铝合金结构施工方案</td><td>验收依据</td><td colspan="2">《铝合金结构工程施工质量验收规范》GB50576-2010</td></tr>
<tr><td rowspan="3">主控项目</td><td colspan="2">验收项目</td><td>设计要求及规范规定</td><td>最小/实际抽样数量</td><td>检查记录</td><td>检查结果</td></tr>
<tr><td>1</td><td>铝合金面板及制造铝合金面板所采用的原材料，其品种、规格、性能</td><td>第 4.6.1 条</td><td>/</td><td>质量证明文件齐全，通过进场验收</td><td>√</td></tr>
<tr><td>2</td><td>铝合金泛水板、包角板和零配件的品种、规格、性能</td><td>第 4.6.2 条</td><td>/</td><td>检验合格，资料齐全</td><td>√</td></tr>
<tr><td>一般项目</td><td>1</td><td>铝合金面板的规格尺寸及允许偏差、表面质量、涂层质量</td><td>第 4.6.3 条</td><td>2/2</td><td>抽查 2 处，合格 2 处</td><td>100%</td></tr>
<tr><td colspan="2">施工单位检查结果</td><td colspan="5">符合要求
专业工长：王晨
项目专业质量检查员：孔凡民
2014 年××月××日</td></tr>
<tr><td colspan="2">监理单位验收结论</td><td colspan="5">合格
专业监理工程师：刘东
2014 年××月××日</td></tr>
</table>

《铝合金面板检验批质量验收记录》填写说明

1. 填写依据

(1)《铝合金结构工程施工质量验收规范》GB50576－2010。

(2)《建筑工程施工质量验收统一标准》GB50300－2013。

2. 规范摘要

以下内容摘自《铝合金结构工程施工质量验收规范》GB50576－2010。

主控项目

(1)铝合金面板及制造铝合金面板所采用的原材料,其品种、规格、性能等应符合国家现行有关标准和设计要求。

检查数量:全数检查。

检验方法:检查质量合格证明文件、标识及检验报告等。

(2)铝合金泛水板、包角板和零配件的品种、规格、性能应符合国家现行产品标准和设计要求。

检查数量:全数检查。

检验方法:检查产品的质量合格证明文件、标识及检验报告等。

一般项目

铝合金面板的规格尺寸及允许偏差、表面质量、涂层质量等应符合设计要求和GB 50576－2010的规定。

检查数量:每种规格抽查5%,且不应少于3件。

检验方法:观察、用10倍放大镜检查及尺量。

铝合金面板制作检验批质量验收记录

02060802__002__

单位（子单位）工程名称	××大厦	分部（子分部）工程名称	主体结构/铝合金结构	分项工程名称	铝合金面板
施工单位	××建筑有限公司	项目负责人	赵斌	检验批容量	30 件
分包单位	/	分包单位项目负责人	/	检验批部位	1 层 1～8 轴/A～F 轴屋面
施工依据	铝合金结构施工方案		验收依据	《铝合金结构工程施工质量验收规范》GB50576-2010	

		验收项目			设计要求及规范规定	最小/实际抽样数量	检查记录	检查结果
主控项目	1	铝合金面板成型后，其基板			不应有裂纹、裂边、腐蚀等缺陷	10/10	抽查 10 处，合格 10 处	√
	2	有涂层铝合金面板的漆膜			不应有肉眼可见的裂纹、剥落和擦痕等缺陷	10/10	抽查 10 处，合格 10 处	√
一般项目	1	铝合金面板尺寸允许偏差(mm)	波距		±2.0	10/10	抽查 10 处，合格 10 处	100%
			板高	截面高度≤70	±1.5	10/10	抽查 10 处，合格 10 处	100%
				截面高度＞70	±2.0	10/10	/	/
			肋高	直立锁边板	±1.0	10/10	抽查 10 处，合格 10 处	√
			卷边直径		±0.5	10/10	/	/
			在测量长度 L1 的范围内侧向弯曲		20.0	10/10	抽查 10 处，合格 10 处	100%
	2	铝合金面板成型后，表面质量			应干净，不应有明显的凹凸和皱褶等缺陷	10/10	抽查 10 处，合格 10 处	100%
	3	铝合金面板施工现场制作的允许偏差(mm)	铝合金面板（除直立锁边板）的覆盖宽度	截面高度≤70	+10.0 -2.0	10/10	抽查 10 处，合格 10 处	100%
				截面高度＞70	+6.0 -2.0	/	/	/
			铝合金直立锁边板的覆盖宽度		+2.0 -5.0	10/10	抽查 10 处，合格 10 处	100%
			板长		±9.0	10/10	抽查 10 处，合格 10 处	100%
			横向剪切偏差		6.0	10/10	抽查 10 处，合格 10 处	100%
			泛水板、包角板尺寸	板长	±6.0mm	10/10	抽查 10 处，合格 10 处	100%
				折弯曲宽度	±3.0mm	10/10	抽查 10 处，合格 10 处	100%
				折弯曲夹角	2°	10/10	抽查 10 处，合格 10 处	100%
施工单位检查结果	符合要求 专业工长：王晨 项目专业质量检查员：孔凡民 2014 年××月××日							
监理单位验收结论	合格 专业监理工程师：刘东 2014 年××月××日							

《铝合金面板制作检验批质量验收记录》填写说明

1. 填写依据

(1)《铝合金结构工程施工质量验收规范》GB 50576－2010。

(2)《建筑工程施工质量验收统一标准》GB 50300－2013。

2. 规范摘要

以下内容摘自《铝合金结构工程施工质量验收规范》GB 50576－2010。

主控项目

(1)铝合金面板成型后,其基板不应有裂纹、裂边、腐蚀等缺陷。

检查数量:按计件数抽查5%,且不少于10件。

检验方法:观察和用10倍放大镜检查。

(2)有涂层铝合金面板的漆膜不应有肉眼可见的裂纹、剥落和擦痕等缺陷。

检查数量:按计件数抽查5%,且不少于10件。

检验方法:观察检查。

一般项目

(1)铝合金面板的尺寸允许偏差应符合表6-25的规定。

检查数量:按计件数抽查5%,且不少于10件。

检验方法:用拉线和钢尺检查。

表6-25　　铝合金面板的尺寸允许偏差(mm)

检查项目			允许偏差
波距			±2.0
板高	压型板	截面高度小于或等于70	±1.5
		截面高度大于70	±2.0
肋高	直立锁边板	——	±1.0
卷边直径			±0.5
侧向弯曲	在测量长度L1的范围内	20.0	

注:1. L_1——测量长度;

2. 当板长大于10m时,扣除两端各0.5m后任选10m长度测量;

3. 当板长小于等于10m时,扣除两端各0.5m后按实际长度测量。

(2)铝合金面板成型后,表面应干净,不应有明显的凹凸和皱褶等缺陷。

检查数量:按计件数抽查5%,且不少于10件。

检验方法:观察检查。

(3)铝合金面板施工现场制作的允许偏差应符合表6-26的规定。

检查数量:按计件数抽查5%,且不少于10件。

检验方法:用钢尺、角尺检查。

表 6-26　　铝合金面板施工现场制作的允许偏差

<table>
<tr><th colspan="2">项　　目</th><th>允许偏差</th></tr>
<tr><td rowspan="2">铝合金面板(除直立锁边板)的覆盖宽度</td><td>截面高度小于或等于 70mm</td><td>+10.0mm
−2.0mm</td></tr>
<tr><td>截面高度大于 70mm</td><td>+6.0mm
−2.0mm</td></tr>
<tr><td colspan="2">铝合金直立锁边板的覆盖宽度</td><td>+2.0mm
−5.0mm</td></tr>
<tr><td colspan="2">板长</td><td>±9.0mm</td></tr>
<tr><td colspan="2">横向剪切偏差</td><td>6.0mm</td></tr>
<tr><td rowspan="3">泛水板、包角板尺寸</td><td>板长</td><td>±6.0mm</td></tr>
<tr><td>折弯曲宽度</td><td>±3.0mm</td></tr>
<tr><td>折弯曲夹角</td><td>2°</td></tr>
</table>

铝合金面板安装检验批质量验收记录

02060802 3 003

单位（子单位）工程名称	××大厦	分部（子分部）工程名称	主体结构/铝合金结构	分项工程名称	铝合金面板
施工单位	××建筑有限公司	项目负责人	赵斌	检验批容量	30件
分包单位	/	分包单位项目负责人	/	检验批部位	1层～8轴/A～F轴屋面
施工依据	铝合金结构施工方案		验收依据	《铝合金结构工程施工质量验收规范》GB50576-2010	

		验收项目			设计要求及规范规定	最小/实际抽样数量	检查记录	检查结果
主控项目	1	铝合金面板、泛水板和包角板	固定		应可靠、牢固	全/30	共30处，全部检查，合格30处	√
			防腐涂料涂刷和密封材料敷设		应完好	全/30	共30处，全部检查，合格30处	√
			连接件数量、间距		应符合规定	全/480	共480处，全部检查，合格480处	√
	2	固定支座安装允许偏差	相邻支座间距		+5.0，-2.0mm	10/10	抽查10处，合格10处	√
			倾斜角度		1°	10/10	抽查10处，合格10处	√
			平面角度		1°	10/10	抽查10处，合格10处	√
			相对高度	纵向	a/200	10/10	抽查10处，合格10处	√
				横向	5mm	10/10	抽查10处，合格10处	√
	3	铝合金面板在支承构件上的搭接长度(mm)	纵向	波高＞70	350	10/10	抽查10处，合格10处	√
				波高≤70 屋面坡度＜1/10	250	10/10	抽查10处，合格10处	√
				波高≤70 屋面坡度≥1/10	200	10/10	抽查10处，合格10处	√
			横向		≥1个波	10/10	抽查10处，合格10处	√
一般项目	1	面板伸入檐沟内的长度			≥150 mm	10/10	抽查10处，合格10处	100%
		面板与泛水的搭接长度			≥200 mm	10/10	抽查10处，合格10处	100%
		面板挑出墙面的长度			≥200 mm	10/10	抽查10处，合格10处	100%
	2	铝合金面板安装			应平整、顺直	10/10	抽查10处，合格10处	100%
		板面			无污染无错洞	10/10	抽查10处，合格10处	100%
		檐口线、泛水段			应顺直无起伏	10/10	抽查10处，合格10处	100%
	3	檐口与屋脊的平行度			12.0 mm	10/10	抽查10处，合格10处	100%
		铝合金面板波纹线对屋脊的垂直度			L/800，且≤25.0	10/10	抽查10处，合格10处	100%
		檐口相邻两块铝合金面板端部错位			6.0 mm	10/10	抽查10处，合格10处	100%
		铝合金面板卷边板件最大波浪高			4.0 mm	10/10	抽查10处，合格10处	100%
	4	铝合金面板搭接处质量			第12.3.7条	10/10	抽查10处，合格10处	100%
	5	每平米铝合金面板表面质量	0.1mm～0.3mm宽划伤痕		长度小于100mm不超过8条	10/10	抽查10处，合格10处	100%
			擦伤		不大于500mm²	10/10	抽查10处，合格10处	100%
施工单位检查结果	符合要求 专业工长：王晨 项目专业质量检查员：孔凡民 2014年××月××日							
监理单位验收结论	合格 专业监理工程师：刘东 2014年××月××日							

《铝合金面板安装检验批质量验收记录》填写说明

1. 填写依据

(1)《铝合金结构工程施工质量验收规范》GB 50576－2010。

(2)《建筑工程施工质量验收统一标准》GB 50300－2013。

2. 规范摘要

以下内容摘自《铝合金结构工程施工质量验收规范》GB 50576－2010。

主控项目

(1)铝合金面板、泛水板和包角板等固定应可靠、牢固，防腐涂料涂刷和密封材料敷设应完好，连接件数量、间距应符合设计要求和国家现行有关标准的规定。

检查数量：全数检查。

检验方法：观察检查及尺量。

(2)铝合金面板固定支座的安装应控制支座的相邻支座间距、倾斜角度、平面角度和相对高差，允许偏差应符合表6-27的规定。

检查数量：按同类构件数抽查10%，且不少于10件。

检验方法：经纬仪、分度头、拉线和钢尺。

表6-27　固定支座安装允许偏差

检查项目		允许偏差
相邻支座间距		＋5.0mm －2.0mm
倾斜角度		1°
平面角度		1°
相对高差	纵向	a/200
	横向	5mm

注：a——纵向支座间距

(3)铝合金面板应在支承构件上可靠搭接，搭接长度应符合设计要求，且不应小于表6-28规定的数值。

检查数量：按计件数抽查5%，且不少于10件。

检验方法：用钢尺、角尺检查。

表6-28　铝合金面板在支承构件上的搭接长度(mm)

项　目			搭接长度
纵向	波高大于70		350
	波高小于等于70	屋面坡度小于1/10	250
		屋面坡度大于等于1/10	200
横向	大于或等于一个波		

一般项目

(1)铝合金面板与檐沟、泛水、墙面的有关尺寸应符合设计要求,且不应小于表6-29规定的数值。

检查数量:按计件数抽查5%,且不少于10件。

检验方法:用钢尺、角尺检查。

表6-29　铝合金面板与檐沟、泛水、墙面尺寸(mm)

检查项目	尺寸
面板伸入檐沟内的长度	150
面板与泛水的搭接长度	200
面板挑出墙面的长度	200

(2)铝合金面板安装应平整、顺直,板面不应有施工残留物和污物;檐口线、泛水段应顺直,并无起伏现象;板面不应有未经处理的错钻孔洞。

检查数量:按面积抽查10%,且不应少于10m²。

检验方法:观察检查。

(3)铝合金面板安装的允许偏差应符合表6-30的规定。

检查数量:檐口与屋脊的平行度:按长度抽查10%,且不应少于10m。其他项目:每20m长度应抽查1处,且不应少于2处。

检验方法:用拉线和钢尺检查。

表6-30　铝合金面板安装的允许偏差(mm)

检查项目	允许偏差
檐口与屋脊的平行度	12.0
铝合金面板波纹线对屋脊的垂直度	L/800,且不应大于25.0
檐口相邻两块铝合金面板端部错位	6.0
铝合金面板卷边板件最大波浪高	4.0

注:L——屋面半坡或单坡长度。

(4)铝合金面板搭接处咬合方向应符合设计要求,咬边应紧密,且应连续平整,不应出现扭曲和裂口的现象。

检查数量:按面积抽查10%,且不应少于10m²。

检验方法:观察检查。

(5)每平米铝合金面板的表面质量应符合表6-31的规定。

检查数量:按面积抽查10%,且不应少于10m²。

检验方法:观察和用10倍放大镜检查。

表6-31　每平米铝合金面板的表面质量

项目	质量要求
0.1mm～0.3mm宽划伤痕	长度小于100mm;不超过8条
擦伤	不大于500mm²

注:1. 划伤——露出铝合金基体的损伤。

2. 擦伤——没有露出铝合金基体的损伤。

6.3.9　铝合金幕墙结构安装工程检验批质量验收记录填写范例及说明

铝合金幕墙结构支承面检验批质量验收记录

02060901__001__

单位（子单位）工程名称	××大厦	分部（子分部）工程名称	主体结构/铝合金结构	分项工程名称	铝合金幕墙结构安装
施工单位	××建筑有限公司	项目负责人	赵斌	检验批容量	60 m²
分包单位	/	分包单位项目负责人	/	检验批部位	1 层 1～8 轴/A～F 轴幕墙
施工依据	铝合金结构施工方案		验收依据	《铝合金结构工程施工质量验收规范》GB50576-2010	

		验收项目	设计要求及规范规定	最小/实际抽样数量	检查记录	检查结果
主控项目	1	铝合金幕墙结构支座定位轴线处锚栓的规格	第 13.2.1 条	6/6	抽查 6 处，合格 6 处	√
	2	幕墙结构预埋件和连接件的数量、埋设方法及防腐处理	第 13.2.2 条	6/6	抽查 6 处，合格 6 处	√
	3	预埋件的标高及位置的偏差	≤20mm	4/6	抽查 6 处，合格 6 处	√

施工单位检查结果	符合要求 专业工长：王晨 项目专业质量检查员：孔凡民 2014 年××月××日
监理单位验收结论	合格 专业监理工程师：刘东 2014 年××月××日

《铝合金幕墙结构支承面检验批质量验收记录》填写说明

1. 填写依据

(1)《铝合金结构工程施工质量验收规范》GB 50576－2010。

(2)《建筑工程施工质量验收统一标准》GB 50300－2013。

2. 规范摘要

以下内容摘自《铝合金结构工程施工质量验收规范》GB 50576－2010。

主控项目

(1)铝合金幕墙结构支座定位轴线处锚栓的规格应符合设计要求。

检查数量:按支座数抽查10%,且不应少于4处。

检验方法:用钢尺实测。

(2)预埋件和连接件安装质量的检验指标,应符合下列规定:

1)幕墙结构预埋件和连接件的数量、埋设方法及防腐处理应符合设计要求;

2)预埋件的标高及位置的偏差不应大于20mm。

检查数量:按预埋件数抽查10%,且不应少于4处。

检验方法:用经纬仪、水准仪和钢尺实测。

铝合金幕墙结构总拼和安装检验批质量验收记录

02060902＿002

单位（子单位）工程名称	××大厦	分部（子分部）工程名称	主体结构/铝合金结构	分项工程名称	铝合金面板
施工单位	××建筑有限公司	项目负责人	赵斌	检验批容量	60 个
分包单位	/	分包单位项目负责人	/	检验批部位	1 层 1～8 轴/A～F 轴幕墙
施工依据	铝合金结构施工方案		验收依据	《铝合金结构工程施工质量验收规范》GB50576-2010	

	验收项目			设计要求及规范规定	最小/实际抽样数量	检查记录	检查结果
主控项目	1	铝合金幕墙结构所使用的各种材料、构件和组件的质量		第 13.3.1 条	/	质量证明文件齐全，通过进场验收	√
	2	铝合金幕墙结构与主体结构连接的各种预埋件、连接件、紧固件		第 13.3.2 条	/	检验合格，资料齐全	√
	3	各种连接件、紧固件	螺栓连接	第 13.3.3 条	全/150	抽查 150 处，合格 150 处	√
			焊接连接	第 13.3.3 条	全/150	抽查 150 处，合格 150 处	√
	4	构件整体垂直度	h≤30m	10mm	3/3	抽查 3 处，合格 3 处	√
			60m≥h＞30m	15mm	/　/	/	/
			90m≥h＞60m	20mm	/　/	/	/
			150m≥h＞90m	25mm	/　/	/	/
			h＞150m	30mm	/　/	/	/
		竖向构件直线度		2.5mm	3/3	抽查 3 处，合格 3 处	√
		相邻两根竖向构件标高偏差		3mm	3/3	抽查 3 处，合格 3 处	√
		同层构件标高偏差		5mm	3/3	抽查 3 处，合格 3 处	√
		相邻两竖向构件间距偏差		2mm	3/3	抽查 3 处，合格 3 处	√
		构件外表面平面度	相邻三构件	2mm	3/3	抽查 3 处，合格 3 处	√
			b≤20m	5mm	3/3	抽查 3 处，合格 3 处	√
			b≤40m	7mm	/　/	/	/
			b≤60m	9mm	/　/	/	/
			b≤60m	10mm	/　/	/	/

续表

单位（子单位）工程名称	××大厦	分部（子分部）工程名称	主体结构/铝合金结构	分项工程名称	铝合金面板
施工单位	××建筑有限公司	项目负责人	赵斌	检验批容量	60个
分包单位	/	分包单位项目负责人	/	检验批部位	1层1～8轴/A～F轴幕墙
施工依据	铝合金结构施工方案		验收依据	《铝合金结构工程施工质量验收规范》GB50576-2010	

主控项目	5	单个横向构件水平度	l≤2m	2mm	3/3	抽查3处，合格3处	√
			l＞2m	3mm	/ /	/	/
		相邻两横向构件间距差	s≤2m	1.5mm	3/3	抽查3处，合格3处	√
			s＞2m	2mm	/ /	/	/
		相邻两横向构件的标高差		≤1mm	3/3	抽查3处，合格3处	√
		横向构件高度差	b≤35m	5mm	3/3	抽查3处，合格3处	√
			b＞35m	7mm	/ /	/	/
	6	分格线对角线差	≤2m	3mm	3/3	抽查3处，合格3处	√
			＞2m	3.5mm	/ /	/	/
	7	立柱连接（mm）	芯管材质、规格	设计要求	3/3	抽查3处，合格3处	√
			芯管插入上下立柱的总长度	≤250	3/3	抽查3处，合格3处	√
			上下两立柱间的空隙	≤15mm	3/3	抽查3处，合格3处	√
一般项目	1	支座锚栓	露出长度（mm）	＋30.0，0.0	全/60	共60处，全部检查，合格60处	100%
			螺纹长度（mm）	＋30.0，0.0	全/60	共60处，全部检查，合格60处	100%
	2	支座锚栓的螺纹		应受到保护	全/60	共60处，全部检查，合格60处	100%

施工单位检查结果	符合要求 专业工长：王晨 项目专业质量检查员：孔凡民 2014年××月××日
监理单位验收结论	合格 专业监理工程师：刘东 2014年××月××日

《铝合金幕墙结构总拼和安装检验批质量验收记录》填写说明

1. 填写依据

(1)《铝合金结构工程施工质量验收规范》GB 50576－2010。

(2)《建筑工程施工质量验收统一标准》GB 50300－2013。

2. 规范摘要

以下内容摘自《铝合金结构工程施工质量验收规范》GB 50576－2010。

主控项目

(1)铝合金幕墙结构所使用的各种材料、构件和组件的质量,应符合设计要求及国家现行有关标准的规定。

检查数量:全数检查。

检验方法:检查材料、构件、组件的产品合格证书、进场验收记录、性能检测报告和材料的复验报告。

(2)铝合金幕墙结构与主体结构连接的各种预埋件、连接件、紧固件必须安装牢固,其数量、规格、位置、连接方法和防腐处理应符合设计要求。

检查数量:全数检查。

检验方法:观察,检查隐蔽工程验收记录和施工记录。

(3)各种连接件、紧固件的螺栓应有防松动措施,焊接连接应符合设计要求和国家现行有关标准的规定。

检查数量:全数检查。

检验方法:观察,检查隐蔽工程验收记录和施工记录。

(4)铝合金幕墙结构竖向主要构件安装质量应符合表 6-32 的规定,测量检查应在风力小于 4 级时进行。

检查数量:按构件数抽查 5%,且不应少于 3 处。

检验方法:见表 6-32。

表 6-32　　竖向主要构件安装质量的允许偏差

项目			允许偏差(mm)	检查方法
1	构件整体垂直度	$h \leq 30m$	10	激光仪或经纬仪
		$60m \geq h > 30m$	15	
		$90m \geq h > 60m$	20	
		$150m \geq h > 90m$	25	
		$h > 150m$	30	
2	竖向构件直线度		2.5	2m 靠尺、塞尺
3	相邻两根竖向构件的标高偏差		3	水平仪和钢直尺
4	同层构件标高偏差		5	水平仪和钢直尺,以构件顶端为测量面进行测量
5	相邻两竖向构件间距偏差		2	用钢卷尺在构件顶部测量

续表

	项目		允许偏差(mm)	检查方法
6	构件外表面平面度	相邻三构件	2	用钢直尺和经纬仪或全站仪测量
		$b \leqslant 20$m	5	
		$b \leqslant 40$m	7	
		$b \leqslant 60$m	9	
		$b > 60$m	10	

注:h 为围护结构高度,b 为围护结构宽度。

(5)铝合金幕墙结构横向主要构件安装质量的允许偏差应符合表 6-33 的规定,测量检查应在风力小于 4 级时进行。

检查数量:按构件数抽查 5%,且不应少于 3 处。

检验方法:见表 6-33。

表 6-33　横向主要构件安装质量的允许偏差

	检查项目		允许偏差(mm)	检查方法
1	单个横向构件水平度	$l \leqslant 2$m	2	水平尺
		$l > 2$m	3	
2	相邻两横向构件间距差	$s \leqslant 2$m	1.5	钢卷尺
		$s > 2$m	2	
3	相邻两横向构件的标高差		≤1	水平尺
4	横向构件高度差	$b \leqslant 35$m	5	水平仪
		$b > 35$m	7	

注:L 为构件长度,S 为间距,b 为幕墙结构宽度。

(6)铝合金幕墙结构分格框对角线安装质量的允许偏差应符合表 6-34 的规定,测量检查应在风力小于 4 级时进行。

检查数量:按分格数抽查 5%,且不应少于 3 处。

检验方法:用钢尺实测。

表 6-34　分格框对角线安装质量的允许偏差

项目		允许偏差(mm)	检查方法
分格线对角线差	≤2m	3	钢卷尺
	>2m	3.5	

(7)立柱连接的检验指标,应符合下列规定:

1)芯管材质、规格应符合设计要求;

2)芯管插入上下立柱的总长度不得小于 250mm;

3)上下两立柱间的空隙不应小于 15mm。

检查数量:按立柱数抽查 5%,且不应少于 3 处。

检验方法:用钢尺实测。

一般项目

一个分格铝合金型材的表面质量和检验方法应符合表 6-35 的规定。

检查数量:全数检查。

检验方法:见表 6-35。

表 6-35 一个分格铝合金型材的表面质量和检验方法

检查项目	质量要求	检验方法
明显划伤和长度>100mm 的轻微划伤	不允许	观察
长度≤100mm 的轻微划伤	≤2 条	用钢尺检查
擦伤总面积	≤500mm²	用钢尺检查

6.3.10 防腐处理工程检验批质量验收记录填写范例及说明

其他材料检验批质量验收记录

020061001 001

<table>
<tr><td colspan="2">单位（子单位）工程名称</td><td>××大厦</td><td>分部（子分部）工程名称</td><td>主体结构/铝合金结构</td><td>分项工程名称</td><td>防腐处理</td></tr>
<tr><td colspan="2">施工单位</td><td>××建筑有限公司</td><td>项目负责人</td><td>赵斌</td><td>检验批容量</td><td>20 批</td></tr>
<tr><td colspan="2">分包单位</td><td>/</td><td>分包单位项目负责人</td><td>/</td><td>检验批部位</td><td>1 层 1～8 轴/A～F 轴幕墙支架</td></tr>
<tr><td colspan="2">施工依据</td><td colspan="2">铝合金结构施工方案</td><td>验收依据</td><td colspan="2">《铝合金结构工程施工质量验收规范》GB50576-2010</td></tr>
<tr><td rowspan="4">主控项目</td><td colspan="2">验收项目</td><td>设计要求及规范规定</td><td>最小/实际抽样数量</td><td>检查记录</td><td>检查结果</td></tr>
<tr><td>1</td><td>防腐涂料的品种、规格、性能</td><td>第 4.7.1 条</td><td>/</td><td>质量证明文件齐全，通过进场验收</td><td>√</td></tr>
<tr><td>2</td><td>铝合金结构用橡胶垫、胶条、密封胶等的品种、规格、性能</td><td>第 4.7.2 条</td><td>/</td><td>质量证明文件齐全，通过进场验收</td><td>√</td></tr>
<tr><td>3</td><td>防水密封材料的性能</td><td>第 4.7.3 条</td><td>/</td><td>质量证明文件齐全，通过进场验收</td><td>√</td></tr>
<tr><td colspan="3">施工单位检查结果</td><td colspan="4">符合要求

专业工长：王晨
项目专业质量检查员：孔凡民
2014 年××月××日</td></tr>
<tr><td colspan="3">监理单位验收结论</td><td colspan="4">合格

专业监理工程师：刘东
2014 年××月××日</td></tr>
</table>

《其他材料检验批质量验收记录》填写说明

1. 填写依据

(1)《铝合金结构工程施工质量验收规范》GB50576－2010。

(2)《建筑工程施工质量验收统一标准》GB50300－2013。

2. 规范摘要

以下内容摘自《铝合金结构工程施工质量验收规范》GB50576－2010。

其他材料验收要求

主控项目

(1)铝合金材料防腐涂料的品种、规格、性能等应符合国家现行产品标准和设计要求。

检查数量:全数检查。

检验方法:检查产品的质量合格证明文件、标识及检验报告等。

(2)铝合金结构用橡胶垫、胶条、密封胶等的品种、规格、性能等应符合国家现行产品标准和设计要求。

检查数量:全数检查。

检验方法:检查产品的质量合格证明文件、标识及检验报告等。

(3)防水密封材料的性能应符合国家现行产品标准和设计要求,并应与基材作相容性试验。

检查数量:全数检查。

检验方法:检查产品的质量合格证明文件、标识及检验报告等。

阳极氧化检验批质量验收记录

02061002 002

<table>
<tr><td>单位（子单位）工程名称</td><td>××大厦</td><td>分部（子分部）工程名称</td><td>主体结构/铝合金结构</td><td>分项工程名称</td><td>防腐处理</td></tr>
<tr><td>施工单位</td><td>××建筑有限公司</td><td>项目负责人</td><td>赵斌</td><td>检验批容量</td><td>60 根</td></tr>
<tr><td>分包单位</td><td>/</td><td>分包单位项目负责人</td><td>/</td><td>检验批部位</td><td>1 层 1～8 轴/A～F 轴幕墙支架</td></tr>
<tr><td>施工依据</td><td colspan="2">铝合金结构施工方案</td><td>验收依据</td><td colspan="2">《铝合金结构工程施工质量验收规范》GB50576-2010</td></tr>
</table>

<table>
<tr><td colspan="3">验收项目</td><td>设计要求及规范规定</td><td>最小/实际抽样数量</td><td>检查记录</td><td>检查结果</td></tr>
<tr><td rowspan="2">主控项目</td><td>1</td><td>阳极氧化膜的厚度</td><td>第 14.2.1 条</td><td>/</td><td>质量证明文件齐全，通过进场验收</td><td>√</td></tr>
<tr><td>2</td><td>阳极氧化产品不应有电灼伤/氧化膜脱落等影响使用的缺陷</td><td>第 14.2.2 条</td><td>全/60</td><td>全数检查，无划伤，无脱落现象</td><td>√</td></tr>
<tr><td rowspan="2">一般项目</td><td>1</td><td>阳极氧化膜的封孔质量</td><td>第 14.2.3 条</td><td>/</td><td>质量证明文件齐全，通过进场验收</td><td>√</td></tr>
<tr><td>2</td><td>阳极氧化膜颜色及色差</td><td>第 14.2.4 条</td><td>/</td><td>质量证明文件齐全，通过进场验收</td><td>√</td></tr>
<tr><td colspan="3">施工单位检查结果</td><td colspan="4">符合要求
专业工长：王晨
项目专业质量检查员：孔凡民
2014 年××月××日</td></tr>
<tr><td colspan="3">监理单位验收结论</td><td colspan="4">合格
专业监理工程师：刘东
2014 年××月××日</td></tr>
</table>

《阳极氧化检验批质量验收记录》填写说明

1. 填写依据

(1)《铝合金结构工程施工质量验收规范》GB 50576－2010。

(2)《建筑工程施工质量验收统一标准》GB 50300－2013。

2. 规范摘要

以下内容摘自《铝合金结构工程施工质量验收规范》GB 50576－2010。

主控项目

(1)阳极氧化膜的厚度应符合现行国家标准《铝合金建筑型材》GB 5237.1 和《铝合金结构设计规范》GB 50429 的有关规定及设计文件的要求，对应级别的厚度应符合表 6-36 的要求。

检查数量：按表 6-37。

检验方法：应按现行国家标准《铝及铝合金阳极氧化氧化膜厚度的测量方法》GB/T 8014.2 和《非磁性基体金属上非导电覆盖层覆盖层厚度测量涡流法》GB/T 4957 规定的方法进行，或检查检验报告。

表 6-36　氧化膜厚度级别

级别	最小平均厚度(μm)	最小局部厚度(μm)
AA10	10	8
AA15	15	12
AA20	20	16
AA25	25	20

表 6-37　抽样数量(根)

批量范围	随机取样数	不合格数上限
1～10	全部	0
11～200	10	1
201～300	15	1
301～500	20	2
501～800	30	3
800 以上	40	4

(2)阳极氧化产品不应有电灼伤 7 氧化膜脱落等影响使用的缺陷。

检查数量：全数检查。

检验方法：观察检查。

一般项目

(1)阳极氧化膜的封孔质量应符合现行国家标准《铝合金建筑型材第 2 部分：阳极氧化、着色型材》GB 5237.2 的有关规定。

检查数量：每批取 2 根，每根取 1 个试样。

检验方法：检查检验报告。

(2)阳极氧化膜颜色及色差等应符合现行国家标准《铝合金建筑型材第 2 部分：阳极氧化、着色型材》GB 5237.2 的有关规定。

检查数量：按 GB 50576－2010 表 14.2.1－2。

检验方法：检查检验报告。

涂装检验批质量验收记录

02061003 003

单位(子单位)工程名称	××大厦	分部(子分部)工程名称	主体结构/铝合金结构	分项工程名称	防腐处理
施工单位	××建筑有限公司	项目负责人	赵斌	检验批容量	20根
分包单位	/	分包单位项目负责人	/	检验批部位	1层1~8轴/A~F轴幕墙支架
施工依据	铝合金结构施工方案		验收依据	《铝合金结构工程施工质量验收规范》GB50576-2010	

		验收项目	设计要求及规范规定	最小/实际抽样数量	检查记录	检查结果
主控项目	1	电泳涂漆复合膜的厚度	第14.3.1条	/	检验合格，报告编号XXX	√
	2	装饰面上粉末喷涂的涂层的最小局部厚度和最大局部厚度	第14.3.2条	/	全数检查，喷涂均匀	√
	3	装饰面上氟碳喷涂的漆膜厚度	第14.3.3条	/ /	/	/
	4	电泳涂漆前型材外观质量和漆膜质量	第14.3.4条	全/20	抽查20处，合格 处	√
	5	粉末喷涂型材装饰面上的涂层质量	第14.3.5条	/	/	/
	6	氟碳喷涂型材装饰面上的涂层质量	第14.3.6条	/	/	/
一般项目	1	电泳涂漆型材的漆膜附着力、漆膜硬度	第14.3.7条	/	检验合格，报告编号XXX	√
	2	电泳涂漆型材漆膜的颜色及色差	第14.3.8条	全/20	抽查20处，合格20处	100%
	3	粉末喷涂型材漆膜的耐冲击性、附着力、压痕硬度、光泽、杯突试验	第14.3.9条	/	/	/
	4	粉末喷涂型材漆膜的颜色及色差	第14.3.10条	/	/	/
	5	氟碳喷涂型材漆膜的硬度、耐冲击性、附着力、光泽	第14.3.11条	/	/	/
	6	氟碳喷涂型材漆膜的颜色及色差	第14.3.12条	/	/	/

施工单位检查结果	符合要求 专业工长：王晨 项目专业质量检查员：孔凡民 2014年××月××日
监理单位验收结论	合格 专业监理工程师：刘东 2014年××月××日

《涂装检验批质量验收记录》填写说明

1. 填写依据

(1)《铝合金结构工程施工质量验收规范》GB 50576—2010。

(2)《建筑工程施工质量验收统一标准》GB 50300—2013。

2. 规范摘要

以下内容摘自《铝合金结构工程施工质量验收规范》GB 50576—2010。

主控项目

(1)电泳涂漆复合膜的厚度应符合表6-38的规定。

检查数量:按GB 50576—2010表14.2.1—2。

检验方法:可按现行国家标准《非磁性基体金属上非导电覆盖层覆盖层厚度测量涡流法》GB/T 4957或《金属和氧化物覆盖层厚度测量显微镜法》GB/T 6462规定的方法,或检查检验报告。

表6-38 电泳涂漆复合膜厚度

级别	阳极氧化膜		漆膜	复合膜
	平均膜厚/μm	局部膜厚/μm	局部膜厚/μm	局部膜厚/μm
A	≥10	≥8	≥12	≥21
B	≥10	≥8	≥7	≥16

(2)装饰面上粉末喷涂的涂层的最小局部厚度大于等于4μm,最大局部厚度小于等于120μm。

检查数量:按GB 50576—2010表14.2.1—2。

检验方法:可按现行国家标准《非磁性基体金属上非导电覆盖层覆盖层厚度测量涡流法》GB/T 4957规定的方法,或检查检验报告。

(3)装饰面上氟碳喷涂的漆膜厚度应符合表6-39的规定。

检查数量:按GB 50576—2010表14.11—2。

检验方法:可按现行国家标准《非磁性基体金属上非导电覆盖层覆盖层厚度测量涡流法》GB/T 4957规定的方法,或检查检验报告。

表6-39 氟碳喷涂的漆膜厚度(μm)

级别	最小平均厚度	最小局部厚度
二涂	≥30	≥25
三涂	≥40	≥34
四涂	≥65	≥55

(4)电泳涂漆前型材外观质量应符合现行国家标准《铝合金建筑型材》GB 5237.1的有关规定。涂漆后的漆膜应均匀、整洁,不应有皱纹、裂纹、气泡、流痕、夹杂物、发粘和漆膜脱落等缺陷。

检查数量:全数检查。

检验方法:观察检查。

(5)粉末喷涂型材装饰面上的涂层应平滑、均匀,不应有皱纹、流痕、鼓泡、裂纹、发粘等缺陷。可允许有轻微的桔皮现象,其允许程度应由供需双方商定的实物标样表明。

检查数量:全数检查。

检验方法:观察检查。

(6)氟碳喷涂型材装饰面上的涂层应平滑、均匀,不应有皱纹、流痕、鼓泡、裂纹、发粘等缺陷。

检查数量:全数检查。

检验方法:观察检查。

一般项目

(1)电泳涂漆型材的漆膜附着力、漆膜硬度等应符合现行国家标准《铝合金建筑型材第3部分:电泳涂漆型材》GB 5237.3的要求。

检查数量:每批取2根,每根取1个试样。

检验方法:漆膜附着力按现行国家标准《色漆和清漆漆膜的划格试验》GB/T 9286中胶带法的规定检验,漆膜硬度按现行国家标准《色漆和清漆铅笔法测定漆膜硬度》GB/T 6739的规定,或检查检验报告。

(2)电泳涂漆型材漆膜的颜色及色差等应符合现行国家标准《铝合金建筑型材第3部分:电泳涂漆型材》GB 5237.3的有关规定。

检查数量:全数检查。

检验方法:观察检查。

(3)粉末喷涂型材漆膜的耐冲击性、附着力、压痕硬度、光泽、杯突试验结果等应符合现行国家标准《铝合金建筑型材第4部分:粉末喷涂型材》GB 5237.4的有关规定。

检查数量:每批取2根,每根取1个试样。

检验方法:耐冲击性按现行国家标准《漆膜耐冲击测定法》GB/T 1732的规定检验;附着力按现行国家标准《色漆和清漆漆膜的划格试验》GB/T 9286的规定检验,划格间距为2mm;压痕硬度按现行国家标准《色漆和清漆巴克霍尔兹压痕试验》GB/T 9275的规定检验;光泽按现行国家标准《色漆和清漆不含金属颜料的色漆漆膜20°、60°和85°镜面光泽的测定》GB/T 9754的规定检验;杯突试验按现行国家标准《色漆和清漆杯突试验》GB/T 9753的规定,或检查检验报告。

(4)粉末喷涂型材漆膜的颜色及色差等应符合现行国家标准《铝合金建筑型材第4部分:粉末喷涂型材》GB 5237.4的有关规定。

检查数量:全数检查。

检验方法:宜采用目视法,按现行国家标准《色漆和清漆色漆的目视比色》GB/T 9761中在规定的照明条件和观察条件下观察待比较的色漆涂膜的颜色,也可在自然日光下或人造光源下进行,或检查检验报告。

(5)氟碳喷涂型材漆膜的硬度、耐冲击性、附着力、光泽等应符合现行国家标准《铝合金建筑型材第5部分:氟碳喷涂型材》GB 5237.4的有关规定。

检查数量:每批取2根,每根取1个试样。

检验方法:涂层硬度按现行国家标准《色漆和清漆铅笔法测定漆膜硬度》GB/T 6739中B法的规定检验;耐冲击性按现行国家标准《漆膜耐冲击测定法》GB/T 1732的规定检验;附着力按现行国家标准《色漆和清漆漆膜的划格试验》GB/T 9286的规定检验,划格间距为1mm;光泽按现行国家标准《色漆和清漆不含金属颜料的色漆漆膜20°、60°和85°镜面光泽的测定》GB/T 9754的规定检验,或检查检验报告。

(6)氟碳喷涂型材漆膜的颜色及色差等应符合现行国家标准《铝合金建筑型材第4部分:粉末喷涂型材》GB 5237.4的有关规定。

检查数量:全数检查。

检验方法:一般情况下采用目视法,按现行国家标准《色漆和清漆色漆的目视比色》GB/T 9761中在规定的照明条件和观察条件下观察待比较的色漆涂膜的颜色,也可以在自然日.光下或人造光源下进行,或检查检验报告。

隔离检验批质量验收记录

02061004005

<table>
<tr><td>单位（子单位）工程名称</td><td colspan="2">××大厦</td><td colspan="2">分部（子分部）工程名称</td><td>主体结构/铝合金结构</td><td>分项工程名称</td><td>防腐处理</td></tr>
<tr><td>施工单位</td><td colspan="2">××建筑有限公司</td><td colspan="2">项目负责人</td><td>赵斌</td><td>检验批容量</td><td>60 件</td></tr>
<tr><td>分包单位</td><td colspan="2">/</td><td colspan="2">分包单位项目负责人</td><td>/</td><td>检验批部位</td><td>1 层 1～8 轴/A～F 轴幕墙支架</td></tr>
<tr><td>施工依据</td><td colspan="4">铝合金结构施工方案</td><td>验收依据</td><td colspan="2">《铝合金结构工程施工质量验收规范》GB50576-2010</td></tr>
<tr><td rowspan="3">主控项目</td><td colspan="2">验收项目</td><td>设计要求及规范规定</td><td>最小/实际抽样数量</td><td colspan="2">检查记录</td><td>检查结果</td></tr>
<tr><td>1</td><td>当铝合金材料与不锈钢以外的其他金属材料或含酸性、碱性的非金属材料接触、紧固时，应采用隔离材料</td><td>第 14.4.1 条</td><td>全/60</td><td colspan="2">抽查 60 处，合格 60 处</td><td>√</td></tr>
<tr><td>2</td><td>隔离材料严禁与铝合金材料及相接触的其他金属材料产生电偶腐蚀</td><td>第 14.4.2 条</td><td>全/60</td><td colspan="2">抽查 60 处，合格 60 处</td><td>√</td></tr>
<tr><td>施工单位检查结果</td><td colspan="7">符合要求
专业工长：王晨
项目专业质量检查员：孔凡民
2014 年××月××日</td></tr>
<tr><td>监理单位验收结论</td><td colspan="7">合格
专业监理工程师：刘东
2014 年××月××日</td></tr>
</table>

一册在手　表格全有　贴近现场　资料无忧

《隔离检验批质量验收记录》填写说明

1. 填写依据

(1)《铝合金结构工程施工质量验收规范》GB 50576－2010。

(2)《建筑工程施工质量验收统一标准》GB 50300－2013。

2. 规范摘要

以下内容摘自《铝合金结构工程施工质量验收规范》GB 50576－2010。

主控项目

(1)当铝合金材料与不锈钢以外的其他金属材料或含酸性、碱性的非金属材料接触、紧固时,应采用隔离材料。

检查数量:全数检查。

检验方法:观测检查。

(2)隔离材料严禁与铝合金材料及相接触的其他金属材料产生电偶腐蚀。

检查数量:全数检查。

检验方法:观测检查。

第 7 章

木结构工程资料及范例

7.1 木结构工程规范清单

《木结构设计规范》GB 50005－2003
《木结构工程施工规范》GB/T 50772－2012
《木结构工程施工质量验收规范》GB 50206－2012
《木结构试验方法标准》GB/T 50329－2012
《胶合木结构技术规范》GB/T 50708－2012
《木结构覆板用胶合板》GB/T 22349－2008
《轻型木结构锯材用原木》GB/T 29893－2013
《轻型木结构用规格材目测分级规则》GB/T 29897－2013
《古建筑木结构维护与加固技术规范》GB 50165－1992
《木结构防护木蜡油》JG/T 434－2014

7.2 木结构工程质量验收资料清单

方木和原木结构检验批质量验收记录
胶合木结构检验批质量验收记录
轻型木结构检验批质量验收记录
木结构防护检验批质量验收记录

7.3　木结构工程资料填写范例

7.3.1　方木和原木结构检验批质量验收记录填写范例及说明

方木和原木结构检验批质量验收记录

02070101001

单位（子单位）工程名称	××大厦	分部（子分部）工程名称	主体结构/木结构	分项工程名称	方木和原木结构
施工单位	××有限公司	项目负责人	赵斌	检验批容量	10 件
分包单位	/	分包单位项目负责人	/	检验批部位	1 号木房
施工依据	《木结构工程施工规范》GB/T50772-2012		验收依据	《木结构工程施工质量验收规范》GB50206-2012	

		验收项目		设计要求及规范规定	最小/实际抽样数量	检查记录	检查结果
主控项目	1	方木、原木结构的形式、结构布置和构件尺寸		设计要求	全/ 10	抽查 10 处，合格 10 处	√
	2	结构用木材应符合设计文件的规定，并应具有产品质量合格证书		第 4.2.2 条	/	质量证明文件齐全，通过进场验收	√
	3	进场木材均应作弦向静曲强度见证检验		第 4.2.3 条	/	检验合格，报告编号××××	√
	4	方木、原木及板材的目测材质等级		第 4.2.4 条	/	检验合格，报告编号××××	√
	5	各类构件制作时及构件进场时木材的平均含水率	原木或方木	≤25%	5 / 5	抽查 5 处，合格 5 处	√
			板材及规格材	≤20%	5 / 5	抽查 5 处，合格 5 处	√
			受拉构件的连接板	≤18%	5 / 5	抽查 5 处，合格 5 处	√
			处于通风条件不畅环境下的木构件	≤20%	5 / 5	抽查 5 处，合格 5 处	√
	6	承重钢构件和连接所用钢材检验		第 4.2.6 条	/ 全	试验合格，报告编号	√
	7	焊条质量检验		第 4.2.7 条	/ 全	试验合格，报告编号	√
	8	螺栓、螺帽质量检验		第 4.2.8 条	/ 全	试验合格，报告编号	√
	9	圆钉质量检验		第 4.2.9 条	/ 全	试验合格，报告编号	√
	10	圆钢拉杆质量要求		第 4.2.10 条	全/ 10	抽查 10 处，合格 10 处	√
	11	承重钢构件中焊缝焊脚高度和焊接质量		第 4.2.11 条	/ 全	质量证明文件齐全，通过进场验收	√
	12	钉连接、螺栓连接节点的连接件（钉、螺栓）的规格、数量		第 4.2.12 条	全/ 10	抽查 10 处，合格 10 处	√
							√
	13	木桁架支座节点的齿连接和螺栓连接		第 4.2.13 条	全/ 10	抽查 10 处，合格 10 处	√
	14	抗震设防烈度为8度及以上时，抗震措施要求		第 4.2.14 条	全/ 10	抽查 10 处，合格 10 处	√

续表

<table>
<tr><td colspan="3">单位（子单位）工程名称</td><td colspan="2">××大厦</td><td>分部（子分部）工程名称</td><td>主体结构/木结构</td><td>分项工程名称</td><td>方木和原木结构</td></tr>
<tr><td colspan="3">施工单位</td><td colspan="2">××有限公司</td><td>项目负责人</td><td>赵斌</td><td>检验批容量</td><td>10件</td></tr>
<tr><td colspan="3">分包单位</td><td colspan="2">/</td><td>分包单位项目负责人</td><td>/</td><td>检验批部位</td><td>1号木房</td></tr>
<tr><td colspan="3">施工依据</td><td colspan="3">《木结构工程施工规范》GB/T50772-2012</td><td>验收依据</td><td colspan="2">《木结构工程施工质量验收规范》GB50206-2012</td></tr>
<tr><td rowspan="22">一般项目</td><td rowspan="18">1</td><td rowspan="3">构件截面尺寸</td><td colspan="2">方木和胶合木构件截面的高度、宽度</td><td>-3mm</td><td>全/10</td><td>抽查10处，合格10处</td><td>√</td></tr>
<tr><td colspan="2">板材厚度、宽度</td><td>-2mm</td><td>全/10</td><td>抽查10处，合格10处</td><td>√</td></tr>
<tr><td colspan="2">原木构件梢径</td><td>-5mm</td><td>全/10</td><td>抽查10处，合格10处</td><td>√</td></tr>
<tr><td rowspan="2">构件长度</td><td colspan="2">长度≤15m</td><td>±10mm</td><td>全/10</td><td>抽查10处，合格10处</td><td>√</td></tr>
<tr><td colspan="2">长度>15m</td><td>±15mm</td><td>/</td><td>/</td><td>/</td></tr>
<tr><td rowspan="2">桁架高度</td><td colspan="2">长度≤15m</td><td>±10mm</td><td>全/10</td><td>抽查10处，合格10处</td><td>√</td></tr>
<tr><td colspan="2">长度>15m</td><td>±15mm</td><td>/</td><td>/</td><td>/</td></tr>
<tr><td rowspan="2">受压或压弯构件纵向弯曲</td><td colspan="2">方木、胶合木构件</td><td>L/500（L=/）</td><td>/</td><td>/</td><td>/</td></tr>
<tr><td colspan="2">原木构件</td><td>L/200（L=1200）</td><td>/10</td><td>抽查10处，合格10处</td><td>√</td></tr>
<tr><td colspan="3">弦杆节点间距</td><td>±5mm</td><td>全/10</td><td>抽查10处，合格10处</td><td>√</td></tr>
<tr><td colspan="3">齿连接刻槽深度</td><td>±2mm</td><td>全/10</td><td>抽查10处，合格10处</td><td>√</td></tr>
<tr><td rowspan="3">支座节点受剪面</td><td colspan="2">长度</td><td>-10mm</td><td>全/10</td><td>抽查10处，合格10处</td><td>√</td></tr>
<tr><td rowspan="2">宽度</td><td>方木、胶合木</td><td>-3mm</td><td>全/10</td><td>抽查10处，合格10处</td><td>√</td></tr>
<tr><td>方木、胶合木</td><td>-4mm</td><td>/</td><td>/</td><td>/</td></tr>
<tr><td rowspan="3">螺栓中心间距</td><td colspan="2">进孔处</td><td>±0.2d（d=20mm）</td><td>全/10</td><td>抽查10处，合格10处</td><td>√</td></tr>
<tr><td rowspan="2">出孔处</td><td>垂直木纹方向</td><td>±0.5d且不大于4B/100（d=20mm）</td><td>全/10</td><td>抽查10处，合格10处</td><td>√</td></tr>
<tr><td>顺木纹方向</td><td>±1d（d=20mm）</td><td>全/10</td><td>抽查10处，合格10处</td><td>√</td></tr>
<tr><td colspan="3">钉进孔处的中心间距</td><td>±1d（d=10）</td><td>/10</td><td>抽查10处，合格10处</td><td>√</td></tr>
<tr><td rowspan="2"></td><td rowspan="2">桁架起拱</td><td colspan="2">支座下弦中心线</td><td>±20mm</td><td>全/10</td><td>抽查10处，合格10处</td><td>√</td></tr>
<tr><td colspan="2">跨中下弦中心线</td><td>-10mm</td><td>全/10</td><td>抽查10处，合格10处</td><td>√</td></tr>
<tr><td>2</td><td colspan="3">齿连接应符合规范要求</td><td>第4.3.2条</td><td>全/10</td><td>抽查10处，合格10处</td><td>100%</td></tr>
<tr><td>3</td><td colspan="3">螺栓连接（含受拉接头）的螺栓数目、排列方式、间隙、边距和端距</td><td>第4.3.3条</td><td>全/10</td><td>抽查10处，合格10处</td><td>100%</td></tr>
</table>

一册在手 表格全有 贴近现场 资料无忧

续表

单位（子单位）工程名称	××大厦	分部（子分部）工程名称	主体结构/木结构	分项工程名称	方木和原木结构
施工单位	××有限公司	项目负责人	赵斌	检验批容量	10 件
分包单位	/	分包单位项目负责人	/	检验批部位	1 号木房
施工依据	《木结构工程施工规范》GB/T50772-2012		验收依据	《木结构工程施工质量验收规范》GB50206-2012	

一般项目	4	钉连接质量			第 4.3.4 条	全/ 10	抽查 10 处，合格 10 处	100%
	5	木构件受压接头			第 4.3.5 条	全/ 10	抽查 10 处，合格 10 处	100%
	6	木桁架、梁及柱的安装	结构中心线的间距		±20mm	全/ 10	抽查 10 处，合格 10 处	100%
			垂直度		H/200 且不大于 15(H=3400)	全/ 10	抽查 10 处，合格 10 处	100%
			受压或压弯构件纵向弯曲		L/300（L=3000 ）	全/ 10	抽查 10 处，合格 10 处	100%
			支座轴线对支承面中心位移		10mm	全/ 10	抽查 10 处，合格 10 处	100%
			支座标高		±5mm	全/ 10	抽查 10 处，合格 10 处	100%
	7	屋面木构架的安装允许偏差	檩条、椽条	方木、胶合木截面	-2mm	全/ 10	抽查 10 处，合格 10 处	100%
				原木梢径	-5mm	全/ 10	抽查 10 处，合格 10 处	100%
				间距	-10mm	全/ 10	抽查 10 处，合格 10 处	100%
				方木、胶合木上表面平直	4mm	全/ 10	抽查 10 处，合格 10 处	100%
				原木上表面平直	7mmm	全/ 10	抽查 10 处，合格 10 处	100%
			油毡搭接宽度		-10mm	全/ 10	抽查 10 处，合格 10 处	100%
			挂瓦条间距		±5mm	全/ 10	抽查 10 处，合格 10 处	100%
			封山、封檐板平直	下边缘	5mm	全/ 10	抽查 10 处，合格 10 处	100%
				表面	8mm	全/ 10	抽查 10 处，合格 10 处	100%
	8	屋盖结构支撑系统的完整性			第 4.3.8 条	/ 1	抽查 1 处，合格 1 处	100%

施工单位检查结果	符合要求 专业工长：王晨 项目专业质量检查员：孔凡民 2014 年××月××日
监理单位验收结论	合格 专业监理工程师：刘东 2014 年××月××日

《方木和原木结构检验批质量验收记录》填写说明

1. 填写依据

(1)《木结构工程施工质量验收规范》GB 50206－2012。

(2)《建筑工程施工质量验收统一标准》GB 50300－2013。

2. 规范摘要

以下内容摘自《木结构工程施工质量验收规范》GB 50206－2012。

方木与原木结构

(1)一般规定

1)适用于由方木、原木及板材制作和安装的木结构工程施工质量验收。

2)材料、构配件的质量控制应以一幢方木、原木结构房屋为一个检验批;构件制作安装质量控制应以整幢房屋的一楼层或变形缝间的一楼层为一个检验批。

(2)验收要求

主控项目

1)方木、原木结构的形式、结构布置和构件尺寸,应符合设计文件的规定。

检查数量:检验批全数。

检验方法:实物与施工设计图对照、丈量。

2)结构用木材应符合设计文件的规定,并应具有产品质量合格证书。

检查数量:检验批全数。

检验方法:实物与设计文件对照,检查质量合格证书、标识。

3)进场木材均应作弦向静曲强度见证检验,其强度最低值应符合表 7-1 的要求。

表 7-1　木材静曲强度检验标准

木材种类	针叶材				阔叶材				
强度等级	TC11	TC13	TC15	TC17	TB11	TB13	TB15	TB17	TB20
最低强度(N/mm^2)	44	51	58	72	58	68	78	88	98

检查数量:每一检验批每一树种的木材随机抽取 3 株(根)。

检验方法:GB 50206－2012 附录 B。

4)方木、原木及板材的目测材质等级不应低于表 7-2 的规定,不得采用普通商品材的等级标准替代。方木、原木及板材的目测材质等级应按 GB 50206－2012 附录 B 评定。

检查数量:检验批全数。

检验方法:GB 50206－2012 附录 B。

表 7-2　方木、原木结构构件木材的材质等级

项次	构件名称	材质等级
1	受拉或拉弯构件	Ⅰa
2	受弯或压弯构件	Ⅱa
3	受压构件及次要受弯构件(如吊项小龙骨)	Ⅲa

5)各类构件制作时及构件进场时木材的平均含水率,应符合下列规定:

①原木或方木不应大于25%。

②板材及规格材不应大于20%。

③受拉构件的连接板不应大于18%。

④处于通风条件不畅环境下的木构件的木材,不应大于20%。

检查数量:每一检验批每一树种每一规格木材随机抽取5根。

检验方法:GB 50206—2012附录C。

6)承重钢构件和连接所用钢材应有产品质量合格证书和化学成分的合格证书。进场钢材应见证检验其抗拉屈服强度、极限强度和延伸率,其值应满足设计文件规定的相应等级钢材的材质标准指标,且不应低于现行国家标准《碳素结构钢》GB 700有关Q235及以上等级钢材的规定。-30℃以下使用的钢材不宜低于Q235D或相应屈服强度钢材D等级的冲击韧性规定。钢木屋架下弦所用圆钢,除应作抗拉屈服强度、极限强度和延伸率性能检验外,尚应作冷弯检验,并应满足设计文件规定的圆钢材质标准。

检查数量:每检验批每一钢种随机抽取两件。

检验方法:取样方法、试样制备及拉伸试验方法应分别符合现行国家标准《钢材力学及工艺性能试验取样规定》GB 2975、《金属拉伸试验试样》GB 6397和《金属材料室温拉伸试验方法》GB/T 228的有关规定。

7)焊条应符合现行国家标准《碳钢焊条》GB 5117和《低合金钢焊条》GB 5118的有关规定,型号应与所用钢材匹配,并应有产品质量合格证书。

检查数量:检验批全数。

检验方法:实物与产品质量合格证书对照检查。

8)螺栓、螺帽应有产品质量合格证书,其性能应符合现行国家标准《六角头螺栓》GB 5782和《六角头螺栓C级》GB 5780的有关规定。

检查数量:检验批全数。

检验方法:实物与产品质量合格证书对照检查。

9)圆钉应有产品质量合格证书,其性能应符合现行行业标准《一般用途圆钢钉》YB/T 5002的有关规定。设计文件规定钉子的抗弯屈服强度时,应作钉子抗弯强度见证检验。

检查数量:每检验批每一规格圆钉随机抽取10枚。

检验方法:检查产品质量合格证书、检测报告。强度见证检验方法应符合GB 50206—2012附录D的规定。

10)圆钢拉杆应符合下列要求:

①圆钢拉杆应平直,接头应采用双面绑条焊。绑条直径不应小于拉杆直径的75%,在接头一侧的长度不应小于拉杆直径的4倍。焊脚高度和焊缝长度应符合设计文件的规定。

②螺帽下垫板应符合设计文件的规定,且不应低于GB 50206—2012第4.3.3条第2款的要求。

③钢木屋架下弦圆钢拉杆、桁架主要受拉腹杆、蹬式节点拉杆及螺栓直径大于20mm时,均应采用双螺帽自锁。受拉螺杆伸出螺帽的长度,不应小于螺杆直径的80%。

检查数量:检验批全数。

检验方法:丈量、检查交接检验报告。

11)承重钢构件中,节点焊缝焊脚高度不得小于设计文件的规定,除设计文件另有规定外,焊缝质量不得低于三级，-30℃以下工作的受拉构件焊缝质量不得低于二级。

检查数量：检验批全部受力焊缝。

检验方法：按现行行业标准《建筑钢结构焊接技术规范》JGJ 81 的有关规定检查，并检查交接检验报告。

12)钉连接、螺栓连接节点的连接件(钉、螺栓)的规格、数量，应符合设计文件的规定。

检查数量：检验批全数。

检验方法：目测、丈量。

13)木桁架支座节点的齿连接，端部木材不应有腐朽、开裂和斜纹等缺陷，剪切面不应位于木材髓心侧；螺栓连接的受拉接头，连接区段木材及连接板均应采用Ia等材，并应符合GB 50206—2012附录B的有关规定；其他螺栓连接接头也应避开木材腐朽、裂缝、斜纹和松节等缺陷部位。

检查数量：检验批全数。

检验方法：目测。

14)在抗震设防区的抗震措施应符合设计文件的规定。当抗震设防烈度为8度及以上时，应符合下列要求：

①屋架支座处应有直径不小于20mm的螺栓锚固在墙或混凝土圈梁上。当支承在木柱上时，柱与屋架间应有木夹板式的斜撑，斜撑上段应伸至屋架上弦节点处，并应用螺栓连接(图7-1)。柱与屋架下弦应有暗榫，并应用U形铁连接。桁架木腹杆与上弦杆连接处的扒钉应改用螺栓压紧承压面，与下弦连接处则应采用双面机钉。

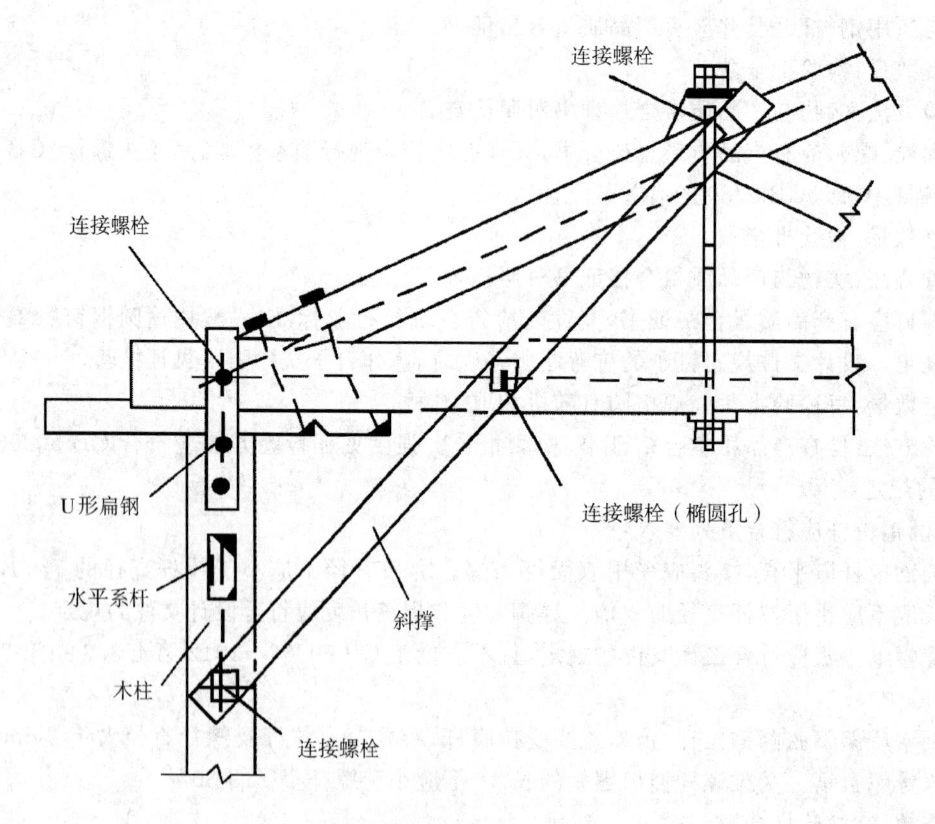

图7-1 屋架与木柱的连接

②屋面两侧应对称斜向放檩条，檐口瓦应与挂瓦条扎牢。

③檩条与屋架上弦应用螺栓连接，双脊檩应互相拉结。

④柱与基础:间应有预埋的角钢连接，并应用螺栓固定。

⑤木屋盖房屋，节点处檩条应固定在山墙及内横墙的卧梁理件上，支承长度不应小于120mm，并应有螺栓可靠锚固。

检查数量:检验批全数。

检验方法:目测、丈量。

一般项目

1)各种原木、方木构件制作的允许偏差不应超出 GB 50206－2012 表 E.0.1 的规定。

检查数量:检验批全数。

检验方法:GB 50206－2012 表 E.0.1。

2)齿连接应符合下列要求:

①除应符合设计文件的规定外，承压面应与压杆的轴线垂直，单齿连接压杆轴线应通过承压面中心;双齿连接，第一齿顶点应位于上、下弦杆上边缘的交点处，第二齿顶点应位于上弦杆轴线与下弦杆上边缘的交点处，第二齿承压面应比第一齿承压面至少深 20mm。

②承压面应平整，局部隙缝不应超过 1mm，非承压面应留外口 5mm 的楔形缝隙。

③桁架支座处齿连接的保险螺栓应垂直于上弦杆轴线，木腹杆与上、下弦杆间应有扒钉扣紧。

④桁架端支座垫木的中心线，方木桁架应通过上、下弦杆净截面中心线的交点;原木桁架则应通过上、下弦杆毛截面中心线的交点。

检查数量:检验批全数。

检验方法:目测、丈量，检查交接检验报告。

3)螺栓连接(含受拉接头)的螺栓数目、排列方式、间距、边距和端距，除应符合设计文件的规定外，尚应符合下列要求:

①螺栓孔径不应大于螺栓杆直径 1mm，也不应小于或等于螺栓杆直径。

②螺帽下应设钢垫板，其规格除应符合设计文件的规定外，厚度不应小于螺杆直径的 30%，方形垫板的边长不应小于螺杆直径的 3.5 倍，圆形垫板的直径不应小于螺杆直径的 4 倍，螺帽拧紧后螺栓外露长度不应小于螺杆直径的 80%。螺纹段剩留在木构件内的长度不应大于螺杆直径的 1.0 倍。

③连接件与被连接件间的接触面应平整，拧紧螺帽后局部可允许有缝隙，但缝宽不应超过 1mm。

检查数量:检验批全数。

检验方法:目测、丈量。

4)钉连接应符合下列规定:

①圆钉的排列位置应符合设计文件的规定。

②被连接件间的接触面应平整，钉紧后局部缝隙宽度不应超过 1mm，钉帽应与被连接件外表面齐平。

③钉孔周围不应有木材被胀裂等现象。

检查数量:检验批全数。

检验方法:目测、丈量。

5)木构件受压接头的位置应符合设计文件的规定，应采用承压面垂直于构件轴线的双盖板连接(平接头),两侧盖板厚度均不应小于对接构件宽度的50%,高度应与对接构件高度一致。承压面应锯平并彼此顶紧,局部缝隙不应超过1mm。螺栓直径、数量,排列应符合设计文件的规定。

检查数量:检验批全数。

检验方法:目测、丈量,检查交接检验报告。

6)木桁架、梁及柱的安装允许偏差不应超出GB 50206—2012表E.0.3的规定。

检查数量:检验批全数。

检验方法:GB 50206—2012表2.0.2。

7)屋面木构架的安装允许偏差不应超出GB 50206—2012表E.0.3的规定。

检查数量:检验批全数。

检验方法:目测、丈量。

8)屋盖结构支撑系统的完整性应符合设计文件规定。

检查数量:检验批全数。

检验方法:对照设计文件、丈量实物,检查交接检验报告。

7.3.2　胶合木结构检验批质量验收记录填写范例及说明

胶合木结构检验批质量验收记录

02070101001

单位（子单位）工程名称	××大厦	分部（子分部）工程名称	主体结构/木结构	分项工程名称	胶合木结构
施工单位	××有限公司	项目负责人	赵斌	检验批容量	10 件
分包单位	/	分包单位项目负责人	/	检验批部位	1 号木房
施工依据	《木结构工程施工规范》GB/T50772-2012		验收依据	《木结构工程施工质量验收规范》GB50206-2012	

		验收项目	设计要求及规范规定	最小/实际抽样数量	检查记录	检查结果
主控项目	1	胶合木结构的结构形式、结构布置和构件截面尺寸	第 5.2.1 条	全/ 10	抽查 10 处，合格 10 处	√
	2	结构用层板胶合木的类别、强度等级和组坯方式	第 5.2.2 条	/	质量证明文件齐全，通过进场验收	√
	3	胶合木受弯构件应作荷载效应标准组合作用下的抗弯性能见证检验	第 5.2.3 条	/	试验合格，报告编号××××	√
	4	弧形构件的曲率半径及其偏差	第 5.2.4 条	全/ 10	抽查 10 处，合格 10 处	√
	5	层板胶合木构件平均含水率	第 5.2.5 条	5 / 5	抽查 5 处，合格 5 处	√
	6	承重钢构件和连接所用钢材检验	第 4.2.6 条	全/ 10	抽查 10 处，合格 10 处	√
	7	焊条质量检验	第 4.2.7 条	/ 10	质量证明文件齐全，通过进场验收	√
	8	螺栓、螺帽质量检验	第 4.2.8 条	全/ 10	抽查 10 处，合格 10 处	√
	9	各连接节点的连接件类别、规格和数量	第 5.2.9 条	全/ 10	抽查 10 处，合格 10 处	√

续表

单位（子单位）工程名称	××大厦	分部（子分部）工程名称	主体结构/木结构	分项工程名称	胶合木结构
施工单位	××有限公司	项目负责人	赵斌	检验批容量	10件
分包单位	/	分包单位项目负责人	/	检验批部位	1号木房
施工依据	《木结构工程施工规范》GB/T50772-2012		验收依据	《木结构工程施工质量验收规范》GB50206-2012	

一般项目	1	层板胶合木构造及外观要求		第5.3.1条	全/10	抽查10处，合格10处	100%
	2	构件截面尺寸	方木和胶合木构件截面的高度、宽度	-3mm	全/10	抽查10处，合格9处	90%
		构件截面尺寸	板材厚度、宽度	-2mm	全/10	抽查10处，合格9处	90%
		构件截面尺寸	原木构件梢径	-5mm	/	/	/
		构件长度	长度不大于15m	±10mm	全/10	抽查10处，合格9处	90%
		构件长度	长度大于15m	±15mm	//	/	/
		桁架高度	长度不大于15m	±10mm	全/10	抽查10处，合格9处	
		桁架高度	长度大于15m	±15mm	//	/	/
		受压或压弯构件纵向弯曲	方木、胶合木构件	L/500（L=3000）	全/10	抽查10处，合格9处	90%
		受压或压弯构件纵向弯曲	原木构件	L/200（L=/）	/	/	/
		弦杆节点间距		±5mm	全/10	抽查10处，合格9处	90%
		齿连接刻槽深度		±2mm	全/10	抽查10处，合格9处	90%
		支座节点受剪面	长度	-10mm	全/10	抽查10处，合格9处	90%
		支座节点受剪面	宽度 方木、胶合木	-3mm	全/10	抽查10处，合格9处	90%
		支座节点受剪面	宽度 原木	原木-4mm	//	/	/
施工单位检查结果	符合要求 专业工长：王晨 项目专业质量检查员：孔凡民 2014年××月××日						
监理单位验收结论	合格 专业监理工程师：刘东 2014年××月××日						

《胶合木结构检验批质量验收记录》填写说明

1. 填写依据

(1)《木结构工程施工质量验收规范》GB 50206－2012。

(2)《建筑工程施工质量验收统一标准》GB 50300－2013。

2. 规范摘要

以下内容摘自《木结构工程施工质量验收规范》GB 50206－2012。

胶合木结构

(1)一般规定

1)适用于主要承重构件由层板肢合木制作和安装的木结构工程施工质量验收。

2)层板胶合木可采用分别由普通胶合木层板、目测分等或机械分等层板按规定的构件截面组坯胶合而成的普通层板胶合木、目测分等与机械分等同等组合胶合木,以及异等组合的对称与非对称组合胶合木。

3)层板胶合木构件应由经资质认证的专业加工企业加工生产。

4)材料、构配件的质量控制应以一幢胶合木结构房屋为一个检验批;构件制作安装质量控制应以整幢房屋的一楼层或变形缝间的一楼层为一个检验批。

(2)验收要求

主控项目

1)胶合木结构的结构形式、结构布置和构件截面尺寸,应符合设计文件的规定。

检查数量:检验批全数。

检验方法:实物与设计文件对照、丈量。

2)结构用层板胶合木的类别、强度等级和组坯方式,应符合设计文件的规定,并应有产品质置合格证书和产品标识,同时应有满足产品标准规定的胶缝完整性检验和层板指接强度检验合格证书。

检查数量:检验批全数。

检验方法:实物与证明文件对照。

3)胶合木受弯构件应作荷载效应标准组合作用下的抗弯性能见证检验。在检验荷栽作用下胶缝不应开裂,原有漏胶胶缝不应发展,跨中挠度的平均值不应大于理论计算值的 1.13 倍,最大挠度不应大于表 7-3 的规定。

检查数量:每一检验批同一胶合工艺、同一层板类别、树种组合、构件截面组坯的同类型构件随机抽取 3 根。

检验方法:GB 50206－2012 附录 F。

表 7-3　　荷载效应标准组合作用下受弯木构件的挠度限值

项次	构件类别		挠度限值(m)
1	檩条	$L \leqslant 3.3$m	$L/200$
		$L > 3.3$m	$L/250$
2	主梁	$L/250$	

注:L 为受弯构件的跨度。

4)弧形构件的曲率半径及其偏差应符合设计文件的规定,层板厚度不应大于 R/125(尺为曲率半径)。

检查数量:检验批全数。

检验方法:钢尺丈量。

5)层板胶合木构件平均含水率不应大于15%,同一构件各层板间含水率差别不应大于5%。

检查数量:每一检验批每一规格胶合木构件随机抽取5根。

检验方法:GB 50206—2012附录C。

6)钢材、焊条、螺栓、螺帽的质量应分别符合GB 50206—2012第4.2.6~4.2.8条的规定。

7)各连接节点的连接件类别、规格和数量应符合设计文件的规定。桁架端节点齿连接胶合木端部的受剪面及螺栓连接中的螺栓位置,不应与漏胶胶缝重合。

检查数量:检验批全数。

检验方法:目测、丈量。

一般项目

1)层板胶合木构造及外观应符合下列要求:

①层板胶合木的各层木板木纹应平行于构件长度方向。各层木板在长度方向应为指接。受拉构件和受弯构件受拉区截面高度的1/10范围内同一层板上的指接间距,不应小于1.5m。上、下层板间指接头位置应错开不小于木板厚的10倍。层板宽度方向可用平接头,但上、下层板间接头错开的距离不应小于40mm。

②层板胶合木胶缝应均匀,厚度应为0.1mm? 0.3mm。厚度超过0.3mm的胶缝的连续长度不应大于300mm,且厚度不得超过1mm。在构件承受平行于胶缝平面剪力的部位,漏胶长度不应大于75mm,其他部位不应大于150mm。在第3类使用环境条件下,层板宽度方向的平接头和板底开槽的槽内均应用胶填满。

③胶合木结构的外观质量应符合GB 50206—2012第3.0.5条的规定,对于外观要求为C级的构件截面,可允许层板有错位(图7-2),截面尺寸允许偏差和层板错位应符合表7-4的要求。

检查数量:检验批全数。

检验方法:厚薄规(塞尺)、量器、目测。

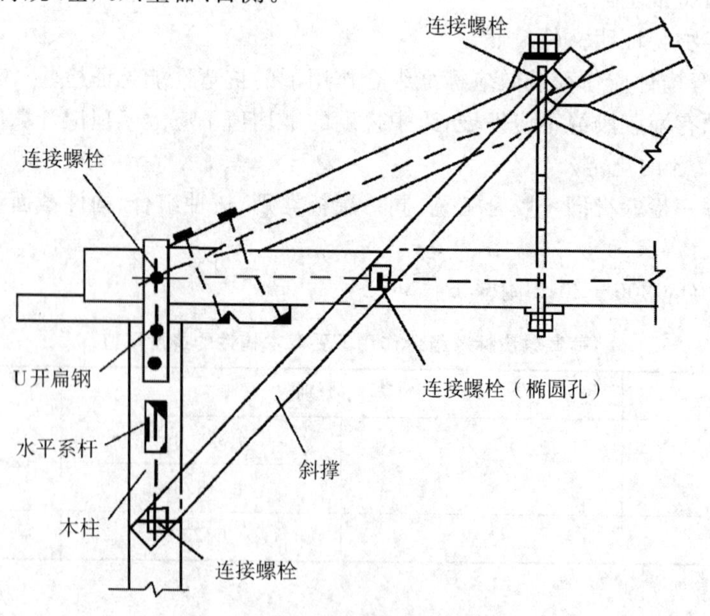

图7-2 外观C级层板错位示意

b—截面宽度;h—截面高度

表7-4 外观C级时的胶合木构件截面的允许偏差(mm)

截面的高度或宽度	截面高度或宽度的允许偏差	错位的最大值
(h或b)<100	±2	4
100≤(h或b)<300	±3	5
300≤(h或b)	±6	6

2)胶合木构件的制作偏差不应超出GB 50206—2012表E.0.1的规定。

检查数量:检验批全数。

检验方法:角尺、钢尺丈量,检查交接检验报告。

3)齿连接、螺栓连接、圆钢拉杆及焊缝质量,应符合GB 50206—2012第4.3.2、4.3.3、4.2.10和4.2.11条的规定。

4)金属节点构造、用料规格及焊缝质量应符合设计文件的规定。除设计文件另有规定外,与其相连的各构件轴线应相交于金属接点的合力作用点,与各构件相连的连接类型应符合设计文件的规定,并应符合GB 50206—2012第4.3.3~4.3.5条的规定。

检查数量:检验批全数。

检验方法:目测、丈量。

5)肢合木结构安装偏差不应超出GB 50206—2012表E.0.2的规定。

检查数量:过程控制检验批全数,分项验收抽取总数10%复检。

检验方法:GB 50206—2012表E.0.2。

7.3.3 轻型木结构检验批质量验收记录填写范例及说明

轻型木结构检验批质量验收记录

02070301001

单位（子单位）工程名称	××大厦	分部（子分部）工程名称	主体结构/木结构	分项工程名称	轻型木结构
施工单位	××有限公司	项目负责人	赵斌	检验批容量	10件
分包单位	/	分包单位项目负责人	/	检验批部位	1号木房
施工依据	《木结构工程施工规范》GB/T50772-2012		验收依据	《木结构工程施工质量验收规范》GB50206-2012	

		验收项目	设计要求及规范规定	最小/实际抽样数量	检查记录	检查结果
主控项目	1	轻型木结构的承重墙（包括剪力墙）、柱、楼盖、屋盖布置、抗倾覆措施及屋盖抗掀起措施	第6.2.1条	全/ 10	抽查10处，合格10处	√
	2	进场规格材应有产品质量合格证书和产品标识	第6.2.2条	/	质量证明文件齐全，通过进场验收	√
	3	进场目测分等规格材	第6.2.3条	/	试验合格，报告编号	√
		进场机械分等规格材	第6.2.3条	/	试验合格，报告编号	√
	4	所用规格材的树种、材质等级和规格，以及覆面板的种类和规格	第6.2.4条	/	种类、规格与设计相符，质量证明文件齐全	√
	5	规格材的平均含水率	≤20%	5 / 5	抽查5处，合格5处	√
	6	木基结构板材质量及检验	第6.2.6条	/	试验合格，报告编号	√
	7	进场结构复合木材和工字形木搁栅质量及检验	第6.2.7条	/	质量证明文件齐全，通过进场验收	√
	8	齿板桁架应由专业加工厂加工制作，并应有产品质量合格证书	第6.2.8条	/	质量证明文件齐全，通过进场验收	√
	9	承重钢构件和连接所用钢材检验	第4.2.6条	/	质量证明文件齐全，通过进场验收	√
	10	焊条质量检验	第4.2.7条	/	质量证明文件齐全，通过进场验收	√

续表

单位（子单位）工程名称	××大厦	分部（子分部）工程名称	主体结构/木结构	分项工程名称	轻型木结构
施工单位	××有限公司	项目负责人	赵斌	检验批容量	10 件
分包单位	/	分包单位项目负责人	/	检验批部位	1 号木房
施工依据	《木结构工程施工规范》GB/T50772-2012		验收依据	《木结构工程施工质量验收规范》GB50206-2012	

主控项目	11	螺栓、螺帽质量检验	第 4.2.8 条	/	质量证明文件齐全，通过进场验收	√
	12	金属连接件应冲压成型，及产品质量合格证书和材质合格保证	第 6.2.10 条	/	质量证明文件齐全，通过进场验收	√
		镀锌防锈层厚度不应小于 275g/m²	第 6.2.10 条	/	质量证明文件齐全，通过进场验收	√
	13	金属连接件的规格、钉连接的用钉规格与数量	第 6.2.11 条	全/ 10	抽查 10 处，合格 10 处	√
	14	采用构造设计时各类构件间的钉连接	第 6.2.12 条	全/ 10	抽查 10 处，合格 10 处	√
	1	承重墙（含剪力墙）构造规定	第 6.3.1 条	全/ 10	抽查 10 处，合格 10 处	100%
	2	楼盖各项构造的规定	第 6.3.2 条	全/ 10	抽查 10 处，合格 10 处	100%
	3	齿板桁架的进场验收	第 6.3.3 条	2 / 2	抽查 2 处，合格 2 处	100%
	4	屋盖各项构造的规定	第 6.3.4 条	全/ 10	抽查 10 处，合格 10 处	100%

施工单位检查结果	符合要求 专业工长：王晨 项目专业质量检查员：孔凡民 2014 年××月××日
监理单位验收结论	合格 专业监理工程师：刘东 2014 年××月××日

《轻型木结构检验批质量验收记录》填写说明

1. 填写依据

(1)《木结构工程施工质量验收规范》GB 50206－2012。

(2)《建筑工程施工质量验收统一标准》GB 50300－2013。

2. 规范摘要

以下内容摘自《木结构工程施工质量验收规范》GB 50206－2012。

轻型木结构

(1)一般规定

1)适用于由规格材及木基结构板材为主要材料制作与安装的木结构工程施工质量验收。

2)轻型木结构材料、构配件的质量控制应以同一建设项目同期施工的每幢建筑面积不超过300m²、总建筑面积不超过3000m²的轻型木结构建筑为一检验批,不足3000m²者应视为一检验批,单体建筑面积超过300m²时,应单独视为一检验批;轻型木结构制作安装质量控制应以一幢房屋的一层为一检验批。

(2)验收要求

主控项目

1)轻型木结构的承重墙(包括剪力墙)、柱、楼盖、屋盖布置、抗倾覆措施及屋盖抗掀起措施等,应符合设计文件的规定。

检查数量:检验批全数。

检验方法:实物与设计文件对照。

2)进场规格材应有产品质量合格证书和产品标识。

检查数量:检验批全数。

检验方法:实物与证书对照。

3)每批次进场目测分等规格材应由有资质的专业分等人员做目测等级见证检验或做抗弯强度见证检验;每批次进场机械分等规格材应作抗弯强度见证检验,并应符合GB 50206－2012附录G的规定。

检查数量:检验批中随机取样,数量应符合GB 50206－2012附录G的规定。

检验方法:GB 50206－2012附录G。

4)轻型木结构各类构件所用规格材的树种、材质等级和规格,以及覆面板的种类和规格,应符合设计文件的规定。

检查数量:全数检查。

检验方法:实物与设计文件对照,检查交接报告。

5)规格材的平均含水率不应大于20%。

检查数量:每一检验批每一树种每一规格等级规格材随机抽取5根。

检验方法:GB 50206－2012附录C。

6)木基结构板材应有产品质量合格证书和产品标识,用作楼面板、屋面板的木基结构板材应有该批次干、湿态集中荷载、均布荷载及冲击荷载检验的报告,其性能不应低于GB 50206－2012附录H的规定。

进场木基结构板材应作静曲强度和静曲弹性模量见证检验,所测得的平均值应不低于产品说明书的规定。

检验数量：每一检验批每一树种每一规格等级随机抽取 3 张板材。

检验方法：按现行国家标准《木结构覆板用胶合板》GB/T 22349 的有关规定进行见证试验，检查产品质量合格证书，该批次木基结构板干、湿态集中力、均布荷载及冲击荷载下的检验合格证书。检查静曲强度和弹性模量检验报告。

7)进场结构复合木材和工字形木搁栅应有产品质量合格证书，并应有符合设计文件规定的平弯或侧立抗弯性能检验报告。

进场工字形木搁栅和结构复合木材受弯构件，应作荷载效应标准组合作用下的结构性能检验，在检验荷载作用下，构件不应发生开裂等损伤现象，最大挠度不应大于表 5.2.3 的规定，跨中挠度的平均值不应大于理论计算值的 1.13 倍。

检验数量：每一检验批每一规格随机抽取 3 根。

检验方法：按 GB 50206－2012 附录 F 的规定进行，检查产品质量合格证书、结构复合木材材料强度和弹性模量检验报告及构件性能检验报告。

8)齿板桁架应由专业加工厂加工制作，并应有产品质量合格证书。

检查数量：检验批全数。

检验方法：实物与产品质量合格证书对照检查。

9)钢材、焊条、螺栓和圆钉应符合 GB 50206－2012 第 4.2.6、4.2.9 条的规定。

10)金属连接件应冲压成型，并应具有产品质量合格证书和材质合格保证。镀锌防锈层厚度不应小于 $275g/m^2$。

检查数量：检验批全数。

检验方法：实物与产品质量合格证书对照检查。

11)轻型木结构各类构件间连接的金属连接件的规格、钉连接的用钉规格与数量，应符合设计文件的规定。

检查数量：检验批全数。

检验方法：目测、丈量。

12)当采用构造设计时，各类构件间的钉连接不应低于 GB 50206－2012 附录的规定。

检查数量：检验批全数。

检验方法：目测、丈量。

一般项目

1)承重墙(含剪力墙)的下列各项应符合设计文件的规定，且不应低于现行国家标准《木结构设计规范》GB 50005 有关构造的规定：

①墙骨间距。

②墙体端部、洞口两侧及墙体转角和交接处，墙骨的布置和数量。

③墙骨开槽或开孔的尺寸和位置。

④地梁板的防腐、防潮及与基础的锚固措施。

⑤墙体顶梁板规格材的层数、接头处理及在墙体转角和交接处的两层顶梁板的布置。

⑥墙体覆面板的等级、厚度及铺钉布置方式。

⑦墙体覆面板与墙骨钉连接用钉的间距。

⑧墙体与楼盖或基础间连接件的规格尺寸和布置。

检查数量：检验批全数。

检验方法:对照实物目测检查。

2)楼盖下列各项应符合设计文件的规定,且不应低于现行国家标准《木结构设计规范》GB 50005 有关构造的规定:

①拼合梁钉或螺栓的排列、连续拼合梁规格材接头的形式和位置。

②搁栅或拼合梁的定位、间距和支承长度。

③搁栅开槽或开孔的尺寸和位置。

④楼盖洞口周围搁栅的布置和数量;洞口周围搁栅间的连接、连接件的规格尺寸及布置。

⑤楼盖横撑、剪刀撑或木底撑的材质等级、规格尺寸和布置。

检查数量:检验批全数。

检验方法:目测、丈量。

3)齿板桁架的进场验收,应符合下列规定:

①规格材的树种、等级和规格应符合设计文件的规定。

②齿板的规格、类型应符合设计文件的规定。

③桁架的几何尺寸偏差不应超过表 7-5 的规定。

④齿板的安装位置偏差不应超过图 7-3 所示的规定。

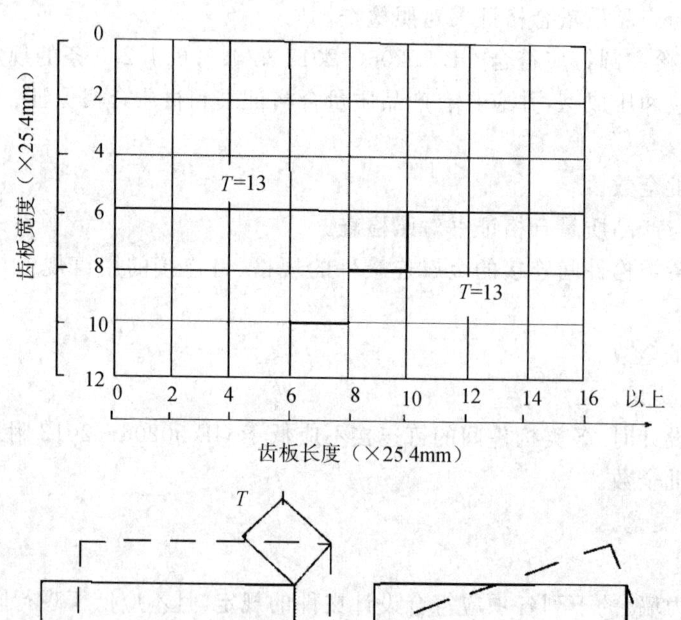

图 7-3 齿板位置偏差允许值

表 7-5

桁架制作允许误差(mm)

	相同桁架间尺寸差	与设计尺寸间的误差
桁架长度	12.5	18.5
桁架高度	6.5	12.5

注:1 桁架长度指不包括悬挑或外伸部分的桁架总长,用于限定制作误差;

2 桁架高度指不包括悬挑或外伸等上、下弦杆突出部分的全榀桁架最高部位处的高度，为上弦顶面到下弦底面的总高度，用于限定制作误差。

⑤齿板连接的缺陷面积，当连接处的构件宽度大于50mm时，不应超过齿板与该构件接触面积的20%；当构件宽度小于50mm时，不应超过齿板与该构件接触面积的10%。缺陷面积应为齿板与构件接触面范围内的木材表面缺陷面积与板齿倒伏面积之和。

⑥齿板连接处木构件的缝隙不应超过图7-4所示的规定。除设计文件有特殊规定外，宽度超过允许值的缝隙，均应有宽度不小于19mm、厚度与缝隙宽度相当的金属片填实，并应有螺纹钉固定在被填塞的构件上。

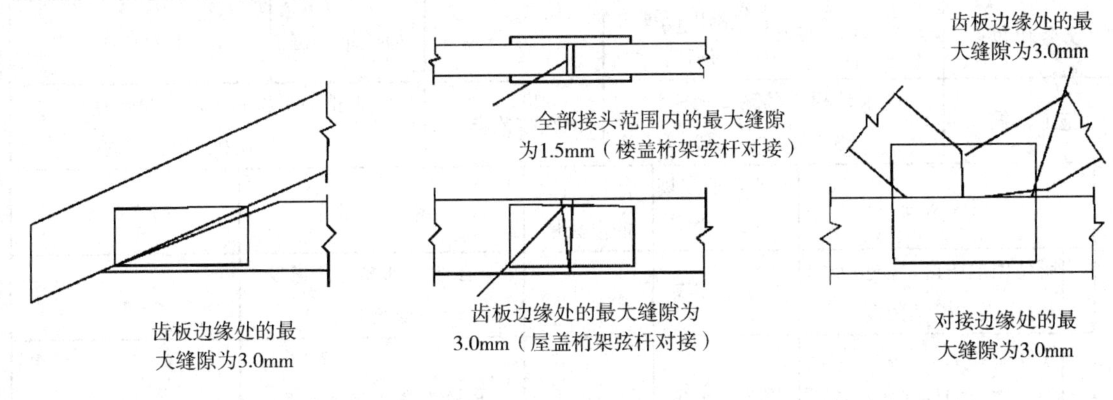

图7-4 齿板桁架木构件间允许缝隙限值

检查数量：检验批全数的20%。

检验方法：目测、量器测量。

4)屋盖下列各项应符合设计文件的规定，且不应低于现行国家标准《木结构设计规范》GB 50005有关构造的规定：

①椽条、天棚搁栅或齿板屋架的定位、间距和支承长度；

②屋盖洞口周围椽条与顶棚搁栅的布置和数量；洞口周围椽条与顶棚搁栅间的连接、连接件的规格尺寸及布置；

③屋面板铺钉方式及与搁栅连接用钉的间距。

检查数量：检验批全数。

检验方法：钢尺或卡尺量、目测。

5)轻型木结构各种构件的制作与安装偏差，不应大于GB 50206－2012表E.0.4的规定。

检查数量：检验批全数。

检验方法：GB 50206－2012表E.0.4。

6)轻型木结构的保温措施和隔气层的设置等，应符合设计文件的规定。

检查数量：检验批全数。

检验方法：对照设计文件检查。

7.3.4 木结构防护检验批质量验收记录填写范例及说明

木结构防护检验批质量验收记录

02070401001

单位（子单位）工程名称	××大厦	分部（子分部）工程名称	主体结构/木结构	分项工程名称	木结构防护
施工单位	××有限公司	项目负责人	赵斌	检验批容量	10件
分包单位	/	分包单位项目负责人	/	检验批部位	1号木房
施工依据	《木结构工程施工规范》GB/T50772-2012		验收依据	《木结构工程施工质量验收规范》GB50206-2012	

		验收项目	设计要求及规范规定	最小/实际抽样数量	检查记录	检查结果
主控项目	1	所使用的防腐、防虫及防火和阻燃药剂	第7.2.1条	/	质量证明文件齐全，通过进场验收	√
		经化学药剂防腐处理后的每批次木构件（包括成品防腐木材）检验	第7.2.1条	/	检验合格，报告编号	√
	2	经化学药剂防腐处理后进场的每批次木构件应进行透入度见证检验	第7.2.2条	/	检验合格，报告编号	√
	3	木结构构件的各项防腐构造措施	第7.2.3条	全/10	抽查10处，合格10处	√
	4	木构件防火阻燃	第7.2.4条	/	检验合格，资料齐全	√
	5	包覆材料的防火性能和厚度	第7.2.5条	/	检验合格，资料齐全	√
	6	炊事、采暖等所用烟道、烟囱防火构造	第7.2.6条	全/5	抽查5处，合格5处	√
	7	墙体、楼盖、屋盖空腔内现场填充的保温、隔热、吸声等材料	第7.2.7条	/	检验合格，资料齐全	√
	8	电源线敷设	第7.2.8条	全/10	抽查10处，合格10处	√
	9	埋设或穿越木结构的各类管道敷设	第7.2.9条	全/10	抽查10处，合格10处	√
	10	木结构中外露钢构件及未作镀锌处理的金属连接件	第7.2.10条	全/10	抽查10处，合格10处	√

续表

<table>
<tr><td colspan="2">单位（子单位）工程名称</td><td>××大厦</td><td>分部（子分部）工程名称</td><td>主体结构/木结构</td><td>分项工程名称</td><td>木结构防护</td></tr>
<tr><td colspan="2">施工单位</td><td>××有限公司</td><td>项目负责人</td><td>赵斌</td><td>检验批容量</td><td>10件</td></tr>
<tr><td colspan="2">分包单位</td><td>/</td><td>分包单位项目负责人</td><td>/</td><td>检验批部位</td><td>1号木房</td></tr>
<tr><td colspan="2">施工依据</td><td colspan="2">《木结构工程施工规范》GB/T50772-2012</td><td>验收依据</td><td colspan="2">《木结构工程施工质量验收规范》GB50206-2012</td></tr>
<tr><td rowspan="4">一般项目</td><td>1</td><td>经防护处理的木构件的防护层</td><td>第7.3.1条</td><td>全/10</td><td>抽查10处，合格10处</td><td>√</td></tr>
<tr><td>2</td><td>墙体和顶棚采用石膏板（防火或普通石膏板）作覆面板并兼作防火材料时，紧固件（钉子或木螺钉）贯入构件的深度</td><td>第7.3.2条</td><td>全/10</td><td>抽查10处，合格10处</td><td>√</td></tr>
<tr><td>3</td><td>木结构外墙的防护构造措施</td><td>第7.3.4条</td><td>全/10</td><td>抽查10处，合格10处</td><td>√</td></tr>
<tr><td>4</td><td>防火隔断材料及构造要求</td><td>第7.3.4条</td><td>全/10</td><td>抽查10处，合格10处</td><td>√</td></tr>
<tr><td colspan="2">施工单位检查结果</td><td colspan="5">符合要求
专业工长：王晨
项目专业质量检查员：张凡民
2014年××月××日</td></tr>
<tr><td colspan="2">监理单位验收结论</td><td colspan="5">合格
专业监理工程师：刘东
2014年××月××日</td></tr>
</table>

《木结构防护检验批质量验收记录》填写说明

1. 填写依据

(1)《木结构工程施工质量验收规范》GB 50206－2012。

(2)《建筑工程施工质量验收统一标准》GB 50300－2013。

2. 规范摘要

以下内容摘自《木结构工程施工质量验收规范》GB 50206－2012。

木结构的防护

(1)一般规定

1)适用于木结构防腐、防虫和防火的施工质量验收。

2)设计文件规定需要作阻燃处理的木构件应按现行国家标准《建筑设计防火规范》GB 50016 的有关规定和不同构件类别的耐火极限、截面尺寸选择阻燃剂和防护工艺,并应由具有专业资质的企业施工。对于长期暴露在潮湿环境下的木构件,尚应采取防止阻燃剂流失的措施。

3)木材防腐处理应根据设计文件规定的各木构件用途和防腐要求,按 GB 50206－2012 第 3.0.4 条的规定确定其使用环境类别并选择合适的防腐剂。防腐处理宜采用加压法施工,并应由具有专业资质的企业施工。经防腐药剂处理后的木构件不宜再进行锯解、刨削等加工处理。确需作局部加工处理导致局部未被浸渍药剂的木材外露时,该部位的木材应进行防腐修补。

4)阻燃剂、防火涂料以及防腐、防虫等药剂,不得危及人畜安全,不得污染环境。

5)木结构防护工程的检验批可分别按 GB 50206－2012 第 4－6 章对应的方木与原木结构、胶合木结构或轻型木结构的检验批划分。

(2)验收要求

主控项目

1)所使用的防腐、防虫及防火和阻燃药剂应符合设计文件表明的木构件(包括胶合木构件等)使用环境类别和耐火等级,且应有质量合格证书的证明文件。经化学药剂防腐处理后的每批次木构件(包括成品防腐木材),应有符合 GB 50206－2012 附录 K 规定的药物有效性成分的载药量和透入度检验合格报告。

检查数量:检验批全数。

检验方法:实物对照、检查检验报告。

2)经化学药剂防腐处理后进场的每批次木构件应进行透入度见证检验,透入度应符合 GB 50206－2012 附录 K 的规定。

检查数量:每检验批随机抽取 5 根－10 根构件,均匀地钻取 20 个(油性药剂)或 48 个(水性药剂)芯样。

检验方法:现行国家标准《木结构试验方法标准》GB/T50329。

3)木结构构件的各项防腐构造措施应符合设计文件的规定,并应符合下列要求:

①首层木楼盖应设置架空层,方木、原木结构楼盖底面距室内地面不应小于 400mm,轻型木结构不应小于 150mm。支承楼盖的基础或墙上应设通风口,通风口总面积不应小于楼盖面积的 1/150,架空空间应保持良好通风。

②非经防腐处理的梁、檩条和桁架等支承在混凝土构件或砌体上时,宜设防腐垫木,支承面间应有卷材防潮层。梁、檩条和桁架等支架不应封闭在混凝土或墙体中,除支承面外,该部位构

件的两侧面、顶面及端面均应与支承构件间留30mm以上能与大气相通的缝隙。

③非经防腐处理的柱应支承在柱墩上，支承面间应有卷材防潮层。柱与土壤严禁接触，柱墩顶面距土地面的高度不应小于300mm。当采用金属连接件固定并受雨淋时，连接件不应存水。

④木屋盖设吊顶时，屋盖系统应有老虎窗、山墙百叶窗等通风装置。寒冷地区保温层设在吊顶内时，保温层顶距街架下弦的距离不应小于100mm。

⑤屋面系统的内排水天沟不应直接支承在桁架、屋面梁等承重构件上。

检查数量：检验批全数。

检验方法：对照实物、逐项检查。

4)木构件需作防火阻燃处理时，应由专业工厂完成，所使用的阻燃药剂应具有有效性检验报告和合格证书，阻燃剂应采用加压浸渍法施工。经浸渍阻燃处理的木构件，应有符合设计文件规定的药物吸收干量的检验报告。采用喷涂法施工的防火涂层厚度应均勾，见证检验的平均厚度不应小于该药物说明书的规定值。

检查数量：每检验批随机抽取20处测量涂层厚度。

检验方法：卡尺测量、检查合格证书。

5)凡木构件外部需用防火石膏板等包覆时，包覆材料的防火性能应有合格证书，厚度应符合设计文件的规定。

检查数量：检验批全数。

检验方法：卡尺测量、检查产品合格证书。

6)炊事、采暖等所用烟道、烟囱应用不燃材料制作且密封，砖砌烟囱的壁厚不应小于240mm，并应有砂浆抹面，金属烟囱应外包厚度不小于70mm的矿棉保护层和耐火极限不低于1.00h的防火板，其外边缘距木构件的距离不应小于120mm，并应有良好通风。烟囱出屋面处的空隙应用不燃材料封堵。

检查数量：检验批全数。

检验方法：对照实物。

7)墙体、楼盖、屋盖空腔内现场填充的保温、隔热、吸声等材料，应符合设计文件的规定，且防火性能不应低于难燃性B1级。

检查数量：检验批全数。

检验方法：实物与设计文件对照、检查产品合格证书。

8)电源线敷设应符合下列要求：

①敷设在墙体或楼盖中的电源线应用穿金属管线或检验合格的阻燃型塑料管。

②电源线明敷时，可用金属线槽或穿金属管线。

③矿物绝缘电缆可采用支架或沿墙明敷。

检查数量：检验批全数。

检验方法：对照实物、查验交接检验报告。

9)埋设或穿越木结构的各类管道敷设应符合下列要求：

①管道外壁温度达到120℃及以上时，管道和管道的包覆材料及施工时的胶粘剂等，均应采用检验合格的不燃材料。

②管道外壁温度在120℃以下时，管道和管道的包覆材料等应采用检验合格的难燃性不低于B1的材料。

检查数量：检验批全数。

检验方法:对照实物,查验交接检验报告。

10)木结构中外露钢构件及未作镀锌处理的金属连接件,应按设计文件的规定采取防锈蚀措施。

检查数量:检验批全数。

检验方法:实物与设计文件对照。

一般项目

1)经防护处理的木构件,其防护层有损伤或因局部加工而造成防护层缺损时,应进行修补。

检查数量:检验批全数。

检验方法:根据设计文件与实物对照检查,检查交接报告。

2)墙体和顶棚采用石膏板(防火或普通石膏板)作覆面板并兼作防火材料时,紧固件(钉子或木螺钉)贯入构件的深度不应小于表7-6的规定。

检查数量:检验批全数。

检验方法:实物与设计文件对照,检查交接报告。

表7-6　石膏板紧固件贯入木构件的深度(mm)

耐火极限	墙体		顶棚	
	钉	木螺钉	钉	木螺钉
0.75h	20	20	30	30
1.00h	20	20	45	45
1.50h	20	20	60	60

3)木结构外墙的防护构造措施应符合设计文件的规定。

检查数量:检验批全数。

检验方法:根据设计文件与实物对照检查,检查交接报告。

4)楼盖、楼梯、顶棚以及墙体内最小边长超过25mm的空腔,其贯通的竖向高度超过3m,水平长度超过20m时,均应设置防火隔断。天花板、屋顶空间,以及未占用的阁楼空间所形成的隐蔽空间面积超过300m^2,或长边长度超过20m时,均应设防火隔断,并应分隔成隐蔽空间。防火隔断应采用下列材料:

①厚度不小于40mm的规格材。

②厚度不小于20mm且由钉交错打合的双层木板。

③厚度不小于12mm的石膏板、结构胶合板或定向木片板。

④厚度不小于0.4mm的薄钢板。

⑤厚度不小于6mm的钢筋混凝土板。

检查数量:检验批全数。

检验方法:根据设计文件与实物对照检查,检查交接报告。

附表　建筑工程的分部工程、分项工程划分

序号	分部工程	子分部工程	分项工程
1	地基与基础	地基	素土、灰土地基，砂和砂石地基，土工合成材料地基，粉煤灰地基，强夯地基，注浆地基，预压地基，砂石桩复合地基，高压旋喷注浆地基，水泥土搅拌桩地基，土和灰土挤密桩复合地基，水泥粉煤灰碎石桩复合地基，夯实水泥土桩复合地基
		基础	无筋扩展基础，钢筋混凝土扩展基础，筏形与箱形基础，钢结构基础，钢管混凝土结构基础，型钢混凝土结构基础，钢筋混凝土预制桩基础，泥浆护壁成孔灌注桩基础，干作业成孔桩基础，长螺旋钻孔压灌桩基础，沉管灌注桩基础，钢桩基础，锚杆静压桩基础，岩石锚杆基础，沉井与沉箱基础
		基坑支护	灌注桩排桩围护墙，板桩围护墙，咬合桩围护墙，型钢水泥土搅拌墙，土钉墙，地下连续墙，水泥土重力式挡墙，内支撑，锚杆，与主体结构相结合的基坑支护
		地下水控制	降水与排水，回灌
		土方	土方开挖，土方回填，场地平整
		边坡	喷锚支护，挡土墙，边坡开挖
		地下防水	主体结构防水，细部构造防水，特殊施工法结构防水，排水，注浆
2	主体结构	混凝土结构	模板，钢筋，混凝土，预应力，现浇结构，装配式结构
		砌体结构	砖砌体，混凝土小型空心砌块砌体，石砌体，配筋砌体，填充墙砌体
		钢结构	钢结构焊接，紧固件连接，钢零部件加工，钢构件组装及预拼装，单层钢结构安装，多层及高层钢结构安装，钢管结构安装，预应力钢索和膜结构，压型金属板，防腐涂料涂装，防火涂料涂装
		钢管混凝土结构	构件现场拼装，构件安装，钢管焊接，构件连接，钢管内钢筋骨架，混凝土
		型钢混凝土结构	型钢焊接，紧固件连接，型钢与钢筋连接，型钢构件组装及预拼装，型钢安装，模板，混凝土
		铝合金结构	铝合金焊接，紧固件连接，铝合金零部件加工，铝合金构件组装，铝合金构件预拼装，铝合金框架结构安装，铝合金空间网格结构安装，铝合金面板，铝合金幕墙结构安装，防腐处理
		木结构	方木与原木结构，胶合木结构，轻型木结构，木结构的防护
3	建筑装饰装修	建筑地面	基层铺设，整体面层铺设，板块面层铺设，木、竹面层铺设
		抹灰	一般抹灰，保温层薄抹灰，装饰抹灰，清水砌体勾缝
		外墙防水	外墙砂浆防水，涂膜防水，透气膜防水
		门窗	木门窗安装，金属门窗安装，塑料门窗安装，特种门安装，门窗玻璃安装
		吊顶	整体面层吊顶，板块面层吊顶，格栅吊顶

续表

分部工程代号	分部工程	子分部工程	分项工程
3	建筑装饰装修	轻质隔墙	板材隔墙,骨架隔墙,活动隔墙,玻璃隔墙
		饰面板	石板安装,陶瓷板安装,木板安装,金属板安装,塑料板安装
		饰面砖	外墙饰面砖粘贴,内墙饰面砖粘贴
		幕墙	玻璃幕墙安装,金属幕墙安装,石材幕墙安装,陶板幕墙安装
		涂饰	水性涂料涂饰,溶剂型涂料涂饰,美术涂饰
		裱糊与软包	裱糊,软包
		细部	橱柜制作与安装,窗帘盒和窗台板制作与安装,门窗套制作与安装,护栏和扶手制作与安装,花饰制作与安装
4	屋面	基层与保护	找坡层和找平层,隔汽层,隔离层,保护层
		保温与隔热	板状材料保温层,纤维材料保温层,喷涂硬泡聚氨酯保温层,现浇泡沫混凝土保温层,种植隔热层,架空隔热层,蓄水隔热层
		防水与密封	卷材防水层,涂膜防水层,复合防水层,接缝密封防水
		瓦面与板面	烧结瓦和混凝土瓦铺装,沥青瓦铺装,金属板铺装,玻璃采光顶铺装
		细部构造	檐口,檐沟和天沟,女儿墙和山墙,水落口,变形缝,伸出屋面管道,屋面出入口,反梁过水孔,设施基座,屋脊,屋顶窗
5	建筑给水排水及供暖	室内给水系统	给水管道及配件安装,给水设备安装,室内消火栓系统安装,消防喷淋系统安装,防腐,绝热,管道冲洗、消毒,试验与调试
		室内排水系统	排水管道及配件安装,雨水管道及配件安装,防腐,试验与调试
		室内热水系统	管道及配件安装,辅助设备安装,防腐,绝热,试验与调试
		卫生器具	卫生器具安装,卫生器具给水配件安装,卫生器具排水管道安装,试验与调试
		室内供暖系统	管道及配件安装,辅助设备安装,散热器安装,低温热水地板辐射供暖系统安装,电加热供暖系统安装,燃气红外辐射供暖系统安装,热风供暖系统安装,热计量及调控装置安装,试验与调试,防腐,绝热
		室外给水管网	给水管道安装,室外消火栓系统安装,试验与调试
		室外排水管网	排水管道安装,排水管沟与井池,试验与调试
		室外供热管网	管道及配件安装,系统水压试验,土建结构,防腐,绝热,试验与调试
		建筑饮用水供应系统	管道及配件安装,水处理设备及控制设施安装,防腐,. 绝热,试验与调试
		建筑中水系统及雨水利用系统	建筑中水系统、雨水利用系统管道及配件安装,水处理设备及控制设施安装,防腐,绝热,试验与调试
		游泳池及公共浴池水系统	管道及配件系统安装,水处理设备及控制设施安装,防腐,绝热,试验与调试

续表

分部工程代号	分部工程	子分部工程	分项工程
5	建筑给水排水及供暖	水景喷泉系统	管道系统及配件安装,防腐,绝热,试验与调试
		热源及辅助设备	锅炉安装,辅助设备及管道安装,安全附件安装,换热站安装,防腐,绝热,试验与调试
		监测与控制仪表	检测仪器及仪表安装,试验与调试
6	通风与空调	送风系统	风管与配件制作,部件制作,风管系统安装,风机与空气处理设备安装,风管与设备防腐,旋流风口、岗位送风口、织物(布)风管安装,系统调试
		排风系统	风管与配件制作,部件制作,风管系统安装,风机与空气处理设备安装,风管与设备防腐,吸风罩及其他空气处理设备安装,厨房、卫生间排风系统安装,系统调试
		防排烟系统	风管与配件制作,部件制作,风管系统安装,风机与空气处理设备安装,风管与设备防腐,排烟风阀(口)、常闭正压风口、防火风管安装,系统调试
		除尘系统	风管与配件制作,部件制作,风管系统安装,风机与空气处理设备安装,风管与设备防腐,除尘器与排污设备安装,吸尘罩安装,高温风管绝热,系统调试
		舒适性空调系统	风管与配件制作,部件制作,风管系统安装,风机与空气处理设备安装,风管与设备防腐,组合式空调机组安装,消声器、静电除尘器、换热器、紫外线灭菌器等设备安装,风机盘管、变风量与定风量送风装置、射流喷口等末端设备安装,风管与设备绝热,系统调试
		恒温恒湿空调系统	风管与配件制作,部件制作,风管系统安装,风机与空气处理设备安装,风管与设备防腐,组合式空调机组安装,电加热器、加湿器等设备安装,精密空调机组安装,风管与设备绝热,系统调试
		净化空调系统	风管与配件制作,部件制作,风管系统安装,风机与空气处理设备安装,风管与设备防腐,净化空调机组安装,消声器、静电除尘器、换热器、紫外线灭菌器等设备安装,中、高效过滤器及风机过滤器单元等末端设备清洗与安装,洁净度测试,风管与设备绝热,系统调试
		地下人防通风系统	风管与配件制作,部件制作,风管系统安装,风机与空气处理设备安装,风管与设备防腐,过滤吸收器、防爆波活门、防爆超压排气活门等专用设备安装,系统调试
		真空吸尘系统	风管与配件制作,部件制作,风管系统安装,风机与空气处理设备安装,风管与设备防腐,管道安装,快速接口安装,风机与滤尘设备安装,系统压力试验及调试
		冷凝水系统	管道系统及部件安装,水泵及附属设备安装,管道冲洗,管道、设备防腐,板式热交换器,辐射板及辐射供热、供冷地埋管,热泵机组设备安装,管道、设备绝热,系统压力试验及调试

续表

分部工程代号	分部工程	子分部工程	分项工程
6	通风与空调	空调(冷、热)水系统	管道系统及部件安装,水泵及附属设备安装,管道冲洗,管道、设备防腐,冷却塔与水处理设备安装,防冻伴热设备安装,管道、设备绝热,系统压力试验及调试
		冷却水系统	管道系统及部件安装,水泵及附属设备安装,管道冲洗,管道、设备防腐,系统灌水渗漏及排放试验,管道、设备绝热
		土壤源热泵换热系统	管道系统及部件安装,水泵及附属设备安装,管道冲洗,管道、设备防腐,埋地换热系统与管网安装,管道、设备绝热,系统压力试验及调试
		水源热泵换热系统	管道系统及部件安装,水泵及附属设备安装,管道冲洗,管道、设备防腐,地表水源换热管及管网安装,除垢设备安装,管道、设备绝热,系统压力试验及调试
		蓄能系统	管道系统及部件安装,水泵及附属设备安装,管道冲洗,管道、设备防腐,蓄水罐与蓄冰槽、罐安装,管道、设备绝热,系统压力试验及调试
		压缩式制冷(热)设备系统	制冷机组及附属设备安装,管道、设备防腐,制冷剂管道及部件安装,制冷剂灌注,管道、设备绝热,系统压力试验及调试
		吸收式制冷设备系统	制冷机组及附属设备安装,管道、设备防腐,系统真空试验,溴化锂溶液加灌,蒸汽管道系统安装,燃气或燃油设备安装,管道、设备绝热,试验及调试
		多联机(热泵)空调系统	室外机组安装,室内机组安装,制冷剂管路连接及控制开关安装,风管安装,冷凝水管道安装,制冷剂灌注,系统压力试验及调试
		太阳能供暖空调系统	太阳能集热器安装,其他辅助能源、换热设备安装,蓄能水箱、管道及配件安装,防腐,绝热,低温热水地板辐射采暖系统安装,系统压力试验及调试
		设备自控系统	温度、压力与流量传感器安装,执行机构安装调试,防排烟系统功能测试,自动控制及系统智能控制软件调试
7	建筑电气	室外电气	变压器、箱式变电所安装,成套配电柜、控制柜(屏、台)和动力、照明配电箱(盘)及控制柜安装,梯架、支架、托盘和槽盒安装,导管敷设,电缆敷设,管内穿线和槽盒内敷线,电缆头制作、导线连接和线路绝缘测试,普通灯具安装,专用灯具安装,建筑照明通电试运行,接地装置安装
		变配电室	变压器、箱式变电所安装,成套配电柜、控制柜(屏、台)和动力、照明配电箱(盘)安装,母线槽安装,梯架、支架、托盘和槽盒安装,电缆敷设,电缆头制作、导线连接和线路绝缘测试,接地装置安装,接地干线敷设
		供电干线	电气设备试验和试运行,母线槽安装,梯架、支架、托盘和槽盒安装,导管敷设,电缆敷设,管内穿线和槽盒内敷线,电缆头制作、导线连接和线路绝缘测试,接地干线敷设
		电气动力	成套配电柜、控制柜(屏、台)和动力配电箱(盘)安装,电动机、电加热器及电动执行机构检查接线,电气设备试验和试运行,梯架、支架、托盘和槽盒安装,导管敷设,电缆敷设,管内穿线和槽盒内敷线,电缆头制作、导线连接和线路绝缘测试

续表

分部工程代号	分部工程	子分部工程	分项工程
7	建筑电气	电气照明	成套配电柜、控制柜(屏、台)和照明配电箱(盘)安装,梯架、支架、托盘和槽盒安装,导管敷设,管内穿线和槽盒内敷线,塑料护套线直敷布线,钢索配线,电缆头制作、导线连接和线路绝缘测试,普通灯具安装,专用灯具安装,开关、插座、风扇安装,建筑照明通电试运行
		备用和不间断电源	成套配电柜、控制柜(屏、台)和动力、照明配电箱(盘)安装,柴油发电机组安装,不间断电源装置及应急电源装置安装,母线槽安装,导管敷设,电缆敷设,管内穿线和槽盒内敷线,电缆头制作、导线连接和线路绝缘测试,接地装置安装
		防雷及接地	接地装置安装,防雷引下线及接闪器安装,建筑物等电位连接,浪涌保护器安装
8	智能建筑	智能化集成系统	设备安装,软件安装,接口及系统调试,试运行
		信息接入系统	安装场地检查
		用户电话交换系统	线缆敷设,设备安装,软件安装,接口及系统调试,试运行
		信息网络系统	计算机网络设备安装,计算机网络软件安装,网络安全设备安装,网络安全软件安装,系统调试,试运行
		综合布线系统	梯架、托盘、槽盒和导管安装,线缆敷设,机柜、机架、配线架安装,信息插座安装,链路或信道测试,软件安装,系统调试,试运行
		移动通信室内信号覆盖系统	安装场地检查
		卫星通信系统	安装场地检查
		有线电视及卫星电视接收系统	梯架、托盘、槽盒和导管安装,线缆敷设,设备安装,软件安装,系统调试,试运行
		公共广播系统	梯架、托盘、槽盒和导管安装,线缆敷设,设备安装,软件安装,系统调试,试运行
		会议系统	梯架、托盘、槽盒和导管安装,线缆敷设,设备安装,软件安装,系统调试,试运行
		信息导引及发布系统	梯架、托盘、槽盒和导管安装,线缆敷设,显示设备安装,机房设备安装,软件安装,系统调试,试运行
		时钟系统	梯架、托盘、槽盒和导管安装,线缆敷设,设备安装,软件安装,系统调试,试运行
		信息化应用系统	梯架、托盘、槽盒和导管安装,线缆敷设,设备安装,软件安装,系统调试,试运行
		建筑设备监控系统	梯架、托盘、槽盒和导管安装,线缆敷设,传感器安装,执行器安装,控制器、箱安装,中央管理工作站和操作分站设备安装,软件安装,系统调试,试运行
		火灾自动报警系统	梯架、托盘、槽盒和导管安装,线缆敷设,探测器类设备安装,控制器类设备安装,其他设备安装,软件安装,系统调试,试运行

续表

分部工程代号	分部工程	子分部工程	分项工程
8	智能建筑	安全技术防范系统	梯架、托盘、槽盒和导管安装,线缆敷设,设备安装,软件安装,系统调试,试运行
		应急响应系统	设备安装,软件安装,系统调试,试运行
		机房	供配电系统,防雷与接地系统,空气调节系统,给水排水系统,综合布线系统,监控与安全防范系统,消防系统,室内装饰装修,电磁屏蔽,系统调试,试运行
		防雷与接地	接地装置,接地线,等电位联接,屏蔽设施,电涌保护器,线缆敷设,系统调试,试运行
9	建筑节能	围护系统节能	墙体节能,幕墙节能,门窗节能,屋面节能,地面节能
		供暖空调设备及管网节能	供暖节能,通风与空调设备节能,空调与供暖系统冷热源节能,空调与供暖系统管网节能
		电气动力节能	配电节能,照明节能
		监控系统节能	监测系统节能,控制系统节能
		可再生能源	地源热泵系统节能,太阳能光热系统节能,太阳能光伏节能
10	电梯	电力驱动的曳引式或强制式电梯	设备进场验收,土建交接检验,驱动主机,导轨,门系统,轿厢,对重,安全部件,悬挂装置,随行电缆,补偿装置,电气装置,整机安装验收
		液压电梯	设备进场验收,土建交接检验,液压系统,导轨,门系统,轿厢,对重,安全部件,悬挂装置,随行电缆,电气装置,整机安装验收
		自动扶梯、自动人行道	设备进场验收,土建交接检验,整机安装验收

参 考 文 献

1 中华人民共和国住房和城乡建设部. GB 50300—2013 建筑工程施工质量验收统一标准. 北京：中国建筑工业出版社，2014

2 中华人民共和国住房和城乡建设部. JGJ/T 185—2009 建筑工程资料管理规程. 北京：中国建筑工业出版社，2010

3 中华人民共和国住房和城乡建设部. GB/T 50328—2014 建设工程文件归档规范. 北京：中国建筑工业出版社，2014

4 中华人民共和国住房和城乡建设部. GB 50204—2015 混凝土结构工程施工质量验收规范. 北京：中国建筑工业出版社，2015

5 中华人民共和国住房和城乡建设部. GB 50666—2011 混凝土结构工程施工规范. 北京：中国建筑工业出版社，2012

6 中华人民共和国住房和城乡建设部. JGJ 18—2012 钢筋焊接及验收规程. 北京：中国建筑工业出版社，2012

7 中华人民共和国住房和城乡建设部. GB/T 50107—2010 混凝土强度检验评定标准. 北京：中国建筑工业出版社，2010

8 中华人民共和国住房和城乡建设部. GB 50203—2011 砌体结构工程施工质量验收规范. 北京：中国建筑工业出版社，2012

9 中华人民共和国住房和城乡建设部. GB/T 50315—2011 砌体工程现场检测技术标准. 北京：中国计划出版社，2012

10 中华人民共和国住房和城乡建设部. GB 50205—2001 钢结构工程施工质量验收规范. 北京：中国计划出版社，2002

11 中华人民共和国住房和城乡建设部. GB 50194—2014 建设工程施工现场供用电安全规范. 北京：中国计划出版社，2015

12 中华人民共和国住房和城乡建设部. GB 50661—2011 钢结构焊接规范. 北京：中国建筑工业出版社，2012

13 中华人民共和国住房和城乡建设部. GB 50628—2010 钢管混凝土工程施工质量验收规范. 北京：中国建筑工业出版社，2011

14 中华人民共和国住房和城乡建设部. GB 50936—2014 钢管混凝土结构技术规范. 北京：中国建筑工业出版社，2014

15 中华人民共和国住房和城乡建设部. GB 50576—2010 铝合金结构工程施工质量验收规范. 北京：中国计划出版社，2010

16 中华人民共和国住房和城乡建设部. JGJ/T 216—2010 铝合金结构工程施工规程. 北京：中国建筑工业出版社，2011

17 中华人民共和国住房和城乡建设部. GB 50628—2010 钢管混凝土工程施工质量验收规范. 北京：中国建筑工业出版社，2011

18 中国工程建设标准化协会. CECS 28：2012 钢管混凝土结构技术规程. 北京：中国计划出版社，2012

19 中华人民共和国住房和城乡建设部. GB 50206—2012 木结构工程施工质量验收规范. 北京：中国建筑工业出版社，2012

20 中华人民共和国住房和城乡建设部. GB/T 50772—2012 木结构工程施工规范. 北京：中国建筑工业出版社，2012

21 中华人民共和国住房和城乡建设部. GB/T 50329—2012 木结构试验方法标准. 北京：中国建筑工业出版社，2012